U0238641

陈德基 著

踏遍青山人未老

——陈德基文集选

中国水利水电出版社
www.waterpub.com.cn
·北京·

内 容 提 要

该书辑录了中国工程勘察大师陈德基同志从事工程地质工作60年来各时期有代表性的技术论文，包括综述、评论、专题研究、考察报告、重要会议发言、建议和答记者问等，涉猎范围广泛，可供有关专业人员参考。文集中还包括部分杂文和诗词，供有兴趣的读者阅读。

图书在版编目（CIP）数据

踏遍青山人未老：陈德基文集选 / 陈德基著. --
北京：中国水利水电出版社，2018.9
ISBN 978-7-5170-7007-8

Ⅰ. ①踏… Ⅱ. ①陈… Ⅲ. ①水利工程－工程地质－
文集 Ⅳ. ①P642-53

中国版本图书馆CIP数据核字(2018)第227303号

书 名	踏遍青山人未老——陈德基文集选 TA BIAN QINGSHAN REN WEILAO——CHEN DEJI WENJI XUAN
作 者	陈德基 著
出版发行	中国水利水电出版社 （北京市海淀区玉渊潭南路1号D座 100038） 网址: www.waterpub.com.cn E-mail: sales@waterpub.com.cn 电话: (010) 68367658 (营销中心)
经 售	北京科水图书销售中心 (零售) 电话: (010) 88383994、63202643、68545874 全国各地新华书店和相关出版物销售网点
排 版	中国水利水电出版社微机排版中心
印 刷	北京印匠彩艺印刷有限公司
规 格	184mm×260mm 16开本 27印张 649千字 6插页
版 次	2018年9月第1版 2018年9月第1次印刷
印 数	0001—1000册
定 价	150.00元

儿时照片（于贵州毕节故居，1940）

儿时与兄长于毕节故居

全家福（父母亲及5兄妹，1951）

小家庭合影（1974）

与女儿一家于美国芝加哥（2006.10）

从白帝城下望夔门（1986.11）

于美国圣迭戈海滨（2006.12）

在美国亚利桑那州考察遥感技术应用（1981.7）

向全国人大常委会三峡工程考察团介绍三峡地
质条件（1992.2）

出席全国人大七届五次会议的代表参观三峡工程展览（1992.3）

与加拿大 B.C Hydro 首席地质师 A Imnie 交谈（于温哥华 1997.10）

向全国 100 所高等院校师生代表三峡工程考察
团介绍情况（1992.2）

参加三峡工程论证地质地震专题专家组会议
（1986.11）

陪同全国政协委员 吴祖光、梅阡、黄苗子等考察三峡（1985.9）

三峡工程大江截流现场（1997.11）

陪同三峡工程建设总公司主要领导考察坝址勘
探平洞（1993.9）

陪同国际工程地质协会名誉主席阿诺教授，中国地质学会工程地质专
业委员会主任委员谷德振教授等考察三峡工程（1981.11）

与阿诺教授、王思敬院士于
清江天柱山（1995.10）

在三峡工地现场（1994）

金沙江阿海坝址查勘（2004.3）

与现场工作同志在三峡工地

在三峡工程临时船闸工地现场（1996.3）

甘肃河西走廊古长城遗址（1995.9）

在三峡工程现场观察开挖出来的F23断层
（1996.3）

研究三峡工程遥感图像（1992.12）

与李颚鼎院士、陈赓仪副部长在三峡工程永久船闸工地现场（1993.5）

陪同美国地震学家艾伦教授考察三峡仙女山断层（1992.11）

乘缆索过激流

于丹江口工地（1962.4）

出席三峡工程高级专家会（1997.9）

于金沙江乌东德水电站坝址峡谷出口（2010.11）

在乌江构皮滩水电站工地钻探现场（1991.6）

在乌东德水电站工地现场研讨（2017.12）　　　于乌东德水电站地下厂房工地（2017.12）

第30届国际地质大会作专题学术报告
（1996.8）

与阿诺教授交谈（于法国巴黎高等矿业学校，
1995.7）

在第五届国际工程地质大会做学术报告（布宜诺斯艾利斯，1986.10）

在香港科技协进会做三峡工程地质专题学术报告（1993.3）

金沙江虎跳峡及江中虎跳石（2015.11）

考察日本葛野川抽水蓄能电站（1997.11）

阿根廷伊瓜苏大瀑布（1986.10）

红其拉甫山口（2002.10）

万里长江第一湾（朱斌成供稿）

夏威夷的火山口群（2012.12）

北美阿拉斯加冰川（2017.6）

意大利瓦依昂滑坡全貌（2007.7）

序 一

　　工程勘察大师陈德基是我的挚友。他的著作甚多，读之，每每受到启迪。最近，他将部分作品汇集出版，约我为之作序，自欣然应允。

　　陈德基大师是新中国成立以来培养的第一批工程地质学家，为推动和发展我国的工程地质事业作出了很大贡献。他的经历有点传奇。原本学水利专业，却因工作需要，转攻工程地质学，成为国内外有影响的工程地质专家。可谓有志者事竟成。

　　数十年来，他着重致力于水利水电工程的工程地质勘察工作。他曾多年担任长江水利委员会勘测部门的技术和行政负责人，参与和主持长江流域众多大中型水利水电工程的地质勘察和相关问题的研究。自1977年起，作为三峡工程设计单位的地质专业技术负责人，领导和组织三峡工程的地质勘察与研究工作，参与三峡工程论证和重要领导人的现场考察等重大活动，为三峡工程的建设作出了重要贡献。同时，他作为工程地质专家应邀参与国内许多大型工程的技术讨论、咨询、审查和验收，提出过许多有创见性的意见和建议。

　　本文集技术部分的文章大体可分为综合性论文和专题论述两种类型。综合性的论文，涉猎的范围比较广泛，代表性的文章有《中国大坝50年》一书的第5章"大坝建设中的工程地质与勘测技术"，《重力坝设计20年》一书的第2章"重力坝设计中的工程地质研究"，以及《现状与展望》等。这几篇文章集中反映了陈德基大师对我国工程地质，尤其是水利水电工程地质现状的分析和展望。他的很多见解在当时是深刻且有前瞻性的，诸如工程地质与岩石力学学科间的关系，如何认识和对待工程地质数值分析，重视勘测新技术的开发，正确处理地质与设计的关系，重视实践经验的总结等观点，今天看来，确实具有很强的普遍指导意义。另一种类型的文章则是一些专题论述，侧重于三峡工程的工程地质条件综述和一些重点工程地质问题的总结分析。基于变形监测资料所作的《三峡工程永久船闸高边坡稳定性分析》《三峡工程水库诱发地震问题研究》等都是一些很有深度的好文章。汶川大地震后他写的《汶川大地震后水坝建设中若干问题的思考》，则反映了他对重大问题的关注和思考。

陈德基大师十分关注学科发展、技术进步和年轻人才的培养，热心组织和推进学会工作。他多年来担任中国地质学会工程地质专业委员会委员、常委和副主任，积极协助秘书处工作，对专业委员会开展学术活动作出了重要贡献。

陈德基大师事业心、责任心强，勤于思考，勇于探索，重视实际，待人热情诚恳，善于与人沟通合作，这是他事业成就的根本。文集选中收录了他的一些重要建议、发言，以及一些诗作、散文，都能反映出他的文采和深情内涵的品质。

谨此推荐，以飨读者。

中国工程院院士　王思敬

2018 年 7 月

序二

　　陈德基同志自1955年转行从事地质工作迄今已60年，是长江水利委员会（以下简称长江委）仍健在的极少数老地质专家，也是我国首批工程勘察大师。几十年来一直为长江流域规划及众多大中型水利水电工程的地质勘察忘我工作。曾先后担任长江委勘测总队（早期的地质处）地质队长，地质科长，总工程师，总队长及综合勘测局局长，水利部长江勘测技术研究所所长，为长江委地质事业的发展作出了重要贡献，他是长江委地质事业发展的历史见证者

　　在陈德基同志的工作生涯中，三峡工程的地质勘察与研究占了他的主要精力。早自20世纪50年代，他即介入三峡工程的地质勘察，协助长江委（长江流域规划办公室）地质处总工程师联系和协调与原地质部三峡队的工作关系。地质部三峡队于20世纪60年代初撤离三峡工程后的数十年时间里，他一直是长江委各级领导组织和管理三峡工程地质勘察工作的主要助手。自1977年以后，开始担任长江委三峡工程地质勘察与研究的主要技术负责人，直接组织并参加编写三峡工程三斗坪坝址与太平溪坝址比较地质报告，正常蓄水位150m方案初步设计地质报告。在三峡工程论证和决策期间，多次作为地质专业负责人参与中央领导人和大型考察团的现场考察，积极组织力量配合三峡工程地质地震专题的论证工作，组织并参与编写重编可行性研究报告和初步设计报告。工程开工后，陈德基同志作为设计单位的地质专家，和驻工地的设计、地质人员一道，研究安排施工初期的施工地质工作。在三峡枢纽工程各建筑物地基开挖过程中，他跟踪并及时解决施工地质难题，为工程顺利施工和运行安全提供了可靠的技术支撑。时至今日，有关三峡工程涉及地质

专业的重大技术问题，他都应邀参与讨论研究。陈德基同志为三峡工程的建设做出了重要贡献。

三峡工程的地质地震问题研究，从来都是国内国际大协作的过程。据不完全统计，不同时期国内先后有20多家大专院校、科研单位、政府部门和机构参与三峡工程地质地震专题的生产和科研工作，有6个国家的政府机构和科研教学单位与长江委进行过地质地震问题的科研合作和技术咨询。在这些严肃、繁杂和重要的工作中，他都积极组织、协调配合有关部门，顺利地完成技术合作，获得一致的好评。

在他的文集选中，很大一个部分是有关三峡工程地质地震问题的论述，这和他的经历密切相关。三峡工程的地质地震研究历经半个多世纪，凝聚了国内各个时期著名专家和众多单位地质工作者的智慧和心血。在有关的论文中，他都作了客观的介绍和科学的归纳，有助于广大读者，尤其是年轻的一代了解和认识三峡工程的地质研究，从中吸取有益的知识和经验。也有一些论文是涉及长江全流域的地质与环境问题的，这些论文也有助于读者对长江全流域地质环境的认识。

陈德基同志工作中的一个突出优点就是注重实际，他经常挂在口边的一句话就是"地质问题不到现场是没有发言权的""只有亲身到过现场才有更深的体会"。因此凡是他参与研究讨论的技术问题，在可能条件下，他都要坚持先去现场调查，并以此教导和要求年轻同志。

陈德基同志有一定的专业英语能力，这便于他进行各种国际合作与交流。他针对几次重要考察所写的考察报告，不仅是考察的总结，还有结合国内情况和自身的工作提出的见解和建议，反映出他认真学习和思考的精神，是很值得提倡的。

我是第一次接触到他的一些诗词和散文等文学作品，据知，他还很喜欢历史，这和他自幼受的家庭影响和教育有关。

祝贺陈德基同志文集选的出版。

中国工程院院士 郑守仁

2018 年 7 月

新中国成立初期，水利水电部门的地质力量十分薄弱，长江水利委员会（以下简称"长江委"）的地质队伍是"两个半地质人员起家"（林一山语）。为适应当时波澜壮阔的建设形势需要，就从水利院校的毕业生中，抽一些人转行从事地质工作，其中的部分同志随后被选送去地质大专院校进修。我就是在这种背景下，于1955年从长江委水文行业转行从事工程地质工作，迄今已60年。其间除脱产去北京地质学院进修的两年时间外，一直工作在为流域规划和具体工程项目所进行的工程地质勘察岗位上。

1955—1958年，在编制《长江流域规划要点报告》期间，流域地质资料几乎是"一穷二白"，有赖于谷德振、姜国杰等一批老专家的指导，尤其是当时在长办（现长江委，下同）工作的苏联地质专家阿卡林和德勒斯基的直接教导下，长办年轻的地质队伍得到了迅速的成长和广泛实际工作的锻炼。这三年中，长办的地质队伍除了配合原地质部在丹江口、三峡工程的地质勘察工作外，直接承担地质勘察的规划梯级遍及汉江、湘江、赣江、清江、岷江、川江及金沙江下游多达10余个重点梯级。我自身的体会，新中国成立初期急速铺开的大规模建设形势，迫使许多刚参加工作不久的学生，不论是本专业的还是转行的技术人员担负起业务重担，这无疑是他们得到锻炼，迅速成长的重要条件。

至1999年我退休前的工作，大体可以分为两个阶段：1977年以前，直接参与或负责过的勘察工程有乌江渡工程的初步设计、丹江口工程的区域构造稳定性研究、南水北调陶岔渠首的早期勘察、万安水电站的坝址比选等；1977年以后，主要精力都投入三峡工程的建设中。

我参与三峡工程的历史渊源早可追溯到20世纪50年代，主要是协助长办地质处的总工程师，联系、协调长办与原地质部三峡队之间的工作关系。其后的数十年间，不论是三峡工程的低潮时期，还是20世纪80年代初三峡工程被重新提到国家建设的日程上，我一直是长江委三峡工程地质工作的积极参与者与组织者，包括参与并组织设计单位的地质专业，配合完成1986—1989年间国家组织的三峡工程论证，组织编写完成重编可行性研究地质报告和初步设计地质报告，直至开工初期的施工地质工作。时至今日，仍不时参与三峡工程与地质专业有关的重大问题的研究。由于三峡工程的特殊重要性，养成了我们严谨、钻研、求实的工作作风，这种风气一直延续至今，使我们在各类工程建设的地质勘察中，不犯或少犯重大失误。

除了三峡工程外，长江委几十年来所承担的流域规划和大型水利水电工程，我都或多或少地接触或参与过有关地质专业的技术讨论、咨询、成果审查验收，这些活动无疑给了我开阔视野、积累经验、增长知识的极好机会。长江委的工作环境和学术氛围，许多老领导和老专家对我的扶持和关怀，广大同行给我工作和业务上的支持，是我成长最基本的条件，我从内心深处真诚地感谢他们。在有机会与国外的技术合作及交流中，认真汲取他们经验中的可贵之处，对我的知识积累和技术成长也极有帮助。

文集中论述和介绍的许多技术观点、方法，今天看来有的已经很过时了，但它反映了我二三十年前对一些问题的基本认识和思考。

本书除了收集了一些主要的技术论文外，还辑录了就三峡工程一些主要问题的建议和会议发言，其中的部分文章在编入时做了一些删节、归并。此外，还有若干杂文和诗作。这些文章更多反映我的真实情趣，更能拉近我和读者的情感距离。

在本书出版之际，我诚挚地感谢多年来广大同行给予的支持，感谢王思敬和郑守仁两位院士的鼓励和指导，感谢在论文收集、绘图、录排、电子化以及编辑等方面给予帮助的同志，感谢水利部长江勘测技术研究所的鼎力支持，感谢王照瑜编审给予的指导。

书中错误和不足之处，敬请广大读者不吝赐教。

陈德基

2018 年 7 月

目录

CONTENTS

序一

序二

前言

技　术　论　文

有关建议和意见摘选

杂文、诗词

杂文

诗　词

技术论文

与同仁共勉。虚心求教，勤于思考，重视实践，总结提高。

岩体质量评价的新指标——块度模数

陈德基　　刘特洪

　　岩体是非连续介质的地质结构体。岩体中基本的和大量的切割面（结构面）是裂隙。它的数量、方向和规模对岩体造成的破坏，集中表现在所切割的岩块大小上。而岩块的大小及其组合对岩体的工程地质性质有很大影响。在岩性相同或相近的条件下，岩块的大小、组合比例和裂隙的性状三者是控制岩体工程地质性质的基本因素。从这个观点出发，我们提出了一个评价岩体质量的新指标——块度模数。

一、块度模数的基本概念

（一）块度模数的含义

　　岩体的块度模数是通过统计被裂隙切割而成的岩块大小及其组合关系和结构面的性状，来表征岩体质量好坏的一个数值指标。它可视为下列变量的函数：

$$M_K = f(c, d, l, m, A_K) \tag{1}$$

式中：M_K 为岩体块度模数；c 为裂隙数量；d 为裂隙方向；l 为裂隙规模；m 为块度组合比；A_K 为裂隙性状系数。

　　裂隙的数量对岩块的大小起着决定作用。为了建立裂隙数量与块度模数的关系，我们提出了一个岩体裂隙发育程度（等级）和相应的块度分级意见表（表1）。

表1　　　　　　　　　　　　　　岩体裂隙等级及块度分级意见表

等级	裂隙情况	裂隙间距/m	块度分级/m²
1	裂隙不发育	>1.0	>1.0
2	裂隙稍发育	0.6～1.0	0.5～1.0
3	裂隙较发育	0.3～0.6	0.1～0.5
4	裂隙发育	0.1～0.3	0.01～0.1
5	裂隙很发育	<0.1	<0.01

　　裂隙的方向（组数）也是影响岩块大小的一个重要因素。一般情况下，裂隙的方向（组数）越多，岩块的尺寸就越小，单一方向的裂隙所切割的岩块较大。

　　裂隙的规模是指裂隙的宽度和延伸的长度。如果裂隙延伸长，规模大，相互交切的机会就多，岩体的块度就小；反之，岩体的块度就大。

　　原载于《第一届全国工程地质大会论文集》，1979年11月。

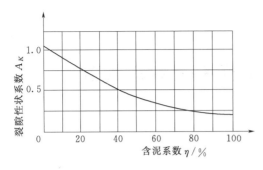

图1 裂隙性状系数和含泥量关系曲线

裂隙面特征及充填物性状是决定岩体性质的另一重要因素。为此，我们引进了裂隙性状系数（A_K）。它是表征裂隙充填和胶结好坏的一个参数。根据一些工程的试验资料统计分析，绘制了裂隙性状与裂隙含泥量的关系曲线（图1）。它的变化区间，约在0.2～1.0。如果裂隙（或层面）未被松软物质充填或胶结（结合）牢固，则 A_K 值可提高至1.2。

按一定的数理统计方法，采用下式计算岩体的块度模数：

$$M_K = A_K(A_1 + A_2 + A_3 + A_4 + A_5)/100 \tag{2}$$

式中：A_K 为裂隙性状系数；$A_1 \cdots A_5$ 为各级块度所占百分数。

（二）块度模数的统计方法及分级

由于受岩体的天然露头所限，进行三维空间统计是比较困难的。所以，一般是选用某一平面或剖面进行统计（最好是不同方向的几个面）。即在建筑物区内选择面积大于 10m^2 的若干统计点，按照表1的块度分级标准进行分级统计，同时记录裂隙性状。然后将计算所得各级块度的百分含量和确定的 A_K 值，代入式（2）即求得块度模数。

表2是三峡工程岩体块度模数的统计成果。统计区的新鲜岩体内，裂隙没有泥质充填，弱风化岩体和构造岩带中的裂隙，充填物中泥质和其他松软物质的含量也较少。因此，A_K 采用0.8～1.0。

表2　　　　　　　　三峡工程岩体块度模数的统计表

岩　性	风化程度	块度分级及其所占百分比/%					A_K	M_K
		<0.01	0.01～0.1	0.1～0.5	0.5～1.0	>1.0		
石英闪长岩	弱风化	2.1	11.6	71.5	10.8	4.0	0.9	2.7
	新鲜	0.4	1.8	36.0	22.7	39.1	1.0	4.0
构造块状岩	新鲜	6.7	21.3	55.9	16.1	0	0.8	2.3

表3是丹江口工程建基面岩体块度模数的统计资料。施工中曾应用岩块大小及百分比来评价坝基岩体质量，及时调整设计所采用的建基面上混凝土与岩体间的摩擦系数。

表3　　　　　　　　丹江口工程建基面岩体块度模数的统计表

岩　性	坝段	块度分级及其所占百分比/%				η/%	A_K	M_K
		<0.01	0.01～0.1	0.1～0.5	>0.5			
辉长辉绿岩	9	19.3	33.2	47.5	—	32	0.8	1.8
	10	90.4	8.5	1.1	—	40	0.7	0.8
闪长岩	14	32.2	29.7	38.1	—	14	0.9	1.9
辉绿岩	34	18.5	18.5	12.1	50.9	6	1.0	3.0
	37	3.7	13.9	18.6	63.8	9	1.0	3.4

注　η 为糜棱岩、山软木及绿泥石等性质极坏的构造岩充填的裂隙占裂隙总数百分比。

由式（2）可知，当 $A_K=1.0$ 时，块度模数的变化区间为 $1.0\sim5.0$。如果裂隙性状非常差，A_K 取 0.2，则 M_K 的最小值为 0.2；如果裂隙（或层面）结合（胶结）牢固，A_K 取 1.2，则 M_K 的最大值为 6。即平面岩体块度模数的变化区间为 $0.2\sim6.0$。

分析了三峡、丹江口等工程的实际资料，探讨块度模数与岩体工程地质特性间的关系后，参考国内外一般常用的岩体分级，将块度模数及相应的岩体等级分为五级（表4）。

表 4 　　　　　　　　　　块度模数与其相应的岩体分级表

M_K	岩体分类	工 程 地 质 特 征
≥4	极完整岩体	岩体新鲜完整。裂隙稀少，间距大于 1.0m，多闭合，无充填或充填胶结良好。空间上无连续性强的软弱结构面。相对隔水
3～4	完整岩体	岩体新鲜，呈较大块状，裂隙间距 0.5～1.0m，多数闭合或充填胶结良好。有极少量软弱结构面。透水性弱
2～3	中等岩体	裂隙较发育，间距 0.3～0.5m，多为碎屑充填。空间上分布有较大软弱结构面。中等透水性
1～2	破碎岩体	由于强烈地质构造作用，出现较多破碎带或软弱缓倾角结构面，裂隙密集，多数为软弱物质充填。力学强度低，透水性好
<1	极破碎岩体	断层破碎带或强烈影响带，未胶结或泥质充填（厚层多层软弱夹层或遇水崩解的特殊岩类也属此类），力学强度很低，水对其影响特别显著

（三）块度模数统计方法的合理性分析

块度模数之所以能较好地反映岩体的完整性，在于它所用的统计方法有一定的数理相关性。一定的块度模数有一定的岩块大小及组合比与之相对应。表5反映了不同的块度模数与所含岩块大小的对应关系。

表 5 　　　　　　　　　块度模数与所含岩块大小的对应关系

岩块大小/m²	$M_K=1.5$		$M_K=2.5$		$M_K=3.5$		$M_K=4.5$		
	起始	极端	一般	极端	一般	极端	起始	一般	极端
<0.01	50	80	15	60	0	35	0	0	10
0.01～<0.1	50	5	30	0	10	0	0	5	0
0.1～<0.5		5	45	0	40	0	0	10	0
0.5～<1.0		5	10	10	40	10	50	15	10
≥1.0		5		30	10	55	50	70	80

注　起始条件指某一块度模数成立时，小于 0.01m² 和大于 1.0m² 的岩块必须的最低含量；一般条件指较正常情况下岩块比例组合；极端条件指小于 0.01m² 岩块可能达到的最大含量及此时的比例组合。

从表5中可以看出，如果以含量大于 70% 的一级或两级岩块作为代表该级块度模数的特征岩块，则不同的块度模数间，其特征岩块有很大的差别，由岩块大小及其组合所影响的岩体特性间也就有了差异，这就是用块度模数的统计方法能较好地反映岩体质量的原因。

二、块度模数与岩体强度的关系探讨

（一）块度模数与岩体变形特性的关系

对于坚硬和半坚硬岩体，变形主要取决于结构面的数量和性状。因而在岩块强度相近的条件下，岩体变形特性和块度模数间必然有一定的对应关系。

图 2 是根据丹江口、三峡、乌江渡、万安、隔河岩、青山及陆水等工程数十组试验资料综合绘制的曲线，它比较明显地反映出坚硬岩体（$\sigma_c > 600 \text{kg/cm}^2$）变形模量随着块度模数的增大而增高，并且是一种非线性关系。同时，各级块度模数所对应的变形模量值大体如下。

（1）极完整岩体：$E_0 > 30 \times 10^4 \text{kg/cm}^2$。

（2）完整岩体：$E_0 = (20 \sim 30) \times 10^4 \text{kg/cm}^2$。

（3）中等岩体：$E_0 = (10 \sim 20) \times 10^4 \text{kg/cm}^2$。

（4）破碎岩体：$E_0 = (2 \sim 10) \times 10^4 \text{kg/cm}^2$。

（5）极破碎岩体：$E_0 < 2 \times 10^4 \text{kg/cm}^2$。

图 3 反映了丹江口和葛洲坝工程半坚硬岩体（$\sigma_c = 300 \sim 600 \text{kg/cm}^2$）变形模量与块度模数的关系。它们之间的对应关系也是非线性的。其值大体如下。

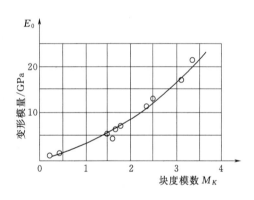

图 2　坚硬岩体变形模量和块度模数相关　　图 3　半坚硬岩体变形模量和块度模数相关

（1）极完整岩体：$E_0 > 20 \times 10^4 \text{kg/cm}^2$。

（2）完整岩体：$E_0 = (10 \sim 20) \times 10^4 \text{kg/cm}^2$。

（3）中等岩体：$E_0 = (5 \sim 10) \times 10^4 \text{kg/cm}^2$。

（4）破碎岩体：$E_0 = (0.5 \sim 5) \times 10^4 \text{kg/cm}^2$。

（5）极破碎岩体：$E_0 < 0.5 \times 10^4 \text{kg/cm}^2$。

表 6 统计了一些工程软弱岩体（$\sigma_c \leqslant 300 \text{kg/cm}^2$）的块度模数和变形模量间的关系。从表 6 中可以看出，相同岩石的变形模量随着块度模数的增大而增高，但不同的岩石之间没有明显的规律性。这是因为对于软弱岩体而言，岩体的强度对变形模量值的影响大大增强了。

表 6 部分工程软弱岩体块度模数和变形模量间的关系

工程名称	岩　性	M_K	变形模量/(万 kg/cm²)	弹性模量/(万 kg/cm²)	泊松比	纵波速度/(m/s)
葛洲坝	粉砂岩	1.8	0.68	1.04	0.37	2500
		2.6	1.12	1.36	0.33	2800
		2.8	1.25	1.68	0.33	2900
	黏土质粉砂岩	1.5	0.30	0.77	0.4	2000
偏窗子	砂质黏土岩	1.9	1.82	4.04	0.3	—
		2	1.93	4.05	0.3	—
		2.2	2.18	4.08	0.3	—
丹江口	绿泥石片岩	1.9	2.40	7.70	0.37	3200

从图 2、图 3 $E_0 = f(M_K)$ 关系曲线可见，有一斜率改变较明显的拐点。对于坚硬岩石和半坚硬岩石，此点的位置约在 $M_K = 2.5$ 处。这一特性意味着在评价工程建筑地基岩体质量时，M_K 值具有重要的作用。

（二）块度模数与岩体抗剪强度的关系

在岩体内不存在大型软弱结构面、不致产生整体滑动的条件下，无论是岩体与混凝土的接触面，还是岩体内部，破坏型式一般是沿裂隙呈不规则锯齿状进行的。裂隙面积与剪切面积的比例关系就将影响抗剪强度的高低，岩块的尺寸效应就显得重要。表 7 列举了偏窗子坝基黏土岩抗剪强度随着剪切面积上裂隙面积不同试验成果。对于岩石和混凝土间的抗剪强度，块度的影响尤为显著。

表 7 偏窗子坝基黏土岩抗剪强度和裂隙面积间的关系

裂隙面积占剪切面积/%	抗剪断		抗剪	
	f	c/(kg/cm²)	f	c/(kg/cm²)
20～30	1.12	4.0	1.07	0.7
60	0.72	3.4	0.58	2.6

表 8 反映出丹江口工程同一岩性同一试验条件下，混凝土和岩石间抗剪强度随块度模数增大而增高的规律。

表 8 丹江口工程混凝土和岩石间抗剪强度与块度模数间的关系

岩性	试验对象	M_K	抗剪断		抗剪	
			f	c/(kg/cm²)	f	c/(kg/cm²)
闪长岩	混凝土/岩石	3	1.16	11.8	0.89	4.1
		2.3	1.08	14.6	0.8	6.5
		1.2	0.94	12.6	0.66	2.1
		<1.0	0.47	11.1	0.14	5.5

（三）块度模数与裂隙岩体渗透性

裂隙岩体的渗透性显然和块度模数有关。表 9 概略地统计了丹江口坝基火成岩岩体块度模数与单位吸水量之间的关系。

表 9 　　　　　　　丹江口坝基火成岩岩体块度模数与单位吸水量间的关系

M_K	统计孔数	单位吸水量分级及其百分比/%			
		<0.001	0.001~0.01	0.01~0.1	>0.1
>3	57	91	9	0	0
2~3	55	23	52	25	0
<2	43	12	38	45	5

（四）块度模数与岩体主要力学指标

块度模数与岩体的长期强度，地应力的积累和释放方式等，也会有一定的关系。但这方面的资料尚少，有待今后探讨。

通过上述分析，综合一些工程的资料，将坚硬和半坚硬岩体块度模数与主要力学指标之间的关系，归纳于表 10。

表 10 　　　　　　　坚硬和半坚硬岩体块度模数与主要力学指标间的关系

坚硬程度	M_K	块度>1m²/%	岩芯长度大于10cm/%	变形模量/(万 kg/cm²)	泊松比	摩擦系数（混凝土/岩石）		纵波速度/(m/s)
						试验值	建议值	
坚硬岩体	≥4	>30	>95	≥30	≤0.15	≥1.00	0.70~0.80	≥5500
	3~4	10~30	80~95	20~30	0.15~0.25	0.80~1.00	0.70~0.80	4500~5500
	2~3	5~10	60~80	10~20	0.25~0.30	0.65~0.80	0.60~0.70	3000~4500
	1~2	<5	40~60	2~10	0.30~0.40	0.50~0.65	0.40~0.60	2000~3000
	≤1	0	<40	≤2	≥0.40	≤0.50	≤0.40	≤2000
半坚硬岩体	≥4	>30	>90	≥20	≤0.20	≥0.90	0.60~0.70	≥4500
	3~4	10~30	75~90	10~20	0.20~0.25	0.70~0.90	0.50~0.70	3500~4500
	2~3	5~10	50~75	5~10	0.30~0.35	0.50~0.70	0.45~0.60	3000~3500
	1~2	<5	25~50	0.5~5	0.35~0.45	0.30~0.50	0.30~0.45	2000~3000
	≤1	0	<25	≤0.5	≥0.45	≤0.30	≤0.30	≤2000

三、块度模数的实际应用

作为岩体工程地质分类和质量评价的一种方法，初步认为，块度模数可以应用在以下一些工程地质勘测研究方面。

（一）坝基及地下洞室岩体的工程地质分区，进而建立地质力学数学模型

将坚硬、半坚硬岩体按块度模数的大小进行分区，可以成为评价坝基或洞室岩体工程地质条件的重要方法，也可以作为地质力学数学模型、光弹模型试验、有限元法计算的地质基础。表 11 给出各类岩体的工程地质评价（适用于 $\sigma_c \geqslant 600\text{kg/cm}^2$ 的坚硬岩体）。

表 11　　　　　　　　　　　　岩体块度模数与岩体工程地质评价

分　区	工　程　评　价
Ⅰ 极完整岩体 （$M_K > 4$）	理想高坝地基，坝基不需特殊处理，可视为均质弹性体。围岩稳定，跨度大于 20m 洞室施工期一般不需支护，局部喷锚，不需考虑地下水对围岩影响
Ⅱ 完整岩体 （$M_K = 3 \sim 4$）	良好高坝地基，坝基局部需灌浆，可视为似弹性体。 跨度 10～20m 洞室施工期一般不需支护，一般不考虑地下水对围岩稳定的影响
Ⅲ 中等岩体 （$M_K = 2 \sim 3$）	坝基经灌浆和其他方法处理后，可作高坝地基，可视为弹塑性体。岩体有较明显的软弱结构面边界，用有限元法或块体极限平衡法计算。 中等跨度洞室施工期要支护，喷浆，要注意地下水对围岩稳定的影响
Ⅳ 破碎岩体 （$M_K = 1 \sim 2$）	坝基经慎重处理后，局部可作为水工建筑物地基。可视为弹塑性体或散体 地下洞室围岩稳定性差，需支护
Ⅴ 极破碎岩体 （$M_K < 1$）	在不可避免的情况下，经慎重处理后，可局部置于水工建筑物地基下。视为散体或塑性体。要十分重视水对岩体强度的影响。要考虑长期强度。 小跨度洞室要支护，围岩很不稳定

（二）结合试验资料，确定岩体的力学参数

有了块度模数定量的岩体工程地质分类，就可以依据少量的岩石力学试验成果，类比确定整个建筑物地区各类岩体的力学参数，这是当前岩石力学试验工作的一个发展趋势。

例如，如何结合建筑物的具体地质条件，合理确定建基面的抗剪强度指标，目前尚无一个好的方法。我国有的工程考虑裂隙密度选取 f 值。如 20 世纪 60 年代初期，丹江口坝基岩石和混凝土的摩擦系数是根据岩块大小分区取值，然后加权平均计算确定。这种方法后来逐渐在一些工程中推广应用。它较之完全凭经验给定参数前进一步，但仍有不少缺陷。用块度模数就可以较准确地进行类比和选择。

缺少岩体变形特性试验资料，就可以根据坝区其他地段的试验成果，采用块度模数分区类比确定（图 4）。

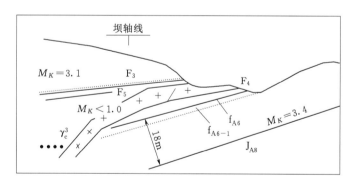

图 4　块度模数与变形模量关系分区图

F_3、F_4、F_5 为泥化夹层，呈连续分布；f_{A6}、f_{A8} 为两侧泥化碎块夹层；γ_c^3 是岩脉破碎带。

（三）用以确定地基工程处理措施的范围和深度

以丹江口坝基为例，综合说明岩体块度模数与坝基工程处理措施间的关系。

左联坝段，坝基为辉绿岩，新鲜完整，$M_K = 3.5$ 左右。建基面摩擦系数采用 0.72，

变形模量约为 $30 \times 10^4 \text{kg/cm}^2$，单位吸水量一般小于 0.001L/min。坝基开挖至利用岩面后，除在上、下游部分做浅孔（深 $3 \sim 5 \text{m}$）固结灌浆外，未做帷幕和其他处理。

$M_K = 2 \sim 3$ 的岩体在丹江口坝基中为数甚多。以 $20 \sim 21$ 坝段为例，岩体为闪长岩和闪长玢岩，小断裂较多，断裂交汇部位局部风化加剧。混凝土与岩石间摩擦系数采用 0.65。岩体中等透水。50% 试段 $\omega > 0.005 \text{L/min}$（防渗标准），最大达 0.69L/min。采取的基础处理措施，除在上、下坝踵，坝趾 $10 \sim 20 \text{m}$ 范围内做了浅孔固结灌浆外，局部地段进行了构造交汇带的深挖处理。共设三排防渗帷幕。因此，该类块度模数的岩体，一般均需辅以适当的工程处理措施。

$M_K = 1 \sim 2$ 的岩体，一般常为断裂影响所致。河床 $27 \sim 28$ 坝段，有贯穿上下游的 F_{185} 断层和其他横向小断层，岩体破碎，沿断裂形成一宽、深各为 50m 的集中渗流带。坝基全面进行了中孔（孔深 $5 \sim 8 \text{m}$）固结灌浆，设置了三排帷幕进行水泥和丙凝灌浆。并对 F_{185} 形成的深槽开挖清理后，将高程 80.00m 以下的坝体浇成整体，起混凝土梁塞作用。

右河床 $9 \sim 10$ 坝段，有贯穿上下游的 F_{16}、F_{204} 两断层交汇，形成宽达 30m 的破碎带。$M_K < 1.0$。现场静弹模值一般为 0.29 万 kg/cm^2。试验表明，在高水头作用下，有渗透破坏的可能性。针对上述情况，对构造交汇带，从坝踵至坝趾下游 40m，布置几道 10m 厚混凝土楔形梁方式处理，坝基全范围进行中孔固结灌浆，沿帷幕线开挖 10m 深的防渗齿墙，其下设置 3 排帷幕，后期补做了化学材料灌浆。采取上述工程措施后，蓄水十余年，运行情况良好。

综上所述，作为大型水工建筑物坝基，利用岩体的块度模数以大于 2.0 为宜；$M_K < 2.0$ 的岩体，应力求避开或作专门性处理。

四、结语

块度模数是通过统计岩块大小及其组合比来反映结构面对岩体的破坏情况，是表征岩体完整性的一个综合值，统计计算简便，表达方式简单，有它独特的优点。从三峡、丹江口地区运用和对比的初步情况看，它所反映的岩体完整性有较强的规律性；与岩体的力学性质，透水性间也有较好的相关性。但由于这是一个初始建立的新指标，还有许多不成熟和不完善之处，尚需继续完善和充实。

美国的遥感技术及其在农业和水利中的应用

根据 1981 年中美农业科技合作协议，1981 年 6 月 1 日至 7 月 18 日，由原水利部遥感应用中心杨积成同志和我两人组成中国农业水文（遥感）考察组，赴美进行了"遥感技术在农业和水利上的应用"的专题考察。

在 7 周时间内，主要考察了以下遥感研究应用单位：

美国国家宇航局（NASA）空间技术实验中心（NSTL，National Space Technology Laboratory）；

加利福尼亚大学（伯克利）空间科学实验室（Space Sciences Laboratory）遥感项目组（Program of Remote Sensing）；

普渡大学遥感应用实验室（LARS，Laboratory for Application of Remote Sensing）；

宾夕法尼亚州立大学地球资源遥感办公室（ORSER，Office for Remote Sensing of Earth Resources）；

得克萨斯州 A&M 大学遥感中心（Remote Sensing Center）；

得克萨斯自然资源情报中心（TNRIS，Texas Natural Resources Information System）；

农业部农业研究中心（ARS，Agricultural Research Service）。

上述单位大多数是美国在空间技术和遥感技术的研究应用方面占有重要地位和影响的部门。如国家宇航局空间技术实验中心是美国航天和太空探测技术最权威的研究中心之一。加利福尼亚大学（伯克利）的空间科学实验室是美国著名的空气动力和推进装置的研究单位，普渡大学的遥感应用实验室在传感器研制、光谱测定、图像处理技术及软件设计方面处于领先地位，并且是美国遥感技术人员重要的培训中心之一。

一、美国遥感技术的发展现状及特点

这次考察的重点是遥感技术在农业和水利方面的应用。通过考察，对于美国遥感技术的应用获得了较深刻的印象，同时对于美国遥感技术的现状、特点、发展趋势也有一个大致的了解。概括起来有下述特点。

1. 十分重视传感器和运载工具的研究，重视多种遥感手段的综合利用

在遥感遥测的传感器及运载手段的多样性、可靠性、适应性以及技术的先进性等方面，美国居于世界领先地位。除人们所熟知的航空摄影、航空多光谱扫描、红外扫描、雷

系 1981 年对美国的考察报告。

达扫描和陆地卫星、气象卫星等外，还先后发射过海洋卫星合成孔径雷达（SAR），空中实验室（Skylab），海岸带彩色扫描（Coast Zone Colour Scanner），热容量制图卫星（HCMM Heat Capacity Mapping Mission）等，其中第四颗陆地卫星（Landsat D）在已发射的三颗陆地卫星的基础上，又在三个方面做了重大技术改进：①除继续保留多光谱扫描仪（MSS）以保持资料的连续性外，又增加了一个新的图像收集系统—主题绘图仪（Thematic Mapper）。该系统有 7 个波段通道，具有高的空间分辨力及光谱分辨力。其中的三个波段（$1.55\sim1.75\mu m$；$2.08\sim2.35\mu m$；$10.40\sim12.75\mu m$）都是 MSS 所没有的近红外和热红外波段。其中 $2.08\sim2.35\mu m$，$1.55\sim1.75\mu m$ 两个波段，对蚀变和未蚀变岩石之间的光谱差异反映特别明显，这对寻找金属矿是非常有用的。②大大提高了空间分辨率。分辨单元由原来的 79m×79m 提高到 30m×30m；热红外的分辨率由原来的 200m×200m 提高到 120m×120m。③改进了资料传送系统，加快了资料处理速度。增加了一个跟踪及资料中继传输卫星，可以随时获得卫星摄取的世界任何地方的资料。处理控制中心（OCC）每天能接受 TM100 幅，MSS200 幅共 300 幅图像进行处理，在 48h 完成几何和辐射测量的校正并送出。

不同的遥感手段有不同的特点和应用范围，多种手段的综合利用，就可以充分发挥不同手段的优势，取其所长，互为补充，增强和扩大应用范围及解释效果。因此，在一些较大的遥感应用研究中心，在进行资料分析和图像解释时，针对不同的研究对象，充分利用前述多种遥感手段所获得的资料，以期获得最好的成果。如关于土壤含水量和地下水资源调查，主要采用近红外和热红外遥感；土地利用，土地分类，则使用多光谱扫描，在有云层覆盖的情况下以及寻找森林覆盖下的水体，则利用合成孔径雷达的高穿透力。又如单独使用陆地卫星资料，只能分辨出阔叶树，沼泽、森林和城市，而与合成孔径雷达合成后，阔叶树能分成两级，沼泽、森林及城市均可分为三级。又如采用海岸带彩色扫描和多光谱扫描合成，对研究海水的叶绿素含量和含盐量，较之单一的遥感方法或别的合成手段，具有更高的分辨能力等。

上述两个方面是美国遥感技术居于领先地位的重要标志。

2. 应用领域广泛，选题明确、针对性强

从农业和水利两个领域来看，遥感技术应用得十分广泛，研究课题有好几十种，涉及农业、水利、自然资源利用、环境保护及自然地理调查等许多方面。除了诸如土地利用、土地覆盖、水资源调查、作物病虫害测报，土壤含水量、水质污染监测等这些普遍性的应用课题外，还有许多课题都是针对本地区自然资源保护和发展中存在的突出问题进行研究的。如国家宇航局地球资源实验室利用遥感技术研究肯塔基州大量开采煤矿弃渣占用土地及复垦情况的调查监测，用不同时间的卫星图像研究土壤冲刷及西部 11 个州山区融雪量估算。得克萨斯州 A&M 大学遥感中心，利用遥感方法研究近年来蔓延于墨西哥湾的一种水草（Hydrilla）的生长范围及控制效果。这种水草蔓延极快，大面积覆盖海域，影响海产资源生长及航运。研究河流入海处洪水泛滥对墨西哥海湾水产资源的影响。宾州大学地球资源遥感办公室，应用遥感技术研究一种严重危害森林的昆虫（Gypsy moth）的繁殖及其危害。亚利桑那州土地管理局利用卫星图像资料进行荒地资源调查及制定利用规划。加利福尼亚大学（伯克利），用遥感技术确定旧金山湾海水的盐分、叶绿素、泥沙含量。美国农业部水土保持局借助遥感手段每周向全国农户提供全国土壤含水条件图，经济统计局利用遥感方法进行农作物估产等，都是针对各自的业务及本地区自然资源保护及发展利用中存在的突出问题拟定的，选题明确具体，针对性强，社会及经济效益显著。

3. 重视图像、信息处理技术及方法的研究

广泛应用计算机进行数字图像处理，这是遥感技术应用研究的另一个重要领域，也是美国遥感技术领先的又一个主要方面。事实上，各种遥感方法所获得的信息量是很大的，和我们现有的识别及处理技术所能提取的信息量之间存在很大的差距。因此，各遥感研究及应用单位都用很大的精力研究信息提取、成像及图像处理技术，并取得了很大的进展。如墨西哥湾油溢出污染水体的情况，利用假彩色合成、线性增强及正切函数扩展增强，其效果明显不同；应用多光谱扫描成果的波段 5 与波段 6 做比值增强（5/6），对监测研究山区煤矿开采弃渣占用土地及复垦利用情况效果很好；加州大学（伯克利）空间技术实验室遥感项目组应用 5 波段和 7 波段的比值增强（5/7），得出几个特征值，区别出已灌溉作物和未灌溉作物，采用定向增强和叠加技术寻找基岩地区地下水富集带；利用 7 波段扫描成果和雷达扫描合成图像研究森林掩盖下的水体等，可以说遥感图像分析处理水平是遥感技术应用的关键所在。

在图像分析处理工作中，主要依靠电子计算机（包括通用的和图像处理专用的）。大学的遥感单位多用大型通用计算机，配以中小型图像处理系统。如宾夕法尼亚州立大学的地球资源遥感办公室的图像处理中心，配备有 Spatial Data Model 401/704 小型图像处理系统，同时和大学计算中心的大型计算机（IBM 370）联网。农业部下属的各遥感应用单位，多和农业部在全国的三个大的计算中心联网，而一些较著名的遥感研究应用单位，则多配备有专用的大型计算机数字图像分析系统。如国家宇航局地球资源实验室拥有 IM-AGE$_{100}$ 大型图像处理系统。美国内务部地质调查局的埃诺斯数据中心（EROS）则装备有 ISI – 270，ESL – IDIMS 和 IMAGE$_{100}$ 三套大型图像处理系统，进行诸如分割、增强、分类、合成等图像及数据处理。与此同时，还大力发展各种研究专题的软件开发，几所遥感研究单位都有自己的软件出售。

在成图技术及资料保存方面，多采用磁带或用数字转换装置将图像转变为数字磁带保存。

上述几种专用的数字图像处理系统，我国目前引进的已知有 I^{2}S – 101 系统（石油工业部，地质矿产部），美国 Opptranic 公司的图像处理系统（水利电力部）及 A Digittal Image Processing System（北京农业大学）等。

可以认为没有电子计算机匹配的数字图像处理系统，就不会有遥感技术的广泛应用。这方面我们和先进国家的差距应引起足够的重视。

4. 强调实地校核，重视地面真实资料（Ground Truth）的收集

他们认为，没有地面实地工作的配合或利用准确的地面真实资料做依据，是不可能有效应用遥感技术来解决任何实际问题的。一般在一个完整的工作过程中，实地踏勘，建立解译标志，训练计算机的识别能力，最后进行现场校核等不少于 2 次。

最典型的实例之一就是农业估产。美国农业部经济统计局的专家详细向我们介绍了如何利用卫星及航空遥感资料进行农作物估产，并给我们看了若干实际工作步骤的工作图件：首先要建立解译单元（Parcel），并且从解译单元中按 1/1000 的比例选取采样点

（Sample），全美国约有 19000 个采样点。每一个采样点在播种前，作物的不同长势阶段（区分有病害还是无病害），及收割后都需要到现场去调查，采样、称重，然后才能应用航天和航空遥感所取得的资料进行分类识别，确定出每一类作物的面积及不同长势下单位面积的产量。之后，计算出全国不同作物的总产量。按这种方法估算出来的作物产量，精确度可达 96％，但是也可以看出，现场调查的任务是相当繁重的。据介绍每个州约 35 个工作人员驾车专门进行采样点的资料收集和校核工作。普渡大学和印第安纳州水土保持局联合研究应用遥感技术于土壤分类。据介绍，在整个过程中，遥感专业人员至少要去现场 1次以上，而土壤学家则不少于 3 次。

得克萨斯州自然资源情报中心在应用遥感技术于土地覆盖和土地利用制图时，确立了 6 个工作步骤：

（1）选择典型试验区，这个试验区可以代表一定地区土地覆盖和土地利用情况。

（2）取得试验区的陆地卫星数字磁带和图像资料。

（3）取得试验区的地面真实资料，这个资料要能够用来比较和校核陆地卫星衍生图（Landsat－Derived Map）。

（4）提出土地覆盖和土地利用衍生图，利用地面真实资料或实地校核此图的准确性。

（5）修改和完善陆地卫星衍生图，直到被认为达到满意的结果。

（6）如果陆地卫星衍生图被使用单位认为满足要求，使用单位就可以将它扩展到整个研究区域。

二、遥感技术在农业和水利中的应用

从考察中了解到，遥感技术在农业和水利方面的应用效果很明显，而且有着广阔的发展前景。这是因为：①农业、水利方面的研究对象大多位于地表，各种传感器可以获得研究对象直接的光谱信息（与地质矿产资源遥感相比较，后者主要获得的是透视信息）；②便于建立解译标志和直接进行地面校核；③这些研究对象大多随时间发生变化，可以充分利用陆地卫星时间上的重复性（每 18 天或 9 天原地覆盖一次）来研究对象的动态特性，因而应用效果比较明显。

下面简要介绍遥感技术在农业和水利方面应用得比较普遍和成熟的若干项目。

1. 土地覆盖（Land Cover）和土地利用（Land Use）

主要是利用遥感技术划分土地的覆盖状况和覆盖类型，这是进行自然资源调查和资源利用规划最基本的资料，这方面的经验比较成熟，且应用普遍效果显著。如犹他州半干旱区利用遥感图像将土地分为 11 种类型：荒原、石质土壤、崩积土、干河床及黄土、河流台地和碱土、植被冲积土、农田、草原、森林和低矮灌木等。

2. 旱情监测及土壤含水量测定

采用红外遥感，多波段扫描热容量制图卫星及微波辐射测量等，测定土壤含水量及进行作物灌溉状况分类。其中最有效的工作成果之一是美国农业部水土保持局利用遥感资料配合地面采样调查，每周向全国农户提供全国（除西部几个州外）的土壤含水条件图，将全国土壤含水状况分为潮湿、适中和干旱三类。

3. 水资源调查

水资源调查包括各种天然和人工河流、湖泊、水库、塘堰的数量，面积及蓄量，进行水资源的分类、统计计算。

4. 洪水监测及洪水淹没范围调查

利用同一地区不同时段（洪水前，不同的洪水淹没期，洪水退却阶段及退后）的卫星照片，估价洪水灾害、洪水总量及洪水过程、洪水淹没区自然条件的变化等。既节省开支、又大大提高工效。1973年3月，密西西比河下游发生特大洪水，持续两个多月。美国国家宇航局用卫星照片作出了从圣路易斯到墨西哥湾下游地区的淹没区域图，计算出洪水总量，并用以估价洪水灾害和制定防洪措施。1972年10月亚利桑那州萨福德附近的希拉河洪水泛滥，用退水后一个星期的陆地卫星相片绘制的洪水淹没图，与低空航空相片及实地调查绘制的洪水淹没界线十分相近。

5. 水质污染监测

用不同的遥感手段对不同性质的污染进行监测，尤其是对污染情况进行动态监测，有利于分析、对比污染范围、程度及污染源。美国应用遥感技术监测水源和水质变化效果很好。例如，用红外波段测定油污染、热污染、含有染料和酸碱工业废水的水流，都有很好的效果。用自然彩色、假彩色图像确定浑水和清水的界线；用多光谱扫描和红外扫描评价测定水的物理、化学特性，包括水温、透明度、叶绿素的多少等。

6. 河口、湖泊、海岸带泥沙淤积的研究

遥感影像对河口三角洲，海岸带及湖泊沿岸的水流及泥沙的运行情况，扩散范围，冲淤位置都可以提供清晰的图像。结合多年多时段的资料分析对比，就可以得出上述地理单元冲淤规律，岸线变迁，湖泊面积的变化，并为河口、海岸带、湖泊沿岸的港口码头、旅游点、城市建设的规划选点、航线的选择提供有价值的资料。

7. 冰雪测定

美国西部的11个州，由于气候干旱，山区融雪水是地表径流的主要来源之一。冰雪覆盖及融化情况对全年的水量平衡，下游地区的灌溉、供水、防洪以及水库调度运用都关系极大。故在美国西部11个州，对山区积雪量及雪融量的研究工作十分重视。除建立了500多个自动遥控测雪站外，还广泛应用遥感技术于此项研究。如国家宇航局提供的资料在怀俄明州 Wind River 山脉地区用许多不同时段的卫星照片确定雪覆盖面积的变化及融雪比率，计算出可供灌溉、水力发电、工业和生活用水水量并及时提供洪水预报。科罗拉多州的 Lemon 水库区，利用卫星资料进行雪盖分类，将雪覆盖面积按程度分为95％、85％、65％、30％、10％及无雪6种地区。在地区性农业和水利规划中都很有价值。

8. 寻找地下水及水库渗漏地段

运用热容量制图，红外扫描和摄影，以及微波辐射探测技术，寻找松散沉积层中的地下水有较好的效果。尤其是应用热容量制图，根据富水和无水地层日温差的变化不同，以及富水和无水地层在红外形象上，白天和夜间，夏季和冬季的色调的不同，可以圈定出含水层及确定地下水的埋藏深度。同时还可利用同一原理，圈定出水库库底埋藏的强透水层的位置；南达科他州一座水库，在兴建前于库区内打了少数占孔，未发现强透水层。水库建成后，库水严重漏失，采用热红外摄影，利用水库渗漏带引起的明显的热异常，发现了和下游相通的强透水砂层的位置和分布。利用测定地表的热辐射强度—亮度温度（Brightness Temperature）及散射系数，也可以确定地层的含水性及地下防治效果。

9. 土壤分类

在美国，从农业和土壤学的角度，用人工调查的方法，将土壤划分为800多种类型。每一州，每一县都按全国统一的分类编制土壤图。印第安纳州水土保持局和普渡大学遥感应用实验室合作，在三个县范围内，进行运用遥感技术于土壤分类的试验研究。根据土壤的成分、组织、颜色，肥沃程度及排水条件，用多波段扫描成果，通过计算机识别处理分类，分成16~20类土壤。主要分类标志是排水条件。这种图不能代替详细的土壤分类图，但它可以事先大致了解土壤分类，确定野外调查路线及钻孔位置，了解大面积地下水位高低及植被情况。大约可节省1/4~1/5的野外工作时间，并提高土壤分类图的精度。

10. 灌溉面积及灌溉用水量计算

加利福尼亚大学（伯克利）遥感研究项目利用多波段扫描成果，运用两个波段比值增强（5/7）的方法研究作物灌溉问题。不同的比值可以区别不同的地面覆盖物，也可以区别已灌溉作物和未灌溉作物。不同季节、不同的作物有一个最低的灌溉标志比值，用这个比值通过计算机区分出灌溉作物和未灌溉作物，已灌溉作物还可区分出灌溉次数及是否还有必要灌溉，并分别统计其面积。

农业部农业研究中心水资源利用保护实验所利用热红外测定作物的叶冠温度。当农作物有足够水分时，叶面蒸发将导致作物温度低于空气温度。而当土壤湿度不足时，植物的温度最终将高于空气温度。据此可以确定作物是否需要灌溉。

11. 农作物、森林及野生植被分类

这种分类图用途十分广泛。农作物和森林树种分类是农业林业发展规划及估产的基础。野生植被分类是天然草场（Range land）和荒地发展规划的基础。有些特殊野生灌木、杂草（如Chamise）因生长迅速，茂密，易燃，是危害森林、牧场及野生动物的大敌。加利福尼亚州科鲁萨（Colusa）县和加州大学（伯克利）合作研究应用遥感技术确定这种灌木的分布范围及控制效果。其中的一个分类实例将植被分为混杂灌木（Chamise）、灌木—硬木混长、Chamise—橡树混长、硬木—草地和草地等。

进行农作物分类，需要有：

（1）遥感资料，包括光谱资料，图像资料和数字磁带资料等。

（2）农业资料，包括作物生长日志资料和气象资料。

（3）要选用与农作物匹配的最优方法。研究表明，以红外遥感使用得最广泛。

12. 农作物估产

已于前述。

以上仅就美国遥感技术的发展现状及其在农业、水利中的应用做了概略的介绍，尤其是在应用领域方面，还有许多有价值的成果，如地表径流量估算，水土流失严重区监测，矿山弃渣占用土地及复垦情况监测，地貌制图，森林防火，盐碱地治理等。但仅从上述简要介绍中，已经可以看到遥感技术发展及应用的广阔前景，对于我们重视、学习、引进和发展这一先进技术将有所裨益。

南斯拉夫的岩溶研究

南斯拉夫的岩溶主要分布在西部沿亚得里亚海的狄纳里克（Dinaric）地区。这是欧洲也是世界上岩溶发育的典型地区之一。这一地区的岩溶研究有着悠久的历史，喀斯特（Karst）一词即起源于该区西北部的 Kras 高原。南斯拉夫学者的许多岩溶—水文地质的基本观点，也多渊源于这一地区的科学研究和生产建设的实践。为了使读者对下面将要介绍的一些观点有一个地理的和历史的了解，有必要对狄纳里克地区的自然地理和地质概况做一简要介绍。

一、狄纳里克区自然地理、地质概况及岩溶发育特征

狄纳里克区，是指南斯拉夫西南部沿亚得里亚海呈北西—南东方向延伸的带状高原山地。它北起南斯拉夫国土的西北端与意大利接壤的伊斯特里亚（Istria），向东南一直延伸到与邻国阿尔巴尼亚的边境，其中还包括了许多位于亚得里亚海中的岛屿。长约 700km，宽度变化在 80～160km，面积约 57000km^2。

（一）地质概况

狄纳里克区是古特提斯地向斜范围内早期的正地槽。其大地构造环境是：北部为狄纳里克—阿尔卑斯接触带，东北部为潘诺尼安（Pannonian）盆地或称潘诺尼安岩体，东部为喀尔巴阡—巴尔干弧形造山带。西南濒亚得里亚海。

根据该区地层结构、地质发展史和地貌特点，将狄纳里克区分为外狄纳里克和内狄纳里克两个部分。

南斯拉夫境内的古生代地层，都分布在一些相对较小的地区，狄纳里克区也如此。但在德林那河至梅托海亚地区则主要出露的是碳酸盐岩，基性岩浆岩和它的凝灰岩。

海西运动使特提斯海在不同地区有不同的发展，致使狄纳里克区内的三叠系及其以后地层的沉积产生差异。在南斯拉夫，尤其是狄纳里克区，三叠系地层的分布最广泛。但从中三叠统开始，内、外狄纳里克两区的岩性岩相就开始有了明显的差别：在内狄纳里克区尽管也有三叠系的灰岩、白云岩分布，但主要为非碳酸盐岩类。侏罗系地层岩性和三叠系相似，以基性岩的广泛出露为特征，主要是辉绿岩、辉长岩，并伴有碎屑岩类沉积，这一建造一直持续到上侏罗统；而在外狄纳里克区侏罗系仍继续以碳酸盐岩沉积为主。白垩系地层缺乏大范围连续性，这是因为晚期构造运动使该地区急剧抬升，以致白垩系地层很容易被剥蚀掉，这一情况在内狄纳里克区尤甚。外狄纳里克区白垩系地层主要为碳酸盐岩

1982 年对南斯拉夫的考察报告。

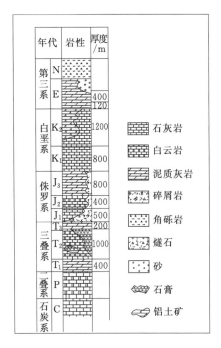

图 1　狄纳里克区简要地层柱状图

类，而在内狄纳里克区，除下白垩统仍以碳酸盐岩为主外，中上白垩统则主要为碎屑岩。

新生代时期，由于狄纳里克地区从早第三纪开始抬升，因而新生界地层的分布都是在一些新生代的凹陷内，岩性以碎屑岩为主。在外狄纳里克区的部分地区，也可以见到第三系的灰岩，它们分布在一些狭窄的向斜构造内，其上又被上新世的复理石建造所覆盖。在一些年轻的构造盆地中，新第三系的沉积可以达到很大的厚度。同时，内狄纳里克区第三纪有强烈的火山活动。第四系沉积物，主要零散分布在一些低凹地带，山区也可以看到冰川，冰水沉积。

狄纳里克区的简要地层如图 1 所示。

（二）水文气象特征

狄纳里克区属地中海型气候，雨量丰沛，冬春两季为雨季，其降雨占全年总量的 73%，夏为旱季，全区的年平均降雨总量约 1500mm，局部地区达 3000mm，黑山共和国的策尔克维茨为欧洲的最大降雨中心，年平均超过 5000mm，有的地方达 6000～8000mm，且干旱年和丰水年的降雨量差别很大。如东黑塞哥维耶干旱年的平均降雨量 1250mm，而丰水年达 2450mm，最潮湿的月份为 11 月，平均月降雨量为 330mm。区内气温各地不一，蒸发量各月不同，现将特列比涅附近的若干气象资料列于下。

（1）气温：

年平均	最低月平均	最高月平均	极端最高气温
14.1℃	5.3℃（1 月）	23.8℃（7 月）	39.5℃

高于高程 400m 的山区年平均气温低于 14℃，杜布罗夫尼克的年平均气温为 16℃。

（2）蒸发量（mm）：

	4 月	5 月	6 月	7 月	8 月	9 月	10 月
高程 200m	80.22	105.00	117.39	153.65	137.97	72.10	36.19
高程 400m	71.54	89.90	103.18	136.71	127.4	72.45	45.64

（3）相对湿度：年平均 65.8%，最大 73.3%（11 月），最小 11%～43%（1 月）。

区内较大的河流共有 10 余条，主要分属两个水系：一为向西直接流入亚得里亚海的独立水系；一为向东汇入多瑙河的多瑙河支流水系。较大的河流见表 1。

其中最大的河流为奈雷特瓦河，多年平均流量为 400m³/s。

由于石灰岩喀斯特发育，降雨及地表水流很快入渗，因而蒸发量很小，与非岩溶地区相比，水量亏损很小，径流系数相对较高，多数情况下变化在 0.7～0.8。

区内河流跟其他岩溶地区的河流相似，其流量变率也是很大的，最小与最大流量之比

表 1	主 要 河 流 水 系	
亚得里亚海水系	多瑙河水系	
1. 奈雷特瓦河（Neretva）	1. 德林那河（Dnina）	
2. 腊马河（Rama）（奈雷特瓦河支流）	2. 德林那河支流：	比瓦河（Piva）
		里姆河（Lim）
3. 策廷纳河（Cretina）	3. 伏尔巴斯河（Vrbas）	
4. 特雷比西尼察河（Trebisnjica）	4. 乌纳河（Una）	
5. 乌格罗瓦察河（Ugrovaca）	5. 乌那支流——萨纳河（Sana）	
6. 特雷比采河（Trebiyai）	6. 库珀河（Kupa）	
7. 克尔卡河（Krka）	7. 库珀河交流——科雷纳（Korana）	
8. 泽尔马尼亚河（Zrmanija）	8. 萨拉河（Sala）	

很少有大于 1：100 的。某些河流，如特雷比西尼察河可以达到 1：700。全区的干旱年、平均年与丰水年径流量之比约为 0.6：1、0：1.5。

（三）地形地貌及岩溶发育特征

狄纳里克区的地貌特征为多层状高原型山地，地形自亚得利亚海岸向东北逐渐呈阶梯状抬升。在 100km 距离内，由海平面抬升到高程 2000m 左右，其基本格局为大型坡立谷和其间的高原山地相间排列，呈多级多排阶梯状地形（图 2）。大型坡立谷具有明显的高程分带性，相当典型地反映了本区自上白垩纪拉雷米安运动以来的间歇性大面积隆升的特点。

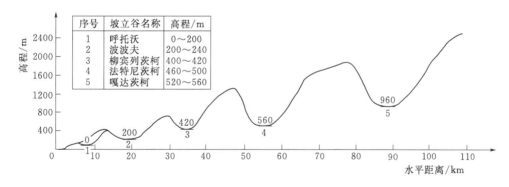

序号	坡立谷名称	高程/m
1	呼托沃	0～200
2	波波夫	200～240
3	柳宾列茨柯	400～420
4	法特尼茨柯	460～500
5	嘎达茨柯	520～560

图 2　坡立谷分布地貌剖面示意图（杜布罗夫尼克至嘎茨科）

以大型坡立谷为代表的剥夷面，在狄纳里克区不同的地区，发育的级数及高程不尽相同。在特雷比西尼察河流域地区，大体上可分为 4 级：Ⅰ级 0～200m，Ⅱ级 200～300m，Ⅲ级 400～500m，Ⅳ级 850～1000m。图 2 为杜布罗夫尼克至嘎茨科（Gacko）坡立谷的地貌示意剖面。图 3 为西黑塞哥维那地区岩溶坡立谷的分布格局及其高程示意图。

坡立谷的走向及平面位置均呈北西展布，与区内主要构造线方向一致。各坡立谷之间多为断块隆起的高原山地，原面呈略向低级坡立谷倾斜的丘陵状起伏剥夷面，很多地段表现为溶沟、溶槽发育，石牙丛生，基岩裸露的岩溶荒原（Karst plain），其上发育着洼地、漏斗、落水洞及干谷。

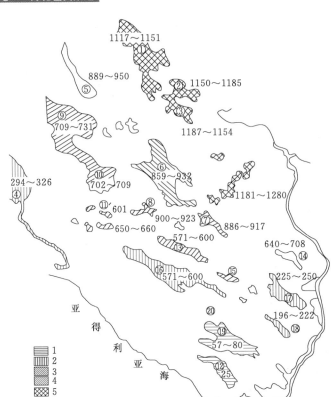

图 3　西黑塞哥维那地区岩溶坡立谷的分布格局及其高程示意图

1—第一级；2—第二级；3—第三级；4—第四级；5—第五级；6—坡立谷编号

①kupresko；②vukorsko；③ravno；④dugo；polje；⑤glamocko；⑥ducanjsko；

⑦retitno；⑧rasko；⑨livanisko；⑩busko-blato；⑪vinicko；

⑫studenacko；⑬rosusko；⑭sipovoca；⑮simjsko；

⑯imotsko；⑰mostarsko；⑱ctiluk；⑲rasto-

ljubuongsko；⑳vrgoracko jezero

　　狄纳里克地区虽然有巨厚的、面积广大的碳酸盐岩分布，但就岩溶地貌而言，由于地形及新构造运动的特点所决定，远不如我国那样类型齐全，名目繁多，婀娜多姿。诸如我国南方那种峰林、峰丛、孤峰、石林及其组合类型的大型岩溶地貌（如峰丛洼地、峰林谷地等），在那里甚为罕见。那里主要表现为岩溶山地、岩溶平原（溶原）、大型坡立谷、洼地、各种规模的竖井、落水洞及规模巨大的水平溶洞、暗河等，在坡立谷中尚常见一种称之为埃斯塔维拉（Estavela）的大型洞穴，这是一种丰水季节向外涌水成泉，枯水季节消落地表水的溶洞，可称之为反复泉。

　　但是另一方面，狄纳里克区特有的水文—气象、地形地貌、地质构造及岩石学的特点，也使得发育其上的坡立谷、竖井、暗河等规模都很大，岩溶地貌亦甚为壮观，成为具有自身特色的地中海型狄纳里克岩溶地貌。

　　例如坡立谷，南斯拉夫境内大小坡立谷共 130 余个，总面积达 1350km²。其中绝大部分分布在外狄纳里克区。由于坡立谷中都有大的落水洞、凹地，因此，面积小于 1km² 的不算坡立谷。其中规模最大的是里万伊斯科坡立谷（Livanjsko polje），长 65km，平均宽 6km，面积达 402km²。其次为奈维星斯科（Nevesinjsko）、库帕雷斯科（Kupresko）、波波夫（Popovo）（图 4），及尼克希奇（Niksic）等坡立谷，规模都很大。坡立谷中的漏斗、落水洞、反复泉数字惊人。如尼克希奇坡立谷中，有落水洞和反复泉 880 个，波波夫坡立谷中的落水洞和反复泉超过 500 个。坡立谷中的松散堆积物厚度一般数米，厚者可达 15～20m（波波夫坡立谷）以至 25m（普兰宁那坡立谷）。举世闻名的游览地波斯托伊那溶洞，已探明的总长度为 20km，施科茨扬溶洞已探明的长度 12km，其中最大的地下大厅之一高 93m，宽 60m，流经其中的雷卡河在洞内的水位变幅达 50 余米。已探明的最深的竖井深达 780m，底部水深达 50～100m。落水洞消水能力为数十至百余立方米每秒的甚为常见，如波波夫坡立谷中的多尔亚施尼察（Doljasnica）落水洞（图 5），消水能力大于

55m³/s。尼克希奇坡立谷中的希尔维耶（Silvije）落水洞进口尺寸为 16m×12m，最大消水能力可达 70m³/s，而奈维新斯科坡立谷中的比欧格雷德（Biograd）落水洞，其消水能力超过 110m³/s。规模巨大的地下暗河，也是狄纳里克区的显著的岩溶现象。如前述流经施科茨扬溶洞的雷卡河（Reka River）最大流量 300m³/s，奈雷特瓦河莫斯塔尔附近的布纳泉（Buna）最大流量也达 300m³/s（图 6）。位于亚得里亚海滨的欧姆拉泉最大流量为 150m³/s，特雷比西尼察河泉群最大总流量也超过 300m³/s。

图 4　波波夫坡立谷中段地貌

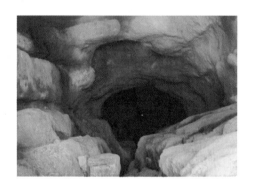

图 5　波波夫坡立谷中的多尔亚施尼察
落水洞洞口

图 6　东黑塞哥维那最大的泉水之一
布纳（Buna）泉

与此相应，狄纳里克区地下径流量远大于地表径流，如东黑塞哥维耶地区，按年总雨量得出的总径流量为 367m³/s，其中被地面控制的仅 145.5m³/s，且只分布在沿常年性河流两侧相对较小的地区。地表河流的流程短促，一般长仅数公里至数十公里，并多为断头河或盲谷。河源多为大型泉水，沿程明流、伏流相间出现，末端消失在大型落水洞或流入溶洞中，再排向低级坡立谷或直接入海。最长的一段伏流是雷卡河从施科茨扬溶洞最下一

个洞口潜入地下至亚得里亚海边出露，长达 40km。

在这种岩溶地貌—水文地质条件下，地下水的补给、运动和排泄趋势是明确的，一个典型的坡立谷通常可以划分为三个区，入流区（into flow）、反复泉水区（estavella）和排泄区（out flow）。但是由于地文期的演变及侵蚀基准面的变迁，地下水排泄的具体方向却十分复杂，可以多方向，也可以跨流域，这就给岩溶研究和岩溶地下水的开发利用带来了很大的困难。

南斯拉夫一位学者概括的狄纳里克岩溶发育特征如下：

（1）厚达数公里的碳酸盐岩。

（2）深岩溶化，低于最深河谷和海平面。

（3）强烈的构造破坏。

（4）占优势的地下水流代替了地表水文网。

（5）阶梯式的坡立谷，主要沿狄纳里克方向（NW—SE）延伸展布。

（6）落水洞，反复泉、海底泉和消失河。

二、南斯拉夫学者的若干岩溶-水文地质观点

（一）强调岩溶洞穴发育对断裂构造的依赖性

断裂构造对岩溶发育的控制作用，是一个已被公认的观点，而且已为大量的岩溶研究所证实。但是，在我们考察过程中，发现许多南斯拉夫岩溶-水文地质学家常常将地下通道与断裂构造等同看待，并且将这一观点应用于实际工作中时，又异常胆大，给我们留下了深刻的印象。例如，南斯拉夫著名学者，雅罗斯拉夫·捷尔尼水资源开发研究所所长布·顾荣久奇教授（B. Kujundjic）在介绍佩鲁察（Peruca）水库水量损失的估算方法时，认为沿断裂带的渗漏量约 2.5m³/s，占损失总量的 50%，水面蒸发约 2m³/s，占 40%，而沿裂隙岩体的渗漏量仅 0.5m³/s，占 10%。他用示意图（图 7）说明一个很长库边的岩溶水库，在进行防渗处理对，只要用一些短帷幕封堵断裂带就可基本解决地下渗漏问题。

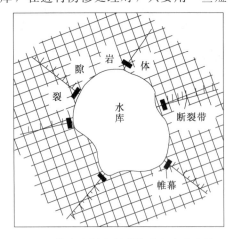

图 7　某水库周边断裂构造与水库防渗
工程布置示意图

他认为对于裂隙岩体，地下水的运动服从达西定律，因为岩体是由大量的裂隙切割成许多个岩块组成，虽然每个岩块可能有房屋那么大，但在整个岩体中如同一颗砂子，可视为均匀介质，故其地下水的运动服从达西定律。但是，如有断裂带，则会使岩体成为不连续介质，这里地下水可能是一个带，也可能是一个通道，地下水运动可能就是紊流，如果采用帷幕将断层带封堵起来，就可大大减少岩体的渗漏损失。黑山共和国尼克希奇坡立谷中的佩鲁契察水库群（Peruclca）是由三个相连的水库组成，其中的斯拉诺水库（Slano）在最初确定防渗方案时，曾认为右坝肩的帷幕长度只要伸入山体 200m 左右，封堵一条

纵贯上下游的区域性大断裂，就可以截断地下水通道，解决渗漏问题（图8）。但按这一方案实施的结果，完全失败了，库水沿库岸右侧7km长的石灰岩岸坡穿过山体，漏向16km以远的泽塔河。最后不得不又重新进行勘探设计，用了十年的时间沿库岸右侧兴建了一条长7km的帷幕。

卢布尔亚那大学土木和建筑工程系，M·布勒兹尼克（M. Breznik）教授在介绍策尔克尼察坡立谷（Cerknica）的开发改造方案时说，对于该坡立谷南侧的拉茨尼克山区（Lacnik）的地下水补排关系，地质学家们从理论上分析有两种意见：一种意见认为，从山区东侧地下暗河出口的位置和地下水的运动方向上分析，其主要通道应位于山体中部，两侧坡立谷中的地下水排向山体（图9中的Ⅰ线）；而另一种意见则认为，由于拉茨尼克山南北两侧各有一条大断裂，则其主要通道应沿这两条断裂发育，故地下水应由山区中部排向两侧的断裂带内（图9中的Ⅱ线）。由于对策尔克尼察坡立谷的改造利用方案始终有争议，上述的两种分析，究竟哪个正确未能通过勘测工作加以证实。

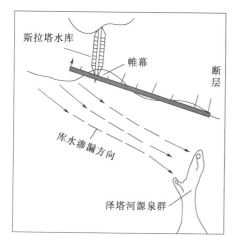

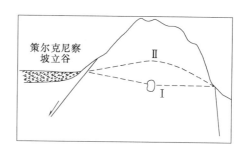

图8　斯拉诺水库（Slano）最初确定的　　　　图9　拉茨尼克山区（Lacnik）地下水补
　　　防渗方案　　　　　　　　　　　　　　　　　排关系示意图

基于他们对断裂构造的这种认识，南斯拉夫岩溶-水文地质工作者在实际工作中，很注意断裂构造的位置及其与岩溶洞穴相互关系的研究。例如，特雷比西尼察电力公司的水文地质学家佩·米兰诺维奇（P. Milanovic）博士，利用航空照片，分析欧姆拉（Ombla）泉水补给区断裂构造与洞穴分布的关系时，发现了所找出的102个竖井、落水洞和溶洞的形成、位置，都和断裂构造有关。在考察过程中我们接触到的南斯拉夫两位地球物理学家达·拉夫尼克（D. Ravnik）和杜·阿兰德耶洛维奇（D. Arandjelovic）均提出，岩溶地区物探工作的主要任务之一就是寻找断层带并以此来确定地下通道的位置。有必要指出，地质构造因素对岩溶洞穴的控制作用不单纯是指断裂带和断裂交汇带等，特别是张性断裂带（包括褶皱轴部的纵张断裂），而且也重视层面及因应力解除卸荷作用等影响，特别是河谷近岸地段及谷底卸荷带的影响。有些著作指出这种卸荷带的影响深度，可以达100m或更深。

上述介绍可以看出，尽管断裂构造对岩溶洞穴的发育有重大影响的观点并不新颖，但是南斯拉夫学者在运用这一规律时更直观、自觉和大胆。这在一定程度上，对于合理布置和减少勘探工作量，以及对于确定防渗方案和减少防渗工作量等，都有很大帮助。但是，也应指出，不论是国内还是国外的实践经验都说明，影响岩溶通道位置的因素是十分复杂的，南斯拉夫本身的经验也证明了如果过于简单地对待岩溶与断裂构造的关系，也会导致工作上的失误。

（二）强调侵蚀-溶蚀基准面对岩溶发育的控制

从南斯拉夫学者的交谈、情况介绍和著作中可以看出，他们十分强调侵蚀-溶蚀基准面对岩溶发育的控制作用。有的学者认为，侵蚀基准面的位置是决定地下水循环方向的主导因素。岩性、断层虽然同样也是直接的和控制性的因素，但不及侵蚀基准面来得重要。例如向侵蚀基准面运动的地下水流，可能中途被起着隔水作用的地质结构体所阻止而局部改变方向，但并不能阻止水流最终和侵蚀基准面相适应的关系。地壳的升降及侵蚀基准面的变化，明显地控制着地下水的补排关系和溶蚀作用的下限。不同时期侵蚀基准面的变迁，导致地面水文网的破坏和地下通道网的迁移转化，这是人们所熟知的。但是由于狄纳里克地区特定的地质、地理、地形、地貌和新构造运动等方面的特点，这种影响十分明显和突出。

佩·米兰诺维奇博士将侵蚀基准面分为三类：

第一类，绝对侵蚀基准面（absolute base of erosion），在有海底泉的情况下，侵蚀基准面为海平面与深海底泉之间的地带；在没有海底泉的情况下，侵蚀基准面就是海平面本身。

第二类，大陆地区的主要侵蚀基准面（major erosion base）包括深河谷、峡谷，例如南斯拉夫的奈雷特瓦河。这类侵蚀基准面接受大面积喀斯特地区的水流。

第三类，局部侵蚀基准面（local erosion base），包括坡立谷、高程较高的河谷、大型凹地等。局部侵蚀基准面只影响一个较小的范围，并且经常作为临时水体的输送地带。但从喀斯特发育的观点看，这类侵蚀基准面是非常重要的，因为他们对喀斯特的发育过程及控制作用影响很大。

由于侵蚀基准面的变迁和喀斯特化作用而引起的地表水文网的破坏和喀斯特通道变化的典型实例，是奈雷特瓦河和特雷比西尼察河之间分水岭地区。从斯拉托（Slato）、卢卡瓦（Lukava）、列维星科（Nevesinsko）和达巴尔斯科（Dabarcko）等坡立谷中洞穴通道的形成、发展，以及扎隆卡河（Zalomka）、布雷嘎瓦（Bregava）河的演变及消亡过程（图10），可以看出这种变化。

早期的布雷嘎瓦河有一个很大的地面集水范围。现在的奈维星斯科、卢卡瓦和斯拉托坡立谷，当时都是该河支流扎隆卡河的一部分，而达巴尔茨科坡立谷则是布雷嘎瓦河主流的河源，随着地壳上升，低级侵蚀基准面的控制作用逐渐加强，造成了喀斯特强烈向下发育和坡立谷中大量落水洞的形成及地下通道的迅速发展，从而导致地表和地下水文网大规模发生变化，这种变化的结果使斯拉托坡立谷中的水流改为通过落水洞（高程1000m左右）排向低一级坡立谷奈维星斯科（高程850m左右），而卢卡瓦坡立谷中的水流也改为通过落水洞（高程850m左右），直接排向更低一级的达尔巴茨科坡立谷（高程450m、500m）。从此扎隆卡河就丧失了最上游的两条支流，而成为干谷。由于地壳的进一步上升，特别是奈雷特瓦河成为区内主要侵蚀基准面（第二类侵蚀基准面）以后，为适应这种

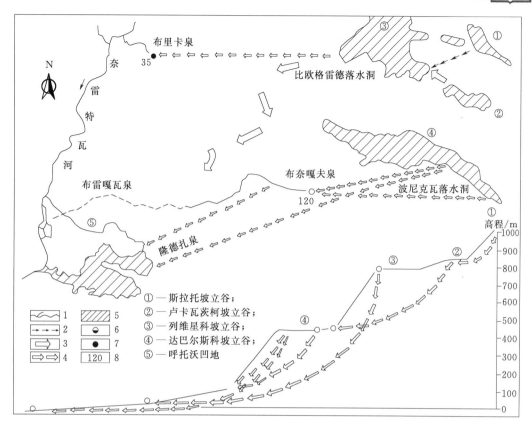

图 10　布雷嘎瓦河流域地表水文网由于侵蚀基准面的变化和岩溶过程的演化而破坏
1—长年地表河流；2—临时地表河流；3—干河谷；4—染色试验确定的地下通道；
5—岩溶坡立谷；6—落水洞；7—永久性泉水；8—海拔高程

侵蚀基准面的变化，上述不同高程的坡立谷中又发育形成了一些大型落水洞，而将这些坡立谷中的水流直接远距离地排向奈雷特瓦河。尤其是奈维星斯科坡立谷中的比欧格雷德 (Biograd) 落水洞形成后，扎隆卡河便全部消落于其中，最后排向奈雷特瓦河边的布里卡 (Bunica) 泉，这样扎隆卡河的下段也消亡成为干谷。与此同时，由于局部构造运动抬升以及达巴尔茨科坡立谷中的波尼克瓦 (Ponikva) 落水洞的形成，使布雷嘎瓦河上段也随之消亡，成为干谷。其下段目前也正在经历同样变化，例如，位于呼托沃 (Hutovo) 凹地中的高程接近海平面的隆德扎 (Landza) 泉因其位置低，正越来越多的夺走了布雷嘎瓦河下段的水流，致使布雷嘎瓦河段现已濒于死亡。

由于狄纳里克区特殊的地理位置及地貌特征，前述三类侵蚀基准面的影响同时存在，故而形成在其他岩溶地区不常见到的四种岩溶现象。

（1）可以大量见到在一个落水洞中，地下水在不同季节排向不同方向、不同高程和不同类型的侵蚀基准面。图 11 就是一个典型的例子。波波夫坡立谷中的普诺瓦尼亚落水洞，经不同季节，不同水位的大量连通试验证实，它在高水位和低水位时，地下水分别排两个不同类型的侵蚀基准面——亚得里亚海和呼托沃凹地，有十个不同的出水点。这种现象在不同高程的坡立谷中都可以见到，仅特雷比西尼察河流域就有十余处。很显然，这是在不

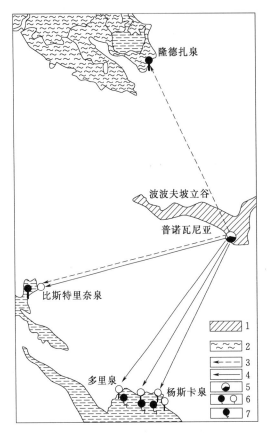

图 11 波波夫坡立谷中普诺瓦尼亚落水洞中
地下水分流现象
1—岩溶坡立谷；2—河流—沼泽沉积；3—低洪水位时期
染色连通试验通道；4—高洪水位染色试验通道；
5—普诺瓦尼亚落水洞；6—永久泉和
间歇泉；7—海底泉

同阶段落水洞的排泄水流，受到不同方向和位置的侵蚀基准面控制的结果。

（2）断头河、盲谷比比皆是。许多河流既无涓涓细流之源，又无汇入归宿之尾，这现象不仅一些较小的河流是如此，如扎隆卡河、布雷嘎瓦河，就是一些规模甚大的河流如特雷比西尼察河、亚多瓦河（Jadova）等也是如此。这种现象在其他岩溶地区也可见到，但发育得如此普遍、完好，显然与狄纳里克区的岩溶地质—水文地质条件受地貌演变和侵蚀基准面特定的变迁过程有着密切的关系。

（3）可以看到大量地表水系分水岭和地下水系分水岭不一致的现象。大者可以到两个大流域之间，小者可以到不同的坡立谷之间。例如特雷比西尼察河通过连通试验确定的地面及地下水汇水面积为 2500km²，但是地形分水岭的数字远大于此数，相当一部分地表水被相邻的主要侵蚀基准面奈雷特瓦河通过地下袭夺而去。

（4）海底泉（Submarine Spring）现象普遍。根据调查，亚得里亚海的海平面自 2.5 万年前以来上升了 96.4m，而近 1 万年以来则上升 31m，这就意味着现在位于海平面以下的很大一个部分，2.5 万年以前还是陆地，绝对侵蚀基准面的这种变化，导致大量海底泉的形成，当时是陆地的这一地带恰好位于侵蚀基准面之上不远，十分有利于排泄地下水，形成大量的泉水并一直延续至现代淹没于海面以下。海底泉由于它的运动以及具有不同的温度和颜色，一般都可在海水面上发现，有些海底泉则具有反复泉的特征和作用。海底泉的流量、成分、含盐量均随季节而变化。如巴卡尔海湾的海底泉，在冬季提供的完全是淡水，而在干旱季节，氯离子含量增加到 10000mg/L。

沿亚得里亚海岸已经发现的海底泉超过 50 个，其深度一般变化于 30～50m，其流量从数立方米每秒至 20～30m³/s。

（三）关于岩溶化基面和岩溶化深度

和其他国家的学者一样，南斯拉夫学者也很重视岩溶化深度的研究。从概念上讲，凡是岩石上见有溶蚀现象的深度，都可视为岩溶化深度。在南斯拉夫，用钻孔确定的岩石上见有岩溶化现象的深度，可以达到 2236m，或者高程在海平面以下 1600m［尼克希奇朱珀（Zupa）地区所打钻孔资料］。南斯拉夫的其他地区，如维斯（Vis）、拉夫里（Ravni）、科塔里（Kotani）、比耶拉（Bijela）、哥拉（Gora）、乌尔辛伊（Ulcinj）等地区，钻孔所揭露的岩溶化深度也大体相似。

但是，从岩溶水资源开发利用的实践角度来看，这个深度既无大的实际价值，又是研究工作难以逾越的障碍。也许正因为如此，南斯拉夫学者提出了一个岩溶化基面（Base of Karstification）的概念。他们认为，虽然岩溶作用的深度，没有一个明显的地下界面，但是存在一个过渡带的"面"以下，就没有岩溶化现象了（正确地说，应该是岩溶化现象很微弱——本文作者注）。这个面就称之为岩溶化基面。进而提出了区分岩溶化灰岩（Karstification limestone）和非岩溶化灰岩（non‐Karstification limestone）。即将岩溶化基面以下的灰岩岩体称为非岩溶化灰岩（相对于上部的岩溶化灰岩而言）。我认为这种划分是有价值的。因为在这个定义的基面以下，尽管岩体中还会见到岩溶现象，但是由于溶蚀轻微，岩体的裂隙率，孔隙率很小（应理解为包括洞穴在内的广义的空隙率，下同——本文作者注），渗透性很弱，对岩溶水资源的开发利用而言，可视为非岩溶化的岩体。这对于评价水库渗漏，进行防渗帷幕设计，分析研究地下水的运移条件，都很有帮助。

在南斯拉夫东黑塞哥维耶那地区，通过146个钻孔，398段渗透试验（5m一段），建立了岩体岩溶、渗透性和深度的关系，如图12所示。并按洞穴发育情况，广义空隙率的大小和渗透性，将近400个试段的岩体分为5类：

第1类，根据钻孔和测井资料，确定试段内含有洞穴，其大小以米计。现有的试验技术已无法取得传统意义的渗透性。

第2类，岩体的岩溶化情况，可以采用渗透试验加以确定，但这类试验其渗透性常大于水泵的供水能力。

第3类，岩体的渗透性仍很大，以致设计采用的10个大气压的压力通常无法达到。

第4类，通常可以承受10个大气压的试验压力，而渗透性大于30Lu。

第5类，渗透性小于30Lu的岩溶不予考虑，认为这只反映裂隙渗漏，标志岩体仅受局部的岩溶化的影响或岩溶化过程尚未开始。

上述398个试段中，有138段观察到空洞穴，其中57％分布在50～150m深度内。从图12可以看出，岩溶化强度随深度而减弱，岩溶化强烈及"空隙度"大的带，分布在地表11～15m范围内。在这个带中60％的钻孔无法进行渗透试验，在深度大于275m的试段中，没有出现上述5类中的任何一类。

岩体岩溶化程度随深度的变化，米兰诺维奇博士给出了一个一般经验公式：

$$\varepsilon = ae^{-bH} \tag{1}$$

式中：ε 为岩溶化系数（Coefficient of Karstification）；H 为深度，m；e 为自然对数；a、b 为系数。

根据图12及相应的试验资料，公式（1）可写为

$$\varepsilon = 23.9697e^{-0.012H} \tag{2}$$

图13为公式（2）的图解表达。从图中可以看出，地表0～10m的岩溶化系数（也称为渗透指数）（Permeability Index）大约是300m深处的30倍。如果我们将100m深度的系数 ε 定为10，从地表至300m深处的岩溶化系数见表2。

对于深度大于300m的岩体，岩溶化系数已接近于最小值，有时甚至为零。狄纳里克

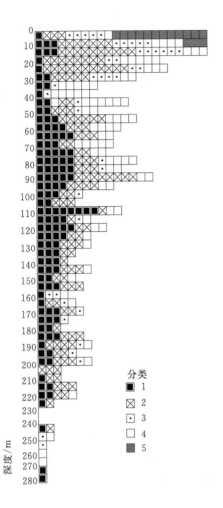

图 12　东黑塞哥维那地区岩溶、
渗透性与深度关系示意图
1～5—渗透性等级

图 13　根据东黑塞哥维那 146 孔得出的
岩溶化系数和深度关系曲线图

$y = 23.9697 e^{-0.012H}$

表 2　　　　　　　　　　岩 溶 化 系 数 表

深度/m	岩溶化系数 ε	深度/m	岩溶化系数 ε
10	30	200	2.5
50	18	250	1.5
100	10	300	1.0
150	5	＞300	＜1.0

区是以深岩溶著名的，岩溶作用的深度可达 300～500m，局部地方更深。但是这种现象的范围是不大的，往往和构造带相联系。

米兰诺维奇博士还介绍了美国学者莱格兰德（Legrand）和斯特润菲尔德（Stringfield）研究的成果，他们将岩体按深度分为 4 个带，假定最深的一带（第 4 带）的渗透性

为 x，则第三带为 $10x$，第二带为 $100x$，最上一带为 $1000x\sim10000x$。

通过大量的勘察研究，南斯拉夫学者得出结论，狄纳里克区岩溶化基面的深度不超过 250m。与之对比，美国中部阿帕拉契山脉东部岩溶谷地的岩溶化基面深 $50\sim100$m，西部岩溶谷地则为 $75\sim200$m。

南斯拉夫学者 V·伏拉霍维奇在分析了尼克希奇坡立谷的大量钻孔资料后，也得出了相同的结论。

关于岩溶化基面，岩溶化灰岩和非岩溶化灰岩的概念及其实际应用，在生产实践中是有价值的。例如，在一些深切河谷的岩溶地区论证高大河间地块的渗透，常常是一个难度很大的问题，应用这一概念，包括南斯拉夫学者研究狄纳里克岩溶区所得到的一些数字，对我们都是很有参考价值的。

（四）关于相对隔水层和弱透水灰岩的概念及应用

在外狄纳里克地区，完全隔水层一般是指各时代的碎屑沉积岩，而相对隔水层主要指白云岩。虽然那里白云岩的溶蚀情况和其他地区所见相似，有些地区岩溶化现象也很发育，难以一概而论。但是就实地考察及南斯拉夫方面提供的资料来看，大多数情况下，都把白云岩作为相对隔水层来看待的。一般来说，判断白云岩的隔水性如何，大体上以下列情况为标志：当白云岩与不透水岩体接触时，接触带处往往岩溶较发育，其中可能有大的通道及排水点（泉），如姆里尼（Mlini）附近的扎沃雷尔耶（Zavrelje）泉，普累特（Plat）附近的斯莫科沃耶拉茨（Smokovjenac）泉及策延涅附近的里普斯卡大湖等。但当白云岩体厚度较大，倾角较陡时，常常是良好的相对隔水层。尤其是当白云岩体夹于灰岩岩体中时，即使岩体厚度不大，也往往能起到相对隔水层的作用。白云岩的这种相对隔水性，对狄纳里克区岩溶的发育有着重要的影响，并在实际工作中受到重视。

例如，我们驱车沿扎隆卡河从上游向下游行进时，发现上游河段流经白云岩分布区时为地表明流，水量无损失；一旦进入中下游灰岩河段，水流沿河底众多的落水洞逐渐漏失以致最后成为干河。这就是说河流在流经白云岩分布区时，具有非岩溶区水文网的特征，一旦进入灰岩区，则完全变为岩溶区水文网特征。这种情况在狄纳里克地区，甚为常见，图 14 为比列恰水库下游河弯地段一个无隔水层封闭的河间地块的地质剖面，由于拉斯特瓦背斜（Lastva）沿分水岭延伸，核部的三叠系和侏罗系白云岩为相对隔水层，地下水从分水岭向两侧分流，尽管分水岭地区广泛出露强烈岩溶化的灰岩，但却不存在渗漏问题。

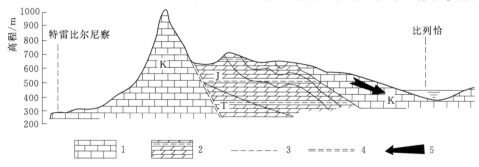

图 14　比列恰水库附近河间地块地质剖面示意图

1—岩溶化石灰岩；2—白云岩；3—断层；4—断层带；5—地下水流向

从实地所见，这里的白云岩为乳白色隐晶质，由于受到强烈的构造挤压，岩体破碎，和我国许多地方的白云岩相似，可以见到白云岩已强烈风化为白云岩粉（dolomite flour）。

波波夫坡立谷和亚得里亚海岸之间的白云岩带明显地控制了这一地区地下水的运动方向，坡立谷中段的地下水，之所以从上下游两端集中汇入欧姆拉泉，主要受到白云岩带分布状况的控制。格拉玛茨坡立谷（Glamac）中的白云岩带也成为区域性的分水岭，导致地下水排向两个不同的方向，分别流向亚得里亚海和黑海。谢延纳河与策科那（Cikola）河分水岭地段的白云岩也是相对隔水层，使分水岭区一侧的地下水排向谢延纳河，成为彼鲁契察水库一个稳定而丰富的水源。

南斯拉夫许多大坝坝基防渗的依托也常常利用白云岩。例如比列恰水库的拦河建筑物——格兰察雷沃大坝（坝高123m）的防渗工程设计，从考察中了解到，左岸及河床防渗帷幕的端点均接至白云岩。有的岩溶水库，由于邻近地区没有白云岩或白云岩出露的位置不当，难以利用，给防渗工程设计带来很大困难。例如彼鲁契察水库坝址的白云岩，埋深达400m，帷幕无法达到此深度，只好修建悬挂式帷幕，帷幕建好后，库水漏失量仍达 $1m^3/s$。彼鲁契察水库群的斯拉诺水库一岸为白云岩，防渗帷幕仅深入岸内300m左右。而另一岸由于没有相对隔水层，产生了严重渗漏，不得不用了十年时间兴建长达7km的防渗帷幕。

总之，通过考察感受到白云岩作为相对隔水层的存在，给分布着大面积巨厚灰岩的狄纳里克区的岩溶水资源开发利用，带来了巨大的好处。是岩溶区解决实际问题的有效途径之一。

弱透水灰岩（weakly permeable limestone）的概念，也是南斯拉夫学者从工程实际应用的角度出发，针对狄纳里克区的岩溶—水文地质条件提出来的。由于狄纳里克地区可溶性岩石厚度大，岩溶作用深度也很大，如果按照其他岩类的标准兴建防渗帷幕，将帷幕端点置于相对不透水岩体上，则其深度往往非常之大。从技术和经济两方面考虑，即使兴建帷幕是可能的，但也是极其困难和昂贵的。弱透水灰岩是作为锚固式帷幕（anchored grouting curtains），即我们通常称之为封闭帷幕的下限提出的［相对于悬挂式帷幕（hanging grouting curtains）而言］。

南斯拉夫卢布尔亚那大学教授布奈兹尼克在与我们交谈中，介绍了他提出的确定弱透水灰岩的三个标准：①岩体中没有大的洞穴；②岩体单位吸水量小于5Lu；③岩体在最低地下水位以下10～20m。他在提交第十三届国际大坝会议的论文《喀斯特地区地下坝和其他截水建筑物稳定性和危害》一文中提出："锚固帷幕的定义是在深度上达到不透水层。在喀斯特地区，完全不透水层常常分布在很大的深度上，我们把那些深度上达到弱透水碳酸盐岩石的帷幕也看作是锚固帷幕"，并给出确定弱透水灰岩的7个标志，满足其中之一即为弱透水灰岩。这7个标志是：

（1）岩体中的溶蚀裂隙被抗冲刷的沉积物所充填。

（2）没有洞穴学家可以直接进入或直接测量其深度的洞穴。

（3）在钻探过程中很少发现或只发现很小的洞穴。

（4）岩体的视电阻率升高。

（5）压水试验的单位吸水量小于1～5Lu，而且这个标准也不是固定不变，可以根据建筑物的重要性或水库对岩体不透水性的要求来确定。1Lu大约相当于达西定律的渗透系数 $K=10^{-5}cm/s$，实际上代表岩体中100mm的距离内有0.2mm的裂隙。

（6）深入最低地下水位以下不大的深度。

（7）预期的漏失水量不大，并且从经济上是可以接受的。

他在总结了狄纳里克区岩溶化的深度后指出，尽管狄纳里克区可溶性岩层的厚度可达几千米，但是，并不是在整个厚度上岩层都被岩溶化了，因而在一定深度上可以找到弱透水灰岩。

从以上介绍可以看出，弱透水灰岩不论从定义上还是从判断标准上，都是一个相对的概念。它包含着岩体岩溶化程度的相对强弱，和建筑物防渗工程的经济合理性两个方面的因素。从一个科学术语定义的严密性来看，显然是有缺陷的，但是从经济有效地进行岩溶坝基和水库的防渗工程设计角度看，仍有其可借鉴的价值。

表3是南斯拉夫几个较典型的岩溶水库帷幕深度及建成后的漏水量统计。

表3 南斯拉夫几个较典型的岩溶水库帷幕深度及建成后的漏水量统计

库　名	水头/m	帷幕深度/m		建成后估计的漏水量 /(m³/s)
		河床	两岸	
彼鲁契察	55	200	30	1
格兰察内窝	100	40～150	70	0.1～0.5
克鲁斯契察	77	80	30	0.5
姆拉丁涅	208	132～200	50	0.1
克鲁帕茨	12	30		1.2

（五）关于最低地下水位以下的岩溶发育状况

在前述的介绍中，已多处提到南斯拉夫学者的一个论点，即最低地下水位以下的岩溶现象不发育，岩溶作用迅速减弱。从理论上讲，最低地下水位的位置，不仅取决于排泄基准面的位置，而且在更大程度上取决于岩体内强排水道的位置。活动的强排水道（大的暗河、溶洞及集中渗流带等），就是岩体一定范围内的局部侵蚀基准面，它常常决定了周围岩体中最低地下水位的高程，因此在最低地下水位以下，一般不再有连通性极好、活动强烈的大型岩溶排水系统也是可以理解的（不等于没有孤立的或连通性较差的大洞穴，更不是岩体不透水）。一般地说，最低地下水位位于非岩溶化灰岩顶板之上不远。有的南斯拉夫学者把最低地下水的含水层称之为静止蓄水含水层。这是一个地下水运动循环交替缓慢的含水岩带，厚度不大，岩溶作用相对微弱，如图15ⓒ带。

从典型的电测井曲线上也反映出，最低地下水位位于非岩溶化灰岩顶板之上不远，地下水位以下的岩溶较其上相对微弱，如图16所示。

大量的实际统计资料也表明，不论是洞穴的数量还是洞穴的规模，在最低地下水位下都迅速减少（小）。伏拉霍维奇在分析了尼克希奇坡立谷的大量钻孔资料后，得出的结论是：在最低地下水位以上的地带，岩溶通道和洞穴的数量是最低地下水位以下岩带的3.3倍。Bsko、Bloto水库位于南斯拉夫最大的坡立谷——里万伊斯科坡立谷的西南部，通过勘探和多年的观测确定，坡立谷入流区的最低地下水位，在地表下20～60m，而出流区的最低地下水位则在地表下80～100m，在出流区通过压水试验确定的大漏水区段，可达最低地下水位之下20m左右。美国岩溶地质学家莱格兰德和斯特润菲尔德从孔洞的类型和循环型式进行的岩溶-水文地质分带中，分为6种类型的岩溶-水文地质带，其中的第一带

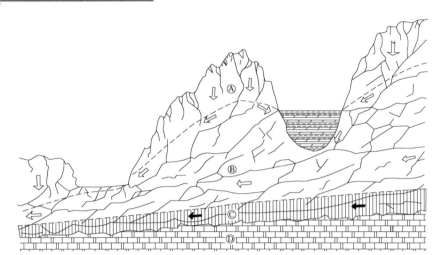

图 15 岩溶坡立谷区地下水循环示意图

Ⓐ—包气带；Ⓑ、Ⓒ—岩溶含水层（B 为水流交替强烈带，C 为水流交替缓慢带）；
Ⓓ—岩溶化基面以下的带

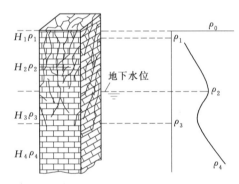

图 16 测井曲线与岩体岩溶化程度分带示意

$H_1\rho_1$—地表浅处岩溶强烈发育和风化破碎岩带；

$H_2\rho_2$—含水层之上强烈岩溶化灰岩带；

$H_3\rho_3$—地下水位以下的含水层带，

岩溶作用较之第 1、第 2 带弱；

$H_4\rho_4$—非岩溶化灰岩

为岩溶通道式主干网络型，特别是在地下水位附近；第二带则为地下水位以下，岩体的总体渗透性随深度增大而迅速降低。

基于这种见解，南斯拉夫流行的防渗帷幕下限的标准之一，是深入最低地下水位之下一定深度。例如尼克希奇坡立谷的几座水库，克鲁帕茨水库最低地下水位埋藏于坡立谷地面下 8m，防渗帷幕深 30m，低于最低水位 22m；西诺卡水库地下水位低于谷底 49m，防渗帷幕深 75m，低于最低地下水 26m；斯拉诺水库的防渗帷幕深入到最低地下水位以下实际的不透水岩层。设计中的普兰宁那水库，最低地下水位位于谷底之下 10m，设计帷幕深 45m。

在理解和运用这一观点时，有以下两点要特别指出：

（1）由于狄纳里克区特有的地质—地形地貌特点，不仅地下水位的埋深很大，而且水位涨落的变幅也很大。例如在东黑塞哥维那地区统计的 135 个钻孔，63.7％的最低水位埋深超过 100m，24.4％的钻孔最低水位埋深超过 200m，而最高与最低地下水位之间的涨落变幅最大可达 308m。在这种情况下，如果测到的不是通过长期观测确定的最低地下水位，做出的结论显然也是错误的，所以必须十分强调取得最低地下水位资料。

（2）采用最低地下水位之下一定深度作为防渗帷幕的下限时，还应结合工程的重要性和防渗帷幕的作用予以考虑。如果防渗帷幕主要作用是用来控制渗漏损失量，采用上述这个标准是完全可行的；如果防渗帷幕的作用是以降低扬压力为主时，单单考虑这一标准则可能是不够的，还必须结合水工建筑物的稳定要求来综合考虑。

（六）关于岩溶含水层，地下水位和地下水等水压（位）线图

通过考察了解和参阅文献资料，可以看出南斯拉夫的许多学者是承认岩溶化灰岩的岩体中存在着有联系的统一的地下水位及相应的岩溶含水层，并且把这种有联系的地下水位的研究当作一个十分重要的手段用于岩溶含水层水动力学的研究中去。在这方面，他们的许多观点和研究方法与国内的许多岩溶-水文地质工作者的看法是一致的或者是相近的。

诸如他们认为岩溶含水层是由内部相互联系的，规模和类型均不相同的破裂面（广义的空隙）、洞穴和通道构成的网络汇集而成的，可以近似地把它看作是一系列形态和容量均不等同的地下水库，这些水库又依次被众多的不同尺寸的水管联结成一个复杂的网络系统。个别的只有单一进口和出口的管道是极为罕见的。由于岩溶化岩体中水的运动只产生在彼此有良好水力联系的网络中，同一含水层中的自由水面就可以近似地看作是统一的测压水头线。测压水头线的坡度可以在很大的范围内变化，并且由于通道和裂缝、空隙的几何形态及摩阻力的多变性，而出现突然飞跃的变化，局部区段的坡度偏离总坡度的现象在岩溶含水层中是常见的。也就是说，岩溶含水层中的自由水面不是一个轮廓十分清楚的连续界面，但是它有一个总的区域性和局部性的倾斜方向，即倾向排泄基准。一个输水能力高的岩溶管道对于其周围以裂隙性空隙占优势的岩体就是一个局部的侵蚀基准面。一定范围岩体内地下水位或测压水面的形态及其变化，即受控于这个局部的侵蚀基面，这就更增加了地下水面形态的复杂性，但也提高了地下水位在岩溶研究中的地位和作用。图 17 为特雷比西尼察河的一个水文地质横剖面，这个剖面典型地反映了岩溶含水层测压水头线的复杂性，它们之间既有联系，又可以在一个很短的距离内发生跳跃式的变化。

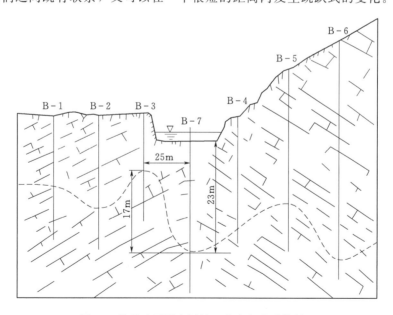

图 17　特雷比西尼察河的一个水文地质横断面

由于岩溶含水层中地下水位埋藏的深度、涨落幅度及速率的大小以及水位线的坡度，方向和形态特征等，直接与大气降雨和地表水文网密切相关，故它相当敏感地反映出了岩体透水性、岩溶发育状况以及地下洞穴和通道的空间位置等。因而在他们那里很重视岩溶区地下水位的研究，包括大范围内地下水文网的长期观测。如前面所提到的东黑塞哥维那地区100多个钻孔的区域水文地质观测网，波波夫坡立谷与亚得利亚海边欧姆拉泉之间的区域水文地质观测网等大型水电工程勘测阶段的水文地质观测工作，以及工程建成以后对库区及坝址上下游的水文地质观测网等，都是工作量很大且花费时间也是较长的。南斯拉夫取得地下水位资料的基本方法，仍然是利用钻孔。不过他们习惯于将观测取得的地下水位称之为测压水头，这种称呼较之简单地称为地下水位是要严格和准确得多。这是因为国内外都有一些学者用松散地层孔隙含水层中的自由潜水面这一标准来衡量岩溶含水层时，不承认岩溶化岩体中有统一地下水位和含水层的存在，因此将存在于彼此沟通的网络"管"内由压力传递的连通管式的水面，称之为测压水头线是恰当的。实际上，由于岩溶含水层，岩体透水性极不均一，即使在岩溶化程度极高的岩体中，也不是地下水位以下的每条裂隙，每个孔洞中都充满着和含水层相联系的水体。正因为如此，南斯拉夫学者和我国的广大岩溶水文地质学家一样，从长期的生产实践中认识到，要想取得岩溶含水层中真正的地下水位，对钻孔的数量、深度和位置的选择是十分重要的。M·米兰诺维奇在他的著作中列举了3种测压水位背离含水层真正水位的原因：①孔壁透水性的差异，当含水层的水位随外界条件发生变化时，孔壁周围岩体透水性好的钻孔水位能代表真正的地下水位，而透水性差的孔壁，则会形成钻孔中的假水位；②钻孔没有深入到真正的含水层中，而仅终止在一块非岩溶化的岩体内，没有大的裂隙直接或间接地与含水层相通；③孔壁及孔底被淤积堵死。

从我国大量的实践经验来看，影响灰岩地区钻孔出现假水位的情况，远不止上述3种。但最终的结论是一致的，即"有效的测压钻孔应该是那些和含水层接触的钻孔""在岩溶地区，单个的钻孔不意味着成功的勘探，其孔中测量到的水位涨落，也不能提供判断含水层水文地质特性的有意义的资料"。

在狄纳里克地区，地下水位的埋深，变幅及变率都很大。例如东黑塞哥维那地区最大的钻孔深度为500m，地下水位最大涨落变幅达300m，最大涨落变率为80m/d，这就给地下水位的观测和动态研究带来了很大的困难，客观上迫使南斯拉夫学者为此必须去研究更先进、更可靠的水位自动观测记录仪表。为此，我们在考察期间看到他们许多自动记录地下水位方面的仪器仪表。同时，也注意了他们对地下水等水位线的应用。很多单位在实际工作中，也借助于这种水文地质图件，作为分析研究岩溶水文地质条件及防渗工程设计时的重要参考。水文地质学家伏拉霍维奇院士给我们看了一张伏尔塔兹水库的地质图，其上划有地下水等水位线。从地下水位线图上可以看出，水库建成后，库水是通过右侧山体的大量岩溶通道向十余公里以外地区渗漏，清楚地显示出许多指向山体内地下水位呈现的凹槽，每一个凹槽都是一个可能的现在活动着的集中渗透通道。另外贝尔格莱德的雅罗斯拉夫·捷尔尼水资源开发利用研究所在利比亚承包的城市供水工程中，利用地下水等水位线图，为确定地下通道和富水带的空间分布，确定最合理的取水建筑物的布置地段，提供了可靠资料。

从以上实例，可以看出南斯拉夫学者对地下水等水位线图的实际应用，和我国许多单位类似，主要用来寻找和圈定地下水集中渗流带。

（七）关于水库向邻谷渗漏问题

在评价水库库水穿越地形分水岭向岭谷或低级坡立谷渗漏的问题上，某些南斯拉夫学者（如 M·米兰诺维奇博士）从自身的实践中，似乎得出一种概念，即河间地块内有地下分水岭和没有地下分水岭二者在性质上迥然不同。对于在天然情况下如果地下水位即已低于河水，河水从河床或岸边呈单面斜坡直接排向邻谷或下一级坡立谷时，他们认为这种情况下有渗漏问题存在，且较严重；如果两岸地下水位高于河水。地下水从分水岭区排向河床的河段，特别是一些峡谷型水库，他们则比较乐观，认为不会有渗漏问题或者渗漏问题不严重，至于分水岭地区地下水位是否高于设计蓄水位，他们通常并不重视，常常是并不清楚的。上述这种对河间地块渗漏问题的看法是作者与他们交流中，个人得出的一种印象，并未见诸于他们任何文字材料。

例如计划在扎隆卡河上兴建一座水库，坝高 75m，库容 1.8 亿 m³，曾勘探比较了上下游两个坝址，上坝址上距白云岩带 1km，通过勘探试验，发现河谷地段地下水位低于河床（在枯水期河床为干河床），但地下水的运动方向主要是沿河流方向。左岸山体打钻孔，发现地下水是由山体补给河床的。但过了上坝址之后，下坝址通过钻探及连通试验，发现地下水流向突然折向左岸山体，向下游河弯呈平面倾斜。尽管下坝址可以得到更大的库容，但从防渗的角度考虑下坝址过于复杂，上坝址简单得多，于是选定了上坝址。

南新拉夫最高的大坝姆那丁涅拱坝，坝高 220m，位于比瓦（Piva）河上，与邻谷塔拉河间最短的距离仅 3～5km，由于河间地块地形高出河床达 500～800m，勘探及物探均无能力进行现场工作，他们根据地质结构和岩溶发育的一般规律，也根据坝址区两岸钻孔资料判断，这里不存在地下水位向邻谷呈单面倾斜的条件，于是做出库水不会向塔拉河渗漏的结论。水库建成后证明这一结论是正确的。

这种不成文的看法，对于在灰岩峡谷区兴建大坝，评价水库是否会向邻谷产生大的渗漏等是很有价值的。可惜没有来得及与他们充分交换看法，探讨他们这种观点的理论依据和实用条件。

三、结语

上面介绍的南斯拉夫学者的若干岩溶—水文地质观点，是通过实地考察、座谈交流，以及从南方赠送的文献资料中概括出来的。有一些观点他们论述得比较明确，而有一些则是考察组的同志或作者本人感受形成的，理解不一定正确。这些观点中有一些是从丰富的生产实践中形成的，有坚实的第一性资料做基础；有一些则还需要继续研究探讨。

长江西陵峡姜家坡–新滩滑坡的初步调查

陈德基　杨天民　薛果夫　任　江

1985年6月12日凌晨，湖北省秭归县境内长江西陵峡上段兵书宝剑峡出口北岸新滩镇发生了大规模滑坡（图1），滑坡总体积约1800万 m³，摧毁了新滩镇；推入长江65.00m 水位以下的土石体积约260万 m³。由于事前对滑坡地段做过详细的地质勘测工作，建立了严密的监测网进行长期观测，有较为准确的预报，因而使滑坡造成的损失减到了最小的程度。

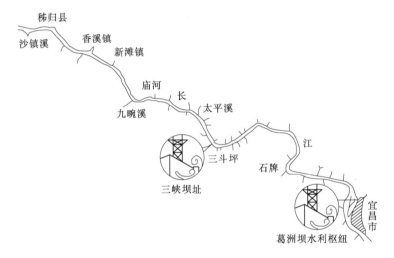

图1　滑坡地理位置图

滑坡发生后，长办及时组织多年在该地区工作的技术人员奔赴现场，开展了地质调查、陆地摄影、地形测量及物探等工作，对滑坡过程、规模、成因及近期内的发展趋势进行调查研究，取得了初步成果。

一、地质概况

该滑坡区处于黄陵背斜西翼，岩层走向北东 10°～20°，倾向北西（上游），倾角 30°左右。出露基岩从东到西依次为志留系砂页岩、泥盆系砂岩、石炭系灰岩及二叠系灰岩与煤系（图2）。西部泥盆系至二叠系的砂岩、灰岩组成高达 300～450m 的陡崖；东部志留系页岩形成缓坡和洼槽。西侧陡崖区由于北北东和北东向两组裂隙发育，崖脚又有软弱页岩及煤层，在沉陷、溶蚀、卸荷及重力作用下，长期不断崩塌，形成姜家坡–新滩堆积大斜坡。

原文载于《水力发电》1985 年第 10 期。

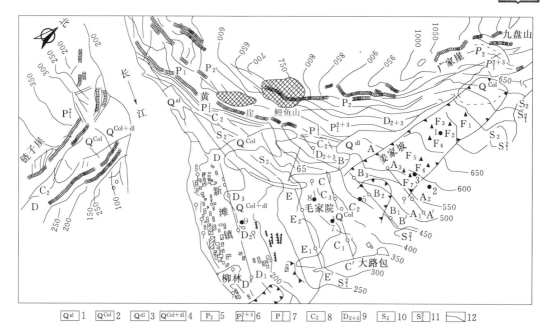

图 2　新滩长江南岸链子崖危岩体与北岸姜家坡滑坡地段工程地质略图

1—第四系冲积层；2—崩积层；3—坡积层；4—崩、坡积层；5—二叠系上统灰岩；6—栖霞组与茅口组灰岩；
7—马鞍山煤组；8—石炭系黄龙组灰岩；9—泥盆系石英砂岩；10—志留系纱帽组砂页岩；11—罗惹
坪组页岩；12—地层界限；13—第四系与基岩分界线；14—岩层产状；15—断层；16—煤洞口；
17—钻孔及编号；18—下降泉；19—滑坡（1935年发生的）；20—正在发展中的
姜家坡滑坡边界；21—危岩张裂缝；22—危岩体编号；23—视准线及编号；
24—滑坡体地表观测点及编号

斜坡近南北向展布，由后缘高程 900.00m 一直向南延伸至江边，长约 2km。北窄（宽 200～300m）南宽（沿江宽 800m 左右），堆积物厚一般 30～40m，最厚可达 86m，总体积约 3000 余万 m³。斜坡中部姜家坡处，地形为一陡坎，坎高 40～60m，坡角 50°～60°。从姜家坡陡坎至后缘广家崖脚称斜坡上段（下同），前部地形平缓，坡度约 15°，后部则较陡，坡度达 40°，堆积物体积 1300 余万 m³；陡坎下至原新滩镇称斜坡下段（下同），地形略有起伏，平均坡度 23°左右，体积 1700 余万 m³（图 3、图 4）。

（a）滑坡发生前

（b）滑坡发生后

图 3　新滩滑坡发生前、后的全景照片

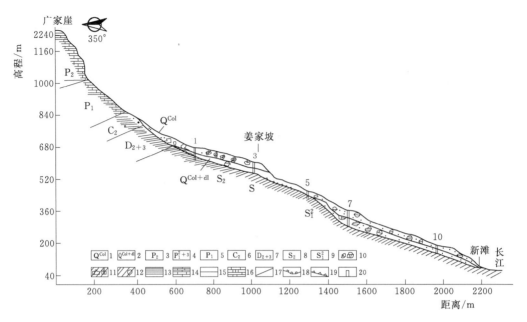

图 4　姜家坡—新滩斜坡地质剖面图

1—第四系崩积层；2—崩坡积层；3—上二叠统；4—下二叠统栖霞茅口组；5—马鞍山组；6—中石炭统黄龙组；

7—中上泥盆统；8—中志留统纱帽组；9—下志留统罗惹坪组；10—灰岩块石；11—灰岩碎块石夹土；

12—灰岩、砂岩碎块石夹土；13—页岩；14—石灰岩；15—煤层；16—砂岩；17—岩性推测界线；

18—姜家坡滑坡推测滑坡床；19—老滑坡床（1935 年发生的）；20—钻孔及编号

整个堆积斜坡体，尤其是斜坡上段，下伏基岩面较陡（19°～35°），又长期接受后缘陡崖崩积物的补给加荷，致使其稳定性较差。新滩长江两岸，史书上曾有多次山崩、滑坡，碍航断航的记载。近代较大的滑坡，发生于 1935 年农历六月初三连续 7 天暴雨之后，地点在姜家坡陡坎前缘及临江、柳林两处。前者体积约 150 万 m³，后者体积约 20 万 m³。西侧及后缘陡崖，近几十年来，也曾多次发生过体积数万至数十万立方米的崩塌。

二、勘测研究与监测

鉴于新滩堆积大斜坡的地理位置及其稳定状况对长江航运至关重要，又是距三峡大坝较近（27km）的一个规模较大的可能失稳岸坡，有关部门对其稳定状况极为关注。

水利部长江流域规划办公室为研究和监测新滩地段岸坡的稳定性，1968—1982 年先后进行了比例尺 1∶2000 工程地质测绘和勘探（钻孔 9 个，进尺 436m；探井 16 个，土石方 665m³），正式提交了《长江西陵峡北岸新滩黄岩地区岸坡稳定性研究报告》，并从 1977 年 11 月起，在斜坡上、下段分别布设了 A、B 和 C、D 4 条视准线，每月观测 1 次。1982 年 7 月，该项观测工作移交给湖北省西陵峡岩崩调查处（简称岩崩调查处，下同）后，仍继续承担观测方案的研究、成果分析和有关的技术指导。1983 年以来，斜坡上段堆积体弧形拉裂圈形成，为研究这一地段是否具有整体滑移性质及其对斜坡下段稳定性的影响，1983 年 11 月长办会同岩崩调查处，在上段弧形拉裂圈内增设了 8 个交会观测点（由北而南依次为 F_1、F_2、…、F_8）；在下段 C、D 两观测线间增设 E 观测线，并将全部观测点改为三角交会法观测，从而构成一个系统的监测网。岩崩调查处于 1984 年 7 月开始监测。

1984 年，为配合三峡工程初步设计，再一次对北岸新滩姜家坡滑坡和南岸链子崖危岩体进行了稳定分析计算，并按比这次实际滑坡严重得多的假设条件进行了涌浪试验和计算。

鉴于地表弧形拉裂缝继续下沉，1984 年增设的 8 个位移观测点变形显著，并具有后部位移量大于前部的特点，表明后缘土石体急剧向前推移挤压，产生大滑坡的趋势已经明显。针对这一情况，长办于 1985 年 3 月 1 日向湖北省人民政府提出明确报告：斜坡上段堆积体发生较大坍滑的威胁正在增长，请督促抓紧新滩镇的撤离工作，力争在今年雨季来临前全部完成。

上述勘测研究工作，为预报这次大滑坡的发生奠定了坚实基础。其后岩崩调查处和秭归县人民政府组织当地群众进一步加强现场监测，力争准确预报，并采取了一系列应急、应变措施，从而保证了滑坡发生前有较充裕的时间做好新滩镇居民的转移安置工作。

三、滑坡基本情况及原因分析

（一）基本情况

这次姜家坡-新滩滑坡是斜坡上段崩坡积体长期变形发展的结果。地质调查和多年观测资料表明，斜坡上段变形显著，如位于姜家坡前缘陡坎顶部及坡脚的 A_3、B_3 点，1977 年 11 月至 1983 年 7 月累计向长江方向水平位移量分别为 2805mm 和 2278mm，弧形拉裂圈内的 $F_1 \sim F_8$ 观测点，1984 年 7—11 月，各点水平位移从后缘 3.71m（F_1）向前递减为 1.45m（F_8）。而同期斜坡下段的 C、D、E 三线，除了 C_2、C_3 有少量变形外，其余各点均无明显变形，这表明下段大部分地段处于相对稳定状态。

斜坡上段不稳定堆积体，在以往的勘测成果中，被称为"正在发展中的姜家坡滑坡"。从 1977 年开始建立监测网至滑坡发生前，其发展过程大致可分为 4 个阶段：

（1）缓慢变形阶段（1982 年雨季前）。后缘见有小型裂缝，前缘出现零星坍塌。A_3、B_3 点水平累计位移量分别为 1324mm 和 1075mm；平均位移月变率分别为 24mm 和 19mm。

（2）变形发展阶段（1982 年雨季至 1983 年 6 月）。后缘拉张裂缝明显，两侧出现断续裂缝和羽状裂隙，前缘陡坎有小型坍塌（A_3 点标墩被毁）。A_3（A_3'）、B_3 点累计位移量分别为 1593mm 和 1046mm，平均位移月变率分别为 133mm 和 87mm。

（3）变形加剧阶段（1983 年 7 月至 1985 年 5 月中旬）。滑体后缘及东西两侧裂缝不断发展成为一完整弧形拉裂圈，中部出现长 100 余 m 的纵向裂缝；前缘陡坎小规模坍滑经常发生，如 1983 年 10 月 6 日 A_3' 点西侧坍滑体积约 1200m^3，喷出黄泥水。A_3'、B_3（B_3'）累计位移量分别为 2502mm 和 2877mm；平均位移月变率分别为 110mm 和 239mm。$F_1 \sim F_8$ 点，从 1984 年 7 月 2 日至 1985 年 5 月 14 日由后缘 6.9m（F_1）向前缘递减至 2.6m（F_8）。

（4）急剧变形阶段（1985年5月中旬至大滑动前）。滑体后缘加快下沉，伴有声响。从5月14日至6月11日，A_3'、B_3'位移量分别高达8.7m和13.7m。前缘陡坎下，高程380～400m地面潮湿，有鼓胀现象；6月10日凌晨4时15分，A_3'西侧脚下经多次喷水冒沙后，发生了约60万～70万m^3的滑坡，其滑动物质沿西侧三游沟而下，毁坏民房一间，滑坡前舌抵达距江边150m左右的河漫滩。

整个大滑坡开始的时间，据调查约在12日凌晨3时45分左右（周坪地震台有振动记录的开始时间是3时51分58秒，结束于56分5秒，历时4分5秒），上段弧形拉裂圈内1100万m^3土石体沿基岩面下滑，推动迫使姜家坡坎下至毛家院约280万m^3的土体在高程370m左右被剪出，并向南滑走（图5）。这部分土石体的滑走，导致上方1100万m^3土石体加速下移。一部分滑坡物质从高程630m处沿西侧三游沟以碎石流的形式向下冲击，并将6月10日停积在沟口的物质一并带入江中，引起高达30m左右的涌浪；另一部分就近堆积在姜家坡前缘脚下；其余部分覆盖在毛家院以下斜坡上。

滑坡前后的地物标志对比也表明，姜家坡坎下至毛家院剪出口（高程500～370m）的土石体主要向南滑动，并在原新滩中学一带滑坡体东缘形成一条明显的翻土埂，高出原地面3～8m。而姜家坡坎上的土石体，则主要向南西方向滑动；滑移距离和速度都是下大上小，滑移最远的地物标志约200m。

按滑动面为崩坡积物与基岩的接触面进行反算，得出大滑动前的临界摩擦系数$f=0.34$，黏聚力$c=0.2kg/cm^2$。根据地震台走时曲线记录及地物位移量综合分析，滑坡整体下滑速度为5～7m/s；滑坡物质沿西侧沟的最大运动速度约30m/s。

斜坡下段，在上段滑坡物质的加荷推动下，遭受了不同程度的扰动，形成特征迥然不同的3个部分。

（1）西部三游沟，经10日、12日两次滑坡碎石流冲刷，明显拓宽，以至扫动了西侧的部分基岩，沟头普遍削深，沟口堆积加高。

（2）中部高家岭一带和滑坡前相仿，仍为一垄状地形，宽50～60m，高出两侧10～50m，呈北东60°方向延伸；向上与毛家院连成一体。其组成物质为密实的紫褐色夹碎石土，未见明显扰动的痕迹。除局部地段被铲削，高程降低外，基本上保持了稳定。

（3）东部，下段斜坡后缘由于受到上方滑坡物质的冲击荷载，部分失去平衡，沿毛家院东陡坎（坎高30～40m）形成一高30～55m的滑壁。壁上出露黄-紫褐色土夹碎石，系滑坡前该处的原堆积物，结构紧密；其上见有擦槽、擦坎。经滑坡前后地形对比，此滑壁的走向、位置、形态与原毛家院东陡坎基本一致。后缘滑壁至原新滩镇一带长650m的地段，各部牵动深浅不一。由于缺乏勘探资料，其深度难于准确估计。初步判断，除了后缘和前缘新滩镇一带牵动较深外，一般受牵动深度不大，大部分地段的下部堆积物仍保持原相对稳定状态。

这次滑动，在平面上牵动的范围，为原圈定的第四系崩坡积物范围的66%，自上而下大体可分为三个不同的运动特征区（图5）。

（1）高程380～370m剪出口以上的主滑区，约有1380万m^3的土石体主要沿基岩接触面整体滑动。后缘滑壁高40余m，东侧壁高15～25m，西侧壁一般高30～40m，最高达60余m；中部横向裂缝切割呈阶梯状，前部（高程500m左右）为宽约180m、长

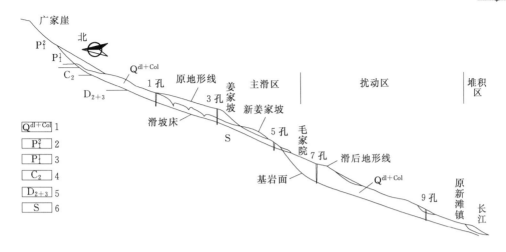

图 5　姜家坡-新滩滑坡地质纵剖面图

1—第四系崩坡积碎块石及土；2—二叠系灰岩；3—二叠系页岩及煤层；4—石炭系灰岩；

5—泥盆系砂岩；6—志留系砂页岩

250m 的平台和高约 30～50m 陡坎，称为新姜家坡。经滑坡前后地形对比，滑走土石方体积约 480 万 m³，残留约 900 万 m³。

（2）高程 370～90m 为扰动区，系在上段滑出土石体的加荷及滑动过程中牵动影响下，形成若干个次级滑坡，滑动土体估计 420 万 m³。滑后地形与原地形相比无大的变化，有降（削）有升（堆），成为一坡度更趋均匀的斜坡。经土石方平衡，这一地段比原来增加了 140 万 m³，主要堆积在前部。

（3）高程 90m 以下至河床为堆积区，沿江方向长约 720m，水上部分南北方向平均宽37m，最宽 90 余米，一般比原地面高 10～20m。堆积总方量 340 万 m³，经全区土石方平衡计算及实测水下地形对比，两种方法相互印证，停积在高程 65m 以上至原新滩镇间的原河漫滩上约 80 万 m³；高程 65m 以下的水下体积约 260 万 m³。入江方量最多处位于三游沟出口处，堆积物已占据 65m 水位以下水下断面的 1/3（图 6）。

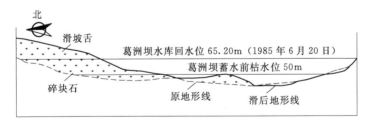

图 6　滑坡前后河床横断面对比图

（据交通部长江航政局宜昌航政分局资料）

关于涌浪，据调查，最大浪高出现在滑坡入江方量最大的三游沟对岸。浪高 30m 左右（浪击高度 36～38m），向上游及下游迅速衰减。下游 1km 处（南岸）浪高 7m，7.5km 处浪高 2m，11km 的庙河浪高 0.5m，再向下游无明显反映；上游 4km（香溪河口）浪高 5m，13km（秭归县城）浪高数十厘米，再向上游因河道转弯，涌浪已不明显

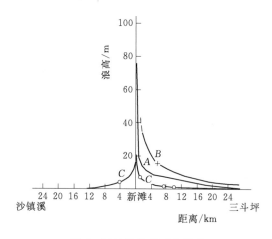

图 7 滑坡涌浪衰减曲线图
A—估算衰减曲线，入江方量 1600 万 m³，
入水速度 100m/s；B—试验衰减曲线，
入江方法 1600 万 m³，入水速度
67m/s；C—新滩 1985 年 6 月
12 日涌浪衰减曲线

（图 7）。

（二）滑坡产生的主要原因

（1）斜坡上段长期以来不断接受九盘山—广家崖崩塌物质补给加荷，堆积体下伏基岩面较陡，堆积体底部与基岩（志留系页岩）之间为碎石与黏土，或黏土夹页岩碎片，透水性弱，抗剪强度低，致使姜家坡陡坎以上土石体长期处于缓慢变形过程中。

（2）水文地质条件改变。姜家坡前缘原有一较大的泉，近几年逐渐枯竭，表面土石体位移变形，已使排水通道阻塞。

（3）该地属鄂西暴雨区，降雨量充沛，雨水下渗，增加了土体的动水压力，降低了滑动面抗剪强度。每年的雨季变形加速—雨季后变形减缓的规律，说明降雨入渗对姜家坡以上土石体的稳定影响显著。

这次滑坡前夕虽无久雨大雨，但 5 月进入雨季至滑坡发生前已降雨 400 余 mm，尤其是 5 月中旬一次中到大雨，无疑对已处于缓慢整体滑动的土石体起了进一步的促发作用。

四、滑坡的发展趋势

目前滑坡体尚未完全进入相对稳定状态。主滑区尚有 900 万 m³ 土体仍保留在高程 370m 以上的斜坡上。其稳定条件与滑动前相比，有利方面是原堆积体已滑走 1/3，后缘高度降低 40 余 m，主动土石体减少，重心降低；同时，土体内有众多横向裂缝和滑落梯坎，提供了较大的压缩空间和分块滑动的条件。不利方面是滑动后滑床的抗剪强度进一步降低，原有的地表、地下水排水系统遭到破坏，土体结构松散，裂隙众多，易于渗水、饱水；同时，滑坡物质在高程 500m 处形成新姜家坡陡坎，坎高约 50m，坡角约 45°。这一部分土体在久雨大雨情况下，可能还会以两种方式再活动：一是滑坡；二是泥石流。

沿江一带的滑坡土体，颗粒较细，结构松软，前缘坡度较陡（约 25°），在久雨、饱水和受江水冲淘后，也将不断产生调整性坐落下滑。

上述两部分土体是目前稳定性最差的地段。短期内当其以滑坡形式再复活时，在一般情况下，将具有分段分块的特点，危害性较小。如果在久雨饱水的情况下，以泥石流型式移动，则下移方量可能较大，初步计算，在较坏的条件下，新姜家坡陡坎以上土体下滑方量可能达 300 万 m³ 左右。由于目前江面狭窄，断面显著减小，严重碍航以至短期断航的可能性是存在的，应引起重视。从现在掌握的资料分析，短期内再一次产生类似于 6 月 12 日或比其更为严重的大规模、突发性、较高速度失稳的可能性甚小。从长远看，由于该滑坡体仍有近千万立方米土体未做任何整治，在多种不利的自然因素综合影响下，仍有较大规模滑动的可能。为确保长江航运的安全，除了目前正在严密监测外，建议汛后应采取必要的整治措施。

姜家坡-新滩滑坡发生于峡谷区崩坡积层中，在三峡和国内其他许多地方都具有一定的代表性。对这一滑坡的勘测研究表明，滑坡体大滑前都有一定时段的变形过程或前兆，这就给人们研究和预报滑坡运动特征及趋势提供了有利的时机和条件，对具有重大影响的大型崩塌滑坡体，在充分研究其边界条件及形成过程的基础上，加强监测工作，是可以掌握其运动规律并进行较准确预报的。

第五届国际工程地质大会专题综述

陈德基　许　兵

在第五届国际工程地质大会的 252 篇论文中，与水利水电工程建设有关的文章 80 多篇，约占 1/3。本文将有关文章归纳为几个方面简要综述如下。

一、关于流域规划和坝址选择

这方面的专论不多，但也可看出一些趋势和特点。例如巴西 Ribeira do Iguape 河在 20 世纪 60 年代初进行过梯级开发方案的规划。到了 1984 年，根据新获得的地形、地质资料及社会条件的发展与变化，重新进行了梯级开发规划。在新的规划中，坝址的位置认真考虑了地质条件，避开了碳酸盐岩和片岩。而在整个规划工作中，更多考虑的是社会条件和环境影响，重新调整了梯级的数量和各梯级的坝高，以减少对农田、矿产、道路的淹没和过量的移民。从有关坝址选择的文章论述中可以看出，多数情况坝址都是经过认真比较后选定的，而且都强调和重视在较大范围内进行比较选择。巴西 Cachoeira Porteira 坝址于亚马孙河森林地带，工作条件十分困难，但是为了选择坝址，在 8km 河段 1500km² 范围内，选择了 7 个坝址进行比较。西班牙 Pas 水库在不长的河段上分布有 24 个大型滑坡，为选择一个合适的坝址，对整个河段进行了仔细的勘测。我国三峡工程的坝址选择更具有典型性，在 40 多 km 的河段上进行了两个坝区、14 个坝址的比较，前后持续了 20 多年才最终确定了坝址。

勘探技术方法方面的文章集中在地球物理勘探和遥感技术应用两个方面。用得最普遍的地球物理勘探是地震法和电法。葡萄牙 L. F. Rodrigues，J. D. Fonseca 介绍了地震浅层反射法的工程地质勘测效果。他们认为最好的办法是折射法和反射法联合加以应用来解决有关地质问题。巴西 N. Chamon、G. Pupo 等介绍了应用甚低频（VLF）方法勘测 cachoeira porteira 坝坝基地质结构的成功经验。这一方法主要用于探测垂直和近于垂直的结构面，如断层、剪切带、岩脉等。作者在文章中指出，尽管 Cachoeira Porteira 坝址大部分地段地形平坦，且有厚 20m 的覆盖层，VLF 方法在探测近于垂直的断层、岩脉和剪切带方面还是非常成功的，在热带具有厚风化壳的地区更为适用。因为风化层孔隙率增加，相应含水量高，增加了导电性，容易取得好的效果。这一方法快且便宜，一个人操作，一天可测 200 个点，4km 长的距离。西班牙的 Molinos Stream 坝是一个很小的工程，因此勘测费用十分有限，按照作者提供的资料，勘测费用占总投资的比例与工程规模的关系见表 1。

原载于《水文地质工程地质》1988 年第 1 期。

表 1			勘测费用占工程总投资的比例与工程规模的关系		
库容/km³	16	8	4	2	1
勘测费用占工程总投资/%	2	4	7	10	12

这个工程采用的方法是地震折射法和电阻率探测，少量钻孔进行验证。

许多文章都明确指出，地球物理勘探应尽可能采用多种方法，每一种方法有它适应的目标；从要求资料的详细程度和可信度出发，除了物探方法外，还必须有其他方法的综合评价。

遥感技术的应用也受到了广泛的重视。前述巴西 Cachoeira Porteira 坝的坝址选择，由于位于亚马孙河森林地带，交通、工作条件都十分困难。为坝址选择所进行的勘测工作，主要依靠已有文献和遥感方法（小比例尺雷达和卫星照片），配合有限的地质填图和少量的钻孔。波兰华沙大学 Falkowski 详细叙述了用航空和卫星照片研究河谷的类型及其演变，用以指导水工建筑物的初步规划。文章指出，即使在一个已经详细进行过地质勘测的地区，运用遥感技术仍可得到许多新的资料和认识。我国也有许多这方面的介绍文章，如小浪底、三峡等工程运用遥感技术解决区域构造稳定、库岸稳定问题的好经验。

二、岩体质量和岩体分类

关于这方面的文章有两篇是论述坝基的岩体分类。一篇是西班牙 A. F. Marcos 和 C. Tomillo 的《应用于大坝坝基的岩体地质力学分类》；一篇是印度 Yudbhir 和泰国 Dacha Luangpi takehumpol 的《用于评价强度和变形参数的岩体地质力学分类》。前者提出了岩体等级的分类方法，将 1982 年日本学者菊地和斋藤建议用于非均质岩体坝基的岩体分类做了修改，见表 2。

表 2			修正后用于非均质岩体的 RMG 分类表			
分类	单轴抗压强度 /(kg/cm²)	切线模量① /(×10⁵ kg/cm²)	室内纵波波速 /(m/s)	现场测量推断的 纵波速度 /(m/s)	动弹性模量（野外实测 并经实验室分析证实） /(t/cm²)	水压致裂 系数
A	2000	1.50	5000	5000	400	1.50
B	1500	1.00	3500	3500	200	1.00
C	1000	0.5	2000	2000	100	0.50
D	500	0.25	1500	1500	50	0.25
E	250	0.15	800	800	10	0.15
F	250	0.15	500	500		0.15

① 对应破坏强度 50% 的切线模量。

将上述分类用于评价坝基地质条件时，得出表 3。

作者认为任何岩体分类除了应该满足菊地提出的两条要求：①客观和简化；②设计参数的实用性外，还应有第三个要求，即被实践所证明是适用于所有非均质岩体的。

第二篇论文是作者将岩体分类应用于 Khao Laem 坝的坝基岩体的质量评价并给出相

表3　　　　　　　　　　　　大坝坝基岩体分类应用表

分类	拱　坝	重 力 坝	土　坝
A	很好	很好	很好
B	很好	很好	很好
C	好——一般	好——一般	好——一般
D	不好，坚硬和半坚硬岩石可考虑包括在C级中，软弱岩石不宜作为坝基	不好，在坚硬和半坚硬岩石中可以考虑	好——一般，基础的特性可以满足要求
E	很坏	不好，用做坝基必须进行岩体处理	一般来说，这一等级的岩体，不适于做坝基
F	很坏	很坏	不好

应的参数的实例。Khao Laem 坝为高 92m、长 910m 的堆石坝。为划分岩体分类采用了点荷试验、施密特锤、裂隙间距、裂隙糙度、裂隙张开度等特征值。最终得出岩体地质力学的分类见表 4。

表4　　　　　　　　　　　　岩 体 地 质 力 学 分 类

位　　置		RMR	等级	岩体模量/GPa	岩体模量/岩石模量	c/kPa	$\varphi/(°)$
左坝肩	厂房基础	52～32.3	Ⅲ～Ⅲ	6～20	0.2～0.25		
	边坡	21～<20	Ⅳ～Ⅴ			0～100	25～30
	第二出口	57～<40	Ⅲ～Ⅳ			100～150	30～40
右岸	廊道C隧洞	66	Ⅱ	20～60	0.2～0.50	200～300	40～50

此外还有对 RQD 指标修正的 RQD（N）（Modified Rock Quality Designation）和岩石分类指标 RCI（Rock Classification Index）进行岩体分类及其他一些用于矿山开挖的岩体分类方案及应用实例，本综述从略。所有这些分类方案和评价指标，以及近年来国内一些单位提出的用于坝基岩体分类和质量评价的方案，其适用性如何，都还需在工程实践中不断检验和完善。

和岩体分类及质量评价相似的是苏联学者提出的工程地质分带及岩体的模型化（Engineering - geological zoning and modeling of the rock mass）。实质上就是将复杂的岩体按工程地质性质进行分类，归并成带并赋予每一带相应的力学参数，与岩体分类是相同的思考方法。也与目前地质人员提供设计人员进行稳定分析计算的"概化模型"或"确定性模型"是相同的或近似的。

三、坝基稳定性评价及基础处理

本次大会提交的论文中，影响坝基稳定及导致进行复杂地基处理的有如下一些类型：缓倾角软弱夹层及其他成因的缓倾角结构面；软岩坝基；力学性质差异悬殊的岩体构成的坝基；风化岩石坝基；可溶性岩石（碳酸盐岩及石膏）坝基稳定及渗漏问题；残积裂缝土坝基渗漏稳定问题；坝基防渗问题等。

上述各类问题中，最普遍、最突出的仍然是缓倾角软弱夹层构成的坝基稳定问题。软岩坝基中很大一部分工程地质问题也与此有关。这类问题多出现在中-新生代的砂岩页岩（泥岩）互层的地层中，在世界范围内带有一定的普遍性。其次是火山岩中的凝灰岩夹层。坝基防渗问题是另一类较为普遍关注的问题。包括软岩、可溶性岩石、残积土层等各类地基的防渗措施。所有这些问题和近20年来国内建坝所遇到的复杂地基相似。复杂程度各有特色，所采取的措施有相似之处，也有不同之点。下面仅就较有特色的几个工程实例做一重点介绍和评述。

（一）阿根廷 Alicura 大坝溢洪道的基础处理

大坝为 130m 高的土坝，溢洪道位于左岸。河流年平均流量 264m³/s，最大流量 3000m³/s。溢洪道最初采用斜槽及滑雪道式挑流，但是经水力学试验和稳定分析，较好的方案是用消力池（stilling basin）。岩性为下侏罗统的砂岩、砾岩和泥岩互层，岩相变化大。岩层产状近水平，伴有很平缓的褶皱。但是由于 F_1 断层的影响，溢洪道斜坡段的岩层过断层后倾角突然变陡至 20°～30°，和溢洪道开挖斜坡近于平行。这一情况在最初并没有发现。以后通过厂房压力钢管段的开挖才发现，又补充坑槽探和开挖竖井才进一步查清。

1980 年 8 月，在开挖左岸斜坡的初期阶段，在溢洪道下部发生了体积大约 12 万 m³ 的滑坡。滑坡床是沿倾斜岩层上部的软弱泥岩层形成的。在开挖消力池时，当清除了冲积层后，在斜坡下部出现了位移，是老滑坡的再活动。为了挖除滑坡物质，超挖回填了约 8000m³ 混凝土，最大超挖回填深度 4m。在深开挖开始前，为了拦截来自山体向斜另一翼的地下水，在溢洪道左侧设置排水幕。

整个加固处理措施以锚索为主。岩石锚索拉力 100t，间距 5m×5m，作用端长 6m，拉力分 70t 和 100t 两阶段施加。约 7% 的锚索安放承载盒，监测锚索受力状态。同时安装近水平的伸长仪监测边坡变形。被动锚索用来使溢洪道斜槽板和岩石牢固在一起。锚索直径 25mm，长 6m，以 2.5m×2.5m 的间距插入后张拉锚索之间。在消力池段，被动锚索采用 12m 长的钢筋条，间距 1.7m×1.7m，布置在消力池的底部，作为消力池的附加重量，以改善其抗上浮条件。被动锚索还将上部岩体缝合在一起，达到节约主动锚索而稳定的效果。

排水系统布置在岩石和混凝土之间，沿线状布置排水孔，直径 50mm。在溢洪道斜坡上排水孔近水平布置，在消力池地段为垂直孔，并和深的抽水井相联系。Alicura 工程溢洪道采取了如此复杂的基础处理措施，除了因为有众多的软弱夹层外，还由于在勘测阶段没有能发现 F_1 断层的影响，这不仅被迫改变了溢洪道的结构形式，而且带来了极其复杂的基础处理。

（二）巴西伊泰普水电站地基的剪切带和卸荷挠曲

作者介绍了在巴西南部和巴拉圭东南一带许多坝址的勘测都发现河谷底部基岩面下 20～30m 存在剪切带。这一带的岩性是晚侏罗世—早白垩世的拉斑玄武岩。玄武岩被一些风成砂和火山渣碎屑的混合沉积层所分割，这些混合沉积物形成碎屑沉积。结构面特征，除了熔岩流冷凝、矿物分异形成的结构面外，某些坝址还发现断层泥充填的剪切带，在某些河谷明显变宽的情况下，可见到断层剪切带的残迹。Hontoon 和 Elston 提供了另一个资料，他们认为 Clorodo 河谷近 97km 河段出现的背斜是由于卸荷引起的，其形成机制是河床下 200m 深度处与卸荷的谷底之间，不同的岩体静荷载应力梯度值的增加，在"背斜"两侧形成低倾角的逆断层。在玄武岩以至比玄武岩坚硬的花岗中，可以贮存很大的应变能，可能导致挠曲和剪切破裂。河床下任何一点的应力状态，取决于岩体的荷载历史和内部晶体的结合性质。

对于剪切带的成因，传统的看法认为，沉积岩内由于有明显的成层性，抵抗高水平应力的能力小，易于发生剪切破坏；而火成岩，包括玄武岩，虽然一般都有冷张节理，却是块状的，并且有很高抵抗变形的能力。但是在玄武岩中，由后期矿物交代或分异，黏土矿物集中衍生而成的显微不均一的先天存在的弱面，可视作层间接触面。另一种近水平的弱面可能是沿流动剪切带发育而成，它们是由于熔岩温度和黏度的变化而成。当这些结构面由于河流快速下切，玄武岩厚度变小的情况下，在一定的条件下，岩体中的水平初始应力达到足以使岩体发生挠曲和逆冲。某些学者报导在块状侵入岩体中，在河谷底部也可见到由于卸荷引起的位移。对巴拉那河上 Sao Simao 坝址的勘测结果，存在高应力，很多地区高达 17MPa，而在伊泰普坝址河岸附近，应力低到 0.5MPa 或者几乎全部释放，表明应力已以某种方式消能。钻孔进入正位于河底的 B 层玄武岩带时，在靠近层底部遇到了一个块状破碎的玄武岩带，通过右岸 110m 深的竖井和放射状平硐直接观察，证实这个带已经发生剪切位移，并见有含玄武岩碎块的糜棱岩薄层断层泥。

作者针对巴拉那河一带工作的成果，总结了河谷卸荷带及剪切带的一些规律性认识：

（1）地貌特征都是窄陡的，或过去曾经是窄陡的，在近代地质历史时期被拓宽了。急剧的下切，大大降低了上覆岩体的荷重。

（2）在某些情况下，河床中残留的玄武岩的拱起或挠曲达到突变，形成了共轭剪切带。这些剪切带的位置及特征表明，他们形成于压应力，最大主应力平分剪切带的锐角。

（3）现场坝肩测得的反常的低水平应力，表明贮存应力能的释放。

（4）在选定坝轴线之前，确定岩体中原始锁固应力的方向及大小，有助于评价应力场的不平衡状态，而这种不平衡状态有可能造成谷底岩体的剪切位移。

伊泰普工程的坝基，由于玄武岩层间的混合沉积层及谷底的卸荷剪切带的存在，带来了极复杂的基础处理，通过 4 个竖井及纵横的平洞勘探，发现谷底剪切带的型式，与最大主应力为水平方向条件下三轴试验造成的共轭剪切破碎的型式很相似。在纵横的平洞中发现三条倾角 25°～35°的逆断层，这些断层后来都用一些起伏的格状平硐加以开挖并回填混凝土和进行接触灌浆。估计约 25%的面积被混凝土取代，形成抗剪键槽。右岸和谷底部分，沿残留的 B 层玄武岩和下伏的 A 层玄武岩的接触面拉张松开，加速了风化，故也进行了处理。

（三）阿根廷 Alicura 坝的基础灌浆

大坝为一高 130m 的心墙土坝。坝基地层是下侏罗系砂岩、粉砂岩夹泥岩组成，产状近水平。泥岩厚数公分至 0.5m，遇空气和水很快崩解，变成腔状。夹层变化大。F_1 断层在河床中心穿越心墙，厚 1m，由塑性蒙脱石组成。

勘测阶段总的印象是岩体渗透性不大。渗透性极不均一，水平与垂直渗透系数之比为10：1，水平渗透系数采用 3.1×10^{-5}cm/s。

心墙宽 80m。心墙基础挖除厚约 15m 的覆盖层后，再开挖掉 3～5m 岩石。在黏土岩分布地段，再铺盖厚度不小于 0.3m 的混凝土板，砂岩部分直接置于岩石上。F_1 断层开挖 2m 深的槽，回填混凝土。

灌浆分两层进行，在心墙底面地下 25m 处开挖灌浆廊道，既不影响大坝心墙的正常施工，也可在蓄水后继续灌浆。从地面向下的灌浆为 3 排，深 12m。幕体宽 12m，孔距 6m。从廊道向上的灌浆改为两排，孔深与地面向下的灌浆孔适当重叠。从廊道向下的灌浆改为 1 排，孔距 12m，孔深 30m。灌浆孔采用回转—冲击钻，和一般回转钻相比，对岩体渗透性没有大的影响，浆体材料水灰比为 0.67∶1，混合 1% 的西卡公司生产的膨胀灌浆添加剂（Sika Intraplast）。灌浆压力：孔深 0.2～3m，$1kg/cm^2$；3～6m，$2.5kg/cm^2$；6～12m，$5kg/cm^2$；25m 以下，$10kg/cm^2$。吸浆量，自地表向下的灌浆，第一期平均 25kg/m；第二期 21.5kg/m。廊道向上的灌浆孔的吸浆量，除廊道附近稍大外，一般只有 10kg/m。廊道向下灌浆的吸浆量，约 5% 的段大于平均值。左岸引渠段，由于岩石条件差，吸浆量达 37～50kg/m，最大达 200kg/m。

1983 年开始蓄水后，右岸的补充灌浆才刚开始进行。结果，当库水位上升到 641m 时，渗水量突然增加，倾斜廊道下原来正常的吸浆量在某些孔段陡然增大到 500kg/m。在倾斜廊道中进行了补充灌浆，采用近水平的灌浆孔，取得了好的效果，在 100m 长的排水廊道中，入流约 5L/s。1984 年底库水位上升至 695m 和达到正常蓄水位 705m，左岸和右岸高程 630m 的排水廊道的渗水量增大了，渗水量的增大率大于库水位静水压力的增加。1985 年再一次从引渠（左岸段）进行补充灌浆，同时也决定对右岸帷幕做进一步检查和延伸。总的防渗工程量：排水廊道长 5500m，排水孔 35000m，排水幕 $150000m^2$；灌浆廊道长 1360m，灌浆帷幕 $65000m^2$。

纵观这篇文章的基本观点就是，在渗透性很弱且极不均一的软岩地层中，应该尽量压缩水库蓄水前的灌浆工作量，加强蓄水后渗透量和扬压力的观测，有的放矢地进行补充或加强灌浆，并事先预留好灌浆施工廊道。这个观点和目前国内的传统做法不尽一致，但确有它值得借鉴之处。

（四）危地马拉 Pueblo Viejo 坝的基础灌浆

危地马拉 Pueblo Viejo 坝为 130m 高的堆石坝，地基岩石为石灰岩。为防渗设计做了大量的地质勘测、灌浆及蓄水后的监测工作，主要的特点及结论有以下几点：

（1）在这种地区地质勘测工作要做得非常之仔细，甚至从可行性研究阶段一直延续到灌浆施工、蓄水和运行阶段，尽可能弄清通道的分布、状态、路线和方向，以合理确定处理范围。尽管这样做勘测费用很贵，但有助于节约昂贵的封闭工程。在地质资料少的情况下，一个保守、完整的封闭处理措施就不可避免，这时，帷幕灌浆的范围取决于地下水位，由于地下水位多半很平缓，因此帷幕的范围很大。

（2）尽管这种岩体中需要灌浆封闭的部分占的比例很小，可能只有 1%～2%。但是整个岩体必须全部灌浆，所有遇到的死穴都必须灌死。因为无法知道什么地方有洞穴和洞穴是否连通上、下游，当然这不是一个经济的途径，但却是必须的。

（3）灌浆要用小的孔距。这个工程开始考虑 3m 孔距，后来改用 1.5m，其目的：一是尽可能多的遇到洞穴；二是在岩体中形成裂隙以形成浆体的通道。灌浆也要采用高的灌浆压力。

（4）对洞穴充填物（火山灰），只强调在可能情况下，予以冲洗置换。另一做法是将灌浆材料用高压压入充填物中形成骨架，将充填的火山灰分割包围。这种做法不能说形成了一个完整的幕体，但可以防止充填的火山灰在库水作用下产生机械侵蚀。

（5）必须十分重视设置渗透压力监测系统进行监测，并且采用了较密的观测孔距。不仅监测绕过帷幕的压力降，还观测渗水流量，同时起到排水孔的作用。

这几点主要认识，与我国兴建在岩溶十分发育地区的乌江渡工程的经验基本一致，对石灰岩地区建坝带有一定的普遍意义。要指出的是，乌江渡工程不强调洞穴充填物的冲洗置换，而且将高压作用下水泥浆和洞穴充填物形成的混合材料当作整体的幕体看待，并且经取样分析其物理、化学、力学性质及其稳定性，证明这种人工作用下的新材料，具有很好的防渗性和稳定性。

（五）巴西 Balbina 土坝地基的防渗处理

正在施工中的巴西 Balbina 坝建在亚马孙河左岸支流 Uatuma 河上。大坝的主要部分为一心墙土坝，最大坝高 34m。坝基下除厚度不大的覆盖层外，主要为厚 10 余 m 的残积土层，其下基岩为火山岩。如将心墙置于基岩上，开挖量很大，显然是不经济的。而残积土层为高渗透性土，$K>10^{-3}$ cm/s。这种高渗透性是由于土中分布有不规则的，但往往彼此相连的，直径数毫米至数厘米的管状孔穴（称作 Canaliculos）造成局部集中渗流引起的。经多方面研究，决定采用水压致裂灌浆（Grouting with hydraulic fracturing），以减小其渗透性，为此进行了现场试验段灌浆，现场补充试验灌浆，钻孔封隔和破裂压力试验及现场灌浆试验等。通过试验，得出的灌浆设计参数及认识是：

（1）平均灌浆压力 5.5kg/cm²，而观测孔的压力很少大于 3kg/cm²。采用一阶段压力。

（2）压力损失主要在试段的封堵段，而观测孔间的压力没有明显损失。

（3）每次暂停试验期间，大部分观测孔的压力立即消失，证实了这样一种假定，即观测孔已经变成了一个新的灌浆孔。

（4）地面下 5m 段内不灌浆，以免引起地面抬动。这 5m 土层在灌浆完成后加以挖除。

（5）灌浆材料采用黏土-水泥浆，其比值为水泥 73kg，黏土 310kg，水 860kg。

遗憾的是文章没有指出灌浆孔的孔距。为了检查灌浆效果，曾开挖坑槽探进行检查。经过灌浆和加强灌浆后，没有再发现渗透系数 $K>10^{-3}$ cm/s 的地段。平均渗透性从 $K=2.39\times10^{-4}$ cm/s 减为 1.10×10^{-4} m/s。

四、水库岸坡稳定性问题

从提交大会文章的数量和有关专题总报告人的综述中，都反映出这一问题所受到的重视。据苏联学者 Khasanov 等的统计，苏联中亚细亚地区有 75％ 的坝或水库，在建坝 10～15 年后，由于受到滑坡和崩塌的影响而破坏或失效。Yague 等人列举了西班牙已建的 5 座大坝受到滑坡体危害的实例。这 5 座大坝都因坝肩或近坝地段存在大滑坡而给设计及施工造成极大的被动或大幅度地增加工程投资。有几篇文章谈到了滑坡的分类、预报及滑坡入江壅坝的处理措施。我国新滩滑坡的成功预报和涌浪试验及计算成果受到了与会者的重视。

有关库岸滑坡的分类，多着重于形态和成因的综合考虑。如西班牙 Yague 等人分为转动滑坡（Rotational Slides）和平面滑坡（Planar Slides）。前者指主要发生在逆向坡，规模较小，没有或只有局部的统一滑动面的滑坡；后者多为顺层发生，规模较大。苏联 Khasanov 等人将库岸滑坡分为 3 类：①小滑坡，在水位达到设计水位后立即发生，以线状形式分布为特征；②当水库水位急剧大幅度消落时发生的大型滑坡（Large gliding landslides）；③大型滑坡，与前者的区别是发生在水库完全充水，最高回水位和丰富的降雨季节。阿根廷的 Morbidoni 等人则将边坡破坏类型分为滑动、流动和崩塌 3 类。

虽然水库岸坡的失稳可以发生在水位消落和多雨满库两种情况下，但根据 Khasanov 在苏联中亚地区对 20 多个库岸滑坡的统计分析，在库水急剧大幅度下降的情况下，更易产生大型滑坡。这一地区的岩石是中-新生代产状平缓的砂岩泥岩互层。由于岩石吸水、溶解和侵蚀，在水的饱和、抗剪强度的弱化、动水压力和孔隙压力的作用，在水位大幅度急剧下降的情况下，导致岸坡破坏。但是 Khasanov 等人的文章也明确指出，苏联中亚地区的水库，多兴建在干旱地区疏松的岩石地区，岩性软弱，易吸水、崩解，岸坡陡峻，地质结构复杂，侵蚀作用广泛。因此在评价和引用这些资料时，不应忽视其地质背景。

关于滑坡监测预报方法的文章不多，Khasanov 等人的文章强调短期预报。他们认为，大滑坡的机制特征是不稳定的长期发展和每年不同位移的反复出现。对这种长期发展但季节性和年位移量很小的滑坡主要是快速位移前的短期预报。这种快速位移在大滑动前的时间通常都是很短的。主要的方法是建立及时的预防性的测量，并推荐日本学者斋藤的位移—时间半对数图解分析的方法进行预报。初始加速度和临界破坏加速度也可以作为一个有效的短期预报因素。破坏的发展通常伴有滑坡位移速度的急剧增加，初始加速度可 10～25 倍于平均速度。作者还指出，进行快速位移的预报方法，是找出有效的因素及其相关性，其中一个重要因素是孔隙压力观测。作者根据几个滑坡的观测资料认为，当孔隙压力上升导致稳定安全系数降低 25%～30%，$K=1.2～1.4$ 时，边坡的破坏即将发生。

有关水库岸坡破坏对水利水电工程可能造成的危害，美国学者 R. L. Schuster 和 J. E. Costa 专门分析评价了世界范围内滑坡成坝的成因、破坏及其对水工建筑物的危害。

作者分析了全世界 135 个滑坡成坝的实例，发现滑坡成坝最主要的成因是超量降水（降雨及融雪）和地震。火山喷发形成的滑坡坝数量不多。其他机制包括冰坝破坏及河流下切侵蚀等只占非常小的比例。造成滑坡坝的岸坡破坏型式主要是岩土体的坍塌（Slump）、滑坡及泥石流。由于岩土体倒塌（Fall）和过敏性黏土液化导致边坡破坏形成滑坡坝的情况是极罕见的。而形成滑坡坝的大的坍塌、滑坡及泥石流多出现在高陡的边坡上，并具有很高的滑落速度，以致在没有被冲走以前就将河道全部堵塞。历史上最大的滑坡坝可能是 1911 年发生在苏联南部帕米尔山区穆尔加河（Mnrgab）上的乌索伊（Usoy）滑坡。它是由地震引起的。滑坡坝形成了一个深达 550m 的沙雷兹湖（Sarez Lake），比世界最高的人工坝努列克和罗贡坝高出许多。文章中还介绍和提到了许多高度在 100m 以上的滑坡坝。

作者指出，滑坡坝一般发生在狭窄的河谷中，坝坡向下游延伸很远，因此坝的横断面要比人工土石坝宽得多，体积也大得多。例如美国蒙大州麦迪逊河（Madison）上的滑坡坝的体积比一个同规模的人工土石坝的体积要大5～8倍。

滑坡坝极易破坏，因而寿命一般都不长。作者统计了有具体资料的63个滑坡坝，发现22％的滑坡坝在1天内就破坏了，44％不到1个星期，50％在10天内，83％在6个月，而91％的滑坡坝在1年内都破坏了。滑坡坝破坏的最普遍、最常见的原因是由于没有溢洪设施，洪水漫过坝顶导致坝的溃决。作者注意到几乎所有报导过的滑坡坝的破坏都是这种模式。坝体渗流产生的机械潜蚀也是导致破坏的一种潜在形式，但只找到一个这样的实例，即苏联伊斯法拉姆萨伊（Isfayramsay）河上的亚辛库尔（Yashinkul）滑坡坝。还有一种可能是由于坝的上下游边坡过陡，边坡冲刷侵蚀导致坡顶破坏，水体翻顶溃决。但由于只有非常少的滑坡坝的上下游坡角大于坝体材料的安息角，坝宽通常远超过坝高，所以这种破坏形式也是极少的，仅有一个文献记录实例，就是1945年秘鲁塞洛康多尔·圣卡（Cerro Cnndor - Sencca）滑坡坝的溃决。

滑坡成坝对水利水电工程的危害，视其位置的不同而异。当滑坡坝位于水电站下游时，主要是对水电站建筑物，如厂房、各种出水口、尾水、溢洪道、运输线、输电线等的淹没，同时提高了下游水位，减水电站出力。位于上游的滑坡坝，对下游水电站的威胁是溃决后造成特大洪水及携带大量超额泥沙危及建筑物的安全，以及诸如对机组、溢洪道进口和其他建筑物正常运用的影响。文中列举了12个例子说明滑坡坝对其上游、下游，已建和拟建的水电站已经产生的和可能形成的危害。

文章指出，由于没有经济可行的办法来防止这种大规模滑坡坝的形成，最有效的措施是避免将水电站建在可能受到滑坡坝影响的地区。但是，有时由于其他更重要的考虑无法避开时，至少要有一个防止位于上游的滑坡坝失事造成意外事故的办法。文中介绍了几个对滑坡坝采用人工结构措施加以稳定的实例。美国陆军工程师兵团在麦迪逊峡谷（Madison canyon）滑坡坝坝体上开挖了一条宽75m、泄量280m³/s的溢洪道。陆军工程师兵团对冷水湖（Coldwater Lake）滑坡坝采取的稳定措施是在坝肩基岩中开挖了一条溢洪道。在少数情况下，也采用爆破的方法在滑坡体中开挖渠道。如苏联塔吉克斯坦的泽拉夫善河（Zravshan River）上的滑坡坝，采用爆破在滑坡坝上开挖了一条深40～50m的渠道宣泄洪水。但这种方法不一定能成功，因为有时高流速对溢洪渠道的冲刷导致坝体破坏。危地马拉的里约奎马亚（Rio Quomaya）滑坡坝1978年的溃决就是一例。埋没管道和开挖隧洞宣泄洪水也是常用的一种成功的方法。陆军工程师团对Spirit Lake滑坡坝就是用这种方法进行处理的。

五、关于水库诱发地震问题

大会仅有3篇论文（中国2篇，外国1篇）涉及水库诱发地震。新西兰G. T. Hancox等在论述Kawarau河上水电建设中地震构造灾害评价一文中，简单叙述了水库诱发地震的问题。认为：由于水库规模与水深均较小，因此水库诱发地震的可能性很小。该文还就地震构造灾害概括出三种形式：即构造变形或位移（活断层）、地表移动和水库诱发地震。关于断层活动可能性还提出一个评价公式（鉴于含义不清，不作专门介绍）。

其余两篇均为我国学者的，一篇是大连工学院金春山等的《膨胀和水库诱发地震的水击型式》。提出三种水库诱发地震的机制：①水库荷载形成剪应力直接导致地震；②附加应力引起的临界状态构造应力；③水库蓄水引起孔隙压力增加而引起地震。他们还认为：水库诱发地震特点是水库蓄水前是处于低应力状态。并认为：74％诱发地震都是发生在无震区或弱震区；水库诱发地震的实质为"有储存能量的地质体加水的作用。"另一篇是中国水利水电科学研究院夏其发的《关于外成水库诱发地震的讨论》。他将水库诱发地震分成两大类，即外生和内生；又分别划分几个亚类，即内生的2个亚类：断裂破坏引起的、岩矿相变引起的；外生的5个：岩溶塌陷和碳酸岩中气体突爆、易溶岩的溶蚀塌陷、滑坡和岩崩、冻裂破坏及地壳表面应力释放。文章结论指出：①外生水库诱发地震是一种外因引起的；②外生水库诱发地震占全部水库诱发地震的大多数（50％甚至70％～80％），通常震级小，不会引起水工建筑物的明显破坏，但在某些特殊条件下，可导致库岸不稳，引起次生灾害；③区别水库诱发地震类型，对工程及环境地质有重要意义，并有助于评价地震的危险性。

从上述3篇论文来看，关于水库诱发地震的研究仍处于众说纷纭的阶段。有些认识还有待验证与发展；有些认识会给予我们一定的启示。

六、关于天然建筑材料问题

论文共6篇，分别讨论了红土、腐殖土、砂岩、玄武岩和石灰岩的建材特性，还研究了电子扫描用于评价骨料的可能性与重要性。

我国水电系统的《土坝材料红土的特性》一文中，归纳出红土的典型特征：黏土颗粒多、含水量高、密度低、压实性弱；但具有低-中等的压缩性和较高的剪切强度。并指出：脱水作用的不可逆性和游离氧化亚铁对红土形态的影响很重要。实践证明：红土具较高的抗腐蚀能力和较好的力学性质。红土的弱物理性和较高的力学性能，主要取决于黏土颗粒聚合成的稳定集团，它在中等压力下不易破碎。如扬长避短，红土将是很好的建筑材料。

巴西Octavio V. B.等在《Cachoeira Poreira坝取土区土的土工性质研究》一文中，主要就建筑材料的识别、勘测以及分类方法进行阐述。在调查区域地质情况的基础上，然后采用典型剖面法，对各类土进行探讨。土的分类主要考虑土工参数和地质成因。并认为：土的空间分布与沉积地层有关。

巴西Davi A.等就Parana和Parane Panema河的改道工程，对作为建材的各类砂岩特征进行了研究。从地质条件、岩性类型、野外抗风化试验以及应用可行性等几个方面进行讨论。葡萄牙的A. Veiga Pinto等对玄武岩和石灰岩的建材性质开展了研究，并给出了应力-应变曲线。建材的土工性质与如下因素有关：应力场、孔隙比和磨碎强度。该文还利用孔隙度和膨胀变形之间的关系，进行了碳酸盐岩石的土工分类。

中国的王继宗等就腐殖土作为不透水材料的基本性能及其工程特性进行了研究。重点研究了土、岩混合物的压实性等。详细研究内容有：矿物、化学成分及其物理力学性质；风化原岩的物理与压缩强度、膨胀和收缩性质；腐殖土的压实性；粗颗粒含量对压实的影响及其压实后的变化；野外压实试验；腐殖土的不透水性及力学性质。通过试验研究得出：材料的物理力学性质与原岩类型和风化程度紧密相关；砂岩与泥岩不同比例含量直接影响压实参数。还制定了压实标准。研究结论认为，腐殖土是一种优质经济不透水材料，可广泛应用于筑坝工程。

捷克的 M. Samalikova 等介绍了利用电子扫描，定性预报结晶岩石作为筑坝骨料的可能性；研究了引起骨料软化作用的微结构以及花岗岩、片麻岩的黏土残余物的主要类型；对作为骨料的蛇纹岩、玄武岩的微结构给予了特别的注意。列出了微结构、软化度以及物理力学性质之间的相互关系。最后指出：电子扫描是一种快速、精确的方法。

第三届全国工程地质大会专题综述

一、国内外坝基工程地质勘测水平及发展综述

（一）进展

近十余年来，我国水坝工程地质勘察研究取得了长足的进展，主要表现在：第一，勘测技术和国外的差距在缩小，一些新的勘测技术方法，如遥感技术、原位测试和工程地质简易测试手段的应用、勘测手段的多样化趋势、先进的物探和其他测试仪器的引进、数值分析和计算机技术在资料综合分析中得到越来越广泛的应用等，大大缩小了勘测技术与国外的差距；第二，工程地质-岩石力学-岩石（土）工程设计的结合有了明显的改进，新的边缘学科，如岩体工程地质力学、岩土工程学、工程岩土学、地质工程、系统工程地质学等，就是这种学科间相互渗透的潮流的反映；第三，基础处理技术有了很大的发展，传统的挖、填、灌在观念上和方法上有了很大的改进和突破。这种进展的水平综合反映在过去十多年中，我们在许多复杂的地质条件下，成功地兴建和正在兴建许多大坝。如乌江渡、葛洲坝、龙羊峡、大化、安康、铜街子、天生桥、故县、隔河岩等工程。这种进展的客观动力来自生产实践的需要，正是上述这些工程所具有的复杂地质条件推动了水坝工程地质学的迅速发展。有三点经验是值得我们认真加以总结的：①工程地质、岩土力学和工程设计三者都逐步意识到必须建立更加密切的协调关系，才能有效地解决任何复杂的岩石（土）工程问题。在一些工程的勘测设计工作中，地质勘测、岩土力学试验研究和岩土工程的设计与施工，已纳入一个对岩（土）体特性的综合了解及采取对策的总体规划中。②地质工作越来越广泛地直接掌握和使用一些实验室和现场的原位测试手段，特别是一些简易的测试手段，诸如单道地震仪、声波仪、点荷仪、回弹仪、携带式剪力仪等，使地质人员对复杂地质体特性的了解大大地向定量化跨进了一步，或者为定量分析提供了可供量化的基础资料。③计算机技术和现代数值分析方法，在工程地质勘测研究工作中大量引入，如概率分析、趋势面分析、回归分析、模式识别、聚类分析及有限元分析等方法，在坝基地质勘测和岩体稳定性计算中越来越多地得到应用，使不确定因素甚多、各向异性突出、随机性很大而实际观察点总是有限的地质资料的分析处理，有了广阔的前景。

（二）差距

我国的水能资源 90% 分布在京广线以西，特别是集中在黄河上游，长江上游干、支流，红水河流域以至更西的地区。随着我国水利水电事业的发展，尤其是水电能源的开发

原载于《人民长江》1989 年第 6 期，其中第一部分"论文评述"略去。

重点逐步西移。但是这些地区地形地质条件复杂，许多新的地质问题，如深厚覆盖层、高边坡、大型崩塌、滑坡、泥石流、高烈度地震、高地应力等，过去很少遇到或不那么突出，和我们过去已经建成和正在建设的大坝的地质条件相比，今后坝基工程地质勘测所面临的问题要复杂得多，对坝基工程地质勘测提出了更高的要求，这就是我们面临的形势。和形势发展的要求相衡量，和国外的先进水平相比，我们的差距在哪里？集中反映在我们的勘测工作量大、周期长。这是一个综合差距的反映，既反映工程地质学科内部的差距，也反映相邻学科的差距，还反映出包括体制、组织、管理等社会因素的制约。中国水利水电科学研究院傅冰骏 1987 年统计的资料，我国水电站的勘测周期一般要比国外同类型的工程长 1 倍，工作量也大 1 倍，见表 1 统计。

表 1　　　　　　　　　　　　国内外水电站勘探指标综合统计

地质条件	国外	国内
简单的	0.05	0.11
中等复杂的	0.1	0.22
复杂的	0.2	0.44

就工程地质学科的技术差距而言，主要反映在三个方面：①将各种勘测试验工作作为一个系统工程有机地加以优化组合，并适时地进行反馈加以调整的综合工作水平差。就单一的工作项目而言，我们的技术水平也许并不都是落后的，但各种技术方法的合理性、必要性、相互间相关性的研究和协调水平不如国外。②资料的综合分析处理手段及水平落后，包括资料的适时处理，各种手段方法所获得的资料相关性的分析、计算机技术的应用、数据库的建立、成果的统计及表达形式等。③专业分工过细，学科间缺乏相互渗透。

对于第三点，有必要多讲几句。首先引用美国大坝委员会主席 Veltrop 教授给水电部潘家铮总工程师的信中的一段话："经常遇到的重要问题之一就是大坝基础设计、地质特性的阐述和相应的基岩承载力、固结灌浆、帷幕灌浆及排水作用之间的关系问题，看来中国的地质师在描述岩石的细节方面，特别是其缺陷方面有极好的训练。中国的工程师似乎要重视工程地质对大坝基础工程的应用，以便恰如其分地评价地质缺陷。"这段话的意思很清楚，尽管我们对地质现象的描述很详尽，缺陷也都找出来了，但这些现象和缺陷对水工建筑物会造成什么影响，如何做出恰如其分的估计，采取什么样的工程措施却常常争论不休，难于做出决断。这是一个带普遍性的问题，是工程地质学发展中面临的最突出的问题之一。我们并不缺乏第一流的工程地质学家、岩土力学专家及设计工程师，在各自的领域里都有很高的学术造诣，但是在解决工程所面临的实际问题时，我们似乎缺少一批具有宏观判断和综合决策能力的"杂家"。因此，在一些复杂的岩土工程和与岩土工程有关的土木工程问题面前，我们的决策过程显得冗长、软弱和笨拙。这就严重地妨碍和限制了作为应用学科的工程地质学在社会经济生活中的作用。这个问题近年来已引起许多部门技术领导的高度重视并采取了一些相应的措施。例如选送一些工程地质专业毕业的大学生进修水工施工专业课程，明确提出"把工程地质、岩石力学及基础处理设计几个方面的同志紧密地结合起来（还可以扩大包括科研和施工人员）组成一个专业，负责从地质勘测、测试、参数选择，到基础处理设计的全部工作并对其安全和经济负责"（潘家铮）。还有一点特别不应忽视，就是要鼓励工程地质工作者多参加工程实践，这是工程地质工作者实现学科渗透、积累经验、增长才干、提高决策能力最主要的途径。缪勒博士两次考察三峡及隔河岩工程时，都反复强调这一点，他说，要对岩石工程能及时提出对策，至少要有500km长的隧洞施工经验。他讲到他到过60多个国家，有80多个工程的经验。加拿大的康拜尔博士也说过，他在矿山中呆了15年从事矿山地质工作。这点对我们年轻的地质工作者是尤为重要的。

至于相邻学科发展水平的制约，社会的，即管理及体制方面的原因也不能忽视，否则无法从根本上解决工程地质勘测工作的落后局面。主要有三点：

（1）岩土工程设计及施工的应变能力差。一旦在施工中遇到和设计阶段略有不同的地质情况出现，无法及时修改设计和调整施工方案，提出相应的对策，因此导致施工前对地质工作的要求过高过细。上面提到的美国大坝委员会主席Veltrop教授的那段话"中国的地质师在描述岩石的细节方面，特别是其缺陷方面，有极好的训练"。我想，这种描述细节和缺陷的能力是靠相当的劳动和大的勘探量换来的。

（2）我们的管理体制是按工作量拨款的，没有勘探工作量就没有钱，工作做得越多，钱也越多，产值也越大。这就造成一味追求工作量，而不愿意在技术改造、技术发展上下本钱的最直接的原因。这种局面随着市场竞争机制的逐步形成，已开始在转变，但还远远不够。

（3）我们的技术审查制度烦琐，责任不明确，责、权、利没有很好结合。一个工程不同的部门，不同的人不断审查，审查的权威性可以随便被否定，审查一次增加一次工作量。设计阶段可以翻来覆去的变化，因此无法实行阶段性勘测经费总承包的办法，只好按实物工作量拨款，导致前面所说的有工作量才有效益，工作越多钱越多的结果。

还有一些制约技术发展的社会因素，不是这次会议所要讨论的问题，不宜过多探讨。

（略）

二、坝基处理的几个问题

近十几年来，随着乌江渡、葛洲坝、安康、大化、故县、龙羊峡、铜街子、隔河岩、二滩等复杂地质条件下大坝工程的建设，我国坝基基础处理技术有了显著的发展和提高，而这种技术的提高又大大地增强了我们在复杂地基上建坝的信心和能力。

这里不能对每一个工程的基础处理做具体的介绍，只能作一个大体的归纳。

（一）坝基开挖和利用岩体

当前一个总的趋势是提高建基岩面，减少开挖量。这是基于这样几点认识：①一般的情况下，均匀岩基较低的承载力和弹性模量，不是决定坝基开挖深度的关键因素。在多数情况下，坝基抗滑稳定的要求，包括缓倾角结构面的状况，在确定坝基开挖深度和形式中起控制作用。②过多地开挖有时并不能起到显著改善岩体质量的作用，相反造成岩体新的卸荷和损伤。③有的地质缺陷用灌浆或其他工程措施加以改善比全面加大开挖来得经济合理。但是究竟用什么具体标准确定建基岩体和开挖深度，是一个常常引起争论的问题。例如苏联动力和电气化部茹克勘测设计科学研究所最近提出的混凝土坝岩基最优开挖深度设计方法建议中认为，在均匀岩基上的重力坝和支墩坝，只需要挖除强烈风化岩石，即那些用普通机械工具而不需爆破就能挖除，又不能用灌浆固结的岩石。但是在同一建议中又规定，对裂隙中部分或全部填有次生物质或风化物的岩体应该加以挖除，这二者显然是相互矛盾的。该建议中统计了世界上一些大坝的开挖量，见表2。

表2　　　　　　　　　　国内外水电站开挖量指标统计简表

坝　型	统计数/座	开挖量（γ_{ck}）与混凝土量（γ_δ）之比（$\gamma_{ck}/\gamma_\delta$）/%	
		一般	平均
重力坝	16	0.8～136.0	49.4
支墩坝	4	22.0～45.0	30.4
拱坝	27	3.8～146.0	48.8

从表2中可看出，同一坝型的坝基开挖量相差很大。国内许多工程如故县、二滩、三峡等工程对坝基开挖深度和建基岩体的选择都有不同的意见，这是一个有待深入研究的课题。

（二）特殊软弱结构面的处理

缓倾角结构面的处理是坝基基础处理中最复杂也是最为常见的一种类型。第五届国际工程地质大会上提交的坝基处理的论文中，这种类型占了很大一个比例。我国早期的上犹江、桓仁、双牌、陈村，近期的葛洲坝、铜街子、大化、安康等大坝坝基也都属于这种类型。对这种坝基的处理取决于缓倾角结构面的位置、埋藏条件、对大坝稳定性的影响、勘测工作对它掌握的准确程度等多种因素的影响，只能因地制宜，很难提出一个固定的模式。常用的有洞挖置换、开挖齿槽、预应力锚索、加固下游抗力体、上游铺盖、大坝横缝灌浆等。沿夹层掏挖置换是一种效果明确但笨拙而不经济的方法，多出现在大坝已浇筑的被动情况下不得已而采用之，已越来越少被采用，一般情况下都是采取综合处理措施。铜街子工程正在研究运用类似旋喷的方法，冲洗夹层进行置换，如能成功，坝基下缓倾角结构面的处理技术又将大大前进一步。总之，尽管缓倾角结构面的处理是一个伤脑筋的事情，但采取综合的、改善基础和上部建筑物结构的措施是可以解决的。经验证明，这种类型坝基最可怕之点在于勘测阶段遗漏了或没有查清有危害性的缓倾角结构面。拱形坝坝肩的稳定常被2～3个结构面即通常所称的底滑面及侧向切割面所控制，一般情况下处理其中的一种即可满足稳定要求（如乌江渡大坝），有时则需要对上述二者都进行处理（如龙羊峡、隔河岩大坝）。对于贯通性较好，有软弱物质充填的底滑面，通常采用抗滑键；侧向切割面则多用传力墙（柱）的方式，也可用高压冲洗回填混凝土或用高压灌浆提高侧向切割面的强度。

高压冲洗和高压灌浆是两种发展迅速的基础处理技术。前者可以减少人工开挖的复杂性和对岩体的破坏；后者不需要挖出结构面中原有的松软充填物，利用高压的劈裂、楔入、挤压水泥浆液在软弱物质中呈脉络状分布，使软弱物质被挤压密实，排水固结和钙化，达到提高强度和防渗能力的目的。这种方法在乌江渡工程防渗帷幕和龙羊峡大坝坝肩的断层处理中都得到了很好的应用。和高压灌浆相似的巴西 Balbina 坝心墙下残积土层，采用水压致裂灌浆（grouting with hydraulic fracture）将黏土水泥浆压入有管状孔穴的土层中，达到提高抗渗能力的目的。

坝基防渗帷幕和排水设计，除了喀斯特化严重的坝基为了封堵所有可能的渗漏通道，而这些通道事先又很难完全查清，因此需要有较小的灌浆和排水孔距外，一般的裂隙岩体地区帷幕和排水工程的设计目前还主要依赖经验和试验，有些问题如岩体天然防渗作用如何考虑，帷幕和排水的合理配置和优化选择等，在工程实践中都还有不少争论，有待研究和解决。

世界著名的工程地质和岩石力学专家缪勒教授在他逝世前不久，最后一次到中国访问时曾有两段颇富哲理的讲话，用它作为本文的结束："岩体和岩石工程师之间有密切的个人关系，处理得好，它是你的朋友，如果你粗暴地对待它，它就会报复你，岩石工程师要把岩体看作是自己的伙伴和朋友。""我的老师教导我，一个好的工程师的艺术不是如何克服困难，而是如何避免困难"。

注：本文编写过程中参阅了潘家铮、付冰骏同志在工程地质情报网刊上的文章，得到了水利水电规划设计院勘测处陈祖安、刘效黎、朱建业三位同志及长江勘测技术研究所蔡耀军同志的协助。

现　状　与　展　望

工程地质学作为一门应用科学和边缘学科，在自身的发展中，正经历着一个重要的阶段，或者说面临着越来越大的挑战。Geotechnique 一词的出现，就是这种挑战的明显标志。它表明在有效地解决工程实际问题时，人们既越来越不满足地质学抽象的、不具体的描述，也不满足于与客观地质体实际相去甚远的力学计算，而寻求建立一种新的地质学、岩土力学与工程设计合而为一的新学科的企图。近年来国内出现的工程地质力学、岩土工程学、工程岩土学、地质工程、系统工程地质学等，就是这种趋势的反映。

从本质上讲，工程地质学、岩石（土）工程学所研究的对象和回答的问题是属于一个范畴的，即正确认识和评价岩（土）体的自然和工程属性，从而找出合理的利用和改造的工程途径。国外许多著名的工程地质或岩土工程专家常有两种专业——地质学和工程学（或力学）的背景或工作经历，这绝不是偶然的。但不论国内还是国外，多数情况下，这二者既是相互依存的伙伴，又是竞争的对手，并从各自的传统阵地出发，不断扩展自身的研究领域，力图更多地囊括对方的研究内容，以便获得更强大的生命力，很难说谁更正确。

就大型水利水电工程的工程地质勘测工作而言，自 20 世纪 70 年代中后期以来，一个明显的趋势是工程地质工作者不断努力使自己的成果由定性走向半定量和定量，努力谋求在有关岩土工程的设计和施工领域发挥更大的作用，并且已经取得了一定的进展。这种进展主要借助于三个方面的改进：①工程地质、岩土力学和工程设计工作者都逐步意识到过去那种不深入切磋，简单引用对方成果的做法，已无法适应工程实践的需要，必须建立更加密切和协调的关系。一种可喜的情况是，在一些工程的勘测设计工作中，工程地质勘测、岩土力学试验研究和岩土工程设计，已纳入一个对岩（土）体特性综合了解及采取对策的总体研究计划中。这种局面的出现，很大程度上是由于这些年来相继出现的具有复杂地质条件的工程建设所形成的客观压力，如葛洲坝、安康、铜街子、龙羊峡、二滩等。②地质人员越来越广泛地直接掌握和使用实验室和观场原位测试手段、特别是一些简易测试手段，诸如单道地震仪，声波仪、点荷仪、回弹仪、携带式剪力仪等，使之对复杂岩体特性的了解，大大地向定量化跨进了一步。③计算技术和方法的迅速发展和大量引入，如概率分析，趋势面分析，回归分析，模式识别，聚类分析及最优分割等数学地质方法，使不确定因素甚多，各向异性突出及实际观察点有限的地质资料分析处理有了广阔的前景。

在谋求进一步的发展中，我们还面临着许多问题。首先是关于工程地质学的学科领域和发展途径，不论是在学科内部还是在兄弟学科之间，认识上和方法上都有很大分歧。工

原文写于 1990 年 10 月。

程地质学进一步发展的目标是什么？在解决实际工程问题时，它的作用能扩展到什么范围，并没有明确的认识。国际著名的岩石力学与工程专家缪勒教授和工程地质专家康拜尔博士在考察三峡工程时，曾明确表示，像人工边坡开挖设计，坝基基础处理设计，地下洞室开挖设计都应由工程地质人员负责。因为和其他材料，如水泥、钢材等一样，岩体也是一种材料，只有十分熟悉它的人，才能正确对待和应用它。能否接受这种观点，和工程地质学的学科范围、活动领域及人才培养的关系极大，我们目前的状况距此相去甚远。其次，工程地质学家、岩石力学专家以及岩土工程的土木工程师共同一致的探讨岩体工程特性研究中存在的问题、寻求解决的途径、共同拟定有侧重、有分工的研究重点的气氛，尚处在初始阶段。专业分工过细，学科间缺少渗透，彼此相互脱节的现象还十分严重的存在着。我们不缺乏第一流的工程地质学家、岩石力学专家和设计工程师，他们在各自的领域和工作中，有很高的学术造诣和工作成就。但是，我们似乎缺少一批在解决实际工程问题时，具有很强的宏观判断和综合决策能力的"杂家"，因而在一些复杂的岩土工程及与岩土工程密切相关的土木工程的现实问题面前，我们的对策及其形成过程显得冗长、软弱和笨拙。这种状况在很大程度上限制了作为应用科学的工程地质学在社会经济生活中的地位和作用。最后，近年来，随着计算技术的发展和迅速被应用到工程地质领域中，尤其是新毕业的大学生和研究生，对计算方法的研究显示出浓厚的兴趣，并给工程地质学的发展注入了强大的活力，这是十分可喜的。但是另一方面，忽视现场第一性资料的收集，轻视野外工作，过分迷恋于计算和迷信计算成果的倾向则是令人忧虑的。地质体是十分复杂的，任何精确的计算离开了丰富的实际资料做基础，离开了正确确定有关的边界条件及参数，都不可能得出正确的结果。许多极有声望的工程地质学家，如前面提到的缪勒教授、康拜尔博士及其他一些外国专家，还有我国已故的著名工程地质学家谷德振教授等，他们在解决实际工程问题中，只把数值解析的结果作为辅助自己做出判断的参考，而十分重视具体地质条件的分析及自身经历过的大量工程实例的经验。这一点是值得我们年轻一代工程地质工作者认真学习的。还有在国家财力、物力有限的情况下，合理地组织人力、分配资金及配备设备方面的问题更多；重复研究和相互抵消力量的情况严重存在着；占优势的传统设计方法和设计规范，无法应用工程地质和岩土力学取得某些进展，也在很大程度上束缚了问题的进一步深入。

在寻求摆脱困境的众多探索中，崔政权高级工程师所创立的系统工程地质学的理论和方法也许是最具发展前景的。这种理论和方法可以概括为一个系统、两个优化、三个结合。整个系统从工程勘察开始至工程建成后的信息反馈分析，包括工程地质勘测、岩土力学试验研究、工程设计的优化、施工期监测和建成后的安全监测和信息反馈，成为一个有机联系的系统。两个优化，一个是勘测试验工作技术方法本身的优化选择，集中到一点，就是在工程安全敏感性分析的基础上，总体规划和布置勘测试验工作，采用最先进的勘测技术，注意各勘测试验工种和方法的最优化组合，适时地进行勘测资料反馈分析，以便及时指导勘测研究，从而达到以最小的勘测工作量，最短的勘测周期达到最优的成果质量；另一个是在充分掌握地质条件和有关试验成果的基础上，实现岩土工程设计方案的最优化。三个结合是工程地质、岩土力学和工程设计人员的密切协作与配合，而这种结合最根本之点在于所有岩土工程的勘测、设计、施工及运行期的安全监测及资料分析都以工程地质专家为首全面负责，各专业恰当分工下进行的。这和当前国内通行的由土木工程师实行岩土工程的勘测、设计总负责的现状是完全不相同的。也许正因为如此，尽管这种认识和主张是有道理的，但要被有关学科广泛接受是很困难的，真正加以实施困难就更大。在国外，这种类型的岩土工程公司很多，而且是极有竞争力的。

当前，从工程地质学科的现实阵地出发，以下几个方面的工作亟待加强。

（1）针对各种不同类型的工程和不同类型岩（土）体的工程地质单元体的划分。近年来，岩体结构，岩体工程地质分类、岩体质量评价等方面的研究在国内外发展很快。但是，由于岩石（土）工程的类型很多，它们的设计条件（荷载条件），施工条件和工作条件极不相同，在进行岩体工程地质单元划分时，应分别不同的岩土工程类型如坝基、边坡、洞室、地面变形防治等工程，有针对性地进行划分，目的是便于进行工程地质评价，便于最终建立数学地质模型和便于提供设计使用。岩体工程地质单元划分的详细程度，决定于以下三点：工作阶段的深浅；工程设计和运用条件的要求；便于在实际工作中应用。

（2）和岩石力学工作者一道，共同探讨岩（土）体力学特性的试验研究，简易测试、原位测试和大型野外试验成果之间的可比性及合理性，进一步寻求各种地质、地球物理和力学参数之间的相关性和归一化处理。目前试图将地质参数（如裂隙密度、块度模数、岩体结构类型等）、地球物理参数（如弹性波速、频谱、电阻率、电磁波场强等）与岩体物理力学参数之间建立相关性并使之统一到岩体工程特性评价及应用到工程设计中的努力，正在受到广泛的重视和研究。这是极有意义的一项工作。所有这些参数在进行适当处理后，是建立工程地质单元体和数学地质模型中必不可少的，最终的目标是将它们归一处理并引入到设计工作中去。近年，许多学者都在探讨各种地质边界及参数的保证率，这个问题的解决有助于我们正确要求勘测工作精度、评判认识程度和制定工程设计安全准则都是很有意义的。

（3）充分运用电子计算机和应用数学迅速发展所提供的条件，分析处理各种地质资料，使地质成果的分析和判据更具科学性。客观地质体是复杂、多变、各向异性显著的，这种变化可以是渐变的，也可以是突变的；规律的和随机的。而地质工作者能够直接观察和通过勘探间接了解到的范围总是局部的、有限的。这就必然带来地质分析中大量的不确定因素。地质人员之所以长期对地质现象的分析限于定性的描述和可能性的判断，主要原因是计算数学的理论和方法还无法满足地质人员对复杂多变的地质现象做出合理可行的数学分析。而今天已有可能逐步实现这一点。诸如前面已经提到的那些方法以及可靠性分析、判别分析、灵敏度分析等。在模糊的现象，局部分散的资料，随机性很大的参数及众多因素影响的复杂地质问题面前，有可能做到合理的分析，可信的预测判断和足够的精度，并将静态的观察逐步变成动态的认识。这里还得再一次强调前面已经指出过的，任何时候都不要忽视第一性资料的重要性和可靠性。

（4）注意培养具有综合分析决断能力的工程地质-岩土工程专家。很显然，它比任何一个具体的勘测方法或试验技术的改进更重要得多。这方面的专家越多，工程地质学给国民经济建设带来的实际效益就越大。这个问题近年来已引起许多部门，尤其是水电部门技术领导的高度重视。潘家铮教授就力主发展边缘科学，培养跨专业的人才和改革现行地质勘察——岩石力学——设计工作脱节的做法。他建议"把工程地质、岩石力学及基础处理设计几方面的同志紧密结合起来（还可以扩大包括科研和施工人员）组成一个专业，负责从地质勘测、测试、参数选择到基础处理设计的全部工作，并对其安全和经济负责"。为此，水电部曾举办地质人员水工专业培训班，让近年来大学本科毕业的工程地质人员脱产学习两年水工建筑设计和施工的有关专业，这是一个有远见的措施。但仅此是不够的。一个真正高明的有决策能力的工程地质—岩石（土）工程专家，除了有必要的理论素养外，还需要有广泛的工程实践经验。缪勒博士两次来三峡工程，座谈中都提到要重视实践经验的积累。他说对于岩石工程，要能适时提出对策，至少要有 500km 隧道的开挖经验；说他到过 60 多个国家，有 80 多个工程的经验。康拜尔也曾说他在矿井下呆了 15 年，这些都是重要的经验之谈。相形之下，我们的工程地质工作者广泛接触工程实践的机会太少了。再加上管理体制上的分工过细，小生产固有观念的束缚，部门所有制的局限性以及当前利益竞争带来的保护主义，都给实施上述措施造成极大的阻力和困难。在当前的条件下，建立有关专业专家共同参与的工程地质—岩石（土）工程专家系统，也许是一个现实可行的方案。把宏观判断决策能力不完全建立在个人全面的综合能力上，而是建立在许多专家独特经验的共同智慧中。

（5）重视和发展施工及运行期间的监测及反分析技术。这是当前工程地质—岩土工程学发展中最薄弱，但又是相当重要的一个环节。其意义在于，从认识论的角度，这是从实践到认识的又一次飞跃；从科学技术的角度：①任何大型的试验和模型试验所代表的岩（土）体都不如工程进行过程中监测所得到的资料更能反映岩体本身的综合特性；②根据施工过程监测的信息反馈，及时修改设计及调整施工方法，使之适应变化的情况和不断优化整个工程建设，这是一种最有效的手段，也是确保工程施工和运行安全的重要措施；③对于像大型水利水电工程这种事前无法进行原型试验又不允许有丝毫失事可能的工程建设，监测资料是一种最难得的似原型试验成果。

世界知名的隧洞新奥法（NATM）施工的一个最重要的支柱就是在开挖工程中的变形监测及实时的反分析；葛洲坝工程基坑开挖期间所进行的岩体卸荷回弹监测、夹层位错监测，风化崩解速度监测，施工前后岩体透水性的对比试验；工程建成后，除常规的大坝变形监测外，还进行了夹层演变趋势的观测、水质变化监测等，都对保证工程顺利建设和安全运行，提高对岩体工程地质复杂性的认识，起到了重要作用。这一工作在地下工程建设中也许已经比较成熟了，但是在诸如深开挖边坡、大坝坝基一类的岩石工程中，这一方法还不系统和成熟。缪勒教授曾针对三峡工程永久船闸高边坡开挖风趣地说，中国的专家也许会创立一套适用于深开挖工程的新中国深开挖工法（New China Deep Cut Method，NCDCM）。这一工作当前最大的问题与前面提到的问题一样，缺少统一的规划和学科的归口。以坝基安全监测为例，监测的总体布置、总体设计、内部观测设计、外部观测设计，资料分析处理，都是由不同部门、不同专业的人相对分割来进行的，方法间缺少整体联系，所得成果不能适时分析，且常是残缺不全的，不能互为补充、相互印证。因此，尽管 30 多年来我们新建了不少大坝，却没有能充分利用监测成果反过头来检验、分析我们原有的认识及工作，为改进勘测、设计及施工提供有力证据。

文中提出的许多问题，都是作者本人的观点，认识肯定是有分歧和有争议的。这种争议只有在生产实践中，通过广大工程地质工作者和兄弟学科的专业人员共同努力去探索、去发展，最终统一到最有效地解决工程实际问题，最有效地为国民经济，为工程建设服务的实际效果中去。

第六届国际工程地质大会建筑材料研究专题综述

建筑材料在工程地质勘察研究中占有重要地位，是工程地质学科国际学术交流中的一个重要领域。1986 年在阿根廷布宜诺斯艾利斯举行的第五届国际工程地质大会上，建筑材料就是一个重要的论题，并有 9 个国家的 21 篇论文纳入大会的论文集中。第六届国际工程地质大会共列有 7 个专题，建筑材料就是其中之一，有 22 个国家的 35 位作者提交的有关建筑材料方面的论文纳入大会文集，包括水坝、堤坝、路基、建筑、原材料加工等多种用途的混凝土骨料、堤坝心墙料、堆石坝料、道基料、水泥掺合料、装饰面料、建筑石料、制砖料等，涉及勘探方法、资源开发与规划、环境影响、试验和分类、质量评价等多个方面。既有天然材料，也有人工材料，研究面很广，许多论文具有独特的针对性和适用性。例如，芬兰的气候寒冷，一年中冰冻时间很长，有一篇文章专门讨论挂链条的轮胎对结晶岩骨料路面的影响。韩国广泛使用煤饼做燃料，有一篇文章讨论这种大量使用的煤饼燃烧后煤灰的潜在用途。再如讨论硫化物骨料铺设路面可能造成的危害，棱角程度不同的人工骨料对混凝土性质的影响，一些煤系地层泥岩制砖的适用性研究等。反映出国际工程界对这一领域研究的重视，以及研究工作的广泛性、针对性和适用性。

一、工程地质勘察中建筑材料研究领域的讨论

作为工程地质学和工程地质勘察任务范围内的建筑材料的研究，应该包括哪些类型的建材、研究对象和内容，国内外工程地质界都没有明确阐述和统一的规定。

从第五届和本届有关建筑材料的专题论文所反映的内容看，这是一个题材广泛的研究领域。材料的类型包括天然和人工混凝土骨料、建筑石料、饰面料、堤坝堆石料、各种护坡石料、防渗土料、路基料、道渣料、掺合料、制砖料、陶瓷料等。它涉及材料的自然属性、工程属性及应用性质改善等多方面的内容，既有工程地质学的范畴，也有建材工程学和土木工程学的领域。所研究的问题远比我国水利水电工程、工业及民用建筑工程、道路工程及其他工程建筑的工程地质勘察规范中所确定的有关建筑材料的研究内容纷杂得多。例如沥青路面黏结性与路基材料关系的研究，掺水泥黄土强度提高的阶段性研究，结晶硅酸岩骨料的岩性及结构与路面被挂链条轮胎磨损关系的研究，当地材料坝饱和湿陷特性的研究，古建筑遗址建筑石料产地考证，民用煤饼烧后的煤灰特性及其作为有用材料可能性的研究，煤系地层泥制砖的适用性研究，用流纹岩兴建海浪防波堤化学稳定性（海水侵蚀）的研究，淤储煤灰稳定强度的形成，岩石化学溶解与物理分解相互关系的研究等。这

本文写于 1990 年 12 月。

些研究内容和项目与我国习惯的工程地质学建筑材料的研究有很大出入。例如我国《工业及民用建筑工程地质勘察规范》（TJ21—77）中没有关于建筑材料勘察的规定。《公路工程地质勘察规程》（JT064—86）以及《公路桥位勘测设计规程》（JTJ062—82）中均有天然筑路（建筑）材料工地质勘察的条款，但料种及试验内容均甚简略，主要是石料、卵石漂砾料、砂砾石料及土料。除块石料有抗压、抗剪强度的要求，其他均为一般物理性试验。《水利水电工程地质勘察规范》（SDJ14—78）中有天然建筑材料勘察的条款规定，并制定有相应的规程，如《水利水电工程天然建筑材料勘察规程》（SDJ14—78）中，所规定的料种有砂砾料、人工骨料、土料、碎（砾）石土料、槽（孔）固壁土料、石料等。就试验项目和质量标准而言，主要是针对大坝混凝土、土石坝填筑料、心墙料、埋石及砌石石料等质量要求而进行的常规性项目。在比较完整的工程地质教科书中，有天然建筑材料勘察的章节，论述的内容和范围与有关的规程相近，没有什么特殊的类型和项目。因此，目前国内工程地质勘察中对于建筑材料的勘察研究与本届大会有关的论文所涉及的内容相比，其项目内容和深度均相去甚远。造成这种差异的主要原因是建筑材料的研究是一个边缘学科。目前对于工程地质学领域内建筑材料的研究范围和内容并无统一明确的规定。但从实际工作的需要出发，应该对建筑材料的工程地质研究确定一个恰当的含义。从工程地质学的学科范畴和实际勘察工作的现状出发，本文作者将工程地质勘察中天然建筑材料的研究定义为：一切直接用于各类工程建筑或间接用于制造各类工程建筑材料的原位、天然矿物材料的勘察研究。这一定义中有几个严格的限定词，如"直接用于工程建筑"，指这种材料就是工程建筑的一部分，如各种建筑石料、当地材料坝的填筑料等；"间接用于制造各类工程建筑材料的矿物原料"，如水泥灰岩料、混凝土骨料、制砖土料等；"原位"则指明勘察研究的对象是原位地质条件下的矿床；"勘察研究"则应包括质量和数量，用于评价其适用性的自然属性和工程属性的研究。这种定义并不排除相关学科间的渗透和交流，如本届大会论文所涉及的广泛题材。但就工程地质工作者的主要任务而言，这一定义是比较确切和恰当的。

二、建筑材料勘察工作的原则

大会论文所论述的建筑材料勘察研究工作的原则可概括为两点，也是当前我国建筑材料勘察工作中最薄弱的两个环节，值得借鉴。一是建筑材料的区域性综合规划；二是建材开采对环境的影响。

国际工程地质协会秘书长 L. Primel 对这一专题的报告就是具有代表性的文章。他在题为"工程地质与建筑材料"的报告中指出：越来越有必要将采石活动纳入国土规划政策中，它涉及经济、技术和环境影响许多方面的准则。工程地质学家从资源类型普查、矿床的详细研究、开采方法、材料的使用直到开采场地的复垦的全部活动中，占有同样重要的地位。

法国 R. Mazeran 撰写的法国东南部大理石资源和它的地质（成因）控制一文，将法国东南部用于饰面的大理石类型及其成矿条件进行了分类研究。分为：①海相沉积类型，包括厚背壳蛤礁灰岩、近海硅质灰岩、化学结核状灰岩、生物扰动灰岩等；②大陆沉积控制类型，包括中—新生代山麓角砾岩和碳酸岩结壳；③构造作用类型控制，主要是侏罗纪、白垩纪的角砾状灰岩；④沉积、构造的变质作用同时控制类型，包括二叠纪大理岩化的泥质岩、华力西大理岩；⑤岩浆、变质和构造作用同时控制的华力西蛇纹岩、阿尔卑斯蛇纹大理岩和绿泥花岗岩等。这一工作对合理利用和开采大理石饰面材料提供了有价值的宏观规划和布局资料。

印度学者 R. Nagarjan 在题为陡峭山区为建筑材料目的而进行的岩石类型的综述和评价一文中，论述了印度中部山区针对活性 Viz 混凝土掺和料、建筑石料、公路和铁路渣料等用途的建筑材料所进行的资源普查、编录和制图。其目的是进行区域规划，防止各种建筑材料无控制的开采，避免在大范围内恶化环境。为此采用不同的制图方法绘制区域性建材资源的编目及其空间分布图，以进行区域资源管理。研究内容包括不同岩性的岩石和各种骨料的亲水性、吸水性、抗压强度、耐久性、孔隙度、表面特征等，以论证它们用作骨料和道路路基、底基层的实用性以及建材开采对环境可能带来的影响分析。例如，一旦破坏含铁砾石层和砂层上的植被，会引起大规模的土壤侵蚀；开挖含大量裂隙的石英岩和板状页岩，将导致众多岩崩等。意大利学者研究了在人口稠密区的建材开采盆地的合理规划，提出了将大的开采盆地"区别化"（individuation）的构想，即通过一系列的研究，将开采活动集中在某些特性的地区，以减少对居民密集区环境的影响，并为适用的、科学正确的土地规划提供依据。首先在大量实际资料的基础上，编制矿产质量图和开采适应图，后者考虑了开采中自然和人类的制约因素。在此基础上，从矿床（建材）的质量、沉积特性相关性、地貌特性相关性、人类活动程度相关性等五个指标分 16 级进行综合评价，最终提出矿产真实价值图将整个盆地分为 4 类地区：低价值区、中等价值区、高价值区及居民区。这一区域规划分类的工作顺序流程如图 1 所示。

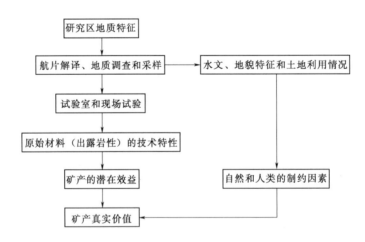

图 1　工作顺序流程图

在进行区域性建筑材料的编目分类工作中，遥感技术是一项极好的方法，如上述印度中部陡峭山区的建材岩石类型研究工作中，广泛使用了地球资源卫星和航空摄影照片，以确定不同的岩性单元、土壤覆盖、土地利用和土地覆盖类型。意大利人口稠密区的建材开采区别化的研究中也充分利用了航空照片解释技术进行最初的评价。

三、几个专门问题的讨论

纳入本届大会建筑材料专题的论文涉及的范围很广，其中份量较大、论述比较充分的有：①人工骨料；②饰面料；③路基料。三者都有具体的实例，并从地质条件、勘察研究方法、试验成果及质量评价等方面做了较系统的论述，有的内容尚有一定新意或可借鉴的价值。现作一综合归纳介绍。

1. 人工骨料

这方面的文章有 6 篇，所涉及的人工骨料类型有花岗岩、石灰岩、铅锌矿渣及结核状红土砾石（红豆石）等。其中，M. AElizzl 和 B. G. Ikzre 关于伊拉克采用灰岩做人工骨料和 K. E. Tsidzi 关于加纳采用花岗质岩石做人工骨料的两篇文章最具代表性。对人工骨料从原岩性质到骨料特性及混凝土制品的性能等均做了较系统的论述。加拿大学者在题为空隙特征及母岩性质对红土砾石骨料强度的影响一文中，介绍了在加拿大结核状红土砾石（红豆石）广泛用于混凝土和沥青路面的建设。用这种骨料主要有两个问题：①在碾压和车辆反复荷载作用下强度的降低；②在浸湿和饱水条件下高强度的丧失。这些问题通常是由于低强度和高孔隙度引起的。文章研究了三种母岩形成的红土砾石骨料：花岗岩、片麻岩（前寒武纪）、白垩—第三纪的页岩和砂岩。文章得出了以下结论：结核状红土砾石的空隙特征是含有大的孔隙，它比微小孔隙对强度的影响要大。在空隙和强度之间有一种特殊的和可定量的关系。在气候和环境大体相似的条件下，页岩、砂岩形成的红土砾石比花岗片麻岩风化形成的红土砾石具有较高的强度，这主要是因为前者有较高的三氧化二物含量。

在人工骨料的研究中，与质量有关的试验项目、内容与方法，应视骨料用途的不同而异。例如，用作一般工业及民用建筑、各类水工建筑物的混凝土和路面及路基的人工骨料，其质量要求应有一定差别，研究的侧重点也应有所不同。但是前述两篇有代表性的论文中，有关人工骨料研究和试验的主要项目都是大体相似，这是因为所研究的人工骨料在用途上要满足多种需要。主要的研究项目包括形状和表面特征、比重、相对密度、吸水率、抗压强度、磨损试验、破碎试验、撞击试验、坚固性、耐久性等，同时还进行专门的混凝土试验，如活易性、坍落度、水灰比、强度、碱活性等。加纳学者认为，对路基骨料，不主张进行抗压强度和点荷试验，应为对这种用途的骨料的强度，主要是抗粉碎和抗粒化的能力。因此主要试验内容是根据英国标准协会（BSI）制定的骨料破碎试验值和撞击试验值两项指标，此外耐久性也是筑路骨架的主要评价指标，包括抗磨损和抗风化。对道路建设所用骨料，列举了 9 个试验项目：相对密度、吸水率、伸长指数、片状指数、骨料抗破碎值、骨料抗撞击值、洛杉矶磨损值、硫酸盐坚固性值和沥青剥离试验值。在加纳学者的研究中，一项有意义的研究成果是建立各种指标与抗撞击值指标的相关性。因为抗撞击试验既简单又迅速，通过它间接取得其他指标是一种经济可行的方法。研究结果表明抗撞击和吸水率的相关性不明显，与伸长指数和片状指数有一定的相关性，相关性最好的是抗撞击值与破碎试验值和洛杉矶磨损值两项指标间的线性相关。M. AElizzl 和 B. G. Ikzre 的文章论述了伊拉克境内利用灰岩加工人工骨料的系统研究成果。其中一项是分析试验了12种不同配合比（不同粗细骨料配合比、不同搭配比的人工骨料和天然骨料，加或不加塑化剂等）的混凝土的活易性及水灰比的差异，从而得出哪一种配合比的混凝土适用于哪一种工程的建设，如预应力混凝土、钢筋混凝土、素混凝土等。

所有人工骨料的研究中都很重视骨料的碱活性反应。产生碱活性反应必须满足三个条件：混凝土有足够的含水量、足够高的碱度以及临界含量的可反应的硅酸盐（蛋白石、燧石、玉髓、高度破碎的石英等）。虽然这些条件很严格，而且试验研究的结果，加纳和伊拉克的人工骨料碱活性反应试验都在允许范围内。但有关加纳的文章中指出，虽然这个国家的花岗岩在质量上基本可以，但并不是总能满足要求。在某些混凝土建筑物中，仍出现一些说不清理由的破坏，其中一个可能的主要原因就是如同在全世界各地所发生的碱骨料反应，特别是碱-硅反应（ASR）。结论是前述的三个条件并不能排除这个国家花岗岩骨料的碱活性。从这一点来看，骨料的碱活性仍是一个并没有完全解决的问题。

英国学者 P. Nathanail 提出了一个根据现场调查资料进行人工岩石骨料适用性分类的简要方案，并以一个石炭纪玄武岩采石场为例作了分析评价。作者认为，对人工骨料母岩适用性的分类主要应考虑以下4个因素：①骨料的预期用途；②开采方法及程序；③现场调查的方法；④露头（天然和人工）的可靠性。

2. 饰面料

饰面料的研究在我国尚未纳入有关的工程地质勘察规程中，因而尚无一套完整的勘察试验与评价方法。本届大会论文中，直接和间接论述这一专题的文章有5篇，其中以法国人 R. Nagarajan 关于法国东南部大理石资源的地质成因控制和沙特阿拉伯学者 W. M. Shehata 等三人合写的沙特阿拉伯某些规格石料产地的评价两篇论文最有代表性。前者已在第二节中作了介绍，本节着重介绍沙特学者文章中的一些研究成果。

沙特阿拉伯以往所用的装饰石料大部分是从意大利进口的，极不经济。通过对沙特境内大理石和花岗岩矿床的系统研究，证明这些石料在质量上可以满足要求，取代进口材料，并有相当的商业价值。

研究的项目和内容有岩性（包括岩石结构、矿物组成、颜色、花纹、节理裂隙、块度等）、储量、工程性质（包括吸水率、孔隙度、比重、抗压强度、抗弯强度）、微破裂和岩石工程分类。

以上研究项目多数都是常规的岩石物理力学试验，其中比较独特的是岩石微破裂的研究，这一研究的目的主要是评价在沙特恶劣的气候条件下，通过微破裂的形成，加剧机械风化，从而破坏岩石的工程性质。

作者认为，岩石微破裂的程度是一项很难量度的性质，但是可以用孔隙度和质量指标（IQ）加以评价。质量指标与国内一般使用的岩石完整性系数相近。

$$IQ = 100 V_m / V_c$$

式中：V_m 为测量的岩石纵波速度；V_c 为计算出的纵波速度。

应力应变曲线的形态、动静弹模比也可用来评价岩石的微破裂发育程度，动静弹模值相差越大，表明岩石的微破裂越发育。最后根据 Deer 和 Miller 的分类以及 Necdet 和 Dearman 的分类，对所研究岩石按强度和变形性质进行工程地质分类。

其他有关这方面的几篇文章多属于饰面材料类型的分布规律的研究，也有属于特殊试验方法的介绍，如法国学者 C. Galle 等人关于岩石 Vikers 显微硬度试验的论文，论述了由于荷载的不同，所得到的岩石表面硬度和深部硬度的差别，以及不同岩石不同的磨料加工后表面硬度的变化。这一研究对磨光的岩石，如装饰面料的抗磨损性能的研究有一定的借鉴意义。

3. 路基料

有关这一方面的文章有 9 篇，主要是不同类型材料的基层、底基层、耐磨层的性能及其对路面工作特性的影响。由于道路建设的特点，路基料多就地取材，因地制宜，所以材料的类型及岩性就较复杂，涉及的地区及范围也较广，存在的问题也多具特色，有明显的地域性和特殊性。南非学者 P. P. Green 和 L. R. Sampson 的文章《发展中地区普通道路建筑材料的选择》一文就很明确地提出了这个问题。作者指出，在发展中国家都市化的进展促使对道路建设需求的迅速增长。这些地区一般来说交通运输量是较小的，而财政又不充裕，完全照搬发达国家的技术标准所建设的道路，在使用中虽然比较保险，但通常在财政上难以承担。完全采用当地材料建设低造价的道路，则意味着有冒过早破坏的风险。需要在这两种可能性中作出比较：用较高的设计标准，兴建相对较少的道路；或者用较松标准，多得到几公里的道路，但有较高的破坏概率。因此，系统地分析和研究数量很大、相对便宜和通用的当地材料，作为无铺砌道路的耐磨层和铺砌路面的基层、底基层就显得十分重要，需要对这些材料的类型和性质加以规定，对其使用作某些限制，并对可能的风险作出定量的评值和判断。这一指导思想无疑是正确的。例如作者指出：在发展中国家交通容量不大的情况下（每天平均 75 台车辆，其中大约近 5 成是重型卡车），采用没有风化的岩石加工破碎路基料兴建一般道路是划不来的，因为其加工工作量太大（爆破、破碎、筛分、混合）。因此对这种道路只需考虑风化或者部分风化的岩石就可以满足要求。文章将南非的岩石划分几个类型组：基性结晶岩、酸性结晶岩、硅质岩、砂质岩、泥质岩、碳酸盐岩。并分析了各组岩石风化解体的特性及材料的一般性质。结论是：发展中地区普通道路通常交通负荷量是较低的，为了优化道路建设，并且保留较高质量的材料供将来兴建高标准道路需要，应该最大限度地使用当地材料。

芬兰地处高纬度地区，气候寒冷，每年 11 月至次年 3 月，允许私人汽车的轮胎挂链条行驶（大卡车和公共汽车都不挂链条）。由于在高速公路上撒盐，所以除了在大雪天和雪后 1~2 天外，其他时间路面没有什么冰雪。这样挂链条轮胎对路面的冲击、加压、刮损及磨损，是沥青路面破坏的最重要因素。在芬兰，筑路骨料取自人工破碎的前寒武纪结晶硅酸盐岩石。少量的沉积岩和非硅酸盐结晶岩均被摒弃不用，因为它们的坚固性较差。对采用的骨料进行磨蚀、脆度磨损和黏结试验，同时进行岩性和结构分析。后者的重要性越来越被重视，包括矿物组成、岩石结构的宏观和薄片鉴定、X 衍射、比表面及孔隙性质测定（N_2-吸附，水银孔隙计）等。研究结论是：对于这种骨料复杂而又费时的磨损、脆度磨蚀等试验应该避免采用，尤其在岩石的矿物组成和结构方面有以下一些缺陷时：

（1）宏观方面：

——基岩节理裂隙的频度大于 3 条/m；

——风化程度超过 Ⅱ 类（微风化）；

——强片理化；

——单个矿物尺寸大于 10mm；

——可以观察到条状带或大片集中的云母岩类矿物；

——存在硫化物、碳酸盐、石墨等。

（2）微观方面（矿物平均颗粒大小为 5～10mm）：

——矿物颗粒间边界面平滑；

——长石颗粒中细粒绢云母化超过 30%；

——大部分脆性矿物和矿物颗粒间均有裂隙；

——可以清楚地观察到碎斑结构；

——云母含量超过 15%～25%（取决于矿物颗粒大小）；

——云母呈条带状或大片集中；

——硫化物、碳酸盐等综合含量超过 5%～10%。

（3）X 衍射分析：

——伊利石（或绢云母）、绿泥石等综合含量大于 5%～10%（取决于矿物颗粒大小）；

——存在蒙脱石或高岭石。

如果发现上述缺陷，任何进一步的试验都没有必要的。至于细粒至致密的岩石，除非风化破碎或片理化过于严重以及含有蒙脱石。少量的缺陷是可以允许的，最终将取决于它的力学试验成果。

有几篇文章讨论沥青路面与基层骨料间的黏合性与骨料性质的关系。总的结论认为，骨料的性质对黏合力有重要影响，其中最重要的是骨料的化学成分（类型）和亲水性。一般的共同结论是氧化硅含量高、表面光滑、亲水的矿物骨料与沥青的黏合力是较差的。包括结晶岩、伟晶岩、花岗岩、石英岩等。英国学者 D. C. Cawsay 对沥青路面最常见的剥离破坏（stripping）的机理做了一定假定：在沥青层与骨料的接触面间有一层薄膜，起着分离作用，将整个沥青层与接触面分离。对于不透水的玻璃状矿物，如石英、长石晶体、当这个沥青层收缩时，附着在骨料表面的薄膜如同一个润滑膜，通过它沥青层的收缩变得比较容易。但是在一些多孔的岩石骨料中，如玄武岩、石英岩的骨料，薄膜可能被吸收入骨料中，这种机制解释了为什么一些高强度的坚硬岩的骨料与沥青层间的胶结性能较差。

其他一些论文如《硫化物骨料导致的道路破坏》《不同棱角的砾石骨料作为道路基层和底基层以及沥青混合料路面的稳定性》《尼日利亚热带草原环境路面残余强度的无损调查》等，都是一些具有强烈地域性和针对性的文章，表明道路路基料的研究在世界范围内受到的广泛重视。

四、几种试验研究方法简介

在本届大会建筑材料的论文中，有若干关于试验项目和研究方法的文章，颇具特色，摘其主要的简介如下：

（1）一种研究建材岩石化学溶解和伴生物理分解的试验方法。研究对象是冰洲石解理面，将冰洲石置于蒸馏水中，通过测定溶液 pH 值的变化以及测定冰洲石 1011 解理面表面波速的变化来研究岩石的化学溶解和物理分解的关系。研究结果表明，在分子级的水平上，变化的过程反映出一种动力学特征，溶液 pH 值随时间的变化可以用一个与时间呈一次阶的动力学函数式加以定量描述；在较大的尺度上，通过试验可以测得液-固接触面固体表面波速的变化；在时间尺度上，可以比较表面波速的变化与溶液氢离子浓度值变化之间的关系。作者认为，"这个研究清楚的表面，化学变化和物理变化之间的关系是能够加以研究的。但也同样表明，还要做更多的工作才能弄清楚单晶或多晶材料强度变化的过程"。

（2）对于沥青路面与路基骨料之间的黏合性能，剥离破坏是一个最常见的破坏型式。为研究这一破坏，芬兰学者采取用了 3 种试验：

1）哈尔堡试验（Hallberg Test）。这项试验是研究毛细管力对骨料和沥青层黏结作用的破坏影响。试验中人工骨料由两种粒径组成（0.074～0.125mm 和 0.5～1mm），沥青料用 1/3 和 2/3 煤油调制而成。

2）滚动颈瓶试验（Rolling Flask Test）。试验的目的是研究沥青-骨料拌和料的水敏感性。研究在动力作用下涂沥青层的骨料的黏结性能，将涂有 0.1mm 厚的沥青层的骨料装入盛满水的瓶中（水温 5℃），经过三天的滚动（每分钟 40 转），检查沥青涂层的覆盖百分数，以判定沥青的骨料黏结性能对水的敏感性。

3）间接抗拉试验（Indirect Tensil Test）。这是用于研究压实的沥青试件的水敏感性。一半的试件在抽气后浸入水中饱和；另一半样品保持干燥。通过对两种不同的样品加压使之开裂（拉张破坏），对比两者所施加的压力的差异来确定沥青样品的水敏感性。

（3）葡萄牙学者提出用岩块的点荷载试验强度来评价堆石坝体的性质。为了评价压实堆石坝体的抗剪强度和变形模量，葡萄牙已经建立了这两种力学性质与岩块破碎试验（Crushing Test）和崩解耐久性试验（Slake Durability Test）等指标间的关系，也有的部门采用大型三轴试验和单向压缩试验来求得上述两个力学参数，但这些试验既昂贵，又费时。作者研究了国际岩石力学协会所建议的点荷指数（I_s）以及 Guifu 和 Hong 所建议的点荷强度（PLS）这两种参数与破碎强度（CS）间的关系，两者呈良好的线性关系。而点荷试验意义更明确且便于进行，即使在现场也可以很快地得到结果，同时对样品的要求较低，包括形状不规则的岩块，所以作者推荐用不规则岩块的点荷试验来评价堆石体的性能。

（4）法国巴黎矿业学院的学者利用显微硬度计测定维卡（Vicker's）显微硬度以研究矿物表层和深部显微硬度的差别。维卡显微硬度试验是一种静力试验，它是由四面棱锥形金刚石压头在一定荷载下下压，测量岩石表面上留下压痕的对角线总长。通过试验得出，矿物表层硬度和内层硬度的差别是施加荷载的函数，小的荷载仅能得到表层硬度，整体硬度需要大的荷载才能取得。研究发现，对于长石、石英这类矿物，当用细磨料磨光时，重要的一点是表层硬度有较大的提高；但对于锰-硅铸渣块等材料，表层硬度则低于内层硬度。这一关于表层硬度变化的研究，对认识材料的抗磨损特性，例如对于装饰面料磨光的抗破碎和抗磨损性质的研究具有重要意义。

（5）有的文章介绍了一些较简单的试验成果求取某些重要指标的经验方法。如：

1）剥离可能性指数 SPI（Stripping Potential Index）：

$$SPI = (SIT + 3TBT)/DIT$$

式中：SIT 为静浸泡试验（Static Immersion Test）；TBT 为得克萨斯煮沸试验（Texas Boiling Test）；DIT 为动力浸泡试验（Dynamic Immersion Test）。

2）岩石耐久性指数 IRD（index of rock durability）：

$$IRD = (R/R_t)/(n+2a)$$

式中：R 为岩石极限抗压强度；R_t 为用于比较用的强度参数；n 为孔隙度，以百分数表示；a 为膨胀变形（ε）的对数尾数，表示为 $a\times10^{-4}$；当 R 以 MPa 表达是，$R_t = 1$MPa。

限于篇幅，还有许多单项研究成果无法一一介绍。

本文在编写过程中，得到刘崇熙、蔡耀军、王柱军等同志帮助，一并致谢。

三峡工程地质勘察研究的理论与实践

举世瞩目的三峡工程已经全国人大七届五次会议审议通过，工程的初步设计也已审查批准，即将进入全面实施阶段。自1919年民主革命的先驱孙中山先生在建国方略中提出在长江三峡建坝壅水发电的设想以来，已经过去70多个春秋。几十年来，几代科技工作者为了寻求先进、经济、可靠的建设方案和设计蓝图，为了有根据地回答国内外、社会各界对兴建三峡工程不断提出的种种质疑，围绕工程建设有关的科学技术问题，进行了空前规模的研究，取得了丰硕的成果。不仅适时地满足了工程规划设计的需要，也为推动有关学科的发展起了重要作用。工程地质勘察研究就是其中一个重要的组成部分。

自20世纪50年代以来，除主持三峡工程勘测设计工作的长江委进行了长期不懈的工程地质勘察研究外，尚有来自全国40多个生产、科研和教学部门的上百位专家学者、数千名地学工作者参加过三峡工程地质问题的勘察与研究。针对工程建设有关的重大地质、地震问题，国家曾两次组织过全国规模的科技攻关。此外，先后有苏联、美国、瑞典、加拿大、意大利、法国、奥地利、日本等国的政府机构、公司、世界银行及一些国际知名的专家、学者，参与了三峡工程地质问题的咨询、合作与交流。

三峡工程所进行的地质研究，包括区域地质、区域地貌、第四纪地质及新构造运动、地震及地震地质、深部地球物理、水库及坝址工程地质和水文地质、岩土力学、矿产地质、环境地质、天然建筑材料等与工程建设有关的所有地质、地震问题。采用了地面地质、遥感地质、地球物理勘探、钻探、洞井探、高精度形变测量、实验室及现场岩（土）体物理力学性质试验、长期观测原位测试、物理模拟、数值解析、专用地震台网微震监测、各种先进的分析、鉴定手段和方法等，并随着科学技术的发展，不断扩大和深化，为三峡工程各阶段的规划设计提供了丰富翔实的地质资料。工作的广度和深度在世界工程勘察史上是前所未有的。同时也在众多领域，为推动我国工程地质学，特别是水利水电工程地质学的理论和实践的发展，做出了重要贡献。

一、三峡工程地质勘察研究

三峡工程所进行的广泛的地质勘察研究，可归纳为5个主要方面，即区域稳定性与地震危险性、水库区工程地质和环境地质、水库诱发地震、坝址工程地质、天然建筑材料。各主题的研究内容和采取的手段大体上反映了各相关学科在工程地质领域的实际应用水平。

原载于《工程地质学报》1993年第1期。

（一）区域稳定性与地震危险性

这一课题的研究始终被放在极其重要的位置，所采用的手段和方法也尽可能地多样和综合，包括：

（1）区域大地构造环境的研究。包括区域地层、岩性、构造、地质发展史、大地构造单元及其相互关系等的研究。为此进行了数万平方公里的地面地质测绘，多学科、多层次的专门性调查和专题研究。

（2）深部构造和地球物理场的研究。包括大面积的航空重力、磁力测量成果分析，坝区及库首段高精度航磁测量，地面重力测量，总长 2900 余千米的纵和非纵深部地球物理勘探（人工地震测深）等，以研究区内地壳结构、厚度、莫霍面特征、深部构造及重力场均衡状况等。

（3）区域及坝区断裂构造特征及展布规律的研究。包括各种比例尺的专门性地质测绘，沿主要断裂详尽的地质调查，多种航空、航天遥感图像线性构造解译和实地核查。

（4）地貌及新构造运动性质的研究。包括山区夷平面特征及变形，中-新生代盆地的形成及演变历史，河流阶地形成年代和位相对比，河床纵剖面特征研究，第四系堆积物变形的调查研究等。

（5）主要断裂活动性研究。坝区及外围（距坝址 16～70km）几条主要断裂的活动历史、宏观和微观特征（几何学、运动学、动力学）研究，断裂活动年龄、微量气体含量测定，断裂位移平面和三维测量，断裂和微震活动关系分析研究等。

（6）现代地壳运动性质的研究。环绕近坝库区（总长约 500km）周期性精密水准测量，全库区及其外围大面积（约 60 万 km^2）长周期精密水准测量成果整理分析，应用 GPS 全球卫星定位系统进行大范围地形变监测等，以研究坝址及库首地区地形变特征、现代地壳运动的性质和强度。

（7）地震时空特征和规律研究。利用区内近 2000 年的历史地震资料和 1958 年起在坝址及周围 70km 范围设立的地震监测台网所获得的大量成果，分析研究本区地震活动的时空分布规律、震型、震源机制；进行地震构造带划分；建立地震预测数学-物理模型等。

（8）地震危险性分析和地震动参数的确定。在前述工作的基础上，划分潜在震源区、确定地震活动性参数、地震烈度和加速度衰减规律，求取坝址区不同超越概率水平下的地震烈度、基岩水平加速度峰值和加速度反应谱值。

（二）水库区工程地质、环境地质及库岸稳定性

经多年深入研究，三峡工程库区主要工程地质问题有两个：一是库岸稳定；二是移民和城镇迁址可能引起的环境地质问题。对之进行了多学科、多手段、多层次的协同攻关研究。主要的工作内容和方法有：

（1）干、支流库岸岸坡的地质条件，岸坡类型、结构、稳定程度专门性调查研究；已有崩塌滑坡体的位置、规模和稳定性调查；干流库段大型崩塌、滑坡史实调查考证。

（2）干、支流大型崩、滑体类型、成因机制、稳定性研究。结合蓄水后的可能变化，运用综合手段进行稳定性分类和评价。对其中体积大于 1000 万 m^3 且位置重要的大型滑坡进行专门性地质测绘和勘探。

（3）大型崩、滑体危害评价。包括直接危害和入江物质引起的涌浪及其规模、衰减过程和可能造成的危害，进行数值计算和模型试验。对变形正在发展，且位置重要的几处大型崩、滑体，建立了监测网进行监测、预警。

（4）对基岩岸坡，尤其是顺层高边坡的结构类型，变形机制，破坏方式等进行了专题研究，并作出现状评价和蓄水后的变化预测。

（5）全库区进行了1：10000（精度1：50000）的第四纪地质填图；进行了不同类型第四系岸坡的坍岸计算，库区泥石流类型、规模、活动性及危害性研究，泥石流活动监测。

（6）库区土地容量调查，搬迁城镇新址选择和城镇规划的工程地质和地质环境评价。

（7）库区矿产资源及其受水库浸没和淹没损失评价。

（8）库区沿岸水文地质环境变化研究。对地下水动力场、化学场、温度场在水库蓄水后的可能变化及其影响作出预测。

（9）水库下游环境地质变化预测。

（三）水库诱发地震

这一课题从20世纪70年代起就给予了足够的重视，近期又列为重点专题进行研究，开展的主要工作有：

（1）分析整理了全世界106个水库诱发地震的震例，从中找出它们在发震位置、时间、强度、震源机制等方面的特点和规律，以进行震例分析对比。

（2）全面研究了水库区的岩体特性、地质构造和渗透条件，重点研究了坝址和库首区的水文地质条件和断裂活动性。

（3）在坝址和库首区进行了深孔（孔深分别为300m、500m和800m）地应力、孔隙水压力、渗透率、节理裂隙和地温测量，得出了近坝地段地应力状态的宝贵资料。

（4）利用小口径台网对库区重点地段进行地震强化观测，以充分掌握上述地区地震本底的详细情况。

（5）三维有限元数值模拟，研究区域应力场及水库蓄水后的变化。

（6）结合三峡工程水库区的地震地质背景，从各库段岩性、地质构造、渗透条件、地应力状态和地震活动等，进行水库诱发地震可能性综合评价。

（7）在上述成果的基础上，对三峡工程兴建后是否可能产生水库诱发地震，可能发震地点、强度，对工程建筑物和库区环境的可能影响进行预测评价。

（四）坝址工程地质条件

三斗坪坝址的工程地质勘察研究，自20世纪50年代后期开始，已持续了近40年。针对坝区主要水文工程地质问题，有重点地进行了下列专题的研究：

（1）风化壳工程地质特性研究。包括风化壳形成和发育的物理化学条件、影响因素，风化分带的定量化，风化壳分布规律，风化岩体的工程地质特性，特殊风化现象的形成规律、位置、性状及其对工程的可能影响等。

（2）断裂构造研究。研究断裂构造的展布特征、规律、力学属性、成生联系，构造岩的类型及其性质，不同时期、不同方向断裂构造的分布规律及其工程地质特性，岩体裂隙网络和连通模式的数学模型研究。

（3）缓倾角结构面的工程地质研究。研究缓倾角结构面的成因、分布规律、性状及其力学特性。进行缓倾角结构面发育程度分区。利用一切可能的技术方法，查清重点坝段坝基缓倾结构面的优势方向及其连通率，提出概化地质模型，进行坝基深层抗滑稳定性的评价。

（4）岩体卸荷带特征研究。通过大量勘探、测试、试验资料的统计分析，得出不同地貌单元卸荷带特征、深度，以及卸荷作用对坝基岩体工程地质特性的影响。

（5）坝基岩（土）体水文地质特性研究。岩土体水文地质介质类型、水文地质结构、渗透性及分区；裂隙岩体水动力特征，渗流场的不均一性、各向异性及疏干效应的现场试验及物理-数学模型研究。

（6）大坝建基岩体结构及质量研究。在划分坝基岩体结构类型的基础上，采用多因子综合分析的方法，建立三峡工程岩体质量评价标准，对大坝建基岩体进行质量分级、分区和评价。

（7）深挖岩质高边坡稳定性研究。船闸区基本地质条件的详细勘察，地应力测量，岩体力学性质和岩体渗流特性的试验研究，自然边坡和人工开挖边坡调查。根据岩体结构、强度、地应力场、渗流场、边坡几何形态及开挖程序，应用地质力学模型、二维及三维有限元分析、块体理论、极限平衡等多种方法，研究边坡的总体稳定和局部稳定，提出开挖坡角及开挖形式的建议。

（8）岩（土）体物理力学试验研究。自 20 世纪 50 年代以来进行了大量的试验室和现场岩（土）体的物理、水理和力学性质的研究。采用的手段和方法均反映了各个时期的领先水平。重点研究了影响混凝土与基岩结合面抗剪强度的主要因素，不同风化带和结构类型岩体的强度、变形特性，不同类型结构面的抗剪强度，地应力测量等。

（五）天然建筑材料

三峡工程所需天然建筑材料种类多、数量大。经济合理地选择工程所需的各类天然建筑材料，具有极大的经济效益。为此，三峡工程天然建筑材料的勘测范围，从坝址上游30 余千米至下游 700 余千米，对各种料源产地进行了比较研究。

混凝土骨料。研究了长江河床及其支流天然砂砾料、花岗岩风化砂、基坑开挖弃料加工粗骨料、花岗岩人工砂、碳酸盐岩人工砂等。对云母含量，风化长石含量，硅酸盐和碳酸盐碱活性，不同类型骨料的混凝土耐久性、强度及水泥用量等进行了大量的专门性试验研究。

围堰心墙土料。重点勘察研究了峡内及宜昌附近长江Ⅰ、Ⅱ级阶地土料。鉴于这些料场情况多已发生了变化（葛洲坝水库淹没、工业及民用建筑开发占用等），对土料用量最大的二期土石围堰，研究采用新的防渗结构体以解决这一矛盾。

围堰填筑料。对用量多达 1659 万 m³ 的围堰填筑砂砾石料，主要利用坝址区全风化带砂砾料。除储量及天然条件下的物理力学性质外，重点研究在剪、压、震、冲、浸泡及水下抛填等条件下，级配、物理力学性质及其他各项技术指标的变化。

二、几个重点问题的研究评述

三峡工程地质地震问题的研究，在许多方面发展了工程地质学的应用理论，本文仅就几个有研究特色的问题作一归纳简介。

（1）断裂活动性评价准则。三峡工程在主要断裂的活动性研究方面作了大量的专题研究。由于三峡地区缺少第四纪堆积物，给断裂活动性的定量评价带来了很大困难。实践证明，在这种情况下要对一条断裂的现代活动性作出可信的结论，必须采用多手段研究和综合评判方法，特别要注意每种方法的适用条件、能够说明问题的程度和成果所代表的确切含义。三峡工程对几条主要断裂很早就设立了变形（位移）监测。

（2）区域稳定性评价。经过多年重点攻关和系统研究，三峡工程形成了一套较完整的区域稳定性研究方法和评价准则，可以抽象为深部构造（深部地球物理场）是背景，区域地质（地貌）条件是基础，断裂构造是骨架，新构造运动是表征，断裂活动性是核心，地震活动性是脉搏。工程场地的区域稳定性研究，除有活动性断裂直接通过建筑物时（这种情况在有充分工作的条件下是极少遇到的），需要评价其活动性对建筑物的破坏影响外，一般都最终归结为地震危险性分析和建筑物抗震设计，当然还应包括对环境地质影响的评价，如山体稳定、斜坡稳定等。

（3）库岸稳定性。三峡工程水库，干流及长度大于 1km 的支流，岸坡总长近 5000km，地质背景各不相同，条件差异很大。经过许多部门协同攻关研究，对天然情况和水库蓄水运用条件下的岸坡稳定性问题，已形成了一套较完整的勘察、研究、评价、监测、预报的理论和方法。包括岸坡类型划分及其变形机制，岸坡，特别是层状碎屑岩顺层、切层、水平岩层岸坡破坏的机理、条件、控制因素、破坏方式及其发育规律；岸坡及大型崩滑体稳定性分析评价及预测；岸坡失稳，特别是人口稠密和通航河流岸坡失稳的危害性分析评价；岸坡变形监测技术和预报模型等。

（4）水库区环境地质评价。三峡工程开创了国内大型工程综合环境工程地质评价与预测的系统研究，包括移民工程环境地质（环境容量、资源开发利用、迁建城镇地质环境适宜性、移民安置地质环境保护等），城市环境工程地质，水文地质变化预测，地质旅游资源保护，水库下游地质环境影响预测，库区环境地质综合评价等。虽不能说这些研究在理论上已达到系统、成熟的程度，但已经有了一个较完整的开创性成果。

（5）水库诱发地震。国内外的研究现状表明，水库诱发地震的成因机理、发生发展过程及时、空、强预测，仍是一个远未被认识的问题。三峡工程由于区域地质背景、地震地质条件以及地震活动规律研究较充分，又有一个连续运行 30 余年的工程专用地震监测台网，积累了极其丰富宝贵的微震活动资料，加之围绕水库诱发地震问题，又有针对性地进行了大量相关专题研究，不仅对三峡工程水库蓄水后产生水库诱发地震的可能性、可能发震的地段、强度做出预测评价，也在许多方面推动了水库诱发地震问题的研究。诸如 100 余例水库诱发地震震例分析，诱震条件（水库规模、岩性、构造、渗透性、应力状态、地震活动性等）分析，水库诱发地震特征及水库诱发地震机理探讨等。

（6）岩体风化规律的研究。三峡工程坝址花岗岩有平均厚 21m（最厚 85m）的风化壳。这是发育于亚热带季风区低山—丘陵地形条件下，花岗岩的一种颇具典型意义的风化作用的产物。由于风化壳对建筑物的设计、施工、造价有重要影响，多年来，对坝区岩体的风化形式、状态、类型，风化壳的形成、演变，风化作用及其控制因素，风化岩的基本特征，风化分带及其分布规律，作了大量系统的研究。特别是风化岩工程地质特性的定量化研究积累了丰富的统计、测试资料，逐步用工程实用的量化指标取代地质人员的宏观定性判断。这些研究成果从 20 世纪 50 年代起就为推动我国风化岩体的工程地质研究起了重要的作用。

（7）裂隙岩体水动力学研究。坝址花岗岩裂隙岩体渗透性及岩体水动力特征，对坝基防渗、船闸高边坡的稳定性分析和工程处理设计至关重要。通过基本地质条件分析、水文地质观测和试验（三段压水、三维电模拟、排水疏干、交叉孔法等大型试验）、水压测量、模拟分析等，基本掌握了岩体非均质各向异性渗流场的运动特征。采用裂隙样本法、现场试验法、反演法进行综合比较，确定裂隙当量渗透参数、主渗透值和主轴。在模拟分析中，分别考虑了连续介质、非连续介质，二维、三维、稳态、非稳态，施工期、运行期不同情况下的水动力场，在此基础上，提出了各类建筑物不同地段的排水减压优化方案。

（8）人工开挖高边坡研究。三峡工程永久船闸为连续五级双线船闸，单级闸室有效尺寸为 280m×34m×5m（长×宽×最小水深），闸室结构总长 1607m，是世界上规模最大的船闸。船闸从左岸山体通过，深开挖边坡（最大坡高 170m）是该建筑物的关键问题之一，也是工程地质工作的主要研究课题。通过详细的地面地质测绘、大量的勘探（槽探、钻探、洞探及全线的地震勘探、CT 技术等）、深孔地应力测量及应力场反演、大型水文地质试验、地质力学模型（包括开挖程序模拟）、离心机模型试验、二维及三维有限元分析、极限平衡及块体理论分析等系统的试验、计算和研究，对船闸开挖高边坡的总体稳定、局部稳定、边坡结构型式及边坡角、开挖程序、排水减压、锚固设计、施工及运行期变形监测均得出了系列重要成果。

三、地质勘察工作经验小结

组织实施三峡工程这一巨型项目的地质勘察研究，有以下几点重要经验：

（1）注意多学科和边缘学科的协调、搭接和配合。三峡工程地质地震问题的研究，仅地质学就直接涉及十余门学科，此外尚有地理学、地貌学、地震学、地球物理学、岩土力学、测量学、土木、水利、建筑、建筑材料学、环境科学等众多学科领域。这些学科和专业，并不是一般性地将其已有文献的成果应用于三峡工程，而是直接从事有关专题研究。要将所有这些专业有机地协调起来，服务于广义的工程地质勘察，本身就是一项庞大的系统工程。这里不能要求负主要责任的工程地质专家通晓每一专业，但他应该了解每一学科和专业在解决工程地质实际问题中能够起到的作用和可能解决问题的程度，以便有效地加以组织协调。

（2）充分、适时、恰当地应用先进技术手段和方法。实践证明，为了深入研究和正确回答三峡工程有关的重大地质问题，充分、适时、恰当地应用先进技术手段和方法是一项关键措施，在这方面三峡工程有许多成功的经验。如区域稳定性和地震活动性研究中所采用的库首区及主要断裂的形变测量、专用微震监测台网、人工地震测深等；航天和航空遥感技术及地理信息系统，在区域构造背景和主要断裂调查、土地资源和移民环境容量调查、库岸稳定性研究及崩滑体调查中起到了重要作用；从瑞典引进的深孔地应力测量装置（套孔应力解除法），计算机层析成像技术（CT）应用，路易斯和纽曼的裂隙岩体渗透性试验，块体理论，裂隙网络模型，裂隙糙度测量，钻孔彩色电视，定向取芯，二维、三维地质力学模型等，在坝区主要工程地质问题研究中都起到了重要作用；以及灰色理论、模糊评判、专家系统、多参数动态定量分析、数量化混合模型及各种数理统计方法，数值解析等，有效地回答了众多工程地质问题的定量和半定量评价。

（3）正确处理好宏观和微观、研究对象和工作深度之间的关系。三峡工程需要研究的地质问题范围广、项目多。不同设计阶段、不同研究对象的工作要求、深度和处理方法也应有所不同。有的问题如岸坡稳定性，只要在总体规律和基本条件分析的基础上，确定不会发生岸坡大范围失稳和大规模解体就可基本满足设计阶段的要求，不可能对每一段岸坡、每一滑坡都作出准确的预测评价。水库运行后，个别、局部地段的岸坡破坏，可以在水库运行过程中加强监测和调查，根据情况提出对策。对于诸如岸坡失稳可能的危害、水库诱发地震等较敏感的问题，则采取从较坏的条件出发评价其影响，以留有余地。对于关系大坝等主要建筑物安全，如坝基下缓倾角结构面的分布等，则尽可能采用各种手段予以查明，提出满足设计要求的成果。有的问题如区域稳定性，在充分掌握区域地质背景和地震活动性规律的基础上，只要在总体上做到判断有据，就不应被一些枝节问题所左右。

（4）明确勘察研究工作的服务对象，正确处理勘测与设计的关系。地质条件和地质工作有制约设计和工程建设的一面，也有受工程设计、施工制约的一面。不同的设计阶段、不同的问题，地质条件的发言权是不同的。但归根结底，工程地质勘察研究成果最终要转化为工程实践，地质结论最终体现在工程的安全和经济这一对矛盾上。正确处理地质勘察与设计、施工的关系，是正确组织实施大型工程地质勘察工作的一个重要环节，也是一个工程地质—岩土工程工作者成熟与否的重要标志。

长江三峡工程技术考察团赴法考察报告

一

在国际工程地质学会名誉主席、法国国立巴黎矿业学院教授、原法国工程地质中心主任、工程地质学家、国家骑士十字勋章获得者阿赫诺（Marcel Arnould）教授的组织安排下，应法国外交部等有关部门的邀请，国务院三峡工程建设委员会办公室副主任魏廷铮及水利部、中国长江三峡工程开发总公司和长江委的有关人员一行 7 人，组成中国长江三峡工程技术考察团，于 1995 年 7 月 3—14 日对法国有关工程建设、装备、施工技术、工程管理及工程地质等问题进行了技术考察，受到法国有关部门及同行的热情接待，扩大了技术交流合作，开拓了眼界，圆满完成了考察任务。

二

考察团在法国考察活动中，所到之处，受到了热情接待，基本上有问必答，无所保留，体现了中法的传统友谊。特别是阿赫诺教授近二十来年对中国社会主义建设一直给予了热情的关注和支持。自 1981 年考察三峡工程后，对三峡工程抱着积极支持和广为宣传的态度，对中方的这次考察，运用他个人的影响作了周密广泛的安排，使考察活动取得圆满成功。

考察活动中，法方召开了几次大的技术会议。

1995 年 7 月 4 日上午，法国国立巴黎路桥学院（1713 年成立）院长雅克·拉加德赫教授（Prof.J.Lagardere）、法国国立巴黎矿业学院（1784 年成立）院长雅克·勒维教授（Prof.Jacques Levy），以及法国工业部大坝技术总工程师阿兰·勒布赫东先生（M.Alain Lebreton）、法国外交部、工业部、装备、交通、国土整治部的代表等在巴黎矿业学院工程地质中心举行欢迎会。会上，两所高等学院院长介绍了 200 多年的校史、建校性质和特点。这两所专业学院是法国土木建筑、采矿工程的权威学校，具有很高的学术水平和国际声誉，参与过法国国内许多著名土木工程的研究和设计工作。工业部大坝技术总工程师勒布赫东先生介绍了该部管辖下 300 多座大坝调度管理、安全监控的经验。他们一致表示欢迎代表团的到来，并对法国工程地质中心能与长江委合作研究三峡工程永久船闸高边坡稳定性表示了极大的热情与兴趣。魏廷铮副主任致答词中介绍了长江流域水资源开发利用和

本文写于 1995 年 7 月。

三峡工程的建设情况。

1995年7月5日上午，由法国装备、交通、国土整治部主持，有法国各有关大型企业、工程和施工装备部门的负责人参加，共计约60人出席的报告会。其中有：国际经济事务局局长柯罗德·马赫梯昂先生（M. M. Claude Martinand）、国际事务局局长米歇·彼多（M. Bidaud）先生，研究和科技事务局局长雅克·拉哈乌畦先生（Jacques Laravoire）等。法国外交部负责远东事务的一位专员始终参加了这两次欢迎会。会上，彼多先生、阿赫诺教授发表了热情的讲话，并向考察团介绍认识大型企业负责人。与会的各大型企业、公司对三峡工程的建设表现出了极大的兴趣。魏廷铮副主任、三峡工程总公司左岸工程部张兴德副主任、长江委郑守仁总工程师向大会分别介绍了长江三峡工程和南水北调中线工程的情况，并回答了与会各企业家提出的问题。

7月13日下午，法国工程地质中心主要成员和考察团全体人员对这次考察进行了总结性座谈。双方对前一阶段有成效的合作及研究工作的进展表示满意，并着重探讨了下一阶段加强全面合作的内容和途径。中方还表示这次考察颇有收获，并对主人的热情接待和周到安排表示感谢。座谈会后，法方举行告别酒会，刚从美洲回国的法国工业部非金属和地下资源司司长安东尼·马松先生（M. Antoine Masson）从机场直接前来参加酒会，并表示将继续支持法国工程地质中心与中国方面的合作。

三

1995年7月6—12日进入有关工程的专项考察。

（一）谢西里安勒（Sechilienne）滑坡考察

该滑坡位于格勒诺布尔市（Grenoble）以南上阿尔卑斯山脉（Haules Alpes）和萨克山（Mant Sec）南坡，罗芒斯（Romanche）小河右岸。以当地山村 Sechilienne 命名。

谢西里安勒滑坡发育在海西期变质岩-云母片岩中，实际上是沿两条平行岸坡的断层及其他方向的断层形成的大型不稳定岩体。断裂切割包围的潜在不稳定岩体体积约7000万 m^3（900m×600m×140m），但目前变形显著的岩体约700万 m^3，是断层外侧表层风化卸荷破碎岩体中发生的一个大型塌滑体。

据研究，从阿尔卑斯冰川及河谷发育史推断，该不稳定体形成已有近万年历史。目前变形显著的这一部分顶部后缘拉裂缝宽15m，自20世纪80年代初以来，岸坡的活动性就增大，1986年冬季岩崩体积急剧增大，目前最大变形量1mm/d，综合所有观测点平均每年位移约100mm。岸坡地带植被很好，出露泉水很多，地下水丰富，排水状况似通畅，但无观测资料。

目前塌滑体的变形监测由两套监测系统完成。一是外部变形监测网，由2个基线点、5个控制点、32个观测点组成，每年观测两次。基线点设在对岸山坡上；二是收敛观测，分4个区，自动观测记录每小时一次，人工观测每天一次。所有自动观测的成果通过有线传送到现场数据采集站，再由数据采集站通过无线传输到里昂的路桥研究中心（Laboratoire des ponts et Chaussees，Lyon）。上述的监测工作就是由该中心负责实施。

该塌滑体高悬于陡坡上，总高度达600m，失稳后将堵塞 Romanche 小河，形成堰塞湖，堵断高速公路，天然堤坝溃决后溃坝洪水还会危及下游地区安全。滑塌时形成的气浪估计可波及 2km 以远，危及人口约 300 人。鉴于该塌滑体治理的难度及耗资，法国方面采取的是任其塌落，做好监测报警，提前疏散居民，并在谷底事先开挖泄洪隧洞，一旦形成堰塞坝，用以宣泄上游河水，不致形成堰塞湖危机上下游居民安全。这一治理的指导思想很有借鉴价值。

（二）大迈松（Grand‑Maison）抽水蓄能电站

在罗纳-阿尔卑斯山区（Rhone‑Alpes）已经兴建了 477 座大中型水电站，其中大迈松抽水蓄能电站是最大的一个，装机 180 万 kW（12×15 万 kW）。该电站位于阿勒蒙（Allemont）上游的多勒河上。

该电站由上库——大迈松坝（Grand. Maisson dam）、引水隧洞、斜井及压力钢管、厂房和下库——Verney dam 组成。

上库——大迈松坝为心墙堆石坝，坝高 160m，库容 1.4 亿 m^3。引水隧洞长 7100m，直径 7.7m。斜井长 800m，末端分岔成 3 个钢衬砌短洞接 3 条直径 3m 的压力钢管。

厂房分两组，一组为地面厂房，4 台冲击式水轮机和发电机组。单向转动只发电。另一组为地下厂房，埋深 70m，安装 8 台可逆式机组，既发电又抽水，地下厂房尺寸 160m ×16m×40m（长×宽×高）。

下库——Verney dam，坝高 42m，库容 0.15 亿 m^3，砂砾堆石坝，沥青混凝土斜墙防渗。

发电水头 950m。

该电站的特色主要有以下几点：

（1）坝型充分考虑当地建筑材料，因地制宜。如上库大坝心墙用风化页岩，下库大坝用冲积层和冰积层做坝料，沥青混凝土斜墙防渗等。

（2）施工条件困难。由于阿尔卑斯山区冬天气候条件恶劣，每年只有 5 个月施工期，所以施工机械化程度高。每年 10 月至第二年 4 月所用的施工设备都要转移到谷中。

（3）电站水头落差大，达 950m，因此电站的土建和机电设备的质量和性能都很先进，以适应高水头条件下运行的要求。该电站使用的可逆式机组是目前世界上最先进的机组。

（4）电站运行管理科学。据法国电力公司（EDF）罗纳-阿尔卑斯山区水电管理局负责人米·詹巴赫先生（M.Jambard）介绍，本区水电系统实行统一调度管理，每一小流域有一调度中心，最后在里昂接入大电网。在接到中心指令后，5min 可实现向电网供电，一般事故（轴瓦发热，轴摆动过大等）均可自动调整，大事故 20min 内即可通知人来检修。

（三）桑本坝（Barrage du Chambon）的碱-骨料反应破坏

在罗纳—阿尔卑斯山区水电管理局负责人介绍该区水电设施时，顺便指出，你们考察团中一位刘崇熙先生是巴黎矿业学院的博士，对混凝土碱-骨料反应感兴趣，为此我们专程要来了桑本坝碱-骨料反应和治理的资料，介绍给诸位。原计划中没有安排参观考察桑本坝，我们提出要求后，法国朋友热情作了联系，增加考察桑本坝项目。

桑本坝位于大迈松坝下游。该坝 1935 年建成，是一座混凝土重力拱坝，高 90m，弧长 294m，混凝土体积 30 万 m³。混凝土骨料利用附近的片麻岩（gneiss）和黑云母片岩（Micaschisy）加工而成，水泥用量 150～250kg/m³。大坝建成 50 年后开始出现碱-骨料反应，膨胀开裂，目前总膨胀量左岸向上 12cm，右岸向下 1.5cm。年膨胀量左岸向上游方向最大为 3mm/a，垂直向上 1.2mm/a。坝的左岸部分由于膨胀扭曲，泄洪闸门已无法开启，大坝上下游面严重开裂，并渗出反应产物。从破裂的混凝土表面，见到骨料有明显的反应环，尤其是黑云母片岩的反应环，肉眼就可见到。

桑本坝已无法正常运行，故决定从 1993 年 6 月起放空水库全面治理。由法国电力公司（EDF）投资 2.2 亿法郎，分 5 年分期治理。主要措施：①沿坝轴线每 30m 左右锯一缝，人工锯开（10mm 钢锯），锯缝深度不等，最深 20m，释放应力，约 50 天，应力回弹裂缝又闭合；②在坝的上游面铺一层 PVC 防渗膜，厚 5mm；③坝下游面 2.5m 深范围进行水泥灌浆加固。目前已进入全面治理中，效果如何，尚难预料。

由于该坝已建成 60 年，所以原有资料如水泥品种，骨料种类等的详细资料均难于查找〔刘崇熙同志在法国留学时曾对该坝碱-骨料反应做过研究，查阅笔记，水泥为中等含碱量，经法国路桥研究中心（LCPC）分析，水泥含碱量为 0.59％Na₂O 当量〕。该坝出现严重的碱-骨料膨胀反应，法国电力公司组织了专题研究，研究工作正在进行中，且资料保密，不对外提供。

桑本坝建成 50～60 年后出现碱-骨料反应，值得各类有关的土木工程建设重视和借鉴。

由花岗岩、片麻岩类人工骨料引起混凝土碱-骨料反应，近年已有不少报道，如美国的奉塔那坝（Fontana dam）、加拿大的博哈诺伊斯坝（Beauharnois dam）、芳德坝（Faunders dam）、还有墨西哥、巴西、印度等国都出现类似问题，且都是建成 30～40 年后才出现开裂。

M·阿赫诺教授曾多次建议，三峡工程利用花岗岩制造骨料，要特别注意碱-骨料反应问题。混凝土从骨料到水泥都必须认真对待，以杜绝此类反应出现。

（四）水力铣刀（双轮铣，Hydrofraise）水下连续造墙技术

应法国索尼丹斯（Soletance）公司、巴谢（Bachy）公司的邀请，与这两个国际著名的法国基础处理公司进行了技术座谈。

索尼丹斯公司和巴谢公司是法国最强大的两个基础处理公司，业务遍及全世界。为避免互相竞争压价，它们在远东、非洲已联合建立 BSG（Bachy Soletanche Group），在欧洲、美洲及法国本土仍是各自独立经营。先后承担过世界上许多著名工程的基础处理。如早期的埃及阿斯旺水坝，以后的维也纳地铁，近期的法国海底隧道等。目前该公司承担了香港新机场地铁一个车站的地下连续墙施工，墙厚 1.5m，深 50～70m，总工程量 16 万 m²，两年完成。两公司的年产值都在数十亿美元。该两公司的最大特点是自己承担地基处理设计，根据设计的需要研制设备，而不是一般的设备制造厂家仅出售设备。近年来该两公司推出一系列高新技术，如超微粒（<10μm）固结灌浆，水力铣刀（双轮铣，Hydrofraise），系列成桩设备，高压旋喷设备。本次考察中实际参观了双轮铣水下连续墙施工。

水力铣刀（双轮铣）组合机具系该公司设计制造的地下削岩开挖设备。机具底部有两个圆环形组合铣刀，能切削任何坚硬岩石，岩石被切削破碎，通过反循环泥浆泵输送至外部。采用间隔开挖，分段浇筑混凝土，连续成墙。这种施工方法最成功的实例是 1988—1990 年该公司为美国华盛顿州怀特河上的穆德山土坝（Mud Mountain Dam）建造深达 120m 的连续防渗墙。该公司设计制造的"水力铣刀"（双轮铣）设备，有大小不等的五种规格，最大的高达 60m，最小的高仅 5m，可在狭小的地段上（如隧道中）施工，并根据工程需要可以设计制造出适合的规格。

我们在施工现场参观中，见到在巴黎市塞纳河边的热尔曼大道（German）地下停车场的施工场面。所用的"水力铣刀"（双轮铣）系高 5m 的最小规格。平均 2h 可开挖完成一个 0.5m×2m×25m 的槽，速度非常快，一个月可完成 2500m² 的连续墙。尽管是在巴黎闹市区主要街道上施工，但所用设备小巧，布局合理，全部泥浆循环和混凝土浇筑都是在密封的系统内进行，保证了街道的环境卫生和交通畅通。

"Hydrofraise"（水力铣刀）地下造墙技术，对于三峡工程的二期深水围堰防渗墙工程快速施工有重要的借鉴价值。

（五）英吉利海峡隧道工程

隧道位于加莱（Calais）海峡，由欧洲隧道公司（Eurotunnel）设计承接，英国投资额 9％，法国为 13％，日本为 23％，其余为金融财团投资，耗资约 1000 亿法郎。

隧道全长 50km，直径 7.6m。主隧道为两条，火车单向运行。每隔 375m 有一连通廊道供维修用，每 275m 还有一连通廊道调节火车行进时所形成的高气压流。平行主隧道有一工作隧道（Service Tunnel），直径 4.8m。

法国一段从加莱海岸桑格特（Sangatte）开始，距海岸边 4km；英国一段从莎士比亚悬崖开始，距海岸边 9km。双方向海底中部掘进。整个隧道沿白垩纪一层透水性极低的蓝色白垩层（Blue Chalk）开凿，因而隧道随岩层轻微起伏而起伏。上覆岩层厚约 40m，海水深约 60m。

由于蓝色白垩层出露条件的差异，英法双方进口段的施工方法也不相同。法国一侧由于该白垩层埋藏较深，因而采用竖井开挖至预定层位，全部设备均通过竖井进入开挖面，分别向两侧开挖。英国一侧由于白垩层出露位置高，一开始就采用平巷施工进洞。

法国一侧的竖井位于桑格特，竖井直径为 57m，深 65m。为保证竖井施工，事先用双轮铣兴建一道固壁混凝土墙，外围再兴建一道椭圆形的黏土防渗墙。该竖井目前用于隧道通风。

隧洞的开挖，英法双方都采用盾构机开挖。盾构机直径 8.95m，隧道直径 7.75m。掘进中采取连续作业，盾构机后部的混凝土衬砌拼装机执行衬砌安装，边开挖边衬砌。每圈衬砌块为 6 块，厚 400mm，封顶块 2 块，各预制块用螺旋栓锚定。各衬砌块之间用快凝水泥（12min 硬化）封顶。防渗技术是相当高超的，没有一点浸润渗迹存在。块间用高分子防渗材料（合成橡胶，可能为氯丁橡胶）密封。

开挖出渣，通过泥浆泵输送到桑格特（Sangatte）的岸坡地堆放，高约 40m，长约 2km。目前正由植物学家移植新草种（适于在白垩岩石渣上生长）形成植被，进行土地再开发（英方则是将弃渣倒在海中）。

海峡隧道施工技术对我国南水北调中线穿黄工程有重要的参考价值。

（六）和特列马克公司（Telemac）座谈

特列马克（Telemac）公司成立于 1947 年，是法国目前最大、最有影响的生产土木工程监测设备的厂家。它设计、制造和安装多种多样的传感器和测量设备，用于大型工程建筑物的运行安全监测，包括大坝、地下油气贮存库、核电站、高层建筑物、道路和铁路隧洞，大型开挖和采矿工程。

7 月 13 日下午，特列马克公司的 J·杜布瓦（J. P. Dubois）经理携带若干监测仪器的实物到巴黎矿业学院向考察团做了介绍，并进行座谈。据杜布瓦先生介绍，该公司已与加拿大 Roctest 公司联合形成一个大的跨国公司，下面有五个子公司，Telemac 是其中之一。各子公司都是独立领导，独立资金，独立核算，可以独立经营也可以联合经营。该公司生产的产品包括用于地面、堤坝、地下、隧洞、钻孔中各种应变仪、伸长仪、侧缝仪、三轴测缝计（triaxial jointmeter）、收敛计、扩张计（divergence）、水压计、水平和垂直位移计、倾斜仪、沉陷传感器、遥测水准系统、测量压力和张力的传感器（load cell）等。该公司生产的监测仪器普遍用于法国的各类工程中，包括著名的埃菲尔铁塔、凯旋门、工业部大楼（Grand Arche）、英法海底隧道、大迈松抽水蓄能电站及法国所有核电站和高速公路等项目。该公司目前在中国已参加过丹江口工程、大亚湾核电站、二滩工程的建设等。特列马克公司生产的监测设备的技术特点是：质量高、长期（50 年左右）性能稳定、耐久。法国 Mareges 水电站建于 1948 年，当时埋设的 60 个监测点到现在还有 48 个点在正常工作。

经法国电力公司（EDF）使用统计，特列马克公司生产的监测设备的完好率见表 1。

表 1　　　　　　　　　　　设 备 完 好 率

工作年限/年	30	20	10	5
完好率/%	80	90	99	100

由于时间的限制，没有到公司所在地和安装现场进行实地考察。

特列马克公司对参与三峡工程建设表现出浓厚兴趣，并表示愿以优质的服务，优惠的价格提供服务或进行技术合作。

四

考察访问期间，双方还探讨了进一步扩大和加强技术合作的前景，集中在以下 4 个方面。

（1）三峡工程永久船闸开挖高边坡稳定性。

法国工程地质中心（CGI）与长江委已就永久船闸开挖高边坡稳定性问题开展了为期一年（1995 年 1 月至 1996 年 1 月）的合作研究。法方运用他们在露天矿及其他边坡工程积累的丰富经验，用拥有的计算软件并充分考虑岩体结构面条件、长期强度、渗流控制、锚固效应等进行计算，研究工作正在紧张进行中。该研究有以下特点：采用有限差分法取代有限元计算；计算单元量大、每个剖面有 10000 多点；充分考虑结构面的强度和控制作用；考虑了岩体长期强度的影响；分段给出船闸边坡可能的不同破坏形式及相应的处理措施建议；锚固效果分析等。中方希望法方 10 月底前提出初步报告供讨论和使用，1996 年 1 月提交正式成果。法方希望继续该项目的合作，结合施工开挖，利用监测成果适时反馈修改，并对边坡支护工程和稳定性评价进行咨询。鉴于法国工程地质中心（由法国巴黎高等路桥学院和巴黎高等矿业学院联合组建和领导，具有土木工程和工程地质两个方面的优势）在高边坡工程方面具有的丰富经验（曾研究设计过世界上最深的露天矿边坡，深达 1600m），结合永久船闸二期开挖，我们建议三峡工程开发总公司、长江委及法国工程地质中心三家联合立项，继续进行该专题的研究，通过合作研究力求取得明显的经济实效。

（2）三峡工程花岗岩骨料的碱性反应问题研究。

法国已出现的桑本坝（Barrage du Chambon）片麻岩和云母片岩骨料的碱活性反应，反应期长达 50 年后才开始明显。世界上还有一些水坝（如前已述）和其他类型的土木工程（码头、桥墩等），也都遇到过类似的碱-骨料反应问题。由于碱-骨料反应过程缓慢而复杂，有许多工程在建成 30～40 年间无明显反应迹象，而且其机理也尚未完全掌握，尤其是花岗岩类骨料的碱活性问题更缺乏深入研究，故仍应慎重对待。三峡工程所用人工骨料，曾作过多种方案比较研究，目前所选用的下岸溪斑状花岗岩是云母含量最少的一种，性质相对较好，对混凝土骨料碱活性问题也做了专题研究。但鉴于这一问题的复杂性和重要性，建议列专题进行补充研究。在这方面，法国有较多的经验教训，目前又针对桑本坝碱-片麻岩骨料反应问题，集中各方面的力量进行研究，阿赫诺教授本人对三峡工程的骨料又十分关心，建议与法方合作研究。

（3）三峡工程二期围堰防渗墙施工技术问题。

法国索尼当斯（Soletance）和西夫·巴谢（Sif. Bachy）是世界上负有盛名的两家法国地基处理公司，他们的最大特点和优势在于不仅拥有先进设备，而且有雄厚的设计力量，并将设计方案和设备制造二者融为一体，适应设计方案和施工条件研制所需的设备。三峡工程二期围堰堰体和地基防渗工程工期短、工程量大、地质条件复杂，是三峡工程施工的难点之一。去年两公司技术负责人曾来三峡工地实地考察，初步评估了二期围堰的施工条件，并表示采用他们的施工方案，按设计要求完成施工没有任何问题。这次考察中，索尼当斯公司还展示了用双轮铣和液压抓斗在堆石坝上修建塑性混凝土心墙的技术，最大特点是施工进度快，心墙适应变形的能力强（塑性混凝土强度可达 $60kg/cm^2$，高 100m 的心墙，墙顶最大变形 1m，也不会破坏）。用这一方法已兴建了许多水坝，最早的是在 10 多年前，最近的去年才完工，最大坝高 130m。

当前各方面对三峡工程二期围堰防渗墙工程施工甚为关注。为保证工程质量、进度和安全，做到万无一失，可否考虑先委托索尼当斯公司就二期围堰防渗及地基处理做一设计和施工方案进行比较，然后再考虑引进设备或联合施工的问题。

（4）库区岸坡稳定与移民新址工程地质问题。

对重要城镇新址及有影响的大型崩塌滑坡和不稳定斜坡，与法方合作引进监测、预报设备及相应软件，分类研究防治措施，合作研究复杂边坡和地基的处理方案。

以上建议，供国务院三峡工程建设委员会办公室、中国长江三峡工程开发总公司、水利部、长江委领导及有关部门决策参考。

（注：考察团成员有：国务院三峡工程建设委员会办公室魏廷铮、张大志；水利部长江水利委员会郑守仁、陈德基、刘崇熙；中国长江三峡工程开发总公司张兴德；水利部水利水电规划设计总院王东华）

三峡工程永久船闸施工期地质条件综合评价

　　三峡工程永久船闸位于长江左岸山体中，具有线路长、边坡开挖深度大、建筑物结构复杂等特点，对地质条件的反映也较敏感。一期工程揭顶开挖自 1994 年 4 月动工，1995年基本完工；二期工程于 1996 年 4 月全面开始直立墙开挖，目前一、二、三闸室第一梯段开挖已基本完成，正紧张进入第二梯段开挖，直立墙最大开挖深度已达 35m，四、五闸室则已全面进入入槽开挖。同时，按设计及地质要求，直立墙的各类锚固工程有待加快进行，整个工程处于关键阶段。船闸二期工程结构型式复杂，施工技术要求高、难度大。针对上述情况，有必要对施工以来永久船闸区的地质情况做一综合分析评价，以更全面深入地认识这一地区的地质条件，正确指导设计与施工。

一、前期勘测设计阶段的基本结论

　　三峡工程永久船闸在前期勘测阶段（至 1994 年 12 月）完成的主要地质勘察工作量见表 1。先后提交过《长江三峡水利枢纽初步设计报告——工程地质》《长江三峡水利枢纽

表 1　　　　　　　　　　　　永久船闸（Ⅳ线）主要地质勘察工作量表

勘 测 项 目		工程部位	单位	工作量
地质测绘	1 : 5000		km²	6
	1 : 2000		km²	4
	1 : 1000		km²	3.22
勘探	1 : 1000 地震勘探		km²	2.2
	小口径钻探	上引航道	m/孔	936.55/23
		闸室段	m/孔	18507.29/216
		下引航道及隔流堤	m/孔	6731.56/141
	平洞	闸室段	m/个	1558/2
	坑槽	闸室段	m	5200
	钻孔声波测试	闸室段	m/孔	10019/133
	钻孔彩色电视录像	闸室段	孔	33
	小口径定向取芯		孔	13
水文地质	常规压水试验		m/段/孔	11782.96/964/141
	长期观测孔	闸室段	个	23

　　注　表中未包含前期所完成的岩石物理力学试验研究及变形监测工作量。

　　本文系张有天主编《岩石高边坡的变形与稳定》一书第 2 章内容。

单项技术设计报告——永久船闸工程地质勘察报告（送审稿）》《长江三峡工程高边坡岩体工程问题研究》等生产和科研成果。通过前期地质勘察研究，对永久船闸建筑物工程地质条件得出了以下基本认识。

（一）基本地质条件

1. 岩性

永久船闸区基岩与整个坝址区相同，主要为闪云斜长花岗岩，岩体坚硬完整。岩体中夹有众多酸-基性岩脉和一片岩捕虏体。

2. 岩体风化

永久船闸位于左岸山坡地段，风化壳较厚，全坝区风化壳（包括全、强、弱三个风化带之总称）最厚的钻孔即位于本区（上引航道1224孔，厚85.4m）。据统计，风化壳的平均厚度除二闸首、六闸首小于30m外，其他各建筑物地段均大于30m。风化壳底板受地形和构造的控制，起伏较大。

3. 断层

船闸区地表测绘，闸室段共发现断层77条；3008、3011两条平洞中与建筑物有关的部位，共揭露断层156条。这些断层中长度小于50m的裂隙性小断层约占总数的50%～60%，较大的断层，除F_{215}延伸长度较大、斜穿过南北两坡外，其余多出露在一个闸槽至隔墩范围内。断层按走向可分为NNW、NNE、NE—NEE和NWW向4组。前两组较发育，占断层总数的64%，规模也较大，但构造岩胶结较好，与船闸轴线交角较大。NE—NEE组也较发育，约占断层总数的22.4%，该组断层性状较差。走向与船闸轴线交角小于30°的断层分属NWW和NEE组，构造岩胶结较差，对边坡稳定最为不利。但该方向的断层发育程度较弱，占断层总数的14.1%，且规模较小。

4. 裂隙

船闸区裂隙较发育。据统计，裂隙线密度一般为0.8～2.0条/m。3008和3011两平洞中平行边坡方向统计，长度大于5m的裂隙的线裂隙率一般为0.4～0.5条/m，较发育地段为1.6条/m（不包括断层影响带和裂隙密集带）。从地表探槽和平洞分别统计，地表和深部裂隙展布规律和发育程度无明显变化。裂隙按走向也可分为NEE、NNW、NNE、NWW向4组，与断层相似，但最发育的一组为走向NEE组，与断层略有不同。

裂隙的特征以平直稍粗型为主，占裂隙总数的70.6%。微、新岩体中裂隙面闭合无充填，或为钙质、绿泥石、长英质等硬性物质充填，基本上无松散物或泥质物，均属性状较好的硬性结构面（表2）。

表2　　　　　弱风化下带及微新岩体裂隙充填物类型及裂隙面形态统计表

充填物类型	无充填	钙质	绿泥石	绿帘石	泥质
占比/%	36.8	37.8	23.2	2.2	0
裂面形态	平直光滑	平直稍粗	微弯稍粗	起伏粗糙	
占比/%	5.3	70.6	23.9	0.2	

5. 地下水

边坡岩体可分为4种水文地质结构，即全、强风化岩体组成的均质各向同性孔隙介质水文地质结构（a），弱风化上带岩体组成的非均质各向异性裂隙孔隙介质水文地质结构（b），弱风化下带及微、新岩体组成的非均质各向异性裂隙介质水文地质结构（c_1、c_2）及脉状均质各向异性裂隙介质水文地质结构（d）。岩体渗透性具有非均质各向异性特征，不同方向裂隙及其组合的渗透性有较大差别。从地表向下，不同水文地质结构 $a:b:c_1:c_2$ 的渗透性比值为 7268 : 183 : 3 : 1。

6. 岩体结构与岩体质量

根据 3008 号和 3001 号平洞统计，永久船闸区岩体结构类型见表 3。

表 3　　　　　　　　　　　　各类岩体结构所占比例统计表

类别　　　　　部位	各类岩体结构/%			
	整体结构（A）	块状结构（B）	次块状结构（C）	镶嵌结构（D）
3008 号平洞 6 号支洞	27.9	51.9	16.5	3.7
3008 号平洞 7 号支洞	31.7	53.9	10.3	4.1
3011 主洞	25.7	58.4	10.6	5.3

从表 3 可以看出，永久船闸区弱风化下带及微、新岩体中以整体结构和块状结构为主，二者构成的优、良质岩体占全部岩体的 80% 以上。

7. 地应力

永久船闸地区前期勘测阶段曾进行过较多的地应力测量。各闸室底板岩体地应力值见表 4。

表 4　　　　　　　　　　　　闸室底板岩体地应力值

部　位	一闸室	二闸室	三闸室（闸首）	四闸室	五闸室
底板高程/m	123.70	112.95	92.20	71.45	50.70
最大水平主应力/MPa	9.50	9.70	9.97	9.70	7.72
最小水平主应力/MPa	7.20	6.86	7.50	7.35	7.23

测试结果表明，各闸室底板地应力水平相近，属中等偏低地应力水平区。

（二）边坡稳定性评价

根据以上基本地质条件，前期勘测工作对永久船闸高边坡的稳定性得出以下主要结论。

1. 整体稳定性

船闸区具备形成高、陡边坡的岩性、构造、岩体结构和力学特性等基本条件。船闸建筑（结构）物所在部位以微、新岩体为主，岩体完整，整体强度高；船闸边坡走向有利于边坡稳定。规模较大的断层、岩脉等 II、III 级结构面不仅数量少，且走向与边坡走向的夹角多大于 30°，不具备形成边坡整体平面滑动的条件。IV、V 级结构面走向与边坡走向的夹角多大于 35°，连通性差且中缓倾角结构面不发育，不具备追踪多组结构面形成平面或圆弧形整体滑动的边界条件；区内地震烈度及地应力水平不高，对边坡的稳定性影响有限；渗压力对边坡稳定性影响显著，但采取合理措施能有效降低高边坡内水压力。船闸区可能出现影响边坡整体稳定的破坏形式是少数近 EW 向的长大结构面在边坡出露，形成平面或双面滑动。平面滑动只有当顺坡陡倾角滑动面在临空面出露时才能产生；双滑面型则是由平行边坡的顺坡陡倾角与构成底滑面的中倾角结构面组合成折线型整体滑移。统计结果表明：走向与船闸轴线交角小于30°的断层只占闸室段断层总数的14.1%，且基本上属于长度小于50m的裂隙性断层，多属Ⅳ级结构面；作为底滑面的中倾角断层出现概率更低。所以由近EW向的顺坡结构面形成的边坡整体滑移的可能性很小。

2. 局部稳定性

边坡局部稳定性是指在高度和宽度上仅占边坡整个坡面的一小部分（一般局限于一个梯段坡内）的岩体稳定性问题，主要由结构面组合形成的可动块体的数量和稳定性所决定。根据块体位置的确定程度划分为定位块体、半定位块体和随机块体三类。

定位块体是指由断层与断层（或规模较大的岩脉）组合形成的可动块体。根据地表测绘及钻孔中揭露的断层，通过不同高程平切面图分析，共搜索出定位块体8个，体积在数百立方米至1万m^3；利用3008和3011两平洞素描所确定的断层，推测至永久船闸边墙，确定在边墙出露的定位块体3个，体积在$1000\sim3000m^3$。经分析计算，上述定位块体在自重和全水头条件下都处于稳定和次稳定状态。

（1）半定位块体：是指由断层或岩脉与裂隙组合形成的可动块体。其中断层或岩脉的位置是确定的，而另一侧的裂隙则是随机分布的。根据地表测绘成果，取断层或岩脉附近已揭露的裂隙的优势方位为代表，假定裂隙长度为10m，与断层或岩脉组合进行计算，共找出半定位块体33处。利用平洞中宽度大于0.2m的断层或较大岩脉与附近实测裂隙组合，搜索出半定位块体15处，二者共48处。其中体积小于$50m^3$的占79%，大于$100m^3$仅一处，体积为$222m^3$，占2%。根据平洞的统计分析，半定位块体的线密度为每100m出露1~2个。按建议的结构面的c、φ值计算，在全水头作用下，K_c均大于5；但不计黏聚力，在全水头作用下，绝大多数半定位块体稳定系数均小于1。

（2）随机块体：是指裂隙与裂隙组合形成的可动块体。从裂隙的规模看，构成一定规模可动块体的只是那些长度大于5m的裂隙。利用块体分析方法，当边坡坡角为73°、90°时，假设裂隙在坡面不同迹长和块体不同埋深，可确定出南北坡关键块体和可动块体的数量和规模。可动块体的数量，90°直立坡显著多于73°坡。在梯段坡顶和直立墙顶部由于有马道或平台形成连续切割面，形成可动块体的概率较高。随机块体的体积大多小于$30m^3$，个别达数百立方米。

（三）边坡加固和排水的建议

根据地质条件和边坡稳定分析的成果，在前期勘测阶段，曾对边坡的加固和排水措施提出以下建议：

（1）排水措施包括建立有效阻截一定范围内地表水的入渗和疏排山体内地下水两个方面。如地表和坡面铺盖、地表排水沟、地下山体排水系统等。

（2）表层加固是为了避免全、强风化带岩体受冲刷和进一步风化解体而采取的加固措施。采用全面挂网喷护并预埋排水管。

（3）浅部锚杆可根据边坡岩体的具体条件，采用系统锚杆与随机锚杆相结合的方法进行。系统锚固的主要部位是梯段坡顶部，直立墙顶部，弱风化带上部岩体，弱风化下带及微、新岩体中的次块状、镶嵌状结构岩体分布区，及走向与边坡近平行的长大结构面分布区等。

（4）预应力锚索及锚杆除用于岩体中的拉应力区及塑性区以改善岩体应力状态外，还用于较大不稳定块体的加固。

（5）对已松动的块体，规模及位置适中便于清除的松动岩体，以及软弱构造岩宽度较大的断层，均应在一定范围内挖除，置换混凝土。

（6）船闸区岩体坚硬性脆，微裂隙发育，对爆破震动极为敏感。应根据各地段岩体特性及裂隙的发育程度，采取正确爆破工艺。这也是保护边坡岩体，改善边坡稳定条件的一项重要措施。

（7）块体稳定分析计算表明，结构面的凝聚力是影响块体稳定的重要因素。卸荷、回弹、爆破松动等是降低结构面凝聚力的主要原因。因此，适时的锚固和减少爆破震动的影响，是避免和减少块体失稳的主要措施。

另需要强调指出，三峡工程永久船闸线路长（闸室段长达1607m），边坡开挖深度大，施工前全区均被全、强风化层所覆盖，无任何基岩露头；加之船闸区地形复杂，风化界面起伏变化大，断层和裂隙数量多，且规模小。因此，勘测阶段所进行的地质勘察和试验研究工作，只能查清最基本的地质——岩石力学问题，并对边坡的整体稳定和合理的坡型结构做出评价，满足设计工作的要求。边坡的局部地质缺陷和局部稳定问题，不能也无法在前期勘测阶段查清楚。针对以上特点，建议重视以下4个方面的工作：

1）加强施工地质工作，做好超前地质预报。

2）设计工作是一个动态过程（design-as-you-go），随着施工的进展和所暴露的问题，不断修改和优化设计。

3）加强施工技术力量，提高施工的应变能力，适时完成边坡加固工程和地质缺陷的处理。

4）尽早建立施工期安全监测网。

以上4个方面是一个有机的整体，构成一个完整的体系，用以保证永久船闸的顺利施工和安全运行。新奥法创始人，奥地利学者缪勒教授1986年考察三峡工程时，很赞同这一技术思路，并希望通过三峡工程永久船闸的施工，创造出新中国深开挖施工法（New China Deep Cut Method）。

二、一期工程施工地质验证

一期工程地面开挖于1994年4月19日动工，1995年底基本完成，边坡整修与支护延续到1996年。地面开挖范围上起桩号13+850，下至17+050。上游引航道开挖至设计高程130.00m，一闸首至下游引航道段则形成高程185.00m、178.00m、170.00m、155.00m、140.00m、125.00m、110.00m、86.50m等多级台阶。

以下从岩性、风化、断层、裂隙、岩体结构、地下水、边坡稳定性及局部块体失稳的数量、规模及控制因素诸方面进行分析，并与前期勘察结论进行对比。

（一）边坡基本地质情况

1. 岩性

一期工程船闸各地段岩性与前期勘测结论一致。几条大的岩脉和片岩捕虏体的出露位置均得到准确验证。

2. 岩体风化

通过一期施工开挖验证，实际风化界线与前期勘察成果基本一致，保证了开挖轮廓与设计断面一致，没有出现因较大范围的风化界线出入造成二次开挖。开挖验证还表明，全、强风化带底面常受岩体结构面控制，局部形态复杂，常呈锯齿状、簸箕状、囊状。

3. 断层

一期工程闸室段共揭露构造岩宽度大于 5cm 的断层 80 条，其中北坡 37 条，南坡 43 条，按走向主要有三组：NNW 组，倾 SW 为主；NE—NEE 组，倾 NW 为主；NNE 组，倾 NW 为主。NWW 组少见。

上述 80 条断层经与前期勘测阶段 1:1000 比例尺工程地质图核对，延伸长度大于 100m 的断层均在施工中得到验证，基本吻合，如 f_{203}、F_8、F_{215}、f_{1007}（f_6）、f_{1001}、f_{1063}、f_{229}（f_6）等。长度小于 100m 的断层由于在平面上和深度上延伸范围都有限，有许多在开挖中已被挖除，所以难以对比。

（1）断层发育密度：前期勘察中，根据 3008 平洞平行边坡的 6 号、7 号支洞及 3011 平洞主洞统计，断层平均发育密度约 0.07 条/m 左右；施工前招标设计文件中提供给业主及施工单位的南北坡地质纵剖面图统计，断层的发育密度为 0.04 条/m 左右；一期工程以高程 185～170m 梯段坡为代表进行统计，断层发育密度为 0.04 条/m，三者基本接近。

（2）断层的分组、优势方位：一期编录所获资料，与前期勘测阶段资料没有大的差异，断层以 NNW、NE—NEE 两组最发育。与边坡走向交角较小的断层不发育。一期开挖中，闸室段边坡只有 3 条断层的走向与边坡走向夹角小于 30°。

（3）断层规模：闸室段仅 4 条断层在边坡出露长度大于 100m，长度小于 50m 的断层约占断层总数的 70%，小于 30m 的占 38%。亦即断层一般只涉及 2～3 个梯段坡，很少有从坡顶直至坡底的断层。断层带的宽度小于 0.5m 的占 67%。

（4）构造岩的性状：和全坝区的规律一致，除少数 NE—NEE 向的断层构造胶岩胶结较差、风化加剧外，大多数断层构造岩胶结较好。在规模较大的 20 条断层中，只有 f_{1213}、F_{215}、f_{1102}、f_{1063}、f_{1105} 等断层构造岩胶结较差，构成软弱结构面。

一期工程开挖所揭露的断层的产状、规模和性质，有利于边坡稳定，加之一期工程坡型为斜坡，平均开挖坡度 40°～52°，结构型式简单，所以没有出现断层作为滑移控制面的大型不稳定块体。

4. 裂隙

裂隙是构成边坡局部不稳定块体的控制因素，取决于裂隙的规模、产状、发育程度和性质。按与前期勘测阶段同样的统计内容，对裂隙的分组、优势方位、规模、发育程度和裂隙面特征及充填物进行统计。

（1）裂隙的走向方位：以 NNW 和 NE—NEE 两组最发育，NNE 组次之（图 1）。前两组裂隙各占裂隙总数的 25%～30%，南北坡稍有差异，它们组合形成楔形体的概率最大；NEE 组与 NNE 组裂隙的组合也是常见的楔形体组合型式。

（2）裂隙发育程度与规模：统计平行边坡走向、长度大于 5m 的裂隙的线裂隙率。施工编录统计为平均 1 条/m，局部发育地段为 2 条/m，与前期勘测统计所得 0.4～0.5 条/m，

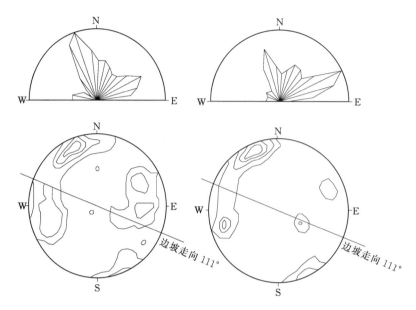

图 1 永久船闸闸室段南北坡裂隙方位统计图（一期工程）

局部发育地段为 1.6 条/m 的数量相比，二者基本相近。裂隙规模绝大多数小于 15m，即超越一个梯段的裂隙数量不多。迹长大于 15m 的裂隙，顺边坡走向的线密度一般为 0.17～0.30 条/m。

与船闸轴线交角小于 30°的近 EW 向的裂隙是构成边坡块体失稳的主要控制性结构面。根据对南北坡桩号 15500～15900，从坡顶至高程 170m 的边坡范围内统计，该方向裂隙共 449 条，其中长度小于 10m 约占 68.8%，长度 20～30m 的 18 条，大于 30m 的仅 2 条，分别占 4% 和 0.4%。对垂直船闸轴线的 18 条监测支洞统计，本组贯穿三壁的裂隙平均线密度多小于 0.16 条/m，以倾向北为主，北坡相对较发育。

（3）裂隙面特征及充填物性质：在弱风化下带及微、新岩体中，裂隙以平直稍粗型为主，多闭合无充填或绿泥石、钙质、铁锰质充填，极少见松软物质。

分析对比表明，一期开挖所揭露岩体中裂隙的组数、方位、发育程度、规模和结构面特性，与前期勘测成果基本一致。

5. 地下水

一期工程施工后，永久船闸开挖形成的深槽，成为临近闸室两侧山体地下水新的排泄基面，地下水渗流场发生了很大变化。施工初期于南北坡各施设一地下水长期观测孔（1号、4号孔，见图 2），分三层观测水位。观测资料表明上层水位于弱风化带内，属裂隙孔隙水，主要是大气降雨补给，对降雨反应敏感，一般滞后降雨 1～2 天；中、下层水位基本重合，属裂隙水，渗透性弱，对降雨反应不敏感（图 3）。

1995 年 9—11 月，南北坡山体排水洞及排水孔开始投入运用。1996 年 3—4 月起，南北坡上层水基本疏干，中下层水位开始分离，下层水水位也明显下降。至 1997 年 3 月，一期山体排水系统工程竣工时，两个长观孔的资料显示，上、中层测管中多数时段均无水，下层管水位下降至高程 165～175m。1996 年 12 月，在山体排水洞内侧各打一长期观测孔（2 号、3 号孔，见图 2），由于山体排水系统已基本形成，所以该两孔综合水位在高程 115m（北坡）和 125m（南坡）左右（图 3），与排水洞外侧的钻孔水位差达数十米。表明山体排水系统对疏干船闸两侧山体中的地下水效果明显。

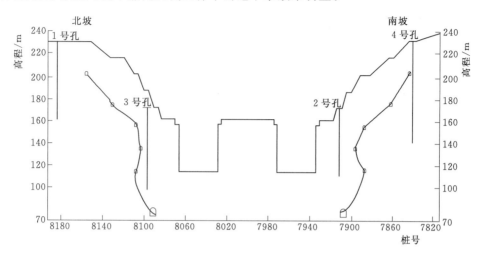

图 2　永久船闸地下水位长期观测孔（桩号 15562.83 处横剖面）布置图

一期工程地质编录共发现出水点 65 处。全、强风化带岩体边坡普遍为干燥状态，仅个别地方见潮湿或渗水现象。大多数出水点位于弱风化带岩体内，少数位于微、新岩体内。出水形式以湿润和渗水为主。除少数裂隙密集带湿润、渗水有一定面积外，大多数出水点均沿单个结构面或岩脉接触面出露。

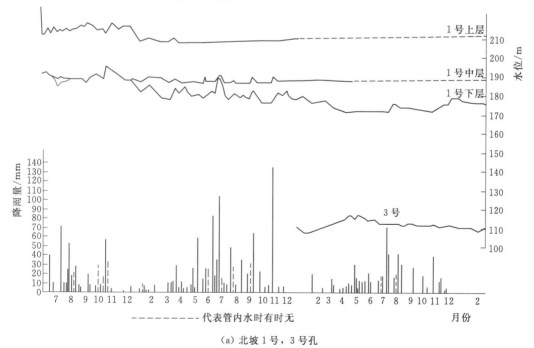

（a）北坡 1 号，3 号孔

图 3（一）　永久船闸长期观测孔水位历时曲线图

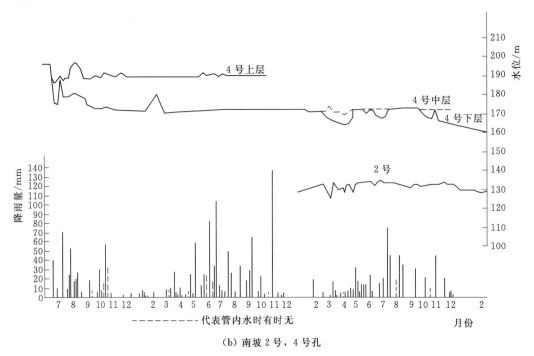

（b）南坡2号，4号孔

图3（二）　永久船闸长期观测孔水位历时曲线图

6.岩体结构

根据一期施工地质编录资料，对边坡岩体结构进行了分类统计，见表5。

表5　各类岩体结构所占比例统计表

部位	类别	各类岩体结构/%			
		整体结构（A）	块状结构（B）	次块状结构（C）	镶嵌结构（D）
一期闸室段	北坡	12	47	38	3
	南坡	19	56	23	2

注　表中数据均只统计弱风化下带及微、新岩体。

由表6可以看出，弱风化下带及微、新岩体中，边坡岩体仍以整体结构和块状结构为主。

（二）边坡的稳定性与变形

一期工程开挖边坡最高处位于三闸室南坡，最大高度80m（高程250～170m）；其次为上引航道北坡，最高73m（高程203～130m）。边坡每15m设一级马道，宽5m。根据设计方案，不同风化带采用相应的建议坡比：全、强风化带1：1，弱风化带1：0.5，微风化带1：0.3。

1.边坡整体稳定

从地质条件分析，对边坡整体稳定起控制作用的是与边坡走向夹角小于30°的较大断层和长大裂隙。

闸室段北坡的37条断层中，未发现与边坡走向夹角小于30°的断层；南坡揭露的43

条断层中，走向与边坡走向夹角小于 30°的有 3 条，均为裂隙性小断层，且未与其他方向的结构面组合成潜在的不稳定块体，对边坡整体稳定无影响。全区性状最差的 F_{215} 断层，有宽 0.3～0.5m 的半疏松、半坚硬构造岩。该断层走向与边坡走向的夹角在 40°以上，不构成边坡整体失稳的边界条件。

一期工程所揭露的裂隙，走向与船闸轴线夹角小于 30°的裂隙不发育，且长度大多在 15m 以下，未对边坡整体稳定造成影响。

2. 边坡局部稳定

边坡局部稳定主要受控于结构面组合形成的几何可动块体的数量和规模。由结构面和爆破裂隙组合形成的爆破块体，也是边坡局部失稳的一种常见型式。

永久船闸一期工程闸室段共发现体积大于 $1m^3$ 的块体 147 个，其中稳定和潜在不稳定块体 85 个，已失稳块体 62 个（见表 6）。就块体体积而言，不论已失稳或未失稳块体，单个块体体积在 $50m^3$ 以下的占大多数；而已失稳块体单个体积小于 $20m^3$ 的就已占到 69.3％，大于 $100m^3$ 的仅 3 处，占 4.84％（图 4）。未失稳块体中单个最大体积为 $352.2m^3$（北坡桩号 15547～15708）；已失稳块体单个最大体积为 $236.9m^3$（南坡桩号 15684～15708）。

表 6　　　　　　　　　　　永久船闸一期工程块体统计表

规模/m³	稳定块体		潜在不稳定块体		失稳块体	
	北坡	南坡	北坡	南坡	北坡	南坡
<5	1		5	7	15	8
5～10	3	4	5	3	6	4
10～20	2	5		1	5	5
20～30	2	3	1	2	3	2
30～50	5	2		1	2	4
50～100	6	2	3	1		5
>100	5	6	3	5	1	2
合计	24	22	18	21	32	30

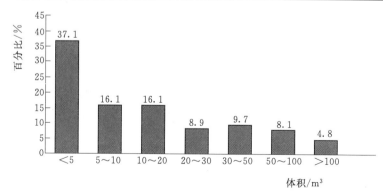

图 4　一期工程边坡失稳块体体积分级直方图

需要指出的是潜在不稳定块体均为假定不计黏聚力（$c=0$）时的计算结果。如计黏聚力，则全部未失稳块体的 K_c 均大于 3（均未考虑水压力）。这也说明避免结构面因爆破震动或卸荷张开，保持结构面固有的黏聚力，是减少块体失稳的主要措施。

结构面切割的失稳块体主要分布在马道前缘及梯段坡上部，占失稳块体总数的 80%；爆破块体的分布无明显规律，随机性很强。

3. 边坡岩体卸荷松弛特征

边坡开挖后，岩体应力重新分布，产生卸荷松弛，同时，在开挖爆破的双重作用下，在岩体中形成松动—松弛带。

全、强风化带岩体位于边坡顶部，初始应力小，开挖坡角为 45°，又采用机械挖掘开挖，对岩体扰动相对较小，这些都是有利的因素。但全、强风化带岩体为散体结构，其卸荷松弛变形特点与弱风化带及微、新岩体不同，见不到明显的结构面张开、岩体位错松动现象。而全、强风化带岩体的变形量又远大于弱风化及微、新岩体，说明全、强风化带岩体以整体回弹松弛为特征。

弱风化带及微、新岩体的卸荷松弛则主要表现结构面的张开、剪错；爆破影响带则会形成众多的新生爆破裂隙，已有结构面的拉开，松动范围也会局部加大。

根据多点位移计观测所得的典型变形曲线分析（图5），边坡岩体的卸荷松弛带可划分为爆破—卸荷松动带和卸荷松弛带两个亚带。前者主要受爆破震动和表层强卸荷的双重影响，表现为岩体中产生新的爆破裂隙，已有结构面大量张开位错，岩体松动，常严重漏水无法进行水耦合的各项测试，岩体强度有较大降低。在爆破控制较好的地段，该带的深度一般为 3m 左右；损伤严重的地段，深度远大于此。

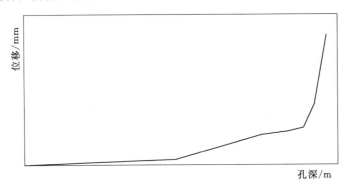

图 5　多点位移计典型位移分布曲线图

由于测试方法不同，地质条件和岩体临空条件的差异，卸荷松弛带的深度在不同部位变化较大。但有一点可以肯定，随着深度的增加，卸荷作用引起的岩体变形量显著减小。从工程的实际意义出发，应该再划分出浅部卸荷带和深部应力调整带，后者对岩体工程特性已无实质影响，其界线也有待进一步积累资料加以确定。

4. 边坡岩体变形特征

一期工程边坡施工岩体变形，采用多种方法进行监测，包括边坡马道上的外部变形监测，排水洞内埋设的多点位移计、渗压计、倾斜仪、伸缩仪、倒锤孔等。但埋设最早，观测资料最完整的是外部变形观测成果。现将断面 15 号、17 号、20 号外观的观测点成果列于表 7。1996 年 6 月以后，利用两岸山体排水洞内垂直边坡的观测支洞，安装钢钢丝伸缩仪进行监测。该方法监测自边坡向山体内的位移变化，且精度高，现将部分成果列于表 8 中。

表 7　永久船闸断面 15－15、断面 17－17、剖面 20－20 外部变形观测成果简表

断面编号	监测点号	桩号	高程/m	风化带	首次观测时间	累计位移量/mm
15	TP/BM04GP01	15570	230		1995 年 6 月	16.32
15	TP/BM05GP01	15572	200	弱下	1996 年 1 月	13.50
15	TP/BM06GP01	15570	170	微	1996 年 12 月	9.82
17	TP/BM10GP01	15675	230	强	1995 年 6 月	22.49
17	TP/BM11GP01	15699	200	微	1996 年 1 月	10.08
17	TP/BM12GP01	15709	170	微	1996 年 11 月	6.95
20	TP/BM13GP01	15771	200	强	1996 年 1 月	10.11
20	TP/BM14GP01	15771	170	弱下	1996 年 8 月	11.73
15	TP/BM20GP02	15574	170	微	1996 年 11 月	9.93
15	TP/BM21GP02	15571	200	微	1995 年 11 月	5.71
15	TP/BM22GP02	15570	230	强	1994 年 12 月	27.83
17	TP/BM26GP02	15678	170	微	1996 年 11 月	4.87
17	TP/BM27GP02	15674	200	微	1995 年 11 月	7.19
17	TP/BM28GP02	15675	230	强	1995 年 3 月	22.83
17	TP/BM29GP02	15676	245	全	1994 年 12 月	21.84
20	TP/BM33GP02	15783	170	微	1996 年 11 月	8.79
20	TP/BM34GP02	15787	200	弱下	1995 年 11 月	12.79
20	TP/BM35GP02	15786	230	强	1995 年 3 月	25.01
20	TP/BM36GP02	15786	245	全	1994 年 12 月	22.99

表 8　伸缩仪变形观测成果表

排水洞号	测线编号	首次观测日期	距端点 5m 处位移/mm		端点位移/mm	
			平均月位移	累计位移	平均月位移	累计位移
N7	NB75	1997 年 4 月 17 日	0.029	0.23	0.058	0.46
N7	NB74	1997 年 4 月 17 日	0.025	0.2	0.054	0.43
N7	NB72	1997 年 4 月 17 日	0.011	0.09	0.009	0.07
N6	NB65	1996 年 9 月 7 日	0.089	1.33	0.108	1.62
N6	NB64	1996 年 6 月 29 日	0.038	0.68	0.168	3.03
N6	NB62	1996 年 6 月 29 日	0.157	2.82	0.219	3.95
S7	SB74	1996 年 6 月 29 日	0.021	0.37	0.043	0.77

续表

排水洞号	测线编号	首次观测日期	距端点 5m 处位移/mm		端点位移/mm	
			平均月位移	累计位移	平均月位移	累计位移
S7	SB73	1996 年 9 月 7 日	−0.002	−0.03	−0.013	−0.19
S7	SB72	1996 年 6 月 29 日	0.07	1.26	0.101	1.81
S6	SB65	1997 年 4 月 17 日	0.161	1.29	0.185	1.48
S6	SB64	1997 年 4 月 17 日	−0.049	−0.39	0.019	0.15
S6	SB63	1997 年 4 月 17 日	−0.009	−0.07	0.013	0.1
S5	SB52	1997 年 7 月 19 日	−0.204	−1.02	−0.008	−0.04
S5	SB54	1997 年 7 月 19 日			0.370	1.85

根据对变形观测资料的分析（仅针对垂直船闸轴线方向的水平位移），可以得出以下几点主要认识：

（1）施工开挖与边坡变形之间有很好的对应关系，开挖停止，变形量迅速变小（图 6）。

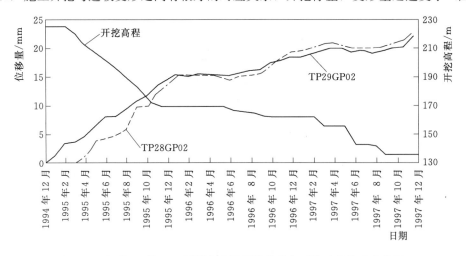

图 6　三闸首 28 号、29 号测点边坡累计位移与开挖过程关系曲线图

（2）全、强风化带岩体的变形量远大于弱风化及微、新岩体。

（3）根据多点位移计和伸缩仪的资料，表层爆破-卸荷松动带的变形量远大于其内侧的卸荷带。因此外观所得的变形观测成果，系两种不同性质变形的总和反映。

（4）开挖停止后的时效变形持续时间及变形量，从现有资料还得不出结论，但可利用临时船闸和升船机段边坡的观测资料进行分析，作为宏观判断的参考。例如该两处 44 个观测点，有 28 个点的累计位移量连续 3 个月在 1mm 之内摆动，有 19 点 1997 年 1 月的累计变形量与 1997 年 12 月累计变形量之差在 1mm 以内，大体上反映了开挖结束后一定时期内时效变形的量级及趋势。

永久船闸二期工程，主要是闸室段直立墙开挖。至 1997 年底，各建筑物段工程形象进度列于表 9。

表9 　　　　　　　　　　永久船闸二期工程施工形象进度表（至 1997 年底）

部　位	底板设计高程 /m	开挖高程/m		中隔墩顶面高程/m
		左线	右线	
一闸室	123.70	153	143～153	178.70（到位）
二闸室	112.95	135～153	143～153	159.0（到位）
三闸室	92.20	110～131	118～134	138.8（到位）
四闸室	71.45	85～112	85～112	118（设计高程 116.97）
五闸室	50.70	72～80	72～80	

三、二期工程施工地质

（一）二期工程边坡岩体的基本情况

1. 岩性

二期工程直立墙段岩性与其上部一期工程相同。

2. 岩体风化

由于永久船闸区原始地形由中段（二、三闸室）向上下游方向逐渐降低，相应各风化带底板的高程也随之下降，以致一闸室及四、五闸室的部分地段弱风化下带顶面高程低于建筑物设计所要求的高程，需采用重力式挡水结构。经开挖验证，除一闸室中隔墩南坡上段（桩号 15202～15253）及左线六闸首北坡（桩号 15590 以下）的弱风化下带顶板高程略低于原顶板等高线外，其余各处弱风化下带顶板出露高程均满足原设计要求。

上述两处弱风化下带顶板较低的位置，由于风化较深且风化壳底板界线起伏变化大，原有的勘探钻孔无法控制。施工期又补充钻孔进行探查，并根据新的勘探资料修改该两处的弱风化下带顶板等高线图。

3. 断层

对已开挖的一、二、三闸室中隔墩顶面及一闸室南坡高程 160m 平台的统计，共发现断层 38 条，其分布发育特征见图 7。

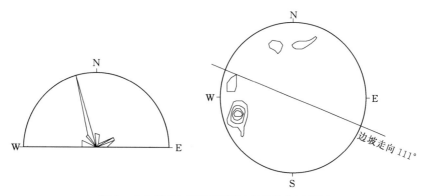

图7　永久船闸二期工程断层产状分布特征图

从图 7 中可以看出，断层按走向仍以 NNW、NE—NEE、NNE 及 NWW 向 4 组为主。但一个突出的特点是 NNW 方向更为集中，约占断层总数的 40%；走向与边坡夹角小于 30°的断层有 8 条，约占总数的 21%，略大于一期工程的 8%～9%。造成这一差别的一个重要原因是统计方法的代表性。一期工程的统计主要在开挖坡面上进行，与边坡走向交角较小的断层出露的概率较小；而二期工程的统计是在中隔墩顶面及宽平台上进行，能比较全面地反映各个方向结构面的分布。二期断层发育线密度按平行边坡走向统计，约为 0.05 条/m，与前期勘察的 0.07 条/m、一期工程的 0.04 条/m 相比，没有明显的差异。断层的规模，出露迹长大于 100m 的断层目前可以肯定的有 3 条（f_{1050}、f_{215}、f_{1096}），尚有几条待进一步开挖后才能确定其长度，小于 50m 的断层约占总数的 80%。断层的性状除 NE—NEE 及 NWW 向较差外，余均胶结较好。总体上，断层的发育程度、规模及断层的性状与前期及一期工程所揭露的情况基本相同。

4. 裂隙

在相同范围内（一、二、三闸室中隔墩顶面、一闸室南坡高程 160m 平台面）统计，共测得长度大于 5m 的裂隙 1223 条，按相同项目进行分类统计，以便和前期勘测及一期开挖所得资料进行对比。

（1）裂隙的优势方位：与一期工程相比，裂隙的优势方位没有明显变化，即 NE—NEE 组最发育，NNW 组次之，NNE 组居第三，NWW 组相对最不发育。

（2）裂隙的发育密度：仍按平行边坡走向进行统计，长度大于 5m 的裂隙的线密度变化在 1.1～1.7 条/m 之间，与一期工程所得数据（平均 1 条/m，局部地段 2 条/m）基本相同。

（3）裂隙的规模：长度小于 5m 的裂隙占 34.1%，小于 15m 的（包括小于 5m 的）共占 94.9%。这表明单纯由裂隙切割组成的不稳定块体，其规模是不大的。

（4）裂隙面的特征及性状：微、新岩体中裂隙面以平直稍粗型为主，多为无充填或硬性物质所充填，与前期勘测及一期开挖的结论一致。

5. 岩体结构

永久船闸二期工程岩体基本为弱风化下带和微、新岩体，完整性好。通过对二期左右线船闸南、北坡及中隔墩顶面已编录的资料统计，边坡岩体多为整体结构和块状结构，二者分别占边坡已编录面积的 46%、43%。

通过以上对断层、长大裂隙等结构面多项因子的逐项分析以及岩体结构的统计对比，可以认为，一期工程结束时，对二期工程地质条件所做的总评价："预计断层及裂隙的展布规律、发育程度、主要断层的规模无明显变化……由此预计直立坡部位的岩体结构与一期边坡微、新岩体的岩体结构无明显差别"，已得到初步验证。

为了对二期直立墙段的地质条件、岩体结构和岩体质量有一更全面的认识，将二期地面开挖地段所获得的地质资料与邻近边坡的南 5、北 5 排水洞及南北坡地下输水廊道内的各种统计资料作一对比（表 10）。

从表 11 可以看出，二期工程开挖面的各项指标，与相邻的地下开挖工程很相近，都属于以整体结构和块状结构岩体为主的优、良级岩体。

上述统计分析都是就平均情况而言，实际上地质体是十分复杂的，各地段构造发育的差异性是绝对的，因此局部地段出现与上述统计规律不一致的现象也必然存在，这点应引起设计及施工部门的理解和重视。

部　　位	断层发育密度 /(条/m)	长度大于 5m 裂隙 发育密度/(条/m)	岩体结构类型/%		
			A+B	C	D
二期开挖面（一、二、三闸室，中隔墩及 一闸室南坡高程 160m 平台）	0.05	1.1～1.7	89	10	1
北 5 排水洞	0.072	0.502	90.5	7.6	1.9
南 5 排水洞	0.05	0.509	90.4	6.9	2.7
北输水廊道南侧壁	0.01	1	85.3	8.2	6.5
南输水廊道北侧壁	0.017	1.23	88.8	7.5	4.3
3008 号平洞 6 号支洞	0.06	0.425	79.8	16.5	3.7
3008 号平洞 7 号支洞	0.084	0.367	85.6	10.3	4.1
3001 号平洞主洞	0.093	0.326	84.1	10.3	5.3

表 10　　　　　　　　　永久船闸高边坡区不同地段断层裂隙及岩体结构统计对比表

注　①统计方向均为平行边坡走向（即 291°）；②所有统计岩体均为弱风化下带、微风化带和新鲜岩体。

（二）二期工程施工地质预报

考虑到二期工程直立墙开挖的技术复杂性及施工地质预报工作的重要性，从"七五"国家科技攻关开始，就从施工地质快速编录成图、建立地质数据库、实体三维网络模拟及块体搜索、稳定分析等方面进行了长期的技术准备。工程开工后，从一期工程后期开始，即对二期直立墙的地质条件进行分析预报，并随着工程的进展，不断加深预报工作的准确性。

1. 一期工程竣工时对二期工程直立坡稳定性的预测及地质建议

一期工程竣工时，根据所揭露的地质条件，曾对二期工程直立墙开挖的边坡稳定性做出地质预测，并提出了相应的建议（详见《长江三峡水利枢纽永久船闸一期工程竣工验收工程地质报告》）。

（1）直立墙闸室段均位于微风化及新鲜岩体中，自上至下岩性无变化；断层及裂隙的展布规律、发育程度、规模及结构面特征无明显变化，因此预计，直立坡部位的岩体结构与一期边坡微、新岩体的岩体结构无明显差别；随着开挖深度增大，岩体透水性更弱，地下水头将会加大。但两岸山体排水系统正全面形成，从南北坡地下水长期观测资料看，渗压力已显著降低；卸荷作用和地应力值将增大，但地应力量级不高。综上分析，影响直立墙边坡稳定的控制因素仍是断层、裂隙、破碎接触的岩脉等结构面的方位、展布、发育程度、规模、性质及组合特点。尤其是走向与边坡近于平行的近 EW 向结构面的发育程度及规模。

（2）根据一期开挖高程 170～185m 梯段边坡揭露的主要结构面，对直立坡的结构面网络进行概化模拟，并从中搜索切割块体进行稳定性计算，对直立坡的稳定性作出预测。共搜索出二、三闸室南北坡直立墙段不稳定和潜在不稳定块体 17 个，简化列于表 11。

此外，对三组不利结构面（NNW、NEE、近 EW）组合形成的块体进行了分析。假定单条裂隙长 20m，则块体在坡顶的宽度约 7m，在坡面上的高度约 20m。此类块体稳定条件较差，特别是出现在闸首处，很容易形成三面临空的不稳定块体。

表 11　　　永久船闸（15＋500～15＋900）闸室南、北直立坡块体分析预测表

块体编号	桩　号	块体型式	块体体积 /m³	稳定系数 K_O	稳定系数 K_c	稳定状态	工程部位
S2－1	15772～15781	双面	103	0.32	4.07	不稳定	三闸室
S2－2	15754～15761	双面	52	0.17	3.45	不稳定	
S2－3	15598～15606	三面	279	1.05	4.09	不稳定	
S2－4	15575～15598	三面	1545	0.86	2.51	不稳定	
N2－1	15517～15519	双面	50	0.14	6.77	不稳定	二闸室
N2－2	15536～15538	双面	4	0.16	6.73	不稳定	
N2－3	15549～15556	双面	66	0.17	2.81	不稳定	
N2－4	15562～15594	双面	2166	0.22	1.56	不稳定	
N2－5	15586～15598	双面	360	0.24	2.79	不稳定	
N2－6	15631～15644	三面	586	1.29	1.99	潜在不稳定	
N2－7	15615～15637	三面	1246	0.37	1.85	不稳定	
N2－8	15652～15680	双面	389	1.29	5.22	潜在不稳定	三闸室
N2－9	15656～15666	三面	363	0.42	2.61	不稳定	
N2－10	15674～15687	双面	649	0.17	2.79	不稳定	
N2－11	15730～15743	三面	836	8.90	18.84	稳定	
N2－12	15771～15789	三面	1796	0.67	2.28	不稳定	三闸室
N2－14	15828～15852	多面	3338	1.31	1.94	潜在不稳定	

注　K_O 为不计结构面凝聚力条件下的稳定系数。稳定状态评价是 K_O 条件下计算结果。

　　鉴于永久船闸边坡较大的块体失稳，主要是由Ⅳ级结构面交切组合形成的随机块体，只能依靠及时的施工地质巡视和编录加以发现。因此，地质部门曾强烈要求在直立墙开挖前，对直立墙顶部平台进行清理，宽度不小于 10m，以便充分利用平台资料对直立墙的稳定性和块体的分布作出较准确的判断，并利于及早采取工程措施，指导开挖。可惜这一建议始终没有得到有关部门的重视和响应。

　　2. 二期工程施工后的地质预测预报

　　二期工程施工后，随着工程的进展，施工地质工作不断扩大和深化，并在此基础上及时进行有关地质条件和地质缺陷的分析预报，包括一、四、五闸室及相应闸首段风化界线的补充勘测及预测，几处大型潜在不稳定块体的勘测研究及稳定性预测，各类块体及其他地质缺陷的相关预测预报，有关处理措施的建议等，简介如下：

　　（1）风化界线的补充勘测及预测。前已述及，由于一、四、五闸室位于地形较低的部位，部分闸首建筑物及闸室直立墙已不能置于弱风化下带及微、新岩体上。由于这一带地形复杂，导致风化层底板界线起伏较大。根据施工开挖所揭露的情况分析，预计一闸室中隔墩南墙上段和六闸首左线北墙地段，实际的弱风化下带顶板高程将低于勘测阶段所提供的顶板等高线。勘测部门适时进行了补充勘探及测绘，重新编制弱风化下带顶板等高线图，并在 113 期（1996 年 10 月 22 日）、132 期（1997 年 1 月 28 日）、234 期（1997 年 12

月 31 日）等施工地质简报中作了具体介绍，为适时修改设计提供了依据。

（2）几处大型潜在不稳定块体的研究及预报。二期工程开工以来，先后出现了由 f_{1050}、f_{1239}、f_5、f_2 等几条较大断层为控制滑移面的大型潜在不稳定块体，其位置、形成条件、规模等基本情况见表 12。

表 12　　　　　　　　　永久船闸二期工程边坡几处大型潜在不稳定块体一览表

工程部位	控制性断层	桩号	高程/m	块体型式	切割面编号	块体尺寸/m	体积/m³	简报
左线一闸室北坡	f_{1050}	15119~15147	183.54 以下	五面楔形体	f_{1050} T_{61} f_1	22×50×23	4216	113 期
二闸室南坡	f_{1239}	15379~15407	174.86~178.14	四面楔形体	f_{1239} f_6	34.5×62.5×25.1 按 f_{1239} 346°∠72°	9215.1	172 期、186 期①号
二闸室中隔墩北侧坡	f_2	15462~15505	159.80 以下	四面楔形体	f_2 f_3	43×19.9×(46~58)	9807~12808	235 期⑨号
三闸室中隔墩北侧坡	f_5	15668~15713	143.74~159.80	五面楔形体	T_{17} T_{32} T_{36} f_5	25×15×16	1000	193 期⑥号

由于地质部门的高度重视，上述几处较大块体都及时作出了地质预报。通常都是经过三个阶段，即地质巡视、初步编录（初编）和详细编录（详编）逐步深入进行，以求尽可能早地发出警报引起各方面的注意和重视。如 f_{1050} 断层早在 1997 年 1 月 27 日的第 131 期简报中已较准确地圈定其位置，以后又陆续发出了 4 期简报。其余几处大型块体都是在刚开始显露部分迹象，经施工地质巡视发现后立即进行专项研究、跟踪观察并及时发出地质简报，保证有足够的时间进行专项处理设计及施工。

这几处块体的形成条件有以下共同特点：①构成块体的控制性结构面均为走向 NEE 至近 EW 向断层。这些断层的走向与边坡夹角较小，且构造岩性状差，均含有松散或泥软物质，强度低；②上述块体多位于闸首凹形开挖段或中隔墩的端部，易形成孤立块体；③由于这些断层位置临近直立墙边坡，尽管断层的倾角多在 70°以上，但仍在边坡上临空出露；④除 f_{1050} 断层的出露长度大，贯穿南北两坡外，其余几条断层的规模较小，没有一定范围开挖揭露是难以发现的。

（3）各类随机块体及其他地质缺陷的预报。这是最大量的一类施工地质工作。由于随机块体数量多、规模小及分布的不确定性，地质预报主要依靠地质巡视及初编及时发现问题，工作细致而繁杂。至 1998 年 2 月 28 日，永久船闸二期工程已发出施工地质简报 95 期，共预报块体 291 处，归纳列于表 13。这些块体中体积小于 100m³ 的占 80%。对它们的预报，不仅提供了进行处理的依据，更重要的是引起监理、施工单位的注意，从而保证了施工期的安全。

表 13　　　　　　　二期工程预报块体分级统计表（截至 1998 年 2 月 28 日）

部 位		块体体积分级/m³					
		<50	50～100	100～1000	1000～10000	>10000	合计
一闸室	北坡	21	6	4	2		33
	南坡	29	6	15	1		51
二闸室	北坡	40	4	9	3		56
	南坡	33	8	2	1		44
三闸室	北坡	52	2	7	1	1	63
	南坡	22	5	6	2		35
四闸室	北坡	1		1			2
	南坡	1		1			2
五闸室	北坡						
	南坡	2		2	1		5
合 计		201	31	47	11	1	291
分级个数百分比/%		69.1	10.7	16.1	3.8	0.3	100

（三）直立墙边坡稳定性评价及预测

通过对一期工程和二期工程已施工地段的地质条件和边坡稳定性分析，可以认为：二期直立墙边坡的稳定性仍以裂隙组合形成的随机块体的失稳为主，由断层与断层相交或由走向与边坡近于平行的顺坡陡倾断层构成的边坡大型块体失稳的数量仍将是很少的。

但需要指出，二期工程在建筑物结构上与一期工程有 3 个显著的不同点：①边坡由斜坡变成直立墙；②坡高由每 15m 一个马道的梯段坡变为从上至下 40 余米的直立坡；③闸首段的凹形开挖和中隔墩段的条形结构及阶梯式下降，大大增加了结构面临空出露的机会。以上三点无疑都会增大可动块体出露的数量和规模。表 14 是对二期已失稳的块体的滑动交棱线倾角的统计。从表中可以看出，交棱线倾角小于 63° 的块体占总数的 66.7%，小于 72° 的占总数的 84.2%。这也是一期工程出露块体较少的原因。

表 14　　　　　　　　　失稳块体交棱线倾角分级统计表

交棱线倾角	≤63°		64°～72°		≥73°		合计	
	数量	%	数量	%	数量	%	数量	%
个数	38	66.7	10	17.5	9	15.8	57	100
体积/m³	676.5	46.4	574.9	39.4	206.5	14.2	1457.6	100

注　①爆破失稳块体未参与统计；②统计至 1998 年 2 月 28 日。

至 1997 年 10 月 9 日，发出施工地质简报（第 200 期），预报块体 78 处，其中已失稳的和部分失稳的 16 处，潜在不稳定的 62 处。这 78 个块体体积仍以小于 20m³ 的为主，占总数的 60%，其中体积大于 100m³ 所占比例为 17%，较一期工程的 4.8% 为大，主要是由 f_{1050}、f_{1239}、f_5、f_2 等近 EW 向的断层和长大裂隙在闸首和中隔墩处三面临空（顶面、直立坡和直立侧向坡）的条件下形成的潜在不稳定块体。如只统计目前已失稳的体积大于

$1m^3$ 的各类块体，则可发现仍以体积小于 $20m^3$ 的块体为主，占总数的 79％（图 8）；而 90％的失稳块体出现在马道沿口。

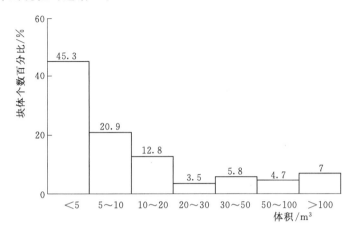

图 8　永久船闸二期工程失稳块体体积分级直方图

综上分析，可以对二期直立墙施工期的边坡稳定性做出以下判断：

（1）二期工程直立墙边坡的失稳仍以Ⅳ级结构面组成的随机块体为主。但由于二期直立墙高度大，结构型式复杂，所以出现块体的数量和规模都会较一期边坡斜坡段增大，但其规模仍以体积小于 $20m^3$ 的小型块体为主。

（2）少数 NE—NEE 及 NWW 向断层性状差，倾向、倾角变化大。当它们出现在边坡附近特别是出现在闸首或斜切中隔墩侧向直立坡时，会构成规模较大的可动块体，其稳定性一般较差，需做专门处理。

（3）目前一、二、三闸室第一梯段已开挖完成，主要不利结构面及构成的块体已经暴露，预计不会再有更大不利块体出现；四、五闸室揭露尚不充分，目前还未发现与边坡近于平行的较大断层存在。

（4）由于四、五闸室段地面高程低，加之又临近许家冲出口，地形条件复杂，原有钻孔资料不能准确控制风化壳底板的起伏变化，局部地段风化界线的误差是不可避免的。

（5）进入第二梯段开挖后，由于一期及二期第一梯段多面开挖，重复爆破造成浅表部岩体损伤较严重的地带已穿过，岩体已渐进入正常状态。但从现有的几个开挖工作面比较，凡是爆破控制较好的地段，岩壁较平直，岩体亦较完整，爆破松动及失稳块体数量较少；而钻爆工艺较差的地段，边坡岩体受损情况仍较严重。与国外同类岩石的爆破设计相比较，永久船闸地段采用的爆破工艺设计尚有优化。

四、结论

（1）通过对永久船闸一期和二期工程现阶段地质情况的分析对比，施工期所揭露的地质条件和主要工程地质问题，与前期勘测阶段的认识和结论基本一致。即永久船闸区的岩石主要为闪云斜长花岗岩、岩体完整坚硬；最发育的几组断层、裂隙、岩脉等主要结构面的走向与边坡走向夹角较大，有利于边坡稳定；区内地震力和地应力量级不高，不会对边坡稳定造成重大影响；地下水渗压力对边坡稳定影响较大，但通过完善的地表、地下排水系统，可以有效地降低渗压力。边坡整体稳定条件好，边坡破坏的主要型式是Ⅳ级结构面组成的随机块体的失稳。

（2）通过对一期工程和二期已开挖岩面上断层和裂隙的方位、规模、发育程度、结构面特征、性状以及相应的岩体结构和岩体质量的逐项统计分析对比，可以认为边坡岩体的主要特征和基本性质没有大的变化，构成岩体局部失稳的主要结构面及其组合，前期勘测、一期工程和二期施工地质工作所作统计分析没有大的差别。为了深入认识二期直立墙段的岩体质量，在距直立墙最近的南 5、北 5 排水洞和南北坡输水廊道靠边坡一侧的洞壁，对上述各项主要因素又进行了统计，并与二期直立墙段的统计成果进行对比，所得结果相近；再结合永久船闸区钻孔岩芯获得率及 *RQD* 值进行比较，都表明二期直立墙段岩体以整体结构和块状结构为主，优、良质岩体占全部岩体的 80% 以上。

二期工程的地面岩石开挖，主要是闸首及闸室段的直立墙开挖，不仅高度较大，且建筑物结构型式复杂，临空面多，因而出现不稳定块体的数量和规模都将明显地大于一期工程。

（3）施工地质预报，包括经常性的地质巡视，尽可能超前的初步编录和竣工岩面的详细编录是边坡工程最重要的基础工作，不仅服务于动态设计及施工处理，也是保证施工安全的重要措施。截至 1998 年 2 月 28 日，长江委三峡勘测研究院三峡地质大队围绕永久船闸施工，已发出施工地质简报 143 期，及时向业主、设计、监理和施工单位通报了可能出现的地质缺陷的详细地质资料，发挥了地质先行的功能，起到了超前地质预报的作用，保证了设计和施工的顺利进行。此项工作希望继续得到有关部门的理解和支持。

（4）现有的地下水长期观测资料表明，两岸山体排水系统已经对疏排两岸山体中的地下水、降低渗压力起到了重要作用，效果明显；变形监测资料表明，凡是埋设较早，观测时段较长，尤其是超前于开挖高程以下埋设的观测点，可以取得边坡岩体变形规律和量级的宝贵资料，有助于对边坡时效变形的反分析。这一工作目前主要的不足之处是：①缺少针对不同地质条件布设的观测点、线，因而对岩体变形规律的分析缺乏足够的地质代表性；②多数观测设备埋设时间较晚，没有得到开挖全过程的变形资料；③应组织多专业相互协作和配合，及时分析已取得的各项成果。

（5）通过三峡工程各建筑物部位，特别是永久船闸区同一部位地面和地下资料的分析对比发现，性质相同的优、良质岩体，地表尤其是边坡开挖后的形象与洞室开挖及钻孔岩芯所见情况有很大不同。这就暴露了一个问题，在地面开挖的开放环境中，在卸荷及爆破的双重作用下，如何采取措施减少对岩体的损伤是一个重要课题。卸荷松弛是边坡工程不可避免的客观现象，而针对不同的岩体条件，采取优化的爆破设计和爆破工艺以减少对岩体的损伤，则是通过努力可以做到的。保持结构面固有的黏聚力或使之不要降低太多，是避免或减少块体失稳的重要措施。除减少爆破震动对结构面的拉张位错影响外，适时做好锚固工程，减少卸荷松弛的影响也是十分重要的。

（6）重视施工地质工作；适时完成和优化动态设计；及时完成边坡支护加固工程和地质缺陷的处理；尽早建立施工期变形监测体系，并及时进行反馈分析。这四者是一个相互联系的整体，是顺利完成永久船闸施工和保证建筑物安全的根本措施，希望能在认真总结一期工程经验的基础上，得到完善和加强。

三峡工程与环境地质问题

陈德基　　苏爱军　　余永志

　　三峡工程规模宏伟，举世瞩目。它是长江开发治理的关键工程，具有防洪、发电、航运等多方面的巨大综合效益，同时，也会对生态与环境带来广泛而深远的影响。三峡工程对生态与环境的影响一直为国内外所关注，长期以来，进行了大量的调查研究工作，取得了丰富的成果。

　　三峡工程涉及的生态与环境问题极其广泛，包括水文、气候、水质水温、环境地质、陆生动植物、水生生物、泥沙淤积与冲刷、对长江中下游河道及湖区的影响、对河口的环境影响、水库淹没与移民、人群健康、自然景观与文物古迹、施工对环境的影响等。环境地质问题只是其中极小的一个部分。工程对生态与环境的影响有正面影响和负面影响两个方面。人类兴建大型工程时，必须积极保护和扩大工程建设对生态与环境的正面影响，同时采取一切可能的措施消除或最大限度地抑制其负面影响。

　　三峡工程兴建后，不但具有巨大的社会和经济效益，而且还有显著的环境效益。诸如大大减轻上游来水对长江中下游地区的洪水威胁，改善中下游平原地区的生产、生活环境；提供强大的清洁能源，减少环境污染；极大地改善川江航运；改善坝下干流和河口水质；改善局地气候；减少洞庭湖区的泥沙淤积，改善湖泊生态系统；增加新的旅游景区；同时库区移民工程投入的大量资金，开发性的移民政策，将使鄂西、川东广大的贫困地区走出困境，开创经济繁荣，人民安居乐业的局面。但是工程的兴建和水库的形成将部分改变自然生态环境，百万移民形成了巨大而集中的人类活动，都将对长江流域的生态与环境产生重大的影响。

　　三峡工程对环境地质的影响主要包括：水库区的水土流失、岸坡稳定与库岸再造，水库兴建对崩塌、滑坡、泥石流等灾害的诱发影响。移民城镇迁建的环境地质问题，水库浸没，库水对水库周边地下水动力场、水温场、水化学场的影响，水库诱发地震，矿产淹没与浸没，泥沙淤积，对长江中下游地区干流河势变化和堤岸稳定的影响，对平原湖泊区地下水位的影响及对河口地区侵蚀堆积的影响等。这些影响的大小和危害程度各不相同，本文仅就其中几个比较突出的问题做一简要论述。其中影响最突出是安置百万移民而大大强化的人类活动所造成的次生环境地质灾害。

一、库区迁建城镇新址的选择与地质论证

　　库区迁建城镇新址的选择与地质论证工作分为城、镇迁建新址的选择，迁建新址总体

　　原载于《长春科技大学学报（增刊）》1999 年第 24 期。

规划阶段的地质论证，迁建新址详细规划阶段的地质论证，城镇建设中的地质工作 4 个阶段。

1984 年由中国城市规划设计研究院牵头，湖北省、四川省两省有关的规划设计研究院和各县市的主管部门组成"迁建城镇选址联合工作组"，对库区 13 座县（市）迁建新址进行过调查并作了推荐。

1991 年底至 1992 年，长江委对所有县（市）和重要的集镇新址进行了复核调查，并对所有城、镇（县城 13 个，集镇 140 个）新址进行了初步勘察（比例尺 1：10000），以作为新址选择的依据。鉴于三峡地区地形地质条件复杂，对每个新址的地质论证，除了研究可供兴建城（镇）的场地外，还要考虑场地周缘一带有没有威胁或影响城镇建设与安全的地质灾害，诸如崩塌、滑坡、泥石流等突发性地质事件的环境，故选址及总体规划阶段的勘察范围至少是场地所处地质构造单元和地表汇水域。因此，这一阶段实际勘察面积要比规划场地面积大得多。如规划选址所进行的 1：10000 比例尺的地质测绘面积，巴东县城为 26km^2、巫山县城 19km^2（1：50000，30km^2）、奉节县城 87km^2（1：50000，100km^2）、万县市城区 114km^2；集镇如秭归县的郭家坝 30km^2、香溪 22km^2 等。

选址的地质勘察工作完成后，为满足迁建新址总体规划的需要，长江委于 1992 年下半年至 1993 年间对选定的和尚需进一步比较的城镇迁建新址，组织进行了比例尺 1：10000 的地质勘察，并于 1993—1994 年 3 月陆续提交了所有迁建城、镇新址（含比选新址）的初勘成果，基本上满足了总体规划要求。

在各城、镇总体规划审查批准后，1993 年下半年至 1996 年间，长江委对已选定的新址组织了详细规划阶段的地质论证工作，即详勘。采用比例尺为 1：2000（县、市）和 1：1000（集镇），共计面积 415km^2 的地质测绘，以及岩芯钻探、洞探、槽探、地球物理勘探、岩土物理力学试验、贯标、抽水试验以及专题研究等项工作。并于 1994—1995 年间陆续提交了各城镇新址详勘初步成果，1997 年 12 月提交了详勘正式成果，在此基础上，编写了《长江三峡工程地质环境与环境地质》的总报告。

城镇建设阶段的地质工作由各县市负责实施，但考虑到各县市实际情况并在各县市的支持下，长江委在各县市建立了地质工作站，具体指导城镇建设中的地质工作。至 1999 年 1 月共发出各项咨询意见、简报 330 份。

由于进行了充分的地质论证，三峡库区搬迁的 13 个县（市）城，除了巴东、巫山两个县城区由于受到地形和自然条件的限制，地质条件不太理想，在建设过程中可能出现局部问题外，其他 11 个县（市）新址的地质环境都可满足要求；140 个集镇多数也不存在严重的环境地质问题，从宏观上保证了移民选址工作不出现大的失误。

二、库区岸坡稳定性及崩滑体的地质调查及论证

三峡水库库岸及崩滑体的稳定性，是三峡库区主要的环境地质问题。

长江委在 1991—1993 年间对库区长江干、支流两岸 5014km（长度不足 10km 的支流未计入）的岸线再次进行了复查，确定需要关注的库岸，干流 15 段，累计长 132.1km；支流 157 段，总长 253km。泥石流易发沟谷 8 条，15 处。崩塌滑坡体 1190 处，面积

135.9km^2、体积约 34 亿 m^3。其中淹没和基本淹没的崩、滑体（高程 175m 以下面积占 2/3 以上）有 403 处。剩余 787 处崩、滑体中，需要关注的 438 处，并于 1996 年 5 月提交了"长江三峡工程库区库岸稳态及崩、滑体专论"及其附件"崩滑体档案"和"长江三峡工程库区崩滑体预警选点报告"。

结合二期移民工程，1997 年 12 月提交了《长江三峡工程库区二期移民勘察设计任务及实施计划》，并在此基础上，专题上报了《长江三峡工程库区急需治理的库岸及崩滑体勘察、设计实施计划》。该计划已于 1998 年 8 月由三建委办公室和移民开发局组织专家进行审查通过。

在上述成果中，不仅论述了崩塌滑坡体的数量、性质、规模及稳定性，还根据滑坡体的稳定性、重要性和危害性，选定了今后应进行监测预警的主要滑坡体，提出了应用 3S 技术（RS、GPS、GIS）进行监测的方案，同时提出了急需治理的 52 个滑坡的编录及实施方案。这些都有待有关主管部门审批后实施。

三峡库区长江两岸是崩塌、滑坡的多发区。尽管长江委和其他有关部门，多年来为之做了大量的研究，并提出了许多对策，但人类目前还无法做到完全控制滑坡的发生，也很难对可能失稳破坏的全部滑坡做出准确的预测，特别在监测系统没有建立，必要的工程措施尚未实施的情况下，崩塌、滑坡造成局部地质灾害的可能性仍然是存在的。

三、库区水土流失问题

按长江委 1993 年 6 月《长江三峡工程初步设计水库淹没实物指标调查报告》，全库区淹没线以下人口合计 84.62 万人，其中非农业人口 48.47 万人，农业人口 36.15 万人。需要全迁和部分迁建的县（市）13 个、建制镇、场镇 140 个（撤乡并镇后为 114 个）。其中，设市城市 2 个，县城 11 个，建制镇 25 个，其他场镇 89 个。

（一）短时间内因移民迁建工程施工将导致大量水土流失

长江三峡是长江上游水土流失强烈地区之一。而短时间内，在地形、地质条件复杂的这一地区突击性地建设 13 座县（市）城、114 个集镇、1599 座工矿企业、6000 余处农村居民点，以及公路、码头等其他专业设施的复建，造成了大量弃土。这些弃土就近堆积于山坡上及沟谷中，在暴雨作用下，将产生坡面型及沟谷型泥石流。在三峡工程兴建期间，会形成短时间内集中的水土流失。据 1998 年长江委综合勘测局汛期巡查初步统计，三峡库区共发生因建筑弃土堆渣而引起的泥石流 500 多处，累计方量大于 50 万 m^3。其中巴东县黄家大沟人工堆渣泥石流方量大于 1 万 m^3，并造成了较大的经济损失。

（二）农村移民需开垦大量荒地，在相当长一段时间内，水土流失将更趋严重

据长江委水土保持局有关资料，三峡库区水土流失面积已占土地总面积的 60%。据测算，库区林地、灌丛、草地和农地的年侵蚀量分别占库区年总侵蚀量的 6.99%、10.6%、23.05% 和 60.0%，侵蚀模数每年分别为 750t/(km^2·a)、1500t/(km^2·a)、3000t/(km^2·a) 和 7500t/(km^2·a)。其中农地最大侵蚀量达 9450t/(km^2·a)。

排除因人口增长及开垦荒地等原因增加耕地面积因素，仅按水库蓄水前的原耕地面积恢复耕地一项，农村移民安置后，需开垦灌丛及草地 1.72 万 hm^2。由此而引起的库区年侵蚀量将增加 90.35 万 t/a。

库区移民安置区内地面坡度小于 25°的可开垦荒地仅有 4.47 万 hm²，其中高程 600m 以下的仅 2.74 万 hm²。从当地自然条件和土地已过垦的现状出发，这一有限的土地资源不宜全部开垦种粮。但是，由于库区人口大量增长，人地矛盾更加突出，如果不加以控制，上述荒地可能全部被开垦，按平均侵蚀模数 7500t/(km²·a) 减去灌丛及草地平均侵蚀模数平均值 2250t/(km²·a)，库区年侵蚀量将增加 234.68 万 t/a。

同时库区移民安置进行的大量开荒和工程建设，也将诱发一些崩塌、滑坡和泥石流的复活和产生新的崩塌滑坡，扩大水土流失面积和强度，也可能使地区生态环境进一步恶化。由此可见，未来库区水土流失问题将是相当严重的，必须采取有效措施加以防治。

四、水库蓄水初期库岸稳定问题将比较突出

根据长江委综合勘测局补充调查结果，正常蓄水位 175m 时的岸线长度 5927.2km，其中有 403km 为不稳定或欠稳定的岸坡，占岸线长度的 6.8%。这些岸坡主要由崩、滑堆积体和第四系松散堆积体组成，是库区人民重要的生产、生活场所，其稳定性与库区人民息息相关。

调查资料显示，全库区受 175m 水位影响的崩滑体共 1190 处，其中有 181 处将全部淹没于水下，有 222 处其体积的 2/3 淹没水下，剩余 787 处崩滑体中，欠稳定或不稳定的 336 处，正在变形中的 85 处。水库正常蓄水后，目前处于稳定状态的部分崩滑体也将处于不稳定状态，即使整体稳定的崩滑体，前缘也存在不同程度的岸坡再造问题。

由于历史的原因，有的城镇位于古老崩滑堆积体上（如万县老城区、涪陵移民开发区建陶厂—师专一带等）。这些城镇在 175m 以上的部分属非拆迁区，水库蓄水后，将产生整体或局部变形失稳。由于库区可用土地容量有限，有的移民城镇新址无法避开不稳定的库岸段或被迫建在古老崩滑堆积体上，这些新址都存在不同程度的塌岸与滑坡问题，由于其上人口密集，危害性很大。

长江三峡地区崩塌、滑坡灾害十分严重。1982 年 6—8 月、1993 年 7—8 月、1998 年 6—8 月间，长江三峡地区出现了持续性降雨，长江处于持续高水位状态，由此产生了全库区广泛分布的崩塌滑坡等地质灾害，毁坏大量耕地和迫使交通中断。

如 1998 年 6—8 月，据不完全统计，三峡工程库区共计发生规模大于 1 万 m³ 并造成财产损失的滑坡及滑移变形体 126 个，总方量 2857 万 m³。导致 1998 年 6 月产生众多滑坡灾害的原因在于：①1998 年 6—8 月间集中降雨，降雨量是 1981 年同期降雨量的 2～3.4 倍；②长江高水位持续时间长，是同期高水位持续时间的 5～10 倍；③三峡库区大规模、高速度的移民迁建工程形成大量高陡人工边坡、回填土地基及自然冲沟和斜坡上的弃渣堆积。不难预料，随着三峡水库蓄水运行，人类的工程活动的增加等所引起的滑坡、塌岸和泥石流等地质灾害在一段时期内将会比较突出。

五、水库浸没问题

受水库回水影响，库岸边缘及支流河谷的平坝区，部分将受到水库浸没的危害，如重

庆市九龙坡、大渡口、铜元局、董家溪一带，开县普里河、南河及云阳小江沿岸河谷平坝，涪陵江心的平西坝，万县磨刀溪沿岸的龙驹坝，巫山县大宁河沿岸的东坝、大昌坝以及重庆市渝北区的洛渍镇等。水库蓄水后，由于潜水面提高，局部地段地下水位高出地面形成水洼地，部分地区则由于地下水面贴近地表，因毛细水上升，形成湿地，使地基承载力减少，危及建筑物安全；或造成土壤水分过多，早春土温低，微生物活动微弱，养分释放慢，土壤中还原物质增多，影响农作物生长，甚至退化成低产田。

应予特别引起重视的是重庆市渝北区洛渍镇。洛碛镇为重庆市东部的重要城镇之一，面积 $0.39km^2$，非农业人口 1.2 万。镇区建筑在长江左岸 I 级阶地上，阶地由杂填土、粉质黏土、粉土及砂砾石层组成，厚度约 50m。地面高程 180~184m。三峡工程正常蓄水位回水到洛碛镇为 175.5m，此时镇区三面环水。镇址建筑场地冲积层地基内，有 47 条总长 2215m 的人防洞室，分布高程 169~172m。1981 年长江特大洪水淹没防空洞 5 天，导致 54 处塌陷，面积 $11580m^2$，造成地面部分房屋倒塌、开裂。经过专门性勘察与研究，认为：①三峡水库蓄水后人防洞将全部塌陷，危及镇区人民生命财产安全；②明显浸没带局部地段会形成沼泽地或水洼地，面积约 $0.19km^2$；可能浸没带面积约 $0.08km^2$，非浸没带仅 $0.12km^2$，不足镇区面积的 31%。从安全和经济发展角度考虑，必须对洛渍镇的浸没问题采取积极有效的治理措施。

另外，三峡库区开县小江防护工程、万县沿江大道防护工程、松林包防护工程及一些支沟的回填造地工程，其保护区地面高程，均在正常蓄水位 175m 附近，都可能存在不同程度的浸没问题，必须引起高度重视。

六、水库诱发地震

通过对三峡工程水库诱发地震地质条件的分析，采用多种方法对各个库段可能诱发水库地震的强度进行了预测：库首区结晶岩库段诱发水库地震的可能最高震级 $M_S<4$ 级；重点库段九湾溪—仙女山断裂展布区，香溪—巴东—碚石库段，可能诱发的地震震级为 $M_S=5.0~5.5$，碳酸盐岩分布的库段可能诱发 $M_S≤4$ 级的岩溶型水库地震。

假若在距坝址最近，危害性最大的九湾溪断裂处诱发 5.5 级地震，按照水库地震的衰减规律，影响到坝址的地震烈度低于Ⅵ度；即使用该地区天然构造地震的震级上限作为外包线，按 $M_S=6.0$ 级计算，影响到坝址的烈度也只有Ⅶ度；在库首结晶岩区诱发 4 级地震，影响烈度亦为Ⅵ度，均不超过大坝设防烈度Ⅶ度。岩溶型水库地震，因其强度较小，距坝址较远，对大坝安全没有影响。

水库诱发地震对库区环境的可能影响，不能采用与坝址同样的标准来评价，应按一般工业和民用建筑的标准考虑。因此，仙女山—九湾溪断裂一带及秭归牛口—巫山碚石的两个库段可按 5.5 级考虑（震中烈度Ⅶ度）。几个次要潜在震源区按 3~4 级（震中烈度Ⅴ~Ⅵ度）考虑。

七、中下游主要环境地质问题

（一）对长江中下游河势及堤岸安全的影响

三峡工程兴建后，洪水期大流量下泄概率减少，枯水期平均下泄流量增大，且下泄含沙量减少，泥沙粒径变小，洪枯流量变幅有所调平。这种变化将引起长江中下游河床冲刷，同流量的水位降低，河势将发生不同程度的变化。

目前天然情况下，长江中下游枯水期流量为 $2700\sim4000\text{m}^3/\text{s}$，三峡工程建成后，枯水期下泄平均流量达 $5000\text{m}^3/\text{s}$ 以上。由于流量增大，且含沙量减少，"清水"下泄对河床的冲刷能力增强，河床冲深，河势变化将较大，险工段的位置也可能变动。同时中下游河道弯曲，凹岸为冲刷岸，受河水的冲刷将形成大规模崩岸。护岸工程的基础也将受到淘刷，对大堤的稳定可能有一定影响。

由于河道形态、床底物质、水库调度及已有护岸工程等诸多因素的不确定性，三峡工程兴建后对中下游河段特别是对荆江河段的河道及岸坡的影响，无法准确定量做出预测，要加强监测，视河势变化及发展趋势，适时采取措施加以控制。

（二）对荆江与洞庭湖关系的影响

荆江有松滋口、太平口、藕池口和调弦口（已建闸控制）分流入洞庭湖，经调蓄后于城陵矶入汇长江干流，形成复杂的江湖关系。入湖泥沙大部分来自长江，每年约有 3/4 的入湖泥沙沉积在湖内，致使湖泊容积逐年减少，湖区生态环境日趋恶化。

三峡枢纽运用后，坝下游河床冲深，水位降低，分流入洞庭湖的沙量和水量将大幅度减少，湖泊的淤积速度减缓，江湖关系得到改善。同时，对洞庭湖的防洪、农田排涝排渍、血吸虫防治、湖泊的生态环境和自然景观等将产生有利的影响，并为洞庭湖区的综合治理创造良好而稳定的治理条件。

（三）对江汉平原地下水位的影响

长江中游江汉平原地区，广泛沉积全新世的河湖相沉积物，由粉细砂、亚砂土、亚黏土组成。自江边至湖区中心地带，沉积物由粗变细。本层厚度一般在 $10\sim15\text{m}$，由江边至平原中心地带逐渐变薄，构成平原湖区的潜水层。潜水层的地下水位埋深，不同地貌单元有着较明显的差别。在冲积平原区，地下水位埋深一般在 $0.5\sim1\text{m}$，但在冷浸田分布区，地下水位埋深一般小于 0.5m。该含水层之下为孔隙承压含水层，由中、上更新统砂、砂砾卵石组成，厚度大，承压水头较高。含水层顶板埋深靠近长江地带小于 20m，湖区大于 20m。

潜水补给来源以降水及地表水体为主，下伏承压含水层的越流补给为辅。长江河床在沙市至洪湖段，有多处切穿或接近承压含水层顶板，江水通过渗透进行侧向补给，并通过压力传递影响区内承压水位。承压水与潜水的水力联系，与承压含水层顶板厚度有关。当承压含水层顶板厚度小于 15m 时，它们之间的水力联系较密切；当承压含水层顶板厚度大于 15m 时，潜水层与承压水之间基本无水力联系，各自独成体系。

三峡建库以后，根据正常蓄水位 175m 方案的水库调度方式，除 1—5 月和 10 月坝下游长江流量有所改变以外，其他月基本不变。即每年 10 月水库蓄水，下泄流量较建库前减少，坝下游长江水位比天然情况降低，1—5 月水库下泄流量比天然情况增加约 $500\sim2000\text{m}^3/\text{s}$，丰水年增加较少，枯水年份增加较多。下泄流量增加后，若不计入建库后河床下切水位降低的影响，坝下游长江水位将略有抬高。

按上述水库调度方式进行分析计算，在水库建成运行后，江汉平原地区承压水水位上升最大幅度各地段略有不同，沙市—城陵矶段，在距江边 $2\sim3\text{km}$ 范围内，最大上升幅度

0.5～1.0m，3km 以外承压水位基本不受建坝影响；城陵矶以下河段，距江 4～8km 范围内承压水位最大上升幅度 0.5～1.0m，4～8km 以外影响很小；因建坝而引起的潜水位上升地段范围很小，城陵矶以上基本无影响，城陵矶以下受影响的总面积仅 44.5km²。

三峡工程水库运行后对江汉平原土壤潜育化的影响。由于水库建成后这一地区地下水位的上升范围及幅度很小，天然条件下，一年中江水位高出地面的时间已长达 4～5 个月，也没有发生土壤潜育化现象。江汉平原原有潜育化、沼泽化的地区，远离长江岸边。结合土壤开垦利用条件、气候条件等综合分析，江汉平原地区不会因建坝而导致新的土壤潜育化发生。

八、其他环境影响

三峡工程水库对库区自然地质景观将产生一定影响。近景峡谷景观和峡谷感略有减弱，但中远景不会受很大影响。充满神话传奇的众多山峰仍遥在天际，库水位抬高无损三峡基本风貌，高峡出平湖将展现新的景观。水位抬高将改善支流交通条件，使人们可到峡谷深处发掘更多新的地质景观。

三峡水库蓄水后，对矿产淹没、浸没的影响，对水库周边地区地下水三场（水动力场、水温场、水化学场）的影响，崩塌、滑坡、泥石流对水库泥沙淤积的影响，以及对下游河口地区侵蚀堆积的影响等，均进行了分析论证，结论是基本没有影响或影响不大。

九、结论

（1）工程对环境地质的影响是多方面的，其中库区移民工程建设所形成的强大的人类活动所引发的各类斜坡稳定、水土流失、库岸再造以及由此而危及所在地区居民的生产、生活安全，将是最为突出的环境地质问题。各类松散沉积（堆积）物岸坡的坍岸也将是比较普遍的地质灾害。下游河道的河势变化及由此而引发的坍岸及对防洪建筑物基础淘蚀也是应该给予足够重视的问题。

（2）由于许多环境地质问题具有隐蔽性、长期性和不可抗拒性，最重要的措施是加强对各类环境地质问题的监测。通过监测，对重大地质灾害及时做出预测预报，力求避免造成重大损失；对一些长时期才能显现的问题，通过监测对其发展趋势做出判断，以尽快采取对策。

（3）重视移民工程的地质勘察工作。尊重科学，做好规划，合理开发，加强立法，加强监管，以使三峡工程对环境地质的影响减少到最低限度。

三峡工程永久船闸二闸室中隔墩岩体变形和裂缝形成的地质条件分析

一、概况

三峡工程永久船闸为双线连续五级船闸，位于左岸坛子岭以北约 200m 的山体中。闸室段轴线方向 111°，长 1607m。单级闸室有效尺寸为 280m（长）×34m（宽）×5m（槛上最小水深）。南北两线闸室之间保留有宽 44～57m、高 47～68m 的岩体，称之为中隔墩。从一闸室至五闸室，中隔墩顶面高程分别为 178.70m、159.80m、138.75m、116.47m、95.50m；闸室底板高程分别为 124.50m、112.95m、92.20m、71.45m、50.70m（图 1）。中隔墩开挖上覆岩体的厚度 20～112m，隔墩两侧直立墙坡高 34～68m（见表 1、图 2）。

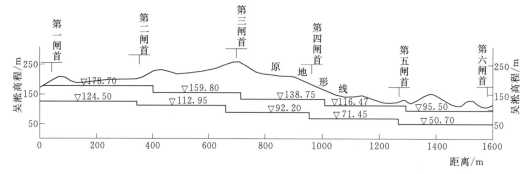

图 1　永久船闸中心轴线纵剖面图

表 1　　　　　　　　　　　永久船闸中隔墩开挖坡高及开挖深度统计表

工程部位	一闸室	二闸首	二闸室	三闸首	三闸室	四闸首	四闸室	五闸首	五闸室
桩号	15070～15335	15335～15407	15407～15642	15642～15714	15714～15951	15951～16021	16021～16258	16258～16311	16311～16565
原始地面高程/m	185～210	200	205～255	266.70	175～250	185	130～175	125	110～140
中隔墩顶面高程/m	178.70～182	178.70	159.80	159.80	138.75	138.75	116.47	116.47	95.50
两侧直立坡高/m	35.5～45.5	65.75	47	67.60	46.55	67.30	13.55～45.02	34.30	19.3～34.3

本报告为三峡工程施工期地质专题科研成果。课题负责人陈德基、余永志，报告编写人陈德基、余永志、黄孝泉。陈德基统稿审定。

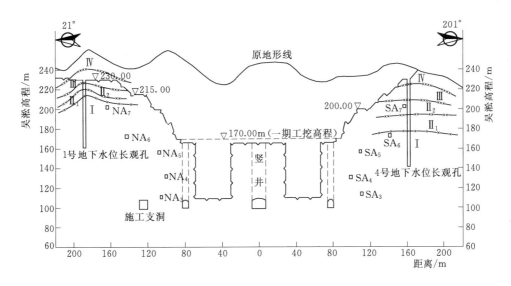

图2　永久船闸典型开挖横剖面图
Ⅰ、Ⅱ₁、Ⅱ₂、Ⅲ、Ⅳ—风化带代号；SA₃～SA₇、NA₃～NA₇—山体排水洞编号

其中三闸首处中隔墩宽44m、两侧直立坡高度68m，为中隔墩两侧直立坡坡高最高处。在中隔墩顶部南北两侧坡缘一般布置有3.50m（宽）×4.25m（高）的管线廊道，在每个闸首附近布置一阀门井（18m×25m）（宽×高）和一检修井（3.8m×16.5m）（宽×高），从中隔墩顶面向下开挖与底部的输水廊道相接（见图2）。

永久船闸一期工程结束后，南北两侧山体已形成近40～100m的岩质高边坡。永久船闸二期工程直立墙施工于1996年7月入槽，1997年1月开始大规模开挖。至1999年1月，一至五闸室南线底板分别开挖至高程124.50m、112.75m、106～95m、88～50.70m；北线则分别开挖至高程130～128m、120～116m、106～98m、95～88m、72～50.70m，二、三闸室中隔墩两侧已形成高40～48m的直立坡。

永久船闸二闸室至三闸首中隔墩顶面找平混凝土于1997年9月至1998年5月浇筑完成。1997年10月以后该段找平混凝土及中3号阀门井圈混凝土陆续发现开裂现象，在闸槽开挖深度较大的部位，混凝土裂缝张开也较宽，且裂缝有增多趋势。至1999年2月，该段中隔墩顶面找平混凝土面上发现大小裂缝140条。裂缝出现后，引起了地质、设计、监理及业主各方的关注。长江委三峡勘测研究院及三峡工程设计代表局勘测代表处及时对永久船闸中隔墩顶面混凝土裂缝进行了专门调查和测绘，充分利用施工地质编录，结合施工开挖、锚固措施、混凝土浇筑时段和变形监测等资料，对二闸室至三闸首段中隔墩地质条件及其对岩体变形及裂缝形成的影响进行了专题研究。

二、中隔墩基本地质条件及工程地质分区

（一）基本地质条件

1. 岩性及岩体风化

岩性主要为闪云斜长花岗岩（γ_NPt），多为中粗粒结构，局部细粒结构。另有数条走

向为 NE、倾 NW 的细粒花岗岩脉（γ），宽 0.1～0.5m，与围岩呈紧密突变接触。中隔墩北侧东北角（桩号 15＋699～15＋714）出露有片岩捕虏体，走向 340°～360°，倾 SW，倾角 50°～60°，宽 20～35m。岩性主要为角闪石石英片岩，在中隔墩顶面出露宽度约 10m，片理较发育，时有揉皱扭曲，与围岩呈紧密接触，部分为裂隙接触。

中隔墩岩体呈微风化至新鲜状态，岩质致密坚硬。

2. 断裂构造

(1) 断层。二闸室至三闸首中隔墩顶面和南北两侧已编录的直立坡上，共出露断层 32 条，按走向可分为 NNW、NNE、NE—NEE、NW—NWW 4 组（图 3）。NNW 组最发育，共 12 条，占断层总数的 38%；NE—NEE 组次之，共 8 条，占总数的 25%；NNE 组、NW—NWW 组各有 6 条，分别占断层总数的 18.5%。走向与船闸轴线交角小于 30°的断层共 10 条，占断层总数的 31%，分别为 f_1、f_5、f_{10}、f_{13}、f_{14}、f_{20}、f_{21}、f_{22}、f_{26} 和 f_{28}，其出露位置和特征见表 2。与船闸全区相比较，本段与船闸轴线呈小交角的断层数量明显偏高（全区为 14.2%）。

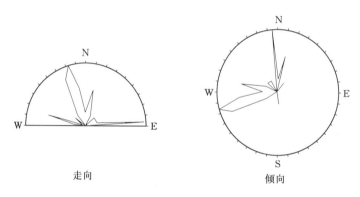

走向   倾向

图 3　断层产状统计玫瑰花图

表 2　　　　　　　　　与船闸轴线交角小于 30°的断层特征一览表

断层编号	位置			产状/(°)			宽度/m	特征简述
	部位	桩号	高程/m	走向	倾向	倾角		
f_1	中隔墩顶面南侧	15681～15714（Y：7988～7992）	159.80	286	16	60～79	0.10～0.30	构造岩为灰黑色碎裂灰绿岩，破碎，沿结构面风化轻微，呈弱下状，胶结均较好。岩质呈半硬—坚硬状。断层在中隔墩顶面延伸长 31m
f_5	斜切中隔墩顶面东南侧及南侧直立坡上部	15549～15716（Y：7975.5～8010）	159.80	275	5	60～70	0.10～0.30	断层宽度一般小于 0.5m，断面起伏粗糙。构造岩主要为黄褐色碎裂××岩，半坚硬—坚硬状，胶结较好，局部见呈透镜状宽 0.02～0.25m 的碎裂岩，风化加剧呈半疏松—半坚硬状态。断面局部充填厚 0.5～5mm 的方解石，并具溶蚀晶洞。在二闸室中隔墩顶面延伸长 160m

断层编号	位置			产状/(°)			宽度/m	特 征 简 述
	部位	桩号	高程/m	走向	倾向	倾角		
f_{10}	中隔墩顶面北侧及北侧直立坡	15563～15626（Y：7994～8024.5）	159.80～129.00	81	351	76	0.10～1.0	至北坡产状变为倾向340°∠71°。构造岩主要为灰黄—锈黄色碎裂××岩，岩质半坚硬—坚硬状，胶结较好，局部沿断面见少量黄色碎裂岩。断层在中隔墩顶面出露长67m，北坡延伸长34m
f_{13}	中隔墩顶面南侧及南侧直立坡	15528～上游（Y：7975～7985）	159.80～122.00	88～282	358～12	65～74	0.20～1.30	构造岩为紫红色碎裂闪云斜长花岗岩，胶结较好，岩质坚硬，附厚1～3mm绿帘石及厚1～3mm紫红色铁锰质。断层在中隔墩顶面出露长24m，南坡延伸长大于106m
f_{14}	中隔墩顶面南侧及南侧直立坡上部	15498～15523（Y：7976～7991）	159.80	277	7	60	0.30～0.40	断面平直、稍粗，沿断面局部有方解石充填，宽5～10cm，另有宽5～10cm的紫红色碎裂岩，半坚硬—半疏松状，其余构造岩均为碎裂××岩，坚硬状，胶结较好。断层在中隔墩顶部出露29m长，南坡延伸长7m
f_{20}	中隔墩顶面北侧	15454～15478（Y：8005～8009.5）	159.80	287	17	51	0.05～0.20	断层构造岩主要为碎裂闪云斜长花岗岩，略显紫红色，胶结好，呈半坚硬—坚硬状，局部较破碎。断面附近分布厚1cm左右的深灰色碎裂岩，半疏松—半坚硬状。断层延伸长约23m
f_{21}	中隔墩顶面北侧	15444～15462（Y：8002～8007）	159.80	90	360	64	0.10	构造岩为紫红色碎裂岩，胶结好，坚硬—半坚硬状。断层延伸长约18m
f_{22}	中隔墩顶面北侧	15429～15454（Y：8011～8007）	159.80	290～309	20～39	71～78	0.35	沿断面断续分布较窄的紫红色碎粉岩，胶结较好，构造岩主要为碎裂××岩，较破碎。断层延伸长约26m
f_{26}	中隔墩顶面南侧及南侧直立坡	15565～15583（Y：7975～7999）	159.80～128.00	88	358	56～72	0.05～0.10	构造岩为碎裂闪云斜长花岗岩，胶结较好，岩质坚硬，附黄褐色钙质、绿帘石，厚1～3mm。断层在中隔墩顶面出露长30m，在南坡出露长34m
f_{28}	中隔墩南侧直立坡	15470～15515（Y：7976）	150.00～120.00以下	280	10	61～72	0.01～0.10	构造岩为碎裂闪云斜长花岗岩，胶结较好，岩质坚硬，附半疏松物，厚0.1～0.8cm，充填黄褐色及灰绿色钙质、绿帘石，厚1～4mm。断层延伸长约54m

从表2可看出，该段中隔墩南侧与边坡呈小交角的断层相对较发育，特别是桩号15407～15550段南侧直立坡上，这组断层局部集中发育；而顶面北侧虽有4条这组断层，但延伸长度小，且没有一条在直立坡上出露（f_{10}断层走向与边坡交角较小，但其在北侧直立坡上产状已有变化，与边坡走向的夹角较大）。

断层的规模均不大，除 f_5 的长度约 180m（含跨入三闸室中隔墩的长度），f_{13} 长约 140m，f_{10} 长约 101m（均含顶面及直立坡面）外，其他占总数 90.6% 的 29 条断层长度均小于 100m；断层带宽度除 f_{10}、f_{13} 最宽处 1.0～1.3m 外，其余均小于 0.50m，均属裂隙性小断层。构造岩胶结较好，一般没有松软物质，多以坚硬状的碎裂岩、碎裂××岩为主或表现为裂隙密集发育。部分断层，如 f_5、f_{13}、f_{14}、f_{20} 等构造岩有局部风化加剧现象，夹有宽 0.01～0.1m 半坚硬至半疏松状岩石。

（2）裂隙。中隔墩顶面共测得裂隙 1314 条，裂隙产状统计如图 4 所示。裂隙按走向可分为 4 组，NE—NEE 组、NNW 组、NW—NWW 组和 NNE 组。以 NE—NEE 组最发育，占裂隙总数 47.6%；其他 3 组基本均衡发育，分别占裂隙总数的 19.0%、18.5%、14.9%。同时从倾向玫瑰花图上可以看出，裂隙 60% 以上倾向北。

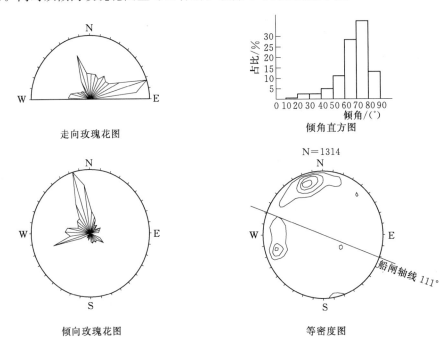

图 4　二闸室至三闸首中隔墩顶面岩体裂隙统计图

裂隙以陡倾角为主，80% 以上的裂隙倾角大于 60°。

裂隙延伸长度的统计结果见表 3、表 4。从两表中可以看出，裂隙以 NNW 组延伸性最好，平均迹长为 9.2m，其他方向裂缝平均迹长相近。

裂隙以硬性结构面平直稍粗型为主，大部分闭合无充填。

二闸室至三闸首中隔墩顶部的裂隙发育情况与船闸区全区及一期工程所作统计相比较，裂隙的发育规律总的格局没有大的变化，仍以 NE—NEE 组最发育，NNW 组次之。但与船闸走向近于平行的 NW—NWW 组裂隙所占比例有所增大。与船闸轴线交角小于 30° 的近 E—W 向裂隙的发育程度也较船闸区其他部位高，占到裂隙总数的 27%。这种变化既反映了各地段地质条件的差异，也反映了统计域上差别的影响。船闸全区裂隙的统计是前期勘察工作中，在坑槽和平洞中进行的。一期工程的裂隙统计则主要在开挖的斜坡坡

表3　　　　　　　　　　中隔墩顶面裂隙延伸平均迹长统计表

走向分组 ＼ 迹长分段	全部	<5m	5~10m	≥10m
60°~90°（NEE）	7.16	3.82	6.94	15.4
0°~30°（NNE）	6.44	3.79	6.71	14.4
30°~60°（NE）	6.73	3.77	6.90	14.0
270°~330°（NW—NWW）	7.31	3.79	6.83	18.3
330°~360°（NNW）	9.20	3.80	7.13	17.9
全部	7.35	3.79	6.89	16.3

表4　　　　　　　　　　中隔墩顶面分组裂隙长度百分比统计表

走向分组 ＼ 迹长分段	全部/%	<5m/%	5~10m/%	≥10m/%	≥10m裂隙占该组裂隙总数的百分比/%
60°~90°（NEE）	310/23.6	100/20.6	165/27.2	45/20.2	14
0°~30°（NNE）	296/22.5	125/25.8	134/22.1	37/16.6	13
30°~60°（NE）	210/16.0	84/17.3	94/15.5	32/14.4	15
270°~330°（NW—NWW）	260/19.8	100/20.6	120/19.8	40/17.9	15
330°~360°（NNW）	238/18.1	76/15.7	93/15.4	69/30.9	29
全部	1314/100	485/100	606/100	223/100	17

注　表中分子为本组裂隙在相应迹长段的裂隙条数，分母为本组裂隙占相应迹长段裂隙总数的百分数。

面上进行，统计窗的条件和代表性都无法和中隔墩顶面大范围微新岩体平面条件下所作的统计相比。其次本次裂隙统计是将1/200比例尺施工地质编录图上长度在5m以上及部分小于5m的裂隙均计算入内，这也是在前期勘察和一期工程中裂隙统计时无法做到的。如只统计长度大于10m的裂隙，则本地段裂隙发育程度的顺序就有明显的变化（图5）。这时裂隙以NNW组最为发育，NE—NEE组次之，NWW组发育程度最弱。与边坡走向夹角小于30°的裂隙所占比例也由27%下降到20%左右。

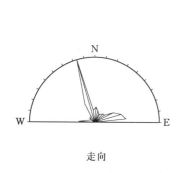
走向

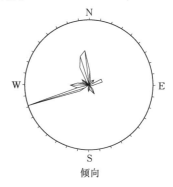
倾向

图5　二闸室至三闸首中隔墩顶面长度不小于10m裂隙玫瑰花图

121

虽然中隔墩断层和裂隙的规模均不大，主要为Ⅳ级和Ⅴ级结构面（见表5），但由于一个闸室的中隔墩为长307m、宽44～57m的窄条形建筑物，且多面临空，因而这些Ⅳ级、Ⅴ级结构面的尺寸效应对中隔墩岩体的影响比对在其他建筑物部位的影响敏感。同时该段与中隔墩边坡走向呈小交角的NEE组和NW—NWW组两个方向的结构面相对较发育，使这种影响就更为明显。另外，结构面的发育程度、发育方向、性状、规模及在空间上分布的不均一性，则是影响中隔墩各地段变形差异的原因之一，也是构成工程地质分区的重要基础。

表5 结构面分级特征表

结构面分级	特 征
Ⅱ级结构面	长数百米至数公里，宽1m以上，为规模较大的断层、岩脉。如断层F_7、F_{23}，大型花岗岩脉，闪斜煌斑岩脉，辉绿岩脉均属之
Ⅲ级结构面	长50～500m，宽0.2～1m的断层及相近规模的花岗岩脉、伟晶岩脉、辉绿岩脉等，按其长度，可分为Ⅲ1（长度50～100m）、Ⅲ2（长度100～500m）两个亚级
Ⅳ级结构面	长5～50m，宽0.2m以下的小断层和大的构造裂隙，长大缓倾角结构面、小型岩脉，较大的卸荷裂隙等均属之。其组合可形成半定位和随机块体
Ⅴ级结构面	长度小于5m的构造裂隙，卸荷裂隙，风化裂隙等。Ⅴ级结构面仅破坏岩体的完整性，影响岩体的力学性质和应力分布状态，形成小的随机块体

3. 岩体结构

该段中隔墩岩体一般多呈块状及整体结构，少量为次块状或镶嵌结构。中隔墩顶面各类结构岩体的统计见表6。

表6 中隔墩顶面各类结构岩体统计表

岩体结构类型	整体结构	块状结构	次块状结构	镶嵌结构	合计
面积/m²	5009.5	5234.5	2349	48	12641
比例/%	39.6	41.4	18.6	0.4	100

4. 水文地质

由于中隔墩已开挖呈三面临空的孤立墙体，两侧闸室开挖深度已达40～48m，底部输水廊道也施工完毕，且顶面大部分已浇筑找平混凝土，地下水基本无补给源，因此中隔墩地下水位较低，直立坡面大多干燥，仅局部地段因施工用水较潮湿。

5. 地应力

施工前期，在永久船闸闸室段，共进行了7个钻孔地应力测试，实测值见表7，测试孔位置如图6所示。其中2333孔、2347孔、2496孔位于二闸室或三闸首附近。

根据钻孔位置和地应力测试成果，以相同（近）高程处的应力作比较分析，船闸区的地应力值有随地形增高而增大的趋势，即三闸首中段的地应力值高于上、下游段，北侧的地应力高于南侧。

测孔编号	测试高程	σ_x	σ_y	σ_z	τ_{xy}	τ_{yz}	τ_{zr}
2347 孔 (孔口高程 257.00m)	42.50	121.06	103.33	74.69	−1.27	−3.44	2.81
	67.50	99.40	83.83	74.24	12.08	10.37	4.89
	122.50	100.72	81.62	83.30	−0.16	19.14	4.08
	152.07	107.10	84.48	67.50	5.25	10.80	0.59
	179.30	71.35	47.79	52.38	7.65	−7.95	−5.63
	200.53	82.09	79.25	50.56	11.69	1.48	20.62
2496 孔 (孔口高程 261.51m)	84.63	108.71	78.48	82.40	−1.39	−1.08	6.99
	123.38	81.47	90.63	79.80	22.32	15.2	−2.68
	151.24	68.94	52.36	64.20	6.84	−9.15	−3.92
	171.19	75.69	55.01	59.20	−5.92	2.88	2.00
	204.28	64.95	45.25	46.50	4.71	3.65	−4.31
2333 孔 (孔口高程 222.48m)	90.98	103.31	72.59		−6.21		
	115.18	96.27	76.57		4.81		
	142.98	71.50	94.92		1.65		
	152.18	78.55	89.81		6.52		
2359 孔 (孔口高程 189.30m)	59.00	98.36	83.27		−1.23		
	89.10	87.31	77.37		−3.11		
	117.40	58.81	85.38		4.32		
	136.20	60.82	46.45		−2.00		
2508 孔	51.41	99.36	79.86		4.32		
2514 孔 (孔口高程 199.06m)	100.21	71.34	103.51		11.91		
	121.60	69.38	85.42		−5.35		
	149.06	66.81	68.72		−5.48		
备注	应力单位为 kg/cm²						

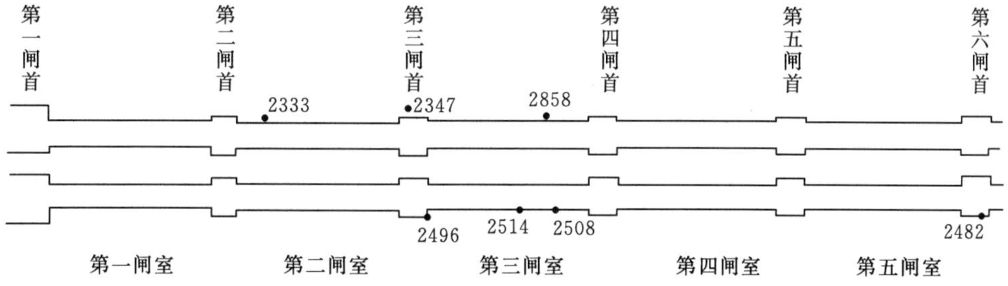

表 7　　　　　　　　船闸区地应力实测值统计表

图 6　永久船闸地应力测试孔平面位置示意图

（二）施工期中隔墩岩体稳定性简介

中隔墩岩体整体稳定性较好。局部稳定主要受岩体结构面及其组合所控制，包括被结构面完全切割组合而成的不利块体和未完全切割构成的潜在不稳定岩体。

至 1999 年 2 月，第二闸室至第三闸首中隔墩南、北直立坡共有体积大于 100m³ 的不利块体 15 个，其中南坡 5 个，北坡 10 个。不同方量的块体个数见表 8。

由表 8 可见，中隔墩北坡不利块体数量明显多于南坡，体积大于 1000m³ 的两个大型不利块体皆位于北侧直立坡。一处为桩号 15465～15550，由 f_{16}、f_{17} 组合成一方量约 9807m³

表8　　　　　　　　　　　　　　中隔墩顶面块体体积分级数量统计表

不利块体方量/m³	南坡块体	北坡块体	合计
100～500	5	8	13
500～1000	0	0	0
1000～10000	0	1	1
>10000	0	1	1
合计	5	10	15

的块体，预测底部将在闸室底板高程112.75m附近出露。目前开挖至高程113.00m左右，高程140.50m以上已实施预应力端头锚进行锚固；另一处为桩号15666～15714，由f_5、f_7等组合成一方量约24300m³的块体，底部基本上在闸室底板附近出露，设计采用了预应力对穿锚和端头锚进行锚固，且多已施工完毕。经锚固措施处理后，目前上述两个块体稳定性好。

由结构面切割构成的潜在不稳定区主要分布在中隔墩南侧直立坡桩号15407～15550、高程159.80m以下地段，由于该段与边坡呈小交角的断层发育，且多倾向北，有沿结构面拉裂倾倒破坏的趋势，面积约2000m²。

二闸室至三闸首中隔墩北坡和南坡的局部失稳破坏存在一定的差异，这是由中隔墩的基本地质条件所决定的。由于本地段与边坡呈小交角的NEE组和NW—NWW组结构面90.2％以上倾向北，因而在北侧直立坡，当这两组结构面与其他走向（NNE组、NNW组）的结构面相交时，就易构成不利的可动楔形块体，如由f_{16}、f_{17}构成的块体；在建筑物开挖形态复杂的部位（如闸首凹槽、中隔墩尾部），由于岩体多面临空，这种小交角的结构面也可构成向北滑移的单滑面滑移块体，如中隔墩尾端由f_5构成的单滑面大型块体。而在南侧直立坡，这两组小交角的结构面绝大部分倾向坡内，不构成滑移面，但其倾角较陡，易在岩壁上形成外倾拉裂张开，导致上部坡体变形较大，条件具备时，则形成局部倾倒破坏的块体。

这种地质条件的差异，在中隔墩南、北直立坡岩体变形和局部失稳破坏的特点上得到了反映，并在施工期得到了验证。

（三）中隔墩岩体工程地质分区

二闸室至三闸首中隔墩岩体主要为新鲜—微风化的闪云斜长花岗岩，仅有少量岩脉分布，在东北角还出露范围不大的片岩捕房体，它们与围岩多为紧密接触，性状与围岩差别不大。同时，由于南、北闸室和输水廊道已基本施工完毕，中隔墩岩体中地下水位较低，地下水不再是影响中隔墩直立坡稳定的重要因素。因此，控制中隔墩岩体稳定和变形的主要因素是结构面（断层和裂隙）的产状、规模、发育程度、性状及其组合特征。

根据中隔墩顶面及两侧直立墙结构面的发育程度、发育特征（产状、规模、性状、与边坡的关系等）及组合关系，将中隔墩岩体分为四个工程地质区（Ⅰ、Ⅱ、Ⅲ、Ⅳ区），其中Ⅲ区包括两个亚区，即Ⅲ₁亚区和Ⅲ₂亚区。Ⅰ、Ⅱ区主要位于西北侧及北侧直立坡，Ⅲ、Ⅳ区则主要位于东南及南侧直立坡。各区工程地质特征见表9。

统计分析结果，Ⅰ区大于10m和小于10m的结构面均以NE—NEE组较为发育。中隔墩顶面北侧与边坡呈小交角的4条断层中，有3条分布于该区，走向均为NEE；Ⅱ区

表9　　中隔墩岩体工程地质分区特征表

分区	裂隙发育特征	断层发育的主要特征	潜在不稳定岩体发育情况	≥100m³块体发育情况	中隔墩顶面裂缝发育特点	备注
I	1. 按走向可分为4组，即NE—NEE、NNW、NNE和NW组，分别占裂隙总数的59.5%、18.5%、17.4%和4.6%。2. 与边坡夹角小于30°的裂隙一般较少，占裂隙总数的21%，但该区东北角中隔墩顶面该组裂隙局部集中发育	1. 出露6条断层，即f₁₆、f₁₇、f₂₀、f₂₁、f₂₂和f₂₃。2. 该区中隔墩顶面发育近于平行东北角的裂隙性小断层，一般走向近于平行东北，皆倾向，长度小于30m；f₁₆断层走向一部分沿中隔墩夹角较大	桩号15417～15440之间f₂₃与NEE组结构面组合，易形成不利块体	该区在北侧直立坡有3个块体，其中f₁₆与f₁₇构成的块体方量达9807m³，其他3个块体皆小于500m³	东北角裂缝发育，张开宽度较大	f₁₆、f₁₇构成的块体已全部采用端头锚固
II	1. 按走向可分为4组，即NE—NEE、NNW、NNE和NW组，分别占裂隙总数的55.5%、14.7%和11.5%。2. 与边坡走向夹角小于30°的裂隙少，仅占裂隙总数的18%	1. 出露9条断层，即f₁₁、f₁₂、f₁₅、f₁₇、f₁₈、f₁₉、f₂₄和f₃₁。2. 没有一条断层走向小于30°的断层		该区北侧直立坡有4个块体，皆小于500m³	除西南角裂缝较多外，大部分地段裂缝较少，f₁₆、f₁₇构成的块体的后缘外侧中隔墩（南侧）中隔墩顶面细小裂缝较多	1. 该区西南角裂缝较多的原因应与南立坡下部的NEE组结构面发育有关。2. f₁₆、f₁₇构成的块体的后缘外侧（南侧）中隔墩顶面小裂缝较发育的原因，分析可能与锚头的端头应力有关
III	III₁ 1. 按走向可分为4组，即NE—NEE、NNW、NNE和NW组，分别占裂隙总数的36%、23%、22.3%和18.7%。2. 与边坡夹角小于30°的裂隙较发育，占裂隙总数29%，且走向多为NE，倾向NW	1. 出露7条断层，即f₅、f₆、f₇、f₉、f₁₀和f₃₂。2. f₅断层与边坡夹角较小、延伸相对较长		该区北侧直立坡有3个块体，其中f₅与f₇构成的块体方量达24300m³，2个块体小于500m³	裂缝较发育，且张开较宽，延伸较长	1. f₅、f₇构成的大型块体已进行专门加固处理。2. 中3号竖井加固为于该区。3. 该区下游桩号15714高近22m的横向直立坡
III	III₂ 1. 按走向可分为四组，即NW—NNW、NEE、NNE组，分别占裂隙总数的31.9%、24.2%、22.6%和21.3%。2. 与边坡走向夹角小于30°的裂隙发育，占裂隙总数的43%	1. 出露16条断层，即f₇、f₁₁、f₁₂、f₁₄、f₁₈、f₂₆、f₃₀和f₂₈。2. 与边坡夹角小于30°的断层有4条，即f₁₃、f₁₄、f₂₆和f₂₅集中分布于桩号15407～15550段南西侧直立坡面上	在该区南侧直立坡、走向与边坡近于平行的结构面发育，局部地段坡走向与该段边坡倾倒内，且该段边坡倾倒成该区段存在的潜在拉裂倾倒破坏大范围的潜在不稳定区，对边坡变形影响明显	该区南侧直立坡，有一块体，方量小于500m³	裂隙普遍发育，且延伸较长，张开较宽	1. 该区三闸首处中隔墩岩体开挖形态较小（34m）。2. 中3号竖井加固为于该区。3. 该区下游桩号15714高近22m的横向直立坡
IV	1. 按走向可分为4组，即NE—NEE、NNW、NNE、NNW组，分别占裂隙总数的40.4%、27.7%、17%和14.9%。2. 与边坡夹角小于30°的裂隙较多，占裂隙总数27.7%，该区三闸首南侧顶面该组裂隙集中发育	1. 出露有3条断层，即f₁、f₂、f₃。2. f₁断层走向与边坡顶面直立坡夹角小		该区有4个块体，方量皆小于500m³	裂隙较发育，延伸较长，张开较宽	1. 该区主要位于三闸首南坡、中隔墩岩体单薄，开挖形态复杂。2. 该区下游中隔墩桩号15714为该区。3. 该区下游桩号15714高近22m的横向直立坡

长大结构面以 NNW 组最发育，该区出露的 9 条断层中有 7 条走向为 NNW（2 条走向 NNE），而短小结构面以 NE—NEE 组较为发育；Ⅲ₁ 亚区长大结构面以 NNW 组最为发育，短小结构面没有明显的优势方位。Ⅲ₂ 亚区长大结构面以 NNW 组最为发育，而小于 10m 结构面以与边坡呈小交角的 NEE 组、NWW 组较为发育；Ⅳ 区短小结构面以 NWW 组最发育，长大结构面因样本数量少，规律性不明显。

综合各区结构面的发育特点，可以归纳出以下几点认识：①除 Ⅰ 区外，各区的长大结构面均以 NNW 组最为发育；②Ⅲ 区，尤其是 Ⅲ₂ 亚区，与边坡呈小交角的结构面的发育程度明显高于 Ⅰ、Ⅱ、Ⅳ 区；③结构面发育特点的差异控制了中隔墩岩体变形的不同和找平混凝土裂缝的分布。如 Ⅰ 区位于中隔墩顶面东北角，NE—NEE 组结构面控制该地段直立坡的稳定和变形，但分布范围小；Ⅲ₂ 亚区从中隔墩西南侧直立坡下部向 NEE 方向延伸，斜穿二闸室中隔墩南侧大部分，该区与边坡呈小交角的断层和裂隙均较发育，是影响中隔墩岩体变形和裂缝分布的主要因素。

三、中隔墩岩体变形特征

（一）监测断面的岩体变形特征及与地质条件的关系

中隔墩岩体变形监测是永久船闸安全监测系统的重要组成部分，其中二闸室至三闸首为监测的重点部位。自 1997 年 8 月开始至 1998 年 12 月，在这一部位中隔墩顶面南、北两侧先后埋没表层岩体位移监测点 8 个，分布于 13 - 13（$X = 15494$）、15 - 15（$X = 15570$）、17 - 17（$X = 15675$）三个重点断面上和三闸首尾部（$X = 15711$），见表 10 和图 7。表 10 及图 6 中 TP 为水平位移监测点，BM 为垂直位移监测点。"GP01""GP02" 分别代表北侧和南侧。位移监测成果中，X 表示沿船闸中心线方向的水平位移，向上游为负（－），向下游为正（＋）；Y 表示垂直于船闸中心线方向的水平位移，北侧测点向北位移为正（＋），南侧测点向南位移为正（＋），反之为负（－）；垂直位移下沉为正（＋），回弹为负（－）；分开位移量主要是指中隔墩同一监测断面南北侧测点相对分开水平位移值大小，分开为正（＋），收缩为负（－）。

表 10　　　　　　　二闸室至三闸首中隔墩外部变形观测测点位移统计表

监测断面	测点号	部位	坐标		首测时间	至 1999 年 3 月累计位移/mm
			X	Y		
13 - 13	TP/BM66	北侧	15494.0	8020.0	1997 年 8 月	28.91
	TP/BM93	南侧	15492.2	7978.5	1997 年 12 月	6.92
15 - 15	TP/BM68	北侧	15570.0	8020.6	1997 年 8 月	30.27
	TP/BM（95）121	南侧	15566.1	7977.9	（1997 年 8 月）1998 年 5 月	－9.46 －5.12
17 - 17	TP/BM70	北侧	15676.5	9010.0	1997 年 8 月	26.50
	TP/BM97	南侧	15673.9	7990.2	1997 年 8 月	－27.60
三闸首尾部	TP/BM119	北侧	15711.2	8011.3	1998 年 2 月	18.10
	TP/BM132	南侧	15691.3	7978.0	1998 年 12 月	－6.14

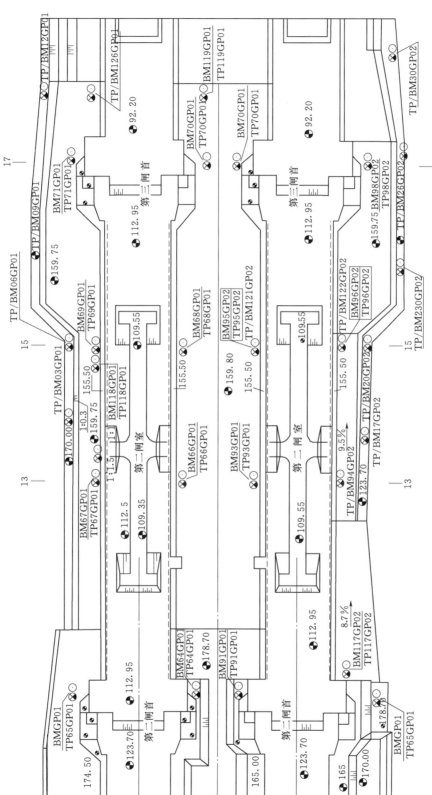

图 7 第二闸室至第三闸首中隔墩外部变形观测点平面布置图

1. 断面 13－13 岩体变形特征

断面 13－13 中隔墩南北两侧分别埋没了 TP93、TP66 两个监测点，其位移量见表11，测点位移历时曲线如图 8 所示。

表 11　　　　　　　　　断面 13－13 测点 Y 方向位移监测成果表

日 期 /（年-月-日）	中隔墩南侧 TP93/mm		中隔墩北侧 TP66/mm		分开位移量/mm	
	当月变化	累计位移	当月变化	累计位移	当月变化	累计
1997 - 8 - 16			0.00	0.00		
1997 - 9 - 15			1.36	1.36		
1997 - 10 - 17			3.16	4.52		
1997 - 11 - 18			1.69	6.21		
1997 - 12 - 10	0.00	0.00	2.32	8.53	0	0
1998 - 1 - 14	−1.07	−1.07	1.06	9.59	−0.01	−0.01
1998 - 2 - 14	−0.22	−1.29	0.23	9.82	0.01	20.00
1998 - 3 - 16	−0.61	−1.90	0.79	10.61	0.18	0.18
1998 - 4 - 12	3.88	1.98	0.14	10.75	4.02	4.20
1998 - 5 - 16	3.14	5.12	−0.48	10.27	2.66	6.86
1998 - 6 - 14	−0.03	5.09	0.04	10.31	0.01	6.87
1998 - 7 - 13	1.20	6.29	1.44	11.75	2.64	9.51
1998 - 8 - 10	−0.60	5.69	2.11	13.86	1.51	11.02
1998 - 9 - 16	0.76	6.45	0.74	14.60	1.50	12.52
1998 - 10 - 13	2.64	9.09	−1.21	13.39	1.43	13.95
1998 - 11 - 13	−1.04	8.05	3.55	16.94	2.51	16.46
1998 - 12 - 13	−2.11	5.94	6.15	23.09	4.04	20.50
1999 - 1 - 15	−1.23	4.71	3.53	26.62	2.30	22.80
1999 - 2 - 13	2.78	7.49	0.20	26.82	2.98	25.78
1999 - 3 - 13	−0.57	6.92	2.09	28.91	1.52	27.30

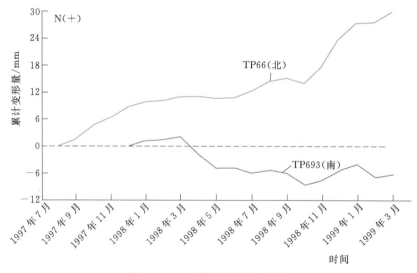

图 8　13－13 测点位移历时曲线

从图 8、表 11 可见，1998 年 4 月前，两测点位移均同向北变形。1998 年 4 月后，两测点分开位移量增大，表现为分别向两侧闸室位移；或者同向南或向北位移，但量值相差甚大。两测点从 1997 年 12 月至 1999 年 3 月，累计分别向南、北两侧闸室位移 6.92mm、20.38mm。分开位移量达 27.30mm。

2. 断面 15-15 岩体变形特征

1997 年 8 月，在监测断面 15-15 中隔墩南北两侧同时埋设了 TP95、TP68 两个测点，其监测成果见表 12、图 9。其中 TP95 测点于 1998 年 4 月被毁后重建（重建后的编号为 TP121）。监测数据分为两个时段，为了监测成果连续便于分析，对中断数据（4 月、5 月）用内插法将两个时段连接起来。截止到 1999 年 3 月，两测点实际监测到数据的有 17 个月，其中 15 个月表现为同向北槽变形。1997 年 8 月至 1998 年 3 月共 7 个月，南侧 TP121 测点向北槽方向位移 5.31mm，北侧 TP68 测点向北位移 5.59mm，基本表现整体向北变形，分开位移量仅 0.28mm。从 1998 年 5 月至 1999 年 3 月的 10 个月中，除 1998 年 6 月、9 月，两测点分别向中心线位移外，均表现向北位移。其间 TP121 测点向北侧位移 9.46mm，而同期 TP68 向北侧位移达 24.72mm，南北两侧测点分开位移量达 15.26mm，用内插法得到的连续数据，1997 年 8 月至 1999 年 3 月两侧测点的分开位移量为 13.15mm。

表 12　　　　　　　　　　断面 15-15 测点 Y 方向位移监测成果表

日　期 /（年-月-日）	分开位移量/mm		中隔墩南北侧 TP121/mm		中隔墩北侧 TP68/mm	
	当月变化	累计位移	当月变化	累计位移	累计	当月变化
1997-8-16	0.00	0.00	0.00	0.00	0	0
1997-9-15	−0.71	−0.71	1.11	1.11	0.40	0.40
1997-10-17	2.47	1.76	−1.05	0.06	1.82	1.42
1997-11-18	−2.13	−0.37	1.26	1.32	0.95	−0.87
1997-12-10	−2.09	−2.46	2.09	3.41	0.95	0.00
1998-1-14	−0.99	−3.45	1.03	4.44	0.99	0.04
1998-2-14	−0.71	−4.16	−0.09	4.35	0.19	−0.80
1998-3-16	−1.15	−5.31	1.24	5.59	0.28	0.09
1998-4-12	−1.17	−6.48	−0.9	4.69	−1.79	−2.07
1998-5-16	−1.18	−7.66	0.86	5.55	−2.11	−0.32
1998-6-14	−1.20	−8.86	−0.63	4.92	−3.94	−1.83
1998-7-13	−0.77	−9.63	6.39	11.31	1.68	5.62
1998-8-10	−0.03	−9.66	1.18	12.49	2.83	1.15
1998-9-16	−0.36	−10.02	−0.93	11.56	1.54	−1.29
1998-10-13	3.57	6.45	0.02	11.58	5.13	3.59
1998-11-13	−4.12	−10.57	4.05	15.63	5.06	−0.07
1998-12-13	−2.21	−12.78	6.10	21.73	8.95	3.89
1999-1-15	−2.05	−14.83	4.72	26.45	11.62	2.67
1999-2-13	−0.16	−14.99	0.87	27.32	12.33	0.71
1999-3-13	−2.13	−17.12	2.95	30.27	13.15	0.82

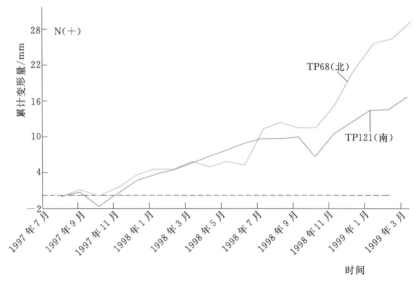

图 9　测点 15-15 位移历时曲线

3. 断面 17-17 岩体变形特征

1997 年 8 月，断面 17-17 中隔墩南北两侧埋设了 TP97、TP70 两个测点，其监测成果见图 10、表 13。从图 10、表 13 可知，两测点变形表现出较好的同步性，中隔墩岩体基本整体朝北槽方向位移，两测点的累计位移量和月位移速率基本一致。至 1999 年 3 月，分开位移量仅−1.10mm。

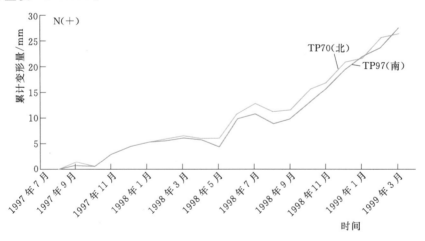

图 10　断面 17-17 测点位移历时曲线

[因南北侧变形均向北，为便于比较，在图中将表中南侧测点向北位移也改为以正表示。测点后（S）、（N）表示测点位于南侧或北侧]

4. 三个监测断面岩体变形特征的差异性

上述三个监测断面的变形有一些共同之处，也有着显著的趋势性差别。共同点是由一些共同的控制因素如岩体结构、闸室开挖深度及速度、施工爆破及锚固效应等所造成的，这些将在后面的几节中加以讨论。

表 13 断面 17-17 测点 *Y* 方向位移监测成果表

日 期 /(年-月-日)	中隔墩南侧 TP97/mm		中隔墩北侧 TP70/mm		分开位移量/mm	
	当月变化	累计位移	当月变化	累计位移	当月变化	累计
1997-8-16	0.00	0.00	0.00	0.00	0	0
1997-9-15	-0.61	-0.61	1.37	1.37	0.76	0.76
1997-10-17	0.07	-0.54	-0.77	0.60	-0.70	0.06
1997-11-18	-2.48	-3.02	2.42	3.02	-0.06	0.00
1997-12-10	-1.44	-4.46	1.46	4.48	0.02	0.02
1998-1-14	-0.68	-5.14	0.85	5.33	0.17	0.19
1998-2-14	-0.38	-5.52	0.54	5.87	0.16	0.35
1998-3-16	-0.52	-6.04	0.75	6.62	0.23	0.58
1998-4-12	0.36	5.68	-0.61	6.01	-0.25	0.33
1998-5-16	1.27	-4.41	0.15	6.16	1.42	1.75
1998-6-14	-5.45	-9.86	4.80	10.96	-0.65	1.10
1998-7-13	-0.98	-10.84	1.93	12.89	0.95	2.05
1998-8-10	1.86	-8.98	-1.62	11.27	0.24	2.29
1998-9-16	-0.92	-9.90	0.35	11.62	-0.57	1.72
1998-10-13	-2.95	-12.85	3.84	15.46	0.89	2.61
1998-11-13	-2.9	-15.75	1.51	16.97	-1.39	1.22
1998-12-13	-3.59	-19.34	3.87	20.84	0.28	1.50
1999-1-15	-2.64	-21.98	0.94	21.78	-1.70	-0.20
1999-2-13	-1.65	-23.63	3.85	25.63	2.02	2.00
1999-3-13	-3.97	-27.60	0.87	26.50	-3.10	-1.10

三个监测断面变形特点的显著差别可以归纳如下。

断面 13-13，南北两侧测点的变形主要表现为向各自所靠近的闸室临空方向变形为主，即 TP93 测点 *Y* 方向以向南变形为主，TP66 测点以向北变形为上（图 7）。在这种大背景下，也受到由于南北两槽开挖不同步，一侧深一侧浅，引起两测点同时均指向一侧的同向变形，在变形历时曲线上形成一些锯齿状起伏，但变形量级显著不同。向一个方向变形时，位于挖深大的一侧的测点变形量远大于另一侧测点的反向变形。

断面 15-15，两测点总的变形特点是绝大多数时段均表现为向北变形，但位移量显著不同。例如 1998 年 5 月，位于南侧的 TP121 测点恢复观测后，除 1998 年 10 月南槽梯段开挖加深，向南位移明显（3.57mm）外，大部分时段也与北侧 TP68 测点相同，均向北变形，但变形量远小于后者。1998 年 5 月至 1999 年 3 月，TP68 测点向北侧变形达 24.72mm，而 TP121 测点向北侧变形又为 9.46mm，两者变形量相差 15.26mm。

断面 17-17 的变形特点与前两个断面均不相同，两测点变形表现出较好的同向同步性。中隔墩岩体整体朝北方向变形，两测点的累计变形量和每月的变形速率均基本一致。

三个监测断面变形的差异主要是由地质条件所引起的。三个断面的测点位于不同的工程地质区，或虽位于同一工程地质区，但与断面测点的相对关系不同。特别是对边坡变形影响最大的III₂亚区，范围较大，从南西向北东呈条带自南侧直立坡向上延伸斜穿中隔墩顶面。在断面 13-13 及其以西，这一条带主要分布于隔墩南墙直立坡上。由于它的存在，岩体有拉张倾倒变形的趋势，导致这一区南侧坡主要向南变形，使断面 13-13 呈南北分开变形的特点。至断面 15-15，这个带的主体已延伸到中隔墩南墙直立坡上部及坡顶边缘，对南侧直立坡向南的变形仍有一定影响，但已远不如断面 13-13，因此断面 15-15 两个测点的变形虽然总体上有向北变形的趋势，但受到南侧结构面的控制，南侧测点向北变形的量值较小。而在断面 17-17 处，III₂亚区条带已处于中隔墩顶面中部，其对南侧边坡的变形影响很小，岩体表现出较好同步向北变形的特点。

图 11 给出 13-13、15-15、17-17 三个断面南北两侧测点相互分离（分开位移量）的过程线。一个很有趣的现象是，随着III₂亚区自西向东由位于南侧直立墙下部逐步上升到中隔墩顶面南侧，再向东延伸到中隔墩顶面中部，观测断面南北侧观测点的分开位移量也由西向东逐渐减少，即断面 13-13 大于断面 15-15 大于断面 17-17。

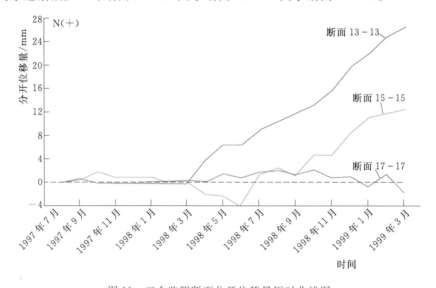

图 11　三个监测断面分开位移量历时曲线图

（二）中隔墩岩体变形与开挖的关系

南、北线闸室开挖解除了中隔墩岩体的侧向约束，改变了中隔墩岩体的受力状态，使岩体卸荷松弛，这是导致岩体变形最直接的因素。尤其是在二、三闸室地段，中隔墩处原始地应力较其他地段高，开挖后岩体卸荷变形也相应显著，表现出中隔墩岩体的变形与闸槽开挖有很好的正相关性。另外，开挖本身对中隔墩岩体变形的影响也是复杂的，除与开挖深度有关外，还与开挖的状况（抽槽、扩槽的规模、范围、至边墙的距离等）有关。

表 14～表 16 给出了本段中隔墩三个监测断面测点位移监测成果及相应时段南北槽的开挖高程。从表中可以看出，测点位移与同侧闸室开挖有较好的对应关系。闸槽开挖深度下降幅度越大，测点位移量也越大。下降幅度小或停止开挖，位移量相应变小。

表 14 断面 13－13 测点 Y 方向位移监测与南北槽开挖高程成果表

日 期 /（年-月-日）	南侧 TP93/mm		南槽开挖 高程/m	北侧 TP66/mm		北槽开挖 高程/m
	月位移	累计位移		月位移	累计位移	
1997－8－16			153	0.00	0.00	153
1997－9－15			153	1.36	1.36	143
1997－10－17			143	3.16	4.52	143
1997－11－18			143	1.69	6.21	143
1997－12－10	0.00	0.00	143	2.32	8.53	135
1998－1－14	－1.07	－1.07	143	1.06	9.59	135
1998－2－14	－0.22	－1.29	143	0.23	9.82	135
1998－3－16	－0.61	－1.90	143	0.79	10.61	135
1998－4－12	3.88	1.98	135	0.14	10.75	135
1998－5－16	3.14	5.12	135	－0.48	10.27	135
1998－6－14	－0.03	5.09	135	0.04	10.31	135
1998－7－13	1.20	6.29	125	1.44	11.75	125
1998－8－10	－0.60	5.69	125	2.11	13.86	125
1998－9－16	0.76	6.45	125	0.74	14.60	125
1998－10－13	2.64	9.09	115.50	－1.21	13.39	125
1998－11－13	－1.04	8.05	115.50	3.55	16.94	115
1998－12－13	－2.11	5.94	112.75	6.15	23.09	115
1999－1－15	－1.23	4.71	112.75	3.53	26.62	115
1999－2－13	2.78	7.49	112.75	0.20	26.82	113
1999－3－13	－0.57	6.92		2.09	28.91	

表 15 断面 15－15 测点 Y 方向位移监测与南北槽开挖高程成果表

日 期 /（年-月-日）	南侧 TP121/mm		槽开挖 高程/m	北侧 TP68/mm		北槽开挖 高程/m
	月位移	累计位移		月位移	累计位移	
1997－8－16	0.00	0.00	153	0.00	0.00	143
1997－9－15	－0.71	－0.71	143	1.11	1.11	143
1997－10－17	2.47	1.76	143	－1.05	0.60	143
1997－11－18	－2.13	－0.37	143	1.26	1.32	135
1997－12－10	－2.09	－2.46	143	2.09	3.41	135
1998－1－14	－0.99	－3.45	133	1.03	4.44	135

续表

日　期 /(年-月-日)	南侧 TP121/mm		槽开挖高程/m	北侧 TP68/mm		北槽开挖高程/m
	月位移	累计位移		月位移	累计位移	
1998－2－14	−0.71	−4.16	133	−0.09	4.35	135
1998－3－16	−1.15	−5.31	133	1.24	5.59	135
1998－4－12			133	−0.9	4.69	135
1998－5－16	0.00	0.00	125	0.86	5.55	133
1998－6－14	−1.20	−1.20	125	−0.63	4.92	133
1998－7－13	−0.77	−1.97	125	6.39	11.31	125
1998－8－10	−0.03	−2.00	117	1.18	12.49	125
1998－9－16	−0.36	−2.36	117	−0.93	11.56	125
1998－10－13	3.57	1.21	116	0.02	11.58	120
1998－11－13	−4.12	−2.91	112.75	4.05	15.63	115
1998－12－13	−2.21	−5.12	112.75	6.10	21.73	115
1999－1－15	−2.05	−7.17	112.75	4.72	26.45	116
1999－2－13	−0.16	−7.33	112.75	0.87	27.32	116
1999－3－13	−2.13	−9.46	112.75	2.95	30.27	

表 16　　　　断面 17－17 测点 Y 方向位移监测与南北槽开挖高程成果表

日　期 /(年-月-日)	南侧 TP97/mm		槽开挖高程/m	北侧 TP70/mm		北槽开挖高程/m
	月位移	累计位移		月位移	累计位移	
1997－8－16	0.00	0.00	141	0.00	0.00	143
1997－9－15	−0.61	−0.61	135	1.37	1.37	143
1997－10－17	0.07	−0.54	135	−0.77	0.60	135
1997－11－18	−2.48	−3.02	135	2.42	3.02	135
1997－12－10	−1.44	−4.46	135	1.46	4.48	135
1998－1－14	−0.68	−5.14	135	0.85	5.33	135
1998－2－14	−0.38	−5.52	135	0.54	5.87	135
1998－3－16	−0.52	−6.04	125	0.75	6.62	135
1998－4－12	0.36	−5.68	125	−0.61	6.01	131
1998－5－16	1.27	−4.41	125	0.15	6.16	131
1998－6－14	−5.45	−9.86	119	4.80	10.96	123
1998－7－13	−0.98	−10.84	119	1.93	12.89	123
1998－8－10	1.86	−8.98	112	−1.62	11.27	123
1998－9－16	−0.92	−9.90	112	0.35	11.62	116
1998－10－13	−2.95	−12.85	112	3.84	15.46	116

日 期 /(年-月-日)	南侧 TP97/mm		槽开挖 高程/m	北侧 TP70/mm		北槽开挖 高程/m
	月位移	累计位移		月位移	累计位移	
1998－11－13	－2.9	－15.75	112	1.51	16.97	116
1998－12－13	－3.59	－19.34	109	3.87	20.84	113
1999－1－15	－2.64	－21.98	106	0.94	21.78	113
1999－2－13	－1.65	－23.63	95	3.85	25.63	100
1999－3－13	－3.97	－27.60		0.87	26.50	

图 12～图 14 为中隔墩 13－13、15－15、17－17 三个监测断面南北测点 Y 方向位移与两侧闸室开挖高程（深度）过程对比曲线。图中测点位移均转换为向北为正。图中用不同颜色表示出南北闸槽的开挖过程线和相应时段南北测点的位移方向，以便于更直观的进行比较。从图中可以看出，中隔墩各测点位移除受同侧闸室开挖的控制外，还受另一侧闸槽开挖的影响，但开挖同侧测点的位移量大于另一侧测点的反向位移量。如断面 13－13，1998 年 4 月南侧槽挖下降 10m，南侧 TP93 测点在 4 月、5 月向南闸槽变形 3.88mm、3.14mm，同期北闸槽 13 断面附近未施工，北侧 TP66 测点受南槽施工影响，其位移矢量向南，但量值较小，仅位移 0.34mm 和 0.48mm。又如 1998 年 12 月，整个二闸室至三闸首南槽开挖规模均较小（底板保护层开挖），而二闸室北槽正进行高程 125～115m 梯段的抽槽、扩槽开挖，三闸首进行高程 116～106m 梯段槽挖，北闸室两处下降深度均为 10m，因此，1998 年 12 月二闸室至三闸首南北侧所有测点均受北槽开挖影响，表现为向北侧变形，且量值较大。

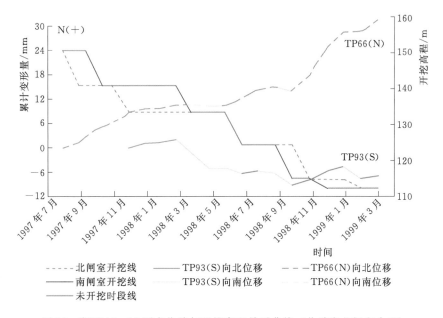

图 12　断面 13－13 测点位移与开挖高程关系曲线（位移向北闸室为正）

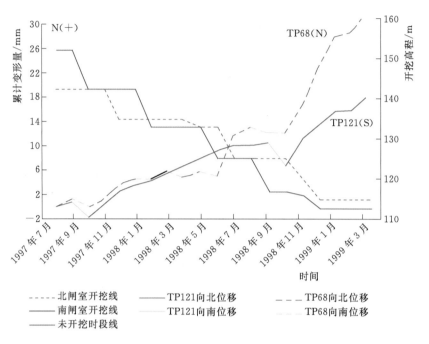

图 13　断面 15-15 测点位移与开挖高程关系曲线（位移向北闸室为正）

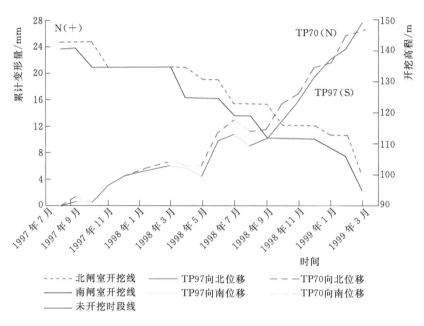

图 14　断面 17-17 测点位移与开挖高程关系曲线（位移向北闸室为正）

以上分析表明，开挖对中隔墩岩体变形的影响是明显的。岩体变形与开挖的关系可归纳为以下几个特点：

（1）闸槽每一次梯段开挖，岩体变形相应就有一个陡然加大的过程，其量值一般为 2～3mm；而在梯段开挖停顿的间歇期间，变形量即显著变小，其量值多在 1mm 以内，致使测点变形过程线呈陡缓相间的阶梯状形态。

（2）开挖对岩体变形的影响，不仅反映在开挖深度上，而且与闸室抽槽、扩槽的规模、范围及与边墙的距离等有关。根据同一开挖深度，但抽槽扩槽范围、规模及与边墙的距离等因素与岩体变形大小的分析，当扩槽开挖至边坡的距离小于 10m 时，开挖对边坡变形的影响较明显的显现出来。

（3）南北闸室不同步开挖，对中隔墩的总体变形有较明显的影响，哪一侧月开挖深度大，隔墩岩体总体上向哪一侧变形。这种受开挖深度控制所引起的岩体向两侧转换变形的特点，反映出隔墩岩体总体上保持了良好的弹性性质。

（三）隔墩岩体主要向北变形的原因分析

通过监测资料分析可以看出，二闸室至三闸首中隔墩岩体变形有一个特点，即各测点向北的变形明显大于向南的变形，且在开挖停止后，南北两侧测点均有向北变形（"一边倒"）的趋势。中隔墩岩体变形是一个复杂过程，在这里对"一边倒"现象作一探讨。

永久船闸二闸室至三闸首位于原左岸山脊大岭上游侧，北线闸室原始地形高程 225～255m，南线闸室为 220～240m，北闸室地形比南闸室略高 10～15m，而且自北线闸室向北，地形逐渐增高。根据前期地应力测试成果分析，船闸区的地应力在相同（近）高程处，有随原地形增高而增大的趋势。不多的几个地应力孔测试成果也反映出，北闸室的地应力略高于南闸室。因此，开挖后由卸荷和地应力释放引起的中墩岩体变形也表现为向北变形为主。

"一边倒"变形的另一个重要因素是与中隔墩岩体结构面发育规律有关。统计结果表明，NEE 组、NW—NWW 组与边坡呈小交角的结构面在本地段 90.2% 倾向北。在这种地质结构条件下，不论结构面的法向卸荷或沿结构面的重力蠕动所引起的岩体变形，都将表现为向北为主。在局部地段，这两组结构面还与 NNE 组、NNW 组等结构面组合，在北侧形成倾北的潜在不稳定块体，更加大了北侧岩体向北方向位移的程度。

北槽的开挖相对于南槽滞后约一个梯段，因此近几个月的施工进度，北槽开挖下降幅度大于南槽，也是这一时间段中隔墩呈现以向北变形为主的一个因素。

（四）中隔墩岩体变形与锚固的关系

为了保证中隔墩岩体的整体稳定性，在中隔墩不同部位设计了不同排数的预应力锚索，使之限制岩体的卸荷变形；另对于潜在不稳定区及结构面不利组合块体，根据地质简报布设了随机预应力锚索。预应力锚索主要有两种类型，即对穿锚和端头锚。不同类型锚索对加固中隔墩岩体、限制岩体变形的效果也是不同的。

至 1998 年 12 月，二闸室至三闸首共完成预应力对穿锚索 61 束，预应力端头锚索 166 束。其中断面 13-13 为处理北侧由 f_{16}、f_{17} 断层所构成的潜在不稳定块体，曾于 1998 年 5—6 月和 10 月两次施加不同深度的预应力端头锚，在高程 140.50m 以上已完成了 4 排共 48 束（图 15）；断

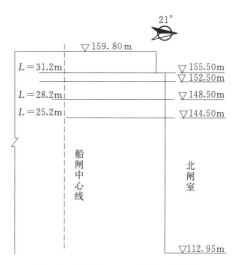

图 15　断面 13-13 锚固剖面图

面 15－15 下游 11～60m 布置二排共 10 束对穿锚索；断面 17－17 附近为了处理北侧由 f_5 断层构成的大型不稳定块体，已施工了 3 排预应力对穿锚索和 5 排不同数量和深度的预应力端头锚。

预应力端头锚对处理不稳定块体和加强局部岩体的整体性是一种有效的方法，但是否会因为内锚头处拉应力集中而对其外侧岩体造成损伤，目前还没有可靠的监测成果做出分析。但是，从找平混凝土顶面裂缝的分布特点来看，上述两处端头锚的锚头外侧（南侧）都有裂缝相对集中发育的情况。而该两处地质条件，一处已处于 Ⅲ₂ 工程地质区从中隔墩顶部延至直立坡上部，该处与边坡呈小交角的结构面较发育；另一处位于中隔墩东南角。该地段岩体三面临空，近 E—W 向裂隙也较发育。因此不能排除在不利的地质条件下，采用预应力端头锚后，将对内锚头外侧的岩体变形带来不利影响。但是从裂缝所表现的特点（密度较大，长度短，方向较乱等）分析，锚端对岩体的损伤是浅表和局部的。

有一点须指出，由于中隔墩岩体变形的监测手段比较单一，上述岩体变形（位移）的量值、方向、特点及多种可能影响因素的分析，都是通过外部变形监测，采用精密大地测量的方法所获得的资料进行的。就监测的时间序列（一般已有 20 个月的监测成果）、监测密度（每月监测一次）、精度（中误差小于 1mm）而言，可以满足变形分析的要求。但外部监测点埋设于中隔墩顶部岩体的表面，一般距边坡缘口的距离小于 3m，测点本身受各种外界因素的干扰较大，尤其是爆破振动、岩体松动、人工撞击等的影响是无法避免的。因此在使用各测点变形（位移）的绝对值时，应视目的的不同有所区别。在前述分析中，由于使用的是长序列监测成果，其所反映出的岩体变形的趋势和特点，可以认为代表了中隔墩岩体总体的变形规律。

四、中隔墩岩体裂缝分析及处理措施建议

随着双线闸槽的下挖，在中隔墩顶面找平混凝土上和岩体中出现了裂缝，以二闸室至三闸首找平混凝土裂缝最为明显。通过三次裂缝专门调查，在桩号 $X＝15407～15714$、$Y＝7975～8025$，总面积 12461m² 的二闸室至三闸首中隔墩顶面范围内共发现裂缝 140 条，其中包括张开的 23 条混凝土分块缝；另对中隔墩中 3 号阀门井、检修井调查，共发现 10 条混凝土裂缝，其中 3 条与找平混凝土裂缝相连，一条直接与岩体裂缝相接，最大下切深度约 20m。

（一）混凝土裂缝的分类及基本特征

1. 混凝土裂缝分类

由于裂缝开始是在找平混凝土上发现的，裂缝的调查统计基本上都是在顶面找平混凝土和竖井井圈周围进行的。因此主要是通过对混凝土表面裂缝的研究来探讨其下伏岩体裂缝的性质、成因和规模。

岩体的变形、位移、结构面小的调整位错以及混凝土施工、温差等因素均会使找平混凝土产生裂缝。目前除极少部分混凝土表面裂缝可以直接观察到与岩体裂缝相连接外，还可以利用地质编录图判断一部分混凝土表面裂缝与岩体结构面有较好的对应关系。但这两者加起来仅是混凝土表面裂缝的少部分，多数裂缝没有直接证据是岩体中

结构面张开所引起的。根据调查及裂缝特征分析，大体可将混凝土表面裂缝分成 4 类：a 类为追踪型裂缝，b 类为岩体变形调整型裂缝，c 类为混凝土温度裂缝，d 类为混凝土浇筑缝。

a 类：由于下部基岩结构面张开引起的混凝土裂缝，称为追踪型裂缝。包括直接观察到与下伏岩体裂缝相通的混凝土裂缝和利用施工地质编录图与混凝土表面裂缝分布图叠加分析判断所确定的裂缝。其特点是混凝土表面裂缝与结构面（断层面、裂隙面、岩脉接触面等）有较好的对应性，与结构面延伸方向基本一致。这类裂缝的特征与结构面的方向、规模及胶结程度有关。该类裂缝共 35 条，现将其中有代表性的几条裂缝与结构面对应关系列于表 17。

表 17　　　　　　　　　　　　几条典型追踪型裂缝特征表

裂缝编号	分布位置（桩号）	总体走向	张开宽度/mm	延伸长度/m	特　征
19	15435.5～15440.0 8010.1～8010.2	291°	4	12	与 f_{22} 断层（39°∠71°）交角18°，上游中止于 f_{23} 断层
53	15649.3～15651.5 7996.8～7996.9	280°	>3.5	>3	一直延伸到 3 号阀门井壁，井壁可见裂缝向下延伸。可见深度3m。沿一条产状195°∠80°的裂隙延伸。向下游由于堆积砂石料，估计延伸长度大于3m
69	15699.6～15713.8 7983.1～7984.2	285°	5	14	上游从横缝开始，沿一条产状18°∠55°裂隙延伸到15714横向坡，局部斜列，共 3 条组成，坡顶部可见裂隙微张
59	15695.4～15694.4 8005.1～7990.0	21°	1	16	始于北侧断层 f_5（25°∠68°），沿断层 f_3（296°∠52°）向南延伸6m后略弯，与产状300°∠46°的裂隙呈10°交角延伸，终止于断层 f_1
164	15433.7～15433.1 7975.3～7985.0	26°	1	9	与产状310°～327°∠65°的两条裂隙呈15°交角延伸，过 4 号混凝土纵缝错列1.5m，向北终止于12号裂缝，向南延伸至边坡，下部不甚明显
4	15649.2～15654.3 8001.2～8002.2	274°	5	6	与断层 f_5（13°∠68°）呈8°交角延伸，向上游延伸至中 3 检修井壁，可见向井下延伸
60	15701.2～15687.9 7989.9～7983.9	261°～270°	10～14	15	斜列 3 条，延伸较长，张开较大，与断层 f_2（350°∠53°）呈10°交角延伸，向北侧终于混凝土纵缝，中间被混凝土横缝 2 处分割
66	15706.8～15712.6 7990.5～7995.4	263°	15	16	斜列两条，沿裂隙（350°∠79°）延伸，穿过断层 f_1 向南终止于混凝土纵缝，向北延伸至坡顶，下部可见岩体沿该组裂隙张开，可见深度大于3m
67	15705.6～15706.8 7985.2～7986.4	45°	3	9	沿裂隙（326°∠72°）呈11°交角延伸，北侧止于 f_1，南侧过混凝土横缝错列延伸1m即消失
120	15637.4～15629.5 7978.9～7983.6	321°	2～3	12	从边坡顶看，沿产状62°∠65°裂隙呈10°交角延伸，总体波状起伏
123	15656.0～15659.0 7994.0～7991.2	335°	0.5	7	沿断层 f_4（245°∠76°）延伸，局部小分支

续表

裂缝编号	分布位置（桩号）	总体走向	张开宽度 /mm	延伸长度 /m	特 征
134	15571.8~15579.3 7994.5~7992.9	306°	0.2	8	沿一组产状36°∠70°裂隙延伸，斜列式
156	15526.6~15520.9 7977.4~7979.6	310°	1~1.5	7	沿一组产状36°∠88°裂隙延展，向上游中止于混凝土纵缝
158	15551.2~15543.6 7977.8~7980.0	305°	1~2	8	羽状，与一组产状45°∠81°裂隙呈10°交角延伸，向上游消失于混凝土纵缝，下游交接于断层 f_5

b类：中隔墩岩体在开挖卸荷后的变形，除少部分沿 NEE 组、NW—NWW 组小交角的较大结构面张开外，也会沿含多组裂隙的岩体内部形成小的拉张、错位及不均匀变形，这种调整性变形在岩体中并不表现为显见的张裂缝，但会在浇筑成整体板状的找平混凝土表面形成裂缝，这种裂缝规模较小，形态较复杂，其总体走向大多与边坡近平行。

c类：混凝土温度裂缝。中隔墩顶部岩面开挖形态起伏不平，混凝土浇筑层厚薄不匀以及混凝土水化热反应等必然会在混凝土表面形成一些温度裂缝。这种裂缝的特点是规模短小，张开宽度窄。根据混凝土温度计算，这类裂缝宽一般在 1mm 左右。

d类：完全沿混凝土浇筑分块缝裂开，共 23 条，其中纵缝 12 条，横缝 11 条。这类裂缝的规模取决于分块浇筑缝的长度，沿纵缝形成的裂缝长度较大，一般超过 10m，最长的可达 50 余 m；沿横缝者较短。d 类裂缝主要是分块浇筑时形成的，是否因下伏岩体变形局部加宽加长，还有待于进一步探查。

2. 混凝土裂缝的基本特征

（1）混凝土裂缝的发育方向。中隔墩顶面混凝土裂缝延伸方向多变，形态复杂。按照裂缝总体走向与船闸中心线方向（111°）的交角，可将裂缝分为纵向裂缝（纵缝）、横向裂缝（横缝）与斜裂缝（斜缝）三类。

纵缝为与船闸中心线近平行，交角小于 15° 的裂缝。横缝为与船闸中心线近正交，交角在 80° 以上的裂缝。斜缝为与船闸中心线交角大于 15°、小于 80° 的裂缝。按混凝土裂缝总体走向统计（图 16），裂缝与船闸中心线近平行或小角度相交者为 56 条，占裂缝总数的 40%，斜缝、横缝分别为 50 条、34 条，占裂缝总数的 36%、24%。

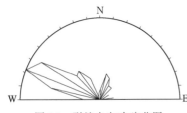

图 16 裂缝走向玫瑰花图

（2）混凝土裂缝的规模。中隔墩顶面找平混凝土裂缝规模多较小，长度大于 20m 的仅 10 条，占裂缝总数的 7%，其中 9 条为混凝土分块缝张开，另一条为 16 号裂缝，长 31.4m；长度小于 10m 的裂缝占总数的 76%。裂缝张开宽度小于 3mm 占裂缝总条数的 76%，少量张开 3~10mm，张开宽度大于 10mm 的仅 4 条，占裂缝总条数的 3%，其中追踪型裂缝 3 条，最大宽度 15mm（16 号缝）。裂缝规模统计见表 18。

表 18　　　　　　　　　　　中隔墩裂缝分类及特征统计表

分　类	张开宽度/mm					小计	长度/m				小计
	<1	1～3	3～5	5～10	>10		<5	5～10	10～20	>20	
a类（追踪型裂缝）	7	16	5	4	3	35	9	17	9	0	35
b、c类（调整型裂缝及温度缝）	15	53	8	6		82	36	37	8	1	82
d类（沿混凝土浇筑分块缝张开）	1	14	5	2	1	23		7	7	9	23
小计	23	83	18	12	4	140	45	61	24	10	140

从阀门井圈四周和三闸首尾部（$X=15714$）直立坡调查，裂缝最大下切深度 20m，一般小于 10m。

（3）混凝土裂缝分布特征。中隔墩顶面找平混凝土裂缝的出露部位和分布密度极不均一。以中隔墩顶面中心线为界，分南、北两半区（以桩号 $Y=8000$ 为界划分），对裂缝按桩号进行分段统计（d类裂缝除外），结果见表 19。

表 19　　　　　　　　　　　a、b、c类裂缝分区分段统计表

桩　号	南半区条数	北半区条数	小计条数
15407～15440	7	9	16
15440～15480	6	1	7
15480～15520	20	3	23
15520～15560	24	3	27
15560～15600	9	8	17
15600～15640	1	2	3
15640～15680	3	7	10
15680～15714	12	2	14
合计	82	35	117

由表 19 可见，中隔墩南半区裂缝数量远高于北半区。南半区裂缝主要分布在桩号 15600 以西，达 66 条，占南半区裂缝总数的 80.5%，其中纵缝和斜缝 57 条。其次中隔墩东南角也有一小块裂缝集中发育区。中隔墩北区的裂缝较少，比较集中分布的有两处，一处位于隔墩西北角，桩号 15407～15440，位于工程地质分区Ⅰ区内，这一区 NEE 组的结构面相对较发育；其次在 f_{10} 断层两侧裂缝也相对较发育。

（二）岩体裂缝成因分析

通过中隔墩顶面施工地质编录和找平混凝土裂缝专门调查后，对中隔墩岩体裂缝的发育特征和形成条件进行分析，得出了以下基本认识，即岩体裂缝形成的主要因素是开挖卸荷和岩体地质结构；其次，开挖爆破、锚固效应等施工因素也是产生裂缝的因素之一。

1. 岩体开挖卸荷及应力场变化是岩体裂缝形成的最本质的力学因素

中隔墩岩体随着闸室开挖下降，解除了上覆荷载及两侧的侧向约束。二闸室至三闸首闸槽及中隔墩上覆岩体厚度 57～167m，挖除岩体体积约 $4.0×10^{6}m^{3}$，重量约达 $1.0×10^{7}t$。开挖后的中隔墩岩体三面临空，岩体由原三向受压状态逐步被完全解除围压乃至处

于拉应力状态，在这种条件下，岩体向临空方向的卸荷拉张变形将是明显的。

根据实测地应力资料，开挖前二、三闸室底板高程处的地应力值约为 7～9MPa。随着闸槽开挖下降，初始应力场不断受到扰动并随之调整，中隔墩部位大主应力方向由原来的 NW 向转为近垂直船闸轴线的 NE 方向。

中国科学院武汉岩土力学研究所、长江科学院、同济大学等单位对永久船闸和临时船闸岩体变形所作的研究表明，中隔墩上部 1/2～1/3 范围岩体为拉及拉剪屈服状态。几家单位计算所得的拉应力值不尽相同，一般小于 1.0MPa，局部可达 2.5MPa。而中隔墩岩体的抗拉强度，根据孙钧等的试验[7]，含微裂隙的岩体劈裂拉伸强度为 4.66～3.12MPa。因此，一般条件下的岩体，不会由于拉应力的出现而受到损伤。但是岩体结构面的抗拉强度是低的，当结构面的走向与拉应力方向近于正交时，岩体就具备了沿一些较大的结构面被拉开形成裂缝的条件。同时，在中隔墩上部，岩体内部应力调整还将沿一些较小的结构面产生微小的拉张、位错等差异变形。

从中隔墩岩体的变形特征及其影响因素的分析中也可看出，不论中隔墩两侧测点的位移是各自指向南北闸槽，还是同时指向北槽，都表现出两侧岩体间存在一定程度的分离（分开位移量），这种分离实质是靠岩体中结构面的张开补偿来实现的。

2. 岩体结构面的发育状况是裂缝形成的物质基础

根据对中隔墩顶面找平混凝土裂缝的分类及特征描述，几条延伸较长、张开较宽、下切深度较大的裂缝大多是追踪岩体中的结构面张开形成的。在二闸室至三闸首中隔墩顶面，与结构面对应关系较好的裂缝共 35 条，加上开挖卸荷应力调整，在岩体中产生小的拉张、位错而在混凝土中产生的小裂缝也较多，这两类裂缝的形成与这一地段的地质条件密切相关。前已述及，二闸室至三闸首中隔墩，有近 10 条与船闸轴线呈小交角的断层，裂隙也以走向 NEE 的一组最发育，与船闸轴线交角小于 30° 的裂隙所占比例也较其他地段为大。这类结构面走向与拉应力方向近于垂直，构成了岩体产生裂缝的物质基础。它们的发育程度、方向、规模及分布决定了裂缝的数量、规模和分布特征。例如 I 区长大和短小结构面均以走向 NEE 组为主，而这一区也正是中隔墩北侧混凝土裂缝集中分布地段；中隔墩南侧桩号 15580 以西地段，共有裂缝 66 条，占南区裂缝总数的 80%，这与 III₂ 工程地质亚区的展布有关。III₂ 亚区自桩号 15600 向西，呈条带状从边坡坡帮向下延伸至南

侧直立墙下部，该区内发育有 f_5、f_{13}、f_{14} 等几条走向 NEE 的小断层，与边坡走向呈小交角的裂隙也较发育，这组结构面均呈高角度倾北。它们出露在临近边坡坡帮处及延伸入直立墙后，均容易在边坡岩体中产生倾倒拉裂变形，从而产生纵向裂缝（图17）。

图 17　二闸室中隔墩南侧直立坡上所见与边坡小交角的断层 f_{13}、f_{14} 的延伸情况（正视）

3. 施工开挖是裂缝形成的外部因素

施工因素对裂缝产生的影响主要包括施工爆破、锚固型式及锚固时机选择等几个方面。

施工爆破特别是爆破失控时，在爆破振

动产生的附加应力作用下，岩体结构面的张开变形会进一步发展而产生裂缝。

中隔墩局部地段找平混凝土出现的裂缝还可能与锚索型式的选择有一定关系。如前所述，在中隔墩北侧，为了加固两个超大块体，采用了大量预应力端头锚，内锚头在船闸中心线偏南侧，在这两个块体的南侧裂缝局部集中发育，分别达 44 条和 15 条。

预应力对穿锚是限制岩体卸荷和结构面张开和延伸的重要工程措施，由于未能及时实施，也是裂缝得以充分发展的原因之一。

（三）岩体裂缝对工程的影响及处理措施的建议

1. 裂缝对中隔墩岩体稳定性的影响

裂缝对中隔墩岩体稳定性的影响，可从地质条件作以下分析：

（1）岩体中出现的裂缝主要是沿已存在的Ⅳ级结构面拉裂形成，开挖卸荷后的二次应力场不足以使岩块和含微小裂隙的岩体产生新的长大裂缝。

（2）从实际调查和混凝土表面裂缝的展布方向分析，岩体中的裂缝主要产生在与拉应力呈近正交，走向近 E—W 向（NEE 组和 NW—NWW 组）的结构面中。这类结构面的规模，除几条小断层延伸长度超过 30m 外，多以短小裂隙为主。统计结果，该方向裂隙的平均迹长 7.1m，因此，除沿少数断层和长大裂隙形成的裂缝延伸较长、切割较深外，多数情况下，沿该组结构面形成的裂缝的规模是有限的。

（3）NEE 组结构面是控制裂缝形成和发展的优势结构面，但其走向与船闸轴线呈 30° 左右的交角，从而使沿其形成的裂缝在中隔墩岩体中的延伸长度受到限制。同时，NNW 组和 NNE 组结构面是两组规模较大的结构面，它们与船闸轴线呈大角度相交，在很大程度上限制了 NEE 组裂隙在平面上的延伸。

上述地质条件分析表明，岩体中的裂缝除极少数可能延伸较长，切割深度较大外，多数都是延伸短、切割浅的短小裂隙。混凝土裂缝的实际展布特征也从一个侧面证实了这一判断。117 条 a、b、c 三类混凝土裂缝中，长度小于 10m 的占 85%，宽度小于 3mm 的占了 76%。因此从总体分析，中隔墩岩体中所出现的裂缝不会给岩体造成大的损伤，不会危及中隔墩的整体稳定。

随着闸槽的继续下挖，裂缝还将进一步发展，需要研究中隔墩岩体的局部稳定，即裂缝与其他结构面组合形成不利块体的稳定问题和在直墙上形成局部倾倒坍落破坏的可能。

经过施工地质编录和裂缝专门地质调查，中隔墩地段几处大的潜在不稳定块体均已查明，并已采取了工程加固措施。局部失稳主要以Ⅳ级结构面组成的随机块体为主，且多出现在直立墙顶部。由于岩体中裂隙规模不大，切割深度较浅，与其他几组结构面组合形成较大不稳定块体的概率很小。在已发现的 140 条裂缝中，有 19 条延伸到边墙部位，且主要为追踪型裂缝。经分析尚未发现这些裂缝与其他结构面组合形成新的不利块体。

中隔墩南侧直立坡由于与边坡小交角的结构面发育，结构面倾角较陡且倾向坡内，易沿结构面拉裂倾倒坍落破坏（图 16）。在桩号 15407~15550 已形成一个面积约 2000m² 的潜在不稳定区，应引起充分的注意。

2. 裂缝发展趋势预测

中隔墩岩体裂缝开始发现时，二闸室开挖高程大体为南槽 135m，北槽 143m。至 1998 年 12 月，南北槽开挖高程已分别降至 112m 和 115m（三闸首处已降至 103m 和

106m)，分别下降了 23m 和 28m。这一时期是二闸室入槽开挖的高峰期，不仅下降深度较大，下降的速度也很快，中隔墩岩体受开挖卸荷影响显著。也是找平混凝土出现裂缝较集中的时期。由于找平混凝土浇筑时间相对滞后，混凝土表面的裂缝还不能完全反映岩体裂缝的状况。目前二闸室至三闸首南北槽均已基本开挖到位，今后裂缝的发展趋势如何，引起了各方面的关注。对这一问题的解决，除有赖于根据实际揭露的地质条件建立数学模型，通过岩石力学的计算做出预测，更直接有效的方法是利用监测（变形监测、裂缝观察）成果进行分析。同时从地质背景提供的基础条件也可做出定性的判断。本节从后两个方面的资料成果对中隔墩岩体裂缝的发展趋势作一探讨。

（1）有利于裂缝形成的结构面为走向 NEE 组和 NWW 组长大结构面。由于该方向的小断层和长大裂隙数量有限，只要它们的拉张变形已经完成，中隔墩岩体继续出现长大裂缝的可能性很小。

（2）与船闸轴线呈小交角的两组裂隙以短小裂隙为主，不具备构成长大裂缝的条件。几条走向 NEE 组的小断层由于与船闸轴线呈 30°左右的交角，在中隔墩岩体中的延伸范围有限，在这种基本地质条件的控制下，继续产生长大裂缝的概率是不高的。

（3）中隔墩南北两侧槽挖已接近完成，原有裂缝的继续大规模扩展和出现新的长大裂缝的可能性不大。

（4）140 条混凝土表面裂缝中，长度大于 20m 的有 10 条（其中 9 条为 d 类混凝土浇筑纵缝），其他绝大多数长度小于 10m。依据其纵向延伸长度判断，向下切入岩体的深度是不深的。目前实际观察到的岩体中裂缝的最大切割深度是 20m，尚未达到中隔墩岩体高度的 1/2～1/3，估计在达到拉应力区或塑性区底界以后，裂隙继续张开的可能性是很小的。

（5）从 1 月对中隔墩顶面找平混凝土裂缝进行专门调查后迄今已有 2 个月，1999 年 3 月，长江委三峡勘测研究院再次对该段中隔墩顶面裂缝进行了随机抽样复查，共复查裂缝 56 条，结果见表 20。

表 20　　　　　　　　　中隔墩裂缝尺寸变化抽样复查结果统计表

长度变化（增大）		宽度变化（增大）/mm									
		基本无变化（0～0.5）		0.5～1.0		1～3		3～4		≥4	
条数	%	条数	%	条数	%	条数	%	条数	%	条数	%
0	0	26	46	14	25	13	23	3	5	0	0

统计结果说明，抽样复查的 56 条裂缝中，两个月（1999 年 1—3 月）以来长度基本没有加大；宽度的增大也不严重，有 46% 的裂缝宽度基本没有变化，宽度增大在 0.5～1.0mm 的有 14 条，占 25%，二者共占抽样复查裂缝的 71%。这一情况反映出由于中隔墩岩体的卸荷作用渐趋减弱，原有裂缝的扩展和新裂缝形成的势头已基本得到扼制。

（6）根据中隔墩顶面 3 个监测断面（13-13、15-15、17-17）的外观监测成果分析，1998 年 11 月至 1999 年 1 月，是中隔墩岩体变形最大的 3 个月，进入 1999 年 2 月后，除断面 17-17 的变形趋势没有减小外，其他两个断面的变形速率均有明显降低（表 21）。

这一现象也表明，随着槽挖到位，中隔墩岩体的主要变形过程将趋于结束。可能继续存在的时效变形，其量级难以在岩体中形成大的裂缝。

表 21 中隔墩 3 个监测断面测点变形速率比较表

监测断面及测点	观测时段 变形量	1998 年 10 月至 1999 年 1 月		1999 年 2 月至 1999 年 3 月		两时段变形量比较
		总变形量	平均月变率	总变形量	平均月变率	
13 - 13	TP93（S）	−4.38（N）	−1.5	2.21（S）	1.1	变形量变小明显
	TP66（N）	13.23（N）	4.4	2.29（N）	1.1	变形量变小明显
15 - 15	TP121（S）	−8.38（N）	−2.8	−2.29（N）	−1.1	变形量变小较明显
	TP68（N）	14.87（N）	5.0	3.82（N）	1.9	变形量变小明显
17 - 17	TP97（S）	−9.13（N）	−3.0	−5.62（N）	−2.8	变化不明显
	TP70（N）	6.32（N）	2.1	4.72（N）	2.4	变化不明显

注 测点后的（S）（N）表示测点位于南侧或北侧，变形栏内（S）表示向南变形，（N）表示向北变形。

还有一点需要指出，中隔墩形成后，其岩体是一个再没有持续附加荷载且两侧对称的孤立岩体，其卸荷过程是快速的。一旦开挖完成后，卸荷过程的中止也较南北侧山体边坡来得彻底，时效变形的影响也较两侧的边坡小，这也是在分析中隔墩裂缝发展趋势时应该考虑到的。

3. 裂缝处理措施的建议

根据二闸室至三闸首中隔墩顶面及直立坡工程地质条件，长江委三峡工程设计代表局勘测代表处对该段中隔墩岩体加固处理提出了地质建议，并及时编发了 12 期施工地质简报，设计部门根据施工地质简报的建议，发出进行锚固处理的设计通知。提出如下进一步加固处理措施的建议。

Ⅰ区：中隔墩东北角裂缝较发育，且规模较大，与边缘距离小于 10m。该区走向 NEE 组结构面发育，f_{23} 与 NEE 组结构面组合，易形成潜在不稳定区。为此，建议适当增加 1～2 排预应力对穿锚索，限制裂缝的扩展，并防止北侧出现新的潜在不稳定块体。

Ⅲ$_2$ 亚区：中隔墩南侧直立墙由于与船闸轴线小交角的结构面相对集中发育，存在沿结构面拉裂倾倒破坏的趋势，且部分结构面已张开，地震波速仅 2500～3000m/s。建议在 Ⅲ$_2$ 工程地质亚区直立墙段（桩号 15407～15550 以西）布置深锚杆，锚固深度应大于 15m。同时对直立墙已出现的拉裂松动的岩体及孤立岩块予以挖除。

另外在中 3 号阀门井周围，结构面受闸室槽挖和井挖双重影响而张开形成的追踪型裂缝，应结合阀门井结构及运行要求加强锚固。

其他应加固的地段及措施在有关的设计文件和设计通知中已根据施工地质简报和建筑物工作条件提出了加固支护设计，应尽快实施。

中隔墩顶面找平混凝土出现的大量裂缝是降雨渗入岩体的重要途径，降雨入渗对岩体稳定的不利影响应予以足够的重视。鉴于目前槽挖尚未完全结束，顶面找平混凝土的裂缝尚未完全停止发展，因此不宜采用永久性的工程措施予以封闭，但必须在今年雨季到来前完成所有裂缝的过渡性封堵措施。

目前中隔墩岩体只有外部变形监测手段，由于这种监测手段所埋设的监测点位于地面上，且标桩埋设深度较浅，易受到诸多外部因素的干扰，给资料分析带来困难。因此建议在中隔墩的重要部位结合地质条件的代表性，增设内部监测手段，内外观成果相互补充、验证，以更全面的掌握中隔墩岩体的变形特征及发展趋势。

五、结论与建议

（1）根据对二闸室至三闸首中隔墩地质条件的调查和综合分析，中隔墩的地质条件总体上与设计阶段结论基本一致，断层和裂隙的优势方位、规模及性状，均符合全区的统计规律。结构面仍以 NNW 和 NEE 两组为优势方向。断层共 32 条，长度大于 100m 的 3 条，50～100m 的 4 条，其余均为小于 50m 的裂隙性小断层；裂隙的平均迹长仅 6～7m，因此结构面仍以Ⅳ级结构面为主。但是由于中隔墩建筑物是孤立岩体且开挖型式复杂，因此结构面的尺寸效应对岩体的影响比对于其他部位岩体的影响要大，一些规模不大的结构面也会在局部地段对边坡的变形和岩体位移产生较大影响，这是在分析中隔墩岩体稳定性及采取工程措施时要充分考虑的。

（2）由于中隔墩特定的结构形式和开挖后所处的应力状态，加上二闸室至三闸首中隔墩岩体具体的地质条件，在岩体中产生裂缝是不可避免的。但是对裂缝形成起控制作用的近 E—W 向结构面，除 f_5、f_{13} 断层延伸长度较大外，其余均属裂隙性小断层。断层带的物质也以半坚硬—坚硬岩石为主，没有连续的松软物质。裂隙则以短小裂隙为主。结合找平混凝土表面裂缝的实际状况和岩体中裂隙张开情况的调查，岩体中较长大的裂缝数量很少，裂缝的规模不论长度，宽度和深度都是有限的，分布也不是普遍的，不会对中隔墩岩体的整体性和完整性造成破坏，中隔墩的整体稳定性仍是有保证的。施工开挖结束后，变形会逐步趋于稳定，裂缝的发展也将会中止，再配合适当的锚固，岩体的整体性会进一步得到改善。

（3）从中隔墩和两侧边坡的岩体变形和结构面拉张的形成条件看，局部的地质因素，特别是与船闸轴线呈小交角的 NEE 和 NWW 向小断层和裂隙对岩体变形和块体滑移起重要控制作用。因此，在对边坡和中隔墩岩体的变形趋势分析及采取相应锚固措施时，应在分析地质条件的基础上，划分不同的地段有针对性地进行。

（4）从现有不多的资料对比分析，预应力对穿锚对减小中隔岩体的拉张分离和限制裂缝的发展有一定的作用，对岩体的拉张倾倒变形也会有一定的制约功能。建议对前述地质条件不利的局部地段采用对穿锚改善岩体稳定条件。端头锚对防治块体失稳是有作用的，但当其后侧岩体中发育有与锚固力方向近正交的不利结构面时，端头锚内锚头集中的部位，对其后侧岩体可能造成的局部损伤，在设计工作中应给予注意。

（5）目前中隔墩顶面的大小裂缝都将成为降水渗入的通道，入渗的降水对裂缝的扩展和岩体的变形极为不利。因此建议在今年汛期到来之前，将中隔墩混凝土表面裂缝进行防渗处理。考虑到两侧闸槽的开挖尚在进行，裂缝的变化尚未停止，所以防渗措施宜采用临时封堵措施，待中隔墩变形基本稳定后再作永久性铺盖。

（6）目前中隔墩的变形监测手段相对较少，且较单一。外部变形观测具有面大、直观，可以了解岩体变形的总体特性和获得绝对变形量等优点，其缺点是外部观测点的点位及其成果容易受到外部因素的影响。钻孔倾斜仪用作监测块体滑移是有用的，但在没有特定滑移面的情况下用于研究边坡的变形也有其局限性。建议结合中隔墩的地质条件及工作特点，补充和完善多种监测手段，重点监测二闸室及三闸室段中隔墩的变形，用于典型解剖和分析。

三峡工程永久船闸高边坡稳定性分析

陈德基　　余永志　　马能武　　王军怀　　黄孝泉

　　三峡工程永久船闸高边坡的稳定性及时效变形一直为各方面所关注，也存在一些不同的认识。我们以分析基本地质条件为基础，组织了两个专题研究：①高边坡岩体变形特征及影响因素分析；②高边坡岩体地质力学概化模型及稳定性分析。试图通过这两个专题的研究，对各方面所关心的问题做一些回答。研究工作尚未全部结束，仅就其中的一些基本结论，编写成本报告。

　　总体上看，永久船闸高边坡施工已跨越了最关键的阶段。闸室段土石方开挖 1999 年 5 月基本结束，闸槽大部开挖到位。开挖结束后，大量的监测成果表明，岩体变形明显变小，排水洞内和中隔墩顶裂缝基本停止发展，高边坡的整体稳定性总体上得到了检验。随着开挖的结束，为加固块体的预应力锚索和衬砌墙高强结构锚杆逐步实施到位，局部块体失稳的威胁也已基本过去。现在大家最关心的问题是：边坡变形是否会收敛达到稳定，时效变形量有多大，持续时间多长，岩体卸荷带的规模和性质以及现在的锚固措施是否有效等。现就这几个主要问题介绍我们研究的几点初步结论。

一、边坡变形现状分析

　　至 1999 年 10 月，永久船闸区外部变形监测点的累计位移量统计见表 1 和表 2。

表 1　　　　　　　　　永久船闸高边坡外部变形监测点累计位移量统计表

岩体风化类型	监测点总点数	最大值/mm	Y 方向累计位移量分级统计 y/mm					
			<20		20≤Y<30		≥30	
			点数	％	点数	％	点数	％
Ⅰ	81	48.00	51	63	20	25	10	12
Ⅱ₁	14	32.66	1	7	11	86	1	7
Ⅱ₂	9	62.14	1	12	4	44	4	44
Ⅲ	12	56.70	0	0	2	17	10	83
Ⅳ	3	44.60	0	0	0	0	3	100

　　注　Ⅰ—微风化岩体；Ⅱ₁—弱风化下带岩体；Ⅱ₂—弱风化上带岩体；Ⅲ—强风化岩体；Ⅳ—全风化岩体。Y 方向为垂直船闸轴线方向，下同。

本文写于 1999 年 11 月。

表 2   永久船闸高边坡直立墙顶部变形监测点累计位移量（Y 方向）统计表

累计位移量 y/mm	<20		20≤Y<30		≥30	
总点数	点数	占比/%	点数	占比/%	点数	占比/%
56	36	64	15	27	5	9

从表中可见，控制边坡岩体位移量大小的主要因素是岩体的风化程度（一定意义上的岩性）。在弱风化下带（II_1）和微新（I）岩体中，垂直船闸轴线方向（Y 方向），55% 的测点的累计位移量均小于 20mm，大于 30mm 的仅占该类岩体总点数的 11.6%；而强风化带中 83% 的测点，全风化岩体中，100% 的测点的位移量均大于 30mm。直立墙及中隔墩顶部的监测点均位于弱风化下带和微新岩体中，64% 的测点累计位移量小于 20mm；91% 的测点累计位移量小于 30mm，仅有 5 个测点（TP92GP02、TP94GP02、TP124GP02、TP66GP01、TP68GP01）的位移量大于 30mm，其位移量分别为 35.30mm、48.00mm、31.05mm、30.83mm、32.43mm。这 5 个测点位移量较大的原因都是由于局部的地质因素（岩体条件）造成的，如 TP92GP02、TP94GP02 位于 f_{1239} 所构成的块体上。TP66GP01 位于 f_{16}、f_{17} 组成的块体上。TP124GP02 点也位于四闸首的一块体上。因此，排除少数局部岩体条件的影响外，直立墙及中隔墩顶部岩体的累计位移量大多在 30mm 以内，和历次的计算成果基本吻合。

通过对多种可能影响因素（原始地形、地质、开挖爆破、锚固、气温、降雨、地下水等）的逐项和综合分析，影响边坡变形主导和控制的因素是开挖（包括开挖深度、距离、临空方向等）。开挖结束后，变形的量值和速率都急剧变小。这已为三峡工程临时船闸和永久船闸边坡大量的监测成果所证实。

永久船闸今年 4 月以后，一、二、三闸室闸槽开挖完毕。分析从 4 月至今边坡岩体的变形情况，十分有助于对边坡岩体稳定性发展趋势的认识。

（一）外部变形监测成果

永久船闸高边坡先后共设有变形监测点 121 个。统计结果，共有 80 个测点 4—9 月的累计位移量小于 2mm，占监测点总数的 70.8%。中隔墩及一、二、三闸室直立墙顶测点 4—9 月位移量统计见表 3。统计结果，直立墙约 80% 的测点的平均变形速率小于 0.4mm/月，大大低于 1998 年 6—12 月开挖高峰期的 1.82mm/月，表明大部分测点的变形已进入变形衰减阶段。

表 3   中隔墩及闸室直立墙顶部监测点 1999 年 4—9 月位移量统计表（Y 方向）

位置 点数	中隔墩	一、二闸室直立坡	一、二、三闸室直立坡
测点数	34	31	46
位移<1mm 点数	22	14	21
占比/%	64.71	45.16	45.65
位移<2mm 点数	33	25	36
占比/%	97.06	80.65	78.26

表4还给出了船闸边坡外观各测点月位移量大于1mm的测点数随时间的变化。从表4中可以看出，变形大于1mm/月的点数4月以后明显减少。

表4　　　永久船闸高边坡外部变形观测点变形大于1mm/月的点数统计表（Y方向）

时间	1988年12月	1999年3月	1999年6月	1999年7月	1999年8月
点数	63	50	25	18	17

注　监测点总数104。

图1为TP21GP02测点Y方向的变形历时曲线。可以看出，开挖停止后变形收敛趋势明显，同时变形和开挖有极好的对应性。

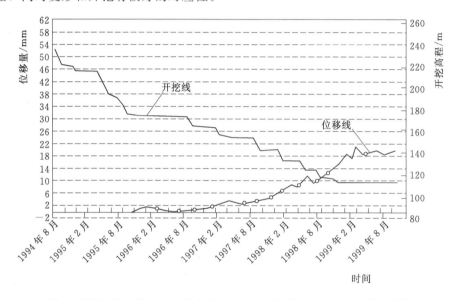

图1　TP21GP02测点（右线南坡15+571、高程200.00m）变形过程线

（二）内部变形监测成果

内部变形监测包括：多点位移计、钻孔倾斜仪、伸缩仪、倒锤孔和引张线等。

武汉水利电力大学在直立墙上埋设了9支多点位移计，图2为其中一支的位移历时变化曲线，明显反映出自4月停止开挖以后，变形急剧衰减。长江委综勘局针对地质条件的差异，在两岸排水洞中边坡的不同地段埋设了11支多点位移计。上述20支多点位移计的历时曲线都表现出相同的特点。

设置于排水洞内的倒锤孔、引张线和伸缩仪，用于监测深部岩体的水平变形。伸缩仪垂直边坡布于观测支洞中，引张线则平行边坡布于距边坡32～43m（一般值）的排水洞主洞内。伸缩仪距边坡表面20m以远的5个测点的累计位移量分别为0.65mm、0.80mm、1.38mm、2.89mm和8.83mm（观测时段1997年4月至1999年9月）；引张线共37个测点，有29个点的累计位移量小于2mm（1998年12月至1999年9月），位移量大于2mm的8个点最大值也仅2.84mm。以上成果表明，深部岩体变形量是很小的。

表5为引张线1999年4月以前和以后的月变形速率比较。从表中可以看出，1999年4—9月月变形速率明显减少，仅为1999年4月以前平均月变率的1/4～1/5。

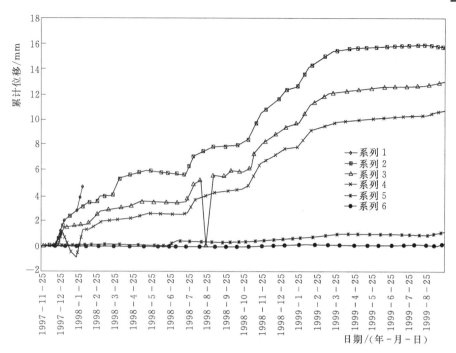

图 2　HB4-5多点位移计历时变化曲线（武汉水利电力大学）

表 5　　　　　　　　引张线 1999 年 4 月以前和以后的月变形速率一览表

坡　别	北				南			
观测时段	1999 年 1 月—1999 年 4 月		1999 年 4 月—1999 年 9 月		1998 年 12 月—1999 年 4 月		1999 年 4 月—1999 年 8 月	
变形速率/(mm/月)	区间	平均	区间	平均	区间	平均	区间	平均
	0.217～0.817	0.413	0.034～0.164	0.101	0.190～0.490	0.278	0.006～0.182	0.053

（三）裂缝开度监测成果

1. 中隔墩裂缝

二闸室中隔墩顶面混凝土裂缝开度变化见表6。从表6可见，宽度基本没有变化的裂缝数占调查裂缝数的比例，已从5月的45％增至8月的89％。

表 6　　　　　　　　二闸室中隔墩顶面混凝土裂缝开度变化表

张开变化增值/mm 观测日期/(年-月-日)	基本无变化		0.5～1（包括1mm）		1.0～3.0		3.0～4.0		＞4.0		小计条数
	条数	％	条数	％	条数	％	条数	％	条数	％	
1999-5-14	13	45	12	41	4	14	0		0		29
1999-8-3	25	89	2	7	1	4	0		0		28

注　1999 年 4 月 17 日为首次观测日。

中隔墩混凝土顶面裂缝用水泥砂浆或沥青勾缝加以封闭的共 120 条，1999 年 10 月在勾缝边缘或中央有细纹状张开者仅 7 条，占所调查裂缝总数的 6％。

　　长江科学院在二闸室中隔墩顶面裂缝上，埋设了3支测缝计。监测成果表明，裂缝的稳定宽度形成后，其宽度变化主要受气温影响，与气温变化呈负相关，典型曲线如图3所示。以同季节的监测值相比，开度无明显变化。

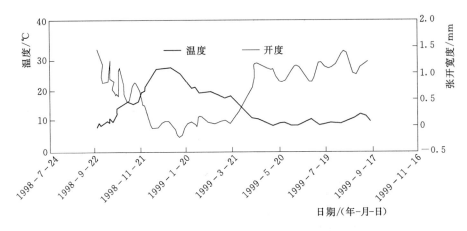

图3　二闸室中隔墩顶面54号裂缝开度变化历时曲线图（长江科学院）

　　图4为二闸室中隔墩顶面66号裂缝开度的变化过程。从图4中可以看出，从1998年9月至1999年3月，在闸槽开挖下降的高峰时段，裂缝开度急剧增大；4月以后随着开挖停止，裂缝宽度即基本稳定不变。

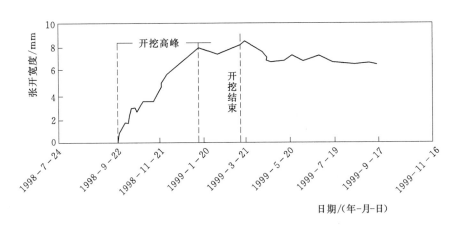

图4　二闸室中隔墩顶面66号裂缝开度变化历时曲线图（长江科学院）

　　2. 排水洞裂缝

　　南坡5号（S_5）排水洞内有3条沿岩体裂隙张开的裂缝，自1999年6月开始进行监测，其成果见表7。从表7中可知，3个测缝计6月和10月的测值相比，差值都在10^{-2}mm量级内，表明裂缝的宽度基本没有变化。

　　以上几个方面的监测资料协调一致地说明，永久船闸高边坡开挖结束后，岩体变形已明显变小且逐渐趋向稳定。但由于开挖结束不久，卸荷变形的调整仍在进行中，因此多数测点尚未达到最终稳定。

表7	S₅排水洞内岩体裂缝宽度变化表（长江科学院）					单位：mm
观测号	BC01GP025		BC02GP025		BC03GP025	
日期/（年-月-日）	AC	BC	AC	BC	AC	BC
1999-6-25	21.009	19.167	18.360	19.630	18.810	18.282
1999-10-13	21.016	19.178	18.392	19.645	18.888	18.291
差值	0.007	0.011	0.011	0.015	0.048	0.013

（四）临时船闸——升船机边坡岩体变形分析

临时船闸闸室和升船机承船厢的边坡开挖始于1994年9月，1996年底开挖基本结束。该地段边坡先后埋设了41个外部变形监测点，其中28个监测点是在施工开挖期即埋设的，大多数测点的观测时段已长达3~4年，基本上反映了岩石边坡从开挖到现在变形的全过程；开挖结束不久即设点观测，基本上可以掌握开挖结束后变形全过程的有9个点；目前仍在监测，并能表明岩体稳定状态的测点共有41个。统计结果，上述41个测点中，变形已基本稳定的有35个测点（稳定的标准定为年累计观测变形值的变化小于0.5mm，且呈收敛趋势），其典型过程线如图5所示。图6给出TP/BM19GP04测点的平面位移轨迹，从图可以看出，当变形稳定后，位移轨迹围绕一固定值来回摆动，这种摆动是温度等周期性因素和测量误差的综合反应。变形尚未达到上述稳定标准的有6个点，这6个点集中分布在升船机承船厢出口下引航道的北坡，其中4个测点位于全强风化带，2个位于弱风化上带岩体上，且所处地段为一个两面临空的孤立山头。由此可见，变形难以达到稳定标准的测点，常是由局部不利的地形地质条件造成的。

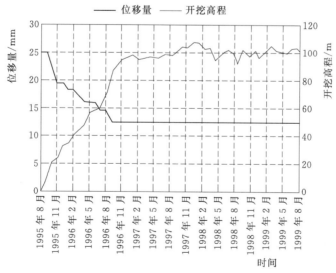

图5　临时船闸TP/BM19GP04测点位移过程线图

临时船闸和升船机地段的地质条件与永久船闸区基本相同，虽然开挖边坡高度低于永久船闸，但最大高度也达到120m。临时船闸边坡岩体变形在量值上不会和永久船闸边坡等同，但其特点和规律是可以用来分析判断后者的变形发展趋势的。

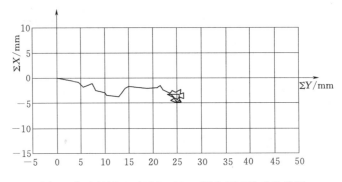

图 6　临时船闸 TP/BM19GP04 测点平面位移轨迹图

二、关于边坡岩体卸荷带

边坡岩体开挖卸荷后，在一定深度范围内会形成卸荷带。卸荷带的发育规律、深度、带内岩体的性状和相应的力学参数等，都是评价边坡稳定性和进行稳定计算必不可少的资料。我们依据多点位移计监测成果，地震波穿透，声波测试资料，宏观岩体状态及裂缝分布特点等综合分析，得出以下几点基本认识。

（一）边坡岩体分带

根据大量测试和监测资料分析归纳，可将边坡岩体从坡面向深部按受开挖卸荷的影响程度划分为 3 个带，即强卸荷变形带、弱卸荷变形带和卸荷应力调整带。3 带的划分标准各家有所不同。我们分析了多种变形监测资料后，建议采用微应变（$\mu\varepsilon$）（10^{-6}）作为划分 3 个带的标准，见表 8（注：微应变系根据边坡岩体中事先埋设的多点位移计的监测成果，计算出不同深度岩体的应变，用以衡量变形程度的差异，由于三峡工程开挖边坡岩体变形量很小，故用微应变作划分标准）。

表 8　　　　　　　　　　　　　　　边 坡 岩 体 分 带 表

卸荷分带	强卸荷变形带	弱卸荷变形带	卸荷应力调整带
微应变（$\mu\varepsilon$）	＞2000	300～2000	＜300

图 7、图 8 给出了 S5-1 多点位移计的位移分布曲线及岩体分带示意图。

图 9 为从坡面至 S6 排水洞洞壁地震波穿透测试所得波速随深度的变化曲线及岩体卸荷分带示意图。

（1）强卸荷变形带。是边坡表部受多种因素严重扰动的岩体，主要表现为岩体强烈卸荷松弛并受施工爆破及反复震动损伤，弹性波波速有明显下降，声波纵波速度大体在 $4000\sim4500\text{m/s}$ 左右。

（2）弱卸荷变形带。这一带的分布大体上和各种计算中的塑性区相适应。其宏观特征是岩体的整体性没有受到明显损伤，总体上仍维持原有的结构类型和质量级别。沿部分结构面产生极小的调整性位错，应是这一带岩体变形的主要形式。其中沿少数特定的结构面，主要是沿走向与边坡近于平行的结构面拉开形成裂缝，也是这一带岩体宏观变形的特

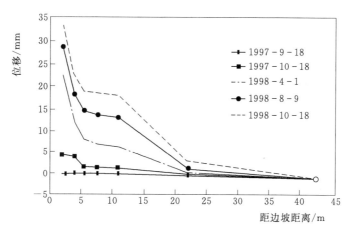

图 7　S5 - 1 多点位移计岩体变形随深度变化曲线

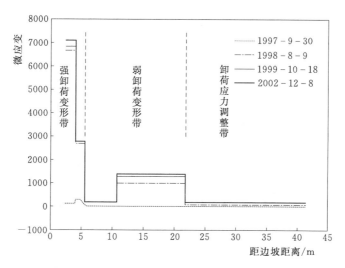

图 8　S5 - 1 多点位移计岩体应变随深度变化曲线

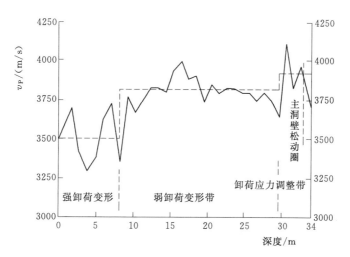

图 9　地震波纵波速度随深度变化曲线与卸荷分带

征。岩体纵波速度与完整岩石相比有所下降，在 $4500 \sim 5500\text{m/s}$ 之间。

（3）卸荷应力调整带。从理论上讲，岩体受深开挖卸荷而引起的应力调整的范围可能很大。设置于 8 号平洞内的伸缩仪的 7 个测点距开挖边坡的距离 $48.4 \sim 258.4\text{m}$，根据 5 年（1995 年 9 月至 1999 年 10 月）的监测成果分析，受开挖卸荷的影响，岩体仍有微小的变形。距边坡最近的一个测点（48.4m），受永久船闸开挖影响，累计变形量约 6.3mm，（1997 年 5 月至 1999 年 10 月），计算其微应变仅 60。因此卸荷应力调整带仅是理论意义上的分带，带内岩体的物理力学性质不具有任何实际意义上的变化。

根据以上分析，通常意义上所指的岩体卸荷带仅包括强卸荷变形带和弱卸荷变形带。

（二）卸荷带深度

卸荷带的深度因地段不同而异，主要取决于两个因素：

（1）地质条件。岩体完整，远离较大断层，与边坡走向呈小交角的结构面不发育的地段，卸荷带的深度较小，如三闸室的大部分地段；反之则较深，如二闸室北坡，与边坡走向呈小交角的结构面发育，岩体卸荷倾倒变形的趋势导致卸荷带深度较大。三闸室北坡 f_{215} 下盘的多点位移计反映出卸荷带的深度也较大。

（2）边坡的不同部位卸荷带的深度是不同的。这个特点也反映在各种理论计算的塑性区分布范围上，并得到不同部位多点位移计的监测成果的印证。按高度划分，直立坡上部 $0 \sim 15\text{m}$ 卸荷带深度最大，向下卸荷带的深度逐步减小。归纳各种资料综合分析，直立墙不同位置岩体卸荷分带的深度见表 9。

表 9   直立墙岩体卸荷分带深度表

坡高部位 （从坡顶向下计）	距坡面距离/m					
	强卸荷变形带		弱卸荷变形带		卸荷应力调整带	
	一般	最大	一般	最大	一般	最大
上部（0～15m）	4～8	12	15～25	45		
中部（15～25m）	2～4	6	8～10	30		
下部（25～40m）	1～3		6～10			
底部	0～1.0					

注   卸荷应力调整带因其范围超出常规监测能力所及，且其应变下限值还有待定义，所以其深度尚不能给出。

（三）卸荷带的岩体力学参数

目前尚缺少足够的试验成果确定卸荷带的力学参数。长江委三峡勘测研究院根据岩体的风化程度和结构类型，类比给出不同深度岩体的力学参数，见表 10。

中国科学院武汉岩土所和长江委合作，曾对临时船闸和升船机间的中隔墩的岩体卸荷特征做了专题研究，并根据钻孔弹模计，波速值等测试成果，给出该中隔墩卸荷岩体的有关力学参数见表 11。

长江科学院综合现场变形模量试验、声波测试等成果，与本课题共同研究，给出各带的力学参数建议值见表 12（均指弱风化下带以下岩体）。

由于边坡岩体完整程度不同、优势结构面走向与边坡走向关系的不同，不同地段不仅卸荷带的深度有差别，同一带的力学参数也会不同，涉及力学参数各向异性取值，有待进一步研究。

表 10   边坡岩体物理力学参数建议表

岩石名称	风化带	岩体结构类型	考虑开挖影响建议值					
			距坡面距离/m	岩体抗拉强度/MPa	变形模量/GPa	泊松比	岩体抗剪强度	
							f'	c'/MPa
闪云斜长花岗岩、片岩捕房体	新鲜、微、弱（下）	整体状、似层状、块状	0~6	1.8	15	0.24	1.4	1
			6~20	2.2	30	0.22	1.5	1.8
			>20	2.5	35	0.2	1.7	2
		次块状	0~6	0.8	12	0.25	1.2	0.9
			6~20	1.2	20	0.23	1.3	1.2
			>20	1.5	25	0.22	1.5	1.4
	弱（上）	块状		0.5	5~10	0.25	1.1	0.8
	全强	散体状			0.1~0.5	0.35	0.8	0.2

表 11   临时船闸中隔墩岩体力学参数表（中科院武汉岩土所）

区域	变形模量/GPa	泊松比	抗剪强度	
			M－C准则	
			φ/(°)	c/MPa
松动区	10	0.30	39.00	0.70
非松动区	33	0.20	60.00	2.1

表 12   边坡岩体的力学参数建议表（长江科学院）

带别	变形模量/GPa	纵波速度/(m/s)
强卸荷变形带	8~10	4000~4500
弱卸荷变形带	18~25	4500~5500
卸荷应用调整带	>35	>5500

三、关于边坡岩体裂缝

在永久船闸中隔墩顶面、两岸山体排水洞及支洞的混凝土浇筑层中均发现一些裂缝。裂缝的成因、规模及分布，涉及对边坡岩体变形及稳定性的评价。对此，长江委三峡勘测研究院做了专项调查，并将提交专题报告。本文仅就两岸山体排水洞内所发现的裂缝做一简要分析。

经调查统计，两岸山体排水洞系统（主洞及监测支洞）的混凝土底板上共发现裂缝91条。其中有23条裂缝由混凝土底板延伸到洞壁，与岩体中的裂隙相对应，属岩体中原有的裂隙受卸荷作用拉张所成，简称岩体裂缝。岩体裂缝主要出现在第4层、第5层、第6层排水洞中。裂缝的特征及分布见表13。

表 13 　　　　　　　　　山体排水洞系统岩体裂缝特征统计表

出露位置	排水洞号	SA4	SA5	SA6	NA4	NA5	NA6
	条数	2	3	6	3	7	2
裂缝方向	方向	NWW—NW 组（280°～320°）		NEE 组（60°～80°）		NNE 组（10°～30°）	
	条数	18		1		4	
裂缝宽度	宽度/mm	≤0.5	0.5～1.0	1.0～3.0	3.0～5.0	>5.0	
	条数	0	8	8	6	1	

注 共 23 条裂缝，排水洞主洞中见 6 条，观测支洞中见 17 条。

排水洞主洞内的裂缝有 6 条，见于两处。一处是 S_5 排水洞桩号 15351 处。该处主洞底板出现 1 条裂缝，距边坡 37.5m。该处为 f_{1239} 断层向南延伸与主洞相交的地段，右线南坡二闸首预应力锚索的锚固端紧临断层带两侧。系由于锚索锚固端施加预应力，沿 f_{1239} 断层拉张变形所致。

另一处是 N_5 排水洞末端长 18m 的主洞段内，岩体中出现 5 条裂缝，距边坡 31～42m。裂缝最大宽度 10mm，长 34.2m。出现这一情况是由特殊的环境条件所造成的。该地段排水洞处于三面临空的单薄岩体中，主洞末端上游为永船一闸首左挡水坝段的开挖基坑临空面，南侧为一闸室北槽开挖临空面，洞顶板以上 5m 为高程 185m 平台及施工道路，南侧洞壁与一闸首边坡之间又布有系统对穿锚索，使该地段主洞岩体多面临空卸荷，顶板很薄且承受荷载，以致多处出现裂缝。

综上所述，主洞内的 6 条裂缝，都是受局部外荷载作用发生的特殊现象，不代表主洞段岩体卸荷变形的基本条件。

主洞内的其他裂缝多出现在混凝土底板与侧壁交界处，与结构面无对应关系，应是混凝土底板局部变形形成的裂缝。

支洞内的 17 条岩体裂缝，与坡面距离的关系见表 14。

表 14 　　　　　　排水洞支洞岩体变形裂缝与边坡距离的关系　　　　　　单位：m

距边坡距离	0～5	5～10	10～15	15～20	20～25	25～30	30～35	>35
裂缝条数	3	3	3	4	1	2	1	0

从表 13、表 14 可以看出，裂缝主要出现在位于直立墙顶部附近的 3 层排水洞的支洞中，且集中分布在距边坡 20m 距离范围内，这和边坡岩体卸荷带的发育规律相吻合。这些裂缝实际上是坚硬性脆、多裂隙的花岗岩为适应岩体卸荷变形的一种特定型式和集中表现。这种岩石本身在低应力水平下是不会变形或破裂的，岩体的卸荷变形主要由原有裂隙微小位错来完成；同时，应力集中在少数特定的裂隙上，形成位移显化（张开）也是这种岩体变形的一种形式。

裂缝的形成和发展是与岩体的变形相适应的，主要是开挖卸荷变形的产物。前述所介绍的几个地段裂缝开度变化的监测结果表明，当开挖停止，卸荷带应力调整基本完成后，裂缝的发展也将随之终止。

四、关于边坡岩体的时效变形

我们主要是通过对临时船闸外部变形监测点的资料分析，采用统计模型的方法来研究这个问题。

根据对边坡岩体变形全过程（施工开挖期—变形基本稳定）的研究，可将岩体变形划分为两个大的阶段，即开挖期变形和开挖完成后的变形（简称期后变形）。期后变形又根据变形的发展过程分为过渡期、调整期和稳定期三个阶段（图 10）。期后变形可以理解为即一般意义上的时效变形。期后变形量的大小及完成变形所需的时间，对永久船闸的混凝土衬砌墙施工、金属结构安装及运行安全都至关重要。

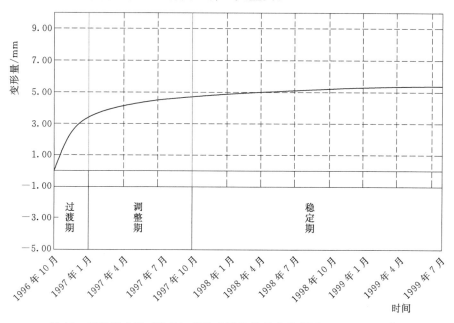

图 10　开挖完成后（期后）岩体变形阶段划分示意图（TP14GP04 点）

统计分析的结果，岩体的期后变形的总量约占全部变形量（从施工开挖开始至变形基本稳定）的 10％～15％。

过渡期变形是施工期变形的延续，是施工开挖停止后，应力场继续调整的主要阶段。其特点是变形速率仍较大，变形量占期后变形量的 70％左右。

调整期是应力进行窄幅调整，变形逐渐趋于稳定的时期，变形量约占期后变形量的 30％。与过渡期相比，调整期是一个历时相对较长的阶段，但其变形总量及变形速率都很小。

变形稳定期，目前还很难找出一种方法确定严格意义上的完全稳定。根据永久船闸金属结构物安装及运行安全的要求，结合观测方法的观测精度，可将观测位移值的变化小于 0.5mm/a，且变形速率继续呈减弱趋势，作为变形稳定的标准，以后的时段可认为变形已基本稳定。

（一）期后时效变形的时段分析

通过对临时船闸区变形已基本稳定的监测点的统计分析，得到临时船闸和升船机不同部位边坡开挖结束后岩体达到稳定的平均时间长度，见表15。

表 15 岩体达到稳定的平均时间统计表

部 位	平均时间/月	条 件 简 评
中隔墩尾部	14	裂隙较发育，运行时存在向北的水压力
升船机北坡	10.1	环境与地质条件较好
临时船闸南坡	27.5	坡顶建筑物较多，各种附加荷载对稳定有影响
承船厢出口北坡	收敛不明显	点位位于全强风化带上，地形两面临空

同时，对不同类型岩体的期后变形，分别统计过渡期和调整期终结所需时间，见表16。

表 16 临时船闸和升船机开挖边坡期后变形过渡期和调整期终结所需时间分析表

变 形 阶 段	过 渡 期		调 整 期	
岩石类别	$I+II_1$	II_2+III	$I+II_1$	II_2+III
各阶段终止所需时间/月	4.8	8.3	5.9	9.8

根据多点位移计的监测资料分析发现，直立墙段越靠近边坡的测点，其稳定时间越早，而离边坡较远的岩体比表层岩体则有明显的滞后变形现象。这是由于边坡开挖后，其应力调整由边坡向山体内有一个逐步发展的过程，相应的岩体变形也有一个滞后的适应过程。这是岩体产生时效变形的另一个重要原因。

（二）期后时效变形量的统计模型预测

临时船闸与升船机地段，由于边坡变形监测时段较长，且大多数测点变形已基本稳定，因此，有条件应用变形监测成果，建立岩体变形监控和预测的统计学模型，这也是与各种数值计算互为补充的一种变形预测方法。模型中主要考虑的因素有开挖、时效和周期性变量（如温度、降雨等），其表达式为

$$\varepsilon = a_0 + a_1\varepsilon_d + a_2\varepsilon_T + a_3\varepsilon_t$$

式中：ε_d 为开挖变形分量；ε_T 为周期性的变形分量；ε_t 为时效变形分量。

由于这种方法需要逐点拟合各因子的相关函数，建立每个监测点的监控预报模型，因此，统计计算工作量是很大的，目前尚在进行中。表17给出了位于不同部位不同岩体上的4个变形监测点的实测值和预测值。

从表17中可以看出，利用统计模型所得到的岩体变形预测值与实测值相差不大，表明这种方法用在边坡岩体变形预测上是可行的。但尚需对影响因子和拟合函数的选择作更进一步的研究。

（三）影响变形稳定的因素分析

边坡岩体的变形量及变形稳定所需的时间主要受以下几个因素的控制。

（1）岩体的风化程度。临时船闸和永久船闸的监测资料都表明，全强风化岩体不仅总的变形量大，而且变形稳定所需的时间也较长。升船机承船厢出口下游北坡的6个测点，4个位于全强风化带岩体上，2个位于弱风化上带岩体上。1996年10月开挖结束至今变

表 17 岩体变形预测成果表 单位：mm

测点名	TP03ZG			TP19GP04			TP04GP03			TP15GP04		
首测日	1996 年 10 月			1995 年 8 月			1996 年 2 月			1994 年 12 月		
岩体类型	Ⅰ			Ⅱ$_1$			Ⅱ$_2$			Ⅲ＋Ⅳ		
日期	实测值	拟合值	残差	实测值	拟合值	残差	实测值	拟合值	残差	实测值	拟合值	残差
1999 年 1 月	−3.55	−3.61	0.06	24.81	24.85	−0.44	13.03	12.30	0.73	24.64	24.63	0.01
1999 年 2 月	−2.57	−3.51	0.94	26.00	24.80	1.20	11.74	12.36	−0.62	25.55	24.66	0.89
1999 年 3 月	−3.32	−3.41	0.09	25.15	24.73	0.42	11.82	12.23	−0.41	25.46	24.58	0.88
1999 年 4 月	−2.92	−3.24	0.32	24.88	24.65	0.23	12.53	12.07	0.46	24.81	24.41	0.40
1999 年 5 月	−3.71	−3.04	−0.67	24.60	24.60	0.00	13.00	11.93	1.07	25.39	24.20	1.19
1999 年 6 月	−4.37	−2.93	−1.44	25.45	24.58	0.87	12.12	11.77	0.35	25.86	24.00	1.86
1999 年 7 月	−2.85	−2.88	0.03	25.60	24.60	1.00	13.18	11.71	1.47	25.53	23.86	1.67
1999 年 8 月	−2.66	−2.96	0.30	24.84	24.66	0.18	10.55	11.79	−1.24	24.7	23.83	0.87

形仍未稳定；而位于弱风化下带及微新岩体中的测点，不论总变形量、期后变形量和稳定时间均大大小于全强风化带的测点。据统计，临时船闸边坡所有位于微风化、新鲜岩体上的变形监测点的期后变形总量都小于 4mm，且变形收敛时间也较快。根据 13 个测点的统计，弱风化下带（Ⅱ$_1$）和微新岩体过渡期的时段为 1～9 个月，其中 80％的测点在 6 个月以内。由于永久船闸边坡直立墙均位于微新岩体中，所以变形量普遍比边坡上部全强风化带岩体小，变形稳定时间相对是较短的。同时在评价边坡稳定性，进行各种稳定计算和反分析中，不宜将全强风化带作为研究的对象。

（2）岩体结构面的发育状况。整体和块状岩体、走向与边坡呈小交角的结构面不发育、远离较大断层的地段，岩体的变形收敛较快；而结构面特别是与边坡走向呈小交角的结构面发育、块体较多的地段以及较大断层的影响范围内，岩体的变形量较大，变形稳定所需的时间也会较长。如二闸室左线北坡直墙和右线南坡四闸首，走向与边坡呈小交角的结构面（NEE 组）较发育的地段；f$_{1050}$、f$_{1239}$、F$_{215}$、f$_{10}$、f$_{1096}$等断层分布的地段。具体的分析评价则需要对船闸边坡进行工程地质分区（段）来实现。

（3）山体高度。S$_5$ 和 N$_5$ 排水洞主洞内埋设的引张线的变形分析表明，北坡引张线的变形收敛下游段略快于上游段；而南坡则是上游段略快于下游段。这是由于北坡最高的山岭—大岭位于三闸首以上二闸室为主的地段，而南坡最高山岭—坛子岭位于三闸首以下三闸室为主的地段。山体高，边坡岩体承受的荷载大，相应初始应力也会略高，从而导致应力调整所需的时间也相对较长。

（4）边坡上的附加荷载。临时船闸南坡的边坡高度相对较低 60m 左右，但监测资料表明，变形稳定所需的时间较长（见表 15）。分析其原因，除局部地质条件的因素外，该段边坡上部建有较多的附企建筑物，如 120 拌和楼系统、水厂、皮带运输机及缆机塔柱等均位于坡顶及坡面上，其外侧为上坝的主要公路。这些建筑物都给边坡岩体施加附加的动、静荷载，可能是造成临时船闸南坡部分测点变形稳定所需时间较长的原因。

五、几点结论

（1）永久船闸和临时船闸高边坡大量的外部和内部监测成果表明，边坡岩体变形主要发生在施工开挖期，开挖停止后，岩体、尤其是微新岩体的变形收敛是明显的，并将逐渐趋于稳定。但也会有少数部位岩体变形难于达到稳定标准乃至出现变形异常。对这些地段需要通过分析其具体条件（地形、地质和水文地质、施工、锚固、排水及其他外部环境），结合监测成果，研究原因并确定应采取的对策。

（2）开挖完成后的变形称之为期后变形，亦即时效变形。其量值因地质、地形条件的不同而有差异。总体上期后变形量约占总变形量的 $10\%\sim15\%$；而直立墙所在的微风化新鲜岩体的时效变形量远小于全强风化岩体。

（3）开挖期后的岩体变形可划分为三个阶段，过渡期、调整期和稳定期。过渡期是施工期变形的延续，变形速率较大，变形量约占期后变形量的 70%。这一时段的长短对直立墙后期的混凝土施工，金属结构安装及船闸的运行至关重要。初步分析，在微新岩体中，这一时段一般需半年左右，可以依此评价岩体变形对直立墙后期混凝土工程施工的影响。

（4）利用微应变做标准，将受开挖卸荷影响的岩体划分为 3 个带，即强卸荷变形带、弱卸荷变形带和卸荷应力调整带。通常意义的卸荷带系指强、弱两卸荷变形带。需重点研究的是弱卸荷变形带的深度，该带的深度因岩体条件的不同而不同，同时在直立墙的不同高度处深度也不同。在直立墙顶部 15m 范围内弱卸荷变形带的深度最大，一般在 $15\sim25m$，局部地段可达 45m。虽然局部地段卸荷带的深度超过了系统锚索的长度，但鉴于仅出现在局部地段上，且弱卸荷变形带深部岩体的力学强度仍较高，变形模量大于 20GPa、$v_p>5000m/s$，分析不会因此而对边坡岩体变形产生大的影响。

（5）两岸山体排水洞支洞及中隔墩顶面岩体中均发现程度不等的裂缝，主要分布在卸荷变形带范围内。裂缝的方向大体平行边坡走向，多沿走向与边坡呈小交角的 NEE 和 NWW 向结构面发育。裂缝的出现是坚硬性脆、多裂隙花岗岩体为适应深开挖卸荷而引起的变形显化，数量和尺度都是有限的。针对裂缝所作的监测成果表明，随着开挖的结束，绝大多数裂缝变形已停止，也未发现更多的新裂缝。

（6）由于构成永久船闸闸室段边坡的岩体是微风化和新鲜的坚硬的结晶岩体，以整体和块状结构为主；除少数规模较大的断层带含有松散物质外，各方向的裂隙及小断层均为硬性结构面，因而边坡的岩体条件和总体稳定性在船闸运行后不会有大的变化。但是对于现有各种加固措施（防渗、排水、锚索等）在长期运行过程中的有效性应给予高度重视。加强高边坡变形监测；选择地质条件不同的地段，增设监测手段；对监测成果适时地进行多专业综合分析，是确保永久船闸高边坡长期安全运行主要措施。

致谢：本报告在编写过程中，还得到赵全麟、叶渊明、石安池、赵克全、裴灼炎、叶青、赵明华、刘伟强、李红斌、尹春明、陈新球等同志的协助，参与报告讨论，提供有关资料及插图等；长江委刘宁副总工程师对报告进行了审查，并提出了宝贵意见，一并致谢。

中国水坝工程地质 50 年进展综述

一、大坝建设工程地质发展回顾

50 年前，中国没有专业的工程地质人员，少量简单的道路、桥涵、房屋等建筑设计中的地质问题，主要由土木工程师凭经验确定解决方案，有时也临时聘请少数地质师进行咨询。至于大坝建设的工程地质，由于没有建设什么现代意义上的大坝，也就谈不上相应的地质勘察与研究，大坝建设中的工程地质勘察几乎是一片空白。

中华人民共和国成立后，随着大坝建设事业的发展，水坝工程地质学也应运而生，并日益发展壮大，大致经历了三个时期。

（一）20 世纪 50 年代至 60 年代中期

这一时期中国建设了许多的大坝，主要集中在中国东部和中部地区。其中有代表性的如：早期淮河流域的梯级水坝，板桥、石漫滩、响洪甸、梅山、佛子岭、江西上犹江等，以及稍后的黄河三门峡、刘家峡、汉江丹江口、白河鸭河口、富春江的新安江、资水的柘溪、东江的新丰江等。

这一时期所建大坝的主要特点有以下方面：

（1）坝高不大，绝大多数都在 100m 以下。

（2）坝型以混凝土重力坝和当地材料坝为主，对基础要求相对较低。

（3）地质条件相对较简单，坝基为火成岩、变质岩的占多数，很少遇到诸如岩溶坝基，缓倾角含软弱夹层坝基，断裂构造复杂的坝基，高地震烈度区，以及人工高边坡和大跨度地下洞室等可能遇到的复杂地质问题。

这一时期也有一些大坝因地质条件复杂，勘察工作深度不够或缺乏经验，开工后被迫停工补充勘察，甚至工程停建，也出现了诸如梅山水库右坝肩岩体变形，新丰江水库诱发地震，柘溪水库塘岩光滑坡等事件。这一时期是中国大坝工程地质锻炼队伍、累积经验、培养人才，为今后的发展奠定基础的重要阶段。20 世纪 60 年代初，由水利电力部科学研究所，中国科学院地质研究所联合组织一些从事大坝工程地质勘察，并有一定经验的专业人员，以地质力学、岩体结构等理论为指导，对 120 多个大坝工程的工程地质勘察成果进行了整理分析，对其中 30 多项大、中型工程进行了现场调研，在此基础上系统地总结了中华人民共和国成立以来水坝建设的工程地质实践经验，并分专题从理论上做了概括和提

本文为潘家铮、何璟主编《中国大坝建设 50 年》一书第五章"大坝建设中的工程地质与勘察技术"，本书刊载时做了删节和编辑。

高，编写出版了《水利水电工程地质》一书。该书以工程实例为基础，以经验总结为主要内容，具有一定的学术水平和很高的参考价值，是多年来水利水电工程地质工作者重要的参考书，也是对我国大坝工程地质第一阶段发展水平的总结。

（二）20世纪60年代后期至80年代中期

这一时期，中国在一些地质条件复杂的地区，兴建了一批有代表性且规模很大的大坝，如在岩溶十分发育且构造复杂的乌江上，兴建了我国第一座高达165m的岩溶坝基高坝——乌江渡水电站；在地质条件很复杂的青海龙羊峡建设了我国当时最高的重力拱坝——龙羊峡大坝；兴建了我国第一座大跨度地下厂房的白山水电站厂房；在长江干流白垩纪红层上兴建了长江第一坝——葛洲坝水电站。上述工程建设及相应的工程地质勘察，全方位地为提高中国大坝建设的工程地质勘察与研究水平提供了条件。如乌江渡水电站的成功建设，从根本上克服了在岩溶地区兴建高坝的恐惧心理；葛洲坝大坝的建设，全面积累了研究坝基软弱夹层的经验；龙羊峡大坝在拱坝坝基稳定性分析及地质缺陷处理、近坝库岸滑坡危害性评价及监测技术、泄洪雨雾对下游岸坡稳定的影响等多方面，为大坝工程地质勘察提出了新问题、提供了新经验。为适应这些复杂地基地质勘察工作的需要，勘察新技术、新方法的研究在这一时期也取得了明显的进步。如：为适应软弱夹层研究而研制的 $\phi=1000mm$ 的大口径取芯钻机，$\phi=91mm$ 的钻孔彩色电视，软弱夹层钻进和取样工艺，各类剪切带成因类型划分及相应力学参数的研究等。这一时期列入国家"六五"重点科技攻关项目的"复杂地基勘察技术研究"，是大坝建设工程地质勘察所取得的最重要的研究成果，对推动我国工程地质勘察技术和方法的进步起到了重要作用。

（三）80年代后期至90年代

中国政府为进一步综合利用水资源和防治水害，相继决定兴建当今最引人瞩目的三个巨型水利水电工程，即雅砻江二滩工程、黄河小浪底工程和长江三峡工程。这三大工程具有以下共同点：

（1）无论从工程规模、综合效益和建筑物的复杂性都处于当今世界的前列。

（2）三个工程都有各自独特的复杂的工程地质问题。如二滩工程的区域构造稳定性，坝址区高地应力及大跨度地下厂房；小浪底工程近水平含软弱夹层地层中，大跨度、高密度地下洞室群开挖；三峡工程永久船闸深开挖高边坡及水库移民环境地质问题等。

（3）三个工程都经历了数十年的工程地质勘察与研究，有庞大的勘察工作量和丰富的勘察研究成果。二滩工程已于1998年建成发电，小浪底工程和三峡工程的施工，已跨过了受地质条件制约的关键阶段，前期勘测所做的主要地质结论都已得到检验。

这三大工程的成功建设，标志着中国水坝工程地质的实践经验和学术水平，已登上世界大坝建设工程地质研究的前沿。自1985—1995年，国家在"七五""八五"和"九五"重点科技攻关中，针对这三大工程的重大地质问题都列有专题进行研究。包括：区域构造稳定性评价和地震危险性分析；地震遥测台网建设及水库诱发地震研究；库岸滑坡的调查、稳定性分析计算、失稳判据研究、监测和预警系统、对大坝安全和库区环境的危害预测评价；岩体结构类型及岩体质量评价体系；复杂地质条件下高重力坝及高拱坝坝基、坝肩稳定性分析，地质概化模型的建立及岩体力学参数取值原则与方法；人工开挖高边坡的稳定性评价、各种本构模型条件下的二维、三维数值计算，岩体时效变形分析；裂隙岩体渗流场及岩体水动力学；复杂地质条件下（如高地应力区、水平地层含软弱夹层地区）大跨度地下洞室围岩稳定；大型不稳定块体的支护措施等。由于筑坝地区的迅速扩大，天然建筑材料越来越受到客观条件的限制，推动了各种新型天然建筑材料的研究。这一时期，为适应上述三大工程地质勘察与研究工作的需要，勘测新技术、新方法的引进、开发和推广工作，也得到飞速的发展。如航天航空遥感技术、弹性波 CT 技术的广泛应用，大型地质力学模型试验，计算机技术和各种工程勘测软件的迅速开发，新一代钻孔彩色电视，高边坡快速编录技术，岩体质量分级及检测，GPS 和 GIS 的广泛应用等。上述大量的专题研究和新技术新方法的推广应用，不仅满足了二滩、小浪底、三峡三大工程复杂地质问题研究的需要，而且迅速将我国大坝工程地质勘察技术推进到了世界的前沿水平。

二、大坝建设工程地质勘察的主要内容及其研究进展

大坝建设的工程地质研究，理论上应涵盖所有与工程建设和运行相关地区的工程地质和环境地质问题。在中国，习惯将地质勘察研究工作的内容分为四大部分，即区域构造稳定性评价及地震危险性分析；水库区工程地质及环境地质；坝址及枢纽建筑物工程地质与水文地质；天然建筑材料。水库诱发地震是一种特殊的地震现象，也是水库形成后产生的环境地质问题，中国目前多数将其归于第一类问题的研究中。从世界范围考察，各国对这四个问题所给予的重视程度和研究深度是不同的。但是在中国，由于受特殊的社会经济和自然条件（人口众多、土地资源和水资源相对匮乏、多地震等）的制约，这四大问题中的任何一项都必须给予足够的重视，才能满足建坝的可行性论证和工程规划设计的需要，并确保工程施工和运行的安全。中国现行的水利水电工程地质勘察规范及相应的规程中，对上述四大问题各设计阶段的勘察内容、要求及工作深度，都做了明确的规定。

（一）区域构造稳定性及地震性危险评价

中国是一个多地震的国家，尤其是中国东部的太行山、燕山山前地震带，西部的青海、宁夏、新疆以及西南的广大地区，地震活动性强，区域构造稳定性及地震活动性评价是在这些地区兴建大坝时，必须加以研究并做出结论的第一位工作。有些大坝，如三峡工程、小浪底工程，虽然位于构造相对稳定，地震活动不强烈的地区，但由于工程的特殊重要性，对区域构造稳定性和地震活动性问题也给予了特殊的注意。区域构造稳定性和地震活动性的研究包括区域地质背景（区域地层、构造、地貌、地质发展史等），深部地球物理场特征，新构造运动的性质及强度，断裂展布特征及活动性，历史地震及现代测震资料的收集、核查和分析，地震本底情况研究，地震危险性分析及地震动参数确定等。

随着中国大坝建设的重点向西部转移，以及二滩、三峡和小浪底等工程的建设，有关大坝建设区域构造稳定性和地震活动性的研究，在中国取得了举世瞩目的成就。如二滩工程兴建在新构造运动和地震活动性均很强烈的川滇南北向构造带上，对于能否在这样一个地区兴建高 230 余米的拱坝，曾引起很大的争论。中国的工程师通过深入的研究，弄清工程区周缘几条主要断裂的性状及其活动性，提出了相对稳定地块（安全岛）的概念，恰当地认识和处理了这个曾有过重大争论的问题。三峡工程的地震安全性曾引起世界范围的关注，中国的专家学者通过 30 多年的潜心研究，做了许多卓有成效的工作，在许多方面堪

称世界之首。如三峡工程专用地震监测台网，自 1958 年设立以来已有 40 余年的测震资料，就一个工程设立专用台网进行地震活动性的监测长达 40 余年，在世界上是少有的。为深入认识三峡地区的大地构造环境和几条主要断裂的性质，采用深部地球物理——人工地震测深的方法研究这一地区的地壳结构，各壳层界面特征，莫霍面的埋深及变化，几条主要断裂的切割深度及断距等，得到了极其宝贵的资料（图 1），从最基本的地壳结构及深部地球物理场条件澄清了许多有争论的重大问题。中国工程师根据三峡工程的实践，总结出"深部构造（深部地球物理场）是背景，区域地质条件是基础，区域断裂构造是骨架，新构造运动是表征，近场断裂活动性是核心，地震活动性是脉搏，地震危险性分析是归宿"的研究思路和方法。

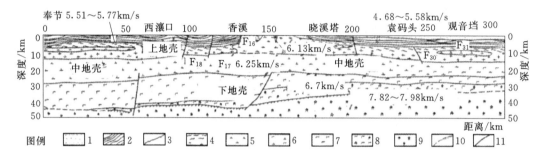

图 1　人工地震测深地质解译剖面图（四川奉节—湖北江陵）

1—陆相沉积岩层；2—海相沉积岩层；3—不整合面；4—基底变质岩及花岗质岩层；
5—闪长质岩层；6—辉长闪长质岩层；7—辉长质岩层；8—壳幔过渡层；
9—铁镁质橄榄岩层；10—莫霍界面及推测莫霍界面；11—断裂

新丰江水库 1961 年发生 Ms6.1 级水库地震，是世界上 4 个震级大于 6.0 级的水库地震之一，其后在中国大陆先后约有数十座水库发生过水库地震。中国政府及有关的生产、科研部门对此给予了高度重视，并投入了巨大的力量进行研究。中国对这一问题研究是由地震学家和从事大坝建设的工程地质学家相互配合进行的。研究内容包括水库诱发地震震例分析；水库诱发地震成因分类；库区基本地质条件：地层岩性，构造及新构造运动条件，断裂活动性，水文地质及岩体渗透性（碳酸盐岩构成的水库还包括岩溶发育情况）；地应力状态；区域地震活动水平、地震本底情况（包括河水位变化情况下）的监测以及建立水库诱发地震预测模型等。上述研究内容及方法，是在近十余年中中国数座发生过典型水库诱发地震的工程（如乌溪江、乌江渡、水口、东江、隔河岩、鲁布革等）的研究工作中逐步形成，并在三峡、二滩、小浪底工程的勘察工作中进一步发展和得到系统的应用。

（二）水库工程地质与环境地质

水库工程地质与环境地质问题的勘察研究，是大坝建设中工程地质勘察不可或缺的重要内容。与国外的大坝建设相比，中国由于人口众多，水库区一般均有较多的移民搬迁和城镇迁建，加之土地资源相对匮乏，更增大了水库区工程地质与环境地质问题研究的重要性。水库区工程地质勘察研究的内容，因自然社会条件的不同而有所不同或侧重，主要有以下方面：库岸稳定性，主要是可能危及大坝安全的近坝库段的大型崩塌、滑坡、危岩体，以及可能影响水库正常运行和居民生命财产安全的大型滑坡；中西部山区泥石流对库区环境的影响也是一种常见的自然灾害；在特定地区，主要是中国北方平原地区，水库蓄水引起的坍岸及浸没常是水库工程地质研究的重点；矿产资源受水库直接淹没或因地下水位抬高对矿产开采的影响，在兴建大坝决策论证时必须全面做出评价，这一工作通常由地质矿产部门做出负责任的回答；在岩溶地区，水库的封闭条件，库水有无向邻谷或向下游渗漏的可能及其规模，是在这一类地区兴建大坝必须首先做出明确结论的问题；有些地区由于水库蓄水，水库周边一定范围内地下水渗流场（水位、水温、水质）发生的变化及对当地工农业生产和人民生活带来的影响（正面的或负面的）也应做出评价；由于安置水库移民而大量兴建新的城镇及相应的工业、交通、通信和其他设施而引发的环境地质问题，日益引起了中国政府的重视。近期兴建的小浪底、三峡工程，移民数量巨大，对这一问题的研究，不论从广度还是深度上都是史无前例的。现在已经可以预计到，由于百万移民重新安置而形成的强大且集中的人类活动所引发的各类次生灾害，将是三峡工程最突出的环境地质问题。

由于兴建大坝对下游地区可能带来的工程地质和环境地质问题，也引起了广泛的注意。三峡工程兴建后清水下泄对下游河床的冲刷，坍岸加剧且会危及部分堤防的安全，水位变化对江汉平原土壤潜育化的影响，长江与洞庭湖、鄱阳湖等大湖关系的变化，乃至对上海市和长江河口的可能影响，都进行了广泛深入的研究。

（三）坝址工程地质与水文地质

坝址工程地质是大坝建设工程地质勘察的主体，主要涉及大坝、地下洞室和人工开挖边坡三大类型建筑物的工程地质问题的勘察与研究。

大坝坝基工程地质勘察的基本任务是确定坝基岩体可利用程度及范围，确定各种类型地质缺陷的位置、性状、范围和计算所需的各种地质边界，提供进行数值分析所需的岩体物理力学参数，确定地质缺陷处理的原则和方法。最近二十多年来，随着计算技术、试验和测试技术的不断进步，早期主要依靠工程地质学家凭经验评定建基岩体质量、确定坝基（肩）开挖深度的做法，已逐渐让位于通过建立岩体质量评价体系进行定量分类，根据建筑物的工作条件确定可利用岩体的部位和利用岩面的位置。深层抗滑稳定问题的研究主要是确定滑动边界条件及选取合理的力学参数。三峡工程左岸厂坝1～5号机组坝段由缓倾角结构面构成的深层抗滑稳定问题，通过特殊勘探，解决了国际上大坝建设中类似问题尚未能做出准确回答的难题，即块状岩体中闭合、不连续缓倾角结构面的位置、产状、规模、连通率及其构成的确定性滑移模式，使这一问题的研究有了突破性进展（图9）。龙羊峡重力拱坝坝肩地质条件复杂，几条较大的断层导致坝肩岩体的深部变形；由于倾向下游的断层与缓倾角裂隙组合构成的坝肩岩体向冲刷坑临空方向滑移的深层抗滑稳定问题等都十分突出，为此采用了混凝土阻滑键、传力槽、断层带物质部分置换及化学灌浆等复杂的基础处理措施（图5）。葛洲坝工程位于产状平缓多夹层的半坚硬岩石上，针对坝基抗滑稳定所做的地质勘察、岩石物理力学试验、稳定分析和基础处理措施，为中国在类似条件地区兴建大坝提供了完整的经验。

深开挖高边坡的稳定性及其支护措施的研究，也是坝址工程地质勘察中所遇到的最大量的工作，包括坝肩边坡、厂房边坡、地下开挖进出口边坡、下游消力池两侧边坡及船闸开挖边坡等，边坡的类型、形态、工作条件及构成边坡的岩体条件也千差万别。工程实践表明，人工开挖高边坡带来的麻烦问题远高于大坝建设中其他岩土工程建筑物所遇到的问题，因此高边坡稳定性的勘察研究在中国越来越受到重视，并成功地解决了水坝建设中许多高边坡工程的工程地质和岩体力学问题。如隔河岩工程引水洞出口边坡高达 110 余 m，下部为软弱的页岩并夹有大量的层间挤压带，上部为厚层状坚硬的石灰岩，边坡稳定及变形破坏问题十分突出；天生桥二级厂房后边坡总高度达 300 余 m，位于构造条件复杂的砂页岩互层区，施工中曾触发多次岩体滑动。根据地质条件采取设置抗滑桩、预应力锚索、减载卸荷等多种工程措施加以治理（图 2）。三峡工程永久船闸系在山体中深挖形成的双线连续五级船闸，两线间保留一岩柱——中隔墩（图 10）。闸室段总长 1607m，最大开挖深度达 170 余 m。为保证船闸的安全运行，边坡稳定和长期时效变形的评价，是一个具有国际前沿水平的挑战性问题。国家组织了国内外许多部门的专家学者进行了广泛深入的研究，这一工程目前正在顺利施工中，计划于 2003 年投入运用。

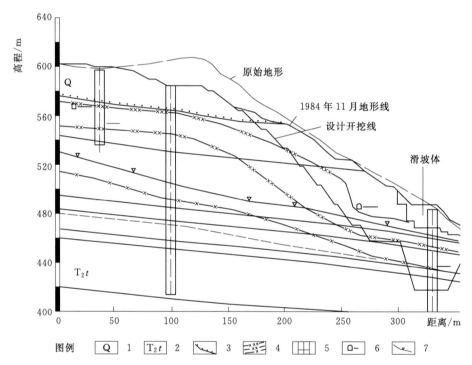

图 2　天生桥二级厂房后边坡地质剖面示意图

1—第四纪松散堆积；2—灰岩、泥灰岩及砂岩夹页岩；3—覆盖层与基岩分界线；
4—强、弱、微风化下限；5—钻孔；6—平洞；7—地下水位线

大坝建设中的地下工程，包括导流、泄洪、引水、排沙、灌溉、交通洞及地下厂房等多种工程类型。随着中国水电开发的重点逐步向西部转移，受到地形条件的限制，地下工程的类型和数量越来越多，规模也越来越大，条件也越来越复杂。如已建成的天生桥二级电站引水洞兴建在岩溶及构造条件均十分复杂的地区，洞长 9.9km，遇到岩溶塌陷、涌水、断层破碎带及岩爆等各类地质问题；二滩工程地下厂房跨度 28.5m，高 71.15m，位于高地应力的雅砻江峡谷地区，是目前中国跨度最大的地下厂房；黄河小浪底工程由于受

到地形、地质及水工布置等多方面条件的限制，导流、泄洪、排沙、电站引水及灌溉全部16条洞及6台机组的地下厂房不得不全部置于左岸一个范围不大的山体中（图7）。中国自20世纪80年代中后期开始，兴建了众多的抽水蓄能电站，最著名的如广州抽水蓄能电站、北京十三陵抽水蓄能电站以及浙江天荒坪抽水蓄能电站等。这些抽水蓄能电站的地下开挖都遇到了许多复杂的地质问题。与边坡工程相似，大坝建设中的地下工程类型多，规模和运用条件各异，地质条件千差万别，从坚硬完整的花岗岩到岩溶发育的碳酸盐岩，至一经开挖就产生塑流、大变形乃至崩解的泥岩、断层破碎带或蚀变岩；从水平地层到强烈挤压带，以至高地应力、高地热地区。因之也是大坝建设中工程地质勘察的重点对象。为上述地下工程所做的工程地质与岩体力学的勘察研究，积累了丰富的经验，为迈向条件更复杂、规模更大的地下工程建设奠定了坚实的基础。

坝址地质勘察的其他内容，如：河床深厚覆盖层，岩溶地区坝基防渗排水，高水头大流量泄洪下游冲刷坑等的勘察研究，都随着水电建设重点地区的西移而日益复杂。

（四）天然建筑材料

天然建筑材料勘察是大坝地质勘察的一项重要工作。在中国早期的大坝建设中，由于坝的规模较小，大坝建设地点条件优越，天然砂砾石料、天然土料及各类天然石料资源丰富，天然建筑材料相对比较容易解决。近二十年来，随着环境和生态保护的要求日益严格，筑坝地区的不断向西部迁移，自然资源的限制等诸多因素的影响，天然砂砾石料和天然土料已越来越无法就地取材满足需要，不得不转而研究新的料源和料种。混凝土骨料发展最快的是人工骨料。在中国，很多种类型的坚硬岩石，如花岗岩、玄武岩、碳酸盐岩、变质岩、石英砂岩等，都曾被用作人工骨料，以碳酸盐岩人工骨料最多。对各类人工骨料的碱-硅酸盐活性反应及碱-碳酸盐活性反应的研究，虽然技术较复杂，所需经费多，花费时间长，但仍是人工骨料质量评价必不可少的项目；防渗土料已广泛使用砾石土、碎石土、风化残积土或其他混合料；高面板堆石坝的石料勘察也有别于过去常规堆石坝的要求。大坝建设中天然建筑材料勘察所表现出的巨大的社会和经济效益，以及少数工程由于天然建筑材料选择失误所带来的损失，日益引起勘察设计部门对天然建筑材料勘察工作的重视。早期地质勘察工作中一度将天然建筑材料放在次要地位的现象已逐步得到克服。许多领域的研究，如碱活性骨料的研究，砾（碎）石土性能的研究，都已接近和超过了世界领先水平。

三、几个典型工程的地质研究简介

（一）乌江渡水电站——开创我国石灰岩地区兴建高坝的先例

乌江渡水电站位于乌江中游，是乌江流域规划中确定开发的第一期工程和骨干电站，也是我国兴建在岩溶发育地区的第一座坝高大于100m的水电站。工程地质勘察始于1958年，1968年动工兴建，1979年建成发电。水电站大坝为混凝土拱形重力坝，坝高165m，长395m，装机容量680MW，水库容积21.4亿m^3。大坝工程地质勘察先后进行过1：50000、1：5000、1：1000和1：500比例尺的地质测绘，3万余m的钻探，4800余m的洞探，广泛的岩溶水文地质调查，岩石力学试验和其他岩溶地质专题研究。筑坝地层为下

三叠统 T_1^2 玉龙山灰岩，厚 233m，上下均为页岩所夹持。其上为 T_1^3 九级滩页岩，厚 83m；其下为 T_1^1 沙堡湾页岩，厚 34m。坝址区构造为一倒转背斜，地层走向与河流近于正交，倾向上游，倾角 60°左右。岩体中断裂构造发育，为岩溶发育创造了有利条件，致使坝区岩溶水文地质条件极为复杂。在此之前，中国在石灰岩地区没有兴建过坝高大于 50m，库容超过 1 亿 m^3 的大坝，因此乌江渡大坝的建设曾引起国内大坝建筑界的广泛关注，大坝的成功建设也为中国在石灰岩地区兴建众多的大坝开创了先例，并积累了丰富的经验，主要有以下几点。

1. 坝址选择

乌江渡水电站曾比较过两个坝址。上坝址地层为寒武系白云岩，岩体破碎，风化较深，岩溶虽不发育，但坝址上下游一定范围内没有可靠的隔水层；下坝址位于三叠系玉龙山灰岩上，岩溶发育，但紧邻坝址上下游均有厚层页岩可作为防渗依托。考虑到在石灰岩地区建坝，有无可靠的隔水层及其位置，直接关系到坝址能否成立、防渗工程量的大小及难易程度。因此，在上坝址已决定动工兴建的情况下，毅然改为了下坝址。此后在石灰岩地区建坝，尽量选择坝址附近有可靠隔水层做防渗依托，成为在岩溶地区选择坝址的重要原则之一。

2. 重视岩溶发育规律和演变历史的研究

乌江渡水电站坝址处，乌江深切于峡谷中，谷深在 250m 以上，为横向谷。岩层陡立，上下游为厚层页岩所夹持，因而岩溶的发育主要受层面的控制。在局部地段特别是邻近谷坡的地段，由于受到河流发育过程、断裂构造和岩体水动力条件等多种因素的影响，表现出极大的差异性和复杂性。如右岸，由于受到与河流流向呈小交角的断层裂隙的控制，不仅岩溶发育，且上下游两个暗河系统在一定高程上相互连通；两岸沿断层均发育有大型溶洞，充填密实黏土，部分洞段充填松散砂砾石，给防渗工程施工带来很大难度；由于谷坡地段地下水的深循环，在岸边形成深岩溶带，河水位下 200 余 m 发现高 9.0m 的大溶洞。

针对以上特点和差异，右岸从岸坡进入山体长 93m 的地段，构筑地下混凝土墙做防渗体，再接防渗帷幕，墙体面积约 3130m^2；左岸砂砾石充填的洞穴段，采用高压旋喷构筑防渗体。

3. 在灰岩地区利用地下水等水位线指导岩溶发育状况的研究是一种有效的方法

乌江渡大坝最早运用这种方法圈定出岩溶系统和管道的位置，根据地下水等水位线形态，发现了右岸一个十分隐蔽的 K_1 岩溶系统。这是一个正趋消亡的系统，出口很小，但里面发育有大的岩溶洞穴，对右岸防渗工程的型式选择和施工方案至关重要。左右岸沿现在发育的大暗河，地下水等水位线则各表现为宽大的凹槽。另一个典型事例是右岸作防渗接头的沙堡湾页岩被断层错断，页岩上下盘的灰岩相接。利用地下水位线呈现的凹槽，发现页岩上下游的灰岩因断层错位而搭接（图 3）相通，形成的"天窗"已成为漏水通道，从而及时改变了防渗帷幕接头位置。

4. 注意断层对隔水层隔水作用的破坏

坝址右岸的 F_{148} 断层是一条隐伏于地下的缓倾角逆冲断层。通过大量的勘探工作和仔细分析，对断层的性质、位置和断距都已查清，也知道断层使页岩上下盘的灰岩相接，但相通的部位高程已较低，没有预计到灰岩溶蚀仍然较严重。断层上盘 P_2^2 灰岩中的地下水位在天窗处出现凹槽，表明断层上下盘灰岩中地下水有水力联系，从而使 T_1^1 沙堡湾页岩失去了隔水作用（图 3），不能作为防渗帷幕接头。由于及时发现了这一隐患，从而修改设计，将右岸帷幕接头继续上延，穿过 P_2^2 层灰岩进入 P_2^1 煤系地层中。在岩溶地区建坝，注意水库区和坝址区的隔水层是否被断层错断，从而失去防渗作用，是石灰岩地区大坝建设工程地质勘察的重要内容之一。

乌江渡大坝 1979 年建成，20 年的运行证明大坝建设十分成功。该项工程于 1985 年获国家科技进步一等奖。由于有乌江渡大坝成功建设的经验，消除了早期人们在岩溶地区建坝的恐惧心理。此后中国在石灰岩地区又成功地建设了一大批大型水电工程，如鲁布革、观音阁、隔河岩、东风、天生桥、万家寨等。

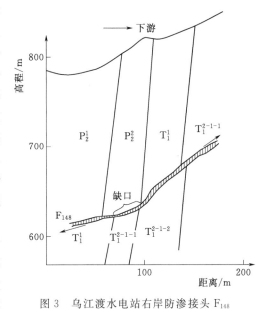

图 3 乌江渡水电站右岸防渗接头 F_{148}
断层及页岩缺口示意图

P_2^1—乐平煤组；P_2^2—长兴灰岩；T_1^1—沙堡湾页岩；

T_1^{2-1-1}—玉龙山灰岩第一大层第一小层；

T_1^{2-1-2}—玉龙山灰岩第一大层第二小层

（二）长江葛洲坝水利枢纽——软弱夹层研究的成功范例

长江葛洲坝水利枢纽位于长江三峡出口南津关下游 2.3km，下距宜昌 2.0km，是在长江干流上兴建的第一座水坝。葛洲坝水利枢纽的主要任务是三峡工程的反调节水库，改善三峡大坝至下游南津关峡谷河段的航运条件，同时也可获得巨大的电能。它的另一个巨大价值就是为三峡工程的建设积累经验。工程系闸坝式建筑物，最大坝高 53.8m，大坝全长 2606.5m，由三座船闸、两座冲沙闸、27 孔泄洪闸和 21 台机组的厂房坝段组成，库容 16 亿 m³，总装机量 2715MW。

葛洲坝水利枢纽在 20 世纪 60 年代曾进行过规划性的地质勘察。1970 年，在没有充分进行勘测设计的情况下，工程仓促动工兴建。开工后工程面临许多有待解决的重大技术问题，地质问题也是其中之一，遂于 1972 年被迫停工。经过两年的补充勘测设计，1974 年完成了补充初步设计报告，工程随即复工。1981 年第一批机组发电，1988 年全部机组投产。

葛洲坝水利枢纽坝址区为丘陵地形，河床宽约 2200m。江中分布两个小岛，自右至左，将河流分为大江、二江、三江 3 条水道，大江为主河槽。大坝位于白垩纪红层上，为一套内陆河湖相沉积。下部为厚层钙质胶结的砾岩，主要分布于右岸及右侧大江主河槽段；中上部为砂岩、粉砂岩、黏土岩互层，分布于二、三江地段。黏土岩及黏土质粉砂岩均为软弱地层，其中一部分在后期层间错动的构造作用下，演化为泥化夹层。坝区构造为一单斜构造，岩层倾向下游偏左岸，倾角 8° 左右。从沉积环境和岩性特点，可将葛洲坝工程的岩体，特别是一期工程的岩体，概括为软硬相间、多层面、多夹层的薄层岩组。岩体中所含大量的软弱夹层，特别是泥化夹层及由此而引起的坝基抗滑稳定问题是工程建设的关键性技术问题之一。由于软弱夹层的数量多，厚度薄，相变大，准确查明它们的层位、分布、空间展布、厚度、性状变化以及给定相应的物理力学参数，成为工程地质勘察工作中最大的技术难题，为此做了大量的技术探索和研究工作。

1. 软弱夹层的勘察

为准确查清软弱（泥化）夹层的层位、分布范围、性状及厚度在空间的变化等关键问题，进行了大量的勘察研究，并推动了相关学科的发展。$\phi = 1 \sim 2m$ 的大口径环状取芯及全断面工程钻机，$\phi = 91mm$ 的钻孔彩色电视录像，都是为这一目的开发出的先进技术。在以后的 20 年间，这两种技术在中国的水利水电工程地质勘察工作中发挥了重要作用。勘察研究的工作深度已达到可以编制出每一个软弱（泥化）夹层在坝基下的顶（底）板等高线及性状分区，从而为坝基稳定分析和基础处理提供了坚实基础。葛洲坝工程软弱（泥化）夹层的成因和后期演变，夹层的类型划分，矿物、化学成分和结构、构造的分析研究，为后来众多工程的软弱（泥化）夹层的研究打下了基础。

2. 夹层的物理力学性质研究

软弱（泥化）夹层的物理力学性质及其在不同环境下的变化，是建筑物稳定计算、安全评价和基础处理设计的决定性参数。葛洲坝工程在这一方面做了大量的试验研究，包括：黏土岩、黏土质粉砂岩在干湿交替环境下的崩解、软化的研究和防治措施，岩石的单轴和三轴强度，软弱（泥化）夹层的长期强度及剪切流变特性，软弱（泥化）夹层的渗透变形与渗透破坏，抗力岩体的强度，软弱（泥化）夹层在长期渗压水作用下物理、化学及强度的演变趋势等。为了得到上述参数的可信成果，除常规的室内和现场力学试验外，还专门进行了超大型的现场原位试验，包括试件尺寸为 $100cm \times 100cm \times 150cm$ 的三轴强度试验；长 $9.54 \sim 11.65m$，宽 $1.7m$，高 $2.35m$ 的抗力岩体强度大型试验；夹层埋深 $4.8 \sim 5.2m$，渗径长度为 $3.0m$ 的现场渗透变形试验；在江水渗透作用下泥化夹层物理、化学性质及力学强度的变化观测试验等。上述试验研究成果不仅为葛洲坝工程提供了重要的设计依据，也在不同程度上推动了我国岩石力学特别是岩体中软弱层带岩石力学特性研究工作的进展。

3. 施工期地基岩体变形的监测

针对葛洲坝工程地基的岩体特性，为取得施工期岩体的物理、化学、力学特性发生变化的第一手资料，进行了多项的施工期岩体性状及变形的监测工作。包括岩体开挖暴露后风化崩解速度及影响因素的观测，地基岩体开挖卸荷回弹及层面张开的监测，夹层位移监测，开挖爆破对岩体损伤情况的监测，地基岩体质量检测，岩体随混凝土浇筑的压缩沉陷变形观测及二江电厂深基坑开挖岩体水平位移的监测等。这些监测工作及所取得的成果，不仅大大加深了对地基岩体工程地质特性的认识，而且对适时修改设计，调整施工方案，提出工程措施起到了极其重要的作用。如二江电厂开挖后，发现基坑壁面沿若干夹层发生位错，对这一现象进行了广泛的调查研究（基坑壁面、大口径钻孔孔壁，预裂孔壁面等）和重点监测，确认这一现象是在低地应力水平（$2 \sim 3MPa$）条件下，开挖卸荷后岩体应力释放，沿低抗剪强度的软弱夹层发生的位移。其影响范围上下游方向大于 $170m$，左右两侧小于 $50m$，影响深度可达基坑最低开挖面以下 $6.8m$。观测资料还表明，随着开挖工作的结束，应力调整的过程也逐步趋于稳定，变形也逐步终止，但变形完全停止的时间可能持续很久。通过分析监测成果，确定在变形进入缓慢变形阶段后，主机段通过浇筑大体积混凝土来抵抗岩体的残余位移,同时在进水段上游面设置软缝以适应岩体变形。

4．地基处理

虽然葛洲坝工程是一座低水头径流式电站(最大水头 27m),但由于地基岩体为软硬相间、多层面、多软弱夹层的复杂岩组,且是长江干流上的第一坝,因此,采取了极为慎重的综合基础处理措施。包括:防止黏土岩在基坑开挖后快速风化的保护措施;以固结灌浆为主的地基岩体加固处理措施;强透水带的深孔固结灌浆处理;稳妥的地基渗流控制工程,包括冲沙闸和二江泄水闸护坦的全封闭防渗排水;断层带及强透水带的加固处理;为闸室抗滑稳定所采取的防渗板、混凝土齿墙、闸室抗力体部位的钢筋混凝土锚固桩、保护软弱(泥化)夹层的防冲刷潜蚀措施等。图 4 为葛洲坝工程地基处理综合示意图。

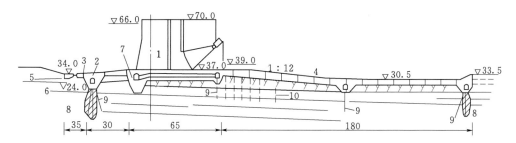

图 4　葛洲坝水利枢纽泄水闸地基处理方案示意图(单位:m)

1—闸室;2—防渗板;3—防冲铺盖;4—护坦板;5—212 夹层;6—202 夹层;

7—齿槽;8—防渗帷幕;9—排水孔;10—加固桩

工程建成后,至 1999 年,经过 18 年(一期工程)和 13 年(二期工程)的运行及各项监测资料反馈分析,各项指标均在设计允许范围以内,工程的安全是有保证的。

(三)龙羊峡水电站——复杂地质条件的典型工程

龙羊峡水电站位于黄河上游青海省境内的龙羊峡峡谷进口段,是黄河流域规划中拟定的干流 46 个梯级的第一级电站,具有巨大的综合效益。大坝为混凝土重力拱坝,最大坝高 178m,总库容 247 亿 m^3,电站装机容量 1280MW,坝后式厂房。龙羊峡水电站的地质勘察工作始于 1958 年,在长 9km 的峡谷河段内曾选有 4 个坝址。1976 年选定第二坝址,1977 年选定坝线并正式开工,1986 年 10 月下闸蓄水,1987 年第一批机组投产发电。龙羊峡水电站众多的工程地质问题中,最突出的是两大问题:一个是坝肩岩体的抗滑稳定和基础处理;另一个是近坝库岸岸坡的稳定性及滑坡涌浪危害性评价。

1．坝肩岩体抗滑稳定及基础处理

龙羊峡水电站大坝地基主要由印支期花岗闪长岩组成。坝基岩体由于经受多期构造运动,断裂发育。其中对岩体稳定影响最大的有 3 组:

(1)走向与河流近于正交的南北向断层。该组断层以 F_7、F_{73}、F_{18} 为代表。其中 F_7 断层位于坝线下游 200~300m 处,是一条区域性断裂,由 10 条左右的断层组成,单条破碎带宽 1m 至数米不等,整个带宽约 70~100m。沿该断层发育了一条近南北向的深冲沟,与河流正交,使左坝肩支撑岩体显得单薄,成为控制坝肩岩体稳定的下游边界。

(2)走向北东的断层。该组断层在右岸与河流呈锐角相交,贯穿右坝肩上下游岩体。这些断层大多有数厘米到数十厘米的夹泥,夹泥本身密实不透水,但其两侧影响带的破碎岩体透水性较强，因而该组断层是右坝肩岩体稳定的侧向控制面和主要渗水通道。

（3）坝区还有一组走向近南北，即与河流近正交且倾向上游或下游的缓倾角夹泥裂隙，倾角一般 $15°\sim30°$，构成坝肩岩体滑移的底滑面，在高陡岸坡开挖时则成为控制边坡岩体稳定的滑移面。

上述特定的岩体结构条件和重力拱坝的坝型，使龙羊峡大坝的坝肩岩体稳定和基础处理成为我国大坝建设史一个具有典型意义的工程实例。

在上述结构面特定组合条件下，分析研究了两岸坝肩的抗滑稳定及几条主要断层的压缩和剪切变位。分析计算表明：左岸以 $F_{73}\sim F_{215}$，$F_{73}\sim T_{12}$，$F_{73}\sim T_1\sim T_{25}$ 等为底滑面；右岸以 $T_{66}\sim F_{18}\sim F_{49}\sim T_{314}$ 尾岩为底滑面的抗滑稳定，安全系数均不能满足规范要求。每 20m 高度切取一平面拱圈，采用平面非线性有限元的计算表明，在不同高程处断层产生的变位占基础总变位的百分数，左岸约为 $13\%\sim62\%$（高高程处大），右岸达到 $75\%\sim92\%$（低高程处大）。断层的压缩和剪切变位过大，不能很好地传递坝的推力，在岩体内形成应力集中，并在坝体中产生高达 1.92MPa 的拉应力。根据上述分析计算，为满足坝基抗滑稳定的要求，改善坝基及岩体的应力状况，必须进行深层基础处理。处理的原则是采取综合措施，兼顾坝基稳定、变位、传力、防渗及应力状况。主要包括三个方面：

1）断层的深层处理。根据断层的规模、性状、对工程的危害以及施工的难易，主要采用沿断层设置网格式混凝土置换洞塞或穿过断层设置传力洞塞，以满足变形、抗剪及传力三个方面的要求，处理工程示意如图 5 所示。对上述几条主要断层在坝基应力影响范围内未被置换的部分，进行高压水泥灌浆，个别部位还补充进行化学灌浆，以全面提高断层破碎带的强度和抗渗能力。

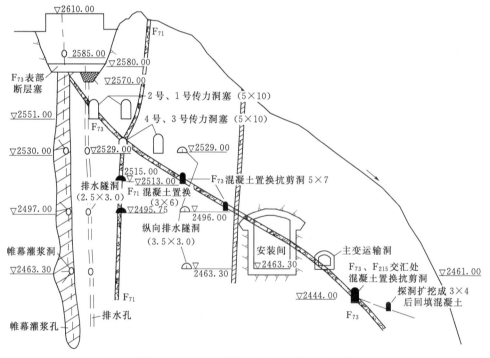

图 5　龙羊峡水电站左坝肩断层处理示意剖面图（单位：m）

2）防渗排水措施。分析计算表明，渗流水压是影响岩体稳定的重要因素，因此对地基的防渗排水给予了足够的重视，采取以"排"为主的渗流控制措施。大坝挡水前沿设有防渗帷幕，其后设排水，均延伸入两岸100～200m；左岸顺河向设置一排排水幕，右岸设置两排，拦截绕坝渗流；主坝与厂房间河床设置5排排水幕。位于左岸紧靠坝线上游的G_4伟晶岩劈理带，走向北北东，倾角近直立，在拱端拉剪应力作用下可能被拉张，危及帷幕的安全。对G_4采取地表用混凝土封堵，深部用中高压固结灌浆，设置斜帷幕和斜排水幕截断G_4，幕体过G_4处加厚并辅以化学灌浆等措施。通过三向渗流试验和渗流场分析计算，采取上述防渗排水措施后，渗控工程效果良好。

3）其他工程措施。对两岸坝肩局部不稳定岩体进行预应力锚固和抗剪洞塞处理。岸坡普遍设置锚杆、锚桩、设排水孔和表面衬砌。对冲刷坑附近的岸坡，采用钢筋混凝土抗剪竖井，防冲墙，护坡及预应力锚固等措施。

2. 近坝库岸岸坡稳定及涌浪危害性研究

龙羊峡水电站的另一个突出工程地质问题是近坝库岸的岸坡稳定及其危害性评价。自坝前向上游长15.8km的河段内，水库南岸岸坡由第四系中—下更新统湖相地层组成，相对坡高300～500m。岸坡中下部主要为黏土层夹砂。由于黏土层强度较低，且其中夹有强度更低的青灰色黏土条带，致使这一库段岸坡稳定性很差，滑坡密布。这些滑坡规模普遍较大，体积在数百万至上亿立方米之间；滑速较高，一般都在15m/s以上；且滑程较远。如发生于1943年的著名的查纳滑坡，滑坡前缘向前推进了约3km。因此近坝库岸的岸坡稳定性及其在施工期、运行期的滑坡涌浪的危害性研究，成为龙羊峡工程的重大技术问题。

这一问题的研究主要包括三个方面的内容：

（1）滑坡的地质背景及形成过程研究。包括滑坡（边坡）的坡面形态、地层岩性、地质结构、水文地质条件、土层的物理力学性质及滑坡的形成演变分析。库水淹没范围内岸坡下部主要为黏性土，厚约280m，中夹有多层厚0.3～3.0m的薄砂层。黏土层的抗剪强度，特别是黏聚力，随着土层含水量的增加而迅速降低；黏土层中黏性土与砂性土的结合面以及黏土层中所夹青灰色黏土条带，是构成土体滑移的层间弱面。土体中还发育有构造成因的陡倾角裂隙，构成后缘拉裂面，这是滑坡形成的基本内在条件。干旱的气候，不丰富的地下水，有利于在第四系地层中形成罕见的高陡边坡，为大规模的滑坡孕育了地形条件。边坡的上部主要为砂性土，地表水和地下水沿砂层及裂隙迁移至黏土层及软弱层界面，使这一部位的土体强度明显降低，控制了滑面及前缘剪出口的位置。在重力及残余构造应力的作用下，岸坡自坡脚区土体强度破坏而开始的缓慢累进性破坏过程，是斜坡失稳的主要原因。

（2）滑坡涌浪危害性研究。龙羊峡水电站近坝库岸的滑坡，按其滑动性质可分为两大类：①首次滑动。系指完整湖相地层组成的斜坡的第一次滑动。其特征是滑速高、规模大，是滑坡涌浪研究的主要对象。②二次滑动。即老滑坡堆积物的再次复活，具有明显的分解趋势，规模小、滑速低，不会造成涌浪危害。

为了预测滑坡的涌浪高度，必须研究滑坡的滑动方量及滑速。前者通过地质勘察加以确定，后者在高速滑动机制及发展过程分析的基础上，通过物理模型及计算求得。根据实地调查、试验和计算所得的成果综合分析，龙羊峡水库库首段滑坡的入水滑速大约在16～40m/s间。

蓄水初期的涌浪预测，包括不同蓄水位坝前的涌浪高度及漫坝水量等。其研究步骤是在详细地质测绘和滑坡机制分析基础上，确定岸坡破坏的基本类型，圈定出可能产生高速滑坡的地段，提出计算边界和各种计算条件，根据地质勘察及计算结果，确定滑面位置、滑移方量、入水滑速等。涌浪高度则主要依靠1：500比例尺的模型试验确定。通过反复研究，确定近坝库岸有可能产生高速滑动的不稳定边坡主要有三处：农场边坡、龙西边坡和查纳滑坡。影响最大的是农场边坡，距大坝2.8km，当下滑方量2142万 m³、库水位低于坝顶10m时，坝前涌浪高度将超过坝顶12m；当库水位低于坝顶30m时，最大涌浪高度接近坝顶。为防止涌浪超过坝顶及两岸坝肩，建议水库运行初期，控制库水位低于坝顶40m。

（3）滑坡监测及预报。鉴于滑坡涌浪对工程安全的重要性及滑坡涌浪问题的复杂性，为确保水库与大坝的安全，必须对库岸变形进行有效的监测，并为水库的调度方案及库岸最终变形预测提供依据。监测范围自坝前约1.5km开始，至上游15.68km的水库南岸岸坡。其中重点监测对象有：危害性最大的农场边坡（距大坝2.8km），预计蓄水后最先失稳的龙西边坡（距大坝3.8km）和体积最大的查纳滑坡（距大坝6.0km）。

主要监测手段有三类：

1）地质巡视。地质人员根据情况，定期或不定期对监测区边坡进行巡视，以及时发现岸坡出现裂缝或变形的地点（段）、规模及发展走势，用以宏观判断边坡的稳定状况和发展趋势，也可指导和调整监测工作的部署。针对龙羊峡近坝库岸地形条件，运用直升机定期进行空中巡视，这种方法在中国是首次应用在滑坡监测中。

2）大地测量。有两个方面的内容：①在水库蓄水前对监测库段进行大面积航空摄影测量、陆上摄影测量及水下地形测量，以建立蓄水前的本底地形资料。水库蓄水后，根据库岸坍塌及滑坡情况，进行同样内容的测量，以评估塌岸、滑坡的规模，库岸再造的规律及对库容的影响等。②设置地面测量标点，应用大地测量方法定期复测，监测滑坡的变形和位移。

大地测量方法采用平面控制网和高程控制网监测岸坡的水平和垂直位移。所有近坝库岸有可能失稳的6处岸坡都用这种方法进行监测。龙羊峡水电站的近坝库岸岸坡稳定性监测，还首次在我国应用了GPS技术，并与大地测量方法所得成果进行了比较，以论证其可行性。

3）仪埋定点观测。包括地下水位计、测缝计、多点位移计、收敛计、钻孔倾斜仪和地表倾斜仪等项观测。上述监测仪器大多数安置在专门开挖的监测平洞或地表廊道中。其中水位和位移变形监测采用无线电遥测系统（RS-94A全自动滑坡遥测报警系统）进行监控和报警。

（四）二滩水电站——我国已建最高的双曲拱坝

二滩水电站位于长江上游金沙江的支流雅砻江下游，为雅砻江梯级开发的第一期工程。大坝正常蓄水位1200m，总库容58亿 m³，电站装机容量3300MW。大坝为混凝土双曲拱坝，最大坝高240m。电站枢纽由大坝、右岸泄洪洞和左岸地下厂房系统组成。电站的工程地质勘察始于 1972 年，1978 年 11 月提交了《二滩水电站初设选坝阶段（蓄水位 1200m 高程的高方案）工程地质报告》，1982 年完成了可行性研究报告，1985 年完成了初步设计阶段的勘测设计工作，1991 年 9 月主体工程正式开工，历时 19 年。由于二滩水电站工程规模大，工程地质条件尤其是区域构造稳定性和地震危险性问题比较复杂，对在这种条件下兴建如此规模的高拱坝曾引起过争论。为此，除进行多种比例尺的地质测绘、钻探、洞探、岩石物理力学性质试验外，针对区域构造稳定性、地震活动性、高地应力和坝基（肩）岩体力学特性所做的专门性勘察、试验与科学研究工作，在许多方面都积累了重要的经验，推动了我国工程地质相关学科的发展。

1. 区域构造稳定性和地震活动性的研究

二滩水电站的大地构造部位位于川滇南北向构造带的西段。该构造带是我国西部活动性比较强烈的一个构造带，坝区东南侧的雅砻江断裂带和西侧的金河—箐河断裂带都是新构造运动和地震活动性比较强烈的活动断裂带。因此，二滩水电站的区域构造稳定性和地震活动性问题，成为工程建设的重大地质问题，对此进行了大量的专题研究。二滩水电站和后面将要介绍的三峡工程的区域构造稳定性研究，分别代表了两个不同大地构造环境条件下的研究深度和水平。

二滩水电站的区域构造稳定性和地震活动性研究，是在广泛利用前人区域地质和地震研究资料的基础上，围绕坝址进行了 7000km^2 的区域地质调查，30000km^2 的彩红外航空遥感影像的解译和现场复核，重点断裂的专门性调查和活动性研究，历史地震和现代测震资料的收集整理和分析，以及研究区内可疑古地震遗址的查证。对距坝址较近的头滩断层和右坝肩的 f$_{20}$ 断层专门挖掘勘探洞，通过断层带物质的组成，相互切割关系及测年，研究其新活动演化过程及最新活动年龄的下限。先后进行过三次地震基本烈度鉴定，并在工程施工准备之初，即 1990 年就在工程区建立了地震监测台网，并延续至今。尽管二滩水电站在大地构造环境上处于新构造运动和地震活动均较强烈的川滇南北向构造带上，但经过上述一系列深入细致的研究和对南北向构造带的分段剖析，对二滩水电站区域构造稳定性和地震活动性得出了明确的结论。即二滩水电站位于构造断裂围限的共和断块上，该断块是川滇南北向构造带中一个相对稳定的块体。断块长期以来构造上相对稳定，无孕震构造；坝址周围 12km 范围内不存在活断层；历史上无强震记载。经国家有关地震部门多次鉴定复核，坝址区基本烈度为Ⅶ度。二滩水电站的区域构造稳定性研究，为我国在西部地震活动比较强烈的地区兴建高坝，积累了重要的经验。

2. 关于高地应力及其对工程的影响评价

二滩水电站是我国最早系统研究地应力的工程。早在 20 世纪 70 年代，由于在钻孔中出现大量的饼状岩心，在探洞掘进及原位试验试件加工过程中出现岩石葱皮、片帮、岩爆等现象，对它们形成原因的研究，引起了对坝址是否存在高地应力的关注。此后，围绕坝区应力场及其对工程的影响进行了大量的专题研究。在钻孔和平洞中进行了 30 多组平面和三维地应力测量，求得坝区不同高程、不同地貌单元、不同建筑物部位的地应力值，再通过三维有限元回归分析，得出全坝区的地应力场，从而为评价地应力对各建筑物设计、施工的影响提供了重要的基础资料，并得出了以下几点基本认识：

（1）坝址区空间应力场由构造应力和自重应力共同形成。据实测成果换算，各测点水平应力大于垂直应力，上覆岩体自重应力仅为实测垂直应力平均值的47%；实测最大水平应力是理论计算值的6～15倍，实测最小水平应力是理论计算值的4～11倍。

（2）三向主应力均为压应力，最大主应力（σ_1）方位稳定。两岸最大主应力均垂直河谷，倾向河床，倾角30°以内。三向应力平均比值是$\sigma_2/\sigma_1=0.52～0.60$，$\sigma_3/\sigma_1=0.27～0.36$。

（3）应力分区现象明显。大体可划分为：应力释放区，位于谷坡表层，应力量级一般小于5MPa；应力过渡区，位于河谷周边浅层，应力量级多在5～20MPa；应力平稳区，位于谷坡较深部位，应力量级20～40MPa；应力集中区，位于河床，应力量级40～80MPa，是岩心饼化最严重的部位（图6）。上述四个区，由于地应力状态和量级不同，岩体工程特性有显著差异。

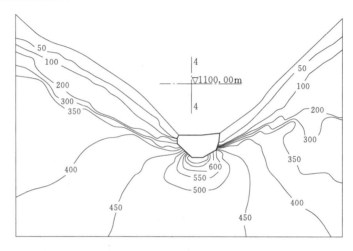

图6　二滩水电站地应力场σ_1等值线图（单位：0.1MPa）

（4）应力释放引起的岩体破碎现象不仅与应力大小有关，同时与岩石性质密切相关。以应力平稳区的正长岩为例，平均地应力为25MPa，相当于正长岩单轴抗压强度的1/5～1/7，低于此量级，因应力释放而出现岩石破损微弱，当超过这一应力水平时，岩石破损现象显著加大。但对结晶程度较差的高强度玄武岩，其比值达1/3时，仅出现少量破裂现象。

（5）根据地应力量级、方向、分区特点，地应力对不同岩性岩体的破损影响。结合各建筑物的具体工作条件，做出对工程的影响评价。大坝建基面的选择应充分利用应力过渡区，部分利用应力释放区，尽可能避免应力集中区；适当提高建基面，以便建基岩体的地应力与岩石抗压强度的比值控制在岩石受损伤破坏轻微的范围内；地下厂房的轴线尽量与最大主应力平行或呈小锐角相交。对地下建筑物围岩中应力集中的部位，做好加固设计；要充分注意局部应力集中引起的岩爆、片帮、剥落、岩体开裂等现象可能造成的危害。

（五）小浪底工程——平缓含软弱夹层地区建高坝的新经验

小浪底工程位于黄河中游最后一个峡谷出口处，控制了黄河流域总面积的92.3%，年径流量和输沙量分别占全流域总量的92.2%和近100%。水库正常蓄水位275m，库容126.5亿m^3，电站装机容量1800MW。大坝为黏土斜心墙堆石坝，最大坝高154m。工程的开发目标以防洪、防凌、减淤为主，兼顾供水、灌溉和发电、蓄清排浑，具有巨大的综合效益。

小浪底工程的地质勘察工作始于 20 世纪 50—70 年代，先后对 5 个坝址进行过比较研究。1978 年以后集中力量勘察研究选定的坝址，1991 年 9 月开始施工准备，1994 年 9 月主体工程正式开工。

坝址出露的主要地层为二叠系和三叠系河湖相红色碎屑岩。二叠系地层以粉砂质黏土岩与砂岩互层为特征；三叠系地层则以砂岩、粉砂岩为主，夹薄层页岩或粉砂质黏土岩。地层倾向东（倾向下游），倾角 8°～10°，地震基本烈度为Ⅷ度。小浪底工程不仅规模大，而且受到地形、地质条件的限制，工程总体布置，建筑物型式的选择及施工都必须面对许多无法回避的矛盾，也会遇到不利的工程地质条件和复杂的工程地质问题。诸如，区域构造稳定性和水库诱发地震，土石坝坝基稳定，深厚覆盖层的防渗处理，洞室围岩稳定，电站厂房及泄水建筑物进出口段边坡稳定，单薄分水岭稳定性等问题。这些问题中，最具特色和借鉴价值是左岸单薄分水岭地下洞室群的围岩稳定及支护，以及泄水建筑物出口段边坡的稳定性问题。

1. 地下洞室群围岩稳定及支护设计

由于受地形、地质条件和水工建筑物结构型式的限制，小浪底工程导流、泄洪、排沙、灌溉、发电等水工建筑物全部采用地下洞室型式，并集中布置在左岸单薄分水岭地段。在长约 320m，高 110～140m 的进口边坡范围内，布置了 15 条洞径 6.5～14.5m 的隧洞，另有一条洞径 3.5m 的灌溉引水洞（图 7），山体中还布置一组地下厂房，尺寸为 251.5m×(22.3～26.2)m×57.9m(长×宽×高)。导流、泄洪建筑物和发电引水系统在地下呈空间交叉。

小浪底工程地下洞室群所在地段地下水不丰富，初始应力量级不高。围岩稳定性问题，除了山体单薄，洞室群布置集中所带来的复杂的应力状态外，岩性及岩体结构是控制围岩稳定及岩体变形，决定地下工程施工和长期运行安全的基本因素。洞室围岩主要由三叠系刘家沟组及和尚沟组，T_1^l～T_1^h 的 11 个砂页岩岩组组成，其中 24% 的岩石为饱和抗压强度小于 30MPa 的软岩，岩体中还夹有众多的泥化夹层，其抗剪强度 f 值约为 0.23～0.28，c 值约为 0.005MPa。岩石强度差异很大，从极硬岩到极软岩都有，加之岩层产状平缓，高倾角断层裂隙切割，构成对稳定极为不利的岩体结构。

围岩稳定分析及支护设计，依靠多种方法综合研究确定。

（1）采用围岩分类方法评价围岩稳定性及确定与之相适应的支护类型。围岩分类采用水利水电工程地下洞室围岩分类、RMR 分类及 Q 系统分类。三种方法相互比较，互为补充，并根据围岩分类确定最基本的支护型式和支护设计。但这几种围岩分类方法都只能适应一般情况，且建议的支护型式过于简单，当地质条件出现异常变化或在建筑物结构的特殊部位，仅用围岩分类指导结构设计，支护设计及施工是远远不够的。如顶拱以上存在的泥化夹层，尽管它已远离开挖周边的岩体，但对拱顶变形及洞室围岩应力分布有很大影响，必须给予特殊注意；河湖相地层岩性岩相变化剧烈，也要根据变化了的地层情况及时调整支护措施等。

（2）数值分析计算。主要采用 Phases 和 RSEAP 程序，分析和计算由开挖而引起的应力变化及其对各建筑物不同部位的影响程度，找出应力集中区，拉压力区及屈服区的位置

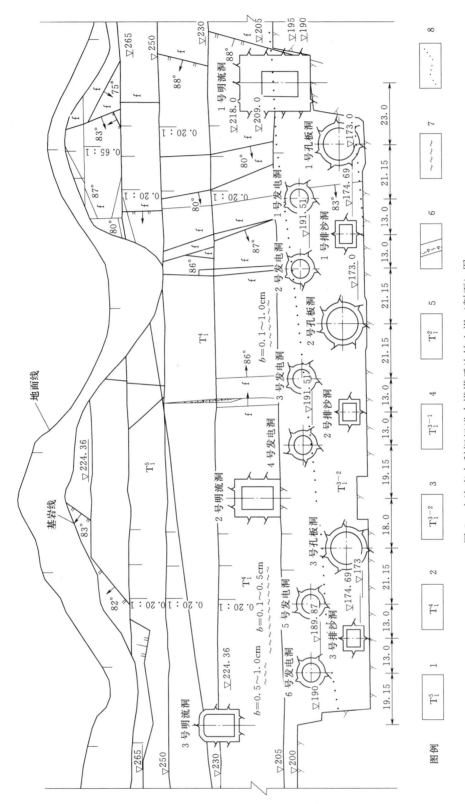

图 7 小浪底水利枢纽进水塔塔后边坡立视（剖面）图

1—紫红色细砂岩夹粉砂质黏土岩；2—暗紫红色巨厚层细砂岩；3—紫红色钙质粉泥质砂岩夹黏土岩、砾岩；4—紫红色细砂岩；5—紫红色泥质粉砂岩夹细砂岩；6—断层及编号；7—泥化夹层；8—岩组分界线

和量级，得出洞室开挖过程中及开挖完成后，顶拱和边墙最大水平位移和垂直位移。

（3）多裂隙层状介质力学模型试验。应用地质力学模型，模拟开挖过程，研究围岩应力的变化及量级，位移量大小，超载破坏条件，稳定安全度及支护预应力等。模型比例尺为：几何比例尺 1：350，应力比例尺 1：16。单块模型尺寸为 65.4cm×65.4cm×20cm，共进行 6 块地质力学模型试验，分机组模拟不同施工及支护工况。

（4）楔体分析法。通过赤平投影，实体比例以及 Unwedge 程序，结合地质宏观分析，对由结构面组合形成的可能不稳定块体的形态、规模、稳定性、相应的锚固措施以及锚固效果进行分析计算。

以上 4 种方法各有所长，互为补充，从不同的角度为岩体的支护设计提供了重要依据。也从多层面上论证了在小浪底工程这种特殊的地形、地质条件下，只要采取恰当的工程措施，兴建数量众多，规模较大的地下洞室群是可行的。

在常规的分类、分析和计算中，厚度不大的泥化夹层对围岩稳定的力学效应是无法得到充分反映的，特别是当它处于顶拱以上较远部位时，更容易被忽视。小浪底的地质师从岩体结构及洞室围岩受力条件两个方面综合分析，指出必须仔细查清地下厂房顶拱以上 1～1.5 倍跨度范围内所有的软弱（泥化）夹层的位置、厚度及范围，并建议顶拱的锚索长度不小于 25m，以加固顶拱以上相当于厂房跨度 1 倍范围内的含软弱（泥化）夹层的岩体。

小浪底工程的地下洞室施工，根据具体条件采用分步开挖（主厂房分 33 步开挖），主厂房顶拱采用拉张锚杆和 1500kN 级预应力锚索锚固，厂房边墙及其他地下建筑物的围岩均采用拉张锚杆加固，全部围岩采用挂网喷混凝土。采用上述施工及锚固措施后，小浪底工程地下洞室群顺利完建，施工期和完建后的监测成果表明，各建筑物的工作状态正常。

小浪底地下工程的勘测、设计及施工，为在软硬相间，岩性极不均一，含大量软弱（泥化）夹层，且产状平缓的岩体中开挖大跨度地下洞室群提供了完整的经验。

2. 泄水建筑物出口边坡稳定性及工程处理

由于受到地形、地质条件的限制，泄水建筑物的 9 条洞（明流洞、孔板洞、排沙洞）连同正常溢洪道均共用一个消力塘。由于坝址区地层倾向下游，因此消力塘开挖后，其上游面形成宽约 320m，高约 60～85m 的基岩顺向坡（图 8）。该地段岩性与地下洞室群相同，为三叠系下统和尚沟组和刘家沟组地层。岩性以细砂岩为主，次为粉砂岩和泥岩，并夹有众多软弱（泥化）夹层。边坡地段有三条与坡面呈大交角的断层，岩体中发育有三组裂隙。在这种地质条件下，泄水建筑物出口段边坡可能的破坏模式主要为后缘沿裂隙切割拉裂，岩体沿泥化夹层或软弱层面产生较大面积平面滑动，同时在边坡中下部应力较大的部位，沿软岩还存在蠕变变形的可能。上述边坡在施工期局部地段已发生不同程度的变形，表明边坡的稳定性应该认真加以对待。根据控制性主滑面（泥化夹层）的延伸性，岩体的完整性，软岩的含量及分布，将边坡分为Ⅰ、Ⅱ、Ⅲ三个区，各区的边界以两条近于平行水流的主要断层为界，表明断层对岩体结构和泥化夹层的发育起着重要的控制作用。

地质勘察研究表明，Ⅰ、Ⅲ区内岩体中有较多的软岩，且具明显的蠕变特点，而出口段泄水建筑物又不允许岩体产生较大变形，因而需要适当加固处理；Ⅱ区主要由和尚沟（T_1^h）岩组组成，泥化夹层多且分布比较连续，区内小断层较发育，施工中已发生小量塌方，稳定分析表面，边坡处于临界稳定状态，是边坡加固的重点地段。

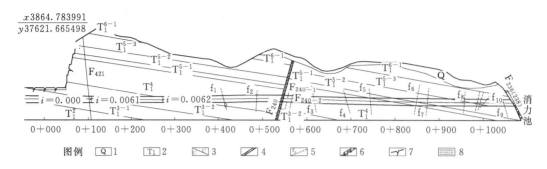

图 8　小浪底水利枢纽消力池上游边坡地质剖面示意图

1—黄土类土；2—紫红色细砂岩、粉砂岩夹粉砂质泥岩；3—岩组分界线；4—断层带及编号；

5—小断层及编号；6—断层影响带；7—开挖边界线；8—导流洞及其轴线

对泄水建筑物出口段边坡采取了以下几种工程处理措施：

（1）上游侧边坡内设排水廊道，其内打排水孔，以最大限度降低坡体地下水位。

（2）对于易崩解软化的较软岩和软岩，采用挂网（钢筋网）喷混凝土防护处理。

（3）采用系统砂浆锚杆加固边坡，锚杆长 10～12m，间距 1～2m 不等。

（4）对各区边坡采用不同长度和吨位的预应力锚索进行加固。

（5）对断层比较发育，岩体切割较严重，采用预应力锚索和砂浆锚杆处理后，稳定安全系数仍达不到要求的局部地段，采用 2m×5.5m（长×宽）断面的抗滑桩进行加固处理。

（6）其他结构措施。

通过上述综合工程措施，泄水建筑物出口段边坡的稳定性得到了保证，监测成果表明，边坡未出现明显变形。

（六）三峡工程——世界上最大的水电站

三峡工程规模宏伟，举世瞩目。它是治理开发长江的控制性工程，在防洪、发电、航运等方面有着巨大的综合效益。工程的地质勘察始于 20 世纪 50 年代中期，先后经过规划，初设要点，早期初步设计，分期开发方案研究和坝址重新比选，正常蓄水位 150m 方案可行性及初步设计，工程重新论证，选定方案（正常蓄水位 175m 方案）可行性、初步设计、单项技术设计和招标设计等重大阶段，先后历时近 40 年。工程于 1992 年批准 175m 方案初步设计，1994 年 12 月 14 日正式开工兴建。

三峡工程大坝最大坝高 175m，坝长 2309.5m，装机容量 18200MW，水库总库容 393 亿 m^3。三峡工程的地质研究，采用了地面地质、遥感地质、深部地球物理勘探、钻探、硐井探、工程物探、专门性工程地质水文地质观测、测试与试验、岩（土）体物理力学性质试验研究、高精度形变测量、物理模拟、数值解析、先进的分析鉴定技术、专用地震监测台网等技术方法，围绕区域地壳稳定性和地震活动性、水库诱发地震、水库区工程地质与环境地质、坝址及建筑物工程地质与水文地质、天然建筑材料等与工程建设关系密切的关键性重大地质地震问题进行研究。研究内容包括：区域地质、区域地貌、第四纪地质及新构造运动、地震及地震地质、深部地球物理、水库及坝址工程地质和水文地质、岩（土）体物理力学性质、矿产地质、环境地质、天然建筑材料等与工程建设有关的各类地学问题。

1. 区域地壳稳定性和地震活动性

三峡工程区域地壳稳定性和地震活动性问题，自工程勘察始起，就被放在极其重要的位置上，采用尽可能多样的手段和方法进行研究。研究的主要内容有以下方面：

（1）区域地层、岩性、地质史和大地构造环境的研究，包括地层学、地史学、矿物岩石学、岩相学、大地构造学、年代学等广泛的基础地质研究。该项研究除充分利用不同时期各部门的区测成果外，早期还专为三峡工程进行了数万平方公里的地面地质测绘和路线地质调查。

（2）深部地球物理场和地壳结构的研究。该项研究包括大面积航空重力、磁力测量资料分析，坝址及库首段高精度航磁测量，地面重力测量，东西向（奉节—江陵）和南北向总长3260余 km 的纵和非纵测线人工地震测深（其中纵测线 1040km）（见图 1）等，以研究区内地壳结构（各壳层的深度、厚度、物质组成、界面连续性等），莫霍面特征，主要断裂切割深度，各地球物理异常带的性质，大地构造单元间的接触关系及重力场均衡状况等。

（3）区域及坝区断裂构造研究。特别是环绕坝区外围几条主要断裂的展布、规模、性质及活动性的研究。该项研究包括专门性的大中比例尺地质测绘和路线调查，多种卫星影像、黑白和彩红外航空摄影、侧视雷达扫描等遥感图像线性构造解译和实地核查，断裂带运动学、动力学、岩石学、年代学以及地质力学模型的实验室研究，最新活动年龄测定，汞气体测定，微重力测量，垂直和水平位移定点测量，断裂两侧地貌（含微地貌）调查，断裂和微震活动关系的分析研究等。

（4）地貌及新构造运动性质的研究。包括山区夷平面分级特征、形成年代及变形，西部鄂西山地与东部江汉平原过渡带特征与接触关系，中—新生代沉积盆地的形成及演变历史，河流阶地形成年代和位相对比，河床纵剖面特征研究，第四系堆积物变形的调查研究等。

（5）现代地壳运动性质的研究。近坝库区进行周期性精密水准环线（路线长 500km）测量，全库区及外围大面积（约 60 万 km²）长周期精密水准测量成果整理分析，GPS 全球卫星定位系统大范围地形变监测等，以研究坝区及附近地区地形变特征、现代地壳运动的性质和强度。

（6）地震活动特征与规律的研究。收集分析整理库坝区周围 10 余个县、市近 2000 年历史地震资料，1958 年起在坝址及周围 70km 范围内设立的由 7 个地震台组成的微震监测台网获得的大量测震资料，结合区域地震地质条件，研究本区地震活动的本底特征和时间、空间、强度规律，进行震型分析和震源物理模型研究，以深入认识工程区地震活动特征及规律，合理确定地震基本烈度。

（7）地震危险性分析和地震动参数研究。在充分掌握本区地震地质条件和地震活动规律的基础上，正确地圈定出潜在震源区和各区相应的地震活动性参数，进行地震危险性分析。计算不同超越概率条件下的地震烈度、基岩水平加速度峰值、相应的反应谱及合成地震动时程，作为建筑物抗震设计和模型试验的依据。

2. 水库诱发地震

水库诱发地震问题的研究内容和采用的方法有如下方面：

（1）分析和整理了全世界近百座水库诱发地震的震例，从中找出它们在发震位置、时间、强度、震源机制及地质背景等方面的特点和规律，并与三峡工程的诱震条件进行分析对比。

（2）全面研究水库区的岩性、地质构造和岩体渗透性，着重研究坝址和库首区的水文地质条件和主要断裂的活动性。

（3）在坝址区、库首的茅坪镇和秭归县城附近进行了深孔（孔深分别为300m、800m和500m）的地应力、孔隙水压力、渗透率、节理裂隙和地温测量，得出了近坝地段地应力状态的宝贵资料。

（4）利用小孔径台网对坝区，库首结晶岩分布区，龙马溪至香溪河、九湾溪、仙女山断裂展布区等河段进行地震强化观测，确切掌握本区地震活动本底情况。

（5）用数值和物理模拟方法研究在库水作用下，库盆的应力场和应变场的变化，分析其对水库诱发地震的影响。

（6）依据各库段岩性、地质构造、渗透条件、地应力状态、地震活动以及各种数值解析成果，结合水库区的地震地质背景，进行水库诱发地震可能性综合评价。

（7）针对水库诱发地震的特点，研究极近场地震动参数，探讨如果在三峡工程库首段产生诱发地震时，坝址区可能的基岩峰值加速度和影响烈度值。

3. 库岸稳定性

研究的主要内容和方法有如下方面：

（1）对干流及主要支流库岸岸坡的地质条件、岸坡类型和结构稳定程度进行专门性调查。在此基础上进行库岸稳定条件的分类和分段评价，圈定出稳定条件差和较差的库段，作为重点研究的对象。

（2）对干、支流库段已有的崩塌、滑坡体的位置、规模和稳定性，应用1∶60000和1∶30000比例尺的彩红外航片，通过室内判译和多次现场核查进行研究。对大型和典型的崩塌、滑坡、危岩体进行了专门性大比例尺地质测绘及相应的勘探、试验和分析研究工作。对干流库岸大型崩塌、滑坡进行了史实调查考证。

（3）对基岩岸坡，尤其是顺层高边坡的结构类型、变形机制方式等进行了专题研究，并做出稳定性现状评价和蓄水后的变化预测。

（4）对干流大型崩塌、滑坡体的稳定性现状，结合蓄水后条件的可能变化进行稳定性分析。对体积大于1000万m^3的大型滑坡体进行稳定性计算及灵敏度分析。

（5）与大坝、长江航运及主要城镇安全关系密切的大型崩、滑体，对其失稳后入江物质可能造成的水下堆积体规模、引起的涌浪及沿程衰减特征和可能造成的危害进行计算和模型试验。

（6）自20世纪70年代中后期起，对干流及主要支流几处规模大，变形正在发展且位置重要，失稳后可能影响城镇居民及航运安全的崩、滑体，建立了监测网进行了变形监测和预报。对鸡扒子滑坡、黄腊石滑坡、链子崖危岩体、鸡冠岭崩滑体等，已经和正在采取工程措施进行防治和治理。

（7）全库区进行1∶10000（精度1∶50000）的第四纪地质填图，进行不同类型第四系岸坡的坍塌计算。

4. 坝址区及建筑物主要工程地质条件

坝址区及建筑物的工程—水文地质问题，在全面掌握基本地质条件的基础上，主要研究了以下专题：

（1）风化壳工程地质特性的研究。三峡工程花岗岩风化壳的平均厚度21m，在山脊平均厚度达42m。风化壳的分布、性状对工程的设计和施工是一个重要的制约因素。对它的研究包括：系统分析风化壳物质组成和物理化学特征，风化壳的形成、保存条件和控制因素；风化带岩体的工程地质特性和风化岩岩体力学特征的测试和试验，重点分析研究弱风化下带岩体作为建基岩体的可能性；对深风化槽，微风化带岩体中沿断层裂隙加剧风化等特殊风化现象的形成规律、分布位置、性状及其对工程的可能影响进行分析评价。

（2）断裂构造研究。在充分掌握断裂构造的位置、产状、规模、性状、空间变化及交切关系的基础上，研究断裂构造的成生联系、力学属性及其空间展布规律，构造系统配套。深入研究构造岩的类型、性质和后期蚀变特征，断裂形成的物理场背景（温度、压力、材料破坏及变形特点等），深化对不同时期、不同方向、不同力学性质断裂的展布规律及其工程地质特征的认识，对坝基岩体裂隙网络的展布形式及其连通模式进行数值模拟研究。

（3）缓倾角结构面的工程地质研究。通过地表调查、大量勘探资料的统计分析，钻孔彩色电视观察及定向取芯钻探，大口径钻探和洞井探，研究缓倾角结构面的成因、分布规律、性状及其力学特性。在坝基范围内进行缓倾角结构面发育程度分区。对缓倾角结构面较发育且不利于建筑物稳定的局部地段，通过特殊勘察方法，查清了每一条长大缓倾角裂隙的位置、产状、规模，提出概化地质模型，进行坝基深层抗滑稳定性的评价（图9）。

（4）岩体卸荷带特征研究。通过对平硐、竖井、钻孔的地质调查统计，钻孔声波、视电阻率及单位吸水量变化，缓倾角结构面风化及水蚀迹象等综合分析，得出不同地貌单元卸荷带特征、深度及卸荷作用对坝基岩体工程地质性质的影响。

（5）坝基岩（土）体水文地质特性研究。在大量渗透试验及全面分析坝基岩体渗透特征的基础上，圈划出较严重透水地段，研究其成因及其与建筑物的关系。进行裂隙岩体透水性的不均一性、各向异性及疏干效应的现场试验及物理-数学模型研究，求取裂隙岩体的各向异性渗透参数。结合地下水长期观测，了解基岩裂隙水动力特征、动态变化特征及其影响因素。

（6）大坝建基岩体结构及质量研究。利用大量勘探资料及试验成果，进行坝基岩体结构类型的划分。在此基础上，采用多因子综合分析的方法对大坝建基岩体进行质量分级、分区和评价。

（7）深挖岩质高边坡稳定性研究。在自然边坡和人工开挖边坡调查的基础上，确定全强风化岩体开挖边坡坡角。根据岩体结构、岩体及结构面强度、断层及裂隙的展布及组合、地下水动力特征、岩体初始应力等因素，对弱风化带及其以下岩体的开挖边坡，分别进行整体稳定性与局部稳定性的研究。通过地质力学模型，二维、三维有限元分析，块体理论，极限平衡等多种方法综合研究，提出开挖坡角、开挖形式及边坡加固、排水措施的地质建议（图10）。

（8）岩（土）体物理力学性质试验研究。在20世纪50年代所进行的前期试验成果的

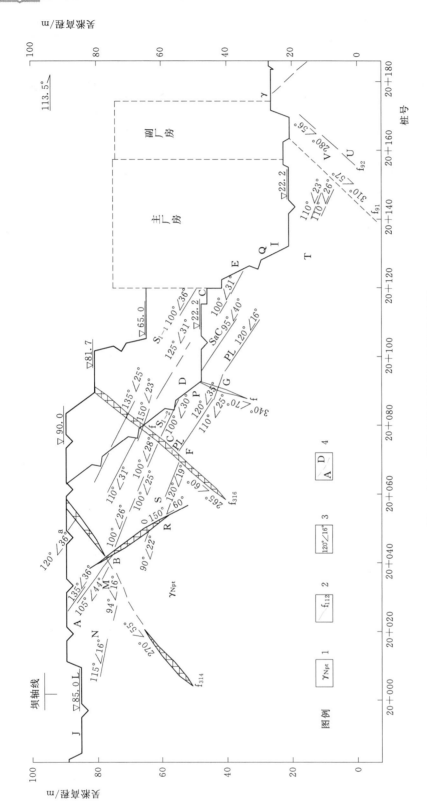

图 9 左厂 3 号机组段坝基地质剖面示意图

1—闪云斜长花岗岩；2—断层及编号；3—裂隙产状；4—潜在滑移面（实线为确定部分，虚线为推测部分，点线为岩桥部分）

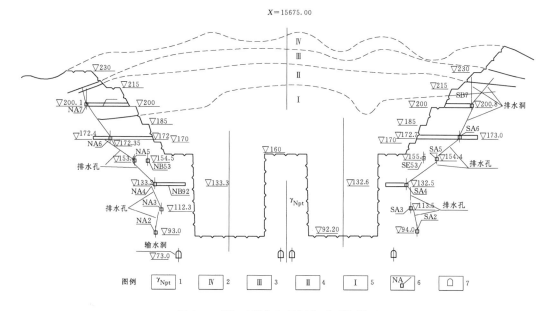

图10　三峡工程永久船闸典型开挖断面
1—闪云斜长花岗岩；2—全风化带；3—强风化带；4—弱风化带；5—微风化带；
6—排水洞及排水孔；7—输水洞

基础上，又系统地补充了大量的室内、现场试验。着重研究了影响混凝土与基岩结合面抗剪强度的主要因素，不同风化带和不同结构类型岩体的强度、变形特征，不同类型结构面的抗剪强度。利用平洞进行岩体位移测量及反分析求取相关参数。使用国产设备和瑞典国家电力局深孔地应力测量装置进行岩体地应力测量。展开风化砂用作围堰填筑料水下抛填土的物理力学性质试验研究等。

5. 天然建筑材料的勘察

三峡工程所需天然建筑材料种类多，数量大。主要的研究内容有：①混凝土骨料类型勘察；②混凝土骨料质量和加工工艺的论证研究；③围堰心墙土料及防渗墙施工固壁土料的勘察研究；④围堰填筑料的勘察、试验与研究。

经长期的勘察研究，得出以下基本结论：

（1）混凝土骨料以人工骨料为主，辅以天然砂砾石料。

（2）天然砂砾石料和花岗岩人工骨料的质量，符合有关规程的规定。

（3）由于原勘察选择的峡内外经济合理的土料场均被占用，三峡工程已基本无防渗土料可用，围堰工程应采用防渗墙等其他结构型式。

（4）围堰填筑料采用坝址建筑物开挖的全强风化带砂石土，经全面的分析试验，质量可以满足水下抛填及施工动荷载条件下的性能要求。

三峡工程的地质勘察研究时间跨度长达40年，经历了不同勘察阶段的多次反复和交叉，参与三峡工程重大地质地震问题研究的单位、部门和学者，都是国内相关学科研究的权威部门和专家，在一定程度上代表了我国当前工程地质，尤其是水坝工程地质勘察与研究的水平。

四、勘察技术的发展与进步

50 年来，尤其是近 20 年来大量高坝大库在中国的成功建设，提供了强大的动力和广阔的市场，促使广大的工程地质和相关学科的科技工作者，不断从理论到技术方法上追求勘察技术的创新和发展，从而使大坝工程地质勘察工作的水平得到了迅速的提高。

（一）工程地质理论研究

几十年来，许多中国工程地质学者，努力从理论上建立一种可以指导工程地质实践，有助于认识和把握工程地质条件的学说。这种理论研究有两种类型，一种是有一套比较完整的思想观点和理论体系，用以全面指导勘察工作的实践和在较广泛的范围内解释复杂的工程地质现象。有代表性的如李四光创立的地质力学（不同于西方习惯上所称的 geomechanics 的内容），谷德振教授创立的岩体结构控制论，王兰生教授提出的岩体浅生时效变形理论，以及崔政权教授级高工提出的系统工程地质学等；另一种是仅从一个方面提出一些新的观点和研究方法，服务于特定的专题，主要集中在以下一些工程地质问题上，如：泥化夹层的成因演变及破坏机理的研究，高边坡失稳机制和破坏模式的研究，岩体结构及岩体质量分类研究，地下洞室围岩分类研究，裂隙三维网络模拟研究，岩溶河谷水动力类型分带及深部岩溶研究，裂隙水动力学的理论研究等。

上述诸多的理论研究中，已得到广泛应用的是谷德振教授创立的"岩体结构控制论"的学术观点。谷德振教授在他最早系统论述岩体结构控制论的著作《岩体工程地质力学基础》一书中，对"岩体结构"在分析和评价岩体的工程稳定性问题时的重要性做了以下阐述："边坡、地基、地下工程围岩的稳定状态的无数事实告诉我们：受力岩体变形、破坏规律取决于岩体的特性。显然，对岩体特性的认识和掌握是解决岩体稳定问题的关键，所以我们在工作中既要分析岩体的受力条件，更要弄清岩体所具有的特性。然而，岩体的特性以及所处的应力状态，实际上是岩体内在结构的反映，是受岩体结构所控制的。也就是说岩体受力后变形，破坏的可能性、方式和规模是受岩体自身结构所制约"。这一学说有三个最基本的观点：①岩体是由结构面及其所包围的结构体共同组成的，岩体的工程特性是由组成结构体的物质和形成结构面的各类地质界面的性状所共同决定的；②和所有工程建筑物都有其一定的结构形式一样，作为建筑物地基的岩体，同样有其自身结构和不同受力条件下的不同稳定状态；③由于结构面的特性和空间组合不同，结构体的性质和形态不同，岩体的结构特性就迥然不同，因此研究岩体结构的类型、特性及其运动形式，是研究工程岩体稳定问题的核心。

中国的工程地质学者在谷德振教授所创立的理论基础上，通过大量的工程实践，发展和完善了岩体结构控制的理论。并在工作中形成了一套较完整的流程（图 11）。

与这一理论研究相配套，有关岩体质量评价和地下工程围岩分类与评价的研究，也是中国大坝工程地质学者集中研究的一个侧面。20 多年来，特别是随着龙羊峡、二滩、三峡等几个大型工程的建设，在坝基岩体质量分级与评价方面，提出了许多的方案。目前中国已建立了经批准的《工程岩体分级标准》。该标准包含岩体基本质量分级和工程岩体级别的确定两个部分。前者用于一般性地评价岩体基本质量，后者则结合不同的工程类型，

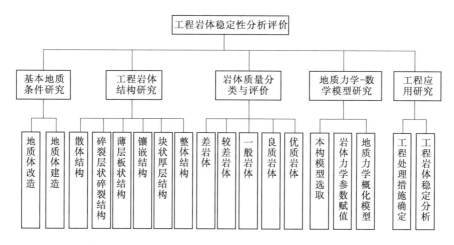

图11　工程岩体稳定性分析评价流程示意图

对基本质量指标进行修正（具体标准略）。

此外，一些研究者针对各自工程的特点，建立了用于特定工程的岩体质量评价标准，如《长江三峡工程坝基建基岩体质量标准及综合评价体系》（任自民、蔡耀军、马代馨）、《三峡工程坝基岩体质量参数动态定量分析法》（许兵、徐卫亚）、《坝基岩体质量评价》（孙万和、周创兵）、《黄河龙羊峡电站坝基岩体质量分类》（余仁福、李天扶等）、《二滩工程岩体质量分级法》等。这些方法是结合本工程的地质条件提出的，主要目标是使评价的因子（参数）容易获取，评价方法简便，易于使用，同时也与国内、国际目前通用的一些方法，如谷德振的 Z 法，巴顿（Barton）的 Q 法，比尼威斯基的 RMR 法进行比较，互为印证。大坝建设工程地质勘察的实践证明，任何一种分类方案都只是确定出一定空间范围内岩体总体性质，它无法包括那些具有控制作用而又无法用统计量来加以确定的特殊地质要素，如坝基下厚度很薄，强度很低，控制深层抗滑稳定的缓倾角结构面等。

地下工程围岩分类。通过多年工程实践的总结，中国建立了统一用于水利水电工程的地下围岩分类方案，并纳入了 1999 年 3 月由国家颁布实施的《水利水电工程地质勘察规范》（GB 50287）中。分类方案中将地下洞室围岩分类分为初步围岩分类和详细围岩分类。前者用于工程的规划和可行性研究阶段，后者用于初步设计和技术设计阶段。

（二）遥感技术应用

遥感技术应用于中国的大坝建设始于 20 世纪 70 年代后期。由于这一技术具有视域广阔、信息丰富、用途广泛等优点，在很短的时间内就在水利水电工程地质勘察工作中得到了广泛的应用。早期在经验、经费、人员都不足的情况下，主要是利用卫星遥感图像进行一些区域地质、区域地貌的宏观研究，或利用已有的航空摄影测量的黑白航片进行一些初步的解释判读。1982 年起，陆续在二滩、三峡、潘家口、小浪底、天生桥、飞来峡、漫湾、小湾、万家寨等 20 余个大型工程中应用了航空遥感资料，主要是彩红外航空摄影，比例尺从 1∶20000～1∶60000。三峡工程则在坝区及库首区进行了侧视雷达扫描。目前，中国的水坝地质勘察工作中，遥感技术已得到广泛的应用，主要用于以下方面：

（1）中小比例尺地质填图。特别是在露头条件较好，交通不方便的山区，这是一种既可提高精度又可加快速度，降低工作人员劳动强度的有效方法。清江招徕河梯级 6 个坝址比选所用的 1：50000 地质图，就是依靠航片解释成图并经实地校核完成的。

（2）区域地质构造研究。这是目前遥感技术应用得最广的领域之一，在许多重大工程的地震地质条件研究中，遥感图像起到了不可替代的作用。如位于三峡工程坝前 17km 的仙女山断层出露于长江南岸，是一条地区性断层。它是否北延过长江横跨水库，关系到对水库诱发地震的评价，有过长期的争论。该断层在彩红外航片上显示得十分清楚，在距江边 5km 处尖灭，与水库无关，后经深部地球物理勘探证实该结论正确。二滩水电站也是应用彩红外航空遥感图像解译，结合实地验证，查清了坝址所处的区域构造环境及断裂的相关关系，妥善地解决了争议极大的区域构造稳定性问题。

（3）库岸稳定性及崩塌、滑坡、泥石流调查。这是遥感技术又一个可以发挥重要作用的领域。三峡工程水库是崩塌、滑坡的多发区。对库岸稳定性的研究，从 20 世纪 50 年代开始，仅长江委和地矿部就先后进行过六七次之多的系统地质测绘和库岸调查，最后还是利用航空遥感图像视域广，综合信息多的优势，通过遥感图像室内判释，现场校核互为补充的方法，基本查清了体积大于 10 万 m³ 的崩塌、滑坡体的分布位置及所处地质环境，取得了显著的经济效益和社会效益。龙羊峡、潘家口、二滩等工程的水库岸坡稳定性研究及崩塌、滑坡体的调查，也主要在彩红外航空遥感图像解译的基础上进行的，均取得很好的效果。

（4）岩溶调查。运用遥感图像特别是航空彩红外图像进行岩溶水文地质调查有其特殊的优势，不仅可以很好地判读解译各种岩溶地貌现象，而且可以充分利用水和其他介质红外光谱的差异，探索地下水的运动，泉水的分布等。清江招徕河、高坝洲、黄河万家寨等工程均采用航空遥感图像研究岩溶及岩溶渗漏问题，取得了良好的效果。

中国工程师们在充分应用航天航空遥感技术的同时，结合大坝建设的实际需要，注意开发低空大比例尺航空遥感和地面遥感技术。前者用于编制大比例尺地质图，先后在石匣里和高坝洲应用这一技术，完成了 1：2000 和 1：500 的地形地质彩色影像图，使大比例尺工程地质图具有更丰富和更直观的综合信息；后者主要用于人工开挖高边坡，大坝基坑，大型地下洞室开挖等工程的地质编录，并为边坡、洞室和坝基岩体稳定分析提供更丰富的地质资料。

（三）钻探技术

钻探仍是大坝工程地质勘察的主要手段。在国家"六五""七五"科技攻关中，中国的工程师本着为生产服务，自力更生的原则，为解决上述难题做了大量的研究工作，取得一批在实践中获得良好效果的成果，包括：大口径钻进技术、金刚石套钻取芯技术、砂卵石层中钻探及取样技术、液动阀式双作用冲击回转钻进设备、各种类型的砂层和软土层钻进及取样技术等。

此外，在浅孔绳索取心，不提钻压水试验、破碎地层取芯技术，随钻岩芯定向钻进技术等许多方面，都已达到了国际先进水平，缩小了和国外技术的差距。

（四）工程地球物理勘探技术

在我国，水利水电工程物探（水工物探）与石油和金属物探相比，起步较晚，约在 20 世纪 50 年代后期才在一些流域机构和部直属勘测设计院建立专业物探队伍开展工程物探工作。物探工作的全面发展始于 80 年代初期。在改革开放和科教兴国政策的强力推动下，各水利水电工程勘测单位基本上都建立了专业物探机构，并相继从国外引进了一批比较先进的工程物探仪器，开展了新技术方法的应用研究。同时，中国的科技人员结合工作中遇到的大量实际问题，开展了多方面的专题研究。如小口径钻孔彩色电视录像及图像处理系统的研究；浅层反射波法地震勘探及数据处理技术的研究；数字测井技术及全波列数字声波测井技术的研究；弹性波、电磁波层析成像技术（CT）研究；微伽重力仪在岩溶探测中的应用研究；瑞利面波勘探技术研究；大坝堆石体密度测定的附加质量法研究，最近又初步研制出一种新型的超磁致伸缩声波震源发射装置等。这些研究成果为推动我国工程物探的发展起到了重要作用。下面就其中的几个方面做一简要介绍。

（1）钻孔彩色电视录像及图像处理系统。这是我国自行开发研制的一套用于在钻孔中观察和定位各种地质现象的孔内电视录像及图像处理系统，其研究工作始于20世纪70年代末80年代初。国家"九五"攻关期间，又完成了全柱面孔壁一次成像的新产品，为钻孔彩色电视录像技术的应用开辟了更为广阔的前景。钻孔彩色电视录像技术目前在中国已得到广泛应用，在众多大型工程的地质勘察，基础处理质量检查，建筑物施工质量检查等方面发挥了重要作用。

（2）地球物理层析成像技术（CT）。这一技术自20世纪80年代初从国外引进后，中国的地球物理学者在实践中针对其现场工作方法、震源装置改进、理论正演和实际资料的数学处理等多方面做了大量研究，并取得了不少成果。野外工作方法中，通过对不同观测系统的成像效果的对比试验，确定了不同工作条件下的最优观测系统布置方式，并分别研究了钻孔—钻孔，钻孔—平洞，平洞—平洞，钻孔、平洞—地表等多种条件下的工作方法。

在数据处理方法上，除对直射线层析成像反演算法进行改进外，还着重研究了弯曲射线层析成像方法和波动方程反演层析成像方法。最近几年，中国地球物理工作者又开展了地震反射法层析成像技术研究。

电磁波层析成像技术是地震波CT技术的一种扩展。与地震波CT比较，电磁波CT具有对探测介质差异性反应敏感，分辨率较高的优点。三峡工程曾用这两种方法探查花岗岩不同风化带的界面。成果表明，电磁波CT的效果较地震波CT为好，其缺点是所得成果是场强幅值，不能直接用于评价岩体特性，需要进行大量的对比试验才能确定二者在一个地区的相关关系。此外在成像和图像处理技术方面也做了多项研究，如图像的灰度转换、平滑处理、系统化处理、彩色处理等。地球物理层析成像技术已在三峡、隔河岩、构皮滩、东风、思林、小湾、龙滩、高坝洲、三板溪等许多工程中得到应用，取得了较好的实用效果（图12）。

（3）浅层地震反射方法的研究。浅层地震反射法，国外在20世纪80年代初曾在某些方面有较大的发展，但在观测方法及数据处理研究方面进展不显著。中国的地球物理工作者在国家"七五""八五"重点科技攻关项目中，曾组织力量对浅层地震反射方法进行过专项研究。研究的重点是浅层地震反射的现场工作方法和数据处理。浅层地震反射方法目前是中国大坝地球物理勘探的主要方法之一，在许多地质条件复杂的地区，如南水北调工程的穿黄隧洞、四川岷江紫坪铺大坝、东北镇西大坝、北京十三陵水库、新滩滑坡等工程项目的勘察中，均取得了较好的地质效果。

（4）瞬态瑞利面波勘探。瞬态瑞利面波勘探是中国工程物探界近十年来研究开发的一

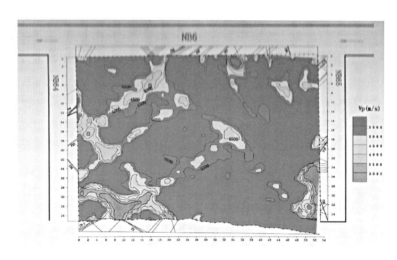

图 12　长江三峡工程永久船闸 NB6 排水洞洞间地震波 CT 成像剖面图

个热门课题。中国工程师研制成功的 SWS-1 型多功能瞬态面波仪,其探测深度达数十余米,并实现了现场数据采集与处理分析一体化,已在数十个大中型工程中得到应用。

(5)全波列声波数字测井技术研究。全波列声波测井技术是"七五"科技攻关项目综合测井技术研究中的一个主要内容。这一技术大大改进了原有的常规声波探测技术。它不仅能探测井壁岩体的纵波速度参数,而且能探测其横波速度和斯通利波速度等参数。通过对原始记录的频谱分析,能量衰减特性分析,更加准确和详细地了解地质界面和地质异常,同时利用纵、横波求取岩体的弹性参数。这一方法已在三峡工程临时船闸中隔墩岩体卸荷带研究中得到初步应用。

(6)地基承载力及地基土密度原位测试新技术(附加质量法)。地基承载力、地基土密度是评价建筑物地基质量及稳定性的两个重要技术指标,这两个指标的确定不论是靠现场测试,还是取样进行试验室测定,都是十分复杂的。为了寻求一种简便、有效、快捷的测试方法,以弥补地基承载力、地基土密度传统测试方法的不足,1990 年以来,黄河水利委员会勘测规划设计研究院研究了一种地基承载力、地基土密度原位快速测试新技术——附加质量法。实践证明它适用于天然地基及各类复合地基承载力的测试。经黄河小浪底工程及洛三(洛阳至三门峡)高速公路路基应用,效果良好,对于大坝堆石、路基堆石的密度测试尤为实用。

此外,近十余年来,对引进的国外先进物探设备的消化、吸收、改进和扩展的研究也取得了很大的进展。

(五)地质力学模型试验

地质力学模型是一种物理模拟研究方法,用于研究工程建筑结构和岩体结构的共同作用,定量或半定量地解决在工程荷载作用下建筑物和地基岩体的变形和稳定状态,及在超载作用下的破坏过程和破坏机制,以对建筑物的安全度做出评价。中国将大型地质力学模型试验用于大坝工程建设始于 20 世纪 70 年代后期,首先将其应用于葛洲坝工程二江泄水闸的抗滑稳定,其后在龙羊峡大坝的坝肩稳定,三峡工程永久船闸高边坡的开挖程序和变形状态,三峡工程左岸厂房坝段深层抗滑稳定性,小浪底工程地下厂房多裂隙层状介质岩体的稳定性评价，二滩水电站拱坝整体稳定和坝肩稳定，以及铜街子、构皮滩、小湾、隔河岩等工程，均进行了二维（平面）和三维的地质力学模型试验，为建筑物设计提供了极有价值的资料。地质力学模型试验有其独特的价值，表现在：它能够较真实地反映混凝土建筑物及其基础在外荷载作用下从弹性到屈服直至破坏的变化过程，这是现阶段各种计算无法取得的。它可以用本身的自重来模拟建筑物和岩体的自重体积力，避免了复杂的自重加载装置对变形的约束。可以直接观察到建筑物和地基的变形特征，变形发展过程和破坏机制，从而取得基础设计和地基加固处理的重要资料。可以取得基础岩体变形的屈服极限、破坏极限及超载系数，从而对建筑物及基础的安全度有一个比较明确的概念。可以根据需要模拟边坡和地下洞室不同开挖程序，开挖方法对岩体变形失稳的影响，从而为施工方案提供依据。

然而大型地质力学模型试验既费时又费钱，其应用范围已越来越受到挑战。但对于少数关系重大且条件复杂的工程，采用大型地质力学模型试验，研究地基岩体的应力应变特征，变形过程和破坏机制仍是必要的。

中国的工程地质工作者也采用地质力学模型研究许多自然地质现象的发生、发展过程和破坏机理，如葛洲坝坝基层间剪切带，铜街子大坝坝基地质结构的形成机理，龙滩、五强溪水电站的高边坡变形和破坏机制等，均取得了许多重要的成果。

表 1 是国内几个水电站大型地质力学模型试验情况的统计。

表 1　　　　　　　　国内几个水电站大型地质力学模型试验情况表

工程名称	模型工程对象	模型尺寸/cm	模型几何比尺	试验材料	完成单位
葛洲坝工程二江泄水闸三维地质力学模型	模拟三个闸孔段		1：100	重晶石加沙加石灰石、塑料薄膜、锡箔纸涂二氧化钼等	长江科学院
小浪底工程地下厂房多裂隙层状介质力学模型	分机组模拟不同施工及支护工况	共 6 块模拟，每块模型尺寸65.4×65.4×20	1：350		总参工程兵三所
龙羊峡水电站重力拱坝整体稳定地质力学模型	大坝及坝肩、坝基岩体整体工程模拟	400×250×200	1：150 1：300	石膏、重晶石粉、甘油、石英砂、石腊油、淀粉浆	清华大学、河海大学（整体模型各 1 个）
二滩水电站拱坝整体稳定性地质力学模型	大坝及坝肩、坝基岩体整体工程模拟	600×400×350	1：250	石膏、重晶石粉、重硅粉、石腊油、膨润土	清华大学（整体模型 3 个，平面模型 13 个）
三峡工程左厂坝段整体稳定性地质力学模型	模拟左厂 1～14 号机组及安Ⅲ坝段	430×(551～669)	1：150	机油、石腊油、重晶石粉、立德粉、石灰石粉	长江科学院

（六）计算机技术应用与工程地质数值分析

近十余年来，随着计算机技术的迅速发展，中国的工程地质学科，也以前所未有的速度迅速摆脱长期以定性评价为主要手段的局面，不断开拓工程地质数值分析的新领域。尤其是近 20 年来，中国大坝建设面临许多新问题，如高双曲拱坝坝肩稳定性，高地应力区建筑物设计，高地震烈度区抗震设计，含众多软弱夹层及断层的坝基稳定性，大跨度地下洞室、高陡人工开挖边坡的岩体稳定等。在这些条件下，作为建筑物一部分的基础岩体，其应力状态十分复杂，采用传统的解析方法，是无法考虑诸如岩体的各向异性，非均质性，不连续性，时效变形及复杂边界条件等情况的。而这些问题的解决，只有在计算机技术迅速发展的基础上，以及应运而生的各种数值分析方法日益成熟的条件下，才有可能逐步得到解决。

中国水坝工程地质勘察计算机技术和数值分析方法的应用，大体可分为三个层次。

1. 工程地质勘察原始数据的统计分析

这是目前计算机技术在广大勘察部门应用得最广泛的一个层次，它包括：原始资料和数据的统计、分类，各种分析试验成果的数值处理，各种单项工程地质问题（要素）的分类、分区、趋势分析和预测等。如各类结构面的优势方位、间距、迹长及分布状态；裂隙二维、三维网络及连通率；各类结构块体的形态、方位、大小、空间分布及关键块体搜索；各类试验参数的数理统计和相关性分析，趋势面分析，模糊聚类分析，灰色聚类分析等。

上述工作大大地减少了地质勘察资料和数据处理中的不确定性和随意性，从而为各类工程地基的稳定分析计算提供了良好的基础资料。所用的统计分析应用软件，绝大部分也是中国学者自己研究开发的。

2. 工程地质问题数值分析

工程地质问题数值分析是数值分析方法在工程地质领域应用的核心，主要包括两种类型的问题：一是工程地质现象形成机制和演化过程的数值模拟；二是工程岩体的稳定性评价和预测。

复杂地质现象的数值模拟是用数值分析方法通过再现地质现象的形成和演变过程来揭示现象的内在规律，如斜坡的变形破坏机理和过程；不同类型滑坡的形成机制和演化趋势；深切河谷两岸岩体浅表生改造过程与趋势分析；区域构造应力场的模拟反演；裂隙岩体渗流场模拟等。由于客观地质体不论其空间、时间尺度，还是物质条件和影响因素的复杂程度，都不是数值模拟所能准确再现的。因此，这种数值模拟方法的意义不在于具体成果的准确性，而在于规律探索，并预测其未来的发展趋势或失稳破坏的方式。这一分析方法已在许多大型水电工程的建设中得到应用。如大渡河铜街子水电站坝基岩体结构的形成演化；黄河大柳树水电站坝区岸坡破裂岩体的形成机制；金沙江溪洛渡水电站坝区岩体卸荷带的形成演化等问题的数值模拟研究，对认识坝区岩体结构特征和建坝条件，提供了重要依据。

解决各类工程岩体的稳定性问题，是数值分析方法在工程地质领域应用的主要目标。目前，工程地质问题数值分析中最常用的方法包括：二维、三维（线性、非线性）有限元法、边界元法、离散元法，较早采用的差分法仍在不断改进中。由国家自然科学基金委员会和中国长江三峡工程开发总公司联合资助完成的"三峡工程岩质高边坡的变形与稳定"研究专题，广泛采用了当前国际上最前沿的数值分析方法。除系统进行了边坡岩体变形，岩体黏弹塑性时空效应及开挖卸荷机理研究外，在数值分析方法上，还应用了自适应有限元法、DDA法、FLAC法、数值流形法、界面元法、人工神经网络分析方法及断裂损伤弹塑性模型等。这些数值分析方法各有所长，有不同的适用条件，要根据所研究对象的特点和回答问题的要求，决定采用哪一种或几种方法进行数值分析。目前这些方法均已较普遍地应用到工程地质问题的分析中。由于数值分析方法所得到的不仅是岩体变形（位移）和破坏的最终结果，而且可以获得工程岩体在外荷载作用下位移场、应力场的细部情况，可以在一定程度上模拟岩体的非均质性和各向异性，同时还可以通过对岩（土）体变形破坏规律和过程的模拟研究，评价岩体的稳定性现状并预测其未来的变化，因而不断发展和完善工程岩体稳定性的数值分析方法，是工程地质学今后发展的一个趋势。

然而，通过 20 多年的实践，中国的工程地质工作者也深刻意识到，由于工程岩体的特殊性和复杂性，完全依赖或主要依赖数值分析方法来解决大量的工程实际问题是很困难的。原因是：首先地质体是在漫长的地质历史时期形成的复杂体系，同时地质体高度的各向异性和非均质性也是任何其他材料所不能比拟的。同时人们对地质体的认识由于受到多种因素的限制，仍然有很大的局限性，因此，对与之相对应的数值分析方法自然不能期望过高；再者计算参数的选取在很大程度上决定了计算结果的可靠性。由于计算参数的不确定性，极大地限制了计算结果的准确性。

中国有经验的工程地质专家在应用数值分析方法时，很好地把握了以下几个原则：

（1）高度重视第一手资料的收集工作。充分利用各种可能的勘察手段和方法，尽可能多的取得各种原始资料，这是一切数值分析的基础。任何工程地质数值分析的可靠性和准确性，很大程度上取决于对地质原型认识的正确性。

（2）建立合理的地质概化模型和力学模型。任何数值分析都必须对地质体原型条件做合理的抽取、归并和概化，使之能较好地概括地质体的基本特征和环境条件，既突出工程地质问题的主导因素，同时又具有数值分析的可能性。

（3）适时优化和完善计算条件和参数。任何一项水坝工程，特别是地质条件复杂的水坝工程的实施过程，都是一个不断加深认识和优化设计的动态过程。因此，要根据不断变化的地质情况，及时调整各种计算条件和参数，充分利用数值分析方法快捷、简便的优势，及时补充数据，修改和完善地质概化模型，力学模型和计算方法，使数值分析方法的优越性得到充分的发挥。

（4）重视并充分运用岩体原位测试和变形监测技术。近几年来岩体原位测试和变形监测技术日益普遍用在大坝建设的各种建筑物的设计、施工和运行中，这是当前勘测、设计和施工信息化的重要组成部分。充分利用监测成果检验数值分析的正确性和进行反分析，已成为工程岩体稳定性研究的一个重要手段。我国目前在这一领域存在的主要问题是安装、施测的时间过晚，范围过小，以致丧失了许多重要信息，使资料分析缺乏有效性和实时性。

（5）正确估量数值分析成果的可靠性和应用条件。前面的分析已经指出，数值分析方法在解决复杂的工程岩体问题时，有很大的局限性。因此不能简单地将数值分析的成果应用于岩体工程的设计中。缪勒博士 1988 年最后一次考察三峡工程时，曾对数值分析方法作了评述，大意是：没有计算是不行的，计算成果可以给出量级和程度的概念。但依靠计算做设计是困难的，更不能代替地质学家的判断。这一段话说得十分精辟，值得在实践中不断探索和把握。

3. 计算机制图和工程地质数据库

这是第三个层次的计算机技术应用。它虽然不直接回答各类工程地质问题的分析结论，但却是加快勘察工作进度，扩大勘察成果的应用领域，提高勘察成果的服务水平的重要途径，也是推动工程地质科学广泛接纳现代高科技的重要方面。

计算机制图技术在工程地质领域的应用在近十多年来才得到重视和发展，主要原因是工程地质图件要素多，内容复杂和形态多样，使计算机辅助设计的普及和提高受到了计算机功能及软件编制两个方面的限制。十多年来通过国外引进和国内学者的自主开发，目前基本地质图件均已实现计算机制图。

建立工程地质数据库的工作起步较晚。但是近几年来，在一些大型水利水电工程中，正在加速推进这一工作，并已取得了成效。如三峡工程坝区工程地质信息系统、南水北调工程工程地质数据库系统、溪洛渡水电站岩体结构信息系统和三维建模系统等。然而，当前我国水利水电行业工程地质数据库的建设尚难以满足迅速增长的信息处理要求。这是因为数据库的建设方式大多是利用现成的商业化软件来装载数据，很少做高层次的再开发；远未达到以功能处理为核心，以功能软件为基础的层次；各单位分散开发，各行其是，形成一系列信息孤岛。这些都有待改进和加强。

致谢：本文在编写过程中，得到马国彦、范中原、刘克远、陈祖安、周维垣、王兰生、李文纲、沈泰、肖伯勋等几位教授和余永志工程师的指导和大力协助，陈祖煜教授提供了天生桥二级厂房后边坡地质剖面，沈泰教授提供了几个大型地质力学模型的具体资料，刘运泽、陈新球两位工程师提供了三峡工程地震波 CT 成果。除参考文献外，文中还参阅引用了国家"七五"攻关《岩质高边坡勘测及监测技术方法研究》，以及葛洲坝、二滩、小浪底、三峡等工程的许多内部研究报告及生产成果，不能一一列出。对上述专家和工程的勘测设计单位的大力支持，谨致以热诚的感谢。

加强对流域地质环境的再研究和再认识

引言　中国水利事业从过去以减灾兴利为主的工程建设阶段，已经发展到今天以资源综合利用和环境保护协调发展为目标的新时期。从这个高度检视流域的地质工作，对流域地质环境的认识远跟不上形势发展的需要。过去地质工作成果大部分是点的、小片的或局部的，缺乏对流域地质环境的全面调查和深入研究。在涉及流域范围水资源的综合开发和环境保护问题时，资料就欠缺。加强对流域地质环境的再研究和对流域地质条件的再认识，已是大流域机构当前面临的重要任务。长江流域广大地区众多的生态环境问题以及日益增加的人类活动、工程建设引发的一系列环境地质问题，都与地质条件息息相关，都需要从地质环境入手，提高认识，找出正确的对策。

中国是一个水资源相对匮乏的国家，人均水资源占有量仅为世界人均占有量的1/4，随着国民经济的发展和人民生活水平的提高，水资源匮乏的现象将更加突出，并将成为制约我国国民经济发展的重要因素。据预测，至2030年，我国的人均水资源量将由现在的2220m^{3}降到1760m^3，接近国际一般承认的用水紧张的国家标准（人均水资源量少于1700m^3）。

我国水资源的一个重要特点是分布的不均衡和水、土资源区域分布的不协调。长江以南地区的水资源量约占全国水资源总量的80%，而人口只占全国的53.6%，耕地占35.2%，GDP占55.5%；全国水资源最缺乏的黄、淮、海地区，耕地占全国的39.1%，人口占34.7%，GDP占32.4%，而水资源量仅占全国的7.7%，已经严重影响这一地区的经济发展和人民生活质量的提高。

因此，水资源的合理开发和综合利用是实现国民经济可持续发展的战略措施。据统计，长江、黄河、珠江、黑龙江、淮河、海河6大流域的水资源量约占我国水资源总量的63%，大力发展水利事业，进一步加强大江大河的综合开发治理，在水资源的战略研究中占有突出的地位。

中国的水利事业从过去以减灾兴利为主的工程建设阶段，已经发展到今天以资源综合利用和环境保护协调发展为目标的新时期。从这个高度检视流域的地质工作，就会发现我们对流域地质环境的认识远跟不上形势发展的需要。我们过去的地质工作多是围绕工程建设为中心进行。即使是流域规划的地质工作，也主要是收集资料汇编整理而成，因而地质工作成果大部分是点的、小片的或局部的，缺乏对流域地质环境的全面调查和深入研究。因此，在涉及流域范围水资源的综合开发和环境保护问题时，地质资料就显得欠缺，认识

本文写于2003年5月。

就比较肤浅，回答和解决问题的能力就显不足。加强对流域地质环境的再研究和对流域地质条件的再认识，已是大流域机构当前面临的一项重要任务。

长江地处我国中部，横贯东西。水资源、矿产资源、森林资源、农业资源、水能资源、旅游资源，乃至人力资源，在全国都占有重要的地位，也是我国自然、人文、社会经济多种条件的天然纽带。流域的水资源总量约占全国水资源总量的 39%，1997 年提供的供水量约占全国总供水量的 31%。而长江流域的水土资源的综合开发利用目前还处于较低的水平，水资源利用和水能开发均只占资源总量的 1/5 左右；长江流域水土流失面积和侵蚀总量均为全国 7 大江河之首，目前仅治理了 1/5。因此长江流域综合开发利用的任务还任重而道远。前几年提出的长江经济带的建设，最近中央提出的西部大开发，都意味着全流域的经济腾飞已经启动。许多国民经济建设的重大决策，如南水北调，西电东送，退耕还林，堤防建设等都直接源于或密切联系于长江流域。已经和即将开始建设的许多重大项目，如三峡工程，长江中下游堤防工程的建设，已经动工兴建的南水北调东线和中线工程，众多铁路和高等级公路的建设，城市化趋势的快速发展，长江中上游水土保持区的建设，金沙江、岷江等流域生态环境的恢复和地质灾害的治理，不久即将提上建设日程的溪洛渡、向家坝水电站等，涉及的都不是小范围的局部性问题，需要对大地质环境有清楚的认识。由于西部地区地质环境的脆弱，有些在东部和中部不会引发重大问题的项目，在西部则可能会带来严重的问题。

20 世纪 50 年代和 80 年代，我们曾先后做过两次流域规划，多数规划的梯级坝址都做过一定的地质工作，但也有一些没有或只做了很少的地质工作，满足不了规划工作的要求。有些梯级坝址只是从充分利用水能的角度确定，没有考虑地质环境的适应性。目前，对有些规划河段的梯级布置已经出现了不同的意见，需要结合地质环境再进行研究和论证。

人们早就知道，长江至少是由 4 个不同的河段长期发展演变连接贯通而成，但至今还没有系统的研究成果较权威地论述这 4 个河段是何时、在什么地点、以什么方式连通的。晚新生代以来，随着青藏高原的强烈隆升，大陆的气候、地势、水系发生了巨大变化，使得中国西部特别是西南部地区的自然条件恶化、地质环境脆弱、地质灾害和水土流失严重，自然资源得不到合理的开发和充分利用。在这种地区要实现资源、环境的协调发展，必须对环境条件包括地质环境有深刻的了解和认识。例如，大范围地区产生的严重的水土流失的地质背景；河床深厚覆盖层、大型山崩、滑坡、泥石流的形成条件和分布规律；强地震区的工程规划；跨流域引水合理路线的比较选择；地下水资源的赋存、分布规律、可利用性及开采条件；大型工程建设的地质及环境条件评估等，无不有赖于对长江上游地区地质环境的深入认识。长江上游河段的发育演变，金沙江由北向南转而东流的发育过程，金沙江水系和横断山脉南北向水系的关系，对西南诸河的水资源开发利用有直接意义。林一山 1996 年提出的西部调水的研究成果，将怒江、澜沧江、金沙江、雅砻江、大渡河诸水系连接起来，调水到黄河的多尔根和大柳树水库，再向西调至河西走廊及西部严重缺水的地区。这一设想短期内当然难以实现，但有人预计到 21 世纪中叶就会付诸实施。而对这一方案中的众多地质问题，我们还回答不清楚，其中有关金沙江水系和澜沧江水系袭夺关系的认识，将对于西部调水线路的选择有很大的作用。金沙江虎跳峡河段的几个坝址，有的河床覆盖层竟超过 200m，这是什么条件形成的？有什么规律？还有强地震和活断层等问题，对这一河段的水资源开发规划有着重要影响。长江上游地区冰川、冰水堆积物的岩性特征及工程性质对许多类型的工程建设关系都十分密切，但对它们的形成条件和分布规律还缺乏深入研究。许多大型工程的建设常受到河谷地貌及堆积物成因性质的直接影响。长江究竟是什么时候以什么方式贯穿三峡河段的，不只是一个理论问题，更是解决和回答许多重要问题的钥匙。如长江三峡贯通的方式和时代对长江中下游河谷地貌发育的影响；三峡地区凡是分布巴东组地层的河段就常常伴有大型滑坡或巨厚的松散堆积体，人们早就发现了这种现象，但并没有深入去探讨它与许多影响因素的内在联系，除了岩性、地质构造条件外，长江在这一河段的发育历史和过程，无疑也是一个重要的因素。在巫山、奉节一带高程 260m、230m 上分布有一定范围的粉质壤土，人们习惯于把它作为河流阶地堆积物，且据此得出一些重要的地质结论。如用以分析现代地壳运动性质、判断是否存在大型滑坡等。但这种堆积物究竟是什么地质环境下形成的产物还值得深入研究。鄂西山区夷平面的划分还是 20 世纪 20 年代外国学者提出来的，近几年有的学者在研究清江、三峡岩溶和地貌发育史时又提出了一些新的观点，尚有待深入探讨，它涉及乌江、清江及川东、黔北、鄂西、湘西的工程建设中许多重要地质问题的评价。长江中下游广大地区众多的生态环境问题，更是与地质条件息息相关，至少可以开列出数十个问题，都需要从地质环境入手，才能认识清楚，找出正确的对策。最突出的如长江与中下游湖泊间江湖关系与现代地壳运动的关系，特别是江汉盆地从古盐湖到出现海相化石的沉积层，最终演变为淡水湖沼和江汉平原的过程及与长江的关系；沿江低洼平原和大湖区有深埋的新石器时代以来的古文化遗址，是地壳下沉了还是长江水位抬升了？洞庭湖的面积，从清代晚期的 6000 余 km² ，到现在的 2000 余 km² ，仅仅是围湖造垸、造田和入湖泥沙增多的结果吗！长江堤防许多险工段、几处塌岸严重河段的地质背景；长江古河道的演变对堤防建设、港口及闸堤建设、城市建设、地下水资源开发利用的影响；古今长江入海河段的演变、海平面升降对长江中下游河道变迁、河口地貌发育演变和河口整治的影响；三峡及荆江河段存在众多高程远低于海平面的河床基岩深槽，它们的形成条件及分布规律，对河流学的研究和某些工程建设有直接影响；长江中下游第四纪沉积环境及沉积物特征是解决许多重大工程和环境问题最基础的资料，而我们对此还缺乏深入的了解。

日益增加的人类活动对人类生存环境的影响越来越突出。长江上游广大地区水土流失如此严重，直接的原因是人类对山区植被的破坏。金沙江、岷江、红河流域的森林植被在 20 世纪 50 年代被人为地严重毁坏了。而这一带地表土质疏松，岩体风化破碎，降雨集中，播下的树种很难扎根存活，多年的休耕还林效果很不显著。西部大开发刚启动，但各类工程建设所造成的次生地质灾害，如诱发的崩塌、滑坡、人工泥石流、地表水和地下水质的污染、环境容量面临的新挑战等。长江中下游地区同样面临人类生存与环境条件的尖锐冲突：日益缩小的湖泊水面，城市大量抽取地下水导致的地面沉降，长江坍岸与河道上各类人工建筑物造成的河势改变及其影响，凡此种种。三峡工程的建设除了巨大的社会经济效益外，也引发了一系列的环境地质问题，有些问题过去我们有所认识，但深刻程度远远不够，有一些则过去并未认识到。三峡库区移民工程建设所引发的次生地质灾害日益突出，水库蓄水后引发的塌岸导致的后果现在认识还不十分清楚，移民环境容量的矛盾正在暴露。水库建成后对下游地区地质环境的影响，是一个已引起各方高度重视的问题。如清水下泄河流冲刷能力的改变对两岸岸坡稳定性、堤防安全、河道演变及河道工程建筑物安全运用的影响；水库调节水量的变化，对江湖相互调节关系的影响等，都有待作进一步研究。

上面这些问题的解决向我们提出的一个迫切任务，就是需要从发展、资源、环境协调的高度，加强对长江流域地质环境的再认识。而这一任务的完成，有赖于国家的必要投入，流域机构的统一规划和全国有关生产、科研、教学部门的通力合作来实现。

三峡工程几个主要岩土工程问题处理措施简介

陈德基　　冯彦勋

三峡工程围绕与工程建设关系密切的区域、水库、坝址、建筑物及天然建筑材料等重大地质问题，进行了长期深入的地质勘察研究。本文仅就坝址区与主要建筑物相关的几个岩土工程措施作一简要介绍。

一、建基岩体质量评价及局部地质缺陷处理

（一）建基岩体的质量分级及利用标准

坝基建基岩体质量必须能满足三峡工程高混凝土重力坝对地基的要求。包括承载力、抗滑稳定、不均匀变形、渗透性及耐久性等诸多方面。

三峡工程坝基主要为闪云斜长花岗岩和右岸出露的闪长岩包裹体，在微风化带及新鲜状态下，岩体坚硬、完整，力学强度高，完全可以满足混凝土高坝对地基的要求。全、强风化带岩体力学强度低，不能用作三峡工程主体建筑物地基。关键是弱风化岩体能否作为坝基岩体，对此，从弱风化岩体的工程地质特性、物理力学性质、岩体质量、加固处理等5个方面进行综合研究。研究结果认为：弱风化带上部岩体，岩体遭风化作用强烈，由坚硬、半坚硬岩石夹疏松、半疏松状岩石组成，工程地质及力学性质极不均一，v_p 值一般为 $2600\sim5100\mathrm{m/s}$。声波曲线多呈双峰形态（图 1）。以该带作为坝基利用岩面不能满足混凝土高坝对地基要求。由于构成本带的岩体性状十分复杂，具有极大的力学差异性和不均一性，采用工程措施加以改善，从技术和经济两个方面考虑都是不可取的。

弱风化带下部岩石，风化作用较轻，以坚硬岩石为主体，一般沿结构面有 $1\sim4\mathrm{cm}$ 风化色变，约有 20% 结构面有风化加剧现象。岩体总体工程地质特性及力学性质较好，v_p 值一般在 $4300\sim5500\mathrm{m/s}$。以本带作为利用岩面，在正常荷载组合下，$K_c>3$，特殊组合时，$K_c>2.5$，可满足混凝土大坝对地基的要求。

根据岩体完整性，结构面状态及强度，岩体透水性及变形特征，将坝基可利用岩体分为 5 级。

（1）优质岩体（A 级）：为新鲜、微风化的整体及块状结构岩体，是大坝的优良基础，平均 $v_p=5400\mathrm{m/s}$。本类岩体占坝基范围的 35.0%。

（2）良质岩体（B 级）：包括微风化、新鲜的次块状结构岩体及弱风化带下部的块状结构岩体：为良质坝基岩体，只需作常规处理即可。本类岩体占坝基范围的 63.2%。

本文写于 2004 年。

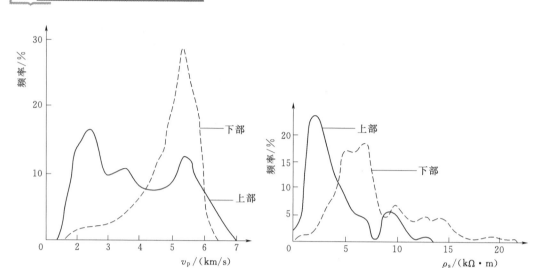

图1 弱风化带上部与下部岩体声波纵波曲线对比图

（3）中等质量岩体（C级）：包括断层中胶结良好的构造岩、断层影响带、裂隙密集等镶嵌状结构岩体，作为大坝地基时，需适当加深开挖或做必要的加固处理。

（4）差岩体（D级）：为含软弱构造岩的碎裂结构岩体及含松散碎屑较多的弱风化带上部岩体，坝基不能利用，需挖除或做专门性加固处理。C类与D类岩体占坝基的2%。

（5）极差岩体（E级）：为NE—NEE向张性断层破碎带，强烈风化岩体和软弱构造岩，坝基不能利用，需挖除。

（二）坝基岩体局部地质缺陷处理

坝基岩体出现的地质缺陷主要有下列类型：

（1）建基面或边坡设计开挖轮廓内的加剧风化带。坝基建基岩面常残留一些囊-槽状加剧风化岩体，范围一般不大，但对坝基变形和应力分布有一定影响。此类岩体多沿小断层、长大裂隙和裂隙密集带分布，以半坚硬岩石为主，有时夹少量疏松、半疏松岩石，属C～D类岩体。岩石饱和单轴抗压强度30～40MPa，变形模量1～5GPa，需进行适当的开挖置换和加固处理。如左非11号坝段弱风化下带岩体中，有33%的面积由于受近东西向岩脉和裂隙的控制，岩石风化加剧，呈半坚硬状，采取了加强固结灌浆的处理方法。

（2）断层破碎带的处理。坝区规模较大的两组断层为NNW组和NNE组，前者如坝区规模最大的F_{23}断层，长达16km，构造岩最大宽度达30余m；后者代表性断层为F_7，长3.20km，构造岩最大宽度10余m。但该两组断层经后期热液作用再胶结，重结晶，构造岩性状良好，仅沿后期再活动的主断面有宽0.1～0.5m的软弱构造岩和不足1cm宽、断续分布的泥质物，其需要工程处理的范围和方法与一般断层无异。坝址区发育一组走向走向60°～80°（NEE—近EW）组断层，性状较差，倾向NW为主，倾角65°～85°，约占断层总数的8%。该组断层属张扭性，构造岩大多较破碎，胶结差，断层带岩质多呈半疏松状，并常夹有断层泥和疏散状岩屑，厚度及性状变化大。这类断层在坝基下数量不多，规模一般不大，但一旦出现，则常成为坝基和边坡变形、稳定的控制条件。

对于大多数一般性断层，均采用掏槽开挖，回填混凝土处理。开挖宽大于破碎裂带的宽度，一般应加宽清除强烈影响带；深度不得小于宽度1～1.5倍。当断层带上下游方向贯穿整个建筑物地基时，对其处理范围要超出上、下游基础轮廓线进行扩大开挖，扩挖长度不小于2倍断层破碎带宽度，扩挖深度相同，并回填同标号混凝土。

当断层条件复杂，性状差，且位于建筑物基础的部位特殊时，则需要做专门的处理设计。典型事例如升船机上闸首坝段地基的断层处理。上闸首坝段坝基开挖形态复杂，上段为高程95m，宽56.9m，长（顺水流方向）80.9m的平台，以1:0.3陡坡下接高程48m建基面，高差47m。95m平台右侧为临时船闸闸室，开挖临空面高达34m。平台上分布有较多的断层，其中最主要的有F_{215}断层，是坝区内性状最坏的NEE向断层中规模最大的一条。坝区规模最大的F_{23}断层也从右侧穿越坝基。还有性状很坏的f_{548}断层等。F_{215}分布在防渗帷幕前，且与F_{23}断层在闸首前部相交。f_{548}性状极差，分布在高程95.00m平台右下角，都处于建筑物基础的关键部位，必须认真加以处理（图2）。

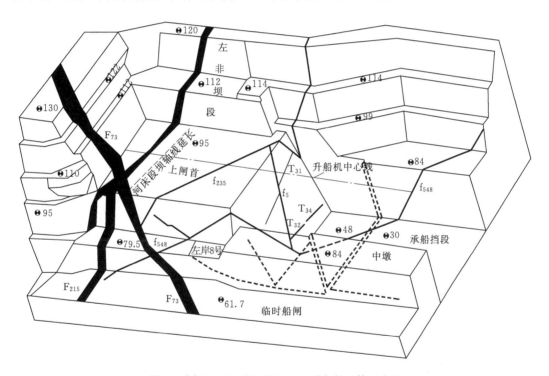

图2　升船机上闸首坝段坝基地质条件立体示意图

F_{215}断层宽0.8～4.0m。F_{23}断层宽达5～8m，两断层交于升船机上闸首坝基右上角（图2）。两断层软弱物主要沿主断带分布，且宽度不大，其他构造岩性状较好，v_p值满足坝基弹性波检测要求，二者未交汇的地段，分别按常规的抽槽开挖处理。断层交汇区则进行专门处理设计。先沿断层带交汇带一定范围抽一宽12～16m、深2～3m的宽槽，再对宽槽内沿主断带分布的软弱带作抽小槽处理，小槽宽1～4m，深1.5～3m（图3）。抽槽后回填混凝土塞，混凝土塞下层布置了两层钢筋网，以增强混凝土塞的传力性能。

f_{548}断层斜切上闸首高程95.00m坝基平台右下角且向坝基下倾斜出露于坝后95～

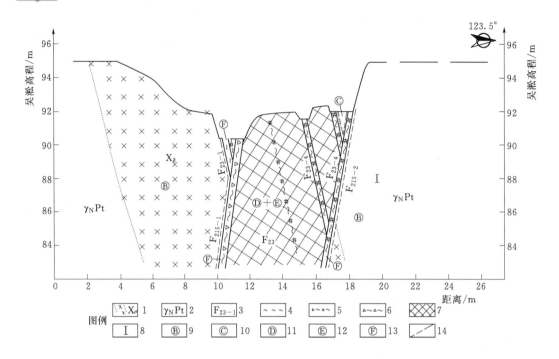

图 3　升船机上闸首断层 F_{23} 与 F_{215} 交汇带槽挖剖面示意图

1—煌斑岩脉及界线；2—闪云斜长花岗岩；3—断层编号；4—糜棱岩；5—碎裂岩；6—角砾岩；7—碎裂××岩；

8—微风化带；9—块状结构；10—次块状结构；11—镶嵌结构；12—碎裂结构；

13—散体结构；14—岩体结构分界线

48m 斜坡上。f_{548} 断层疏松至半疏松构造岩出露最宽达 $0.6 \sim 1.2m$，使上闸首坝基岩体的一角失去支撑，对大坝安全影响甚大。处理措施是先将 f_{548} 断层所切割的右下角岩体挖除至高程 84m，用混凝土置换所挖除的岩体，再对高程 84m 平台下 f_{548} 剩余部分顺断层带掏挖，掏挖宽度 $1 \sim 3m$，深度 $6.5 \sim 10.0m$，回填混凝土，置换面积约 $170m^2$。并在混凝土塞与岩面间进行接触灌浆，另外针对 f_{548} 两侧破碎岩体及张开裂隙进行化学灌浆，以增强上闸首坝基岩体的强度和整体性，上闸首坝基帷幕灌浆一般按单排布置，在帷幕通过断层、裂隙密集带、断裂交汇带、断裂与岩脉接触处基岩透水性较强，易发生渗透破坏的部位，根据情况，增设为 $2 \sim 3$ 排帷幕。孔距一般为 2m，排距为 0.2m。此外，在帷幕前布置两排深孔固结灌浆，兼起防渗作用。

为增强 F_{215} 断层及与 F_{23} 断层交汇带幕体防渗性能与长期稳定性，在两排水泥灌浆幕体间增布了一排化学灌浆帷幕。孔距 1.0m，设计底线高程为 5m，孔深 $95 \sim 110m$。在化灌的同时，加大先导孔的密度，追踪 F_{215} 断层化灌的防渗和补强处理效果。

二、左厂 3 号机组坝段坝基深层抗滑稳定勘察与处理

三峡工程坝基岩体中发育有数量较多、规模不大、闭合、无松软物质充填的缓倾角结构面。在一般情况下，这些缓倾角结构面不构成对坝基抗滑稳定的威胁。但在某些工程部

位由于缓倾角结构面较发育，加之特定的建筑物结构型式（左厂 1～5 号机组坝段，右厂 24～26 号坝段、右非 3～5 号坝段等），就有可能出现构成沿特定缓倾角结构面产生深层抗滑稳定的问题。最典型的为左厂 1～5 号机组坝段。

左厂 1～5 号机组坝段为坝后式厂房，坝基建基面设计高程 90.00m，厂房机窝高程 22.20m，坝趾下游紧邻坡高达 67.8m 的临空面。由于坝基岩体中存在倾向下游的长大缓倾角结构面，构成了受缓倾角结构面控制的坝基深层抗滑稳定问题（图 4）。

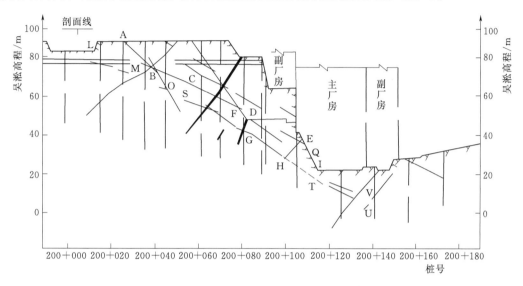

图 4 左厂 3 号组坝段坝基抗滑稳定分析地质剖面图

1. 缓倾角结构面的发育特点

通过地面及平洞勘探资料调查统计，对本地段缓倾角结构面的发育特点有以下基本认识：

（1）左厂 1～5 号机组坝段位于坝址区缓倾角结构面相对发育区。

（2）缓倾角结构面延伸长度最长为 48m，一般 10～20m 长。

（3）长度大于 10m 的长大缓倾角结构面中，走向 0°～30°、倾向 SE、倾角 15°～30° 的约占了 68%。

（4）在微新岩体中，缓倾角结构面均为硬性面，以平直稍粗面为主，占 44.7%，加上波状稍粗与粗糙面，共占 96.2%，平直光滑面仅占 3.8%。

（5）微新岩体中缓倾角结构面以无充填为主，绿帘石与长英质等坚硬物充填者次之，无黏土质充填，风化碎屑充填者极少见。

（6）短小缓倾角结构面连通率为 11.5%。

（7）通过大量现场与室内力学试验，提出了结构面抗剪强度建议值，以平直稍粗面抗剪强度参数作为缓倾角结构面的计算参数。

控制深层抗滑稳定的缓倾角结构面隐蔽于岩体深部，无法直接观察和量测。经过研究和探索，提出采用"特殊勘察"方法以确切查明隐蔽于地下的长大缓倾角结构面的位置、产状、规模与性质。

基于长大缓倾角结构面长度一般小于 30m，故采用 15～20m，最小 10m 间距布置钻孔；金刚石小口径钻孔采用双管单动、双管双动内管超前钻具等钻进设备与工艺，严格的钻进方法，保证岩芯获得率达 100%，并力求避免裂隙断开面磨损；采用自行研制并改进的 ZCD-53 型小口径钻孔彩色电视录像系统，结合岩芯鉴定对比，做到一条不漏地准确测定钻孔中所有缓倾角结构面的位置、产状、充填物厚度，并判断充填物类型、结构面起伏粗糙程度；再由有经验的地质师根据长期分析对比总结出的长度大于 10m 的缓倾角结构面判别标准，将岩芯鉴定和钻孔录像成果进行反复分析验证，最后确定钻孔中长大缓倾角结构面的位置、产状、性状和规模（长度）。

通过上述研究，3 号机组坝段坝基深层抗滑稳定可归纳为 4 种概化模式，滑移路径分别为①ABCDE；②LME；③ABCFHI；④ABDGHI，如图 4 所示。其中①、②为折线型，滑出点 E，在厂坝分界斜坡高程 38m 处，滑移面线连通率 65.5%～79.1%；③、④为阶梯形，滑出点 I，位于厂坝分界斜坡坡脚高程 22.00m 处，滑移面线连通率 82.8%～83.1%。考虑厂坝联合受力作用，又可组合成 4 条滑移路径，分别为：①ABCFHTUY；②ABCFHTVY；③ABCPGHTUY；④ABCPGHTVY，线连通率为 72.5%～76.8%，厂坝联合可提高深层抗滑稳定安全裕度。

2. 稳定分析计算

计算结果，安全系数最低的滑移路径为 ABCFHI。安全系数为 3.37，考虑到规范的要求和三峡工程的特殊性，确定针对左厂 3 号机组坝段深层抗滑稳定采取全面加固措施，具体措施如下：

（1）将建基面高程从 95m 降到 90m；在坝踵处设齿墙（宽 22.5m，深 5m）；加大坝上游底宽；将帷幕上移，以充分利用坝前水重。

（2）在坝基和厂房基础设置封闭抽排水系统以降低扬压力。

（3）高程 51m 以下的厂房混凝土与岩坡之间设锚筋，并进行接触灌浆，利用厂坝联合作用以增加抗力。

（4）相邻坝段间横缝设键槽，并进行接缝灌浆以提高整体性。

（5）采用预应力锚索加固最主要的滑移面。

（6）在钢管坝段高程 93m 处预留纵横向廊道，以便必要时进行预应力加固或灌浆。

三、永久船闸开挖高边坡稳定

三峡工程永久船闸位于长江左岸坛子岭以北约 200m 的山体中，为双线连续五级船闸。闸室段长 1607m，中心线方向 111°，典型设计开挖断面如图 5 所示。

三峡船闸高边坡具有以下特点：

（1）在 5 年短时间内劈岭开挖，形成中部保留有宽 60m 岩体隔墩的双线船闸，共 4 个开挖高边坡。边坡岩体经受了较急剧的开挖卸荷和应力调整过程。

（2）边坡线路长、挖深大、坡度陡。双线闸室段四面坡各长 1607m，最大挖深 170m。全强风化带边坡角为 45°，弱风化带及其以下的梯段坡为 63°～73°，底部 40～60m 为直立坡，剖面形态为整体不利的凸形坡。

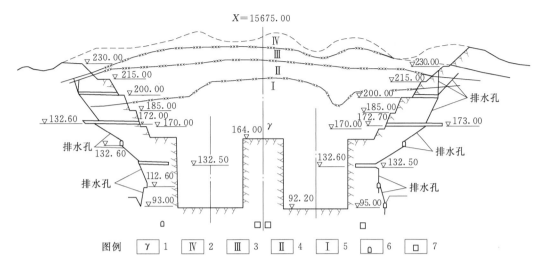

图 5　永久船闸典型开挖断面

1—闪云斜长花岗岩；2—全风化带；3—强风化带；4—弱风化带；

5—微风化带；6—排水洞及排水孔；7—输水洞

（3）闸室直立边墙采用薄混凝土衬砌墙，边坡岩体是船闸结构的一部分，对时效变形有严格的限制。

（4）边坡稳定性要求极高。三峡船闸位于长江黄金水道，又是世界闻名旅游区，任何边坡失稳都会影响航运畅通，并造成重大社会影响。基于以上特点，三峡船闸开挖高边坡稳定问题引起了国内外专家的广泛关注。

（一）船闸区基本地质条件

船闸区为沟梁相间地形，闸室段山梁最高高程 260.00～266.70m，近南北向通过第三闸首部位，与船闸中心线夹角 60°，沟谷底最低高程 130～90m。

基岩主要为前震旦纪闪云斜长花岗岩，并含片岩捕虏体和各种酸性至基性岩脉。

闸室段地表测绘和平洞共揭露断层 233 条，其中长度小于 50m 的裂隙性小断层约占总数的 50%～60%。较大的断层，除 F_{215} 延伸长度较大、斜穿南北两坡外，其余多出露在一个航槽至隔墩范围内。走向与船闸中心线交角小于 30° 的 NWW 和 NEE 组断层，构造岩胶结较差，对边坡稳定最为不利，但这些断层规模较小、发育程度较弱，占断层总数的 14.1%。

裂隙较发育，以走向 NEE 组最发育。据统计长度大于 5m 的裂隙线密度一般 0.8～2.0 条/m，裂隙面大多为性状较好的硬性结构面，以平直稍粗型为主。

闸室段风化壳较厚，全强风化带岩体厚度一般 5～35m，最厚 45m，弱风化带岩体厚度一般 5～31m，最厚 59m；不同风化带采用不同坡比。

岩体渗透性具有非均质各向异性特征，渗透系数随深度迅速衰减。

据多次地应力测量成果，各闸室底板部位最大水平主应力一般为 9.5～10.0MPa。属中等偏低地应水平区。地应力方向在边坡上部以 NE 向为主，向下逐渐变成 NW 向。

（二）永久船闸边坡稳定性评价

1. 边坡整体稳定性

船闸区主要为闪云斜长花岗岩，岩体坚硬完整。主要断层与船闸轴线呈大角度相交，与轴线交角小于30°的断层只占闸室段断层总数的14.1%，且多为长度小于50m的Ⅳ级结构面，作为底滑面的中缓倾角断层出现概率更低。地应力、地震力不高，对边坡的稳定性影响有限。地下水渗压力对边坡稳定影响显著，但采取强有力的边坡防排水工程措施能有效降低边坡内水压力。因此，边坡整体稳定条件较好，具备形成高陡边坡的岩性、构造、岩体结构和力学性质等基本条件。

2. 边坡局部稳定性

局部稳定是指岩体变形与破坏范围未达到整个边坡高度或跨越几个梯段坡，而是结构面组合形成的可动块体的局部稳定性。一期工程最大开挖高度80m（250～170m）位于三闸室南坡，其次为上引航道北坡，高程73m（203～130m），每15m设一级宽5m的马道。由结构面组合的块体大多为稳定和潜在不稳定块体，占块体总数的60%。主要分布在马道前缘及梯段坡的上部。由爆破裂隙与结构面组合形成的爆破块体，也是边坡局部失稳的一种常见形式，其分布无明显规律，随机性很强。

与一期开挖相比，二期开挖具有以下特点：

（1）边坡由斜坡变为直立坡。

（2）由每级高15m的梯段坡变为一坡到底的直立坡，高40～60m。

（3）结构型式复杂。闸首段呈凹形开挖，60m宽的中隔墩呈长条形结构及阶梯式下降。

这不仅使各个方向结构面充分暴露，而且造成多方向高陡临空面，大大增加了结构面临空出露的机会。直立墙边坡的稳定性仍以裂隙组合形成的随机块体失稳为主，90%的失稳块体出现在直立墙顶部和马道前缘。由裂隙组合形成的随机块体，尽管组合的形状十分复杂，但控制滑移面一般只有1～2个，即单滑面块体和楔体两大类。根据临空条件、长宽比、对称性可进一步划分。如单滑面块体：切角形、切边形；楔体：对称型、不对称型、不完全切割块体等。

另一种变形是由走向与边坡近于平行的反倾陡倾角结构面切割形成的薄板-厚板状岩体，具有倾倒变形条件。如右线二闸首北侧下游支持体开挖成纵横向临空，受顺坡反倾结构面控制，易产生倾倒破坏，地质部门曾多次建议尽快锚固，但由于没有及时实施，于1999年1月11日7点50分发生坍塌，体积约500m³。

（三）永久船闸边坡加固处理

1. 边坡排水

边坡排水包括补给源的截、防、排和边坡内地下水疏排两方面。

（1）消除补给源的措施。包括大气降水和其他地表水，如山体来水、水库渗漏水、闸室渗漏水等入渗。

在船闸两侧地表水入渗区内设置横向排水沟，将地表水特别是冲沟地表水引离边坡；边坡表面全面铺盖，防止降水及地面地表水入渗。

（2）山体排水。山体来水依靠山体排水系统截排。船闸区岩体水文地质结构具不均匀性，渗透性由地表面向深部成几何级数递减，即浅部地下水的补给强度与运移速度远高于深部。据此特点，在闸室南、北两侧高边坡山体内于高程 200.00～70.00m 范围内各布设有 7 层排水洞，相邻两层高差大约 20m。洞内设有排水孔使上、下两层排水洞相连，且排水孔幕应穿过上部强透水区，以疏干地下水主要补给源，如图 6 所示。

2. 系统支护

为了保持边坡的长期稳定，对边坡采取了系统的支护措施。对于全强风化带边坡（1:1），采取了挂网喷混凝土保护，并设置了排水管；对于弱风化带岩体边坡（1:0.5），采取了系统锚杆和挂网喷混凝土支护，并设置排水孔；直立墙以上微新岩体（1:0.3）采取了系统锚杆和喷素混凝土支护。

在施工中发现直墙以上坡面岩体大部分较完整，仅局部断层或裂隙密集带为次块状结构或镶嵌结构岩体；在马道以下高 3～5m，最高达 10m 范围内，普遍存在"松动区"，"松动区"内裂隙大部分张开，爆破裂隙发育，"松动区"水平向内延伸一般在 3m 以内；同时由结构面组合形成影响岩体稳定的块体，主要分布在梯段坡的顶部。为此，将原设计系统锚固改为马道锁口锚固（即只保留顶部两排系统锚杆）和针对块体的随机锚固。

对于闸室直立坡，原设计用高强结构锚杆兼作岩体加固锚杆，由于结构锚杆在开挖期间没有条件施工，所以对直立坡顶部采用 5 排系统锚杆（又称锁口锚杆）加固，锚杆长 12～14m，间排距一般 2.5m×2.5m。

为了改善边坡中拉剪应力区和塑性区的应力状态，限制拉应力区追踪裂隙形成张拉裂隙，恶化边坡稳定条件，对闸室直立坡以上的边坡，在南坡布置两排系统锚索（高程 195m、180m），北坡布置三排系统锚索（高程 210m、195m、180m）；对南、北直立坡，在中上部布置两排系统锚索，在中隔墩上布置两排对穿锚索。

3. 随机支护

随机支护主要针对施工过程中发现的地质缺陷进行的支护，主要分为三类。

（1）与边坡平行的结构面发育区。与边坡近平行的陡倾角结构面，容易在其垂直方向产生松弛变形，反倾时可能导致倾倒破坏，一般采取锚杆加固，锚杆深度穿过该结构面 3m。

（2）岩体破碎区。对断层破碎区，一般进行适当掏挖回填混凝土，再进行锚固。对裂隙密集带破碎区，即次块状和镶嵌结构岩体，进行局部系统锚固，并挂网喷混凝土支护。

（3）潜在不稳定块体。根据块体体积和稳定性采用锚杆或锚索加固，对不能锚固的块体进行挖除处理。较典型的大型块体加固如 f_{1239}。f_{1239} 位于右线二闸室南坡，二闸首支护体下游直立坡部位。该断层在直立坡转折部位构成一单滑面楔形块体。考虑到自身稳定和施工期在地下水压力和闸门推力作用下的两种工况，需加锚固力 2704t，共加 3000kN 级锚索 93 束，并辅以锚杆加固，提高块体的整体性，严格控制施工爆破，设置排水孔，并进行安全监测。

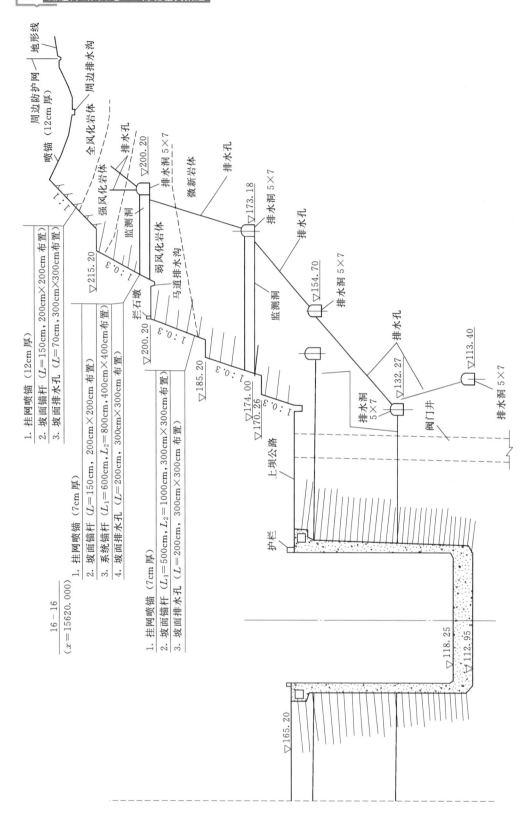

图 6 永久船闸高边坡典型断面支护设计图（排水洞单位：m）

四、泄洪坝段下游冲刷坑岩体工程地质评价

泄洪坝段位于大坝中部原河槽和右漫滩部位，长 483m，采用表孔（堰）与深孔泄洪、鼻坎挑流消能方式。最大下泄流量 85520m³/s，泄洪期最大水位差 83.3～97.3m，最大单宽流量 273.3m³/s。下游为葛洲坝工程水库，冲坑区水垫层厚 30～40m。由于泄洪坝段泄洪量大，泄洪水头高，单宽流量大，下游冲坑的位置、深度、形态是否会影响大坝及两侧导墙安全，成为相关水工建筑物布置及消能防冲考虑的主要因素。

冲坑的形成是水力学与冲刷区地形地质因素相互作用的结果。冲刷区为原河床、漫滩及中堡岛，水流状态与原长江河势基本吻合，不致产生由河道地形引起的严重折冲水流。但由于原地貌单元及地面高程的差异，各溢流坝段尾水水垫层厚度及地面高程差别很大，可能产生的冲坑深度不同。

（一）冲刷区岩体工程地质条件

冲刷区内广布有第四系覆盖层，由细砂、壤土、砂砾石层组成。这些松散物抗冲刷能力差，在挑流水作用下，首先被冲刷。基岩为闪云斜长花岗岩，中堡岛左侧 15～22 号坝段顺水分布有中堡大花岗岩脉，宽 50～70m，倾向右岸，倾角 45°～70°。

原枯水河槽部位缺失全强风化岩体，仅保留不厚的弱风化带岩体；漫滩部位全、强风化带岩体保留不多，中堡岛及其斜坡带保存完整。弱风化带下带顶面以上岩石抗冲刷能力低，新鲜状态下的基岩饱和单轴抗压强度在 100MPa 左右，抗冲能力强。

冲刷区内见断层 23 条，除 2 条为中倾角外，其余均为陡倾角。规模较大断层在冲刷区内不相交，规模较小的 NEE 或 NWW 组断层多与 NE 组断层交汇，交汇处往往形成裂隙密集带和加剧风化。冲刷区裂隙以陡倾角为主，缓倾角裂隙在局部地段较发育。

（二）冲坑岩体抗冲刷特性分析

弱风化下带及微新岩体，据岩体结构、缓倾角裂隙发育程度、断裂构造岩胶结程度等因素，其抗冲性能可分三个等级：

（1）强抗冲刷岩体（Ⅰ）。主要间分布在冲刷区左侧规模较大的断层之间，以整体结构与块状结构为主，RQD 值大于 90%，缓倾角结构面间距 10～20m。

（2）较强抗冲岩体（Ⅱ）。主要分布于冲刷区左侧断层带附近。以块状—次块状结构为主，少量为镶嵌结构，缓倾角结构面间距 5～10m，RQD 值 70%～90%，断层带一般胶结较好。

（3）弱抗冲岩体（Ⅲ）。分布于冲刷区右侧中堡岛花岗岩脉及深风化槽一带，以及右导墙的局部地段，为次块状与镶嵌状结构岩体，RQD 值小于 70%，缓倾角结构面间距 1～5m。

（三）冲刷坑对工程影响综合评价

大坝建基面高程自左向右为 5～50m，与坝基相邻的下游岩体大部分为强抗冲刷岩体，且由于泄洪时水舌与坝基相距较远，因此泄洪冲坑的发展不会危及大坝的安全。从安全角度出发，中堡岛花岗岩脉及其他局部抗冲性较差的岩体出露部位，可设置适当长度的护坦加以保护。

五、二期上游围堰堰基工程地质问题及施工对策

二期上游围堰位于坝轴线上游 200～450m，轴线长 1139.5m，为混凝土防渗墙土石围堰，堰顶高程 88.5m，堰高一般 30～60m，自基岩起算，最大高度 88.6m，底宽 200～380m。围堰的填筑水深最大 60m、挡水水头 80m、防渗墙高度最大 73m，围堰工程量、施工强度和难度在国内外均无先例。

（一）堰基地质概况

两侧漫滩滩面高程 41～68m，表部分布残积块球体及厚度不等的细砂，部分基岩裸露。原长江枯水河床宽 180～280m，底部高程 20～41m，最低 10.40m，分布 5～16m 厚细砂层，其下为砂砾石层，最大厚度 10m。

基岩为闪云斜长花岗岩，含少量花岗岩脉和辉绿岩脉。断层和裂隙以陡倾角为主，断层构造岩大多胶结良好。风化壳两岸漫滩厚 10～30m，河床中缺失全强风化带岩体，为厚 12～30m 的弱风化带岩体。

堰基下覆盖层多为弱至强透水层。全强风化带岩体为较严重至及严重透水岩体。弱风化带岩体透水性不均一，有 45% 为中等至严重透水岩体。微新岩体透水性微弱，局部分布较严重透水地段。

（二）堰基主要工程地质问题及处理建议

1. 细砂层的渗透稳定

堰基河床、漫滩广布葛洲坝水库淤积细砂，在原枯水河床一般厚 5～10m，最厚 16m，两侧漫滩一般厚度小于 5m，最厚 12m。

细砂天然干重度 13.7kN/m³，相对密度 0.29～0.32，为松散的不良级配均匀土。不均匀系数 1.3～3.2，曲率系数 1.0～1.64，为无盖重条件下常见液化类土。

细砂的水平渗透破坏比降试验值为 0.66～0.83，在堰基下难以清除，在二期围堰挡水高水头作用下，可能发生流土型渗透破坏危及围堰安全。为此，必须保证防渗墙与墙下灌浆帷幕的可靠性，控制堰内水位下降速度，做好堰脚细砂层的反滤结构和反压设施。

2. 枯水河槽基岩深槽与陡壁的防渗墙施工

在前期勘测成果基础上加密勘探，准确查明了与二期上游围堰有关的枯水河槽左侧基岩深槽的形态。基岩深槽顺水流向总长约 270m，宽约 180m。深槽左侧坡陡峻，一般坡度 30°～50°，局部达 70°；右侧较缓，坡度 20°～30°。防渗轴线上基岩面最低高程为 −0.09m，槽内分布较厚细砂层（图 7）。

基岩深槽控制了防渗墙与堰体的最大高度；深槽左侧为高达 30m、坡度 70°的陡壁，走向与防渗墙斜交，倾向下游，不仅使防渗墙施工嵌岩困难，而且在防渗墙挡水向下游位移时，可能形成墙体与岩壁间的拉张缝。两者成为上游围堰施工的难点及险段。应采用特殊嵌岩工艺施工，加强防渗墙与陡壁的连接面。增大防渗体宽度，减少墙体变形量。故河床深槽段采用二排防渗墙防渗，防渗墙中心距 6m，并设 5 道横隔墙支撑。

3. 块球体

块球体指形似球状、风化轻微的坚硬岩块，包括：①夹于原枯水河槽砂砾石层中下部

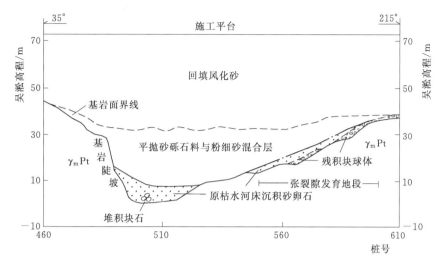

图 7　河床深槽段地质剖面图

图 8　原河漫滩上出露的叠置堆积的块球体

的零星漂石，铅直向块径 0.2～0.5m；②广泛分布于两侧漫滩、零星分布于枯水河槽基岩面的残积块球体（风化蚀余块球体）夹砂层，块球体直径一般 1～3m；最大 5～7m，叠置厚度一般 2～6m，最厚 8～10m（图 8）；③强风化带岩体中下部的半坚硬至坚硬状球状风化块球体。由于块球体块度大、性坚硬、分布广，是制约防渗墙施工的关键因素和主要难点之一。在围堰防渗线路选择时，已尽可能避开了叠置厚度较大的残积块球体分布区，但因其分布广泛，仍无法全部避开，必须研究有效的施工机具、工艺与措施。

4. 防渗墙施工

二期围堰防渗工程巨大，堰体防渗墙要求嵌入弱风化带岩体 0.5～1.0m，对墙下强透水岩体还应进行灌浆处理。加之有细砂层、砂砾石层及块球体的存在，而工程进度要求在一个枯水期内完成，给防渗墙施工带来很大难度。为此防渗墙施工采用了如下措施：

防渗墙深度要求穿过覆盖层，嵌入弱风化带岩体 0.5～1.0m 或嵌入强风化带岩体 5m 以上。

（1）机具选择：选用了反复循环冲击钻、液压导板、抓斗和国际先进的双轮铣。

（2）利用槽内先导孔、冲击钻岩样鉴定、钻爆孔施工等提供的条件，准确判断基岩面的位置及河床深槽陡壁形态，以保证嵌岩深度。

（3）防渗墙施工采用二钻一抓或上抓下钻成槽法，对下部块球体采用了冲击钻砸碎或聚能爆破的办法。

（4）防渗墙采用两序施工，每个槽长 5.8～6.0m，槽宽 1.0m。两序槽孔相间施工，每个槽成槽后浇筑混凝土，槽间以双反弧钻具钻进连接。

（5）为解决风化砂填料施工中的坍孔问题，采用了振冲加密的方法。

（6）对河床缓坡段风化卸荷，张开裂隙发育的强透水带，及深部强透水岩体，采用了预埋、加密灌浆孔的办法处理。

三峡工程水库诱发地震问题研究

陈德基　汪雍熙　曾新平

一、引言

水库诱发地震是由于人类拦河筑坝，在坝前壅高河水，形成水库引发的地震活动。实际上，人们发现，不仅是修建水库，人类的许多工程活动都可能诱发（触发）地震。最典型的是向深井中注水而引发地震。1922 年美国科罗拉多州丹佛市向一口废液处理井中注水，就曾记录到本区从未有过的地震活动。1972 年，湖北省武汉市小洪山地区向深井中注水，也诱发了 2.2 级的小震。采矿中废矿井的塌陷、地下工程开挖中的岩爆，都可以引起岩体的震动。只是由于水库诱发地震出现的数量多，通常情况下，强度比其他类型人类活动引发的地震强度要高，所以更为人们所关注。

世界上首次有关水库诱发地震的资料报道是美国的米德湖（Lake Mead，胡佛大坝的水库）。该坝 1935 年开始蓄水，1936 年首次发生有感地震，1939 年春库水上升至运行水位后不久，出现地震高潮，其中最大是 1936 年 5 月的 5 级地震。在这之前，1931 年希腊的马拉松（Marathon）水库发生的地震，1933 年阿尔及利亚的乌德福达（Oued Fodda）坝附近所发生的地震，多数学者也认为属于水库诱发地震。只是由于这些地震的震级小，没有造成什么灾害影响，加之当时的地震监测成果也无法提供人们分析这些地震性质的足够资料，在争议中逐渐被淡化。直到 20 世纪 60 年代，世界上先后发生了 4 次震级大于 6 级的水库诱发地震，即中国的新丰江水库地震（6.1 级，1962 年 3 月），赞比亚的卡里巴水库地震（Kariba，6.1 级，1963 年 9 月），希腊的克瑞马斯塔水库地震（Kremasta，6.3 级，1966 年）和印度的柯依纳水库地震（Koyna，6.5 级，1967 年）。此后，水库诱发地震就成为工程界和地震界高度关注的话题，并将其作为水坝建设中的一个重要问题加以研究。统计资料表明，水库诱发地震是一个小概率事件，即世界上成千上万座已建的水库中，发生诱发地震的只是极少数。目前全世界究竟有多少座水坝，没有准确的统计数据。根据中国大坝委员会秘书处的资料，仅美国和中国就有大小水坝近 17 万座；按国际大坝委员会的统计标准，全世界坝高大于 15m 的水坝诱发了地震，至 2003 年共计约 5 万座（49697 座）。目前全世界见诸报道的水库诱发地震震例为 130 余起，得到较普遍承认的约 100 起，仅占已建坝高在 15m 以上大坝总数的 2‰左右。中国是水库诱发地震较多的国家之一，迄今已报道的有 34 例，得到广泛承认的 22 例。按我国坝高大于 15m 的水坝 25800

原载于《岩石力学与工程学报》2008 年 27 卷第 8 期。

座计，发生诱发地震的仅占1‰左右。

（一）水库诱发地震活动的若干特点和规律

水库诱发地震是一个十分复杂的自然现象，对其形成机制和发震条件、尤其是对它发生的时间、地点和强度的预测预报，仍然是一个远未解决的问题。但是经过全世界尤其是中国有关科学技术人员几十年的不断探索研究，对水库诱发地震的活动特点和规律已经有了一些基本的认识，概括起来有以下几点：

（1）空间分布上主要集中在库盆和距离库岸边3～5km范围内，少有超过10km者。

（2）主震发震时间和水库蓄水过程密切相关。在水库蓄水早期阶段，地震活动与库水位升降变化有较好的相关性。较强的地震活动高潮多出现在前几个蓄水期的高水位季节，且有一定的滞后，并与水位的抬升速率、高水位的持续时间有一定关系。

（3）水库蓄水所引起的岩体内外条件的改变，随着时间的推移，逐步调整而趋于平衡，因而水库诱发地震的频度和强度，随时间的延长呈明显的下降趋势。根据对55个水库的统计分析发现，主震在水库蓄水后1年内发生的有37个，占67.3％；2～3年发震的12个，占21.8％；5年发震的2个，占3.6％；5年以上发震的4个，占7.3％。

（4）水库诱发地震的震级绝大部分是微震和弱震。一般都在4级以下。据统计，$M_L \leqslant 4$级的水库诱发地震占总数的70％～80％，震级在6.1～6.5级的强震仅占总数的3％。

（5）震源深度极浅，绝大部分震源深度在3～5km范围，直至近地表。

（6）由于震源较浅，与天然地震相比，具有较高的地震动频率、地面峰值加速度和震中烈度。但极震区范围很小，烈度衰减快。

（7）总体上水库诱发地震产生的概率大约只占工程总数的0.1％～0.2％，但随着坝高和库容的增大，比例明显增高。中国坝高在100m以上的大坝，发震比例约在10％左右。

（8）较强的水库诱发地震有可能超过当地发生过的最大历史地震，也可能会超过当地的基本地震烈度。因此，不能以这二者作为判断一个地区可能发生水库诱发地震最大强度的依据。

（二）水库诱发地震的类型划分

从不同的认知角度，对水库诱发地震的类型可以有多种划分方案。通过大量震例的分析和工程实践，下列3种类型可以包括大部分最常见的水库诱发地震，也便于在工作中应用：

（1）构造型。由于库水触发库区某些敏感断裂构造的薄弱部位而引发的地震，发震部位在空间上与相关断裂的展布相一致。这种类型的水库诱发地震强度较高，对水利工程的影响较大，也是世界各国研究最多的主要类型。

（2）喀斯特（岩溶）型。发生在碳酸盐岩分布区喀斯特发育的地段，通常是由于库水升高突然涌入喀斯特洞穴，高水压在洞穴中形成气爆、水锤效应及大规模岩溶塌陷等引起的地震活动。这是最常见的一种类型的水库诱发地震，中国的水库诱发地震70％属于这一类型。但这类型地震震级不高，多为2～3级。最大也只在4级左右。

（3）浅表微破裂型，又称浅表卸荷型。在库水作用下引起浅表部岩体调整性破裂、位移或变形而引起的地震，多发生在坚硬性脆的岩体中或河谷下部的所谓卸荷不足区。这一类型地震震级一般很小，多小于 3 级，持续时间不长。近些年的资料表明，该类型的诱发地震比原先预想的更为常见。

此外，库水抬升淹没废弃矿井造成的矿井塌陷、库水抬升导致库岸边坡失稳变形等，也都可能引起浅表部岩体振动成为"地震"，且在很多地区成为常见的一种类型。

上述特点的归纳和类型的划分，虽不足以对水库诱发地震的成因机制做出本质的揭示，但是对于认识其活动规律和判断其危害性却有很大的作用。正是由于有了上述的一些基本认识，人们方逐步克服了开初阶段对水库诱发地震的恐惧心理，比较能够恰当地估价它的影响，并采取合理的工程和非工程对策。

二、三峡工程水库诱发地震研究过程与方法

（一）研究历史回顾

早在 20 世纪 50 年代，为了研究三峡工程的区域构造稳定性和地震活动性，集当时国内一流的地质、地理、地震及地球物理学界的专家学者，从区域地质构造背景、地貌及新构造活动、地震活动性等多方面，研究论证三峡工程的构造稳定性和地震活动性，并从 1958 年起，在三峡工程坝址及周围地区建立了工程专用的地震监测台网。嗣后的半个多世纪，研究工作一直没有间断，不仅从区域构造条件和地震活动性两个方面，得出了三峡工程处于大地构造相对稳定的地区，地震活动水平较低，属弱震环境的重要结论，也为水库诱发地震问题的研究奠定了坚实的基础。

自从新丰江水库发生诱发地震后，我国在水利水电工程建设中都十分重视水库诱发地震问题的研究。从 20 世纪 70 年代开始，三峡工程的勘测设计责任单位——长江委即从地质构造、地貌及新构造运动、地层岩性、断裂活动性、地震活动性以及水库特征等多方面，通过地质类比法，研究了三峡工程产生水库诱发地震的可能性及其危害。20 世纪 80 年代，在三峡工程重新论证和国家"七五""八五"重点科技项目攻关期间，水库诱发地震问题也是研究和论证的重点。这期间国内有众多部门和单位，围绕三峡工程地震地质条件和水库诱发地震问题再次开展了大规模的专题研究，对三峡工程水库产生诱发地震的可能性，可能发震的地段及强度，对工程安全的影响做出了预测和评价。论证期间研究的主要结论，由当时中国 24 位资深专家组成的三峡工程论证地质地震专题专家组审定后，纳入《长江三峡工程地质地震专题论证报告》中。

三峡工程开工建设后，对水库诱发地震问题的研究主要进行了 4 项工作：①对库首区后期发现的几条断裂进行补充调查研究和石灰岩库段的岩溶水文地质调查；②开展水库诱发地震综合预测模型和设防标准研究；③利用二期围堰挡水抬高水位的条件，进行地震强化观测，以掌握围堰挡水后地震活动情况的变化；④中国三峡工程开发总公司委托中国地震局完成了三峡工程水库诱发地震监测系统的建设。

（二）预测研究的手段和方法综述

三峡工程水库诱发地震的研究，经历了由地震地质类比判断，到多因素综合分析评判，进而对关键因子进行专项研究等几个阶段。采用的方法既有常规的地震地质条件的调

查研究，又进行了多项专门性测试和试验，还应用了多种统计预测模型和数值解析方法，力求在当时的认识水平下获得最好的结果。主要的研究内容与方法有：

（1）区域地质背景调查研究。该项研究主要服务于区域地壳稳定性评价，但其成果无疑也是水库诱发地震问题分析研究的基础。

（2）主要断裂活动性的研究。此项工作是区域地壳稳定性研究的核心和重点，也是评价水库诱发地震的重要因子，三峡工程此项研究取得了丰富翔实的成果。

（3）库首区地质构造和地层岩性的专项研究。包括中小型断层性状的专门研究，裂隙的分段调查和特征值的统计分析，断层裂隙发育与库盆的关系，碳酸盐岩峡谷库段地层和岩性的专项研究等。

（4）岩溶水文地质调查。包括水文地质结构单元的划分，岩体和断裂构造的透水性及其各向异性特征，主要水文地质结构面（透水带、层、体及管道等）的分布及其与库水的关系等。在碳酸盐岩分布区，还包括岩溶发育特征、规律及其与库水关系的研究。

（5）库区地应力场的研究。三峡工程库区地应力场的研究，除应用构造形迹分析法、地形变测量、震源机制解、坝区初始应力测量等项成果进行分析外，还在库区茅坪镇和秭归县城附近，分别进行了孔深800m和500m的深孔地应力测量，还同时进行了孔隙水压力和岩体渗透率的测定。

（6）小孔径台网强化观测。采用小孔径台网强化观测的方法，对库首段结晶岩区、两段碳酸盐岩峡谷区、九湾溪断层、仙女山断层展布区及高桥断层分布区，以及典型煤矿区等地段进行地震活动本底情况的监测。监测时段分别跨越长江枯水期和洪水期。这一成果不仅取得了水库蓄水前几个重点地段天然地震活动本底情况的重要资料，为蓄水后正确分析评价地震活动变化提供重要的基础资料，也有助于对已有地震监测成果的分析。

（7）水库诱发地震震例分析研究。分析整理了全球百余个水库诱发地震的震例，着重分析其构造背景、岩性条件、断裂活动性、新构造运动特征、区域地应力状态、地热活动和地震活动性等方面的条件，既用于进行地震地质类比分析，又可用于进行各种统计预测。

（8）工程专用地震监测台网。该台网设立于1958年。至2001年，台站数一直维持在6～8个，分布在以坝址为中心的约70km范围内。2001年起，由24个遥测地震台网为主体构成的新的监测台网开始启用，监测能力有了极大提高。迄今为止，三峡地震台网已不间断的累积了近半个世纪的宝贵测震资料。

（9）极近场地震动参数研究。针对水库诱发地震的特点，研究极近场地震动参数的衰减规律，探讨三峡工程库首段产生不同震级的诱发地震时，坝址区可能的基岩峰值加速度和影响烈度值。

在上述工作的基础上，主要采用以下几种方法进行水库诱发地震预测：

（1）地震地质条件类比。通过对已诱发地震的水库的地质地震条件分析，找出普遍性的相关因素，与三峡水库的条件相比较，预测水库发震的可能性、发震库段和震级大小。不同成因类型的水库地震，其诱发条件的组合有所不同，即水库诱发地震存在有多个判据集。通过研究对比，建立构造型水库地震和岩溶型水库地震的主要判别标志，进行三峡工程各库段的诱发地震预测。

（2）统计分析预测。主要采用"模糊聚类分析""灰色聚类分析"和"概率统计预测"3 种方法进行统计预测。在统计分析中考虑 6 种基本因素（库水深、库容、区域地应力状态、断层活动性、岩性和地震活动背景）的 22 种状态，对三峡工程可能产生的水库诱发地震的发震概率及震级上限进行预测。

（3）数值分析方法。通过三峡水库蓄水后库盆应力分析及其变化，推算水库地震的可能规模（震级）。

（4）水库诱发地震综合评价。对三峡工程是否会产生水库诱发地震的条件进行逐项分析，结合各库段的岩性、地质构造、渗透条件、地震活动情况以及各种数值解析成果，进行各库段水库诱发地震的综合预测评价。

三、三峡工程水库诱发地震的预测与评价

三峡工程水库诱发地震的预测与评价主要解决 3 个问题：一是发震的可能性；二是可能发震的地点和强度；三是对工程和环境的影响评价。

（一）库段地震地质条件划分

三峡工程干流库段长约 660km，根据地形地貌、地质构造和岩性条件，可分为特征迥然不同的 3 个库段。仔细分析各库段的地震地质环境，是分析水库诱发地震发生条件的基础。

（1）Ⅰ库段——结晶岩低山丘陵宽谷段。从坝址至庙河，库段长 16km，由黄陵背斜核部前震旦纪结晶岩体组成。两岸地形低缓，河谷开阔，岸坡稳定，岩体坚硬，透水性弱，段内无区域性断裂分布，实测地应力水平不高，历史及现今地震活动十分微弱。

分析预测，本库段不会产生构造型和岩溶型水库地震，由于岩体坚硬性脆，裂隙发育，不排除产生浅表微破裂型小震的可能，最大震级为 3 级。

（2）Ⅱ库段——碳酸盐岩和碎屑岩中—低山峡谷段。从庙河至白帝城，长 141km。地层由震旦系至侏罗系灰岩、白云岩和砂页岩组成。由于构造和岩性的差异，形成 3 段碳酸盐岩中山峡谷（西陵峡西段、巫峡和瞿塘峡）和 2 段碎屑岩低山丘陵中宽谷。库段内崩塌、滑坡比较发育。

本库段内有九湾溪、水田坝、高桥、碚石及坪阳坝等断层与库水有接触，秭归—渔洋关、黔江—兴山两地震带穿越干支流库盆；九湾溪断层位于秭归—渔阳关地震带内，高桥断层位于黔江—兴山地震带内，沿两断层都记录有小震活动，其中高桥断层曾于 1979 年 5 月 22 日发生区内震级最高的地震（M_L=5.1 级）。仙女山断层北端虽离库岸约 5km，但也是一条弱活动性断层。1961 年 3 月 8 日，在本断层的南段宜都潘家湾，发生 M_L=4.9 级地震。因此预测，水库蓄水后，仙女山断层—九湾溪断层展布区，高桥断层分布区有可能发生构造型水库诱发地震。其可能最高震级早期预测为 6 级，后期调整为 5.5 级。本库段内广泛出露石灰岩，临江地段岩溶发育，补给区的高程高，岩溶发育深度较大。分析预测，蓄水后在巫峡上段、支流大宁河、神农溪等石灰岩出露区，会诱发岩溶型水库地震，最大震级为 4 级。

（3）Ⅲ库段——碎屑岩低山丘陵宽谷段。从白帝城至库尾猫儿峡，长 492km，构造

上属四川台坳的川东褶皱带。库岸地层由侏罗系、三叠系砂页岩、泥岩组成，透水性弱。在梳状背斜核部及支流乌江、嘉陵江某些库段有灰岩分布。库段内地质构造较简单，断层少，规模小，地震活动微弱。分析预测，本库段除了几段碳酸盐岩峡谷和支流乌江、嘉陵江碳酸盐岩分布区的库段，可能诱发岩溶型小震外，其他地段不具备诱发较强水库地震的条件。

（二）预测成果简述

（1）三峡工程重新论证期间，地质地震专题专家组根据原有成果和论证期间的补充专题研究，提出了三峡工程水库区（奉节以下）可能诱发地震潜在危险区的预测，该成果完成于 1987 年，如图 1 所示。

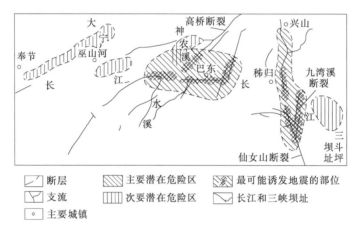

图 1　三峡工程坝址至奉节库段水库诱发地震潜在危险区分布略图

（2）三峡工程正式开工前，不同时期、不同部门或个人通过研究，对三峡工程可能产生水库诱发地震的地段和强度所作的预测，见表 1。上述预测分析的部分成果（1987 年前），经综合归纳后，也纳入了三峡工程论证地质地震专题专家组的论证报告中（图 2）。

（3）表 2 为水利部长江勘测技术研究所与中国水利水电科学研究院抗震研究所合作，于 1999 年完成的成果。该成果利用库首区主要断裂补充核查和岩溶水文地质条件研究的新资料，在原三大库段 12 个亚段的基础上，将奉节以下的库段（Ⅰ、Ⅱ库段）划分为 31 个水库诱发地震预测单元，并按照新拟定的诱震因子状态组合，通过概率统计检验、模糊聚类分析、灰色聚类分析及综合评判预测等多种方法，给出每一单元的极限水库诱发地震（ERIE）和常遇水库诱发地震的震级。极限水库诱发地震震级即一个地区理论上可能达到的、出现概率极小的水库诱发地震的震级上限；常遇水库诱发地震震级则是一个地区发生水库诱发地震时，出现概率较高的震级水平。表 2 将 31 个预测单元震级预测结果加以综合，给出各可能发震地段的极限水库诱发地震和常遇水库诱发地震震级。

通过以上分析对比可以看出，不同时期、不同部门、单位和个人对三峡工程水库诱发地震所做的分析预测，不论是可能发震的地段、可能的最大震级以及对大坝安全的可能影响，主要结论相近。随着研究工作的深入，后期对两个主要断层带产生构造型水库诱发地震的最大震级不同程度的都有所降低。

表1　　　　　　　　三峡工程水库诱发地震预测研究成果表（工程开工前）

成果名称（完成单位及时间）	最大可能震级（MCE）/级			
	坝址—庙河结晶岩库段	九湾溪—仙女山断层展布段	秭归—巴东高桥断层展布段	一般石灰岩分布库段
三峡水利枢纽初步设计工程地质报告（长江委，1985年）		5.5~5.8		
长江三峡库首区地震地质环境与水库诱发地震问题（国家地震局地质研究所，李安然，1981年）	一般小于3.0级，单个最大地震最高5.0级，不会超过5.5级			
关于长江三峡水利枢纽工程水库诱发地震的初步看法和今后工作意见（中国水利水电科学研究院，1985年）		5.5~6.0	5.5	4.0
长江三峡水利枢纽区域地壳稳定性及水库诱发地震问题的探讨（中国水利水电科学研究院，1987年）	可能超过天然地震最大强度，但一般不会超过6.0级			
长江三峡水利枢纽工程水库诱发地震危险性的初步评价报告（中国水利水电科学研究院，长办，1986年）	<3.0	5.5~6.0	5.5	4.0
长江三峡工程水库诱发地震危险性评价报告（三峡工程论证地质地震专题专家组，1987年）	<3.0	5.5~6.0	5.5~6.0	3.0~4.0
三峡库坝区构造应力场、水压场与水库诱发地震（国家地震局地震研究所，1987年）	<4.0	5.0~5.5	4.7~6.0	
长江三峡工程水库诱发地震研究（国家地震局地震研究所，1990年）	≤4.0	≤5.0		≤4.0
长江三峡工程地壳稳定性与水库诱发地震问题的深化研究（国家地震局地质研究所，1996年）①	3.0~4.0	4.0~5.0	4.0~5.0	

①　为国家"八五"科技攻关成果，三峡工程开工后完成。

图2　三峡水库地震对库区最大可能影响评价及
遥测地震台网布局示意图

表 2   三峡水库区奉节——坝址水库诱发地震危险性综合预测表

预测库段	极限地震		常遇地震	
	震级/级	烈度/度	震级/级	烈度/度
坝址至庙河	3.0	4~5	<2.0	<4
九湾溪断层沿线	5.0	7	3.5	4~5
仙女山断层沿线	5.0	7	3.5	4~5
秭归盆地高桥断裂附近	5.0	7	<3.0	<5
广大石灰岩分布区	3.0~4.0	5~6	<2.0	<4

四、三峡工程水库诱发地震的监测

早在 1958 年的第一次三峡工程全国科研大会期间，就确定建立三峡工程专用的地震台网，主要目的是监测和研究三峡及其外围地区的天然地震活动规律，论证坝址的区域构造稳定性和地震活动性。该台站由中国科学院地球物理研究所开始设立，旋即交由长江委负责管理。近 50 年来，该台网经过数次更新，于 1996 年改造为模拟无线遥测地震台网，共 8 个台站，连续运行至今，积累了宝贵的第一手资料。

1997 年，受中国三峡工程开发总公司委托，由中国地震局负责，中国地震局地震分析预报中心、地震研究所和长江委三峡勘测研究院承担，筹建三峡工程水库诱发地震监测预测系统，并于 2001 年 10 月建成投入运行。该系统由三大部分组成：①数字遥测地震台网；②地壳形变监测网；③地下水动态监测井网。

专用数字无线遥测地震台网是监测系统的主体，由 24 个高增益遥测子台、1 个台网中心、1 个地震总站和配套设备组成，台站分布位置如图 2 所示。数字地震台网的基本任务是对三峡坝址和库首区的天然地震和水库诱发地震活动进行常规监测，在台网规定的精度范围内实时记录发生的地震，及时向业主单位及有关部门报送震情的变化。台网的地震监测能力为：坝址至巫山碚石库段的 I 类和 II 类重点监视区，有效地震监测下限为 $M_L = 0.5$ 级，震中定位精度可达 1~2km；碚石至奉节库段，有效地震监测下限为 $M_L = 1.0$~1.5 级；奉节县城以西的重庆库段，有效地震监测下限为 $M_L = 1.5$~3.0 级。大震速报能力为：重点监视区内发生 $M_L \geqslant 2.5$ 级以上的地震，可在 15min 内处理完地震数据，30min 内向有关部门速报地震基本参数。

监测预测系统还配置了适量的、配套的地震前兆监测手段，即地壳形变监测网络和地下水动态监测井网两大部分。地壳形变监测网络包括：区域水平形变 GPS 观测站测量、区域垂直形变精密水准测量和精密重力测量、重点监测区内主要断层的三维形变监测网、周坪（仙女山断层）平洞内跨断层连续形变监测站、库首区跨长江的库盆沉降和谷宽变化监测等。地下水动态观测井网由两组共八口井组成，观测水位、水温和氡等共 26 个测项。

为了抢在蓄水前尽可能详细地搜集库首区微弱地震的活动情况，为水库诱发地震的分析判别积累更详尽的天然地震本底资料，中国三峡工程开发总公司又委托长江委在三峡工程围堰合龙前，建立了简易的地震强化监测系统。在坝址至巴东几个重点地段库区两岸

10km 范围内，布设了 15 个人工值守的流动地震观测台，使局部重点地段的监控能力提高到 $M_L=0.0～0.2$ 级。该系统于 1997 年围堰合龙挡水前即投入运行，获得围堰挡水条件下（水位 84m，较围堰挡水前江水位抬高近 20m）至蓄水位抬升到 135m 前比较完整的微震数据；蓄水后，根据新出现的水库地震震情，又适时调整和增补到 18 个台，成为数字遥测台网的有效补充。

目前这几套系统仍并行运行，互相校验并互为补充。三峡工程的地震监测至今已连续进行了近 50 年，这在世界水利水电工程建设史上是罕见的，对水库诱发地震活动的出现、判别和趋势预测提供了实实在在的物质基础。经过蓄水 4 年多的实践，可以有把握地说，目前监测手段的配置和运行管理水平，在坝区到奉节县城的整个峡江段、长江两侧各20～30km 的范围内，可以有效地监测到震情的微小变化。

五、水库蓄水后的地震活动情况及趋势预测

（一）水库蓄水后的地震活动情况及分析

三峡工程自 2003 年 5 月 26 日开始蓄水至 2005 年 7 月两年多的时间内，工程地震台网共监测到能精确定位的地震 1702 个。能记录到这些地震主要是由于台网监测能力很强，具有很高的灵敏度和定位精度。归纳分析这 1702 个地震，具有以下显著特点：

（1）地震的第一个高潮集中出现在蓄水初期的第一个月内，进入 7 月，地震活动即开始迅速降低。2003 年 5—7 月两个月的地震占 2 年来地震总数的 10.3％，如图 3 所示。

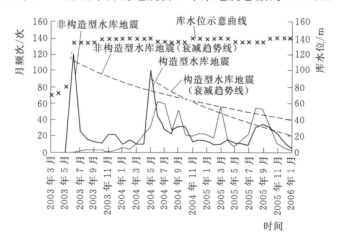

图 3　构造型与非构造型水库地震月频次变化曲线

（2）在一个特定的运行水位下，地震发生的频度，随时间的推移，由开始阶段的高潮逐渐降低至一个相对平稳的水平；当库水位再抬高至一个新水位运行时，地震频度又会出现另一次由高至低的过程（图 3）。

图 3 表示三峡工程初期蓄水后构造型和非构造型水库地震随时间的变化趋势。初期蓄水位一直保持在 135～139m 运行，可视为没有变化。非构造型地震在初期水位由 84.51m 上升至 135.88m 的一个月内即达到高潮，此后月频度即急剧下降，但每年的雨季（5—9

月）都会出现一个小的高潮，这是雨季岩溶型地震活动的反映；构造型水库地震的高潮滞后近一年（2004 年 5 月）才出现，这是由于库水对断层带的影响作用不像对非构造型水库地震的影响因素那样迅速，需要一个较长的过程。2004 年 5 月以后，活动强度也逐渐减弱，虽然也间或出现一些小的活跃期，但总的趋势是活动频度逐渐在减小。也曾怀疑过2004 年 5 月的地震活动高峰能否代表高桥断层在 139m 水位条件下的主震活动期尚有待观察。但目前累积的资料已至 2006 年 1 月，汛后库水位即将抬升至 156m，估计 139m 水位条件下，高桥断层引发的构造型水库地震的活动趋势也已趋平稳。

图 3 只代表三峡工程水库 135～139m 水位条件下两类型水库诱发地震的衰减过程，当水位分别抬升至 156m 和 175m 时，又会出现另一个由高到低的衰减过程，衰减曲线不会是一样的，但趋势会是相同的。

水位达到 135m 以后，根据施工和航运的需要，对水库的运行调度做出了极为严格的规定。不论每年 10 月水位由 135m 抬升至 139m，还是 4、5 月水位由 139m 下降至 135m，水位的日变幅都控制在 0.5m 之内。这样的运行方式也极大地减缓了库水位变化对库盆和两岸岩体作用的强度。蓄水 2 年来水库地震发生发展的实际情况表明，除 2003 年 6 月、7月两个月的首次地震高潮与水位突变明显有关外，以后的 2 年中，没有发现水库地震活动的强弱与库水位微小变化之间存在相关性。

（3）在已记录到的 1702 个地震中，以极微震和微震为主。震级 M_L<1 级的极微震1147 个，占总数的 67.39%；M_L≥2.0 级的 38 个，仅占总数的 2.24%（图 4），最大的为2004 年 9 月 7 日发生在巴东县溪丘湾乡的 3.0 级地震（2005 年 9 月 22 日发生的 3.3 级地震未在本文统计时段内）。

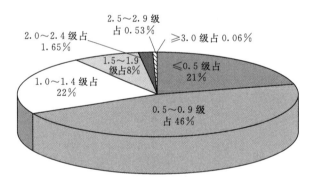

图 4 不同档次震级频度所占比例分布图
（2003 年 6 月至 2005 年 7 月）

（4）地震有分块集中分布的特点。蓄水后出现的地震，较集中分布的地区有 7 个。这 7 个地区地震总数占全部地震数的 64.63%。认真分析这 7 个集中发震区的背景环境，有利于分析认识三峡工程水库诱发地震的性质及发生的条件和规律：

1）巴东火焰石地区。距三峡工程大坝 65～77km。该地区为一废旧煤矿区。2003 年 6 月 7 日初震，6 月地震较多，达到 19 次，以后 1 年多衰减至月频次为 1～5 次，至 2004 年 10 月后仍偶有震，至 2005 年 7 月底共记到地震 66次，最大 M_L=2.1 级。现场调查，该区地震属废旧大型煤矿蓄水后诱发的矿坑塌陷型地震。

2）巴东宝塔河、麂子岩矿区。距三峡工程大坝 60～68km。2003 年 6 月 9 日初震，9—18 日为活动高潮，有 26 次地震，最大震级 1.5 级。现场调查证明为蓄水后宝塔河煤矿巷道垮塌的反映。7 月 6—10 日接连发生 7 个地震，据当地居民反映，属麂子岩煤矿地表塌坑复活所致，以后仅有个别小震。至 2004 年 2 月共记到地震 47 次，3 月后完全平息。

3）巴东雷家坪地区。距三峡工程大坝 63～70km，2003 年 6 月 9 日初震，15—18 日达到高峰，4 天发生 31 个地震，最大震级 1.7 级，至 10 月共记到 49 次，此后完全平息。调查研究认为，该地震属库岸岸坡地带地表局部卸荷变形诱发的地震。

4）巴东楠木园—巫山碚石地区。距三峡工程坝址 72～99km，包括整个巫峡江段两侧 3～5km 范围内的石灰岩分布区（其中又以距坝址 80～90km 段比较集中）。2003 年 6 月 18 日出现初震，6 月记到 26 次地震，最大震级 1.6 级；2003 年 12 月有地震 14 次，最大 2.5 级。2004 年 7 月、8 月两个月发生地震 40 次，但最大震级仅 1.3 级；2005 年 7 月记到 8 次地震，最大也达到 2.5 级。该震区迄今已记到 151 个地震事件，除 2003 年 12 月的一次外，其他几个频次较高的时段均出现在夏秋多雨季节。现场调查表明，该地区岩溶发育，属典型的岩溶型水库地震。

5）巴东高桥断层南西段。距三峡工程坝址 61～77km。2003 年 7—11 月，在高桥断层与神农溪交汇的部位陆续捕捉到 10 个极微震，最大震级 M_L＝1.0 级。其中 9 个在高桥断层南侧（上盘），呈明显的线状排列。2003 年 12 月至 2004 年 4 月，高桥断层南西段的地震月频次由 7 次逐渐增加到 15 次，占全部地震的百分比由 16％增至 29％。2004 年 5 月断层南西段出现地震频次的高峰，达到 107 次/月，占全区的 71％，包括 2.1 级地震 1 次。2004 年 6—8 月地震数逐月有所下降，但仍占全部地震的 50％左右。9 月 6—7 日连续发生 4 次 M_L≥2.0 级地震，最大震级为 3.0 级，达到强度的高峰。10 月以后高桥断层的地震活动进入了缓慢的波状衰减阶段，但占全部地震的比例始终保持在 50％～75％。进入 2005 年，高桥断裂沿线的地震活动继续缓慢衰减。2005 年 7 月以后的地震波动未纳入本文的统计中，但需指出，2005 年 9 月 22 日在巴东县东瀼口镇发生一次 3.3 级地震，是库区迄至当时记录到的最大地震。

总体上看，高桥断层沿线蓄水 26 个月以来，共记到地震 461 次，其中 M_L≥2.0 级的 13 个，占全区 2 级以上地震的 1/3 强。初步分析，本震区多数地震可能属于构造型的水库地震。

6）巴东神农溪西岸岩溶台地区。距三峡坝址 74～88km。该区广泛分布三叠系嘉陵江组灰岩，岩溶发育，有几条大型岩溶暗河顺褶皱走向展布，向东注入神农溪，其出口蓄水后被淹没。本区共记到地震 238 个，初震发生在 2003 年 7 月 6 日，到 2004 年夏秋变得十分活跃，月频次平均在 20 次以上；2005 年 6—7 月地震又逐渐频繁起来。蓄水以来该震区的三个活跃期都发生在夏秋降雨集中的月份，属较典型的岩溶型水库地震。

7）秭归黄阳畔—盐关地区。距三峡坝址 34～40km。2003 年 11 月中旬，库水位超过 138.50m 之后的几天，香溪河东岸的黄阳畔煤矿区连续发生了 14 次小震，现场调查证实，库水刚灌入坑口就发生地震。2004 年 4—6 月，香溪河西岸蓄水前已关闭的盐关煤矿地区记到 42 个地震，特别是 6 月 15 日和 16 日，2 天记到 20 个地震。其中包括震级 2.3 级和 2.5 级各 1 次。该矿区蓄水以前就是矿山地震经常发生的地区。

其他尚有一些成因不十分清楚的小震区，是天然地震还是水库诱发地震以及哪一种类型的水库诱发地震，尚需进一步观察。但到目前为止，它们中的任何一个都还没有成为库区地震的重要震区。

除了上述比较明显的小震区外，在整个监测区内还零散分布着一些地震，它们连续在同一地点重复发震的比例不高，大部分在距干流和支流库边线 10km 以远。据不完全统计，截至 2005 年 7 月底，这类地震共有 319 个，占全部地震的 19%；其中 $M_L \geq 2.0$ 级的 10 个，占全区同级地震的 25%，最大震级为 2.9 级。初步分析，它们之中的绝大部分可能是本地区天然地震活动的反映。

三峡工程水库蓄水的第一个月共记到可精确定位的地震 135 个。而同一期间，巴东金子山地震台记到了 1995 个微小的振动信号，由于震级太小，绝大多数只有该台单台记录，无法确定震中位置。金子山地震台位于巴东县城以东约 5km，是距宝塔河、麂子岩矿区（3km）和雷家坪震区（4km）最近的地震台。2003 年 6 月 9 日，蓄水接近高程 135m 时，该台记录上出现大量微小波形，1 天内共记到 562 个震动信号，其中 $M_L > 0$ 级的 86 个，最大震级为 0.9 级，$M_L \leq 0$ 级的 476 个，约占 85%。随后，该台的单台地震日频次迅速下降，到 2003 年 11 月 24 日共记录到 2862 个极微震，最大震级为 0.9 级，$M_L \geq 0.5$ 级的约占 13%，$M_L \leq 0.0$ 级的占 52%，全部地震释放能量的总和接近于一个 $M_L = 2.3$ 级地震。此后至今已超过 20 个月，金子山台未再出现类似现象。初步分析，这类在矿区附近测到的极微震，应该是较大矿坑塌陷前后，矿洞围岩中微破裂发展时所伴生的现象。

（二）三峡工程水库诱发地震的趋势预测

三峡工程目前是在围堰挡水条件下 139m 水位运行，按工程建设计划，2006 年汛后将达到 156m 的初期运行水位，2008 年秋，蓄水位可能升高到正常蓄水位 175m。随着库水位的升高，水库诱发地震将会怎样发展是社会各界广为关注的问题。由于三峡工程有前期工作的良好基础，有一个高精度地震监测台网和蓄水 4 年多来监测成果所提供的丰富信息，已经有条件对库区今后诱发地震的发展趋势做出预测。

（1）库水位由 139m 提高到 156m，再提高到 175m，将提升两个台阶。每上一个台阶，由于淹没范围和对象的扩大，条件发生变化，都会引发一次新的地震高潮，其特征大体上会和二期围堰挡水水位由 84m 上升到三期围堰发电水位 135～139m 相似。

（2）库水位进一步抬高后，库区地震大量出现的仍将是矿山塌陷型和岩溶型地震。库水位会淹没一些还未被淹没的废弃矿山，仍将会发生如前述火焰石、麂子岩等震区所发生的密集型小震；抬高后的库水位在巫峡、瞿塘峡和支流大宁河、神农溪石灰岩分布区，还会诱发岩溶型水库地震，重点仍将在碚石至巫山的巫峡库段。

上述两类型诱发地震的震级都在微震和弱震范围内。矿山型诱发地震的震级一般小于 2 级，最大也可能达到 4 级左右；岩溶型诱发地震震级多为 2～3 级，最大在 4 级左右，对工程建筑物不会有任何影响，也不会对当地的人民生命财产造成大的危害。

（3）前期勘察阶段，曾预测有两处可能诱发构造型水库地震，一处是九湾溪断层和仙女山断层展布区；一处是高桥断层一带。前一阶段在九湾溪断层和仙女山断层展布区，地震没有明显的活动异常；高桥断层沿线则有较明显的地震活动，且发生了蓄水后震级最高的地震（$M = 3.3$ 级）。当库水位分别抬升到 156m 和 175m 后，九湾溪断层和仙女山断层展布区有可能出现新的震情，高桥断层会出现新一轮的地震活动，其他地段出现构造型诱发地震的可能性不大。156m 水位条件下，上述两处，特别是沿高桥断层带，有可能发生 4～5 级的地震；175m 水位运行时，不排除发生 5 级左右诱发地震的可能，但最高震级将不会超过前期所预测的最大震级，即 $M_L=5.5$ 级。

（4）坝前长 16km 的结晶岩库段（Ⅰ库段），蓄水后和蓄水前一样，没有记录到什么地震，仍是地震极为稀少的库段。预计库水位抬升到 156m 和 175m 后，这一库段仍将是库区地震活动最弱的地段。即使发生诱发地震，也如前期勘察阶段所预测，只可能是浅表微破裂型的小震，最大震级在 3 级左右。

（5）前述对各地段今后可能最大水库诱发地震震级的预测，相当于"极限水库诱发地震"的水平，只适用于对坝址区主要水工建筑物的抗震安全评价，在前节中已做了论述和分析。按本区构造型水库诱发地震可能发生的极限强度计算，衰减到坝址影响烈度都低于建筑物抗震设防标准。对位于发震区的工业和民用建筑物，则宜采用"运行常遇地震（OBE）"或"常遇水库地震"的标准进行评价，通常低于该地区的地震基本烈度。

（三）2005 年 8 月至 2007 年 12 月的震情概述

本文统计分析所用的实际测震资料截至 2005 年 7 月，由 2005 年 8 月至 2007 年 12 月的 29 个月里，在三峡库首区监测范围内又记录到可定位的地震 2755 个，其中震级 $M_L<1.0$ 级的极微震 1392 个，占总数的 50.53%；$M_L\geq2.0$ 级的 142 个，占总数的 5.15%，最大为 3.3 级地震。

表 3 为 2003 年 6 月至 2007 年 12 月在三峡库区记录到的全部可定位地震的分档统计表。

表 3   **蓄水后三峡库首区可定位地震分档统计表**

（统计范围：N30°40′～31°20′；E109°30′～111°15′）

年份	年频次 /次	地 震 次 数							最大震级 /级
		≥0.5	0.5～0.9	1.0～1.4	1.5～1.9	2.0～2.4	2.5～2.9	3.0～3.4	
2003①	342	238	130	66	35	6	1	0	2.5
2004	934	732	428	206	73	18	6	1	3.0
2005	831	745	405	234	80	18	7	1	3.3
2006	744	670	340	224	81	16	8	1	3.3
2007	1607	1507	670	559	181	71	22	4	3.3
合计	4458	3892	1973	1289	450	129	44	7	3.3

① 为 6—12 月。

从表 3 统计数据不难看出，2004 年至 2006 年 9 月底 156m 蓄水位之前的大量微震，已大体保持在相对稳定的水平上，且年频次有逐年下降的趋势。2006 年 10 月库水位达到 156m 后，如上节预测所述，又引发了"一次新的地震高潮"，表现在 2007 年库首区地震在频度和强度上都大大高于以往几年，但总体上仍处在"微震"的范围内。

表 4 为水库蓄水后不同震级档次的频度和年发生率统计表，同时还列出了蓄水前后地震年发生率的对比值。从表 4 可以看出，三峡水库蓄水后，地震活动总的频度显著高于天然地震本底。其中 4.0 级及 4.0 级以上的地震的年发生率蓄水前后没有变化，3.0～3.9 级地震的年发生率虽然蓄水后是蓄水前的 15 倍，但绝对数量是很低的，蓄水后年发生率也仅 1.5 个。而小于 2.0 级的地震蓄水前后年发生率差别极大，表现出明显的水库诱发地

震特点。

目前，有关人员正在对这些资料进行深入的分析，对 2008 年秋库水位如果上升至正常蓄水位 175m 后可能出现的震情变化进行评估和趋势预测，有关情况今后将继续加以讨论。

表 4 　　　　　水库蓄水前后不同震级档次的地震频度和年发生率统计表

震级/级	蓄水后频次/次	蓄水后年发生率 $u_后$	蓄水前年发生率 $u_前$	$u_后/u_前$
0.5	3892	849.2	13.40	63.4
1.0	1919	418.7	11.00	38.1
1.5	630	137.5	2.80	49.1
2.0	180	39.3	1.10	35.7
3.0	7	1.5	0.10	15.0
4.0	0	0.0	0.05	0.0

六、结论

三峡工程蓄水前区域地质背景和地震地质条件的深入研究，众多部门和专业人员对三峡工程水库诱发地震问题长期的研究探索，长达半个世纪的地震监测，工程施工后建立的高精度地震监测系统，蓄水后近 5 年地震活动监测积累的大量信息，以及与前期预测的对比检验等所积累的丰富成果，为三峡工程水库诱发地震活动规律的认识及抬高水位后诱发地震的发展趋势预测，奠定了坚实的基础。总的来看，发震地段和强度的预测与前期分析的结论基本吻合，蓄水位抬高至 156m 和 175m 的过程中及在 175m 水位运行条件下，发震地段和可能达到的最大强度，估计也都会保持在前期预测的范围内。通过对蓄水后地震活动状况和特征的分析，不仅检验了前期研究的认识和结论，而且获得了许多新的重要信息。如大量的地震属废弃矿山充水塌陷型和岩溶型，有明显的地域性；岸坡岩体变形也可以得到震动的记录；震级以微震和极微震为主；构造型水库地震高潮的出现明显滞后于非构造型水库地震；两类地震衰减过程都十分明显等。这些资料不仅有助于对三峡工程水库诱发地震的分析预测，也极大地丰富了水库诱发地震问题研究的内容。

分析研究还表明，在广泛、坚实地震地质背景研究工作的基础上，依靠高精度监测台网长期监测所获得的大量地震信息以及对这些信息适时、认真细致的归纳、分析，对一个特定大坝工程水库诱发地震做出一定程度的预测是有可能的。本文完成于三峡工程水库156m 初期蓄水之前，至今水库已在 156m 水位运行了近 2 年，近 2 年来库区地震活动情况都在之前所做的分析预测范围内。由于人们对水库诱发地震的认识总体上仍处于探索过程中，现在还很难断言今后不会出现没有预计到的情况。但是三峡工程有一个高精度的水库诱发地震监测台网，可以及时捕捉到震情的微小变化，有可能做到一旦发生异常震情时及对做出判断，制定恰当的应对措施。三峡工程大坝位于一个地质构造稳定、地震活动微弱的古老结晶岩地块内，大坝及主要水工建筑物具有超高的抗震设防标准，可以肯定的是，即使发生超乎预测范围的水库诱发地震，也不会对大坝及主要水工建筑物的安全造成危害。

致谢：本文在编写过程中，得到水利水电规划设计总院严福章高级工程师、长江勘测规划设计研究院马能武和颜慧明高级工程师的大力协助，特此致谢！

重力坝设计中的工程地质研究

一、概述

坝基地质条件是影响大坝安全和工程建设成本最重要和最直接的因素。

早期的（1900 年以前）的重力坝多为浆砌块石圬工坝，统计表明，坝的失事多与坝体本身质量有关。进入 20 世纪以后所修建的混凝土重力坝，失事或出现重大事故的事例不多，但有代表性的几例几乎都与地质因素有关。根据《重力坝设计》一书给出的资料，重力坝的失事原因中，40％是由地质条件造成的；而所有坝型加在一起，由地质条件造成的大坝失事占了失事大坝总数的 36％，居各种失事因素的首位。《国内外大坝失事分析研究》一书表 3-3 中所列的失事的 7 座重力坝，除 2 座为战争所毁外，其余的 5 座都是因地基出现重大地质问题引起的。最典型的如 1911 年失事的奥斯丁（Austin）坝，近年来的补充试验研究表明，坝基岩体中砂岩、页岩互层层面间抗剪强度过低，基础嵌深过浅，大坝沿软弱层面产生滑动是大坝失事的根本原因，核算大坝沿软弱层面的抗滑稳定安全系数仅 0.6；1928 年失事的美国圣·弗朗西斯（S. Francis）坝，是因为坝基顺河向断层透水，断层上盘第三系砾岩遇水崩解，断层下盘云母片岩软弱破碎，在水的作用下坝基岩体丧失必须的承载力所致。1959 年失事的法国马尔帕塞（Malpasset）坝是最著名的混凝土大坝失事事件。该坝虽然是拱坝，且坝基岩体为花岗岩，但因左坝肩建基面下 15～40m 处的一条小断层没有得到查清和妥善处理而导致大坝失事却是最有代表性的。除坝基地质条件的直接影响外，中国台湾的石冈重力坝在 1999 年 9 月 21 日的"9·21"地震时，坝址上下游附近新产生了 8 条断层，其中一条恰好通过大坝右侧，逆冲错位达 10m，使坝体严重受损破坏。意大利的瓦依昂（Vaiont Dan）拱坝，因水库内产生体积达 3.2 亿 m^3 的大滑坡，滑坡体淤满整个水库，导致水库报废。中国湖南资水柘溪水库滑坡也导致涌浪翻坝造成事故。法国阿尔卑斯山区的桑本（Chambon）坝建成于 1935 年，坝型为重力坝。运行 50 年后坝体因混凝土骨料碱活性反应强烈而严重变形，不得不放空水库进行复杂的处理。湖南涟水江垭大坝坝基下 70 余 m 深处的热水承压水，在大坝上游不远处排泄入涟水。水库蓄水后由于承压水排泄条件改变，导致坝基岩体应力条件发生变化，引起坝基及邻近山体抬升的罕见现象，虽然对工程安全运行没有造成影响，但表明了地质条件对环境的敏感。从以上列举的不同事例可以看出，众多地质因素都可能是导致大坝失事或严重损

本文为周建平、钮新强、贾金生主编《重力坝设计 20 年》（2008 年 3 月）一书第 2 章"重力坝设计中的工程地质研究"的第 1 节，由陈德基执笔。本书刊载时作了若干删节。

坏的直接原因。

工程地质条件也是影响工程投资的重要因素。河谷形态、河床覆盖层厚薄、地基开挖深浅、地质缺陷处理工程量的多少和难易、渗控工程的复杂程度、天然建筑材料的适宜性以及地震烈度的高低、地质环境的安全程度等，都直接关系工程的规模、型式和投资的多少。地形地质条件也在一定程度影响工程的总体布置和工期的长短，如施工附属企业的布置、对外交通线路选择等，也明显地影响工程的造价。据统计，与基础工程有关的投资（土石方开挖、各类地质缺陷处理、边坡加固、固结灌浆、渗控工程等），一般占到大坝主体工程土建投资的 6%～8%，但在工程地质条件复杂的地区，如石灰岩岩溶发育地区、断裂构造、软弱夹层、缓倾角结构面发育的地区，高地震烈度区，高陡边坡及岩体卸荷严重的地区，基础工程投资则占到大坝工程投资的 10%～15% 乃至更高。如葛洲坝工程位于白垩系红层上，地层产状平缓，软弱夹层发育，坝基抗滑稳定问题突出。如果不计入重新补充勘察和重做初步设计停工两年所造成巨大经济损失，仅直接用于地基开挖和基础处理相关的费用，粗略估算约占到主体工程土建投资的 14%。正在施工的乌江彭水水电站，位于石灰岩地区，岩溶十分发育，与基础处理相关的费用预计将达到主体工程土建投资的 12%。正在施工的金沙江向家坝水电站位于三叠系须家河组砂岩、页岩互层并夹有煤系的地层上，岩性及地质构造均很复杂，地基开挖和基础处理的直接费用，以及因地质复杂而采用增大坝体断面以满足抗滑稳定要求所增加的费用，将占到主体工程土建投资的 10%以上，估计还会有所增加。由于坝址附近没有可用的天然建筑材料，要在 30km 以远开采人工骨料加工运至坝址，每立方米混凝土单价增加 12.5%，也大大影响了工程的投资。另一座正在施工的四川涪江武都水利枢纽坝基岩体为石灰岩、白云岩夹微晶泥灰岩，两岸岩体岩溶发育，河床坝基岩体中相向倾斜的缓倾角断层构成坝基深层滑动的楔体，与基础开挖和处理有关的费用估计将占到主体工程土建费用的 37%。

由于施工前地质条件没有查明，开工后发现重大地质缺陷，工程被迫下马停建，或被迫停工补充勘测、对设计做重大修改而引起的经济损失则是无法估计的。20 世纪 50 年代后期上马的许多工程，如紫坪铺、坛罐窑、南河湖家渡等，都在开工后发现重大地质问题而被迫下马，有的永远放弃，有的几十年后再重新建设。前述的葛洲坝工程于"文化大革命"中开工建设，开工前的勘测设计工作深度远未达到初步设计的要求，开工后发现主要工程地质问题——软弱夹层基本没有查明，以及其他许多重大技术问题（泥沙、通航、河势等）有待研究，被迫停工两年，补做初步设计，此后工程得以顺利建成。大量的工程实践说明，事前选择一个地质条件相对较好的坝址，或者基本查明坝址工程地质条件，是重力坝建设中的关键问题之一。而加强坝基的工程地质勘察与研究则是解决这一问题的根本措施。

二、工程地质条件与重力坝设计

（一）重点工程地质问题

总结几十年来兴建重力坝的经验教训，重力坝勘察设计中最值得关注的工程地质问题可归纳如下。

1. 区域构造稳定条件

对工程设计而言，区域构造稳定性直接关系的问题是两个，即地震基本烈度和坝基下有无活断层通过。

地震基本烈度的高低既直接关系大坝的安全，又对工程投资有重大影响。目前，国内外资料还没有重力坝由于地震而毁坏（失事）的报道，但是因地震导致坝体局部损伤的实例却有数例。如我国的新丰江大坝和印度的柯伊纳（Koyna）大坝，分别于 1962 年和 1967 年遭受了 6.1 级和 6.2 级地震，坝体受到了不同程度的损坏，不得不中断运行进行加固处理。这两例地震虽均为水库诱发地震，且烈度均为Ⅷ度，代表了该强度地震对重力坝的破坏。美国的帕柯伊马（Pacoima）坝虽是一座拱坝，但左岸由于地质条件差，采用重力式推力墩承担拱的推力，其工作条件和重力坝相似。1971 年 2 月 9 日，当地发生了震级 6.6 级地震，震中距大坝 6.4km。震后测量发现，坝址河谷略微变窄，两岸坝肩距离缩短 23.9mm，右岸坝头比左岸坝头下沉 173mm，坝轴线顺时针方向旋转了 30°。钻探和物探检查表明，右岸和大坝坝体未受严重损坏，破坏主要发生在左岸。左坝肩与推力墩之间的收缩缝张开了 6.35～7.7mm，从坝顶向下延伸了 13.7m，另外一条裂缝沿推力墩水平缝延伸 1.5m 后以 55°倾角向下延伸至基岩面。拱座岩体受强烈震动表面喷浆层大量开裂，拱座下游岸坡出现约 8000m³ 岩体塌滑。推力墩地基下游岩体沿一陡—中倾角结构面构成的楔体产生滑移，水平方向移动了 0.25m（图 1）。这一现象说明：对混凝土坝，不论是重力坝还是拱坝，在强地震作用下，坝肩岩体特别是坝肩高处岩体是地震破坏严重程度的敏感部位。

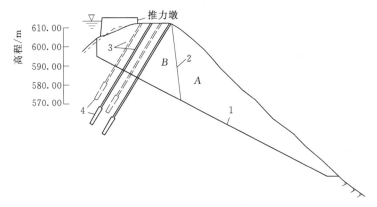

图 1 帕柯伊马拱坝推力墩地基下游岩体结构面构成的楔体滑移

（引自《拱坝设计研究》）

1、2—破裂面；3—锚索；4—锚固段

上述几例大坝受损的地震烈度都在Ⅷ度左右，按照现行的《水利水电工程地质勘察规范》（GB 50487—2008）的规定，坝（场）址不宜选在 50 年超越概率 10%的地震动峰值加速度大于或等于 0.40g 的强震区。我国现在还没有在地震基本烈度等于和大于Ⅸ度的地区修建混凝土重力坝或其他类型高坝的实例。但是建于地震基本烈度Ⅷ度、抗震设计地震峰值加速度大于 0.4g 的混凝土坝已有好几座。目前，我国大坝抗震设计地震峰值加速度最大的是大渡河的大岗山拱坝。设计采用的百年超越概率 2%的基岩水平峰值加速度值高达 0.557g。随着大坝建设的重点集中于我国西部，高地震烈度是很难回避的问题。从大坝安全的角度出发，仍应遵循规范的规定，未经充分论证不得在地震基本烈度Ⅸ度以上的地区兴建高混凝土重力坝。有人曾做过概略分析，地震基本烈度由Ⅶ度提高到Ⅷ度，大坝工程费用约增加 5%～10%；由Ⅷ度提高到Ⅸ度，费用增加约 10%～15%。从工程投资的角度，也应尽力避免在高地震烈度区建坝。

在我国，确凿在活断层上建坝的实例目前仅有 2 例，都位于新疆维吾尔自治区境内，均为心墙土石坝。其中的克孜尔水库大坝坝高 44m，坝基横跨 F_2 断层。该断层自Ⅲ级阶地以来就开始活动，延续至今。错断Ⅲ级阶地 17.0m，错断Ⅱ级阶地 7.0m，错断 1 级阶地 4.0m，错断现代河漫滩冲积层 2.7m。采用加大坝体、放缓坝坡、适度增加坝高、采用特大型心墙以及设置二道坝等措施，确保大坝抗断层错动的安全。

美国加州沿西海岸展布着著名的圣安德列斯（S. Andreas）活断层，也是世界上有名的强地震带。谢拉德（J. L. Sherard）等在其所著的论文《坝基内的潜在活断层》（水利水电译文，水利部规划设计管理局，1981 年 1 月）中列举了许多在活动断裂带上和强震区建坝的实例。其中 2 例：加州圣安德列斯（S. Andreas）坝和蒙大拿州汉琼坝，活断层虽不在坝基下，但距坝肩很近（后者仅 200m 左右）。两者均为土石坝，前者在 1906 年旧金山大地震时（震级 8.3 级），因邻近断层活动大坝整体移动了 2.5m；后者在 1959 年西黄石地震时（震级 7.1 级），断层位移导致整个建筑物区（大坝、溢洪道和泄水管）基岩均匀的下降了约 3m，水库平均沉降约为 3.2m，但两坝均没有受到地面位移和地震的破坏。另外的 3 例大坝〔柯约特（Coyote）坝、赛达尔泉（Cedar Springs）坝及帕尔姆达尔（Palmdale）坝〕则直接横跨活断层（均为圣安德列斯断层带的分支断层）。经美国有关部门的充分研究论证，3 座大坝均采用土坝或土石坝，并对断层的可能位移量作了分析估计，在坝的断面设计上则采用扩大坝体断面、加厚心墙、加大坝顶超高、进行合理的坝料分区及设置非凝聚性材料过渡区等措施。3 座大坝建成至今均在安全运行。该文中列举的建于活断层上的重力坝仅有一例，即新西兰建于惠灵顿断层上的卡洛里坝，坝高仅 25m，库容仅 25 万 m³。彭敦复编著的《新疆水利水电工程活断层处理的工程实践》一书收集了国内外坝体位于活断层上的工程实例，国外有 5 例，除苏联的英古里大坝为混凝土拱坝外，其余均为土石坝。这些资料表明，在有活断层存在的坝址，坝型多选择当地材料坝，坝高都不大。谢拉德认为：所有类型的混凝土坝都是刚性和脆性的。任何地基断层错动，只要有垂直分量，就会将坝抬起，使其与地基脱离，破坏坝与地基的结合，或者使坝体混凝土开裂而使大坝遭到破坏。他认为，在地震区有断层存在的坝址，如果对断层活动性的研究还没有得出结论性意见，一般来讲，应避免修建混凝土坝。其理由很简单，即断层有活动性的可能，尽管这种可能性很小。坝失事所造成的后果越严重，就越希望在初步设计阶段不要考虑混凝土坝。

迄今为止，活断层的标准和确定方法仍存在争议。活断层的活动年龄下限世界各国有不同的标准。我国现行的工程地质勘察规范规定的标准：晚更新世（10 万年）以来没有活动的断层即为不活动断层；台湾将境内的 51 条断层活动性分为 3 类：第一类为 1 万年内曾发生错移的断层；第二类为 10 万年内曾发生错移的断层；第三类为存疑性活断层，根据文献资料无法纳入前两类的断层。台湾"9·21"大地震时强烈活动的车龙埔断层和双冬断层，前者为第二类，后者为第三类。而导致石冈重力坝破坏的断层，并不是这两条事先已掌握的断层，而是坝址上下游附近新产生的8条断层中的1条。由此可见，在高地震烈度区，断层的复发活动是一个很复杂的问题。混凝土坝适应抗断的性能是很差的，因此，不应将混凝土重力坝建在活动断层上。由于活动断层的划分标准和确定方法目前还存在争议，因而在高地震烈度区建混凝土高坝，应避免有区域性和地区性的断层或与活动断层有成生联系的断层通过坝基。这也是为什么不应在地震基本烈度高于IX度的强震区建高坝的重要出发点，因为在这种高烈度区，坝基下断裂的活动性是很难把握的。

2. 环境地质条件

关键问题是回答有无影响大坝安全的地质灾害。最常见的地质灾害是大型滑坡、崩塌危岩体及泥石流，它们如果位于坝址及近坝地段，一旦失稳，将会危及大坝的安全。最典型的事例为我国资水柘溪水电站塘岩光滑坡和意大利瓦依昂滑坡。塘岩光滑坡发生于大坝上游右岸1.5km处。滑坡区为一顺向坡，基岩为前震旦系板溪群砂岩夹板岩，岩层倾角34°～42°。滑面为层面，两侧则受两条陡倾角断层切割控制，滑坡体积165万m³。滑坡发生时，大坝尚未完工，滑坡形成的涌浪至坝前高约3.6m，翻越大坝的巨浪造成了一定的损失；瓦依昂滑坡则是建坝史上最严重的地质灾害。滑坡物质填满了整个水库，使水库报废，但大坝却受住了坝前滑坡堆积及高达50m的翻坝涌浪的冲击，如图2所示。由于有了这两起地质灾害的惨痛教训，自20世纪60年代后，大坝建设中的环境地质条件已引起水利水电工程地质工作者的高度重视，如龙羊峡、二滩、三峡、水布垭、索风营等各种坝型的大坝，都对这一问题给予了高度的关注，此后没有再发生过类似的灾害性事件。但已有的工程经验表明，如果坝址及近坝地段有大型滑坡、崩塌危岩体及泥石流存在，要对它的稳定性和危害性做出准确的结论是一项费时、费事、费钱的工作。即使勘察结论是稳定的或是可以治理的，在工程运行过程中仍需对它进行长期的监测。随着建坝的重点集中在西部高山峡谷地区，地质环境的安全成为大坝建设更为经常遇到的一个问题和工程勘察的一项重要内容。

图2　瓦依昂大坝及坝前的滑坡堆积

3. 坝基岩体缓倾角结构面及其所带来的深层抗滑稳定问题

国内大量的重力坝建设实践表明，这是重力坝勘察设计中最棘手的一个问题。岩体中的缓倾角结构面是多种多样的，在各类岩体中都可能存在。结晶岩块状岩体或陡倾的沉积岩地层中，常表现为缓倾角断层或连续性强的长大缓倾角裂隙，如三峡工程左岸1～5号机组坝段花岗岩坝基，安康水电站河床坝段片岩坝基以及武都水利枢纽河床石灰岩、白云岩坝基（地层陡倾且走向与河流呈小交角等），都遇到缓倾角断层或长大缓倾角裂隙所带来的坝基深层抗滑稳定问题；碎屑岩岩体中由于岩层软硬相间分布，层间错动和不同岩层透水性的差异等因素，几乎都存在软弱夹层或层间剪切带，在地层产状平缓（倾角小于30°）的情况下，几乎毫无例外地存在沿软弱夹层（层间剪切带）的深层抗滑稳定问题。

最典型的如葛洲坝水利枢纽、双牌水库、朱庄水库、上犹江水库、亭子口水库，以及兴建于四川红色盆地内和黄河上游一系列新生代沉积谷地内大量的中小型重力坝。碳酸盐岩地层中的页岩、泥质灰岩、碳质页岩夹层常常由于层间错动而形成软弱层带，当地层产状平缓时，也常构成控制大坝深层抗滑稳定的滑移面。这种情况在碳酸盐岩地区非常普遍，如万家寨、隔河岩、江垭、龙口等水电站都遇到这一问题。浅变质岩，岩浆岩中的喷出岩体中，软弱夹层也常常出现。如泥板岩、绿泥石片岩、黑云母片岩，玄武岩、流纹岩及其他火山岩中的凝灰岩夹层等，都会构成大坝深层抗滑稳定的控制性滑移面，如桓仁水库、铜街子水电站、巴西伊泰普水电站等。

坝基岩体缓倾角结构面及坝基深层抗滑稳定之所以成为重力坝勘察设计中最常见而又棘手的问题，不仅是由于坝基岩体中存在缓倾角结构面情况比较常见，而且要查明它的位置、延伸范围、连通性、性状及物理力学性质又是一件非常困难的工作，其原因是：①造成坝基深层抗滑稳定问题的缓倾角结构面通常都埋藏于地下较深的地方，提供的可直接观察研究的露头极少，主要依靠勘探坑、孔、井、洞进行点上的揭露；②除沉积岩中的软弱夹层可能有较稳定的层位供探查外，其他岩类的岩体中，缓倾角结构面没有可把握的分布规律和较稳定的分布格局，随机性较强；③不论哪一种缓倾角结构面，其延伸范围和性状在空间上的变化都很大，即使沉积岩中的软弱夹层，因相变所带来的延伸性的中断和性状的变化也是常见的；④地质最终需要回答也是最难回答的问题是缓倾角结构面的连通性（率）及不同性状的软弱物质的分布比例，这是建立有效地质力学模型和计算条件所不可缺少，但又是难以准确回答的问题；⑤缓倾角结构面的物理力学性质，也是稳定计算所最必须的参数。而缓倾角结构面抗剪强度的试验条件通常都很困难，确定的参数也容易引发争论。由于以上原因，存在坝基深层抗滑稳定问题的很多大坝，都是在坝基开挖后，施工停下来或利用施工空隙补充勘测设计，以解决这一问题。如葛洲坝、万家寨、安康、铜街子、三峡、武都等一些有代表性的工程。这一做法当然并不值得肯定，但却说明这一问题的复杂性和研究它的困难程度。尽管在前期勘察中要完全查明岩体中缓倾角结构面的情况是很困难的，但是，作为一个重大工程地质问题，仍应努力做到基本查明它的情况，避免出现设计的重大改变。由于重力坝坝基往往是分坝段台阶状开挖，施工中也为进一步查清缓倾角结构面创造了一定的条件。随着经验的积累和勘察技术的发展，查清隐伏缓倾角结构面的把握性比以往更大了。

4. 断层带的工程地质问题

查明坝址区的断层，尤其是规模较大的断层和顺河断层通常是坝址工程地质勘察的主要任务。除前述的活断层和缓倾角断层外，断层所带来的其他工程地质问题也是多方面的。最常见的如：引起坝基岩体的不均匀变形，构成坝基抗滑稳定的不利边界，边坡岩体失稳的控制条件，岩溶洞穴发育的控制因素，构成岩体中的强透水通道，破坏坝址防渗依托的连续性及完整性等。这些问题在几十年的重力坝建设中，都曾经在不同程度上给勘测设计和施工带来复杂的工程地质问题。如刘家峡坝基的 F_{36}，丹江口坝基的 F_{16}、F_{204}，乌江渡坝基的 F_{148}、F_{50}，隔河岩坝基的 F_{10}，百色水电站坝基的 F_6 等。除坝基外，位于其他建筑物地基岩体中的断层，如各类型边坡、各类引水隧洞、地下厂房等岩体中的断层，即使规模不大，也常常成为复杂的工程地质问题。三峡工程永久船闸区开挖高边坡地段岩体为花岗岩，岩体完整，但有两条走向与边坡呈小角度相交的裂隙性小断层，在开挖边坡上形成体积为 1 万～2 万 m^3 的大型滑移块体，采取昂贵的锚固措施加以处理。三峡工程地下电站岩体大部分属质量好的 II 类岩体，但在左安装间和 1 号机下游边墙，有一条长约 100m、破碎带宽仅数 10cm 的 F_{10} 断层，走向与边墙呈小角度，与另一条小断层相交构成不稳定楔体，由于其方量较大，边墙空间布置不下足够的锚索，不得不采用在楔体下部挖除断层进行局部置换的方法进行处理。江垭水电站坝址区没有规模很大的断层，有一条规模不大的断层 F_{10} 通过厂房顶拱，是厂房顶拱渗水的主要通道，采取沿断层灌浆，打交叉排水孔排水，表面封堵，仍不能完全疏干，最后在出水较多的地方埋设导管将水导走。因此总体上来说，断裂构造不论出现在何种类型的水利水电工程中，及水工建筑物地基中的哪个部位，甚至不论其规模大小，只要条件合适，都可能给工程建设带来复杂的技术问题。因此，到目前为止，查清断裂构造的位置、分布、规模、性质及其对工程建设的影响，仍然是水利水电工程地质勘察工作最重要的任务和内容。

5. 岩体的完整性及强度

坝基岩体必须具有一定的强度，也要具备有一定的均一性和完整性，这是对混凝土重力坝筑坝岩体质量最基本的要求。强度主要是岩体的承载能力和抗变形的能力。前者通常用岩体的饱和抗压强度来衡量。对坚硬岩体（$R_c > 60MPa$），通常取饱和抗压强度标准值的 1/20～1/25；中等坚硬岩石（$30MPa \leqslant R_c \leqslant 60MPa$）取 1/20～1/10；软弱岩体（$R_c \leqslant 30MPa$）取 1/10～1/5 作为岩体的允许承载力。这是一个很粗糙的估算和评价方法。对于坚硬岩体，这种估算结果通常不会成为控制条件；但对于软岩，岩体的强度（承载力）能否满足要求则是必须回答的问题。由于软岩在钻探取样过程中受到的扰动，试件在饱和过程中又多已崩解，无法取得可靠的试验成果，而且是在无围压情况下的试验值，上述估算方法的适用性受到很大限制。常常需要通过现场载荷试验、钻孔超重型动力触探试验或室内三轴试验确定其承载力。也有的工程采用如下做法：当软岩原状岩的饱和度已接近全饱和且能进行室内试验时，其天然状态的抗压强度可视为饱和抗压强度，以此值进行折减作为允许承载力。对岩体的抗变形能力，一般来说，能满足抗压强度指标的岩体，变形能力也能基本满足要求。对坝基岩体抗变形性能的要求，主要在于坝基岩体中不能存在有抗变形能力相差过大的岩体（这里指的是一定范围分布的岩体，而不是局部地质缺陷）。这就要求岩体有相对的均一性和整体性。

6. 岩溶坝基的工程地质问题

碳酸盐岩地区，由于岩体强度较高且较完整，基本没有风化，河谷地形常较狭窄陡峻等优点，常被选作重力坝坝址。碳酸盐岩地区特别是石灰岩上建坝，最主要的问题有两个：①岩溶渗漏和坝址防渗条件；②岩溶化坝基的基础处理。从 20 世纪 70 年代我国首座建于石灰岩地区的高拱形重力坝——乌江渡水电站建成后，已在石灰岩上建成各类高坝10 余座，积累了丰富的经验。岩溶渗漏和坝址防渗条件是碳酸盐岩地区建坝首先要解决的主要问题。解决这一问题最有效的途径是在坝址区有可靠的隔水层或相对隔水层做防渗依托。兴建于乌江、清江及其他岩溶发育地区的许多大坝，都是按照这个途径有效地解决这一岩溶地区建坝的首要问题。隔水层较易把握，相对隔水层则是一个较广泛的概念，有的时候容易判别，如灰岩中的白云岩、泥灰岩夹层、含泥质条带的灰岩、可溶岩与非可溶岩呈互层状结构等。在有的情况下，岩溶相对不发育的层位也可作为相对隔水层加以利用，通常需要做一定的地质勘察工作才能确定。当然还有其他一些防渗方式的选择，如接地下水位，防渗帷幕不完全封闭等，但最明确且最有效的方式是选择可靠的隔水层或相对隔水层作防渗依托。

岩溶化坝基的基础处理主要是坝基坝体应力影响范围内大型洞穴的回填处理。这一工作的最大难点是如何查明需要回填处理的洞穴的规模和具体位置。通过乌江渡、东风、隔河岩、彭水、构皮滩等几座位于岩溶发育地基上修建高混凝土重力坝和拱坝的实践，这一工作的难度比预期的要小。原因有以下几个方面：

（1）大型岩溶管道和岩溶洞穴的发育有一定的规律，通过工作是可以掌握的。开工前的地质勘察已可基本掌握洞穴分布较集中的位置。

（2）大坝地基开挖可以直接或提供迹象揭露相当数量坝基浅表部位的大型洞穴；固结灌浆、建基面岩体质量检测和其他基础处理措施会进一步提供隐伏洞穴的位置。

（3）对重力坝而言，坝基岩体较深的部位残留少量洞穴不会对大坝的安全构成不利影响。

（4）对有疑虑的重点地段，可利用坝基开挖后的有利条件补充勘察加以查明。

还有一种岩溶现象，即发育在侏罗系、白垩系和第三系碎屑岩层中，一些由可溶盐胶结的砂砾岩，常沿裂隙、断层溶蚀呈不规则的溶蚀宽缝、溶槽、洞穴，带来复杂的工程-水文地质问题。湘江株洲航建枢纽溶蚀风化深槽深达70m；葛洲坝水利枢纽二期工程大江段地基白垩系钙质胶结的石门砾岩，沿 F_{114}、F_{116}、F_{126} 等断层溶蚀形成强透水带。其他许多建于上述类似地层中的工程，也都遇到了相似的溶蚀问题。这是这一类地层地区建坝必须引起重视的问题。

7. 河床覆盖层情况

高混凝土重力坝是要建在岩石地基上的，覆盖层的厚度决定了基坑开挖的范围和开挖工程量，导流工程的布置和规模，围堰地基稳定及基础防渗，从而直接影响工程的投资和工期。而当河床存在基岩深槽且槽内充填厚的覆盖层时，还给覆盖层的开挖施工、围堰基础防渗、建基面形态设计及基岩面的开挖、整修处理带来更不利的影响。如深槽系沿断层发育时，影响将更为显著。国内混凝土坝坝基存在河床基岩深槽的为数不少，典型的如三峡、五强溪、万安、铜街子、向家坝、丹江口、乌江渡、映秀湾、龚嘴等工程。覆盖层厚度过大时，则可能仅从这一个条件就否定了兴建混凝土重力坝的可能性。目前国内已建和在建的混凝土坝（包括重力坝和拱坝），开挖覆盖层厚度最大的是大渡河上的深溪沟水电站（重力坝），开挖覆盖层厚达57m。

高度较低的混凝土重力坝（闸）也可建于河床覆盖层上。这时则要求查清坝（闸）基覆盖层分布、厚度、层次结构及其物质组织，查清细粒土层、架空层的埋深、厚度、分布和性状，研究其产生变形和不均匀沉降、坝基抗滑稳定、地基液化的可能性，评价其渗漏和渗透稳定性。在川西河床深厚覆盖层上已建和在建了众多的混凝土重力坝（闸），典型的如岷江映秀湾、太平驿、福堂；宝兴河小关子、民治；瓦斯河冷竹关、小天都；南桠河姚河坝、栗子坪；火溪河自一里、阳平；雅砻江锦屏二级等。其他如黄河西霞院水库等。因此，查清河床覆盖层的情况是水利水电工程勘察的一项重要任务。

8. 基岩风化带及岩体卸荷带的厚度

这两个问题虽然不是构成重力坝能否成立的关键，但在很多情况下却是影响坝址、坝型比较的重要因素。

岩体风化带的发育程度主要取决于岩石类型、结构构造、气候条件及地形条件等，这些一般规律在有关教科书中都有论述。这里需要特别指出以下几点：

（1）通常教科书及有关规程规范中所给出的风化分带（全、强、弱、微；剧、强、中、微……）都是适用于岩体风化作用较完全的情况。但多数情况下，风化带的发育是不完全的，不同岩类，不同地区，不同的地貌单元差别很大。例如，即使在风化作用较完全的地区，河床地段一般都没有全、强风化带。值得特别提及的是碳酸盐岩的风化问题。石灰岩一般是没有典型意义的风化现象的，除了岩体浅表部因溶蚀、卸荷、充填夹泥需要开挖清除外，岩石本身则没有风化或风化程度轻微，因此在石灰岩地区不必刻意划分通常意义上的岩石风化带；但同属碳酸盐岩的白云岩，情况则安全不同，可以发育非常完全的风化带。典型的全风化带表现为白砂糖似的白云岩风化砂，以下逐渐过渡到新鲜岩体。最有代表性的是乌江渡水电站上坝址。寒武系娄山关组白云岩全风化带呈砂状的白云岩粉最厚达 20m，整个风化带厚达 40 余 m。还有东风水电站右坝肩的"烂石灰"。至于石灰岩与白云岩之间的过渡岩类，如白云质灰岩、灰质白云岩等，则视岩石的组分、结构、构造及当地的自然条件而呈现复杂的情况。但总体上说，碳酸盐岩地区的岩体风化一般不构成建坝的主要工程地质问题。

图 3　西藏拉萨河谷所见岩体物理风化现象

（2）注意特殊条件下的物理风化现象。在我国境内，大部分地区是以化学风化和物理风化作用兼而有之的类型为特点，华南地区则以化学风化类型为主，物理风化现象并不突出。但是在新疆、西藏等高寒地区，物理风化作用对岩体完整性的破坏是严重的。全、强风化带岩体多裂解成大小不等的碎块（图 3），向下岩体由于裂隙的网状张开而十分破碎，在卸荷作用的叠加下，两岸坝肩岩体的完整性很差，透水性很强。如西藏阿窝夺水库两岸坝肩进入弱

风化岩体后，有的钻孔由于岩体仍很破碎，下套管护壁无法进行渗透性试验，或改用注水试验，渗透系数高达 $10^{-2} \sim 10^{-1}$ cm/s；可进行压水试验的钻孔，地表下 20m 范围内岩体透水率平均在 $20 \sim 50$Lu，局部高达 100Lu；另一个值得注意的问题是在这些地区，不同季节充填于裂隙中的水的状态是不一样的，对水下隐蔽工程，如固结灌浆和帷幕灌浆的效果影响极大。

（3）深风化及夹层风化。这是一种常见的由于风化作用所带来的地质缺陷。深风化主要给建基岩面的开挖带来较大影响。三峡工程定义：微风化岩面低于相邻地区 20m 以上的地段，或呈囊、槽状风化称为深风化地段或深风化槽。夹层风化则是沿特定的结构面（断层、裂隙）、层位或岩脉加深风化，在平面和纵深上都延伸较远的层（带）状风化，其产状则决定于结构面和易风化地层的产状。不论是深风化囊、槽还是夹层风化，主要的问

题是加大基础开挖和基础处理的难度。糯扎渡水电站坝基为花岗岩，由于右岸存在深风化槽和多条岩脉夹层风化，分布不规则，坝基处理极为复杂，不得不放弃重力坝，改为心墙堆石坝，以适应坝基风化岩体的地质条件。建基面上存在过多的风化夹层，采用掏槽式开挖，国外称之为"dental"式，即牙科补牙式的开挖，无疑是施工的负担，应该尽量避免。在考虑建基岩体风化层开挖深度，评价建基面岩体质量时，这是需要考虑的重要因素。

岩体卸荷带早期从苏联引进的术语称为岸边剪切裂隙带（岸剪裂隙），从卸荷带形成的力学条件看，这一术语是欠准确的。岩体卸荷这一现象虽然很早就被提出，但对它的认识却是逐步加深的。近十余年来，由于西部高山深谷地区水利水电建设的大量实践，对岩体卸荷带的研究，包括其特征、成因及对大坝工程建设的影响等方面的认识有了长足的进步。目前较通行的做法是将卸荷带分为强卸荷和弱卸荷两个带。表1给出了国内11座大坝岩体卸荷带的统计资料。不同的坝型对卸荷带的处理要求是不同的。对重力坝而言，强卸荷带通常是要挖除的。有以下两种极其特殊的卸荷现象值得重视：

表 1　　　　　　　　　　我国部分水利水电工程边坡岩体卸荷带特征统计

序号	工程名称	工程地点	强卸荷带深度/m	弱卸荷带深度/m
1	亭子口水利枢纽	嘉陵江苍溪李家嘴	15～30	30～84
2	三峡永久船闸高边坡	长江三斗坪	0～8	8～29
3	构皮滩水电站	乌江构皮滩	5～25	25～35
4	二滩水电站	雅砻江	0～31	31～38
5	彭水水电站	乌江彭水	0～5	5～15
6	皂市水利枢纽	澧水皂市	0～10	10～20
7	葛洲坝电站人工基坑	长江葛洲坝	0～7	7～17
8	江口水电站	芙蓉江江口	0～8	8～15
9	水布垭水电站	清江水布垭	0～64	10～95
10	乌东德水电站	金沙江乌东德	0～18	18～68
11	九甸峡水利枢纽	甘肃洮河	左岸 24～35，右岸 30～50 （未分强、弱卸荷带）	

（1）深卸荷。这是近期发现于雅砻江锦屏一级水电站的一种特殊现象。坝址左岸在表层卸荷带以里，穿过一段相对较完整的岩体后又发现深部拉裂带，表现为多条宽几厘米的大裂缝，基本未充填，发育的水平深度达200m。这一地质现象的成因较为复杂，基本看法是由于雅砻江河谷快速深切，岩体深部应力释放调整是产生这一现象的主导诱因。

（2）近水平地层距岸坡较远的深层拉裂缝。在一些地区，产状近水平的地层中，例如在四川盆地的红层中，距河岸很远的岩体中仍可见到宽数厘米的拉裂缝。如嘉陵江亭子口水利枢纽，坝址地层为白垩系苍溪组砂、页岩互层地层，岩层倾角仅5°，在左岸平洞深度90m处，仍发育有宽1～2cm的拉裂缝。这种拉裂缝的形成与红层地区软弱地层发生蠕滑的特定条件有关。在河谷下切，垂向和侧向卸荷，导致岩体应力调整，沿某些特定软弱地层发生蠕滑变形，在后缘沿顺河向构造裂隙形成长大的拉裂缝。部分蠕滑变形体后期发展成为巨型滑坡，长大的拉裂缝成为滑坡的后缘，发展成为宽大的槽谷。在三峡工程水库区四川盆地的库岸中，这种成因的大型滑坡是较为常见的。

9. 天然建筑材料

在所有混凝土坝中，重力坝是需用天然建筑材料最多的一种坝型，因此寻找合用的天然建筑材料是水利水电工程勘察的一项重要任务。近十余年来，大坝建设中因天然建筑材料出问题而影响建设进度的不乏其例。究其原因主要是中西部水利水电工程建设环境愈来愈不容易找到理想的或足够的天然建筑材料，思想上不重视天然建筑材料的勘察也是重要原因。目前，质量和储量均能满足要求的天然河床砂砾料已很难取得，主要采用的是人工骨料。这方面暴露出的主要问题有以下几个方面：

（1）剥离层（无用层）的厚度或剔除难度估计不足，特别是碳酸盐岩地区，导致施工的被动。原因是勘探工作量不够，勘探方法不对。

（2）成材质量不满足要求。出现问题较多的是岩粉过多，缺乏粗骨料特别是大粒径骨料，以致很多工程料场形成后开采不出合格的骨料而中途更换料场。究其原因是对料场的地层构成和岩性认识不足，研究不够，包括岩石的矿物组成、结构构造、强度，地层的层厚及组合等。

（3）骨料碱活性问题。混凝土因骨料碱活性反应而使工程报废或寿命大大缩短的事例已有大量报道。大坝因这一问题而受损的最典型实例是法国阿尔卑斯山区的桑本坝。该坝建成于 1935 年，建成后 50 年，即 1985 年发现大坝明显出现变形，至 1995 年累计总变形量左岸向上隆起 12cm，右岸向下凹陷 1.5cm，以致大坝无法正常工作，不得不放空水库进行修补。运营商于 1993 年 6 月开始，用 5 年时间对大坝进行了全面修补。共投资 2.2 亿法郎（合约人民币 3.7 亿元），采用坝体锯缝，每隔 20m 锯一条宽 10mm 的宽缝留作坝体膨胀的空间，上游面铺 PVC 防渗，下游面固结灌浆等补救措施。经过数年复杂的处理后，大坝才恢复正常蓄水运用。这是水利水电工程因混凝土骨料碱活性反应而导致破坏的最典型的事例。国内目前在评价混凝土骨料的质量时，已开始重视这一问题的试验研究，但鉴于问题的复杂性和反应过程的长期性，仍应给予更多的重视。

以上归纳了重力坝勘察设计中的 9 个重点工程地质问题，是几十年来，尤其是近 20 年大坝建设中总结出来较常遇到而又关键的一些问题。当然可能遇到的工程地质问题绝不仅限于这 9 个方面，如高地应力问题、坝肩开挖高边坡问题、坝基废弃矿井（洞）问题、含易溶岩地层的坝基处理、坝基承压水问题以及较罕见的江垭大坝坝基岩体及邻近山体抬升等。地质条件的多样性和差异性是无法概括全面的，需要在工作中具体问题具体分析，有针对性地加以解决。

（二）坝址选择的地质思考

坝址选择是大坝建设中的关键环节，对工程的安全、技术、经济条件的优劣和工程实施的顺利与否都有决定性的影响，是关系全局的战略性问题。影响坝址选择的因素涉及地形地质、水工、施工等诸多方面，一般不是某一因素单方面所决定的。随着筑坝技术的发展和新材料的不断出现，适应不同自然条件的新坝型也在出现，坝址选择的制约因素相应也在变化。但总体而言，地质条件仍是坝址选择的主要因素。可以将地质条件对坝址选择的影响分为 3 种情况：

（1）地质条件是坝址选择的决定性影响因素。如过高的地震强度，坝址存在活动性断裂，重大地质灾害的威胁，严重的岩溶渗漏等。

（2）地质条件虽不具有一票否决的决定性作用，但对工程建设的投资、工期、设计方案选择、建设的难易程度有重大影响，需认真对待。如高的地震设防烈度；高地应力；深厚河床覆盖层，坝基岩性复杂，断裂构造发育，岩体破碎，缓倾角结构面（软弱泥化夹层）发育，岩溶地区坝址防渗方案复杂等。

（3）地质问题的影响通常综合反映在工程造价上，如风化带、卸荷带的厚度，高陡边坡，岩溶坝基处理，基础处理工程量大小，建筑材料的开采运输条件等。

坝址选择和坝型选择常是相互联系、互有影响的，坝址选择通常要与可能适应的坝型联系起来加以综合比较。但坝址选择是比坝型选择更高层次的问题。一个坝址不能修建混凝土坝，不等于不能修建其他类型的大坝。因此，以下关于坝址选择的地质思考不仅是针对重力坝而言，也是大坝建设中选择坝址时应注意的一些主要地质问题和关键环节。总结多年的实践经验，坝址选择应重点把握以下几个地质问题：

1）区域构造稳定性条件。坝址应仅尽量选择在区域构造稳定性好和较好的地区。按现有规范的规定，坝址应避免选择在地震基本烈度Ⅸ度和Ⅸ度以上的地区，应避免有区域性断裂、地区性断裂、活动断裂及与活动断裂有成生联系的断裂通过的地段。

2）环境地质条件。坝址及其附近不应存在大型地质灾害或可能受到地质灾害影响严重的地区（地段）。最常见、危害也最大的地质灾害是大型滑坡（体积大于 1000 万 m^3）、危岩崩塌体（体积大于 200 万 m^3）及强活动的大型泥石流（一次爆发堆积量不小于 200 万 m^3）。在地质灾害发育的地区，坝址区仍应避免存在大型地质灾害。坝址上下游 5km 范围内的大型地质灾害，要在对其稳定性、危害程度、治理的可能性及合理性有明确结论的基础上选定坝址。

3）地形条件。地形条件一般对重力坝坝址选择不具重要决定意义，但有相对优劣之比。两岸地形基本对称，形态完整，岸坡坡度适中（30°～60°），有利于水工建筑物的总体布置及施工者为好。

4）岩层产状及河谷结构。这是影响坝址工程地质问题多少的重要因素，以中、陡倾角的横向谷最有利。这类河谷两岸岩层基本对称，通常坝基抗滑稳定和防渗条件较优，不论天然边坡或人工开挖边坡稳定条件都较好，大型物理地质现象一般较少，有利于导流、泄洪及地下厂房引水系统等顺河向地下建筑物的稳定及施工等。斜横向谷次之，地层水平或近水平的河谷又次之，走向谷或近走向谷最为不利。

5）岩石性质。主要考虑岩石的强度和岩体的均一性。以块状深成侵入岩及深变质岩最好，厚层碳酸盐岩、块状火山岩（玄武岩、流纹岩等）次之，浅变质的副变质岩（板岩、千枚岩等）又次之，半坚硬的碎屑岩尤其是砂页（泥）岩互层的地层最差。这样的排序当然只是就一般情况而言，关键是均一性。碎屑岩地层中，厚层砂岩，尤其是石英砂岩、碎屑砂岩，是较好的重力坝坝址；层面结合紧密的薄层碳酸盐岩，如果其间不夹或所夹的泥灰岩、碳质页岩少，也是较理想的重力坝坝址。玄武岩中常夹有凝灰岩夹层。因此，关键是看均一性和地层产状，如地层产状平缓，任何地层中的软弱结构面都会对大坝的抗滑稳定带来复杂性。

6）岩体结构。以整体块状、巨厚层-厚层状结构岩体最好，次块状、中厚层状结构岩体次之，碎裂状、薄层状结构岩体又次之，片状、千枚状结构岩体最差。

7）构造条件。除了所处的大地构造环境——地槽、地台、准地台、台缘褶皱带等是基本的宏观控制因素外，坝区小构造环境则是决定因素。在坝址比较的研究范围内，地质构造在以下一些地区通常是比较复杂的：倒转褶皱、推覆构造，地层褶皱变形强烈的地区，区域性断裂影响区，相邻较近的两大断层夹持的地块等。地质构造条件的研究，除注意断裂外，裂隙的发育程度、劈理的发育情况及它们对岩体完整性的影响，也应给予足够的重视。断裂构造的研究重点应放在两个方面：①有无缓倾角断裂及其发育程度，缓倾角断裂对重力坝的危害程度及处理难度远大于陡倾角断裂，而且缓倾角断裂的规模大小对大坝的危害也远不如陡倾角断裂那样差异明显，即使是缓倾角裂隙，当其发育密度很大时也会成为坝基抗滑稳定的控制因素；②断裂带物质性状，有的断裂尽管规模很大，但构造岩胶结好，其危害性及处理工程量也会大大简化。三峡工程坝基为前震旦纪花岗岩，经历了多次构造运动，断裂构造十分发育。但由于后期的热液活动和重结晶作用，主要方向的两组断裂都胶结良好。坝区规模最大的 F_{23} 断层长 16km，断层构造岩带宽达 20 余 m，但经后期热液活动的再胶结和重结晶作用，构造岩性状良好，真正软弱的部分（软弱片理化糜棱岩）仅沿主断面分布，宽度仅 5～15cm，虽然断层规模很大且斜穿坝基及永久船闸，但并未对工程设计及施工带来大的影响。

8）岩溶地区的坝址选择。在岩溶地区坝址选择常常是决定建坝条件好坏的关键环节。主要考虑两个因素：①坝址和水库的封闭条件；②坝址的防渗条件。在岩溶发育地区，以下一些地形地质条件必须特别予以重视：地下水位深埋于地下的悬谷，如我国晋北、陕北地区的许多河流，南方许多位于石灰岩坡立谷区的河流及地下伏流区；与深切河（沟）谷相邻且高差悬殊的河流（段）；位于与干流会口处不远的支流河口附近的坝址；下游为大河湾的坝址；下游有跌水或陡坡河段的坝址；河谷地质结构为可溶岩纵向谷的河段等。这样的地形地质条件，如岩溶地层相通，其间没有隔水层或相对隔水层阻隔，特别是产状近水平大面积分布的岩溶地层，都需认真对待岩溶渗漏问题，坝址选择时尽可能予以避开。岩溶地区选坝的另一重要原则是坝址区最好有隔水层和相对隔水层作为防渗依托。

9）岩体卸荷与边坡稳定性。近年来筑坝地段愈来愈多地位于新构造运动强烈、边坡高陡的深山峡谷区，岩体卸荷情况和边坡稳定性愈来愈成为坝址比较的重要因素。前已论述，这两者条件的好坏与河谷结构和岩性的关系极大，除此之外，就是构造条件。与河流平行或成小交角的裂隙的规模及发育程度具有决定性影响（断层当然不能忽视，但通常数量是有限的）。随着资料的积累，有一组裂隙的影响愈来愈暴露突出，这就是河谷两岸浅表部相向倾向河床，倾角 25°～45°左右的一对顺坡向裂隙，国外有文献称之为重力剪切裂隙（gravity shear fissue）。在深峡谷高地应力、块状或厚层岩层地区，这一对裂隙往往较发育，常常是边坡局部稳定的控制条件，也是重力坝岸坡坝段坝基抗滑稳定的控制性边界。图 4 为怒江松塔坝址右岸花岗岩体中极其发育的顺坡向剪切裂隙，远远望去似乎是沉积岩的层面。

目前，国内在西南、西北地区的许多坝址这组裂隙的分布较为普遍，但对其形成条件和分布规律尚缺乏深入研究，需引起高度重视。

图 4　怒江松塔坝址右岸花岗岩中的顺坡向裂隙

10）覆盖层厚度及河床基岩形态。这是坝址比选中最常遇到的一个因素。覆盖层的厚薄直接关系基础开挖工程量的大小，同时对上下游围堰的堰基稳定及防渗工程的影响也很突出，因此，一般都是选择覆盖层相对较薄的坝址。当覆盖层的厚度过大时（大于60m），如果不是其他条件很有利，一般都直接影响混凝土坝型的成立，甚至坝址有被否定的可能。从这个意义上说，了解坝址区覆盖层的厚度及物质组成是坝址地质勘察的首要任务之一。河床基岩面形态的研究重点是有无基岩深槽。河床基岩深槽的存在，通常反映该地段岩体较软弱破碎，常被怀疑有顺河断层存在。但是，也有的基岩深槽完全与地质构造无关，而是特殊的水动力条件形成的。三峡工程坝基河床基岩深槽长270m、宽180m，相对两侧基岩面下切深30～40m，最深处可达50m。勘察阶段查明和施工开挖验证，沿深槽岩体完整，即使该方向的裂隙也无异常反应。专题研究表明，局部水道束窄，水流分段下蚀，不断上下延伸相连，最终形成该基岩深槽。但工程实践表明，即使沿深槽不存在断层破碎带，深槽的存在也给覆盖层的清除、建基面的开挖和整形、堰基稳定和堰基防渗带来很不利的影响。深槽两侧及槽底基岩由于强卸荷作用，会在一定范围形成强透水带，给坝基渗控工程带来一定的复杂性。因此，河床基岩深槽也是坝址比选时常被考虑的重要因素。

11）天然建筑材料。这也是坝址选择时经常需要考虑的问题。就一般情况而言，天然建筑材料对重力坝的影响不如对当地材料坝那样显著，但有时候也会成为制约因素，而它对工程施工和造价的影响则是不容忽视的。在中国中西部地区，混凝土骨料主要采用人工骨料。就岩性而言，石灰岩是最理想的人工骨料料源，在条件允许时应作为首选。各类坚硬的块状结晶岩次之。碎屑岩中，只有厚层长石石英砂岩较适用于加工人工骨料。碱活性是人工骨料质量评价的主要问题；裂隙、特别是隐微裂隙的发育情况是影响成材质量的决定性因素；而准确查明剥离层及无用夹层的厚度，特别是在碳酸盐岩地区是勘察工作必须重视的问题。

以上只列出了坝址选择中需要重点考虑的一些地质问题，不是地质条件的全部。有的地质问题在坝址选择中具有举足轻重的影响，有的则处于较从属的地位，而在各种条件包括地质条件都较相近的情况下，有些次要因素，如前面未提的岩体风化深度等问题，则可能上升为重要的比较条件。坝址选择是一项综合性很强的工作，是多因素综合比较的结果。

三、坝基工程地质勘察技术

（一）坝基岩体工程地质评价的几个问题研究

1. 关于缓倾角结构面的连通率

产状平缓的沉积岩中的软弱夹层或层间剪切带，有一定规模、延伸范围较大的缓倾角断层，它们在坝基下的分布，多数情况下是确定性的，地质人员通过勘探所提供的计算边界也较有把握，争议较少。关于非成层连续分布的缓倾角结构面是否采用连通率的概念和方法，表征它们在岩体中的空间分布，并提供作为设计计算的概化条件，存在不同的认识。目前较通行也是较认可的做法是，对于短小的缓倾角裂隙，由于现场大型抗剪试验的试件中已经包含了它们对岩体强度的影响，因此不再进行专门的统计；但是对于较长大的缓倾角结构面，它们的发育程度、连通状况、是否构成坝基抗滑稳定的控制条件，取决于它的发育强度，亦即连通程度。目前在国内大多采用连通率来度量不连续面（discontinues）的连通程度。

连通率的确定方法，目前较通用的有以下3种：

（1）实际量测。将产状相近的缓倾角结构面投影至一个水平面（线）上，统计出结构面的合计总长占统计段总长的百分数，即为该产状缓倾角结构面的连通率。统计窗的代表性、统计方向、投影距的大小、统计的缓倾角结构面产状的变化区间，都对连通率的统计结果有明显影响。从安全的角度出发，统计窗应选择在该缓倾角结构面有代表性的地段并有足够的范围以及不同的统计方向；投影距取投影面上下各1～2.5m范围；产状的摆动范围以优势结构面的产状为准，倾向左右各摆动15°，倾角上下各摆动8°（三峡工程的做法）。

（2）数值分析方法。即通过一定的现场样本统计和适合的数学模型，建立该地段裂隙三维网络模型，再通过搜索，计算出各可能滑移路径上裂隙的连通率，选用其中最危险路径的连通率作为计算用的连通率。国内学者陈祖煜、于青春、陈剑平，美国亚利桑那大学Kulatilake等多年来都曾在这方面做过大量研究，有许多可供使用的成果。

（3）通过勘探探明缓倾角结构面的连通率。对于结构面延伸范围较大、产状较稳定且结构面特征较易鉴别的缓倾角结构面，通过精心的勘探确定它的连通率；对于结构面规模不大、裂面闭合、无明显特征的裂隙性缓倾角结构面，三峡工程的实践表明，也可以通过精心勘探确定其连通率。三峡工程左厂1～5号机组坝段缓倾角结构面发育，但均为裂隙或裂隙性小断层，规模不大，罕有长度大于20m的，且裂面新鲜闭合。由于裂隙的连通率对这几个坝段的抗滑稳定有决定性影响，而地表量测和数值分析的结果又都存在很大争议，决定采用加密钻孔孔距（孔距10～20m）、金刚石双层单动半合管无磨损取芯技术、高清晰度钻孔彩色电视以及有经验的地质师对岩芯的鉴定等方法相结合，对缓倾角结构面最发育的 3 号机组坝段长大的缓倾角结构面的位置、产状、分布范围、连通状况都准确加以确定，在此基础上给出坝基深层滑移的几种确定性模型及相应的连通率。经施工检验，采用特殊勘察所确定的缓倾角结构面，无论空间分布、产状、性状和长度，均与实际情况吻合或接近。

以上三种方法由于在统计量测时都有一定的活动范围，又是将起伏曲折的空间三维问题简化成连续的直线，因而都有相当的安全度。这三种方法中以第三种最接近实际，虽然要花费较多的勘察工作量，但对坝基抗滑稳定有决定影响的缓倾角结构面，只要条件允许，作为一种特殊需要的勘察也是值得的。

2. 岩体卸荷带研究

近年来，边坡岩体卸荷问题愈来愈成为一个突出的工程地质问题，它直接关系到坝址两岸边坡的稳定、坝肩开挖深度的确定及近岸地段的水文地质条件。目前关于岩体卸荷仍限于定性的描述为主，定量的标准尚未建立，岩体卸荷带亚带的划分标准及坝肩开挖如何对待卸荷岩体等，都在不断总结经验中。

（1）三峡工程永久船闸高边坡开挖岩体卸荷带研究。三峡工程永久船闸高边坡开挖前，就在边坡岩体中埋设了多点位移计和铟钢丝伸缩仪，随着开挖高程的下降连续进行监测，获得了边坡深部岩体变形的全过程，积累了宝贵的资料。对人工开挖边坡岩体卸荷过程和规律得出了以下几点基本认识：

1）根据大量测试和监测资料分析归纳，可将边坡岩体从坡面向深部按开挖卸荷的影响程度划分为三个带，即强卸荷变形带、弱卸荷变形带和卸荷应力调整带。并采用微应变（$\mu\varepsilon=10^{-6}$）作为划分三个带的标准，见表 2。

表 2　　　　　　　　　三峡工程永久船闸开挖高边坡岩体卸荷带特征

卸荷分带	强卸荷松弛带	弱卸荷变形带	卸荷应力调整带
微应变（$\mu\varepsilon=10^{-6}$）	＞2000	300～2000	＜300
声波纵波波速值/（m/s）	＜3500	3500～4500	＞4500
裂隙张开宽度/mm	＞3	1～3	＜1

强卸荷变形带：边坡表部受多种因素严重扰动了的岩体。主要表现为岩体强烈卸荷松弛并受到施工爆破及反复震动损伤，声波纵波速度有明显下降，比完整岩体降低约 25% 左右。

弱卸荷变形带：这一带的分布大体上和各种计算中的塑性区相适应。岩体纵波速度与完整岩石相比有所下降，降低约 15%。

卸荷应力调整带：从理论上讲，岩体受深开挖卸荷而影响的范围可能很大。开挖在山体中的 8 号平洞内设置的伸缩仪，7 个测点距开挖边坡的距离 48.4～258.4m 的范围内。根据 5 年（1995 年 9 月至 1999 年 10 月）的监测成果，受开挖卸荷的影响，7 个测点的岩体仍有极微小的变形（应变量小于 300$\mu\varepsilon$），但岩体的各种物理力学参数没有什么变化。因此，卸荷应力调整带仅是理论意义上的分带，对岩体的性质和强度不具有实质的影响。

2）监测过程表明，当边坡开挖至仪器同水平高程时，仪器尚无明显的反应。当向下再开挖至 3m 时，岩体始有变形的迹象；当开挖在其以下 3～15m 范围内进行时，强卸荷松弛带和弱卸荷变形带内变形剧烈，并完成几乎全部的变形过程；开挖继续向下进行时，强卸荷松弛带和弱卸荷变形带内的仪器已无明显的反应，而应力调整带内仍有微小量的变形进行。这一现象说明，岩体卸荷是一个随着开挖（河谷下切）逐步发生又不断完成的过程。

3）在三峡工程坝区古老坚硬块状的花岗岩体中，岩体卸荷变形的完成过程是比较快的。开挖结束后，边坡直立墙顶部的变形量已占到总变形量的85%～90%，亦即绝大部分的卸荷回弹变形在开挖期都已完成，开挖结束后的期后变形只占到很小的一部分。

4）观测还发现，距离边坡坡面愈近的测点其稳定时间愈早，而离边坡较远的测点变形稳定的时间愈晚，表明边坡深部岩体比表层岩体有明显的变形滞后现象。这是由于边坡开挖后，其应力调整由坡面向山体内有一个逐步发展的过程，相应的岩体变形也有一个滞后的适应过程。

这些观测成果提供的是人工开挖边坡卸荷变形的某些规律，无法与河谷下切的复杂自然过程相比，但所提供的现象仍对我们认识河谷边坡卸荷带有所启发。

（2）修编的《水利水电工程地质勘察规范》（GB 50487—2008）文本中的有关论述。修编的《水利水电工程地质勘察规范》将岩体卸荷研究纳入附录中。在编写过程中，曾对15座大坝边坡岩体的卸荷现象进行了调查分析，得出了一些基本认识。

岩体卸荷带可划分为正常卸荷松弛和异常卸荷松弛两种类型。其中，正常卸荷松弛类型的卸荷带可分为强卸荷和弱卸荷两个亚带；异常卸荷松弛类型目前仅定义为深卸荷带。研究表明，浅表部岩体的正常卸荷现象是普遍的；深部卸荷带的发育是特定的，多产生于地壳强烈抬升高陡岸坡区和高地应力环境。随着岸坡应力调整，沿既有构造结构面开裂，而使高地应力得以释放，即所谓"两高（高地应力、高陡斜坡）一深（深卸荷）"。

从重力坝对坝基岩体完整性的要求出发，一般情况下，强卸荷带是需要挖除的，弱卸荷带可以保留，但需要加强固结灌浆。深卸荷需视其分布位置与坝基应力扩散范围的关系决定处理与否，但一般应考虑防渗措施。

3. 关于软弱夹层（层间剪切带）的力学参数取值

软弱夹层（层间剪切带）力学参数的讨论主要是抗剪强度参数的取值，这是一个在实际工作中经常引发争论的问题。它的难度在于：软弱夹层（层间剪切带）的物质构成复杂，性状变化大；抗剪强度室内试验难以反映现场实际情况，成果仅有参考意义；现场大型试验数量有限，无法进行严格意义上的数理统计；而在设计计算中，软弱夹层（层间剪切带）的抗剪强度又是一个十分敏感的参数，还存在长期强度和渗透破坏等特殊问题，因此参数的选择就显得十分慎重和复杂。本节仅就经常遇到的几个实际问题进行讨论。

（1）研究并确定软弱夹层的地质成因及物质组成，特别是要确定软弱夹层是否是层间错动的产物（层间剪切带）及其受构造错动的强度；软弱夹层的颗粒组成、矿物成分，特别是黏土矿物成分、化学成分、结构构造（包括显微结构）等。这些是决定软弱夹层力学性质的物质基础。

（2）关于软弱夹层的分类。从工程地质的角度，软弱夹层有众多的分类方法，就研究夹层的工程性质而言，以下分类是最实用也是目前最通用的，即将夹层分为破碎型夹层（碎屑碎块型夹层）、碎块（碎屑）夹泥型、泥夹碎块（碎屑）型、纯泥型（泥化夹层）四种类型。当然有的情况下，也可简化为 3 种。有一种情况没有包括在分类中，即软弱夹层的松软（散）物质与上下围岩的接触界面为构造错动的摩擦镜面时，这一镜面常常是控制软弱夹层抗剪强度的弱面，是需要特别引起重视并通过试验取得相应的抗剪强度参数，同时还需要考虑镜面的延伸长度及范围。

（3）关于软弱夹层的抗剪强度取值。《水利水电工程地质勘察规范》（GB 50287—99）规定取屈服强度，当从试验曲线上判断屈服点有困难时，用残余强度也是可以的，因为两者在数值上相差不大，而后者从试验曲线上更易于判别。在软弱夹层研究的早期，有学者曾十分强调软弱夹层长期强度的研究。多年的实践表明，因软弱夹层的长期强度与屈服强度或残余强度相近，除特殊的数学模型分析有必要提供此项参数外，多数情况下不需要专门进行这项试验研究。

（4）软弱夹层取值的另一难点在于试验成果的整理。软弱夹层的室内试验包括原状样和重塑样，不论用什么数理方法统计，其成果都只有参考价值；而中型剪（15cm×15cm～30cm×30cm）（长×宽）和大型现场试验，由于取样和试验十分困难，很少有工程针对某一个或某一类夹层的大型现场试验数量能够达到严格意义上数理统计的需要。因此，简单的数学处理（如算术平均、小值平均或直接取小值）就成为常用的方法。通常是这几种方法都进行统计，最终视夹层的性状及其变化、试件的代表性、力学参数的敏感性等综合确定。

（5）类比仍然是软弱夹层取值的重要参考手段。类比必须要有足够的基础资料，包括夹层的类型、物质组成，尤其是粗颗粒含量、黏粒（胶粒）含量，黏土矿物成分、化学性质（包括化学成分、阳离子交换量、SiO_2/R_3O_2、活性指数、比表面积等），结构构造（包括显微结构）等。在这些基本性质相近的情况下，类比其他工程所采用的参数仍是有借鉴价值的。

4. 关于"硬、脆、碎"岩体的质量评价

"硬、脆、碎"岩体是指岩体具有很高的抗压强度，一般在 120MPa 以上，但岩体变形模量却很低，一般不高于 5GPa，即所谓的"高强度，低弹模"类型的岩体。其特点是岩体裂隙和微裂隙发育，岩体在未受扰动的原位条件下处于密实状态，一旦基础开挖，围压应力解除，岩体解体松动，表现出完整性很差，而且即使加深开挖，岩体的完整性也得不到明显的改善。这种特征的岩体主要是石英岩、石英砂岩、石英斑岩及其他 SiO_2 含量高的岩类。这种现象在国内建坝的过程中早有发现，最有代表性的是位于洛河上的故县水库。该水库大坝为混凝土重力坝，坝高 125m，坝基岩体主要为石英斑岩，岩石饱和抗压强度 120～150MPa，但岩体中裂隙特别是隐微裂隙发育，现场试验岩体变形模量多为 3～6GPa，坝基开挖后岩体破碎。为求得较完整的岩体，加深开挖至 10m，局部开挖更深，但岩体完整性一直没有明显好转，只好停止下挖，建基面弹性波速仅有 3500～4000m/s。最近的实例为湖南澧水皂市水利枢纽。大坝为碾压式混凝土重力坝，最大坝高 88m，坝基岩体为泥盆系薄至中厚层石英砂岩。岩石饱和抗压强度为 120～180MPa，岩体变形模量多在 4～6GPa，最低 2.2GPa，最高 7.4GPa。坝基开挖后的岩体特点与故县水库相似。总结故县水库的经验，确定坝基开挖不以岩体完整性和声波波速为准，而是以岩体裂隙的风化程度和充填情况为主要标准。即岩块间镶嵌较紧密，裂隙面较新鲜，基本没有泥质充填即可作为建基岩体，所测得的建基面的声波 v_p 值仅为 3300～3600m/s。对于这类岩体，经验表明，想依靠加大开挖来寻求完整的岩体难于做到，也是不必要的。对于重力坝坝型，皂市工程总结出来的几条确定建基岩体质量的标准是可以借鉴的。同时要有针对性地制定合理的施工方法并加强固结灌浆。

5. 关于重力坝坝肩高处利用岩体的质量标准

重力坝是靠自身的重量所产生的抗滑力抵抗上游水推力而求得稳定，并且是分块稳定的。随着两岸坝肩高程的升高，坝的高度逐渐降低，作用在坝体上的作用力逐渐减小，因此，随着岸坡坝段坝高逐渐降低，坝基利用岩体的标准也应有所放松。这一想法从理论上是成立的，但并没有具体标准可遵循。现有的工程地质勘察规范对此没有相应的规定，《混凝土重力坝设计规范》（DL 5108—1999）只作了"两岸地形较高部位的坝段，可适当放宽"的定性论述。在考虑这一问题是时，需顾及以下几个方面：①重力坝虽然是分块稳定的，但不能说各坝块间没有任何的联系和影响，尤其是岸坡坝段，各坝段间的侧向作用力还是不能忽视的；②地基岩体相互间也是有联系的整体，应力是相互传递、不断调整的。地表水的侵蚀、地下水的活动、岩体性质的长期变化等都难以定量预测，因此大坝对地基的要求不能仅以大坝对坝基的作用力为衡量标准。坝肩上部岩体的质量要求虽然可以较下部、底部适当降低，但是难以确定具体标准，视当地的地形地质条件和建筑物的具体设计要求而定。特别需要指出的是，在强烈地震作用下混凝土重力坝的破坏，包括坝肩岩体的破坏，主要发生在坝的上部和顶部，在这种情况下，坝肩高处的岩体质量必须满足抗震安全的要求。

（二）关于勘察工作布置的几个问题讨论

重力坝坝基勘察工作布置的一般原则，在有关水利水电的勘察技术规范和相关规程中都有明确的规定，按照规程规范的要求布置工程地质勘察工作，可以保证在一般情况下的勘察成果质量。由于地形地质条件的千差万别，规程规范中不可能都有针对性地做出具体规定。抓住关键地质问题，采用正确的勘察手段，因地制宜地布置勘察工作是最基本的指导原则。这里仅就一些常有争议的勘察方法和技术思路做些讨论。

1. 关于勘探工作量

有关坝址勘探工作量多少为宜的争论由来已久。总的结论是我国大坝的勘探工作量远大于国外，勘察周期也远长于国外。前些年曾有人统计，以勘探指数 [勘探工程进尺/（坝长×坝高）] 衡量，在同类岩石地区，国内勘探指数平均比国外高出 33%～75%。对这一情况要历史、客观地进行分析。这一情况在 20 世纪 80 年代以前确实存在，它是由多种原因造成的。除了经验、水平的因素外，我们的管理体制也是造成这一现象的重要原因。以三峡工程为例，从 20 世纪 50 年代开始，至 90 年代中期单项技术设计结束为止，仅钻孔进尺总量估计在 30 万 m 左右。但是具体分析，三峡工程的钻探总量是在近半个世纪，在 2 个坝区、15 个坝段范围内分布的，其中有 3 个坝址勘探工作深度达到或接近初步设计。现在开工建设的三斗坪上坝址，仅永久船闸的轴线就大范围移动过三次，而永久船闸主体建筑物的长度分别在 1000～1600m 间，全强风化带的厚度一般都在 20m 以上，每一个比较方案都需要花大量钻探工作才能满足设计的需求；由于工程勘测设计研究的时间跨度很长，20 世纪 50 年代所打的钻孔，因为技术方法和技术标准的改进，有许多都只有参考价值，而不得不重新补打钻孔。尽管有这许多的主客观原因，到初步设计报告提出时（1992年12月），真正有效的勘探工作量，按现在大坝轴线上游100m、下游150m范围内实际的勘探数量统计，勘探指数也仅为0.10，居国内外同类岩石地区的低水平；坝轴线上的钻孔间距平均50m，最小间距20m，与其他工程基本雷同。因此，关于勘察工作量多少的评价，不宜简单地用勘探工作的数量或前述勘探指数来衡量，要作具体分析。真正影响勘察工作量的关键是坝址选择或设计方案有大的变动。由于实行项目业主负责制和勘测设计工作招标投标制，拼勘察工作量的现象现在已基本不会再发生。需要注意的另一种倾向是，在市场竞争激烈的情况下，不恰当地压缩勘探工作量，缩短勘察周期的现象已时有发生，应引起高度重视。

2. 勘探坑孔密度

有关勘察规范对不同勘察阶段的坑孔密度都作了规定，这应视为是一个平均间距，是为保证勘察成果质量做出的基本规定。分析统计国内已建和在建的10余座高混凝土重力坝坝轴线上的钻孔密度，平均孔距大体上在20～40m之间。实际上，对地质条件较简单的宽河谷和对高山深谷的峡谷河段，规范所规定的间距都有适当放宽和缩小的可能，这是无法具体规定的。对一些特殊重要的地质问题，加密钻孔到很小的间距也是必需的。如三峡工程为查明河床基岩深槽的形态以满足确定防渗墙施工方案的需要，为查清左厂1～5号机组坝段地基岩体缓倾角结构面所采用的特殊勘探；武都水利枢纽为准确查明坝基下缓倾角结构面的连续性及性状，钻孔间距都加密到10～20m左右。可见，关于钻孔密度，总的原则是以查明地质问题为标准。国外对地质问题要求查明的详尽程度比国内低，许多地质问题在施工中暴露出来后，由承包商自行解决。但是根据我国的实际情况和现行的管理体制，对设计方案和工程安全有重大影响的问题，在前期勘察阶段是必须查清楚的。

3. 关于控制性勘探坑孔

以往的勘察规范中没有对控制性勘探孔作明确规定。但在实际工作中，习惯上在河床地段都会布置一定的控制性钻孔。在高坝集中兴建于中西部高山峡谷地区的条件下，布置控制性深平洞也是必要的。控制性深孔和平洞通常不是针对某一特定的地质问题布置的，它只是防止遗漏某些隐伏的或预见不到的重大地质问题而采取的。诸如深埋的透水带、深岩溶、深卸荷带、隐伏断裂，深埋松动岩体，地应力切换带等，这些问题近些年来在不同的工程中都曾经遇到过。对位于深切峡谷地区、岩溶发育的地区、断裂构造发育的地区、高地应力区、强卸荷和高陡边坡地区，河床和两岸坝肩布设一定的控制性钻孔和平洞是十分必要的。控制性钻孔和平洞的深度一般较大，技术要求内容比较全面，并尽可能使用多种方法进行岩体工程特性的综合测试。

4. 合理选用勘察手段

影响勘察工作量多少和勘察成果质量好坏的关键因素是勘察手段运用是否得当。针对所研究地质问题的特点选用恰当的勘察手段，充分应用新技术方法无疑是其中的重要环节，这不仅是为了减少勘探工作量，更重要的是提高勘察工作的质量。有关勘察新技术方法的评述将在下一节中作重点讨论，本节着重讨论常规勘察方法使用中值得注意的一些问题。

（1）正确使用工程物探方法和对待物探成果。根据目前对待物探方法存在的问题，提出以下建议：在勘察工作的初期阶段，充分发挥物探的先导作用，进入初步设计阶段以后，在局部问题上有选择地使用物探方法。要提供物探解译必需的勘探资料，地质人员要参与物探成果解译；要注意捕捉物探提供的异常信息进行分析验证，对异常信息不可轻易置之不顾。

（2）合理配置钻孔与平洞，充分发挥各自的优势。一般情况下，地形较平缓的宽河谷地区，多以钻孔为主；陡峻的峡谷区，则多以平洞为主。值得提出的是，地形条件和勘探工程施工的难易，不应作为选用这两种主要勘探手段的出发点。很多情况下，依靠某一种方法所得到的资料和认识是片面的和错误的。例如，在石灰岩地区，依靠钻孔发现和追索岩溶洞穴，确定开挖层或剥离层（人工骨料场）的厚度效果是不理想的，有时甚至会做出错误的结论；对卸荷带和高陡边坡稳定性的研究只能或主要依靠平洞；对大型滑坡的研究，实践证明，必须是钻孔和平洞（竖井）的结合；对产状近水平的地质体和水文地质规律的研究，则主要依靠钻孔，必要时布置大口径钻孔或竖井等。

（3）关于过河平洞。过河（江）的河底平洞是在河床地质条件复杂，特别是可能存在大的顺河断层的情况下所采用的一种极端的勘察方法。据统计，国内曾经采用过河平洞的坝址共 14 座。绝大多数都是 20 世纪 70 年代以前实施的。近 20 年来采用过这种勘探方法的有黄河大柳树水利枢纽、红水河龙滩水电站、金沙江溪洛渡水电站和向家坝水电站 4 个工程。从现有的工程经验和勘探技术水平出发，过河（江）平洞这一勘探方法已很少采用了。原因是：①现有的钻探技术和物探技术已可探明河床有无大的断裂构造，如雅砻江官地水电站就是采用两岸向河床交汇斜孔，查明重力坝坝基无顺河断层分布；②新建的工程多位于峡谷河段，河面狭窄，根据两岸的地质条件，容易判断河床的地质情况；③对岩体中断裂构造的工程处理措施已很成熟，即使漏掉大的断裂，尤其是陡倾角的断层，基坑开挖揭露后可以适时提出处理措施。

（三）若干先进勘察技术方法简介

以下仅就近些年来应用效果较好的一些勘察技术方法作简要推介。

1. 观测、监测手段的应用

在以往的工程地质勘察工作中，除了部分与水文地质有关的观测项目开始得较早外，其他的观测、监测项目，尤其是岩土体位移、变形的监测，通常都是在工程实施和运行阶段才开始着手进行，且项目很局限。实践证明，充分应用观测、监测手段，对一些复杂、敏感的问题尽早进行监测，是深刻揭示这些问题的性质、认识其变化规律和判断发展趋势十分有效的方法。国外的经验，如一些大型滑坡，从开始勘察时就埋设监测设备，监测其变形，确定其变形的性质、变形量、发展趋势及因应对策。最典型的如位于加拿大哥伦比亚河上的唐尼（Dawnie）滑坡，体积达 9 亿 m^3。该滑坡不仅体积大，而且位于两大坝之间，距上下游的两座大坝均为 60 余 km。滑坡一旦失稳，对两坝都是致命的威胁。从 20 世纪 50 年代一开始进点勘测，就设立变形监测的装置，对滑坡的变形性质、范围、速率、影响变形的因素都掌握得很清楚，从而制定了经济可行的处理措施（由于滑坡规模太大，不可能采用任何岩土工程治理措施，只是采用排水和变形监测两种措施，并根据监测成果，及时调整排水设计）。两坝运行 20 多年来，滑坡一直处于有效的监控之中，保证了两坝运行的安全。金沙江乌东德水电站坝址下游金坪子斜坡，早期的勘察曾提出该处为一体积达 6 亿 m^3 的巨型滑坡体，这一认识是否正确，关系到这个坝址乃至这个梯级能否成立。经验证明，对这样的巨型滑坡体，仅靠一般的勘测工作，要想在短时间内做出结论，取得共识是很困难的。所以从勘测工作进点伊始，就根据详细踏勘的成果，分区在地表和首批钻孔中进行变形监测，并随着勘探工作的深入不断完善。勘察结果证明，这个大斜坡是由成因，变形特点和稳定性完全不同的 4 个区构成的。这个结论之所以能在一年的时间内做出来，而且得到专业人员的一致认同，监测资料是一个有重要说服力的方面。三峡工程坝址外围的几条地区性断层，对其活动性一直存在很大争议，长期受到关注。由于从 20 世纪 50 年代起就建立微震监测台网，70 年代又在几条主要断裂带上建立了形变监测网点。40 余年的测震资料和 10 余年的变形监测成果，对论证三峡工程的地震危险性和几条断层的活动性提供了最能够令人信服的依据。隔河岩水电站导流洞出口段的边坡，由于较早就设立了变形监测点，从而做到了边坡失稳的实时预报，保证了施工的安全。目前，许多大型工程对一些重大地质问题都根据情况建立了重点的监测，如：坝址区的可疑活动断层（小湾水电站的 F_7，预可研开始）；坝肩高边坡（构皮滩水电站，施工开始）；岩体开挖卸荷变形（三峡工程永久船闸高边坡，施工开始前延续至运行）；岩溶渗漏（如隔河岩、江口、万家寨等水库，从勘察阶段延续至运行一定时期）；水库诱发地震（三峡、二滩等水电站，水库蓄水前数年至数十年开始监测）等，都适时建立了观测监测手段，并据此取得了重要的资料，做出了正确的工程地质结论。在工程地质勘察研究工作中，充分应用观测监测技术，对一些关键、敏感的、影响因素众多、不易准确定性，以及随时间发展变化显著的地质现象，适时（或尽早）的应用观测监测方法取得研究对象的动态变化（变形）资料，是大坝工程地质勘察技术的重大发展。

2. 遥感应用技术（略）

3. 地球物理勘探（略）

4. 钻探（略）

（四）计算机技术应用（略）

汶川大地震后水坝建设中若干问题的思考

汶川"5·12"大地震带给人们很多的启示和思考，尤其是水坝建设如何应对这种突发的毁灭性灾害，广被关注。任何一座水坝的毁坏，本身的经济损失自不必说，令下游地区造成灾难性后果更为突出。

从多年从事水利水电工程地质勘察研究的认知出发，有以下一些思考。

一、大地震风险的预判和规避

（1）强震和大震的发生是有一定分布规律的，都是发生在特定的大地构造部位，如现代大地壳板块的结合部，新造山带内部及其边缘，新构造运动差异性活动强烈，以及强烈活动的断裂带及其可能影响的地区等。就中国境内而言，十分明显的强地震带有：中国东部沿郯卢大断裂的地震带，太行山山前地震带，汾河、渭河地堑地震带，贺兰山—六盘山地震带，这次产生汶川大地震的龙门山断裂带，再向西的安宁河、小江、鲜水河等现代强活动断裂形成的强地震带，喜马拉雅山、喀喇昆仑山、天山等新造山带内部及边缘的大断裂带等。这些建立在丰富历史地震资料和大地构造研究成果基础上的地震区划指出了哪些地区（段）是可能发生强震、大震的，哪些地区则是地震活动较弱的。从这个意义上说，哪些地区修建水利水电工程，尤其是水坝工程，地震风险性较大，事先是可以做出判断的。因此在水坝建设中，首先设法避开强震带是规避地震风险最有效方法。即使是在当前大型水坝建设集中、地震活动强烈的西部地区，只要认真对待，做到这一点也是有可能的。而要做好这一点，一个正确的，包括全面了解和深入认识流域地质条件指导下做出的流域规划是具有决定意义的。汶川大地震发生后，从地震安全性的角度全面评估原有的流域综合规划和水电专业规划，已是一项刻不容缓的任务。那种不顾客观条件，水利水电开发必需梯级衔接，1m水头都不应丢失的规划思想必须加以改变。

（2）汶川大地震意外地发生在龙门山断裂带中被定为基本烈度只有Ⅶ度（50年超越概率10%的地震动参数0.1g）的地区，反映出问题的另一面，即人类对地震发生规律认识的严重不足，不确定的一面。总结多年水利水电工程地震危险性分析工作的实践，结合这次汶川大地震的经验教训，当前在大坝地震危险性评定工作中，有几个问题一直在困扰着我们：

1）基本烈度较低的地区，无论采用多么小的概率水平，设计抗震峰值加速度都不可能很高。一种情况如三峡工程，地震基本烈度为Ⅵ度，50年超越概率10%的基岩水平峰

原载于《工程地质学报》2009年第3期。

值加速度 $0.05g$，大坝抗震设计即使采用百年超越概率 1％的水平，基岩水平峰值加速度也仅 $0.122g$；另一种情况如紫坪铺水库，坝址区基本烈度定为 Ⅶ 度，50 年超越概率 10％的基岩水平值加速度 $0.12g$，设计按规定采用百年超越概率 2％的概率水平进行抗震设防，基岩水平峰值加速度也只有 $0.26g$，与这次地震实测到的加速度值最高达 $1.77g$ 的实际情况相去甚远。

2）同一个活动断裂带（或强地震带）的不同区段，如果历史地震反映出的地震活动水平有差别，所确定的地震基本烈度也就会有差别甚至是很大的差别。如在《中国地震动参数区划图》（GB 18306—2001）上，这次发生汶川大地震的龙门山断裂带北部的武都、文县一带，50 年超越概率 10％的地震动参数为 $0.3g$，至平武、茂县一带降为 $0.15g$，至汶川则仅为 $0.10g$。这样的情况在每个活动断裂带及相应的地震基本烈度划分上都存在。如安宁河—则木河—小江断裂带，其南段和北段地震动参数多为（$0.3\sim0.4$）g，而中段金沙江一带则只有（$0.15\sim0.2$）g。对于一个强地震带中地震活动较弱的地段，可以有两种完全不同的分析（或称为判断）。一种观点认为，同一活动断裂带各部分的活动性是不同的，地震活动弱的区段，表明断裂的活动性也相对较弱，是对工程建设安全有利的区段；另一种观点则认为，这种地段是一个能量未得到释放，正在积累的地区，未来发生大震的可能性更大，是一个更值得重视的地区。胡聿贤主编的《地震安全性评价技术教程》中就提到"大地震往往在历史上没有记载到大震的新区发生，这给地震危险性评定工作带来很大的难度"。两种截然相反的观点也许都有正确的一面，但如何判别则是见仁见智，不同的分析会带来完全不同的结果，对大坝的抗震安全性影响极大。

3）大地震在同一断裂带或同一地区重复发生的概率也是地震危险性评价中难于把握的一个问题。有学者在汶川大地震后预测，由于地壳内应力得到充分的释放，几百年内甚至上千年汶川不会再发生大地震。从理论上讲这种判断不无道理，但实际情况要复杂得多。例如，根据历史地震记载，中国最活跃的地震断层——鲜水河断裂从炉霍至康定段，263 年（1725—1988）中沿断裂带反复迁移发生不小于 5 级的地震不下 36 次，其中震中烈度Ⅸ度和Ⅸ度以上的（$M\geqslant6.75$ 级）高达 12 次，平均 22 年就发生一次。位于断裂带内的炉霍县及其附近地区，从 1747—1973 年的 226 年间，竟发生Ⅸ度及Ⅸ度以上的地震6 次（$M\geqslant6.75$ 级），平均 38 年一次，最大震级 7.6 级。其中 1923—1973 年的 50 年间，连续发生Ⅸ度以上地震 3 次（1923 年，1967 年，1973 年），有两次震中烈度都在 Ⅹ 度（震级分别为 7.3 和 7.6）。世界最著名的美国西海岸加州境内的圣安德列斯断层也是美国频繁发生大震的地震断层。自 1906 年旧金山发生 8.3 级大地震后至今 100 年期间，沿这条断裂带已发生多次 $M\geqslant5$ 级的地震，旧金山地区 1989 年又发生 6.9 级强震，与上次大震相距仅 83 年。《地震安全性评价技术教程》一书中指出目前采用的概率方法存在的问题：①地震空间分布的不均匀性考虑不够；②没有反映时间的非平稳过程；③不能反映特征性地震的规律性；④对大地震发生的新生性估价不够。

（3）从上述一方面一定程度可知，另一方面又无法确知的现实出发，为规避水利水电建设特别是大坝建设中的大地震风险，《水利水电工程地质勘察规范》（GB 50287）规定："（大型水利水电工程）坝址不宜选在震级为 6.5 级及以上的震中区或地震基本烈度为Ⅸ度以上的强震区"的规定基本合适，但建议做适当修改。①将上述条款的适用范围扩大至中型工程；②增加一个约束条件：当坝址及邻近地区地形地质条件复杂，特别是岩体和山体稳定性较差时，上述规定中的"不宜"，建议改为"则不应规划为大中型水利水电枢纽工程的场址"。因为在这种情况下，对大坝安全的威胁也许不在建筑物本身，而在地基稳定和相邻的山体稳定。现在基本烈度定为Ⅷ度的地区（50年超越概率10％的基岩水平峰值加速度不小于0.2）基本都是强震带的外延；有些基本烈度Ⅶ度的地区，也明显处于强活动断裂带影响范围，只是由于前述的原因划为Ⅷ度范围。这两种情况下的水坝工程，对地震的危险性亦应持慎重态度。需要认真客观地分析，较低的烈度是地震地质条件差异的客观反映，还是人们认识的局限所造成的。目前在建、拟建和规划的大型水坝中，有几个工程的地震地质环境十分复杂，需要特别予以关注。如金沙江白鹤滩水电站，位于安宁河—则木河—小江断裂带的中段附近，虽为同一活动构造带，但其地震基本烈度远较南北两侧为低；而这一带大型崩塌、滑坡、泥石流为全国之最，金沙江几次因大型滑坡（老君滩、石膏地）被堵都发生在这一江段。大渡河大岗山水电站位于强震区，距强活动断裂带——磨西断裂仅4.5km。基本烈度虽定为Ⅷ度，但百年超越概率2％的基岩峰值加速度高达0.542～0.573，是当前国内外采用的最高的抗震设计值；规划中的虎跳峡龙蟠大坝坝址正好位于一大型活动断裂——龙蟠—乔后断裂带上，也是强震的高发区。基本烈度虽定为Ⅷ度，但抗震设计基岩峰值加速度为0.428～0.435，居国内大坝抗震设计地震系数的第二位。上述3座大坝的基本烈度值及设计采用的地震动参数都是汶川大地震之前的数值，根据国家主管部门的要求，所有大型水利水电工程的抗震标准和抗震设计都要重新进行一次复核。笔者认为，这些工程在没有足够论证和充分把握的情况下，对建坝应持十分谨慎的态度。美国加州著名的奥本坝，原已开工建设，后在反对质疑声中几近夭折，最终不得不改变筑坝地点及坝型。关键原因是该坝距圣安德列斯断层太近，人们对大坝的地震安全性抱有疑虑。

二、强震区大坝地质环境评价的几点思考

世界上至今还没有因地震造成大坝全部或大部毁坏的记载，即使像这次的汶川大地震的作用下，各类坝型，各种规模的水坝，虽有不同程度的损坏，但没有毁坝的情况发生，说明大坝的抗地震能力是很强的，原因也是多方面的，需要作具体的分析，不能因此得出结论，即使按照现行的标准，水坝也不怕地震。从这次汶川大地震实际震害的分析中，对今后水坝工程地质勘察得到以下几点启示。

（1）强震条件下对大坝安全最大的威胁也许不在大坝本身，而是大坝和坝址附近的岩体稳定和山体稳定性。美国帕科依马拱坝就是一例。该坝在6.6级地震作用下，坝体本身基本完好，但左岸重力墩的地基沿一条中倾角结构面发生了滑移，水平方向位移量0.25m，导致重力墩与坝体连接处产生裂缝。幸亏位移量不大，否则，如果重力墩毁坏，整个大坝也将溃决（图1）。大坝是人工构筑物，在各种条件下的应力、变形、破坏是可以认识得比较清楚和易于采取对策的，包括采用比较保守的抗震设计；而地质体则是多相、非均一、各向异性的复杂介质，将它的每个薄弱环节，特别是岩体深部和坝肩高处的控制性结构面都查清楚并制定出合理可行的抗震加固措施是很困难的。至于整个山体发生位移，那几乎是无法抗拒的。这也是为什么在强震区不宜建坝，特别是建高坝的主要考

虑。在强震区建坝的安全性评估时，不应仅着眼于大坝本身，更应注意它的地质环境条件，特别是处于强震区高山深谷中的大坝，遭遇地震次生灾害危及的风险大大增加。工程地质勘察和建坝地质条件评价中，坝肩岩体和高处山体在强震作用下的稳定性研究要给予特别的关注。

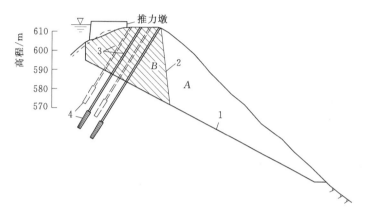

图 1　拱坝推力墩地基下游岩体结构面构成的楔体滑移
（引自朱伯芳著《拱坝设计研究》）
1—破裂面1；2—破裂面2；3—锚索；4—锚固段

除大坝本身的安全外，对工程安全有直接影响的其他建筑物，如溢洪道、泄洪洞、放空洞等在地震条件下的安全性，特别是进出口边坡的稳定性也应和大坝一样给予重视。

（2）近坝库区的山体和岸坡稳定对大坝的安全当然也至关重要，但像汶川大地震这样普遍引起大量山体滑坡的情形是由于这一带河谷地质结构太差的缘故。岩体经受过强烈构造运动，断裂发育，大面积岩质松软，岩体破碎，风化剧烈，加之人类活动和植被破坏严重，才会大范围形成山体崩塌滑坡，类似的条件在小江流域，澜沧江、大渡河及金沙江的某些河段也存在，遇到这样的情况，近坝库区的山体和岸坡在强（大）地震条件下的稳定性及其对大坝安全的影响就需高度重视，但不是每个地区强震条件下都会引起如此严重的岸坡失稳和山体滑移。

（3）一个地区大地震的重现期是无法做出准确预测的，可能从几十年到几百年。但水坝，尤其是大型、特大型水电站的寿命也是无法科学给定的。尽管现在有很多说法如大坝的寿命 50 年或 100 年等，这种寿命的评判只是从效益和功能两方面考虑的。但到了 100 年后这座大坝怎么办？不管它的作用（效益）发生了什么变化，只要大坝还在那里，仍然有水存在，对下游人民生命财产的安全就是一个威胁。因此在强震区，不能由于大震发生频率低，重现期长而对大坝的抗震安全存有侥幸心理。

三、关于水库诱发地震

汶川大地震发生后有一种说法认为是因为修建了紫坪铺水库，由水库诱发地震引起的，这种说法是对水库诱发地震的基本特点和规律缺乏认识的牵强之说。

水库诱发地震是一个十分复杂的自然现象，其形成机制和发震条件仍然是一个远未解决的问题。但是经过几十年的不断探索研究，人们对水库诱发地震的活动特点和规律已经有了一些基本的认识，概括起来有以下几点：

（1）空间分布上主要集中在库盆和距离库岸边 3～5km 范围内，少有超过 10km。

（2）主震发震时间和水库蓄水过程密切相关。在水库蓄水早期阶段，地震活动与库水位升降变化有较好的相关性。较强的地震活动高潮多出现在前几个蓄水期的高水位季节，且有一定的滞后，并与水位的增长速率、高水位的持续时间有一定关系。

（3）水库蓄水所引起的岩体内外条件的改变，随着时间的推移，逐步调整而趋于平衡，因而水库诱发地震的频度和强度，随时间的延长呈明显的下降趋势。根据 55 个水库地震的统计，主震在水库蓄水后 1 年内发生的有 37 个，占 67.3%；2～3 年发震的有 12 个，占 21.8%；5 年发震的有 2 个，占 3.6%；5 年以上的有 4 个，占 7.3%。

（4）水库诱发地震的震级绝大部分是微震和弱震。据统计，$M_L \leqslant 4$ 级的水库诱发地震占总数的 70%～80%，震级在 6 级以上（6.1～6.5 级）的强震仅占 3%。

（5）震源深度极浅，绝大部分震源深度在 3～5km 范围，直至近地表。

（6）总体上水库诱发地震产生的概率大约只有工程总数的 0.1%～0.2%，但随着坝高和库容的增大，比例明显增高。中国坝高在 100m 以上的和库容在 100 亿 m^3 以上的高坝大库，发震比例均在 30% 左右。

（7）由于震源较浅，与天然地震相比，具有较高的地震动频率、地面峰值加速度和震中烈度。但极震区范围很小，烈度衰减快。

（8）较强的水库诱发地震有可能超过当地发生过的最大历史地震，也可能会超过当地的地震基本烈度。但多数学者认为，它的强度不会超过一个的地区地震危险性分析中所给定震级上限（M_u），或最大可信地震（MCE）。

从不同的学术观点，水库诱发地震的类型可以有多种划分方案。通过大量震例的分析和工程实践，下列 3 种类型可以包括大部分最常见的水库诱发地震：①构造型；②喀斯特（岩溶）型；③浅表微破裂型。此外，库水抬升淹没废弃矿井造成的矿井破坏、库水抬升导致库岸边坡失稳变形等，也都可能引起浅表部岩体振动成为"地震"，且在很多地区成为常见的一种类型。

上述特点的归纳和类型的划分，虽不足以对水库诱发地震的成因机制做出本质的揭示，但是对于认识它的活动规律和判断它的危害性却有很大的作用。正是由于有了上述的一些基本认识，人们才逐步克服了最初阶段对水库诱发地震的恐惧心理，比较能够恰当地估价它的影响，并采取合理的工程和非工程对策。同时也很好地回答了汶川地震是由于紫坪铺水库诱发而产生的说法。

四、三峡工程水库诱发地震研究的启示

（1）早在 20 世纪 50—60 年代，为了研究三峡工程的区域构造稳定性和地震活动性，集当时国内一流的地质、地理、地震及地球物理学界的专家学者，从区域构造条件和地震活动性两个方面的研究，得出了三峡工程处于大地构造相对稳定的地区，地震活动水平较低，属弱震环境的重要结论，也为水库诱发地震问题的研究奠定了坚实的基础。

（2）从 20 世纪 70 年代起，围绕三峡工程地震地质条件和水库诱发地震问题多次开展了大规模的专题研究，主要研究工作可概括为：①区域地质条件，包括深部地球物理场的研究；②主要断裂活动性的研究；③库首区地质构造和地层岩性的专项研究；④岩溶水文地质调查研究；⑤库区地应力场的研究；⑥小孔径台网强化观测；⑦水库诱发地震震例分析研究；⑧建立工程专用地震监测台网；⑨极近场地震动参数研究；⑩三峡工程水库诱发地震预测方法研究。

（3）三峡工程水库诱发地震的监测。1958 年建立了三峡工程专用地震台网，经过数次更新，于 1996 年改造为模拟无线遥测地震台网，共 8 个台站，连续运行至今，积累了宝贵的第一手资料。

2001 年 10 月建成了新的三峡工程水库诱发地震监测系统，由三大部分组成：①数字遥测地震台网；②地壳形变监测网；③地下水动态监测井网。

专用数字无线遥测地震台网由 24 个高增益遥测子台、1 个台网中心、1 个地震总站和配套设备组成。台网的地震监测能力为：坝址至巫山碚石库段的重点监视区，有效地震监测下限为 $M_L=0.5$ 级，震中定位精度 $1\sim2km$；碚石—奉节库段，有效地震监测下限为 $M_L=1.0\sim1.5$ 级；大震速报能力为：重点监视区内发生 $M_L=2.5$ 级以上的地震，可在 15min 内处理完地震数据，30min 内向有关部门速报地震基本参数。

为了抢在蓄水前尽可能详细地搜集库首区微弱地震活动的本底情况，为水库诱发地震的分析判别积累更多的资料，又在三峡工程围堰合龙前，在坝址至巴东几个重点地段库区两岸 10km 范围内，布设了 15 个人工值守的流动地震观测台，使局部重点地段的监控能力提高到 $M_L=0.0\sim0.2$ 级。

（4）适时的资料分析和趋势预测。三峡工程水库诱发地震监测系统有较完善的管理体制和资料分析制度，明确界定台网中心、施测单位和地震总站的职责；有一套较完整的工作制度，包括震级不小于 2.5 级地震的现场复核，成因分析，较大地震的速报，定期的周报、月报和年报；设有专职的资料分析科技人员及高级专家，定期和不定期的震情分析，及时进行资料整理；业务主管部门与业主间的紧密沟通和交流等，使水库诱发地震的监测成果较好地解释了三峡工程蓄水以来所发生的地震现象，一定程度地掌握了地震活动的规律，很好地为三峡工程的分期蓄水提供了必要的支持。

总体来看，三峡工程蓄水后水库诱发地震的发震地段和强度的预测，与前期分析的结论基本吻合，蓄水位抬高至 175.00m 的过程中及在 175.00m 水位运行条件下，发震地段和可能达到的最大强度，估计也都会保持在前期预测的范围内。通过对蓄水后地震活动状况和特征的分析，不仅检验了前期研究的认识和结论，而且获得了许多新的重要信息，如大量的地震属废弃矿山塌陷型和岩溶型，有明显的地域性；岸坡岩体变形也可以得到震动的记录；震级以微震和极微震为主；构造型水库地震高潮的出现明显滞后于非构造型水库地震；两类地震随时间推移衰减过程都十分明显等。这些资料不仅有助于对三峡工程水库诱发地震的分析预测，也极大地丰富了水库诱发地震问题研究的内容。

五、关于堰塞湖

由岸坡崩塌滑坡或泥石流阻塞河道形成堰塞湖的事例在长江上游地区普遍存在，这是由于这一地区的自然环境（气候、地形、地质）所决定的。1786 年 6 月 1 日发生在泸定县磨西的 7.5 级地震诱发木杠岭（泸定境内）和拦枷锁（汉源境内）两处滑坡堵江（大渡河）。滑坡体积共 4500 万 m³，木杠岭堰塞坝 10 天后溃决，冲毁下游拦枷锁，两股洪水合一，一拥而下"水头高达数十丈……，洪水浩劫，溺居民以万计。叙（宜宾）、泸（州）、渝以下，山材房料拥蔽江面，几同竹篮。至湖北宜昌始平缓"。云南巧家石膏地滑坡发生于 1880 年，滑坡体积约 1.05 亿 m³，为一基岩顺层滑坡。滑坡堵塞金沙江，堵江高度约30m，使江水断流 3 日。滑体越过金沙江，至今在对岸保留滑坡残丘。岷江茂汶叠溪地震滑坡发生于 1933 年 8 月 25 日，当地发生 7.5 级地震引发大规模山体滑坡和崩塌，叠溪古城瞬间全部埋于崩滑碎石体中，死亡 500 余人。震后在叠溪镇附近岷江中形成 3 座高 100余 m 的堰塞坝，最下游一座高出上游两座 60 余 m，致使 3 湖连成一片，蓄水量共达4 亿～5 亿 m³。45 天后，最下游的堰塞坝溃决，水头高达 45m 的大洪水顺岷江奔腾而下，席卷沿岸的村寨田园，至灌县水头还高达 13m，死于水灾者超过 2500 人，但上游的两座堰塞坝（大、小海子）保留至今。雅砻江唐古洞滑坡，发生于 1967 年 6 月 8 日。滑坡体积达 6800 万 m³。由于滑床很陡，大部滑体物质涌入河床，形成堆石坝截断雅砻江。大坝右岸坝高 355m，左岸高 175m，坝长 200m，沿江坝底宽达 3km，库容约 9 亿 m³。6 月 17日 8 时水流漫顶，14 时大坝溃决。坝下游 10km 处水位上涨 48m，流量达 62100m³/s；在距滑坡 300km 的雅砻江与金沙江汇合处，水位还上涨了 14.5m，其影响直到 1300km 外的宜宾市还可见到。由于下游居民适时撤离，所以未造成人员伤亡。

长江上游支流地区，岩崩、大型泥石流堵断江河形成堰塞湖的事例也不胜枚举。如乌江武隆鸡冠岭岩崩，发生于 1994 年 4 月 30 日，崩塌体总量达 530 万 m³，堵塞乌江，断流半小时，乌江断航达 3 个月之久。甘肃武都一带的泥石流多次堵塞白龙江；小江泥石流经常堵断小江。只是这种堰塞坝体积较小，或物质组成细小，堰塞湖保留的时间较短，危害相对较小。在勘察过的许多水利水电工程中，都可以见到古堰塞湖的遗迹，如岷江天龙湖水电站所见厚达 100 余 m 的湖积层；乌东德水电站 10 几万年前金坪子滑坡堵塞金沙江，迫使金沙江改道所遗留的古河道，同时在高处留下的堰塞湖湖积层等。目前长江流域保存完好的堰塞坝较典型的有岷江叠溪大、小海子（1933 年）；湖北咸丰的小南海（1856年）；四川雷波马湖（1216 年）等，它们都是地震滑坡形成的堰塞湖。

堰塞湖（坝）能保留下来的基本条件，王兰生等根据对叠溪堰塞坝的研究，归纳为 3点：①大坝的物质组成和密实度。叠溪堰塞坝的主体是顺层滑移或崩落的坚硬板岩、变质灰岩、大理岩的巨大块石，在高速崩落中块石之间紧密挤压（大海子），或在滑动中受到对岸阻滑的突然制动，滑体物质挤撞压密（小海子），形成了稳定性高，防冲刷能力强的坝体。②有一个规模和形态适宜的天然溢洪道。天然溢洪道不仅要有足够的泄量，而且堰体物质组成在溢洪道扩展过程中能保持堰体的稳定，顺水流向的纵坡不能过陡，以防止泄流对堰体的冲刷。叠溪堰塞坝天然溢洪道由于特殊条件，纵坡坡比为 4%。③叠溪大、小海子坝基及库底都有一层古堰塞湖的沉积物，在坝基和库盆形成天然铺盖，防止渗透水流对坝基土层的渗透破坏。除以上 3 点外，笔者认为还有一个更为重要的条件，即能保留的堰塞坝多在一些小河小溪中。上述 4 处堰塞坝中，大、小海子虽在岷江干流上，但位置已靠近上游源头，水量已不大，其他两座均在小溪流中。几条大江大河中虽见有大量古堰塞湖沉积物的分布，但没有一处堰塞坝保留至今。原因是流量大的河流在堰塞坝尚未稳定，天然溢洪道尚未最终形成前，水流就已漫坝，对堰体和下游高能量的冲刷，使堰塞坝无法长期保留。

这次汶川大地震形成了数量众多、规模不等的堰塞湖，为深入研究和认识堰塞坝的形成条件和稳定性评价提供了一个极好的机会。

六、结语

人类在短时间内是无法对地震做出准确预测预报的，水坝对安全要求可能是仅次于核电站的另一类人工程建筑物，而在我国西部水电资源丰富亟待开发的地区，恰恰又是地震活动较强的地区，正确认识和处理这几者的关系是对地震地质工作者和水利水电建设者智慧的检验。在正确指导思想下做好河流的开发规划，做好工程场地区的地震安全性评价和环境地质条件的调查，做好大坝的抗震设计，提高抗御大震的能力是三个不同层次的有效措施。短视、侥幸和急功近利则是正确认识和处理这一问题的最大思想障碍。

西部地区近 10 年来水坝建设的地质特点综述

自《中国大坝 50 年》出版以来的近 10 余年间，随着国民经济的持续高速度发展和国内能源结构的不断调整，我国的水坝建设出现了前所未有的新局面。不仅大坝的数量急剧增长，其规模也达到了前所未有的高度。据统计，至 2015 年，我国共有坝高超过 100m 的大坝 219 座，其中 2000 年以后开工建设的就有 147 座，占总数的 67%；高度超过 200m 的大坝有 20 座，除二滩大坝于 1998 年第一台机组发电外，其余 19 座均为 2000 年以后开工建设。已建成了世界最高的面板堆石坝（高 232m）和正在建设世界最高的双曲拱坝（坝高 305m）。这些大型水坝绝大多数都建于我国的西部地区，地形、地质条件极其复杂，遇到了许多国内外大坝建设史上从未遇到的新现象，新问题，这就给大坝建设的工程地质勘察提出了前所未有的挑战。其中有代表性且突出的工程地质问题有如下几个方面：

（1）地形条件复杂。西部的几条大江河的主要开发河段（清江上游、乌江、岷江上游、大渡河、金沙江干流、雅砻江、澜沧江、怒江、黄河上游、雅鲁藏布江下游）均为深山峡谷，大坝所在的河谷临江山脊通常相对高差都在数百米以上，有的则高达 1000m（雅砻江锦屏一级），岸坡平均坡度大多在 50° 以上，遍布陡壁和悬崖，且沟谷深切，地形破碎。这种地形除了带来许多复杂的工程地质问题（高边坡、深卸荷、近坝地段的大型物理地质现象等）外，也给工程地质勘察工作带来极大的困难，使勘察工作面临高风险、高投入、长周期的艰难局面。

（2）新构造运动强烈，地震烈度高，断裂活动性问题常成为工程的重大课题。西部地区大部分地段都处于青藏高原强烈隆升控制和影响范围内，新构造差异性活动强烈，活动性断裂和强震带遍布，地震烈度高。坝址的构造稳定性和建筑物的抗震成为工程设计的重大课题。

西部地区的许多大江大河都是沿着或临近区域性断裂或活动性断裂发育，如怒江断裂、澜沧江断裂、金沙江断裂、小江断裂、安宁河断裂、红河断裂等，基本上控制了相关河流的走向。许多大坝近场区都分布有著名的强活动性断裂，如大岗山水电站近场区的摩西断裂，白鹤滩水电站的小江断裂，虎跳峡水电站的龙蟠—乔后断裂，紫坪铺水利枢纽的龙门山断裂，小湾水电站的澜沧江断裂等。已建和在建的许多大坝都在基本烈度 Ⅷ 度区内，抗震设计的基岩峰值加速度高。如大渡河大岗山水电站百年超越概率 2% 条件下的基岩水平峰值加速度高达 0.54g，大于 0.3g 的有小湾、溪洛渡、白鹤滩、锦屏一级、冶勒、拉西瓦、大朝山、长河坝、遮帽、大桥等一大批水电站和水库。区域构造稳定性评价和抗

本文写于 2010 年 6 月。

震安全性是这些工程首先要考虑并得到安全保证的问题。

（3）高地应力。与强烈新构造运动及现代活动构造相联系的是高地应力，在过去30多年中东部地区大坝建设中极少遇到的现象，近几年在西部地区的大坝建设中却常常出现。如果以最大主应力小于10MPa为低地应力，10～15MPa为中等偏低地应力，15～20MPa为中偏高地应力，20～40MPa为高地应力，大于40MPa为极高地应力做标准，西部地区大部分水坝坝址的最大主应力都处于高地应力或极高地应力区，如锦屏一级最大水平主应力达到35MPa，二级达到70MPa；小湾实测最大水平主应力最高为57MPa；拉西瓦29MPa；官地35MPa；二滩60MPa；瀑布沟28MPa；溪洛渡20MPa；乌东德20MPa（以上数值均为坝址区地应力的最大值，有的是河床部位，有的是地下厂房或引水隧洞）。许多工程实例表明，当地应力高于20MPa后，对水工建筑物的设计、施工就会带来不利影响。高地应力对大坝建设最大的危害是对坝基岩体造成严重的损伤。由于坝基开挖卸荷，导致高地应力区岩体内积存的弹性应变能快速释放，岩体回弹松弛，表现为裂隙普遍张开，局部产生错动。有时会出现差异回弹和蠕滑现象。裂隙贯通性增强，岩体透水性增大。较完整岩体表面常出现"葱皮""板裂""岩爆"现象。岩体波速值明显降低，原有的各类地质缺陷会进一步恶化等，这些都对岩体质量，尤其是浅表部岩体质量造成严重损伤。松弛岩体具明显的时效特征，随时间推移松弛现象进一步发展。处理这些损伤会增加许多额外的施工措施，加大工程施工难度。由于应力集中区多位于河床底部，是坝高最大、也是施工难度最大的部位，其影响就更为突出。

（4）坝区和近坝地段的大型地质灾害。由于许多大坝位于新构造运动强烈的深切峡谷中，坝区和近坝地段常常发育大型的崩塌、滑坡、泥石流等地质灾害，给大坝安全造成严重威胁。较典型的工程如索风营右坝头的2号危岩体，水布垭水电站的大岩淌崩滑滑坡体，乌东德坝址下游的金坪子巨型古滑坡体，小湾水电站的凉水井崩塌堆积体，向家坝右岸混凝土系统的马延坡滑坡体，皂市水利枢纽的水阳平滑坡，李家峡导流洞进口滑坡体，亭子口水利枢纽大坝左岸的大圆包滑坡体等。这些大型崩塌滑坡体都是分布在坝址区建筑物影响范围内的地质灾害，近坝库首地段的大型崩塌滑坡体并未包括在上述工程实例中，如瀑布沟水电站库首古危岩体，拉西瓦水电站坝前的果仆坐落体，官地水电站坝前的厚层崩塌堆积体等，则为数更多，也都必须加以治理，成为近些年来大坝建设的一大常见病。

（5）深卸荷。西部地区高陡岸坡岩体卸荷现象普遍较严重，正常卸荷带的厚度普遍比较大，强卸荷带的深度一般都在20m以上，深的可达70m。而更为罕见的是一些工程出现的"深卸荷"。对"深卸荷"的定义是：在正常的卸荷带（通常的强、弱卸荷带）以内，经过一段完整岩体后，还可能出现系列的张性破裂面集中带。其出现的最大深度可离岸坡300余m。最典型的深卸荷现象是锦屏一级左岸的深卸荷。其特点是裂缝张开宽度较大，个别裂缝的宽度达20～30cm。裂缝中未见次生夹泥，往往充有纯净的方解石膜或方解石晶簇；且大多有被再度拉裂的迹象，说明裂缝形成后仍在继续扩展。存在类似深卸荷带的工程尚有大岗山、白鹤滩、溪洛渡等。对这类深卸荷的形成原因目前的认识尚不完全一致。大体有三种看法：①特定高地应力环境条件下，伴随河谷快速下切过程中，坡体卸荷拉裂的产物；②褶皱岩体在构造改造过程中储存较高的应变能，在应变能释放过程中发生层间滑脱错动，由于层间错动导致拉裂，是一种浅生时效结构；③强烈地震作用导致岩体沿已有结构面发生松动，理由是有深裂缝的几个工程都是位于地震烈度高的强震区附近。深卸荷对大坝的影响是破坏了岩体的连续性和完整性，需做必要的工程处理，但由于距岸坡较远，一般影响相对较小。要特别关注的是裂缝与其他结构面的组合是否会构成大型切割块体，以及裂缝是否还在继续变形扩展。

（6）河床深厚覆盖层。通常概念中新构造运动强烈上升地区，河床覆盖层一般都比较薄。但是西部地区的众多工程却遇到了河床覆盖层深厚带来的困扰。在一些特定的河段或地区，河床覆盖层厚达数十米、百余米，甚至数百米。概略统计，近些年开工建设或规划梯级的大坝坝址，河床覆盖层厚度大于 60m 的超过 50 余座。目前已知长江上游干支流河床覆盖层厚度大于 60m 的坝址总数在 35 个左右，仅大渡河中游，从铜街子以上，连续有 15 个梯级，河床覆盖层厚度都在 60m 以上，最厚的泸定坝址，覆盖层厚 149m。全国已勘探发现河床覆盖层厚度在 400m 以上的坝址有大渡河支流南垭河上的冶勒，西藏拉萨河上的旁多。厚度大于 200m 的有金沙江石鼓河段的几个坝址。已建和在建的河床覆盖层厚度大于 100m 的大坝有西藏旁多（正在施工）、新疆下坂地和南垭河冶勒。前二者均为面板堆石坝，后者为心墙土石坝。旁多的坝体防渗采用 150m 深的悬挂式混凝土防渗墙，后二者均是上墙下幕的防渗结构，冶勒也同样是悬挂式，但帷幕下端接相对不透水的细粒土层。河床深厚覆盖层所带来的工程地质问题，对当地材料坝坝型，主要坝基及围堰堰基的变形、稳定和防渗；对混凝土坝坝型主要是深基坑开挖，深基坑边坡稳定，围堰堰基变形、稳定和防渗。当河床覆盖层性质复杂，地层物理力学性质和渗透性差别很大时，不论哪种坝型，深厚覆盖层都会给设计、施工带来很大困难。

在西部新构造运动以上升为主体背景条件下深厚河床覆盖层的形成具有复杂的成因，概括起来，断陷湖盆基础上后期演变为河谷的部分，河床覆盖层厚度会十分巨大，如前述南垭河冶勒坝址河谷，金沙江石鼓盆地河谷等；冰川活动和后期冰缘、冰水堆积叠加河流沉积的河段，也会有很厚的河床覆盖层，西藏旁多水利枢纽及岷江、大渡河的一些坝址的深厚覆盖层与此有关；冰川冰缘泥石流、沟谷泥石流、坡面泥石流堆积、支流洪积物进入干流的堆积、谷坡崩塌堆积、滑坡堆积以及堰塞湖堆积，都是造成局部河段覆盖层深厚的原因。由于成因类型复杂，覆盖层的物质构成及性质复杂多变也就不足为怪了。

（7）高边坡稳定性。高边坡稳定性是近十年来几乎所有大坝建设中遇到的最普遍而又复杂的工程问题。高陡峡谷河段的高边坡问题包括自然边坡和人工边坡两类。通常大坝坝肩开挖边坡以上的自然边坡仍高达数百米，大坝下游消力塘，其他建筑物如电站进水口、尾水洞出口、导流洞、泄洪洞进出口及溢洪道，都会遇到高边坡问题。由于复杂的地形及地质构造条件，再理想的筑坝河段，都无法避开高边坡带来的问题。如块状结晶岩体河谷及坚硬层状陡倾横向谷地区，大型危岩体常常难以避免；下部开挖边坡对上部自然边坡的扰动也是无法回避的。更不用说那些岩性条件差，河谷结构极不利于边坡稳定的筑坝河段。而这些地区大型崩塌滑坡体、巨厚崩、坡积堆积几乎随处都可遇到，也极大地增加了边坡处理的难度。许多工程的实践表明，即使有些复杂的边坡不在工程区内，它们的存在对进出场交通，附属企业、施工营地等的安全也常常构成威胁，并成为影响工程进展的重要制约因素。

近 10 余年来的工程实践表明，随着勘察技术、分析计算技术、施工及加固处理的发展及经验的积累，只要地质勘察工作到位，给予足够的重视并事前采取必要的处理和加固措施，在西部复杂条件下建坝，高边坡可能带来的危害可以减少到最小的程度。

（8）地质构造对岩体的严重破坏。西部地区是我国受多旋回地质构造作用强烈，特别是印支、燕山和喜马拉雅等中新生代构造运动叠加影响严重的地区，加之岩性复杂，中硬岩和软岩占有很大的比例，强烈构造作用对岩体的破坏往往比较严重，如果坝址选择在这种地区，建坝条件会变得十分复杂。这样的实例近些年来时有出现，较典型的如金沙江最下游的向家坝水电站和涪江的武都水利枢纽。前者是缓倾的层间剪切带和陡倾的强烈挠曲挤压相互叠加构成河床中部大面积的岩体破碎；后者是相向缓倾的两条断层在坝基下相交，构成坝基深层滑移的边界条件。二者都成为勘测设计的重大技术难题。为处理这两个地质缺陷，两个工程都采取了复杂的基础处理措施，不仅大大增加了投资，也严重地影响了工期。

解决这类问题最好的技术措施是避开在这样的地区建坝，正确的选择坝址是解决这类问题的关键。

本文编写中，得到成都院李文纲勘察大师的热心指导和帮助，提供了许多河段和工程的资料，特此致谢。

三峡工程几个重大地质问题的研究与论证

陈德基　　满作武

三峡工程由于其巨大的规模和极端重要的地理位置，地质条件的可靠性一直是工程设计研究和社会各界关注的重点问题之一。焦点集中在坝址选择、区域构造稳定性和地震活动性、库岸稳定性、水库诱发地震等几个问题。第一个问题的研究从20世纪50年代初一直持续到1979年坝址选定才告一段落。后面三个问题是20世纪80年代三峡工程重新论证时地质地震专题的重点论证课题，并一直为人们所关注。文章就以上4个问题的研究过程及主要结论做一简要回顾。

一、三峡工程的坝址选择

对于三峡工程这样巨大的水利工程项目，选择一个地质条件相对优越、水工布置和施工条件都相对有利的坝址具有战略意义。现在所选定的三斗坪坝址，是在长51km的河段内，从2个坝区、15个坝段中，经过大量的勘测设计和试验研究工作，前后历时24年，反复研究比较后确定的。这从一个侧面反映了三峡工程建设决策的严谨与慎重。

20世纪40年代中期，民国政府资源委员会和美国垦务局合作进行扬子江三峡工程计划期间，在三峡出口的南津关至石牌长13km的石灰岩河段内，选择了5个坝址进行研究，进行了中等比例尺的地质调查和少量的钻探，初步勘察后认为Ⅱ号和Ⅲ号坝址较好。

中华人民共和国成立后，1954—1955年，长江委经多次查勘后认为，黄陵背斜核部结晶岩出露的河段（从南沱至庙河）建坝条件优越，决定将三峡工程建设河段的研究范围，从民国政府资源委员会和美国垦务局研究过的峡谷出口河段扩展到上游庙河，总长51km。这一河段的地形地质条件，可分为特征迥然不同的两个坝区：南津关坝区（又称石灰岩坝区）和美人沱坝区（又称结晶岩坝区）。石灰岩坝区上起石牌，下至南津关，长13km，从中选择了5个坝段；结晶岩坝区上起美人沱，下至南沱，长25km，从中选择了10个坝段，对两个坝区15个坝段进行比较（图1），并以南Ⅲ（南津关）和美Ⅷ（三斗坪）两个坝段作为坝区比较的代表性坝段，深入进行勘察。为坝区、坝段比选所进行的地质勘察历时4年（1955—1958年），仅钻探工作量一项，总进尺达53000m。

通过勘察发现，石灰岩坝区的地质缺陷十分明显，工程地质、水文地质条件复杂。同时，对于长江这样的大河，要兼顾防洪、发电、航运等多目标开发，河谷过于狭窄，水工布置和施工条件都极为困难。美人沱坝区为元古界结晶岩分布区（古老的变质岩和侵入的

———————————
原载于《中国工程科学》2011，13（7）。

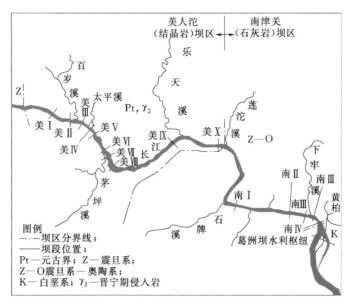

图1　长江三峡水利枢纽坝区坝段位置示意图

花岗岩、花岗闪长岩），地质条件优越，且河谷较开阔，临江地形低缓，便于水工布置，施工条件也较好。因此，从地形、地质、水工布置及施工条件综合比较，结晶岩坝区明显优于石灰岩坝区。在1959年完成的三峡水利枢纽初步设计要点报告中，正式选定了美人沱结晶岩坝区。

结晶岩坝区的10个坝段，构造背景、岩性条件基本相似。10个坝段大体可分两种类型：一类以美Ⅲ太平溪坝段为代表的中等宽河谷；另一类以美Ⅷ三斗坪坝段为代表的宽河谷。经比较，在初设要点报告中，选择了美Ⅷ三斗坪坝段。

从1961年起，出于人防安全和工程防护的需要，又对河谷较窄的石灰岩坝段石牌坝址及美人沱坝段的太平溪坝址（美Ⅲ）进行勘察研究。经过近3年的工作（1961—1963年），石牌坝址大爆破筑坝方案被否定。从1964年起，集中力量在太平溪坝址全面开展勘察设计工作，直至1979年。

太平溪和三斗坪两坝址相距7km，地质条件基本相似，都具备兴建高坝的良好地质条件。所存在的一些差别，不是影响坝址选择的主要因素。但两坝址的地形条件相差较大。太平溪坝址河谷相对较窄，两岸山体完整雄厚，谷坡较陡，适于布置地下厂房，混凝土工程量较小，土石方开挖量大；三斗坪坝址河谷开阔，河床右侧有中堡岛顺江分布，两岸谷坡平缓，地形完整性较差，适于布置坝后式厂房。混凝土工程量较大，土石方开挖量相对较小，施工场地较开阔。国家有关部门多次组织全国性的专家会议讨论，综合多方面的意见，于1979年选定了三斗坪坝址。到坝址选定时，两坝址累计完成的地质勘察工作都十分可观，仅钻探工作量一项，分别达30000m和53000m。

二、区域构造稳定性和地震活动性

三峡工程区域构造稳定性和地震活动性问题，自工程勘察始起，就被放在极其重要的位置进行研究。

区域构造稳定性和地震活动性问题是一个跨学科、多专业、高难度的研究课题。三峡工程对这一问题的研究有两条基本做法：一是采用地质、地理、地貌、地震、地球物理、大地测量等多学科的综合手段，从多个侧面勾绘出一个地区区域构造稳定性和地震活动性的清晰的面貌；二是凡是可以用数据说明的问题，一定设法取得数据。三峡工程取得了包括各壳层的深度、厚度，莫霍面的形态及埋深，主要断裂的切割深度，断裂形变速率，断裂最新活动年龄，地形变测量，长达半个多世纪的测震成果等，多方面地提供了有说服力的数据，并与宏观地质、地震研究所得出的结论相互支持、印证，才得以做出可信的结论。研究的主要内容可归纳为以下几个方面：

（1）区域地层、岩性、地质史和大地构造环境的研究。该项研究为三峡工程进行了数万平方千米的地质调查与专项测绘。与之相适应，进行了与地学相关的多学科的广泛基础地质研究。

（2）深部地球物理和地壳结构的研究。包括大面积航空重力、磁力测量资料分析，坝址及库首段高精度航磁测量，地面重力测量以及东西向（奉节—江陵）和南北向总长3260余km的纵和非纵测线人工地震测深（图2）等。

（3）区域及坝区断裂构造的展布、规模、性质及活动性的研究。重点对坝区及外围几条主要断裂的性质及活动性进行大中比例尺地质测绘，断裂的运动学、动力学、岩石学、年代学以及地质力学模型的研究，断裂带位移的定点监测等。

（4）地貌及新构造运动性质的研究。包括山区夷平面，西部鄂西山地与东部江汉平原过渡带，中—新生代沉积盆地的特征、形成及演变历史，河流阶地形成年代和位相对比，第四系堆积物变形的调查研究等。

（5）现代地壳运动性质的研究。坝址及库首区的周期性精密环线水准测量，GPS地形变监测等。

（6）地震活动特征与规律的研究。统计分析历史地震，现代测震和1958年起工程专用地震台网所获得的大量资料，结合地震地质条件，研究本区地震活动的本底特征和时间、空间、强度规律等。

（7）地震危险性分析和地震动参数研究。

通过上述工作，对三峡工程区域构造稳定性、地震活动性得出了以下结论：

1）三峡工程位于扬子准地台中部，是中国大陆地壳稳定性较高的地区，为典型的弱震构造环境。

2）深部地球物理场的研究结果表明，本区地壳结构清晰，壳内介质成层性好，主要界面基本连续（图2）。几条地区性断裂均为基底Ⅰ型断裂，地壳整体处于基本均衡状态。

3）坝址所在的黄陵地块是稳定程度更高的刚性地块，无区域性断裂和活动性断裂分布。地块周缘的几条较大断裂都是基底Ⅰ型断裂，现今活动微弱，不具备发生强震的条件。

4）三峡工程坝址及库区邻近的10余个县市，2000多年无破坏性历史地震的记载。有仪器记录以来，坝址60～70km范围内，发生过3次震级$Ms=4.8\sim5.1$级的中强震，影响到坝址烈度都在5度以下。而坝址所在的黄陵结晶岩地块内，50年仪器监测，仅记

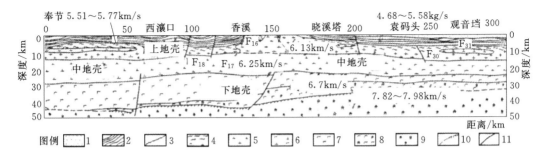

图2 奉节—江陵（观音垱）人工地震测深剖面地质解释图

1—陆相沉积岩层；2—海相沉积岩层；3—不整合面；4—基底变质岩—花岗质岩层；

5—闪长质岩层；6—辉长闪长质岩层；7—辉长质岩层；8—壳幔过渡层；

9—铁镁质橄榄岩层；10—莫霍界面及推测莫霍界面；11—断裂

录到 $Ms \leqslant 2$ 级的地震10余次，是地震活动极其微弱的地区。2008年四川汶川"5·12"大地震在坝区的影响烈度仅4度。

5）三峡工程坝区地震基本烈度经国家有关部门前后5次鉴定，均定为Ⅵ度。主体建筑物的抗震设计地震动参数，取年超越概率 1×10^{-4} 为基准，基岩（弱风化顶面）水平加速度峰值为 $125 \mathrm{cm/s^2}$。

2001年新建的三峡工程水库诱发地震监测预测系统，通过近10年的监测，无论是断层位移、地形变，还是地震活动的监测成果，都表明前期对三峡工程构造稳定性和地震活动性的研究结论是正确的。

三、水库库岸稳定性研究

三峡水库库岸稳定性的研究，有如下几个特点：①面大、线长。调查研究范围面积约 $4500 \mathrm{km^2}$；干、支流库岸岸坡合计总长约 $5000 \mathrm{km}$。②地质条件复杂。不论库岸岸坡结构类型、岩性、构造、地貌，还是崩塌、滑坡的类型、规模、形成条件和稳定状态，都复杂多变。③研究程度要求高。库岸稳定性涉及主体工程、长江航运、库区城镇和居民点的安全、库区移民选址及库区社会经济的发展规划，要求研究结论足够可靠。这些特点在全世界范围内都是独一无二的。

（一）库岸稳定性的前期勘察研究

三峡工程水库库岸稳定性问题，在20世纪50—70年代的常规勘察、80年代的三峡工程论证、国家"七五"科技攻关和水库移民选址的补充勘察中都进行了研究。在国内众多部门的参与下，多学科、多手段、多层次协同攻关。研究内容包括干、支流库岸岸坡的地质条件，岸坡结构类型、稳定程度；崩塌、滑坡体的分布、发育规律，形成条件和影响因素；体积大于10万 $\mathrm{m^3}$ 的崩塌、滑坡体的位置、规模及稳定性；大型崩、滑体，危岩体的专项勘察和稳定性计算；基岩顺层高边坡的稳定性现状评价和蓄水后的变化预测；大型崩、滑体失稳入江涌浪的计算和模型试验，涌浪沿程衰减特征和危害程度；几处大型崩、滑体的变形监测和防治措施研究等。这些研究工作使前期勘察对库岸稳定性的认识取得了重大进展。三峡工程动工兴建后，国家又斥巨资，以库岸稳定性为重点，分三期对库区地质灾害进行勘察与防治，从而基本消除了库岸失稳对水库运行和移民安全可能造成的危害。

前期研究的主要结论有：

（1）三峡工程水库岸坡主要由坚硬—中等坚硬岩石组成，总体稳定性较好。稳定条件差的岸坡共计长约72km，仅占库岸总长的1.4%左右，而且分散地分布在远离坝址的局部地段上。

（2）库区共发现体积大于10万 m³ 的崩塌、滑坡和危岩体684个，总体积30.4亿 m³。上述崩、滑体中，稳定与基本稳定的共569处，体积约26.2亿 m³，分别占总数的83.2%和总体积的86.2%；稳定性差和较差的115处，体积约4.2亿 m³，分别占总数的16.8%和总体积的13.8%。

（3）在水库蓄水后，稳定性差与较差的崩、滑体可能失稳。但后者的破坏形式主要是前缘部分的蠕滑、坍滑或解体，整体性复活将比较少见。

（4）库区稳定条件差和较差的崩、滑体总体积约4.2亿 m³，即使全部失稳入库，对水库的库容和寿命无实质性影响。

（5）坝前16km范围内，不存在大型崩、滑体。距坝址最近的野猫面崩滑体（距坝址17km），经详细勘察和多年变形监测，处于稳定状态。新滩滑坡和链子崖危岩体距坝址分别为26km和27km。新滩滑坡已于1985年6月整体滑落，在可预见的工程年代里，再次发生整体失稳的可能性很小；链子崖危岩体已于20世纪90年代进行了系统加固整治。其余的大型崩、滑体距坝址都在50km以远。因此，局部岸坡失稳不会影响坝址建筑物的安全。

（6）三峡水库形成后，干流库段的水面宽度、水深和水下断面均较天然情况大大增加，大型崩、滑体滑落入水库对航道的危害较之天然条件下将大为改善。

（7）三峡工程库区有13个县市及130余个建制镇位于水库淹没影响区，库岸稳定性对库区移民选址及现有城镇、居民点安全的影响将是库岸稳定性研究和评价的重点。

（二）水库蓄水以来库岸变形情况及稳定性评价

自2003年蓄水以来，涉水岸坡发生各类大小变形点520余处。但整体失稳滑移、坐落、崩塌，且规模在10万 m³ 以上的仅10余处。其中造成一定危害的仅有秭归千将坪滑坡、巴东县姚家滩滑坡、巫山龚家坊塌滑、奉节土狗子洞滑坡与云阳凉水井滑坡等数处，其余多为局部坍滑或地表产生局部裂缝变形，居民屋舍、道路局部受损的情况，多属岩土体受库水影响产生的调整性变形。2010年蓄水至175m水位后，规模较大的岸坡变形有3处。第一处是巫峡神女溪古堆积体坍塌，体积约30万 m³。第二处是秭归郭家坝镇东门头堆积层坍塌，体积约5万 m³。该两处均为临江松散堆积层坍岸。第三处是原龚家坊崩塌下游一带仍存的危岩体在变形。另外，巫山望峡危岩（海拔1200m，体积数十万立方米，水平距库边线1.28km）因采煤与不当勘探等原因发生剧烈变形。对上述4处变形（危岩）体，国土资源部三峡库区地质灾害防治工作指挥部正在进行研究评估中，但没有作出影响175m正常蓄水的警报。

总体衡量，三峡工程水库蓄水后的岸坡变形失稳程度没有超出此前的预测，没有影响工程正常运行，没有给库区移民生命财产、工农业生产和长江航运带来重大影响。主要原因如下：

（1）三峡水库主要由基岩库岸岸坡构成，稳定性好和较好的库段占库岸总长的93％，稳定性差的库岸仅占库岸总长的1.4％，因此岸坡失稳只会在少数地段发生。蓄水后库岸变形的事实证明，这一总的结论是正确的。

（2）三峡水库库岸，经过地质灾害防治的专项勘察，确定针对不同的情况，分别采用工程治理、搬迁避让和监测预警3种对策加以应对。这三项综合措施极大地减轻了水库蓄水后大型地质灾害的发生和危害，保证了迁建城镇及大型居民点的安全。图3为奉节县新城猴子石滑坡治理续建工程Ⅳ—Ⅳ′工程地质纵剖面图（长江委三峡勘测研究院周云提供）。

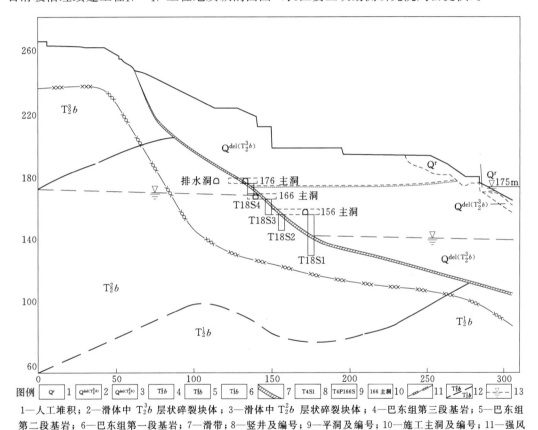

1—人工堆积；2—滑体中 T_2^3b 层状碎裂块体；3—滑体中 T_2^2b 层状碎裂块体；4—巴东组第三段基岩；5—巴东组第二段基岩；6—巴东组第一段基岩；7—滑带；8—竖井及编号；9—平洞及编号；10—施工主洞及编号；11—强风化带下限；12—地层界线；13—地下水位线

图3　四川奉节猴子石滑坡地质剖面及工程治理示意图（周云提供）

（3）建立了较有效的库岸变形监测网。国土资源部门在三峡库区先后设立了专业监测点255处，群测群防3049处。监测工作自135m蓄水以来，对数十个滑坡发布了险情和预警通知（其中3个滑坡为橙色预警），针对不同情况，及时采取应急对策，最大程度减小了地质灾害的危害，确保人民群众生命财产和长江航运的安全。

（三）对库区地质灾害的几点基本认识

（1）三峡工程水库区是我国地质灾害的多发区之一，历史上有记载的大型崩塌（山崩）、滑坡就有数十次之多。云阳、秭归等老县城都曾毁于滑坡。新滩滑坡历史上曾多次堵江碍航。20世纪80年代三峡工程兴建前，先后发生云阳鸡扒子和秭归新滩两次大滑坡，严重阻碍长江航道。前述正在变形的望峡危岩体，分布高程1200m，与水库蓄水毫不相干。因此不论是否兴建三峡工程，这一地区的地质灾害都会时有发生，认识这一点是评估三峡工程库区地质灾害时必须考虑的前提条件。

（2）要分清三峡工程水库涉水部分引发的地质灾害、移民工程各项建设引发的次生地质灾害和纯粹自然灾害三者之间的界限。严格意义上的三峡工程水库带来的地质灾害应仅限于涉水部分引发的地质灾害，这是三峡工程水库造成的负面影响；移民工程各项建设引发的次生地质灾害是人类活动的产物，从本质上来说是可以避免或可控的；大型自然地质灾害的发生是这一地区自然条件使然，发生概率较低，但要从根本上消除则是不现实的。三峡工程的地质灾害治理从全局上减轻了这一地区自然地质灾害的危害。但如果认为有了三峡工程库区的地质灾害防治，这一地区就不可能或不应该再出现较重大的自然地质灾害，这种想法是不符合实际的。做这三种划分有利于正确评价三峡工程所造成的地质灾害的负面影响程度。

（3）三峡工程库区地质灾害防治的重点是保护库区移民生命财产的安全。巴东、巫山、奉节等新县城以及许多大型集镇的城（镇）址都是在没有理想新址的情况下无奈的选择，是地质灾害防治的重点。在完成大规模防治工程后，确保安全的主要措施是加强监测。实践证明，专业监测结合群测群防是有效的手段。

三峡库区是一个地质环境比较脆弱的地区，因此，库区尤其是大型城镇的建设速度和发展规模必须适应这一地质环境，避免人为地加重三峡库区地质灾害的危害程度。

（4）坍岸是库岸变形失稳最常见的一种形式，主要发生在松散堆积层岸坡，容易发生且数量多，但规模及危害性均较局部。预计在175m蓄水的最初几年，在没有进行护岸工程的一些松散堆积层岸坡段，仍会出现坍岸灾害，需根据情况及时治理。许多居民点无序地建在容易发生坍岸的临江松散地基层上，应该严加禁止。

（5）三峡工程水库已蓄水运行7年，试验性蓄水在170m水位以上运行近3年，库岸稳定性问题的性质及危害程度已基本显露。运行多年来的检验表明，水库涉水部分引发的地质灾害，其规模和影响程度都是有限的，并且随着时间的推移会逐步减弱。

四、水库诱发地震问题研究

三峡工程水库诱发地震问题的分析有坚实的基础地质工作、广泛的专题研究和高精度的专业地震监测台网做支撑，主要研究内容有：

（1）区域地质背景和大地构造环境、主要断裂及其活动性、地震时空分布及活动规律等研究。

（2）分析整理了全世界百余座水库诱发地震的震例。

（3）全面调查研究了水库区的岩性、断裂构造和岩体渗透性，分析其诱震条件。

（4）在坝址区、库首的茅坪镇和归州镇附近进行了深孔地应力、孔隙水压力、渗透率、节理裂隙和地温测量。

（5）整理分析前期 50 年三峡工程台网的测震资料，分析总结库区地震活动的特点和规律。

（6）利用小孔径台网对坝区、库首结晶岩分布区及几个重点库段进行地震强化观测，充分掌握这几个重点地段地震活动的本底。

（7）用数值分析和物理模拟方法研究在库水作用下，库盆的应力场和应变场的变化，分析其对水库诱发地震的影响。

（8）综合上述研究成果，分区分段进行水库诱发地震可能性综合评价。

通过上述研究，对三峡水库是否会产生诱发地震，可能发震的地点、强度，对工程建筑物和库区环境的可能影响做出了预测评价。

前期研究的主要结论是：从坝前至庙河的第一库段为结晶岩库段，段内无区域性大断裂与活动断裂通过，历史及现今地震活动微弱，岩体完整坚硬，透水性弱，地应力水平不高，预计只能产生浅表微破裂型地震，最大震级 3 级左右。奉节以上的第三库段主要分布侏罗系、白垩系砂页岩红层，除干流局部灰岩峡谷段和乌江、嘉陵江碳酸盐岩河谷段有可能产生岩溶型水库地震外，一般不会产生水库地震。从庙河—奉节的第二库段有大面积碳酸盐岩出露，分布有仙女山、九湾溪、高桥等地区性断裂，渔阳关—秭归和黔江—兴山两个弱震带横穿库区，1979 年秭归龙会观 5.1 级地震即位于该库段。分析认为，该库段有产生构造型和岩溶型水库诱发地震的可能。最可能产生构造型水库地震的地段为九湾溪—仙女山两断裂展布区和高桥断裂沿线一带，最高震级 5.5 级左右；而干流巫峡和支流龙船河、大宁河等大面积碳酸盐岩分布区，则会发生岩溶型水库地震，最大震级 4 级左右。

2001 年 10 月，新建立的三峡工程水库诱发地震监测预测系统投入运行。该系统由三大部分组成：数字遥测地震台网、地壳形变监测网、地下水动态监测井网。该系统的建立，为认识水库地震的活动规律和预测水库诱发地震的发展趋势提供了更坚实的物质基础。三峡水库遥测地震台网布局见图 4（长江委三峡勘测研究院曾新平提供）。

自 2003 年开始蓄水以来，至 2009 年 12 月，三峡工程水库地震监测台网共记录到地震事件 15988 次（包括可定位地震和单台记录地震）。蓄水后的地震活动有以下几个显著特点：

1）以微震和极微震为主。记录到的 15988 次地震中，震级 $M_L < 3.0$ 级的微震和极微震共计 15969 次，占全部地震总数的 99.8%。$M_L \geqslant 3.0$ 级的地震 19 次，其中 $M_L \geqslant 4.0$ 级的仅 1 次（2008 年 11 月 22 日秭归县屈原镇 $M = 4.1$ 级地震）。除极少数地震震中附近的居民有感外，绝大部分都只是仪器记录的反映。这是由于三峡工程水库诱发地震监测台网的灵敏度极高，才能在蓄水 7 年内记录到如此庞大数字的"地震事件"。

2）地震震源浅。平均深度约为 5km，绝大多数震源为 0～1km。震中大多集中分布在长江干流和支流两岸 10km 以内。

3）地震活动与库水位有很好的对应关系。随着库水位的抬升，地震活动水平也相应地提高。如 135m（139m）水位运行过程中，地震活动平均月次数为 64 次；156m 水位运行过程中，平均月次数为 143 次；水位 170m 以上运行过程中，平均月次数为 181 次。

4）多数地震震中呈团块集中分布在两类地区。一是被库水淹没的废弃矿区引发的"矿震"；二是大片碳酸盐岩分布区的岩溶型地震。说明三峡工程水库地震绝大多数都是非构造型，也与微震、极微震为主的特点相吻合。

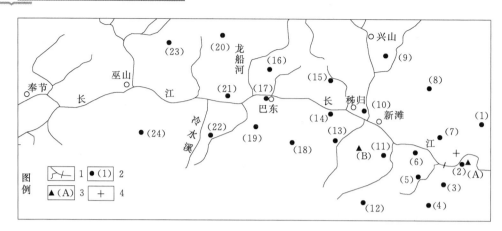

图 4　三峡水库遥测地震台网布局示意图

1—长江干流、支流和三峡工程坝址；2—测震台站及编号；3—信息中继站及编号；4—地震台网中心

(1) 一牛坪垭；(2) 一代石沟；(3) 一鸡冠石；(4) 一白云山；(5) 一双山；(6) 一黄土坡；

(7) 一长岭；(8) 一三堡；(9) 一郑家坪；(10) 一赵家山；(11) 一周坪；(12) 一大块田；

(13) 一百佛寺；(14) 一卢家山；(15) 一石头垭；(16) 一炮台山；(17) 一金子山；

(18) 一肖家坪；(19) 一梅花山；(20) 一茅山岭；(21) 一港水塘；

(22) 一较场坝；(23) 一梨子坪；(24) 一猫子山；

(A) 一黄牛岩；(B) 一大金坪

5）在每一特定运行水位（135m、156m、170m）情况下，地震发震频率都是到达该水位的第一年（2003 年、2006 年、2008 年）频度最高，以后逐年降低。以 135m 水位为例，2003 年月平均发生率为 68 次，2004 年为 61 次，2005 年降为 56 次（图 5）；170m 水位以上运行 3 年来，尽管 2008 年、2009 年库水位低于 2010 年，但发震频率却高于 2010年。这三年每年 9、10、11 3 个月的月平均发生率，2008 年为 276 次/月、2009 年为 171 次/月，而 2010 年降为 132 次/月。

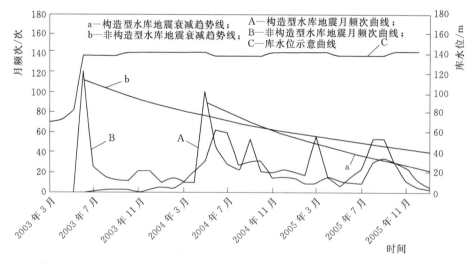

图 5　水库地震月频次随时间变化曲线〔2003—2005 年，库水位 135m（139m）〕

6）构造型特征较明显的地震，多分布在高桥断裂沿线，九湾溪和仙女山断层展布区也有发生，与前期的预测部位基本一致。

上述地震活动规律与前期分析的主要结论基本一致，即：发震地点集中在第二库段的中部；灰岩地区主要诱发岩溶型地震；构造型诱发地震主要出现在高桥断裂和九湾溪—仙女山断裂展布区；随着时间的延长，地震活动会逐渐减弱等。已发生的最大地震（$M4.1$级）则远低于前期的预测（$M5.5$级）。对于库水淹没废弃矿山引发矿震，前期虽也有所预判，但远没有想到会有实际发生的这么广泛、强烈和持久。

2010 年试验性蓄水始于 9 月，自 9 月 10 日至 11 月 17 日共记录地震 301 次，月频次约 132 次，日频次 4.4 次，均低于 2008 年和 2009 年的频次。最大地震为巴东陈家湾 $M_L3.0$（$M_S2.3$）级。震中位置与以前无变化。

根据对国内外 55 个水库的统计，主震在水库蓄水后 1 年内发生的有 37 个，占 67.3%；2~3 年发震的 12 个，占 21.8%；5 年发震的 2 个，占 3.6%；5 年以上的 4 个，占 7.3%。换言之，主震在水库蓄水后 3 年内发生的占总数的 90%。三峡工程自开始蓄水迄今已 7 年，在 170m 高水位运行也已 3 年。诱发矿山型和岩溶型地震的岩体，均已接受了接近最高水位库水的渗透、浸泡和渗压作用，经历了两次高低水位的循环；对于可能诱发构造型地震的几条断裂，也在高水位条件下进行了 3 年的应力调整；所出现的最大震级则远低于最初预测的强度。初步判断三峡工程水库诱发地震的危险期即将过去，逐渐趋于平静。现在虽不能断言三峡工程水库地震不会出现新的情况，但较有把握的一个预判是：出现高于预测的 $M>5.5$ 级的水库诱发地震的可能性很小。

致谢：文章在编写过程中得到长江委三峡勘测研究院陈友华、周云、曾新平等几位同志的大力协助，特此表示感谢。

湖南溇水江垭大坝山体抬升问题研究简介

一、工程简介及问题的提出

江垭水利枢纽位于湖南省慈利县，澧水支流溇水的中游，为澧水流域的控制性工程。该工程由大坝，地下厂房引水发电系统，灌溉取水口工程和过坝升船机 4 部分组成。工程任务以防洪为主，兼有发电、灌溉、航运等综合效益。

水库正常蓄水位为 236m，总库容 17.4 亿 m³。坝型为全断面碾压混凝土重力坝，河床建基面最低高程 114m，坝顶高程 245m，最大坝高 131m，坝顶总长 368m。大坝分为 13 个坝段，其中 4～8 号为河床坝段，其余为岸坡坝段。引水发电系统布置于右岸山体内，装机 300MW。枢纽布置如图 1、大坝全景如图 2 所示。

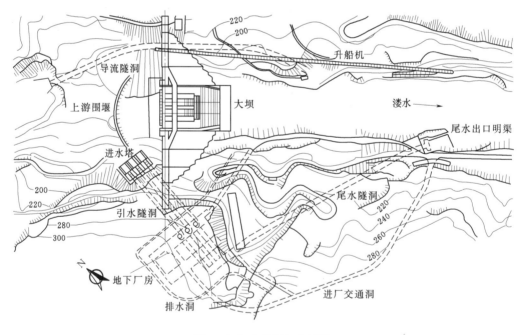

图 1　江垭水利枢纽布置图

本文为《长江流域水利水电工程地质》（2012 年 9 月）一书第 7 章第 1 节"江垭水利枢纽大坝及近坝山体整体抬升"的内容。

图 2　枢纽工程全景

工程于 1998 年 10 月下闸蓄水后，发现大坝及近坝山体有整体抬升现象。截至 2004 年 4 月第 25 次复测时止，坝基最大抬升为 35.2mm。这一罕见现象引起了管理单位和设计单位的高度重视，组织力量进行大量观察、分析、研究工作，对大坝及近坝山体抬升问题进行了认真研究，并召开了多次咨询会议进行研讨。通过多年观测及许多单位和学者所进行的分析研究，对这一独特现象的形成机制、变形性质及发展趋势，得出了若干基本认识；对此现象是否影响工程安全也做出了明确的结论。目前坝基及两岸山体抬升现象已基本停止，建筑物安全，大坝运行正常。

二、抬升变形的基本情况

通过监测资料分析，坝基及近坝山体的抬升变形有以下基本特点和规律。

（一）坝基及坝体抬升

（1）从库水位与高程 120m 廊道（基础廊道）坝基抬升位移过程线（图 3）得知，抬升变形随库水位变化而变化，库水位上升时坝基抬升且敏感，库水位下降时坝基回落，但一般需滞后一定时间。

（2）抬升以河床坝段抬升量最大。高程 120m 廊道观测结果，2002 年 9 月第 20 次复测时（库水位 221.60m），测得大坝抬升变形量 31.1～35.2mm 不等。最大抬升变形发生在河床中部的 7 号坝段，抬升量为 35.2mm，右侧 4 坝段为 31.1mm，左侧 8 坝段为 34.4mm（表 1，图 4）。相邻两坝段间抬升变形差一般小于 1mm，最大 1.8mm。

河床坝段抬升变形量大于岸坡坝段。

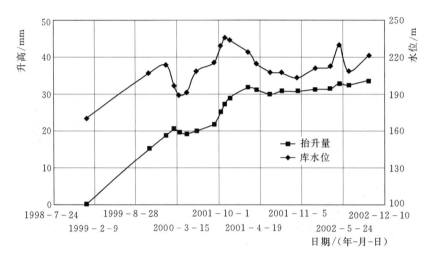

图 3　库水位与高程 120m 廊道大坝抬升位移过程线图

表 1　　　　　　　　　高程 120m 廊道垂直位移监测成果表　　　　　　　　　单位：mm

测次	日期 /（年-月-日）	库水位 /m	测 点 编 号						
			LD4 - 2	LD4 - 1	LD5 - 1	LD6 - 1	LD7 - 1	LD8 - 1	LD8 - 2
首次	1998 - 12 - 30	170.0	0	0	0	0	0	0	0
1	1999 - 10 - 30	207.0	−13.80	−14.30	−15.00	−15.60	−16.00	−16.20	−15.70
2	2000 - 1 - 18	214.0	−17.00	−17.70	−18.90	−19.30	−19.90	−19.70	−19.30
3	2000 - 3 - 1	196.8	−18.60	−19.20	−20.30	−20.80	−21.30	−21.20	−20.80
4	2000 - 3 - 23	189.1	−18.00	−18.20	−19.60	20.20	−20.70	−20.10	−20.10
5	2000 - 4 - 28	190.7	−17.70	−18.10	−19.10	−19.50	−20.00	−19.90	−19.50
6	2000 - 6 - 12	208.0	−18.30	−18.90	−20.00	−20.40	−21.20	−20.70	−20.40
7	2000 - 8 - 20	215.5	−19.90	−20.60	−21.80	−22.20	−23.00	−22.70	−22.10
8	2000 - 10 - 11	228.7	−22.90	−23.80	−25.20	−25.80	−26.50	−25.80	−25.10
9	2000 - 11 - 2	235.7	−24.60	−25.70	−27.40	−28.00	−28.80	−28.40	−27.80
10	2000 - 11 - 25	233.4	−26.20	−27.30	−29.10	−29.80	−30.60	−30.10	−29.40
11	2001 - 2 - 20	224.0	−29.00	−30.20	−31.90	−32.60	−33.40	−32.90	−32.30
12	2001 - 3 - 28	214.7	−28.40	−29.50	−31.10	−31.70	−32.60	−32.40	−31.80
13	2001 - 6 - 7	208.4	−27.60	−28.60	−30.00	−30.70	−31.50	−31.10	−30.60
14	2001 - 8 - 2	215.5	−28.50	−29.40	−30.70	−31.30	−32.00	−31.80	−31.30
15	2001 - 10 - 16	228.7	−28.30	−29.20	−30.60	−31.20	−32.00	−31.60	−31.10
16	2002 - 1 - 11	235.7	−28.80	−29.70	−31.20	−31.90	−32.70	−32.30	−31.90
17	2002 - 3 - 26	233.4	−29.10	−30.00	−31.50	−32.20	−33.00	−32.60	−32.10
18	2002 - 5 - 8	224.0	−30.30	−31.30	−32.90	−33.70	−34.50	−34.10	−33.60
19	2002 - 6 - 20	214.7	−30.10	−30.90	−32.30	−33.10	−34.00	−33.60	−33.10
20	2002 - 9 - 26	221.6	−31.10	−32.00	−33.60	−34.30	−35.20	−34.90	−34.40

测次	日期/(年-月-日)	库水位/m	测 点 编 号						
			LD4-2	LD4-1	LD5-1	LD6-1	LD7-1	LD8-1	LD8-2
21	2003-2	199.5	-30.60	-31.40	-32.80	-33.50	-34.40	-34.00	-33.60
22	2003-7	215.5	-31.10	-31.90	-33.50	-34.20	-35.10	-34.60	-34.30
23	2003-10	207.0	-31.10	-31.90	-33.30	-34.00	-35.00	-34.70	-34.40
24	2003-12	197.0	-30.50	-31.30	-32.60	-33.30	-34.20	-33.90	-33.60
25	2004-3-25	188.8	-30.70	-31.30	-32.50	-33.20	-34.10	-34.00	-33.80

注 （＋）为下降，（－）为上升。

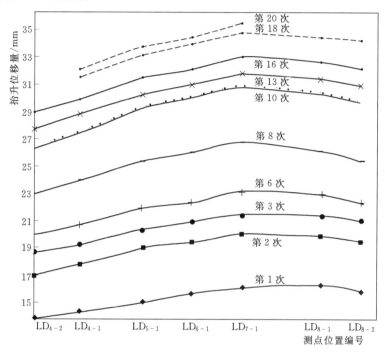

图 4　高程 120m 廊道 4～8 坝段垂直位移监测成果图
（编号 LD_{4-1}…LD_{8-2} 等，代表 4 坝段…8 坝段的测点）

（3）起始观测时期为 1998 年 12 月 27—30 日，相应库水位 170m。

（4）从高程 120m 廊道坝基平均垂直变位与库水位相关图（图 5）可以看出：随水库水位升降，抬升变形也对应呈现升降变化，4 年期间有五个循环，但每一循环不能回复原位，并且随时间延续，同一水位相比，累计抬升量有增加的趋势。以库水位 214～215m 时 7 号坝段的抬升量为例，2000 年 1 月，库水位 214m，抬升量为 19.9mm；2000 年 8 月，库水位 215.50m，抬升为 23mm；而 2001 年 3 月，库水位 214.70m，抬升量增至 32.6mm。

上述情况还表明，岩体的抬升变形具有非完全弹性变形特点。每一次库水位升降后，都会有一部分变形是不可恢复的残余变形。

（5）水库水位每上升 1m 时抬升变形量（抬升率）随时间推移呈逐渐下降的趋势。抬

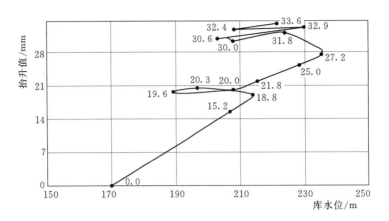

图 5　高程 120m 廊道大坝平均垂直变位与库水位相关图

升率从 2000 年的 18mm/m 下降到 2003 年的 3.7mm/m（表 2），表明抬升虽然仍在继续，但抬升量在明显减小。

表 2　　　　　　　　　　　　水库水位上升时坝基抬升变化率

时　　间	循环序次	水库水位升降范围/m	坝基抬升率/(mm/m)
1999-10—2000-1	1	170.0～214.0	42
2000-4—2000-11	2	190.7～235.7	18
2001-10—2002-5	3	203.0～229.9	8.6
2002-6—2002-9	4	208.5～221.6	9.0
2003-2—2003-7	5	199.5～215.5	3.7

（6）坝顶与坝基垂直变位基本同步。坝顶实测资料，1～12 号坝段也呈整体抬升，实测最大抬升变形发生在 8 号坝段，为 17.7mm。由于坝顶起始测量时间较高程 120m 廊道滞后约一年半，且施测时库水位也不同，因而具体抬升量二者无法做相应对比，但二者同步性很好，与库水位的关系及变形的其他规律均与高程 120m 廊道一致。

（7）高程 160m 廊道静力水准监测资料，纵向各坝段均在抬升，以河床 7 号、8 号坝段抬升量为大，相对抬升量为 5.85mm。坝体横向抬升，大坝上游侧抬升量大于下游侧。

7 号、8 号、4 号、3 号坝段正倒锤测量成果，不论气候如何变化，坝体都向下游变形，最大变形量 4.42mm。各测点向下游的变形趋势一致。大坝有偏向右岸变形的趋势，一般变形 0.5～1.58mm，可能与基岩略倾向右岸有关。

（二）近岸山体抬升变形

两岸山体布设的一等水准，控制着坝前 700m、坝下游 1200m、高程 303m 以下范围的山体垂直变形。一等边角网控制着坝上下游各 900m 和 1200m 范围山体的平面变形。监测成果反映两岸山体的变形有如下特点（表 3）：

（1）自坝轴线上游约 500m，至下游约 700m，坝肩两岸高程 350～360m 以下，宽约 800～1000m 范围内的近岸山体呈现整体抬升。

（2）近坝山体的最大抬升，均出现在大坝上游地区。左岸为 BM05JY，距坝轴线 314m，抬升量 19.08mm；右岸为 BM06JY，距坝轴线 355m，抬升量 11.40mm。坝轴线处，左岸山体最大抬升量 13.94mm（BM09JY），距坝肩约 11m；右岸最大抬升量为 7.45mm（BM10JY），距坝肩约 50m。

（3）山体高程低的部位变形量大于高程高的部位。估算至地面高程 350～360m 左右，抬升现象将趋于消失。

（4）平面监测成果，近坝山体水平变位较小，大多在 10mm 以下，其中顺河向变位总趋势指向下游，最大变位 21.13mm；垂直河流方向最大变位 23.25mm。近坝区主要指向左岸，远坝区指向河谷，近坝区水平变位大于远坝区，左岸大于右岸。

表 3　　　　　　　　　　近坝山体垂直位移监测成果表　　　　　　　　单位：mm

测次		1	2	3	4	5	6	7	距坝轴线距离/m	距 D_2y 垂直距离/m
时间		1999年9月	2000年4月	2000年10月	2001年1月	2001年5月	2002年6月	2003年11月		
库水位/m		200	190	223	234	210	226	204		
左岸	BM01JY	0.69	−0.44	1.37	−0.60	2.34	5.54	10.26	−748	0
	BM03JY	−7.65	−10.17	−13.27	−16.45	−15.71	−17.92	−21.67	−460	0
	BM05JY	−7.62	−9.79	−15.72	−19.08	−18.98	−21.80	−25.44	−314	12
	BM022JY	−5.63	−8.82	−10.04	−11.69	−12.67	−13.03	−15.36	−100	399
	BM07Y	−3.10	−6.71	−8.50	10.27	−10.28	−10.55	−12.82	−43	238
	BM09JY	−5.79	−9.13	−11.59	−13.28	−13.94	−14.33	−16.86	0	244
	BM011JY	−1.79	−5.02	−5.29	−6.89	−7.01	−7.35	−8.36	127	345
	BM021JY	−4.29	−6.33	−8.15	−9.44	−9.66	−11.11	−12.72	300	401
	BM013JY	−1.10	−0.87	−2.01	−1.15	−1.33	−2.89	−3.35	686	631
	BM015JY	−0.14	0.60	−0.68	0.07	0.44	−0.69	0.02	913	769
	BM017JY	−0.50	−0.04	−1.40	−0.49	−0.01	−1.27	−0.29	1134	924
右岸	BM02JY	3.72	1.08	2.48	4.85	2.60	4.56	2.92	−802	0
	BM04JY	1.48	0.28	−0.30	1.09	0.45	1.71	−2.69	−608	0
	BM025JY	−1.01	−3.72	−3.42	−3.63	−4.56	−4.81	−6.86	−430	0
	BM06JY	−5.58	−7.07	−9.25	−11.40	−10.49	−12.11	−9.31	−355	4
	BM08JY	−2.71	−5.80	−7.05	−7.56	−8.09	−7.77	10.74	−19	265
	BM010JY	−2.12	−5.42	−6.39	−6.62	−7.45	−6.91	−9.78	0	282
	BM024JY	−6.36	−10.21	−11.36	−13.21	15.15	−16.50	−17.75	180	287
	BM023JY	−4.28	−6.15	−8.10	−8.76	−9.48	−10.32	−12.56	200	343
	BM012JY	0.37	−0.53	−1.48	−0.21	−0.48	1.17	−0.10	218	414
	BM014JY	0.77	−1.60	−2.08	−1.31	−2.06	−1.36	−3.44	514	621
	BM016JY	0.27	−1.49	−2.28	−1.70	−1.04	−2.04	−3.32	708	746
	BM018JY	−0.73	−0.92	−1.85	−3.25	−0.76	−0.39	−2.81	982	962
	BM027JY	0.41	0.79	−0.05	0.22	0.43	0.21	1.68		

注　1.（＋）为下降，（−）为上升。

　　2. 距坝轴线距离，坝轴线上游为负，下游为正。

三、坝址区地质背景及其与抬升变形的关联性

（一）坝址区地质条件

坝区地质构造环境为一大型向斜——江垭向斜（图6），向斜走向 NEE，轴部地层为三叠系砂页岩红层，两翼分别出露二叠系、泥盆系和志留系。江垭坝址位于向斜 NW 翼。坝区岩层走向与河流近乎正交，倾向下游偏右岸，倾角 38°左右。

坝区基岩上部为下二叠统茅口组 P_1m 与栖霞组 P_1q，岩性以灰岩为主，底部为页岩、砂岩、滑石化叶状灰岩；下部为上泥盆统写经寺组 D_3x，黄家磴组 D_3h 和中泥盆统云台观组 D_2y，前二者岩性为页岩、砂岩互层，后者为石英砂岩夹薄层页岩；底部为中志留统小溪组（S_2x）页岩。

岩体的水文地质特性，坝基栖霞组灰岩为岩溶型透水、含水层；但其底部的砂页岩互层地层与其下伏的泥盆统写经寺组、黄家磴组砂页岩共同组成相对隔水层，总后约 70m。云台观组厚层石英砂岩为基岩裂隙透水含水层，厚约 170m，其下的志留统小溪组页岩为性能良好的隔水层。

云台观组 D_2y 厚层石英砂岩夹页岩在本区表现为承压热水含水层，其上为厚 70m 的 P_1q、D_3x、D_3h 砂页岩，构成承压热水含水层顶板；其下的中志留统小溪组（S_2x）页岩，为热水含水层底板。含水层补给区为向斜南东翼，云台观组 D_2y 地层在高程 700～1000m 处大片出露，地表水入渗后沿 D_2y 砂岩强透水层向江垭向斜深部运移。据推算，在向斜轴部（距坝址约 6km），D_2y 地层埋深约 1800m；经地温加热至向斜轴部水温可达 70°，坝址区热水钻孔测得孔口水温为 51°～52°。地下水继续向向斜北西翼运移，在坝轴线上游 160～310m 处溇水河床出露，渗径总长 20～24km，排泄点出露高程 120～126m，高于原河水位 2～3m。承压热水含水层在坝基下埋深约 90m，在水库蓄水后，承压含水层排泄点附加反压水头约 100m，这就构成了江垭大坝特殊的工程地质和水文地质背景（图6）。

（二）抬升变形与地质结构的相关分析

从抬升变形的空间分布范围及抬升量大小与本河段地质结构的相关性分析，可以明显看出几个特点：

（1）产生抬升现象的范围，与云台观组 D_2y 厚层石英砂岩热水含水层的分布密切相关。上游山体的抬升发生在坝轴线以上约 500 余 m 范围内，此段为云台观组 D_2y 分布区，再向上游为中志留统小溪组（S_2x）页岩出露区，没有出现抬升现象；向下游，云台观组 D_2y 在河床下的埋深，从坝轴线处的 90m 逐渐增大，至坝轴线以下约 700m，埋深也已达 700～800m；向两岸的延伸范围没有监测资料，粗略估算，至地面高程 350～360m 左右，抬升现象将趋于消失，宽约 800～1000m。

（2）抬升量的大小，主要取决于 D_2y 承压热水含水层的埋藏深度（即上覆岩体的厚度）和附加承压水头的大小。承压含水层的埋藏深度越大（上覆岩体越厚），抬升量越小，反之越大。因此，在 D_2y 层出露地表的大坝上游地区，抬升量最大；越向下游，D_2y 层埋藏越深，抬升量越小，直至消失。河床部位 D_2y 层上覆岩体厚度相对较小，抬升量较

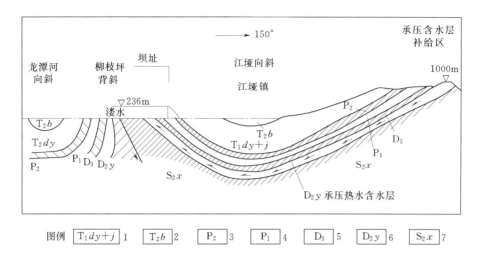

图6　江垭向斜及承压热水层地质结构示意图

1—下三叠统大冶组、嘉陵江组；2—中三叠统巴东组；3—上二叠统吴家坪组、大隆组；

4—下二叠统栖霞组、茅口组；5—上泥盆统黄家磴组、写经寺组；

6—中泥盆统云台观组；7—中志留统小溪组

大；向两岸地形升高，上覆岩体厚度加大，抬升量也逐渐减小。右岸抬升量小于左岸，也是由于岩层向右岸倾斜，D_2y 层埋深增大所致。向下游抬升量逐渐变小的另一原因，是作用在承压热水含水层隔水顶板上的附加水头逐渐变小。

（3）山体的抬升具有整体性；主要受承压热水含水层地表下的埋藏深度和附加承压水头大小的控制，呈有规律的变化；尚未发现有抬升明显异常的测点，反映抬升是在统一的应力场作用下发生的。

四、大坝和近坝山体抬升机理分析

江垭大坝坝基及近坝山体出现抬升现象后，业主澧水开发公司和设计单位湖南水利水电勘测设计研究院异常重视，做了大量的工作，除加强现场长期观测和试验工作外，还委托中科院地质与地球物理所、成都理工大学做了专题研究，并先后召开了三次专家咨询会。在逐项排除了其他各种可能性后，逐步得出了一致的观点和对大坝安全的评价意见。

（一）几种可能性的排除

问题出现的初期，曾对以下几种可能性做了逐一核查和分析：

（1）测量误差或水准基点沉陷。

（2）岩层中有无膨胀性矿物遇水后膨胀。

（3）坝下地层因温度的变化而引起热膨胀。

（4）蓄水而引起的局部地应力变化，导致岩体抬升。

（5）库水扬压力致使岩体抬升。

（6）蓄水使承压热水含水层的承压水头加大，引起岩体抬升。

对上述各种可能原因的分析结论如下：

关于测量误差和水准基点沉陷，曾请承担任务的单位及国家测绘局专业测量队伍进行过校测，证实测量成果符合要求，不影响山体有抬升变形的结论。

关于膨胀矿物问题。前期勘察工作中查明，仅在厚度不大的 D_3x 和 D_3h 的泥质粉砂岩中含有水云母（非强亲水性矿物），P_1q^{5-1} 中的 f_{512} 中含有少量蒙脱石，但其所处的围压条件及饱和状态、蓄水前后均无改变，不会产生大的次生膨胀，且其含量及所产生的膨胀力，也远不致引起岩体普遍抬升。

江垭坝址地应力水平不高，最大水平主应力 14.2～17.2MPa；大坝坝高 131m，总库容 17.4 亿 m^3，与国内许多修建在高地应力区的高坝大库相比，兴建大坝对地应力状态的扰动引起岩体大范围抬升是不可能。而且构造应力场改变导致的抬升，在不大的范围内，其变形应是相对均一和稳定的，不会像监测资料所反映的，上下游、左右岸、河谷和山坡有如此巨大的差别，也不会随库水位升降而反复波动。

坝基下扬压力的升高导致岩体抬升。坝基及两岸渗流监测资料表明，由于帷幕的阻隔，坝基岩体及下游山体没有承受库水形成的附加扬压力。计算表明，即使假定 P_1q^{1-2} 层底面承受全水头压力时的抗浮安全系数为 1.66，也不会出现抬动。坝前山体与扬压力无关，也在一定范围内产生抬动。

岩层因温度变化引起的热膨胀导致山体抬升也可基本排除，理由：①4 个地温观测孔地温梯度的变化总体上与建坝前勘探期间所打热水孔地温梯度相似，没有出现异常，水温也基本保持在 51～52℃不变，表明承压热水含水层内的水温在建库后并未增温；②建坝前后实测各层水温、地温相近，建坝后均略有降低；③120m 廊道中排水孔水温基本稳定（18～26℃），较蓄水前略低；④对 21 块岩石样品的热膨胀性试验结果，坝区岩石的线热膨胀系数一般在 $(1\times10^{-6}～10\times10^{-6})$ K^{-1} 之内，即温度每升高 1℃，每 100m 岩石的热膨胀量在 0.1～1mm 以内，影响是很小的。可以肯定，由于岩层温度升高引起的膨胀，不是造成山体抬升的主要因素，其影响也已作为一个大体固定的基数包括在总的变形量中。

江垭大坝及近坝山体抬升，是本区特定的地质结构条件下形成的特殊现象。

（二）大坝及近坝山体抬升的主要原因

大坝及近坝山体抬升现象与库水位涨落密切相关，抬升具有整体性，抬升量取决于承压热水含水层的埋藏深度和承压水头的大小；由这些现象可以判定，造成抬升的主要因素是由于 D_2y 承压热水含水层的承压环境，在水库蓄水后发生了较大的变化所致。

水库蓄水前，D_2y 承压热水含水层的承压水头，在坝址处约为 90m；水库蓄水后，由于库水的反压作用，坝基下的承压水头增大了约 100m。坝址区的承压水位由建坝前的 139～141m，上升到高出库水位 2～3m（随库水位变化）；含水层的渗流场发生了很大变化，附加承压水头，在承压热水含水层中引起了复杂的力学效应。

D_2y 承压含水层在坝轴线上游 160～310m 处出露，承压含水层的溢出段在水库蓄水后，增大了约 10MPa 的反向承压水头，增加了层内孔隙水压力，这是造成抬升的主导因素。

对于孔隙介质，当孔隙水压力增大时，土层的有效应力降低，引起土层回弹；而当土层中地下水位降低时，孔隙水压力减小，引起土层沉降，已被实验和大量事实所证实。

对于裂隙岩体，空隙（裂隙）水压力的问题研究较少。但已有不少著作，论述了裂隙岩体的空隙水压力和有效应力问题。成都理工大学针对江垭大坝岩体抬升问题，做了专门的试验。试验表明，空隙水压力的增大使轴向荷载减荷，与轴向应力减小是等效的，均可使试件卸荷回弹。试验研究还表明，在空隙水压力增荷卸荷的反复循环中，岩体既有松弛回弹的趋势，又有压密固结的趋势，特别是阶梯式增大空隙水压力后，每一级空隙水压力增量后的卸荷回弹变形，都要延续一段时间才能完成。

从上述研究成果可以推断，D_2y 承压含水层中的承压水头增大，意味着空隙水压力增大，有效应力降低；含水岩体，特别是河床下深部的岩体将出现回弹（扩容）。前期勘察资料表明，D_2y 层特别是 D_2y 层中上部总厚 116m 的地层中，夹有页岩 31 层，层间挤压错动十分强烈，特别是上部层间挤压破碎带多达 18 层之多，平均 3.5m 一条。其次是 D_2y 层中裂隙十分发育，一套 X 形扭裂面及层间挤压破碎带、派生的更低序次的破裂面，都是地下水的重要活动通道。据勘察阶段热水地表露头和竖井开挖观察，热水泄出点有 70%～90% 位于层面和层间挤压破碎带上。另一重要的透水结构面是 F_2 断层。F_2 断层位于 D_2y 承压含水层的中上部，基本上顺层发育，破碎带厚 5～10m，岩体破碎，是热水的重要活动通道。上述众多的层间错动带和 F_2 断层，其物质性状更接近于超固结的孔隙介质，这种岩体的特征一种可能的力学效应是使空隙水压力增大，有效应力降低后的岩体产生回弹（层间扩容）将更为明显，得以较充分的显现出来；另一种可能的力学效应是，当岩体中有效应力降低后，岩体中残存的构造应力将导致裂隙和层面产生调整性的剪切位移，引起裂隙和层面的剪切扩容。

D_2y 层中的地下水，在溢出段被库水加压后，尤其在含水层深部，是处于一种类似封闭容器中的有压液体，任何的压力变动，都会敏感的作用在周围的岩体上。使在大坝上游可以自由变形的 D_2y 层产生明显的抬升。

库水对岩体产生的约 10MPa 的扬压力虽然不可能将上覆地层抬起（$\gamma h > P$），但减轻了上覆岩体的荷载，也减小了作用在含水层上的有效应力，为下部岩体的回弹变形、提供了有利条件。

上述关于抬升机理的解释，从宏观上较好地说明了抬升所表现出的各种变形特征，诸如抬升量与承压热水含水层的埋深（上覆岩体厚度），与库水位升降变化和与承压水头大小的密切关系，变形的整体性和滞后等。但是，承压水头对裂隙承压含水层和上覆岩体抬升的作用机理是复杂的，有许多解释还有待深入的探讨，监测资料的证实和较长时间运行的检验。

五、抬升现象对建筑物安全影响评价

（1）大坝及近坝山体抬升是由于水库蓄水导致 D_2y 承压热水含水层排泄区附加水头增大对岩体综合作用的结果，因而抬升现象受水库水位的制约，不会无限制的发展。从库水位与抬升量关系曲线可以看出，已出现的最大抬升量与已达到的最高水库水位 235.94m 相对应；在做上述一系列分析的时候（2004 年），抬升现象仍在继续，但速率和增值都明显变小。估计当库水位再次上升到正常高水位时，抬升量还会有所增大，但不会有大的增加，以后将在高水位和低水位的涨落中反复调整变形一个较长的时间后，方能渐趋稳定。

（2）各坝段之间和同一坝段不同部位的变形有一定程度的差异，但差异量很小，且坝段之间变形呈连续渐变，没有突变、陡变点（图4）。120m廊道相邻坝块间的变形差一般小于1mm，最大差异出现在4号、5号坝块间，差异值在1.1～1.8mm间变动；随抬升量加大，差异量也加大。160m廊道7号坝段，左右两侧的静力水准点的相对位移差曾达到2.0mm；坝顶各坝段变形的差异较廊道略大，但多在1mm左右，最大为10号与11号坝段间的2.0mm；也有随抬升量加大，差异值相应增大的规律，但总体衡量。到目前为止，大坝相邻坝块间的差异变形，尚未明显影响建筑物的安全使用。

大坝基础廊道和坝顶的变形具有同步性。两处同一测次的变形量差别不大，变形规律（上升或下沉）基本一致（表4）。

表4　　　　　　　　　　　　120m廊道与坝顶相同坝段抬升量比较表

部　位		库水位/m	228.70～235.80	235.70	233.40	224.50～223.00	215.80～212.60	209.60～211.70
		测次	8	9	10	11	12	13
120m廊道（4～8号坝段）	平均变形量/mm		3.2	5.4	7.1	10.0	9.3	8.2
坝顶（4～8号坝段）			4.2	5.4	7.2	9.5	9.1	8.3

（3）坝基渗压监测成果表明，基础廊道内埋设在帷幕上游的测压管和渗压计的测值，随库水位同步变化；而帷幕后的测压管和渗压计的测值，则不具这种特点。160m横向廊道中监测的K202溶隙地下水位，两岸坝肩监测的绕坝渗流地下水位，也不受库水位的影响，表明坝基帷幕防渗作用未受坝基及近坝山体抬升的影响。

（4）库水位回落后，岩体的沉降量没有回落到原先相应的高度，表明岩体的变形包括弹性变形和塑性变形两个部分。且随着时间的延续，后者所占比例逐渐增大。这一性质，使岩体在每次库水位涨落中的抬升与沉降的变化幅度趋于减小，对保护岩体的工程性质不致急剧恶化是有利的。

（5）2002年江垭水利枢纽最终验收时，大坝及近坝山体的抬升还没有结束，水库蓄水位也没有能在正常高水位维持一个较长的时间。当时有专家根据递减趋势分析，最大抬升量将在38～40mm左右，时间可能再持续3～4年。据了解，至2008年抬升变形已基本稳定，稳定时的最大抬升量为41mm。持续至今未出现异常现象，各建筑物运行正常。

断裂构造的工程地质研究

一、概述

断裂构造是水利水电工程建设中引发各类工程地质和水文地质问题最普遍、危害性最大的一类地质现象。除了极少见的第四纪地层中的断裂构造外，兴建在其他各时代地层中的各类水工建筑物，都会不同程度地遇到断裂构造所带来的工程地质和水文地质问题。诸如区域构造稳定性和地震活动性，各类地质灾害的形成，水库和坝址岩溶渗漏，坝（闸）地基变形与稳定，各类天然和人工边坡稳定，洞室稳定等，无不常常受控于断裂构造。尽管随着勘察经验的积累，设计水平的提高，施工技术的发展，断裂构造对工程建设的影响已不像早年那样突出，但它仍然是工程勘测、设计和施工中最引起关注的地质现象。在长江流域的水利水电工程建设中，早期建设的丹江口大坝，紫坪铺大坝，南河水库，都因坝基断裂构造问题事前没有查清，开工后或者被迫下马停建或者停工研究对策；后期建设的大部分工程，包括一些大型和巨型工程，如东江、向家坝、铜街子、安康、隔河岩、五强溪、二滩、三峡工程、紫坪铺水利枢纽、皂市水利枢纽等，都曾在坝址、坝型比较、坝线选择，水库渗漏和库岸稳定评价，以及坝基、边坡、地下洞室等不同建筑物的工程地质问题研究中，遇到断裂构造所带来的特殊地质问题。

丹江口大坝 1958 年开工，1959 年河床坝基开挖后，于 9～11 坝段（右河床）发现 F_{16} 与 F_{204} 两条近顺河向断层，其交汇带宽达 30 余 m，且断裂构造岩性状极差。由于事前的勘察工作中将其遗漏，所以被迫暂停施工，补充地质勘测、试验、分析计算和研究处理方案。

柘溪水电站存在多条顺河向断层，其中河床左侧的 F_5 断层规模较大，性状较差，由于位于河床水下，其对工程的影响如何，一时成为工程设计的关键地质问题，为评价其工程地质特性，为工程设计提供依据，不得不采用开挖过河平洞的方法来加以查明。

紫坪铺大坝 1958 年开工后，由于事前的地质勘察工作深度不够，包括许多地质构造问题没有查清，被迫停工下马。2000 年重新开工建设，导流隧洞（泄洪排沙洞）施工中遇到坝区内规模最大的 F_3 断层，破碎带宽达 86m，引起严重塌方，为处理塌方，前后共用了 11 个月的时间。

乌江渡水电站坝基下的 F_{148} 断层是一条未在地表出露的缓倾角隐伏断裂，前期的地质勘察工作已将其位置、规模、性质完全查清，由于它在深部错断了作为防渗依托的页岩隔

本文为《长江流域水利水电工程地质》（2012 年 9 月）第 6 章 6.2.2 节 "断裂构造的工程地质研究" 内容。

水层，导致开工后不得不修改防渗帷幕的接头。

末水东江水电站位于燕山期花岗岩体上，岩体坚硬完整，但坝址区存在一条规模较大的 F_3 断层，在坝线选择时，充分考虑了该断层的影响，在准确查明断层位置的基础上，将坝线下移，避开了 F_3 断层，从而使拱坝的地质条件更加简化和优越。

铜街子水电站河床坝基两侧隐伏一组中低倾角的逆冲断层 F_3、F_6，错断了作为坝基抗滑稳定控制面的层间错动带，将其错断成高程不同的几个片区。断层和层间错动带的存在及相互关系，就成为枢纽布置方案选定和坝基变形、抗滑稳定分析及基础处理的关键。

安康水电站中孔坝段坝基 F_1' 缓倾角断裂与位于下游、倾向上游的 F_{18} 构成坝基深层抗滑稳定的不利组合。施工阶段补充进行了大量的勘测试验研究工作，并确定采用复杂的基础处理措施加以解决。

隔河岩水利枢纽坝基分布众多的顺河向断层，不仅对坝基稳定带来影响，而且沿断裂构造岩溶发育，构成坝基渗漏的主要通道，也给防渗帷幕的施工带来极大的困难。

乌江渡水电站、构皮滩水电站、江口水电站都有大的断层错断了封闭水库的隔水层，形成了库水可能向库外渗漏的通道，虽然勘察的结果证明无库水外渗之虞，但为查清岩溶水文地质条件，在分水岭地区所进行勘探工作难度极大。

三峡工程永久船闸区开挖高边坡地段，岩石为花岗岩，岩体完整，仅有几条规模不大的断层；但有两条走向与边坡走向呈小角度相交的小断层，在开挖边坡上形成体积为 1 万～2 万 m^3 的大型滑移块体，采取昂贵的工程措施加以处理。

三峡工程地下电站岩体为花岗岩和闪长岩，大部分属质量好的Ⅰ、Ⅱ类岩体，但在左安装间和 1 号机下游边墙，有一条长度不足 100m 的 F_{10} 断层，与边墙呈小角度相交，与另一条小断层交汇构成不稳定楔体，由于其方量较大，边墙空间布置足够的锚索有困难，不得不在楔体下部对断层进行局部置换，加设阻滑键。

江垭水电站坝址区断裂构造不发育，没有规模很大的断层，有一条小断层 F_{10} 通过厂房顶拱，是厂房顶拱渗水的主要通道，采取沿断层灌浆，打交叉排水孔排水，表面封堵，仍不能完全疏干，最后在出水较多的地方埋设导管将水导走。

近年来在我国西部地区兴建的大量水利水电工程，由于地处复杂的地质构造环境，断裂构造所带来的工程地质问题，更加多见，条件也更为复杂。较典型的如锦屏高拱坝（最大坝高 305m）左坝肩的 F_5、F_8 等断层，位于拱端岩体应力范围内。针对上述断层及破碎的煌斑岩脉，对左岸坝肩岩体进行了复杂的基础处理，共开挖 5 层置换洞及洞间斜井，构成网格状混凝土置换洞群，以及数条跨越断层及岩脉的抗剪传力洞，并加强岩体的固结灌浆。另一个典型的例子是涪江武都水利枢纽，该枢纽大坝坝基有数条相向倾斜的中缓倾角断层，构成类似安康水电站坝基双滑面深层抗滑稳定问题（图 1）。花了很长的时间研究处理方案和进行基础处理施工。武都枢纽大坝基础开挖和处理工程量（含渗控工程）的费用，占主体工程土建工程投资的约 30%，而对一般工程和地基较复杂的工程，该比例分别仅为 6%～8% 和 10%～15%。

综上所述可以看出，断裂构造不论出现在何种类型的水利水电工程中，以及水工建筑物地基中的哪个部位，甚至不论其规模大小，只要条件合适，都可能给工程建设带来复杂的技术问题。因此，到目前为止，查清断裂构造的位置、分布、规模、性质及其对工程建

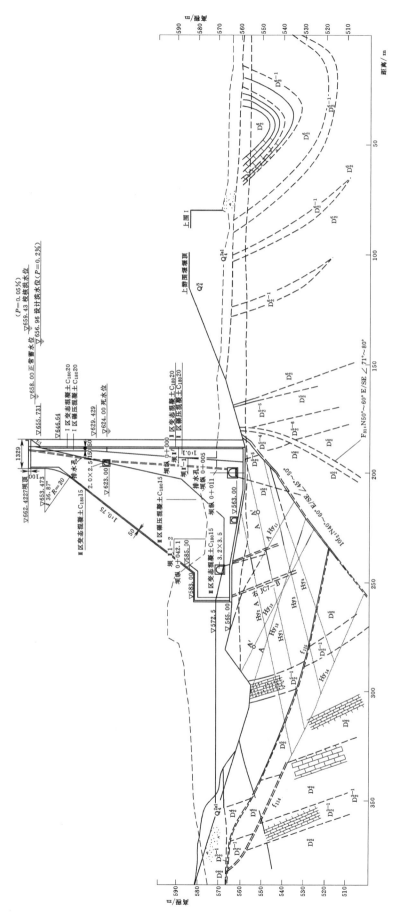

图 1　武都枢纽坝基下数条相向倾斜的中缓倾角断层（引自《重力坝设计 20 年》）

设的影响，仍然是水利水电工程地质勘察工作最重要的任务和内容。而为了查清断裂构造的情况，所付出的勘察工作量常常也是最大的。例如，柘溪水电站、向家坝水电站、皂市水利枢纽、五强溪水电站、紫坪铺水利枢纽等都因为查清河床是否存在顺河断层及其性质，在河床下开挖过河平洞。三峡工程在前苏联专家的坚持下，计划开挖横跨长江的江底平洞，并已在右岸中堡岛开挖了深 90m 的施工竖井，后因苏联专家撤走，在中国专家的反对下停止继续开挖。而在岩溶分水岭地区，为查清断层错动所造成的岩溶渗漏问题，钻孔深度常常在 500m 以上。有很多工程是在开工后又补做勘察工作，查明有关断层的情况，给工程设计和施工带来被动。

二、断裂构造的工程地质研究

断裂构造的工程地质性质及其对工程的影响，取决于断裂构造的诸多特点及其与建筑物的关系，主要有以下几个方面。

（一）断裂带构造岩的性状研究

断裂带构造岩的性状，是决定断裂构造工程地质性质好坏最重要的特性。胶结好的构造岩对建筑物不构成或只构成很小的影响；而软弱、破碎的构造岩，一般来说不论对哪一种水工建筑物都会带来不利的影响，有时甚至是很大的麻烦。断裂构造岩的性状通常取决于以下几个方面：

（1）围岩的类型。一般来说碳酸盐岩，特别是较纯的灰岩中，构造岩常常是胶结得很好的。这类岩石中的断层，其工程地质问题常常转化为沿断层发育的岩溶问题，如乌江渡水电站上坝址的 F_1 断层（白流水断层）是一条区域性大断层，地层断距达数百米，寒武系直接与三叠系接触，有数十米宽的角砾岩带，但胶结得非常好，与两侧好岩石浑然一体，但沿断层发育有一大暗河（白流水暗河），枯水期流量接近 $1m^3/s$。乌江、清江流域兴建在岩溶地区的其他众多水利水电工程，断层带的性状都具有类似的特点。碎屑岩类岩石中发育的断层，其构造岩一般性状较差或很差，以泥岩、泥质粉砂岩及长石砂岩中的断层构造岩为最，常常演化为以高岭石、伊利石为主的断层泥。典型的如紫坪铺水利枢纽的 F_3 断层，发育在砂页岩互层地层中，断层带主要由糜棱岩、角砾岩、断层泥和片状煤质页岩构成，最大厚度可达 80 余 m，胶结很差，遇水即成泥，性状极坏。火成岩中的断层构造岩其性状差别很大，既取决于岩性，又取决于后期热液活动的程度及类型。一般发育在基性岩中的断层，由于母岩中含有大量的基性矿物，除常次生蚀变为绿泥石类黏土矿物外，条件合适时常演化为性状极差的蒙脱石、皂石类黏土矿物。丹江口枢纽右河床，发育于辉长辉绿岩中的 F_{16}、F_{204} 断层，其构造岩为三软木—海泡石类黏土矿物，性状极差，给工程处理造成很大的麻烦。河南青山水库坝基岩体中，辉绿岩脉侵入大理岩中，交代蚀变风化为皂石，构成性状极差的夹层。三峡工程的断层，后期由于以花岗岩质为主的热液活动的重结晶作用，构造岩胶结得都很好，即使是规模很大的断层，如高家冲断层（F_{23}），长达 16km，岩石学意义上的构造岩带宽达 $20\sim30m$，但真正软弱的构造岩宽度 $5\sim15cm$，不论对坝基还是永久船闸高边坡都没有造成不利影响。变质岩中的断裂构造岩的性状取决于变质岩的类型，一般来说，片麻岩、混合岩及石英片岩等深变质岩中的断层性状较好，多为碎块、碎屑夹泥，少有厚的夹泥层；而片岩、千枚岩、板岩，尤其是以绿泥石、黑云母、绢云母等矿物为主的片岩、千枚岩，其性状大多是很差的。如汉江安康水电站坝基岩体主要为绢绿、绿英千枚岩及绢云母千枚岩，几条较大的断层构造岩性状都很差，以断层泥和糜棱岩为主，黏土矿物中含有一定量的蒙脱石。

（2）断层带的规模。一般来说，规模愈大的断层（一般都是用长度衡量其规模），所受的构造错动愈强烈，所形成的构造岩带的规模（宽度）也愈大，构造岩的性状也愈坏。根据长江流域一些工程断层的统计，不考虑区域性断裂，仅工程区范围而言。长度 10～15km 的断层，其构造岩带的宽度（不包括两侧影响带，因为影响带缺乏统一的岩石学标准）通常在 10～20m 左右；长度在 10～5km 的断层，构造岩的宽度一般也在 5～10m 间；长 5～1km 的断层，构造岩的宽度一般 3～6m；长度在 1km～500m 的断层，破碎带的宽度一般小于 4m；而长度小于 500m 的断层，破碎带的宽度多在 2m 以下。这当然只是一般的情况，会有许多的例外，但就规律而言，断层的规模愈大，构造岩的宽度也愈大。

（3）断层的性质。断层的性质即断层的类型。一般构造地质学的分类分为：正断层、逆断层、平移断层三大类；按地质力学的观点，则分为压性、张性、压扭性、张扭性等几大类。断层的性质（类别）之所以会影响构造岩的性质，是因为断层的性质反映了断层形成时的力学条件，动力学、运动学的特点，从而直接影响了构造岩的特性。通常压性、压扭性断层的构造岩以碎粒岩、碎粉岩等细粒类构造岩为主，胶结较好或较密实，构造岩带透水性小，构造岩带的宽度变化也较小；而张性、张扭性的断层，构造岩则以压碎角砾岩、角砾岩、粗碎裂岩等为主，构造岩胶结差，较疏松，透水性较强，易风化蚀变。三峡工程坝基岩体中的断层，由于形成时的力学条件不同，工程地质性状有明显的差异。NNW 组和 NNE 组断层，是坝区的两组主要断裂，数量多、规模大，但由于多次构造运动中长期处于压性、压扭性受力环境中，又为后期热液活动重结晶，构造岩为强度很高的坚硬岩，饱和抗压强度、变形模量、透水性都与围岩相去不多，没有给工程处理带来大的不利影响；而 NE—NEE 组、NWW 组断层，虽然规模小，数量相对也较少，但由于在后期的构造运动中，均处于张性或张扭性应力环境中，形成胶结很差的角砾岩、碎裂岩，进一步风化蚀变为似豆腐渣的断层泥，是三峡工程岩体中的主要地质缺陷，如升船机上闸首地基中的 f_{548}，永久船闸边坡出露的 F_{215} 等。三峡工程坝基岩体断裂构造岩的这些特点，给工程地质勘察提供了一个重要的研究标志。若在地基岩体中发现 NNW、NNE 向的断层，即使规模很大，也不必担心它会带来很不利的影响；反之，若是 NWW 组或 NEE 组断层，即使规模不大，也要从具有性质很坏的构造岩出发，分析对建筑物的可能影响。若在钻孔岩芯中发现断层构造岩，根据构造岩的性状，就可以基本判定是属于哪一组断层，从而确定其大致走向，再结合周围钻孔的分析，可以较准确的确定该断层的产状。基坑开挖后的验证表明，勘察阶段所确定的断层（包括一些规模不大的断层），其位置、产状、规模、构造岩的性状等都是基本准确的。当然，在实际工作中，由于断层在不同构造运动时期处于不同的应力部位，构造岩的特点具有混合型，差别不是特别明显，这时构造岩的性状常取决于主要活动期或最后一期活动时的应力环境。

（4）断层形成的时代。一般来说，形成年代老的断层，由于后期的压密作用，再胶结作用，重结晶作用，构造岩的性状一般较好；年代越新的断层，构造岩通常胶结都很差，性状较坏。因此，新地层中的断层，构造岩大多是松散未胶结的。老地层中的断层，由于断层特别是一些较大的断层通常都具有多期活动的特点，这种规律就显得不突出。实际上，老地层中的断层，其性状多取决于其后期活动的性质及强度。有些规模很大的老断层，由于后期活动强度减弱，性状坏的构造岩宽度也是很小的。对于稳定和较稳定的地台和准地台区，这个特点表现得还是比较明显的。

（二）断层的产状及其与建筑物的关系

断层的产状及其与建筑物的关系，也是决定断层工程地质条件好坏的重要因素。水利水电工程地质勘察，通常按产状将断层划分为 3 类：陡倾角断层，倾角大于 60°；中倾角断层，倾角小于 60°，大于 30°；缓倾角断层，倾角小于 30°。一般来说，陡倾角断层的危害相对较小，除了位于拱坝坝肩部位构成侧向滑动控制面和下游大压缩变形软弱带，以及边坡开挖过陡，导致断层在边坡出露，陡倾角断层可能成为控制性结构面外，多数情况不会构成复杂的地质问题。例如出露于坝基下的陡倾角断层，即使规模较大，这些年所积累的经验，处理起来并不困难；缓倾角断层就产状而言是条件最差的，不论对哪一种水工建筑物，也不论它处于建筑物的什么部位，一般都会带来比较麻烦的工程地质问题。当其位于坝（闸）基下，会成为建筑物抗滑稳定的控制性结构面；位于边坡上，可能成为大的滑移块体的底滑面；位于地下洞室顶拱，会造成顶拱岩体的大面积塌落，出露于边墙，会造成边墙岩体失稳；即使是在冲刷坑和消力塘部位，若岩体中存在缓倾角断层，在高速水流形成的负压和脉动水压作用下，很容易被大面积掀起破坏。缓倾角断层带来的另一大难点是工程处理十分麻烦，由于产状平缓，在建筑物基础下分布范围大，地表不出露或出露范围很小，通常所采取的工程处理措施都比较复杂。中倾角断层所带来的问题，视其倾角大小及其与建筑物的关系不同而不同，有时与陡倾角断层的问题相似，有时又与缓倾角断层一样，带来复杂的工程地质问题。更多的情况是，中倾角断层如出露在边坡、边墙、拱坝坝肩等部位，其带来的危害有时比缓倾角断层还要大。如前所述，三峡工程永久船闸高边坡和地下厂房边墙几处大的不稳定块体，都是几条规模很小，与边坡、边墙走向交角很小的中倾角小断层造成的。

三、几个典型工程的断层影响及处理

（一）丹江口工程 9～11 坝段 F_{16} 和 F_{204} 断层

丹江口工程位于汉江中游，在支流丹江汇口处下游 800m 的汉江干流上。坝型：河床为重力坝，两侧连接土石坝；正常高水位 175m，最大坝高 97m（初期按坝顶高程 162m，蓄水位 157m 建设）。工程于 1958 年开工，1967 年按初期规模完建（2010 年已加高到坝顶高程 182m）。

丹江口大坝坝基为前震旦系辉长辉绿岩和闪长玢岩，岩体坚硬完整，强度高，但断裂构造较发育，以走向与河流呈小角度相交的 NNW 组和 NNE 组为最。其中 F_{16} 和 F_{204} 断层，由于规模较大、构造岩性质很坏，二者在左河床 9～11 坝段相互靠拢，形成了一个宽达 13～30m 的断层交汇区（图 2）。在前期勘察阶段遗漏了这样一个重大的地质缺陷，基坑开挖后才发现，不得不补充勘察，进一步查明情况，同时进行大量的试验和分析计算工作，研究对策和处理方案。

F_{16}断层走向 N28°～42°W，倾向 NE（左岸）∠67°～84°，由 10 坝段上游斜穿至 11 坝段下游。断层带宽度不论在水平或深度方向变化都较大，且由地表向下有逐渐加宽的趋势。基坑表部宽 3～6.5m，但在基坑表面下 12～60m 范围内，最大宽度变为 9～11m。构造岩主要为坚硬糜棱岩、软弱糜棱岩、含角砾糜棱岩、块状破碎岩，破碎带两壁有宽20～40cm的山软木—海泡石构造黏土岩；在破碎带内，也分布有多条宽数厘米的山软木—海泡石构造黏土岩和软弱糜棱岩，时而平行时而斜交穿插于构造岩带中，形成透镜状或缟状构造，使断层带构造岩结构复杂，性状极差。

F_{204}断层走向 N10°～37°W，倾向 NE（左岸）∠75°～88°，分布于 9～10 坝段之间，延伸方向稳定。破碎带宽度变化大，在坝轴线上游 15m 处宽约 5m，在坝轴线下游 15m 处最窄，宽不足 1m。断层东壁较平直，有较明显的滑动面；西壁滑动面不清，呈锯齿状。构造岩以坚硬糜棱岩为主，次为含角砾糜棱岩及块状构造岩，沿断层面或局部地段见有软弱糜棱岩。西侧断层影响带多为块状构造破碎岩，一般宽 5m；东侧影响带则与 F_{16} 断层相互作用而形成构造交汇区。

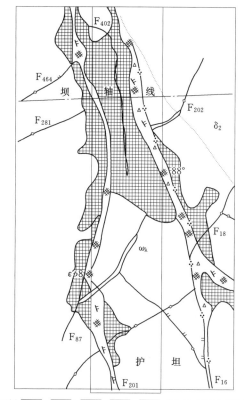

图 2　丹江口大坝左河床 9～11 坝段坝基 F_{16}、
F_{204} 断层交汇带地质素描图
（引自汉江丹江口水利枢纽初期工程设计总结）
1—构造黏土岩；2—糜棱岩；3—角砾岩；4—块状岩；
5—岩层界线；6—绿色变质辉长辉绿岩；
7—变质闪长岩；8—断层及其编号

两断层形成的构造交汇区占据了 10 坝段的大部，9 坝段和 11 坝段的部分。坝轴线上游宽约 13m，坝轴线处宽约 10m，坝轴线下游宽约 30m。交汇区的岩石主要为块状构造破碎岩，分布于轴线上游 15m 至坝轴线下游 40m 之间。此外，在坝轴线下游 15m 处有一面积约 100m^2 的糜棱岩体，并在深部常夹有大小不等的透镜状糜棱岩。在交汇区内，发育有 40 余条不同方向纵横交错的小破碎带，其中的岩石更为破碎。

两断层带的构造岩性质极为复杂，主要构造岩有：

山软木—海泡石构造黏土岩。灰绿色，风化后呈乳白色、土黄色，呈片状平行滑动面产出，片厚小于 0.5mm，具滑感，性极软脆。山软木和海泡石与蒙脱石相似，均属层链状结构黏土矿物，亲水性极强，性状极差，是角闪石在多次构造运动作用下动力变质和适当的环境水参与的产物。

软弱糜棱岩，灰绿色或深灰色，土状构造，微具片理，质松软，表面稍具滑感。黏土矿物主要为绿泥石，次为蒙脱石。软弱糜棱岩所经受的构造应力作用虽较山软木—海泡石构造黏土岩为小，但仍属于性状极差的软弱构造岩。

坚硬糜棱岩，为灰绿色，呈土状，结构松软，稍用力即可掰裂；含角砾糜棱岩中的角砾仍属坚硬糜棱岩，多呈浑圆状，大小不一，为基底式胶结；胶结物仍为糜棱岩，稍击即从角砾胶结面裂开。

块状构造破碎岩，为构造破碎带两侧的影响岩体，块度一般小于 10cm，原岩结构及组分未遭破坏，但岩块表面常具糜棱化，部分块隙间有糜棱岩或绿泥石。岩块强度比原岩有所降低。

软弱构造岩，性状差，强度很低，单轴饱和抗压强度 $0\sim2.4MPa$，弹性变形模量仅 $290\sim480MPa$，约为完整岩石的 $1/15\sim20$，且遇水极易崩解。坝基不均匀变形和渗透变形问题突出，必须进行认真处理。经过计算和模型试验，确定的处理方案如下：

处理措施主要采用楔形梁、将坝体应力传至两侧较完整的岩石上。顺水流方向布置 6 道楔形梁，1 号梁位于坝轴线上游 31.8m，6 号梁位于坝轴线下游 510m。

根据计算和模型试验，楔形梁（混凝土塞）高 10m，两侧置于较完好的岩石上。梁深以梁体及周边不会发生拉应力为准。基坑开挖至利用岩面高程 85m 后，将破碎带及交汇区继续挖深 10m，至高程 75m，两侧挖成 $1:0.3\sim1:0.5$ 的坡，并进行固结灌浆（图 3）。

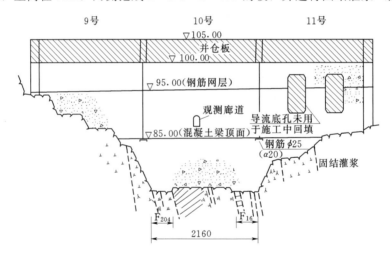

图 3　丹江口大坝坝基 9~11 坝段 F_{16} 和 F_{204} 断层交汇区结构设计布置图（单位：cm）
（引自《汉江丹江口水利枢纽初期工程设计总结》）

试验表明，梁底以下的破碎及软弱构造岩，水泥灌浆无效，因此，在防渗帷幕线上的楔形梁底部，再开挖 10m 深的窄槽、浇筑混凝土防渗齿墙。墙底及两侧与基岩接触面先进行接触灌浆，齿墙下钻设 25m 深的丙凝灌浆防渗帷幕。在楔形梁伸出上游坝面的部分，于梁顶面适当回填黏土，作为辅助措施。

坝体在高程 95m 以下取消宽缝改为横缝灌浆，以加强三个坝段的联合受力作用。在高程 99.60~105.00m 铺设一层 5.4m 厚的并仓板，并仓板底部铺一层钢筋网，并仓板以上再恢复纵横缝浇筑，纵横缝均进行灌浆，使 9~11 三个坝段连成整体受力。

通过上述认真复杂的基础处理，9~11 坝段的稳定得到了充分的保证，经过 40 年的运用，各项监测资料表明，坝体及地基均处于良好的工作状态。

丹江口水库是南水北调中线供水水源地，为适应南水北调中线工程的需要，丹江口大坝已加高到原定的设计蓄水位。由于原有的基础处理措施是按照最终规模进行的，完全满足大坝加高的要求。

（二）安康水电站中孔坝段深层抗滑稳定基础处理

安康水电站位于汉江上游干流河段上，坝型为混凝土重力坝，最大坝高128m，坝顶长541.5m，自右至左分为：右岸非溢流坝段、厂房坝段、表孔坝段、中孔坝段及左岸非溢流坝段。

坝址位于南秦岭东西向加里东褶皱带内，地层主要为下古生界火山建造及类复理式建造的浅变质岩，岩性为一套浅变质的片岩、千枚岩，少量灰岩及炭质岩系，厚度大，岩性变化迅速。建筑物地基的主要岩石为：震旦系跃岭河群的绢云母千枚岩、绿泥石千枚岩、绢绿千枚岩，岩性软弱，多为半坚硬岩。

岩层走向一般为NW280°～300°，倾SW，倾角40°～70°，厂房坝段岩层倾角局部变为15°～30°，岩层总体倾向上游偏左岸。

坝区断裂构造很发育，建筑物地基共编录大小断层148条。中陡倾角断层和缓倾角断层各发育4组，且二者倾角变化都很大。断层带内的构造岩，多为断层泥、未胶结糜棱岩、岩屑、岩块组成，抗剪强度低，因而在坝基的不同部位，由缓倾角断层和倾向上游的中-缓倾角断层、组成了不同型式的深层滑移块体；中孔坝段、表孔坝段、厂房坝段、右坝肩及左岸非溢流坝段，都存在坝基抗滑稳定问题，只是由于组合条件的不同，出露条件的好坏和稳定性的差异，采取不同的处理方案。其中以中孔坝段的深层抗滑稳定条件最差，处理措施也最最复杂，仅以此为例。

中孔坝段坝基岩石为震旦系跃岭河群第五层绢绿、绿英千枚岩和第四层绢云母千枚岩。片理走向NW290°～280°，倾SW，倾角50°～60°。坝基岩体属微风化，断层及顺层挤压带发育。其中出露于坝趾下游约30m的F_{18}断层，倾向上游，倾角25°～30°，断层带宽0.3～3.0m。F_{18}断层的上盘，发育一条贯穿整个坝基的缓倾角断层f_1^b，走向NE17°，倾SE，倾角16°。破碎带厚1.0～3.7cm。F_{18}与f_1^b联合构成坝基深层滑移的滑动边界，而走向断层或片理构成上游切割面，F_{64}^b为左侧切割面，F_{226}^b及F_{232}^b等近南北向断层构成右侧切割面，形成一个形态较完备的滑移块体（图4）。

f_1^b与F_{18}构造岩由断层泥、未胶结糜棱岩及岩屑、岩块组成。其中断层泥含量占8%～36%，泥与碎屑混合型占50%～96%，碎屑、碎块占17%～47%。黏土矿物一般由伊利石、绿泥石、蒙脱石及高岭石等组成。f_1^b为起控制作用的底滑面，断层夹泥的天然含水量11%～16%，低于塑限，处于密实状态。对断层带进行了8组原状样中型剪试验，及8组夹泥原状样室内土工试验。峰值强度算术平均值分别为：$f'=0.29$，$c'=124.6kPa$与$f'=0.35$，$c'=35.8kPa$；二者加权平均值为：$f'=0.32$，$c'=80.2kPa$。最终的建议值为：

f_1^b：$f'=0.31$，$c'=2.9kPa$；

F_{18}：$f''=0.30$，$c'=4.9kPa$。

采取的处理措施是在缓倾角断层f_1^b设置混凝土抗剪洞塞为主的综合加固处理方案。包括：①在f_1^b上设置5条宽4m、高5m的混凝土抗剪洞塞；②建基面出露的浅层断层尽

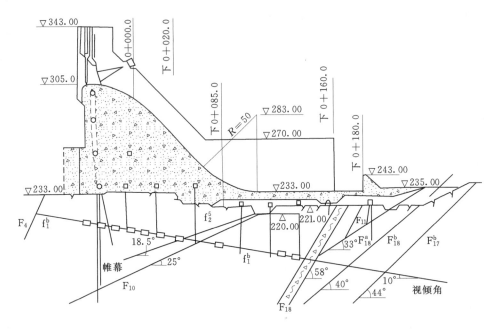

图 4　安康水电站坝基 F_{18} 与 f_1^b 联合构成深层滑移的滑动边界

（引自《重力坝设计 20 年》）

可能清除，F_{18}、F_{23} 等断层采用混凝土塞处理；③坝基及消力池基础范围内，全面进行固结灌浆；④坝踵附近及消力池末端，设置封闭帷幕及多道基础排水系统，以降低扬压力；⑤消力池底板厚度由 5m 增加到 7m。除 5 条主洞外，还利用原有勘探洞及新挖两条洞布设 4 条辅助洞，洞高 3m，宽 2m。上述 9 条洞构成网格状混凝土洞塞系统（图 5）。

（三）紫坪铺水利枢纽泄洪排沙洞 F_3 断层的危害及处理

紫坪铺水利枢纽位于岷江下游，都江堰上游 9km 处。坝型为面板堆石坝，最大坝高 156m。除挡水建筑物外，其他主要建筑物尚有溢洪道、发电引水洞、泄洪排沙洞等。

紫坪铺水利枢纽工程在大地构造上位于龙门山地槽褶皱带的中南段，基本构造格架由三条北东向压扭性区域性大断裂和两个复式背斜所组成。坝区基岩为三叠系上统须家河组的一套湖相含煤砂页岩地层，可划分 15 个韵律层。其中砂岩为硬岩，约占 50%，粉砂岩、煤质页岩及泥质粉砂岩为软岩及极软岩，约占 50%。坝区地层走向 N50°～60°E，NW 翼倾角陡，倾角 60°～70°；SE 翼稍缓，倾角 45°～60°。

坝区断裂构造发育，其中规模大和建筑物关系密切的是 F_3 断层，1 号、2 号泄洪排沙洞，直接穿过该断层，给工程建设带来很大的影响。

F_3 断层走向 N50°～70°E，倾 NW，∠60°～75°，断层带宽度大，宽达 55～87m；构造岩主要由糜棱岩、角砾岩、断层泥和片状煤质页岩组成，性状极差。天然含水量 6.4%～9.8%，粘粒含量平均 36%，粉粒含量平均 27%，垂直渗透系数 1.5×10^{-6}～4.8×10^{-8}cm/s，室内固结快剪 f 值变化于 0.24～0.48 之间，平均 0.33。断层带内较干燥，但上盘含有较丰富的地下水。

1 号和 2 号泄洪排沙洞在洞的后段均穿过 F_3 断层带，其中 1 号泄洪排沙洞在洞深 0+

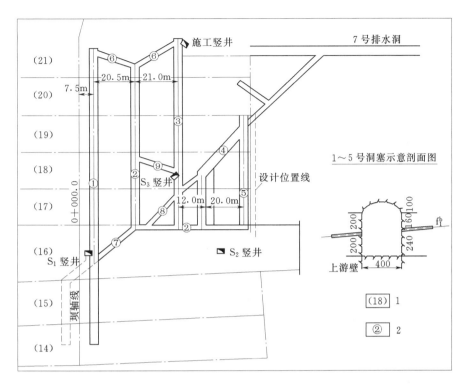

图 5　安康水电站中孔坝段深层抗滑稳定处理抗剪洞塞平面布置图（单位：cm）
（引自《安康水电站中孔坝段深层抗滑稳定基础处理工程地质报告》）
1—坝段及编号；2—抗剪洞塞及编号

460.826～0＋602.524（段长 145.698m）为 F_3 断层带及影响带分布区，主带宽 80m。断层走向 N45°～75°E，倾 NW，∠70°～85°，断层带物质由片状岩、糜棱角砾岩、断层泥组成，挤压揉皱强烈，错动镜面发育，极其软弱破碎。层带中常见线状或小股水流，软弱构造岩遇水扰动即呈塑流状。断层下盘影响带宽达 55m，围岩层间剪切带和裂隙十分发育，岩体多呈碎裂散体结构。不论主断带或影响带，成洞条件极差，施工中曾发生多处大塌方，塌落高度最高达 4.5m。由于 F_3 断层带及影响带分布长度很大，断层带物质多呈软塑状或塑流状，给施工带来极大的困难，采用大小管棚施工，钢支架浇混凝土，系统锚杆，回填灌浆及重点段的钢管桩支护等复杂的施工方法，才得以通过。为通过该洞段和处理塌方事故，前后共用了 11 个月的时间。

（四）三峡工程永久船闸三闸室中隔墩左边坡 f_5 断层的影响及处理

三峡工程双线五级永久船闸，系在坝址左岸山体中开挖形成。

船闸区主要岩体为前震旦系闪云斜长花岗岩，主要断裂为走向 NNW 和 NNE 两组，构造岩性状较好，与船闸轴线交角均大于 30°；与轴线交角较小的两组断裂构造（NEE 组和 NWW 组）性状较差，多为未胶结的碎块和碎屑，但规模小，多为裂隙性小断层。

f_5 断层总体走向 275°～291°，倾 NE，倾角 65°～84°，与边坡走向进近平行延伸长 206m。断层由五个裂面组成，裂面起伏粗糙，延展性较差；断层总宽 0.2～1.5m，局部宽达 2.0m，向上游变窄。构造岩多呈半疏松—半坚硬状，以黄褐色碎裂闪云斜长花岗岩为主，仅于断面附近断续分布约 2.0cm 厚的黄褐色碎裂岩，呈透镜体状，断面附近偶见 0.5～2cm 大小的方解石晶体，具溶蚀晶洞。

f_5 断层出露于永久船闸三闸首至三闸室中隔墩部位。该部位开挖后的形态复杂（图 6），三闸首部位中隔墩顶面高程 159.80m，往下游至三闸室中隔墩顶面高程降为 138.80m。两侧闸室底板高程由 112.75m 降至 92.20m。该地段中隔墩两侧直立墙高 47～67m。

由于 f_5 断层走向与中隔墩轴线方向夹角很小，延伸较长，倾向左线闸室，成为影响该部位中隔墩北侧高边坡稳定性的关键因素和控制性结构面。

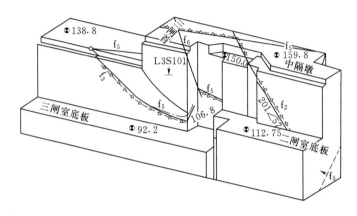

图 6　三峡船闸三闸室中隔墩北侧由 f_5 切割形成的
L_3S101 不稳定块体立体示意图

由图 6 可知，f_5 断层与 f_2 结构面组合切割形成块体 L_3S101，该块体位于左线三闸首南坡及闸首下游支持体部位。f_5 断层为滑移控制面，f_2 为侧向切割面，沿 f_5 断面向左线闸室临空方向形成单面滑移块体，造成了该部位中隔墩岩体潜在的稳定与变形问题。

L_3S101 块体，方量达 24300m^3，为永久船闸体积最大的块体，最大水平埋深 30m。其内被数条较长大结构面切割形成了 5 个次级块体，其中次级块体 $L_3S101-2$、L_3101-3 方量分别达 3240m^3、1500m^3，这些次级块体的存在更恶化了 L_3S101 块体的整体性和稳定性。

当中隔墩北侧直立坡开挖到高程 143m 时，地质人员即对 f_5 可能构成的大块体进行了预测预报和敏感性分析。分析计算结果表明，当 f_5 断层走向取 282°，倾角取 65°～70°，f 和 c 值分别取 0.7 和 0.1MPa 时，该块体的稳定安全系数 K_c 为 0.83～0.94；当 c 值取 0.15MPa 时，K_c 为 1.12～1.24，仍不能满足安全系数 1.5 的要求。鉴于该块体位于受力复杂的闸首部位，需进行综合处理，以确保该块体的稳定性满足设计要求。

经对各种处理方案进行认真分析、计算和比较后，决定采用以锚索锚固为主的综合方案进行处理：

（1）修改原开挖线，在不影响船闸结构设计的情况下，尽量减少该块体的方量，将该部位原开挖线向南移 0.7m，原高程 134.50m 处的 1.0m 宽的管线廊道台阶变为 0.3m 宽，使该块体的体积减小了 1200m^3。

（2）计算分析表明，为满足稳定要求，需在原系统锚索的基础上，另增加 172 束 3000kN 级锚索，加上原系统锚索，该块体的实际锚索数量为 217 束。另外对分布其中的小块体进行锚杆锚固。所有锚固措施需随开挖梯段及时实施。

（3）在高程 135m 及 122m 处布设两层排水孔，以减少渗水压力对块体的影响。

（4）严格施工开挖爆破控制，按每梯段 5～6m 进行槽挖预裂爆破，预留 3m 宽的保护层，保护层皆采用手风钻钻孔并光面爆破。以确保 f_5 断层的 c 值不致受开挖影响而大幅降低。

（5）加强监测。该块体段除原有布设的三条外部变形监测断面外，又布设了 2 个钻孔倾斜仪，8 个锚索测力计，另有 2 套多点位移计，专门对 f_5 断层切割形成的 L_3S101 块体进行变形监测。

监测成果及运行两年多的资料表明，经过综合处理后，f_5 断层切割形成大型块体没有出现变形异常。

长江流域主要工程地质问题评述

长江流域地域广阔，所处自然环境及地质条件极其复杂。一个显著的特点是自西向东，横跨中国三大地形地势阶梯带。这三大阶梯的形成，是长期地质历史发展的产物，尤其是青藏高原隆升以来构造运动的产物。它不仅是地形、地势巨大差异的分界，也是一系列内、外动力地质作用性质、强度迥然不同的分界。它决定了流域内自西向东不同河段地质构造、地层与岩类、河谷类型与结构、新构造运动、区域构造稳定性与地震活动性、外动力地质现象等的显著差别，从而构成了流域东、中、西部地质本底特征和工程地质条件的巨大差异。本书第四节长江流域工程地质分区的一级分区，就是依据三大阶梯及其间的两大地貌梯度带，结合地壳厚度陡变带和布格重力梯度带所反映出的地壳结构的差异，将长江流域划分为三个大区。三大区穿越干流的位置大体在宜昌和宜宾新市镇附近。新市镇在宜宾上游约 80km。从便于应用的角度，仅就干流而言，可概略将宜昌以东定为流域的东部，宜昌至宜宾为中部，宜宾以西为西部。

由于我国的各项建设重点是由东部向西部逐渐推进的，因而各个时期所遇到的主要工程地质问题也不尽相同。早期中、东部水利水电工程建设中所遇到的主要工程问题，在1974 年出版的，由原水利电力部科学研究所和原中科院地质所联合编写的《水利水电工程地质》一书已做了较全面的归纳，本节仅做一概略的回顾，重点对近 10 余年来在西部水利水电工程建设中遇到的几个突出问题做一简要评述。

一、流域东、中部地区水利水电工程建设中曾遇到的主要工程地质问题

（1）特殊土上的水利工程建设。长江中下游地区分布有众多类型的特殊土，其中分布广泛，危害较大的特殊土有软土、红土及膨胀土等。早期在这几种特殊土上兴建的堤防、渠道、涵闸、泵站及其他水工建筑物，由于缺乏经验，经常会带来复杂的工程地质问题。如在长江三角洲、长江中下游两岸地区、洞庭湖、鄱阳湖、太湖周边分布的软土及淤泥质土，就曾经给堤防、涵闸、土石坝等的建设带来地基沉降、变形、稳定问题。这些问题目前依然存在，但随着工程经验的积累，只要事先勘察清楚其位置、范围及物理力学性质，一般已不再成为工程建设的重大威胁。红土在云南、贵州、湖南、江西、安徽、湖北南部有广泛分布。红土虽具有裂隙性、弱膨胀性等特点，但由于红土密实、强度高，一般经过适当处理，都能适应工程的要求。膨胀土在长江流域分布广泛，危害性在各类特殊土中也最大，包括对渠道及其他各类工程边坡、建筑物地基等造成重大危害。如河南、安徽、四

本文为《长江流域水利水电工程地质》1.3.2 节流域主要工程地质问题评述改写。

川、湖北、陕南等兴建的众多各种类型的渠道，挡水、挡土建筑物，移民新城等，都曾长期受到膨胀土带来的困扰。对它的工程特性和处理措施的研究也一直不间断地在进行。目前，对中小型水利水电工程和单体建筑物地基膨胀土的处理已经有一些成功的经验，但对像南水北调中线工程这样较大范围分布有中、强膨胀土的特大型渠道，如何经济、有效、便于施工地处理好膨胀土渠坡稳定，仍在深入研究中。

（2）岩溶渗漏。长江流域分布有大面积碳酸盐岩地层，尤其是滇、贵、川东南、湘西、鄂西地区，是我国高原型、山地型岩溶最发育的地区。早期兴建在这些地区的许多水库，都因缺乏经验而在建成后产生严重的水库渗漏或坝基、绕坝渗漏。小型水库此类病害较为普遍，大中型水库中，较为典型的有贵州猫跳河 4 级水库，云南以礼河水槽子水库等。岩溶渗漏问题，由于接受国内外的经验教训较早，所以后期兴建的大中型水库，少有发生严重岩溶渗漏问题的。但小型水库，特别是修建在岩溶山地、丘陵、分水岭地带，坡立谷、岩溶洼地中的小型水库，时至今日，岩溶渗漏问题仍时有发生。

（3）断层破碎带和破碎岩体。水利水电工程建设，从一开始起就遇到复杂地质构造、岩体破碎和大型断层破碎带所带来的工程问题。最典型的如岷江紫坪铺、湖北南河胡家渡等，都是位于区域性倒转褶皱、推覆构造部位，形成叠瓦式构造或逆冲断层带，坝区断层发育，岩体破碎。当时由于缺乏经验，遇到这样复杂的问题有些束手无策，工程被迫停工下马。对建筑物地基出现断层破碎带，尤其是河床存在破碎带的情况也有种恐惧心理，因而对它的勘察研究也比较重视。最典型的是 1958 年汉江丹江口大坝 F_{16}、F_{204} 两条断层，走向呈小角度交汇，在河床坝基 9～11 号坝段形成了宽大破碎带，前期勘察中遗漏了它的存在，施工中暴露出来，对工程建设造成很大影响。乌江渡、隔河岩、安康等水电站坝基都有大小断层数十条。尽管我们对断层破碎带的勘察、分析与处理已经有了比较成熟的经验，但近年来西部地区的众多工程建设的现实表明，断层破碎带始终是水利水电工程勘察的主要内容。

（4）软弱夹层。就全国范围而言，最早出现软弱夹层问题的水利水电工程是长江支流四川龙溪河的狮子滩水库，其后在全国众多水利水电工程都先后遇到软弱夹层问题。软弱夹层问题也早就不限于碎屑岩地层中，缓倾的碳酸盐岩、火山碎屑岩和浅副变质岩中，都普遍存在软弱夹层问题。长江流域有代表的如，江西赣州上犹江，湖南潇水双牌、酉水凤滩，四川葫芦口、升钟，河南湍河青山，长江葛洲坝，湖北清江隔河岩，四川乌江彭水、大渡河铜街子等。20 世纪 70 年代兴建于白垩系红层上的葛洲坝水利枢纽，将软弱夹层的研究全面推向高峰，为后来众多工程软弱夹层的研究提供了系统的经验。

（5）岩体风化。岩体风化是普遍的工程地质现象，兴建于岩石地基上的水工建筑物都会不同程度地遇到岩体风化问题。风化带的划分，经过多年的实践，逐渐统一到四分法，即全（剧）风化、强风化、弱（中等）风化和微风化 4 带，且已纳入《水利水电工程地质勘察规范》和《水力发电工程地质勘察规范》中。风化岩体的利用标准早期是比较严格的，丹江口水利枢纽就是典型的代表，要求坝基岩体为新鲜岩石。不允许任何松动岩块存在。三峡工程经过多方论证，最后确定的标准是主要利用微风化岩体，部分利用弱风化下部岩体。目前建基岩体对风化带的要求有逐步放松的趋势，在坝高较低的部位，有的工程已放松到可以利用弱风化上部岩体。这一问题还有待继续总结经验，并经过实践的检验，才可正式纳入有关规程规范中。

二、西部地区水利水电工程建设中（将）遇到的代表性工程地质问题

近10余年间，随着国民经济的持续高速发展和国内能源结构的不断调整，我国的水利水电建设出现了前所未有的新局面。尤其是水力发电工程，不仅大坝的数量急剧增长，其规模也达到了前所未有的高度。据统计，2000年以来建成的和新开工建设的高度在100m以上的高坝达168座，高度大于200m的大坝就有19座，其中大部分兴建在长江上游干支流上。如已建成了世界最高的清江水布垭面板堆石坝（高233m）和正在建设的世界最高的雅砻江锦屏一级双曲拱坝（坝高305m）。这些建于我国的西部地区的工程，地形地质条件都很复杂。长江上游几条主要河流的开发河段（清江上游，乌江、岷江上游，大渡河，雅砻江，金沙江干流）均为深山峡谷，大坝所在的河谷临江山脊通常相对高差都在数百至千余米，岸坡平均坡度大多在50°以上，遍布陡壁和悬崖，且沟谷深切，地形破碎。这种地形除了带来许多复杂的工程地质问题（高边坡，深卸荷，近坝地段的大型物理地质现象等）外，也给工程地质勘察工作带来极大的困难，使勘察工作面临高风险、高投入、长周期的艰难局面。而所遇到的工程地质问题，许多是国内外大坝建设史上从未见到过的，其中有代表性的工程地质问题有如下几个方面：

（1）新构造运动强烈，地震烈度高，断裂活动性问题突出。西部地区大部分都处于青藏高原强烈隆升控制和影响范围内，新构造差异性活动强烈，活动性断裂和强震带遍布，地震烈度高。坝址的构造稳定性和建筑物的抗震成为工程设计的重大课题。典型的事例就是2008年汶川"5·12"大地震对水利水电工程的影响。紫坪铺水利枢纽距发震断裂直线距离仅7km，影响到坝址的地震烈度高达9度，远超过当初的设防烈度。给有关的主管部门和工程勘测设计人员以极大的警示。

上游干支流的许多河流都是沿着或临近区域性断裂发育，如金沙江断裂、小江断裂、安宁河断裂等，基本上控制了相关河流的走向；许多大坝近场区都分布有著名的强活动性断裂，如大岗山水电站近场区的磨西断裂，白鹤滩水电站的小江断裂，虎跳峡水电站的龙蟠—乔后断裂，紫坪铺水利枢纽的龙门山断裂等。已建和在建的许多大型水电站都在基本烈度8度区内，抗震设计的基岩峰值加速度高。如大渡河大岗山水电站设计抗震基岩水平峰值加速度高达$0.558g$；大于$0.4g$的有冶勒、龙蟠等；大于$0.3g$的有溪洛渡、白鹤滩、长河坝、大桥等一大批水电站和水库。区域构造稳定性评价和抗震安全性是这些工程首先要考虑并得到安全保证的问题。

（2）高地应力。与强烈新构造运动及现代活动构造相联系的是高地应力。在过去30多年东、中部地区大坝建设中极少遇到的这一现象，近几年在西部地区的大坝建设中却常常出现。如果以最大主应力小于10MPa为低地应力，10～15MPa为中等偏低地应力，15～20MPa为中偏高地应力，20～40MPa为高地应力，大于40MPa为超高地应力做标准，西部地区大部分水坝坝址的最大主应力都处于高地应力区。如锦屏一级最大水平主应力达到40MPa，二级达到47MPa，官地39MPa，双江口38MPa，猴子岩33MPa，瀑布沟28MPa，大岗山22MPa，溪洛渡21MPa，乌东德20MPa（以上数值均取坝区地应力范围

值的大值）。许多工程实例表明，当地应力高于20MPa后，对水工建筑物的设计、施工就会带来不利影响。高地应力对水工建筑物最大的危害是对岩体造成严重的损伤。由于地基开挖卸荷，导致高地应力区岩体内积存的弹性应变能快速释放，岩体回弹松弛，表现为裂隙普遍张开，局部产生错动；有时会出现差异回弹和蠕滑现象；裂隙贯通性增强，岩体透水性增大，原有的各类地质缺陷会进一步恶化等；高地应力对地下建筑物的危害更大，除常见的表面岩体产生"岩爆""剥落""片帮""压碎""板裂"等破损外，岩体卸荷松弛区加大，产生大量裂缝，整体性受损，围岩大变形，软岩塑性挤出等，给设计施工带来极大的困难。

（3）大型地质灾害。由于许多水工建筑物位于新构造运动强烈的深切峡谷中，建筑物区及相关地段，常常发育大型的崩塌、滑坡、泥石流等地质灾害，给建筑物安全造成严重威胁。较典型的工程如索风营右坝头的2号危岩体，水布垭水电站的大岩淌崩塌滑坡体，乌东德坝址下游的金坪子巨型古滑坡体，向家坝右岸混凝土系统的马延坡滑坡体，皂市水利枢纽的水阳平滑坡，亭子口水利枢纽大坝左岸的大圆包滑坡体，猴子岩大坝下游左岸的堆积体等。这些大型崩塌滑坡体都是分布在坝址区建筑物影响范围内的地质灾害，近坝库首地段的大型崩塌滑坡体并未包括在上述工程实例中，如瀑布沟水电站库首古危岩体，官地水电站坝前的厚层崩塌堆积体等，则为数更多，也都必须加以治理，成为近些年来大坝建设的一大常见病。引调水工程沿线更是严重受到大型地质灾害的威胁。滇中调水沿线，如选择渠道为主的方案，沿线两侧5km范围内，各类地质灾害达626处，其中滑坡295个，崩塌35处，泥石流沟96条，地面塌陷10处。即使采用隧洞为主的输水方案，地表建筑物涉及的滑坡也有26处之多，总体积达1.6亿 m³，崩塌堆积体6处，泥石流沟5条。

（4）深卸荷。西部地区高陡岸坡岩体卸荷现象较严重，正常卸荷带的厚度普遍比较大，强卸荷带的深度一般都在20m以上，深的可达70m。而更为罕见的是一些工程出现的"深卸荷"。"深卸荷"的定义是：在正常卸荷带（通常的强、弱卸荷带）以内，经过一段完整岩体后，出现的系列张性破裂面集中带。其出现的最大深度可离岸坡300余m。最典型的深卸荷现象是锦屏一级左岸的深卸荷。其特点是裂缝张开宽度较大，个别裂缝的宽度达20～30cm。裂缝中未见次生夹泥，往往充有纯净的方解石膜或方解石晶簇。存在类似深卸荷带的工程尚有大岗山、白鹤滩、溪洛渡、猴子岩等。对这类深卸荷的形成原因，目前的认识尚不完全一致。大体有三种看法：①特定高地应力环境条件下，伴随河谷快速下切过程中，坡体卸荷拉裂的产物；②褶皱岩体在构造改造过程中储存较高的应变能，在应变能释放过程中发生层间滑脱错动导致拉裂，是一种浅生时效结构；③强烈地震作用导致岩体沿已有结构面发生松动，理由是有深裂缝的几个工程都是位于地震烈度高的强震区附近。深卸荷对大坝的影响是破坏了岩体的连续性和完整性，需做必要的工程处理。但由于裂缝距岸坡较远，一般影响相对较小。要特别关注的是裂缝与其他结构面的组合是否会构成大型的不稳定块体，以及裂缝是否还在继续变形扩展。

（5）河床深厚覆盖层。通常概念中新构造运动强烈上升的地区，河床覆盖层一般都比较薄。但是西部地区的众多工程，却遇到了河床覆盖层深厚带来的困扰。在一些特定的河段或地区，河床覆盖层厚达数十米、百余米，甚至数百米。目前已知，长江上游干支流河床覆盖层厚度大于 60m 的坝址总数在 30 座左右，仅大渡河干流从铜街子以上，几近连续有 10 余个梯级，河床覆盖层厚度都在 60m 以上，厚度最大的是泸定坝址，覆盖层厚149m。河床覆盖层厚度在 400m 以上的坝址有大渡河支流南垭河上的冶勒，厚度大于200m 的有金沙江石鼓河段的几个坝址。河床深厚覆盖层所带来的工程地质问题，对当地材料坝坝型，主要是坝基及围堰堰基的变形、稳定和防渗；对混凝土坝坝型主要是深基坑开挖，深基坑边坡稳定，围堰堰基变形、稳定和防渗。当河床覆盖层性质复杂，地层物理力学性质和渗透性差别很大时，不论哪种坝型，深厚覆盖层都会给设计、施工带来很大困难。

在西部新构造运动以上升为主体背景条件下，深厚河床覆盖层的形成具有复杂的成因。概括起来，断陷湖盆基础上后期演变为河谷的部分，河床覆盖层厚度会十分巨大，如前述南垭河冶勒坝址河谷，金沙江石鼓盆地河谷等；冰川活动和后期冰缘、冰水堆积叠加河流沉积的河段，也会有很厚的河床覆盖层，大渡河上一些坝址的深厚覆盖层与此有关；冰川冰缘泥石流、沟谷泥石流、坡面泥石流堆积，支流洪积物进入干流的堆积，谷坡崩塌、滑坡堆积以及堰塞湖堆积，都是造成局部河段覆盖层深厚的原因。由于成因类型复杂，覆盖层的物质构成及性质复杂多变也就不足为怪了。

（6）高边坡稳定性。高边坡稳定性是近十年来几乎所有水利水电工程建设中遇到的普遍而又复杂的工程问题。高陡峡谷河段的高边坡问题，包括自然边坡和人工边坡两类。西部地区各类建筑物开挖边坡高度通常都在 100m 以上，有的高达 200～300m；而开口线以上的自然边坡高达数百米。由于复杂的地形及地质构造条件，再理想的筑坝河段，都无法避开高边坡带来的问题。如块状结晶岩河谷及坚硬层状陡倾横向谷地区，大型危岩体构成的威胁常常难以避免，下部开挖对上部自然边坡的扰动也是必然的。更不用说那些岩性条件差，河谷结构极不利于边坡稳定的河段。而这些地区大型崩塌滑坡体、巨厚崩、坡积堆积几乎随处都可遇到，也极大地增加了边坡处理的难度。许多工程的实践表明，除主体工程外，高边坡稳定问题对进出场交通，附属企业，施工营地等的安全，也常常构成威胁，并成为影响工程进度的重要制约因素。

西部地区多年水工建设的实践表明，高边坡问题是一个能否认识到并给予足够重视的问题。随着勘察技术，分析计算技术，施工及加固处理技术的发展及经验的积累，只要地质勘察工作到位，给予足够的重视并事前采取必要的工程处理措施，在西部复杂条件下的水利水电工程建设中，高边坡可能带来的危害可以减少到最小的程度。

（7）地质构造对岩体的严重破坏。西部地区是我国受多旋回地质构造作用强烈，特别是印支、燕山和喜马拉雅等中新生代构造运动叠加影响严重的地区。加之岩性复杂，中硬岩和软岩占有很大的比例，强烈构造作用对岩体的破坏往往比较严重。如果坝址选择在这种地区，建坝条件会变得十分复杂。这样的实例近些年来时有出现，较典型的如金沙江最下游的向家坝水电站和涪江的武都水利枢纽。前者是缓倾的层间剪切带和陡倾的强烈挠曲挤压相互叠加，构成河床中部大面积的岩体破碎；后者是相向缓倾的两条断层在坝基下相交，构成坝基深层滑移的边界条件，二者都成为勘测设计的重大技术难题。为处理这两个地质缺陷，两个工程都采取了复杂的基础处理措施，不仅大大增加了投资，也严重地影响了工期。

　　上述这些问题都是关系水利水电工程建设的重大地质问题，解决这类问题最好的对策是尽量避开或减小问题的难度，而正确的选择建设场址或建筑物形式及总体布置，是解决这类问题最好的措施。世界著名的工程地质和岩石力学专家缪勒教授考察三峡工程时曾讲过这样一句话："我的老师教导我，一个好的工程师的艺术不是如何克服困难，而是如何避免困难。"在无法避开的情况下，已有的经验表明，重视地质工作，深入进行工程勘察，加强多学科的协作和专题研究，是确保工程不会因存在重大地质问题而陷于不能自拔的关键。近些年西部地区已建成的许多工程，如构皮滩、彭水、紫坪铺、水布垭、武都、瀑布沟，和在建的如溪洛渡、向家坝、锦屏一级、二级、官地、大岗山等许多大型水库和水电站，已经积累了许多解决上述问题的成功经验。相信这些新的重大工程项目的成功建设，无疑会促使我国的工程地质学登上一个更高的台阶。

长江流域河谷类型与河谷结构综述

河谷类型与河谷结构对水利水电工程建设有着重要的影响，尤其对横河谷和顺河谷岸坡布置的水工建筑物影响极大，如大坝，沿谷坡的引水、输水建筑物，靠河岸的地下工程，堤防工程，河势控导工程以及岸坡稳定等的影响。因此研究河谷类型和河谷结构，在工程勘察工作中占有重要地位。一般而言，河谷类型多侧重于河谷成因及河谷的宏观形态，而河谷结构则主要是描述河流与地层结构及地质构造之间的组合关系。前者对水利水电工程的影响是河段的、宏观的；后者的影响则多是场地的具体工程地质条件。

一、河谷类型

河谷类型从地貌学、地质学的不同角度可划分众多的类型。如与地质构造相关的河谷类型，有顺向谷、纵向谷、横向谷、断层谷、背斜谷、向斜谷等；与地貌过程相关的河谷类型，如嶂谷、V形峡谷、U（箱）形峡谷、宽谷等；与新构造运动有关的，如深切河谷、深切曲流、谷中谷、先成谷、叠置谷、埋藏河谷等；与河谷构成的岩土类型相关的，如基岩河谷、松散堆积物河谷；以及与河流袭夺、水系变迁有关的河谷类型，如袭夺湾、袭夺河、被袭夺河、改向河、断头河，以及以外动力作用为主形成的冰川谷等。

长江流域由于范围广大，跨越地质发育历史、大地构造环境、地层岩性和地貌单元差别极大的许多地区，上述各种类型的河谷都可见到，许多河段都是不同河谷类型的代表。如：

长江干流宜昌—宜都河段，是发育在黄陵背斜东南翼上的顺向河，河流主要流向与地层倾向大体一致，呈近东西向；岳阳城陵矶到咸宁余码头附近的长江河段，是沿洪湖—嘉鱼断裂带基础上发育形成的，其左侧为沉降盆地，而其右侧为相对上升的低山丘陵，河谷两侧具有明显的不对称性。

干流川江丰都—云阳河段，处在川东褶皱带的万州向斜盆地中。该河段河谷的基本特点为河面比较宽阔，顺向坡一侧坡面与岩层产状相近；逆向坡一侧较陡，谷坡受软硬相间互层地层的控制呈阶梯状。

长江上游位于新构造运动强烈上升的地区，干支流的大部分河段都发育在深山峡谷中，如金沙江、乌江、大渡河、雅砻江，各类型的V形谷、U形谷均可见到。典型的峡谷如著名的虎跳峡峡谷、雅砻江锦屏峡谷等（图1）。三峡中的瞿塘峡则是U形谷的

本文为《长江流域水利水电工程地质》（2012年9月）3.1节河谷类型与河谷结构内容辑录时有所改编。

代表。

金沙江虎跳峡峡谷　　　　　　　　　雅砻江锦屏峡谷

图 1　峡谷

宽谷一般情况下是相对于上述的峡谷而言的，泛指水面较开阔、谷坡较平缓的谷地。长江上游干流穿越中新生代构造盆地、向斜盆地及岩性较软弱的河段，差不多都被称之为宽谷河段，如位于虎跳峡上游的石鼓河段（图 2）。长江三峡西陵峡上段与下段之间，穿越黄陵背斜核部结晶岩河段的下段，也被称为宽谷。可见这里所谓的"宽谷"与"峡谷"是一个相对概念，主要差别在于河谷的宽窄与谷坡的陡峻程度。

图 2　石鼓附近金沙江河谷照片（杨达源供稿）

嘉陵江中下游发育的深切曲流是典型的先成河（图 3），金沙江上游多处可见的谷中谷，这些都是与新构造运动相关的河谷发育类型（图 4）。

按照构成河谷的岩土类型划分河谷类型，长江上游干支流河谷，虽然个别河段也可见到巨厚的崩坡积、滑坡堆积、冰积、泥石流堆积，乃至堰塞湖堆积等松散堆积物构成的河谷，但主要为基岩河谷；而长江中下游地区，除流经山区和丘陵区的支流多为基岩河谷外，干流及进入平原的支流则基本上都是松散堆积物组成的河谷。中下游干流河段还可以见到非常典型的埋藏谷，如安徽安庆、湖北赤壁等地所见。湖北赤壁附近长江埋藏河谷谷底达海拔－20m以下（图5）。至于由河流袭夺形成的河谷类型，在赣江上游，嘉陵江与汉江分水岭区，三峡地区及金沙江上游等发生过河流袭夺的地区也甚为多见。

河谷类型对水利水电工程的影响，视工程类型的不同而异。一般而言，峡谷地形对建设大坝比较有利；宽河谷通常岩性较软弱，覆盖层较厚，坝体及基础处理工程量大，但对于修建在大流量河段上的低水头电站，由于水工布置的需要，宽河谷远较窄河谷有利。深切河曲河势复杂，一般情况下，这样的河段对大坝枢纽工程布置常会带来困难，但巧妙地利用河湾，

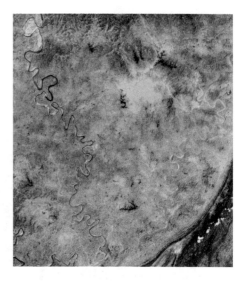

图3　合川附近嘉陵江与渠江汇口以上的深切曲流（周乐群供稿）

也常常使许多水利水电工程的水工布置更具灵活性和简化而获利。纵向谷不论对哪一种

图4　会理鱼鲊附近的南北向金沙江河段，河谷上半截为金沙江贯通之前的古雅砻江河谷，下半截为金沙江贯通之后不断下切形成的河谷（杨达源提供）

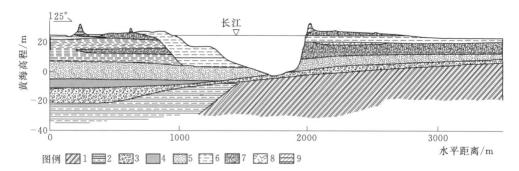

图5　湖北赤壁附近长江横剖面示意图，埋藏河谷谷底达海拔－20m以下（杨达源供稿）
1—侏罗系中统自流井组长石砂岩；2—侏罗系中统自流井组泥质粉砂岩；3—砂砾石；
4—细砂；5—粉砂；6—亚黏土；7—轻亚黏土；8—淤泥质土；9—人工堆土

水工建筑物都是不利的，尤其对于大坝、顺坡向的渠道、隧洞最为不利。长江上游及其支流的某些河段，由于复杂的新构造运动、第四纪多期冰川活动以及强烈的谷坡外动力地质作用，河床堆积了深厚的复合加积型覆盖层，岩性复杂，带来一系列工程地质问题。叠置谷、埋藏谷则多具有复杂的河谷形态及物质组成。长江中下游干流河段广泛可见的埋藏谷，均有巨厚的河床堆积物及复杂的岩性组成，工程地质条件比较复杂。

不同成因的河谷类型，可以从总体上认识和把握一个地区或河段的工程地质特征，这对于水利水电工程规划和地质勘察工作具有重要的指导意义。

二、河谷结构

水利百科全书将河谷结构定义为"河谷形态与地质构成的综合"。这里使用地质构成显然是泛指各种地质因素的总称，包括构造、地层、岩性、锐近地壳运动性质等诸多方面。与河谷类型的分类相似，从不同的角度出发，河谷结构也可有多种的划分方案。从工程实用性出发，块状结晶岩地区，河谷结构通常都较单一；层状岩层地区，按岩性及其组合、岩层产状及其与河流流向的关系划分的河谷结构类型具有较好的应用性。包括坚硬、半坚硬、软弱地层，陡倾、中倾、缓倾的横向谷、斜向谷、走向谷；水平层状地层河谷；松散地层多层或混层结构河谷等。在诸多因素中，河流流向与地层产状之间的关系常常是影响水工建筑物工程地质问题多少的重要因素，以此划分河谷结构大体上可分为：水平地层河谷、纵向谷、横向谷、斜向谷。后三者又可按地层倾角划分为陡倾、中倾和缓倾几种组合。按工程地质条件优劣排序，中陡倾角的横向谷最有利，斜横向谷次之；地层水平或近水平的河谷又次之、走向谷或近走向谷最为不利。

长江流域上述河谷结构类型的分布，决定于地层性质、大地构造部位及新构造运动特征，有一定的规律性。如：四川红色盆地中大面积分布侏罗系、白垩系砂岩、粉砂岩、黏土岩互层地层，产状近水平的河谷结构类型，即中硬岩—软岩相间、水平互层状、中等宽河谷。但在川东梳状褶皱的背斜段，则多表现为典型的横向谷；而沿宽缓的向斜，则多发育与岩层走向平行的走向谷，岸坡两侧或一侧为顺向坡，是这一带大型滑坡发育的地质背景。

金沙江流域地处青藏高原及其向云贵高原和四川盆地过渡的斜坡地带，受青藏高原强烈隆升的影响，新构造运动强烈，河谷地貌主要表现为不同形态的峡谷；在大地构造单元上，金沙江流域横跨扬子准地台、松潘褶皱系和三江褶皱系三大一级大地构造单元，地层和地质构造特点差别极大。上述地质环境导致各地区（段）的河谷结构类型有很大差别，其分布大体上可以归纳以下特点：松潘褶皱系为印支地槽，地层以三叠系浅变质碎屑岩为主，岩性极为复杂，构造变动强烈，断裂构造发育，岩体破碎，岷江流域大多位于这一大地构造单元内，流域内除块状结晶岩河段外，不论哪一种河谷类型，工程地质条件都比较复杂。陡倾横向谷，很难找到岩性均一厚层完整的筑坝河段；缓倾横向谷，层间错动会带来复杂的坝基抗滑稳定问题；走向谷或斜走向谷边坡稳定性很差，导致大型崩塌、滑坡发育。而位于扬子准地台内的干支流，河谷结构类型对水工建筑物工程地质条件的影响则十分明显。块状结晶岩及坚硬层状岩体构成的横向谷河段，可以找到理想的筑坝河段；中生代红层出露的河段，与其他地区同类型河谷具有相似的工程地质问题。金沙江流域在川西、滇东地区还有一种较常见的河谷结构类型，即由二叠系玄武岩构成的峡谷，是许多大坝（如二滩、溪洛渡、白鹤滩、金江街等）的筑坝河段。这种河谷结构具有块状岩的整体性，又由于喷发间断沉积的凝灰岩和沉积岩夹层而又表现出一定程度的层状岩特点，岩层产状在多数河段都呈缓倾结构。

乌江、清江流域是以碳酸盐岩为主的地区，除部分志留系、三叠系厚层砂、页岩构成的河谷呈稍宽缓的 V 形谷外，其余多为陡峻的峡谷。在碳酸盐岩峡谷河段，岩层产状及其与河流流向的关系，常常是决定坝址工程地质条件的关键因素；具有隔水层的横向谷坝址是最理想的筑坝河段

汉江流域在丹江口以上，大面积分布前震旦系变质岩，岩性差别极大。以绿泥石片岩、千枚岩等为主的河段，岩性软弱；加之断裂构造发育，顺向谷河段工程地质条件极差，大型滑坡常见，如堵河黄龙滩水库库区。即使是横向谷、斜向谷河段，岩性和构造的双重不利影响，工程地质条件也很复杂，如汉江干流的安康水电站。而在石英片岩、黑云母石英片岩等坚硬变质岩构成的河段，岩层产状及其与河流流向之间不同的组合关系，对工程地质条件的影响则会明显的显现出来。石泉坝址就是由坚硬的黑云母石英片岩横向谷构成的优良坝址。

长江中下游及汉江、洞庭湖、鄱阳湖水系的下游，进入江汉平原、赣芜平原及太湖平原后，河谷主要由冲、湖积层构成，地层结构极其复杂，河谷结构主要决定于地层性质及其组合。从长江中下游堤防勘察成果归纳，有以下几种较典型的结构类型（表1）。

表1　　　　　　　　　长江中下游堤防堤基地质结构特征

类	地 质 结 构 特 征	亚 类
单一结构（Ⅰ）	堤基由一类土体或岩体组成	岩石单一结构
		黏性土单一结构
		粗粒土单一结构
		特殊土单一结构
		……
双层结构（Ⅱ）	堤基由两类土（岩）组成	上黏性土下岩石
		上厚黏性土下粗粒土
		上薄黏性土下粗粒土
		上粗粒土下黏性土
		上黏性土下淤泥质土
		……
多层结构（Ⅲ）	堤基由两类或两类以上的土（岩）组成，呈互层或夹层、透镜状等的复杂结构	堤基表层为粗粒土
		堤基表层为薄黏性土
		堤基表层为厚黏性土
		堤基表层为淤泥质土
		……

注　引自《堤防工程地质勘察规范》。

下面结合工程实例，对不同类型河谷的工程地质条件及其优劣做一概略评述。

块状结晶岩河谷通常具有河谷对称、岩性均一的特点，多数情况下是良好的筑坝河段，如长江流域的三峡工程（花岗岩）、龚嘴水电站（花岗岩）、东江水电站（花岗岩）、丹江口水电站（辉长辉绿岩）等，都是地质条件相对较好的坝址。喷出岩如玄武岩、安山岩虽然也属块状结晶岩，但由于常夹有喷发间歇的凝灰岩、沉积岩夹层，则会构成某些类似层状地层的工程地质问题，如金沙江溪洛渡、白鹤滩两水电站的坝基深层抗滑稳定及边坡稳定问题。块状结晶岩河谷主要应注意断裂构造的发育程度，优势结构面的方向，尤其是主要断裂带的规模、走向与河流的夹角。丹江口大坝坝基勘察阶段，遗漏了右河床顺河向展布的两条大断层及其交汇带，坝基开挖后才发现，给当时的施工带来极大的被动。缓倾角结构面的发育情况是块状结晶岩地区近几年暴露出的另一个主要工程地质问题，如三峡工程左厂 1～5 号机组坝段沿缓倾角结构面构成的深层抗滑稳定问题。河谷两岸倾向河床、中等倾角的一对顺坡重力剪切裂隙，在某些厚层块状岩体中密集发育，构成边坡浅部岩体稳定的控制性结构面，值得重视。

坚硬岩类中，陡倾角的横向谷是层状地层中最理想的河谷结构类型。这类河谷的两岸地形、岩层基本对称，通常坝基抗滑稳定及变形问题较简单，防渗条件较优；不论天然边坡或人工开挖边坡的稳定条件都较好；大型物理地质现象一般较少；岩体卸荷、倾倒变形相对较轻；导流、泄洪及地下厂房引水系统等顺河向地下建筑物轴线，大多与岩层走向交角较大，洞室稳定及施工条件较好等。长江流域许多高坝大库的优良坝址，都是选在这种河谷结构的河段上。例如兴建在乌江干流上的构皮滩拱坝，高 242m，岩层走向与河流交角几近正交，岩层倾角 45°～65°。水工建筑物涉及的主要地层有二叠系吴家坪煤系地层、茅口组、栖霞组灰岩，志留系韩家店组页岩等。尽管地层岩性及构造都比较复杂，但除了岩溶问题及上硬下软的厂房出口边坡、给设计施工带来一定的困难外，其他深切峡谷地区常见的许多地质问题都不突出。洞径 14m×17m（宽×高）的 3 条导流隧洞，最大开挖跨度达 31m 的地下厂房，高度近 300m 的水垫塘边坡，都因河谷结构的有利条件而顺利施工完建。拟建的金沙江乌东德坝址，地层为前震旦系变质灰岩和大理岩，岩层走向与河流交角 70°～80°，倾角近直立，两岸地形完整，岩体基本对称，具备较理想的修建高拱坝的地形地质条件，是金沙江中下游规划的 11 个梯级中地形地质条件最好的一个（图 6）；其他如乌江彭水坝址、乌江渡坝址等，除岩溶问题外，坝址总体工程地质条件都是较好的。

中缓倾角的横向谷坝址，虽然一般也具有地形、地层较对称的优点，但会经常遇到坝基抗滑深层稳定、边坡较大规模的块体稳定及大型地下洞室的顶拱稳定问题，特别是在夹有软弱夹层或软硬相间的地层中，局部工程地质条件也会较复杂。如坝基位于寒武系石龙洞组厚层—中厚层灰岩上的隔河岩大坝，因地层倾角仅 25°～30°，导致导流洞穿过平善坝组砂页岩、薄层灰岩互层地层时，发生顶拱塌落；出口边坡局部滑塌；左右岸坝基沿 401、301 等层间剪切带的深层抗滑稳定，以及电站引水洞出口边坡上硬下软地层结构所引起的边坡稳定等问题。

水平和近水平地层的河谷结构，不论由硬岩、半硬岩或软岩组成，大体上具有相似的工程地质问题，只不过是程度和规模的差别。如坝基经常会遇到沿软岩、软弱夹层和层间剪切带的抗滑稳定问题，地下洞室顶拱稳定问题，位于边坡上的硬岩、半硬岩岩体卸荷及

图 6　金沙江乌东德坝址陡倾横向谷峡谷照片（王团乐提供）

其伴生的其他工程地质问题。一般而言，水平和近水平地层构成的河谷，边坡稳定条件是较好的，但是当其中的软岩或软弱夹层工程地质性状很差时，也会沿软层发生大型乃至特大型滑坡，亭子口枢纽的大圆包滑坡即是一例。四川盆地中，发生于水平和近水平地层中的大型、特大型滑坡甚为常见。在高地应力地区，地下开挖边墙和高边坡的大变形及沿软岩和软弱夹层的大位移，常常是十分棘手的工程问题。长江流域水平和近水平地层河谷结构的典型工程，有水布垭水电站和亭子口水利枢纽。前者代表硬岩河谷；后者代表中硬岩和软岩互层构成的河谷。

　　由松散沉积层构成的河谷结构，其工程地质条件主要取决于两个因素：一是沉积环境和沉积物类型，二是河谷晚近期的发育史。这二者的结合，常常使松散沉积物的工程地质条件变得十分复杂。诸如：埋藏河谷多变的岩性和复杂的地层结构；河谷变迁遗留大范围深厚砂砾石层；滨海相、湖相的淤泥、软土沉积；湖泛平原及漫滩相粉细砂沉积；以及南水北调中线工程所遇到的大面积膨胀土渠道边坡等。位于松散沉积层上的水工建筑物，主要有当地材料构筑的高坝，低水头重力式闸坝，各类大、中型涵闸、泵站，大型引调水渠道工程及大型堤防工程等。如大渡河上的猴子岩面板堆石坝、长河坝砾质土心墙坝，南垭河的冶勒沥青混凝土心墙堆石坝；岷江上游的映秀湾水电站、太平驿水电站；长江中下游干支流的荆江分洪北闸、汉江分洪闸、江都泵站等特大型涵闸；南水北调东线、中线的大型调水渠道，以及长江中下游干流堤防等。它们在不同程度上代表了各种松散沉积层河谷结构条件下的水工建筑物。

L. 缪勒教授学术思想中的哲学理念

L. 缪勒教授是国际著名的岩石力学与工程地质学家，是新奥法的创始者之一。在国际岩石力学和工程界负有盛名。他曾于20世纪80年代两次应邀来三峡工程考察咨询，我与之有过近距离的接触。在有关的考察、学术报告、座谈及交谈中，对我印象最深的是他的学术思想中所蕴含的哲学理念和思维方法，有许多富有深刻哲理的论述，这也是构成他学术成就的重要组成部分。最近在整理文稿过程中，重温了他在三峡工程考察、咨询过程中，分散在不同场合的一些谈话论点，感触颇深，将之汇总成为本文的核心。

缪勒教授第一次来三峡工地是1986年6月，他是作为世界银行专家组成员的身份来三峡工地进行考察咨询，同来的地质专家还有加拿大的坎贝尔博士；第二次是1988年4月，他应三峡工程开发总公司的邀请，就三峡工程永久船闸开挖高边坡有关问题进行专题咨询，其间还去了隔河岩水利枢纽考察咨询。

为了便于理解我的感触从何而生，先将他在两次考察中几个有代表性的观点集中摘录，然后谈谈我的理解与体会。

"岩体和岩石工程师之间有密切的个人关系，处理得好，它是你的朋友，如果你粗暴地对待它，它就会报复你。岩石工程师要把岩体看作是自己的伙伴和朋友。"

"岩石工程天然状态是稳定的，就尽量不要去扰动它。开挖扰动后，要恢复原来的状态是很困难的。"

"没有计算是不行的，计算成果可以给出量级和程度的概念。但完全依靠计算做设计是危险的，更不能代替地质学家的判断。"

"要重视实际经验的积累。一个好的工程师至少要接触过几十个工程，我就曾经到过80多座大坝现场。"

"我的老师教导我，一个好的工程师的艺术不是如何克服困难，而是如何避免困难。"

他的这些论点并不需要做更多的诠释就能看懂，但是要把它们变成一种理念，自觉地应用于工程实践中则不是很容易做到的。我的体会是缪勒教授对他所研究的对象——岩石视为有一定生命力的物质加以尊重和爱护，我想这也是新奥法诞生的理念和哲学基础。事实上我们在岩石工程中，尤其是在岩石开挖中，经常是粗暴地对待它，不重视利用岩体本身所具有的潜能，不注意保护岩体质量，不重视施工手段和方法，导致岩体严重损伤所带来的恶劣后果是屡见不鲜的。三峡工程永久船闸进入闸室开挖的初期，有的施工单位的野蛮施工对岩体造成不必要的损伤，反过来也严重制约了工程进度，这就是岩石的"报复"。调换了一个施工单位后，由于认识和态度的不同，同样的岩体条件，质量和进度都很快上

本文写于2017年5月。

去了。我们现在在西部地区进行的大量高陡边坡和大跨度深埋地下洞室的岩体工程施工中，尽量减轻施工对岩体的损伤已经比过去清醒、谨慎得多了，但多出于被动，远没有达到缪勒教授的认识高度。

缪勒教授关于如何对待岩石力学计算的那一段话十分精辟，我在很多文章中都曾加以引用。直到目前为止，在实际工作中，过分依赖计算以及不相信数值计算两种倾向都依然存在。缪勒教授讲这句话已是30年前的事情了，30年来，岩石力学计算学科已经有了飞速的发展，解决实际问题的广度和深度远不是当时的水平了，但是问题的实质并没有改变。我在《中国大坝50年》一书第5章"大坝建设中的工程地质与勘察技术"中写道，由于数值分析方法所得到的不仅是岩体变形（位移）和破坏的最终结果，而且可以获得工程岩体在外荷载作用下位移场、应力场的细部情况，可以在一定程度上模拟岩体的非均质性和各向异性，同时还可以通过对岩（土）体变形破坏过程和规律的模拟研究，评价岩体稳定性的现状并预测其未来的变化，因而不断发展和完善工程岩体稳定性的数值分析方法，是岩石力学和工程地质学今后发展的必然趋势。但是由于地质体是在漫长的地质历史时期形成的复杂体系，同时地质体高度的各向异性和非均质性也是任何其他材料所不能比拟的；理论的本构关系假定和必须简化的计算模型与客观地质体的实际之间必然存在偏差，有时甚至表现得无能为力；同时人们对地质体的认识由于受到多种因素的限制，本身就有很大的局限性；再者由于计算参数的不确定性，也极大地限制了计算结果的准确性。因此，我们不能对岩石力学计算提出苛刻的要求。目前工程单位通行的做法是对重要的计算成果，通过设计、地质和岩石力学几个专业的共同讨论，得出几方都认为比较合理的结果供设计采用，这种做法本身就是对缪勒教授这段话的诠释。

缪勒教授十分注重实际调查研究，第二次来三峡工地，他已是80岁高龄的老人了，但是坝基和永久船闸几个关键的平洞他都进洞实地考察，进洞后手拿铁锤不停地敲打洞壁，听到清脆的锤击声，嘴里不停地念叨："good music，good music"。当我向他指出坝址区第二大的断层 F_7 时，他怀着质疑的口气问我：这是断层带吗？我告诉他这些断层形成年代久远，断层带被后期侵入的热液再胶结，重结晶，所以很坚硬，工程地质性质良好，他点头表示理解。座谈中他以自己的亲身经历教育年轻人要多接触实际，他说，一个好的地质工程师必须有丰富的实践经历，我曾经实地考察过80多个大坝的现场。坎贝尔博士很支持他的观点，补充说，地下工程必需有丰富的井下工作经历，我在矿井中工作了15年。当时三峡工程还在论证阶段，坝址区依然是农村面貌，在陪缪勒去永久船闸勘探平洞的途中，路经山丘、原野和田园，遍地都是黄色的油菜花和绿油油的麦田，他十分高兴地面对这种安静美丽的田园风光，不停地对我说，"beautiful，beautiful"，"very quiet，very quiet"。从中我深切地体验到一个伟大学者的涵养和情趣。缪勒教授在意大利瓦依昂大滑坡发生前就曾去现场看过，他说，他当时就指出这是一个很大的滑坡，要特别注意它突发性的失稳破坏。

关于"一个好的工程师的艺术不是如何克服困难，而是如何避免困难"的观点，曾经在我周围的同行中有过争论。争论并不是这句话本身，大家都认为这句话本身并没有错，但是在实际工作中如何把握、实施则不那么简单。首先，一个工程方案，特别是综合性大型工程方案的选择、确定，往往是多种因素决定的，需要综合权衡做出决断，地质条件不是唯一起决定作用的因素；其次，地质工作的深度能不能在方案决策时提供足够的资料说明地质问题的性质和克服的难度；第三，我们现行的体制常常是在选定方案时，行政干预过多，尊重科学不够。我想这句话表达的是一种理念和思维方法，也是一个重要的工作方法。就单项地质（岩石）工程而言，在多数情况下都应该遵循缪勒教授提倡的原则。

非常不幸的是，缪勒教授从中国回国后不久就去世了，几个月后，我就接到缪勒教授治丧委员会的讣告，告知他的逝世。当时对这一消息我深感意外，几个月前在一起时还是一位生气勃勃的老人，怎么就突然离去了，我深为一位伟大的、受人尊敬的学者的离世而悲伤和惋惜。今天，当我们重新缅怀这位伟大学者时，他睿智而富有穿透力的思想，对岩石工程和地质工作的精辟论述，仍然对我们的实际工作具有很大的指导意义。

A review of progress in engineering geology of water resources and hydroelectric project in China

ABSTRACT: In recent years, a great progress has been made in engineering geology by construction of a large number of water resources and hydroelectric projects in the areas with complicated geologic conditions in China, such as in the upperreach of Yangtze River and its tributaries, upper reach of Yellow River, Hongshuihe River Basin, Lancangjiang River and so on. A lot of new engineering geologic issues have been encountered, specially, evaluation of environmental geology for large reservoirs, dam construction in deep valley with thick deposits, the stability of valley banks and deep-excavation slopes, large-scale water-conveyance project, tunnel and underground power house, strong seismic intensity and regional stability, etc. For solving these problems, a great advance of engineering geology on water resources and hydroelectric project has been achieved in both theory and practice in China.

Introduction

In recent decades, a great number of water resources and hydroelectric projects have been built to satisfy the needs of rapid increasing in water resources and energy in China. Most of the projects are located in the areas with complicated conditions of geomorphy and geology, Thus, the complexities of the hydraulic structures are increased simultaneously. The height of dam is increased sharply with maximum of 245m. Arch dam, roller compacted dam and concrete facing earth-rock dams are adopted more and more. The length, span and cover depth of tunnel is going to be longer (Max. 9.38km), wider and deeper, and the size of underground power house becomes larger and larger (Max. 121m × 25m × 52m. Some long-distance diversion projects are effect (such as diverting the water from Luan River to Tianjin City). Both complexity on natural conditions and hydraulic structures promote rapid progress and development of engineering geology in recent years in China.

1. Theoretical Research

A quantity of Chinese engineers put forward some new ideas to solve the problems which always arise in investigation practices of engineering geology. The typical ideas selected are as follows:

—Rockmass Engineering Geomechanics. Developed by prof. Gu Dezhen. Applying the idea of rockmass-structure to analyze and assess the engineering property and mechanical behavior of rock-mass in order that the understanding of engineering property for rock-mass is identical with the geologic conditions. This idea is widely used to classify and evaluate the quality of rock-mass on dam foundations, tunnels, underground power houses and etc. in China.

—Systems Engineering Geology (SEG). Originated by prof. Cui Zhengquan. The SEG is distinct from the Traditional Engineering Geology (TEG). The principal kernel of this idea looks on the investigation of geology, the rock mechanical test, the stability analysis and treatment of rockmass and the monitoring system of project as a whole from the beginning of geologic investigation to the operation of the project. Every link mentioned above is optimized and fed back by systematology so as to employ minimum amount of work of investigation and exploration and gain the best results of engineering geology. The SEG is not only a theory but also a method. Application of SEG to some projects has achieved successfully.

—Based on the purposes of engineering geologic research, the author divides the engineering geology into three types of strategic level: the type of basic geology demonstration on national territory—engineering geology for comprehensive planning and development of national territory, large regions and river basin; the type of review for planning of local regions—engineering geologic research for planning and feasibility study of local area, river reach and major projects; the type of practice and safe guarantee of project—geotechnique and engineering geology for design, construction and operation of the project. Each type has different task, content and stress, and the course of education and training channel of professional proficiency is also different for each type.

—Geological Engineering. Prof. Sun Guangzhong considers that the task of engineering geology not only deals with the conditions of engineering geology but also involves the whole field from design, construction to reformation of geological body. The engineering geology should develop towards geologic engineering which joins the geology to the superstructures. The projects which take the geological body as structures or are built in geological body should be involved in geological engineering.

2. Technical Methods

A lot of agencies of China have developed many new technical methods to meet the needs of investigation and exploration of engineering geology. Specially, a large number of Chinese experts have been organized by the central government to carry out a research program—key issues of science and technology in the national Sixth and Seventh Five-year

Plan. Some of the issues are concerned with water resources and hydroelectricity and bring about a great advance on engineering geology in China.

—Special geomechanical model. To explain the genesis, evolution of some important geologic processes and phenomena, Chinese engineers develop some special physical models which are different from those developed by rock-mechanics to simulate those processes and phenomena, such as the mechanism of natural slope failure, the genesis of shear zones along the seams in gently folded regions, the relationship between folding and inter-layer-shear zones, specially, in the gentle folding regions, the analogy of tectonic pattern of local area etc. Utilization of the special models on some projects, for instance, the formation of weak seams within basalt and tuff in Tongjiezi damsite, the genesis and evolution of interlayer-shear zones associated with strata flexing with very gentle angle in Cretaceous redbeds in Gezhouba project, the failure mechanism of Xintan landslide has made successful practices.

Extended application of remote sensing to special field. The Yangtze Institute of Geotechnique and Survey, the Hohai University and other organizations research concentratedly the application of remote sensing to geologic mapping scaled at more than 1 : 500, geologic sketch for foundation pit, cutting slope, tunnel, exploratory trench and etc. the scale of more than 1 : 100. The sensor has been extended to use the low-altitude photographic aviation, the normal camera and videocorder. The researchers have developed microcomputer image processing equipment used for processing video tape. The software corresponding to the new remote sensing information has also been compiled. Two examples shown are as follows: ①Using the video tape through image processing for plotting the excavated slopes of Three Gorge project instead of manual sketch, the height of the slopes is about 40m with nearly vertical angle. ②Using the low-altitude aerophoto to carry out the geologic mapping of Gaobazhou damsite at scale of 1 : 500. Application of this method leads to save the cost and time of geologic investigation.

—The study on classification and quality evaluation of rockmass. The classification and quality evaluation of rockmass are significant issues to be studied in recent years in China. There are many schemes of classification and quality evaluation of rockmass, specially in tunnel and dam foundations. The Kunming Hydroelectric Investigation and Design Institute has developed a classification scheme for underground works. This classification scheme, which divides the surrounding rocks into five grades-stable, basic stable, poorly stable, unstable and very unstable is used as a part of national criteria of engineering geology to determine the construction method and support pattern. Some institutes for water resources and hydropower have put forward several classification schemes of rockmass aimed at dam foundations. The classification scheme of rockmass for Three Gorge project called YZP method based on twenty factors divides the foundation rocks into five grades-excellent, good, medium, poor, very poor. Each grade has corresponding mechanical parameters, geohydrologic property and applicability for dam foundation. The other dam sites such as Ertan, Penshui and Dongfong also have their own classification schemes. Now, the related institutes in China are compiling a unified classification scheme for dam foundation rocks.

—Comprehensive studies on weak seams with gentle angle in dam foundations. According to rough estimate, there are about 30 foundations of high dam encountering the problems caused by weak seams with gentle angle. Because of the problems, the construction period was prolonged and the cost was increased in some projects. The problem of weak seams with gentle angle in dam foundations was one of the national research program-key issues of science and technology of Sixth Five-year Plan. This research issue includes genesis analysis, distribution, property of deformation, failure mechanism, methods of exploratory, samplingand testing, choice of design parameter's value, stability analysis of the weak seams. etc, some aspects of this research issue have achieved the international advanced level, such as the special geomechanical model mentioned above, the study of microstructure, chemical property, the strength with long time, genesis and evolution of argillized zones of the weak seams, The calix drilling ($d=1.0$m) and colour TV in borehole for investigating the property of weak seams, and the protected methods in drainage hole against the erosion by seepage.

—Drilling in special conditions. In some projects, there are very thick overburden, slope wash or thin layers with soft materials. For defining the thickness, property and sampling in layers, Chinese engineers develop a special drilling technique which uses a particular vegetable gum called SM vegetable gum as flushing fluid. This material is a non-solid phase fluid without any toxic pollution. Using SM gum for drilling at Tongjiezhi damsite and other projects, the nearly intact samples of thin layers of sand, silt, mud have been obtained without any special equipments and tools. The core drilling of 1.0m diameter is also a special technique to use in the area with complicated geologic conditions. Besides the geological engineers can watch directly the geologic conditions in the wall, the core with large dimension can be used for test and research in lab. Because of the notable advantages, this large diameter drilling method is very valuable and has been used widely. Solution to geologic problems of Gezhouba project was relied on this drilling method.

—Extensive use of mathematic analysis for engineering geology. Because of non-determinacy, multifariousness and randomness of geologic setting, application of modern mathematic achievements to analyze and process the geologic information is going to be effective and widely adopted. It has been proved that the mathematic analysis is very effective in certain conditions e. g. using fuzzy judgment to evaluate the regional stability of the Three Gorge Project; using grey system and golden section to forecast the failure of landslide; using golden cutting, dynamic variance analysis and fuzzy clustering to delimit the weathering zone of granite. Several methods of mathematic analysis have been adopted to classify and assess the quality of rockmass on Three Gorge project, such as fuzzy synthetic judgment, fuzzy cluster analysis, grey cluster analysis, probability and correlation analysis, Monte Carlo analoque and Mohalanobis distance. Also, the dimension, orientation, density and distribution pattern of joints can be got by probability model from limited statistic data.

3. Engineering Practice

In this section, some very attractive problems of engineering geology which has happened in some projects are briefly introduced to the readers. Solution to these problems became the key for construction of these projects in the past few years.

—Foundation treatment of weak seams with gentle dipping angle. About 30 high dams in China have encountered the problems of weak seams with gentle dipping angle in dam foundations, of which the notable ones are Gezhouba, Tongjiezhi, Ankang, Dahua Shuangpi and etc. To solve the problem of stability against sliding along the weak seams is the most important and complicated task in all of these projects. The well-known example is Gezhouba project which has achieved much plentiful and successful experience. Gezhouba project is the largest hydroelectric station and first-built on the main channel of Yangtze River in China. The rockmass at the damsite is Cretaceous red beds sandstone, siltstone and mudstone with many argillized seams. Because the argillized seams are of lots, very low shear strength and gentle dipping toward downstream, the sliding failure of structures along the seams was the key problem which was very difficult to solve. The methods and scope for treating the seams are also unprecedented and successful besides the studies of engineering geology on weak seams. The sketch of foundation treatment is shown in Fig. 1 from which the upstream impervious slab, reinforcing pile of resistance rockmass downstream, thickening apron, cut-off walls, grout curtains and drainage system in different places, anti-undercutting wall and closed loop curtain around the twenty seven-gate sluice

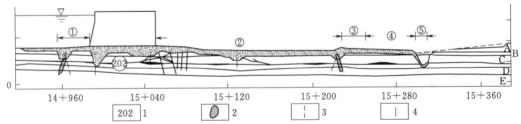

Fig. 1   Section sketch of geology and foundation treatment of Gezhouba Project

1—argillized intercalation and number; 2—grout curtain; 3—drain hole; 4—reinforcing pile;
①—impervious slab; ②—stilling basin; ③—maintenance plateform; ④—crosion control section;
⑤—anti-downcutting wall

A—sandstone; B—siltstone, sandstone with claystone; C—siltstone with claystone;
D—sandstone with claystone; E—siltstone with claystone

section can be caught in sight.

—The stability of arch abutment in the complicated geologic conditions. There are some arch-type dams being built on the area with complicated geologic conditions, the stability of arch abutment is very complicated usualy, taking just one example of Longyangxia dam. The Longyangxia dam is a gravity-arch dam with a height of 178m. The rockmass at the damsite is granodiorite of Indosinian Cycle. Because the faults are well developed and have multiple sets filled with soft materials, the stability against sliding, compressive deformation and percolation stability along the faults became the critical problems for dam construction, e. g. the combination of fault F_{73} with other discontinuities gentl dipping downstream forms unstable wedges to damage the stability of dam abutment on left bank; the faults F_{67}, F_{72}, F_{73}, F_{18} and F_{120} of which the strikes are perpendicular to the thrust direction and close to the arch abutment, so that the compressive deformation would be excessive. The foundation treatment of dam abutment was done carefully and comprehensive treatment methods had been adopted including replacing soft materials of faults with concrete by means of excavation, shear resistant key (wall), force-transfer wall, high pressure grouting, chemical grouting etc. The schematic drawing of foundation treatment on left bank is shown in Fig. 2.

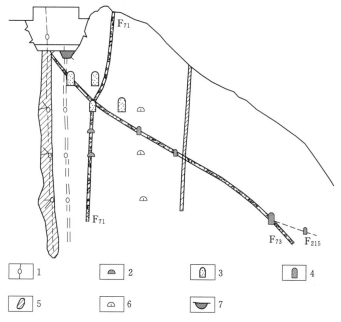

Fig. 2 Schematic drawing of deep foundation treatment on the left bank
of Longyangxia hydropower station

1—drainge hole and gallery; 2—concrete filled pocket; 3—load transfer wall; 4—shear resistance key;
5—grout curtain; 6—longitudinal drainage gallery; 7—dental treatment for load transferring

—Problems of engineering geology related to deep cutting slopes. Many water resources and hydropower projects have deep open cut in the place of dam abutment, chan-

nel，shiplock，inlet and outlet of tunnel，etc. Most of the slopes are over 100m up to over 200m in height. The stability of cutting slope becomes a very complicated problem in some cases，such as Tianshengqiao. Ertan. Lubuge and Geheyan projects. The outletslope of the headrace tunnel of Geheyan project maybe an interesting example. The outlet slope is very steep with a height of over 100m and characterized by thick limestone underlain by shale with many weak intercalations and shear zones. Because of great difference between upper and lower part rockmass in property and strength，the tension cracks are densely spaced in upper limestone cliff by actions of gravity，unloading，weathering and karstification along joints，the slope stability at naturestate is poor. There are four outlets of headrace tunnels located at the foot of limestone cliff，and excavated slope for setting penstock and power house in shale. The total relief from the top of slope to the basement of powerhouse is up to 170m as shown in Fig. 3. With the excavation of the tunnel and cutting in lower part of the slope，the stability of upper part must have been influenced on. Stress analysis shows that great deformation and concentration of shear stress will occur in shale around the tunnel and excess tensile and shear stress will develop in upper part of the slope. Comprehensive treatment methods have been taken，i. e. removing the weathered and unloading zone，benched excavation，deep anchor cables and systematic anchor rods in upper part，replacement of soft materials and shale with concrete outlet section of the tunnel，reinforcing the excavated corner and flattening the cut slope in shale，setting up monitoring system and so on.

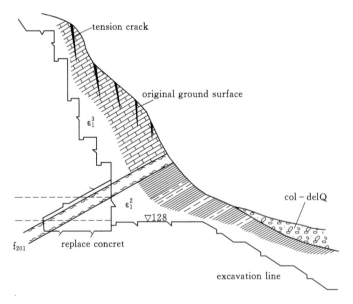

Fig. 3　Geologic profile of outlet section of power tunnel，Geheya project

——Slope failure located at or near to damsite in some projects. Specially in the western China，slope failure located at or near to damsite is also a problem which brings about many troubles to design, construction and operation. There are approximately 7 major projects in trouble with the slope failure in the past few years, of which some are right located at the dam abutments orappurtenant works, and some situated in reservoir rim near the dam structures from hundreds of meters to some kilometers. Such slope failure will damage directly the dam and other structures to block up the inlet or outlet of tunnels and channels, or damage the structures by generating waves. Giving an example, there are three large landslides located 2.6km to 6.0km upstream from the dam of Longyangxia project with a volume of $5 \times 10^5 - 90 \times 10^6 m^3$. For preventing the damage to the dam from slope failure, the preventive measures, including limiting the speed of storage and reservoir level below the NPL, setting up comprehensive and perfect monitoring system, e. g. inspection by man and aerovisual, geodetic survey, radio telemetry and in-situ measurement have been taken. Another example is also taken from upper reach of Yellow River, an unstable slope is just located at the site where the entrance zone of diversion tunnel passes partially through so that special engineering measures have to be adopted to ensure the safety of the tunnel under construction and in operation.

—Foundation treatment in deep overburden regions. In the upper reach of Yangtze and its tributaries, many eroded troughs of bedrock in valley floor can be found. The troughs are shaped by glacial scouring, fluvial erosion in accordance with valley deeply cutting and filled with loose sediment. The depth of the troughs is always over 50m and the configuration and filling materials are also very complicated, for instance, the overburden in river bed of Yuzixi hydropower station is over 50m in depth and composed by 7 layers: fluvial sand and gravel with boulder; medium-fine sand with gravel; silt zones; glacial debris and erratic; talus and so on. In many cases, the maximum thickness of overburden and the exact shape of those troughs cannot be known until excavation during construction, this situation often makes design and construction fall into passivity. Fig. 4 shows a cross section of a trough on the left river bed in Tongjiezi damsite, which is 30 - 40m in width and 77m in maximum depth, filled with various loose sediment. The type of dam is a gravity dam except the segment on the trough sediment. It is difficult to remove the materials from the trough because of the great thickness, complicated shape and composition, For solving the problem. a rockfill dam with asphaltic concrete facing is adopted in this section, two load bearing-impervious walls with framed structure are completed in the trough to support a retaining wall and the rockfill dam is built close behind the wall.

Aknowledgements and Bibliography

Thanks prof, Zhu Jianye, Chen Zu'an who provided voluable proposal and material for this paper, the author also express his gratitude to Mr. Cai Yaojun, Wang Zhujun, Mrs Xia Lihua and others who gave helps in charting, typewriting and so on.

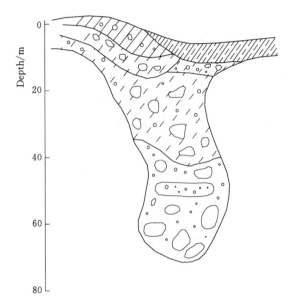

Fig. 4   Cross section of the trough on left river bed in Tongjezi project

Engineering geological problems in the Three Gorges Project on the Yangtze, China

Abstract: The Engineering geological research of the Three Gorges Project formally commenced in 1950' without broken off. The engineering geological research of this project cover all aspects for dam construction. Including regional tectonics and seismicity, dam region and damsite selection, reservoir geology, as well as damsite and structure foundation geology and construction materials. In this paper a review of the geological studies is placed on the principle geological problems. The damsite offers an excellent foundation in Precambrian granite rocks; the tectonic setting for the project is relatively simple; the existing level of seismicity is anticipated to remain at the same low level; and the stability of existing bank slopes will not significant change due to the operation of the reservoir.

1. A review of the research work

The geological study in the Three Gorges Region can be traced back to the 1920s. Comprehensive geological research has been in progress since the 1950s and is still continuing without any broken off. Changjiang (Yangtze) Water Resources Commission (CWRC), with the collaboration of about 40 units from the Chinese Academy of Science, the Ministries of Geology, Water Resources and Electric Power, the State Bureau of Seismology and many universities, has carried out extensive investigations and studies focusing on the geological and seismological problems relating to the project. Thousands of earth scientists, including some famous Chinese experts on geology, geography and geomorphology, seismology, engineering geology and rock mechanics, have been involved in the study. Nationwide research on major geological and seismological problems was commissioned by the State Science and Technology Commission in the 1950s and 1980s. There are about 210 significant reports by different departments. In the 1950s, some senior Russian experts, and since the late 1970s' many experts and agencies from the USA, Sweden, Canada, Italy, France, Austria, Japan and the World Bank had been in the Three Gorges Region for cooperation, exchange and consultation.

In 1986, a panel consisting of 24 Chinese experts in geology and seismology from different ministries institutes and universities was formed to justify the geology and seismology of the Three Gorges Project (TGP). The group of experts submitted a report with the following conclusion:

The geological research for the Three Gorges Project is much sufficient in both scope and depth with a high level . The conclusion is: the geological and seismologic conditions in all aspects are well suitable for building such a huge project.

The research work covered all geologic and seismologic aspects, including regional geology, regional geomorphology, Quaternary geology and hydrogeology in the reservoir area and damsite, rock and soil mechanics, mineral resources, environmental geology, natural construction materials, etc. The following principal techniques and methods have been adopted: surface geologic mapping, remote sensing technology, geophysics prospecting, borehole drilling, adit and shaft exploration and analysis techniques, physical modeling, numerical analysis, special microseismic monitoring networks, large landslides monitoring in reservoir slopes, etc. As a result, the geological research for the Three Gorges Project is unprecedented in the world's engineering history in both scope and depth.

The Sandouping damsite presently chosen for the Three Gorges Project is located in the middle section of the Xiling Gorges near a small town-Sandouping in the Yichang county. It was selected from 15 candidates in two damsite regions (Fig. 1). One region containing five damsite candidates lies in the limestone area at the entrance of the Xiling gorge called the Nanjingguan dam region or the limestone dam region. The other is located at the crystalline rock area in the middle section of the Xiling gorge, called the Meirentuo dam region or the crystalline rock dam region, which has ten damsite candidates. Because of the complicated geology and unfavourable conditions for structure layout and construction, the limestone dam region was abandoned after comprehensive investigation and comparison from 1956 to 1959. The geologic setting of the ten candidates in the crystalline rock section is similar except for differences in valley topography and rock weathering. These candidates could be divided into two types, represented separately by the Tapingxi damsite and the Sandouping damsite. The former represents a mid-wide river valley and the latter shows a wide river valley. The two are 7km apart. After detailed research and repeated comparison from 1963 to 1979, the conclusion was that the geologic conditions of both types are basically the same and adequate for the project. The construction period and costs are also equivalent.

In 1979, after a thorough discussion at the Conference of Damsite Selection of the Three Gorges Project, an agreement was reach to select the Sandouping as the final damsite, because of its greater width which can offer greater flexibility for general structure layout and good construction conditions.

2. Analyses of seismic activity

The Three Gorges Project is in a relatively stable tectonic setting located in the central

324

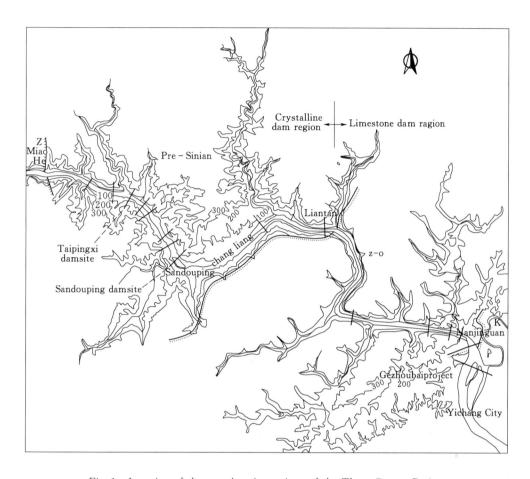

Fig. 1   Location of the two damsite regions of the Three Gorges Project

west part of the Yangtze Paraplat form of the Continent in China, which is far away from the major plate margins, collision zones of sub-plates or young orogenic zones and other active regions. According to the comprehensive studies on the deep geophysical field, including deep seismic sounding along the river (Fig. 2), interpretation of remote sensing images, and detailed field investigations, no deep faults or other abnormal geological background that may cause strong earthquakes have been found in the damsite. Reservoir and adjacent regions. The gravity field of the crust is now in an isostatic state. In the surrounding areas of the Huangling Crystalline Massif where the damsite is situated, there are a few large faults which have been studied comprehensively and extensively by means of tectonic geology and geomorphography, interpretation of remote sensing images and filed investigation, detailed geological mapping, absolute age dating of fault, minor element gas analysis, displacement monitoring, etc. The findings indicated that these faults are all weakly active or inactive and will not cause strong earthquakes in view of their scales, geologic features, neotectonic traces, displacement, historical and present seismic levels, etc. In the third edition of the seismic zoning map of China, the Three Gorges region is marked in the weak seismicity category and far away from the major earthquake activity zones, and its seismic intensity is Ⅵ or below Ⅵ. According to historical records, no strongly destructive earthquakes have been reported in the past 2000 years within the 300km around the damsite, only records of shaking of doors, chairs and windows without any destruction. Since 1959, seven seismographic stations have been set up around the damsite. In the past 30 years, the total number of recorded earthquakes larger than $Ms=1$ in the region within the 300km to the damsite is 1019, which shows that the seismicity is weak compared to those active regions; whereas in the Huangling crystalline plate, only 10 earthquakes have been recorded with magnitudes less than $Ms=2$ in the same period, showing that this area is basically free from or weak in earthquakes. Based on this information, it can be concluded that the Three Gorges Project is in a weak seismic region. In spite of all the above conditions, considering the scale and the significance of the geographical location of the project, the seismic risk analyzing method still adopt to assess the project seismic risk, which commonly use in the construction of nuclear power plants in worldwide that is: to find all potential seismic focus zones within the range of 300km, and to determine the upper limit of the magnitude or the maximum credible earthquakes (MCE) of each zone, then to determine the zone contributing mostly to the damsite and finally to calculate the value of seismic acceleration and intensity attenuated at the damsite according to different surpassing probabilities. The impact intensities of 31 significant earthquakes to the damsite since 1470 are selected for extremum statistical analysis. From the analysis the different attenuated intensities at damsite under different mean recurrence have been obtained shown in Table 1.

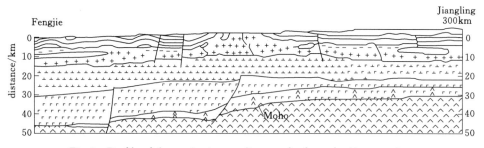

Fig. 2　Profile of deep seismic sounding result along the Yangtze river
(from Fengjie to Jiangling)

Table 1 indicates that the recurrence period encountering a 6 intensity for the damsite is 10000 years. This means that the probability for the damsite encountering a 6° intensity in a period of 100 years is 1.

Under several given yearly transcendental probabilities, the corresponding intensities and peak accelerations at the damsite are listed in Table 2.

Table 1 Intensities at the damsite under different recurrences

Mean recurrence/a	100	500	1000	10000
Intensity/(°)	3	4	5	6

Table 2 Intensities and peak acceleration corresponding to given probabilities

Annual exceeding probability	5×10^{-2}	5×10^{-3}	2×10^{-3}	1×10^{-3}	4×10^{-4}	1×10^{-4}
Intensity/(°)	3.9	5.4	5.9	6.2	6.6	7.1
Acceleration/(cm/s²)	10	27	45	60	85	125

From Table 2, the annual transcendental probability provided is 10^{-4}, the calculated possible earthquake intensity at the damsite is 7°, and the peak value of the bedrock horizontal acceleration is 125 gal, which can be used for anti-seismic design of structures.

3. Conclusions on reservoir induced earthquakes

Since the early 1970s, the issue of earthquakes induced by the Three Gorges reservoir has been listed as a special research program. Independent studies have been carried out by several state and international organizations concentrating on possibilities, locations and magnitudes of induced earthquakes, and the impact on environment. The conclusions of each independent study are in agreement without major differences. According to statistics, the number of reservoir-induced earthquakes in the world so far is about 100. The percentage of occurrence among about 100000 reservoirs of different scales is only 0.1%. According to statistical results in China, the occurrence of reservoir-induced earthquakes makes up less than 5% with storage capacity over $10^8 m^3$. It shows that earthquake induced by the reservoir is a rare occurrence under certain conditions and backgrounds.

There are several categories of geneses of reservoir-induced earthquakes. However, only three are commonly: the fault-fracture category (also referred to as the tectonic category); locational readjustment of shallow stress (also referred to as the minor crack category); and the karst category. The second category occurs randomly while the karst category occurs only in the carbonate rock areas, and both of them are usually characterized by lower magnitudes. But the first categories prone to induce large magnitude earthquakes, which have a certain impact on a local area. Therefore, special attention has been paid to this category in the study. At present, the unanimous conclusion is that the fault-fracture category induced earthquake is very much dependent on the tectonic setting, especially the level of the tectonic activities.

The topographical and geological conditions differ greatly along the Three Gorges reservoir area, which can be divided three sections. Therefore, the evaluations of reservoir-induced earthquakes are respectively different. Along the section from the damsite to the Miaohe area, crystalline rocks are distributed, reservoir bank is lower and gentle, the valley is widely open, no regional faults or active faults exist, and the rockmass is hard

327

and integral with very poor permeability. Thus, no conditions generate large magnitude reservoir-induced earthquakes. After impoundment of the reservoir, there might be a possibility of small earthquakes with magnitudes less than 4 caused by shallow stress adjustment, which have occurred in many reservoir.

Along the section from Miaohe to the Baidicheng area, carbonate rockmass are distributed, the river valley is deeply cut, karst is developed and two small seismotectonic zones that might induce fault-fracture earthquakes pass through this section at a distance of 17－30km and 50－110km upstream from the damsite. The possibility of induced earthquakes maybe occurred in two locations: one in Lukouzhi where the Juiwanzi Fault passes through the river; and the other in the area from Niukou to Peishi where the Gaoqiao faults group are located.

The possible maximum magnitude of induced earthquakes will not surpass 6 and their impact on the damsite will be under 4. This estimation is based on the method of natural seismic risk analysis. This, however, is a bit conservative, because the reservoir-induced earthquakes are induced by water which releases the crust stress ahead of time or at the time. Usually, this kind of earthquake is higher in frequency, and smaller in magnitude, i. e. often lower than the upper limit of the seismotectonic zones. This idea is also accepted in worldwide based on understanding the characters of reservoir-induced earthquakes.

In addition, there might also have the possibility of small earthquakes caused by water filling in karst caves in the carbonate rock region of the reservoir.

From Baidicheng to the upper stretch the bed rock on both sides of reservoir are mainly sandstone and claystone, the rockmass are usually soft and weak in property and lower in permeability. The tectonics setting in this section is simple and the seismicity level is low. Generally, no conditions inducer reservoir earthquake with only one exception: there might be the possibility of karst-induced earthquakes in the backwater area of the Wujiang river and the Jialingjiang river where limestone is distributed.

4. Stability of bank slopes of the reservoir

Studies of the reservoir bank stability have lasted for years. CWRC and various state agencies have done large amounts of work in the reservoir region by applying some state-of-the-art methods and approaches such as aerial remote sensing, detail geological mapping, drilling and adit, physical modeling and computation of landslide generated waves, sensitivity analysis of stability, displacement monitoring, etc. As a result, landslides larger than $10^6 m^3$ in volume were basically identified.

Because of the slopes composed by hard and semi-hard rocks, and under-developed faults, weak neotectonic activities and seismic impacts, the reservoir bank slopes are generally stable. The geological investigation illustrated that the length of stable and fairly well stable banks cover 90% of the total length of 5000km of the stem river and tributary bank slopes, while the very poor slopes summed up to 72. 4km in length making up only 1. 5%. There are 320 landslides in total with a volume greater than 10^6m^3 each, among which 15 are in poor conditions and 49 are in relatively poor stability conditions (Table 3). That means only a few poorly stable slides have the potential reactivation after impounding of the reservoir. which will not result in significant change the basically stable state of the whole reservoir banks. Stability analysis and sensitivity analysis has been conducted for large landslides with different conditions, such as assuming 6 or 7 degrees of earthquake intensity, or lowering the pool water level from 175m to 145m, and half of the landslide body saturated by underground water etc. Then the sensitivity analysis was conducted with share strength parameters (f. c.) varying within a certain range (Fig. 3). Such analysis was conducted for 38 significant landslides to assess their stability. The results show that under an unfavourable condition, 11 of them are in limit equilibrium state.

Table 3 **Stability classification of landslides with volumes over 10^6m^3**

Stability	100 – 1000		1000 – 10000		>10000		Sum			
	N	%	N	%	N	%	N	%	V	%
Poor	13	4. 1	2	0. 6			15	4. 7	8162. 3	2. 7
Relatively poor	43	13. 4	6	1. 9			49	15. 3	26262. 6	8. 6
Basically stable	207	64. 7	16	5. 0	2	0. 6	256	80	25681. 3	84. 6
Stable			29	9. 1	2	0. 6				

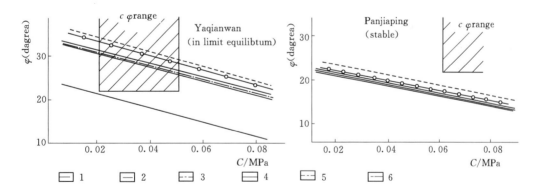

Fig. 3 Diagram of sensitivity analysis of landslide stability (two examples)

1—Natural river level, half of slope to be saturated, carthquake intensity 6°; 2—Natural river level, no water in slope, earthquake intensity 6°; 3—Half of slope saturated, reservoir level 145m, carthquake intensity 6°; 4—Half of slope saturated, reservoir level 175m, earthquake intensity 6°; 5—Half of slope saturated, reservoir level from 175m suddenly down to 145m, earthquake intensity 6°; 6—Natural river level, half of slope saturated, earthquake metensity 6°

Analysis has been performed as below:

(1) Will the landslide masses dam the river once their failure occurs? Under natural conditions, the river channel of the Three Gorge and the upper reach in Sichuan, due to

the steep slopes with high mountains on both sides and narrow valleys, will surely be blocked by some large landslides, The navigation would thus be interrupted by dangerous shoals formed after sliding. But no evidence has been found that the entire river was ever dammed by landslides. What is the case after the reservoir impounding? Taking the largest Baota landslide for example, its total volume of $8 \times 10^7 \, \text{m}^3$, if 1/8 of the total volume slips into the river, it would probably dam the channel under the natural conditions. When the water level is 135m (the first stage water level of the reservoir), the sliding debris will occupy 33% of the submarine section; when the water level rises to 175m (NPL), the percentage decreases to 17. It is ensured that any landslides failure will by no means block the channel.

(2) The river will be broadened and deepened after creation of the reservoir, and any landslide failure will not interrupt navigation as it previously did. Taking the Xintan landslide (failed in 1985) as an example, the top elevation of the accumulations in the river bed formed by the slide material was 55m, which was 5m higher than the water level in the dry season before the Gezhouba Project was built. After impounding of the Gezhouba reservoir, the water level retains at 64m all year round, which is enough for navigation in dry season (Fig. 4). Had it not been for the Gezhouba Project, the Xintan landslide would have dammed the river. This case illustrates that the building of the Three Gorges Project will convincingly improve the channel preventing the river blocked by landslide debris.

(3) 64 landslides with poor and relatively poor conditions of stability are distributed on the banks which extend 5000km. Their total volume of 344 million m^3 makes up only 2.0% of the reservoir storage at the pool level of 145m, thus having no influence on the reservoir storage at all.

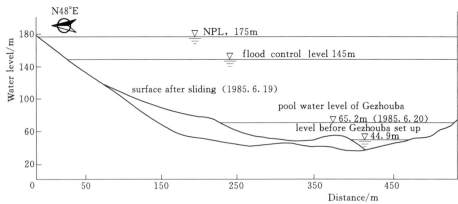

Fig. 4   Submarine section before and after Xintan sliding

(4) Any failure of bank slopes will not endanger the hydraulic structures directly, because no potentially unstable landslides exist within 26km upstream from the damsite. Physical models and calculations on generated waves show that when a landslide with a volume of 16 million m^3 at 100m S-1 falls down at the Xintan, 26km upstream from the

damsite, the generated wave height attenuated to the damsite is only 2.7m in front of the dam. Based on the observed information of the Xintan landslide which occurred in 1985, the actual generated wave disappear 16km away from the damsite (Fig. 5). This kind of computation has been performed on all large landslides to evaluate the impact on adjacent cities and towns.

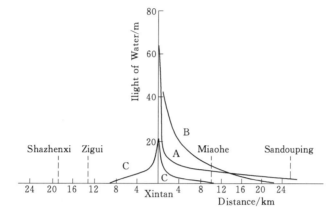

Fig. 5　Attenuation curve of the generated wave of the Xintan landslide
A—calculated curve assuming the volume of slip mass entering the river with a speed of 100m/s, water level 150m; B—physical model tested curve assuming the volume of slip masses is 16 million m^2, with speed of 67m/s, water level 130m; C—observed curve of the Xintan landslide which occurred on June 12, 1985

5. Assessment of geological conditions of the damsite

The damsite of the Three Gorges Project is located at a bend in the river close to the Sandouping town. The topography is gentle and the valley is open with a width over 1000m. On the right side of the river, there is a small island named Zhongbaodao. The overburden in the river bed is generally about 8 – 10m in thick and some locations deposited siltation of fine sand in several meters to 10m after Gezhouba dam impounded. The slopes on both banks are gentle with angles of 15°– 25°.

The foundation bedrock is Presinian plagioclase granite, which is hard and integral properties. The saturated compressive strength of the slightly weathered and fresh bedrock is about 100MPa, the deformation modulus is 20 – 30GPa, and the acoustic velocity is more 5000m/s. The permeability of the rockmass is poor, most of the permeability of rocks is lower than 1.0Lu.

The typical weathered profile of the granite may be divided into four zones: completely weathered, strongly weathered, weakly weathered and slightly weathered zones (Fig. 6). The total thickness of the weathered mantle including completely, strongly and weakly weathered zones, reaches up to 20 – 40m on the hills, but absent or very thin in the riverbed. The main dam foundation place on the lower part of the weakly weathered zone or on the top of the slightly weathered zone. If this scheme is adopted, 98% of the

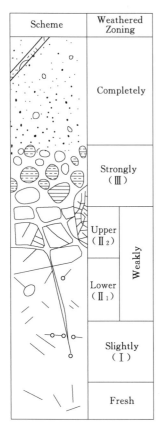

Fig. 6　Profile of typical weathering of the granite

bedrock is graded as excellent or good.

In the damsite region, there are two dominant groups of fractures, one trending north-north-western, and the other north-north-eastern with dip angles over 60°. The faults of these sets are of well-cemented tectonite (recrystallization). The soft tectonite is only seen in faults of north-eastern to north-east-easten and north-west-western groups. But they are few in number and small in scale. Low angle structural planes are less developed with poor continuity except some local area.

The principle engineering geological problems at the damsite can be summarized as in the following sections.

5.1　In some locations, low-angle discontinuities in the dam foundation constitute deep foundation sliding stability problems

In general, the low-angle discontinuities in the dam foundation are tight, small in scale, non-uniformly distributed and poor in extension. But in some locations, the low-angle discontinuities are relatively developed such as in the $1-5\#$ generating units powerhouse dam section area at the left bank, where the powerhouse is located at the foot of the dam, aslop as high as 70m is just behind the foundation. As a result, deep foundation sliding stability problems exist (Fig. 7). Therefore, detailed surveys and necessary engineering treatment measures are needed.

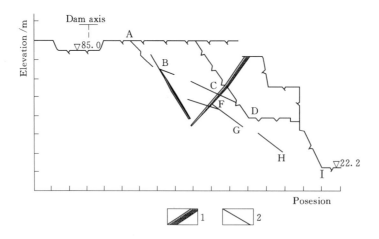

Fig. 7　Generalized geological profile of the dam section foundation at the
3# generating unit powerhouse

1—small fault; 2—discontinuities with a gentle dip angle

Based on the detail geological research, a deterministic sliding model has been established for each dam section and the corresponding connecting ratio of discontinuities has been determined. A generalized geological profile for the 3# generating unit is shown in Fig. 7. Where low-angle fractures are mostly developed.

Due to the complicated geological conditions and the unfavorable operating conditions of hydraulic structures at these dam sections, the following major engineering treatment measures have been adopted.

(1) The original designed excavation surface of the dam foundation is lowered from El. 98 to El. 90.

(2) A cut-off trench with 5m depth and 25m wide is set in the upstream foundation and backfilled with concrete.

(3) The dam heel is extended to upstream by 17m.

(4) A confined grouting curtain and drainage system are adopted for the whole dam section.

(5) Systematic anchor and pre-stress cables to be carried out in the downstream slopes for increasing the resistance of rockmass.

With the above measures the safety of the hydraulic structures can be guaranteed.

5.2 Deep-cut slope stability of the permanent shiplock

The TGP permanent shiplock is set on the left bank and it is a double-line 5-stage flight shiplock with a total chamber length of 1607m. A separate rock pier 60m in width is kept between two lines. The maximum excavation height of the slope is 170m. After years study, the excavation slopes list in Table 4 and the structure design is shown in Fig. 8. Stability analysis and support design are carried out.

Table 4   Excavation slopes and profile form of the permanent shiplock

Slope section		Slope	Bench design
Completely and strongly weathered rock	Slope height<30m	1 : 0.85	A 5m wide bench is provided in each. 15m in height. At the bottom of the strongly weathered zoned and the topchambers, a wide bench is provided with a width of 15 – 20m
Weakly weathered rock	Slope height>30m	1 : 1	
	Slope height<20m	1 : 0.3	
Slightly weathered of fresh rock	Slope height>20m	1 : 0.5	
	Above chamber	1 : 0.3	
	Chamber	Vertical	

According to the lithologic properties, tectonic conditions, geological structure, rock mass structure and rock mechanical, a high excavation slope can be made at the ship lock area.

The problem of slope stability is only the failure of local wedge blocks with different scales. Geological analysis, stereo graphic projection and block theory have been performed to identify deterministic blocks, semi-deterministic blocks and random blocks. Stability analyses

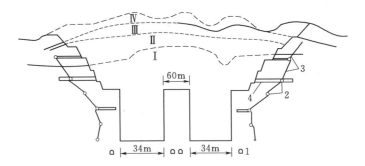

Fig. 8 Typical excavation profile of the permanent shiplock
1—water conveyance tunnel; 2—drainage tunnel;
3—drainage borehole; 4—monitoring tunnel

of these blocks are then carried out.

Based on the stability and deformation analysis, the following synthetic support and treatment measures have been taken in order to guarantee the stability of slopes and the safety operation of lock gate (Fig. 9).

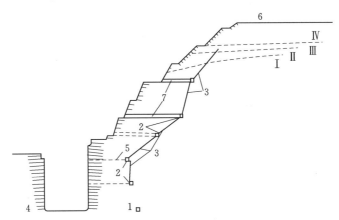

Fig. 9 Treatment design of the permancent shiplock high slopes
1—water conveyance tunnel; 2—drainage tunnel; 3—drainage borehole; 4—anchoring bolt;
5—anchoring cable; 6—peripheral drainage ditch; 7—monitoring tunnel

In order to guarantee the safety of construction and operation of the shiplock and to obtain monitoring data for feedback analysis, various monitoring instruments have been successively set up from the beginning of slope excavation, which includes surface precision triangulation network and precision level survey, multipoint extensometer, borehole inclinometer, wire displacement meter, inverted plumb line, piezometer, long-term observation of in-situ stress, monitoring of blast effect, and acoustic wave measurement. Up to now, preliminary results indicate that the deformation and displacement of high slopes are still within the range of computed values.

5.3 Major engineering geological problems of the 2nd phase upstream cofferdam

1. Assessment of the silt layer deposited after impounding of the Gezhouba reservoir on stability of the cofferdam foundations

This layer is 5 – 10m thick, 16m at maximum. It belongs to a type of loose, poor granulation, homogeneous soil, and is prone to liquefaction when without coverage weight.

2. Assessment of spheroidal bodies and blocks of rock on construction of the cut-off walls

There are two types of spheroidal bodies of rock: one type is hard-relic blocks or spheroidal masses of granite left over on floodland and river beds by weathering and erosion. The spheroidal bodies are generally 1 – 3m in diameter (5 – 7m maximum) and accumulate to 2 – 6m thick (8 – 10m maximum) (Fig. 10). The other is the semi-hard to hard spheroidal bodies of granite kept in the strongly weathered zone. The content and size of these bodies in the strongly weathered zone increase with depth. The existence of these spheroidal bodies in the foundation will create major problems when constructing the cut-off wall.

Fig. 10　Spheroidal rock blocks at the left bank flood plain

3. Construction and stability problems caused by the deep troughs in bedrock

A deep trough with a steep slope on the left wall lies just under the foundation. The left side of the deep trough in the bedrock is 30m high with a slope of 17° inclines slightly downstream. It consists of intact, hard granite. This deep trough is a major problem for the construction and stability of the cut-off wall.

The cut-off wall will be used for seepage control in the cofferdam body and its foundation. The bottom of the cut-off wall will be inlaid into weakly weathered rockmass by 1.0 m. The bedrock below the wall bottom will be grouted. At the steep side of the trough, several benches will be made by underwater blasting and two parallel cut-off walls will be set. Other engineering measures are also needed to prevent the thick silt layer from seepage failure.

有关建议
和意见摘选

三峡工程自提出之时起就一直伴随着不同意见的争论，时至今日，情况十分相似于埃及的阿斯旺水坝。看来，也只有等到三峡工程的巨大综合效益日益显现，并被人们所充分认识到的时候才会停止。

在三峡工程论证领导小组第九次（扩大）会议上的发言

一、三峡工程的地质研究具有广泛性和科学性

由于过去对三峡工程地质研究工作的历史及现状缺乏系统的介绍和公开的报道，有的同志对三峡工程地质研究工作的广度、深度不甚了解，提出了一些疑议和问题。

三峡地区是我国南方标准的地质单元区之一，加之地理位置适中，交通方便，因而早期的地质研究程度就较高。对它的地质研究最早可追溯到 19 世纪下半叶。20 世纪 20 年代开始，我国老一辈的地质学家李四光、赵亚曾、叶良辅、谢家荣等，在这一地区进行过许多有价值的地质研究，40 年代中后期原国民党政府和美国垦务局合作进行扬子江水力发电工程计划期间，就在三峡出口南津关河段进行过坝址地质勘察，这是三峡工程最早进行的专门性工程地质研究。新中国成立初期，长江委和西南水利部多次组织三峡河段查勘，并将三峡建坝河段的研究范围从美国人建议的峡谷出口的石灰岩河段扩大到上游结晶岩河段，总长 56km。

1955 年起，我国政府决定全面进行长江流域规划工作，同时开展三峡工程的勘测设计，有关工程建设的地质地震问题，自此开始了有计划大规模的勘测研究，迄今已不间断地进行了 30 年。研究工作包括了区域地质、区域地貌、第四纪地质和新构造运动、地震及地震地质、深部地球物理、库坝区工程地质和水文地质、岩石力学及岩土工程、矿产地质、环境地质、天然建筑材料等与工程建设有关的所有地质地震问题。采用了包括地面地质、遥感地质、地球物理勘探、钻探、洞井探、高精度形变测量、原位测试、实验室及现场岩土体物理力学试验，各种先进的分析鉴定技术、物理模型、数值解析、专用性微震监测台网等技术方法，并适应科学技术的发展不断扩大和深化。就三峡工程地质研究的广度和深度而言，在世界水利水电工程勘测史上是前所未有的。

这些工作，从一开始就是长江委和全国许多部门的地学工作者共同进行和完成的。地矿部、中国科学院、国家地震局、国家教委系统以及湖北、四川两省的 40 多个生产、教学和科研单位的数千名地学工作者，先后参加了三峡工程的地质勘察研究工作；我国许多著名的地质学家、地理地貌学家、地球物理和地震学家、工程地质和岩石力学专家都参加过三峡工程地质地震问题的研究；国家科委 20 世纪 50 年代和 80 年代，先后两次组织过全国规模的三峡工程地质地震问题的协作科研；30 年来，有关三峡工程的重大地质问题

本文写于 1988 年 11 月。

全国性的专家讨论会总计有 14 次之多，各有关部门提交的主要研究成果达 140 余份。可以说，三峡工程地质问题的研究成果和所得出的主要结论，是全国有关部门和地学工作者共同努力的结晶。此外，自 50 年代与苏联合作开始，至 70 年代后期以来，又先后有美国、瑞典、加拿大、意大利、捷克、法国、日本、奥地利等国的政府机构、私人公司和知名的专家学者来三峡进行有关的地质问题的技术咨询、合作与交流。他们对三峡工程的地质条件也都持肯定的态度。

以这次三峡工程重新论证为例，有关地质地震的三个重点问题——区域及坝区地壳稳定性、水库诱发地震危险性和库岸稳定性的论证材料，都是由地矿部、中国科学院、国家地震局的有关部门、院校以及长江委平行进行研究后提出的，再由论证工作的地质地震专题专家组综合以往的和这次论证期间的最新研究成果，写出论证报告。地质地震专题专家组由当前国内知名的 24 位专家学者组成。他们主要来自地矿部、中国科学院、国家地震局及有关的高等院校、大多数都是过去直接从事过和较多接触过三峡工程地质研究的专家，对三峡工程地质条件熟悉，对以往的工作情况了解，对存在问题的性质心中有数，所得出的结论基本一致，因而论证工作的基础是牢靠的，所作出的结论应该是可信的。可以认为，三峡工程的地质研究工作具有相当的广泛性，所得出的成果和结论对于工程的可行性宏观决策具有足够的深度。

二、三峡工程水库的地质条件并不"脆弱"

三峡工程坝址的地质条件优越是得到一致公认的，但是对于它的水库和环境工程地质条件，则有人提出过一些问题，有的甚至抽象地概括为三峡工程水库的地质条件是"脆弱"的。如果指望三峡工程兴建后，水库区不会出现任何新的地质问题，这显然是不实际不科学的，但对于是否具备兴建三峡工程的基本地质条件，回答则是肯定的。从总体上看，三峡工程与国内外许多已建、在建和计划兴建的大型水利工程相比，其水库区的地质条件并不差，谈不上"脆弱"到不能建设的程度。当前议论较多的地质问题有两个：一是库岸稳定性；二是水库诱发地震。这两个问题过去都已做过许多工作，这次论证期间，又作为重点课题，由几个部门平行地、有针对性地进行了大量补充研究，所得出的结论是基本一致的。

三峡工程设计蓄水位 175m 方案，干流库段长约 650km，库岸总长 1300km。近五年来，几个部门应用各种遥感图像解释和现场核查，多次的野外调查，重点地段和主要的崩塌、滑坡体的详细勘探、稳定性分析，变形监测，滑坡入江的涌浪试验和计算等工作，对三峡工程水库库岸的稳定条件，失稳破坏的特点及规律，已有了一个基本的认识；干流库段新老崩塌、滑坡体的位置、数量、规模、稳定性及其可能造成的危害都已基本清楚。

三峡工程水库库岸，由于河谷深切，岸坡高陡，岩性比较复杂，存在较多的新老崩塌、滑坡体，是长期自然地质作用的结果，也是这一类型河谷中常有的现象。但是，这一河段的岸坡主要由坚硬—半坚硬的岩石组成，没有大面积的松散堆积物，河段内的地质构造不甚复杂，岩体的完整性没有受到地质构造作用的严重破坏，也不是新构造运动强烈的地区，地震活动较弱，因而岸坡的总体稳定性是好的，与我国西部地区年轻山系和新构造运动强烈地区的深切河谷的岸坡相比，岸坡失稳、崩塌、滑坡、泥石流的数量、规模、活动性及危害程度都是不可同日而语的。

有人担心水库兴建后，将会触发大量的崩塌、滑坡或导致岸坡不可抑制的严重破坏，这是不会的。经过调查和分析研究，1300km 长的库岸岸坡，稳定条件好和较好的库岸长度占库岸总长的 90%，稳定条件差的库岸只有 6 处，共长 14.1km，仅占库岸总长的 1.1%；干流段体积大于 100 万 m^3 的大中型崩塌、滑坡体有 140 个，其中变形正在发展的有 8 个，蓄水后在库水位的作用下可能复活失稳的有 14 个。二者只占全部崩塌、滑坡体的 16% 左右。可见水库蓄水后虽可能引起局部岸坡失稳和一部分崩塌、滑坡体活动，但不会改变库岸稳定的基本现状，更不会造成岸坡的大规模解体。

由于坝前 26km 的河段内，没有可能失稳的大型崩塌、滑坡体，因此，岸坡破坏不会直接危及大坝和其他水工建筑物的安全。27km 处的新滩滑坡和链子崖危岩体，前者假定失稳后有 1000 万 m^3 的土石体，以 100m/s 的滑速入江，后者假定失稳后有 250 万 m^3 危岩整体崩落入江，进行的涌浪试验和计算证明，至坝前的涌浪高仅 2.0～2.7m，对工程建筑物不会构成威胁，而实际上这种假定条件是不可能发生的。有人担心崩塌、滑坡、泥石流大量增加库区的泥沙含量，甚至填满水库或形成坝前坝，这也是不会发生的。三峡水库 175.00m 方案，总库容为 393 亿 m^3。死库容为 172 亿 m^3。而库区全部的崩塌、滑坡体的总体积也仅约 17 亿～20 亿 m^3。其中变形正在发展和蓄水后可能失稳破坏的总体积不过 3.8 亿 m^3，即使它们全部滑入水下（实际上只能是部分物质入江，一般约为 1/5～1/10），也只占水库死库容的 2.2%；三峡库区不是典型的泥石流区，泥石流的数量少、规模小、爆发频率不高，因此，崩塌、滑坡和泥石流，不是水库淤积物的主要来源，对水库的库容和寿命没有什么影响。三峡水库形成后，水下断面比天然河道的水下断面一般要大出 5～15 倍。按距坝址最近的新滩滑坡和链子崖危岩体同时崩滑入江计算，也只占该处水库死水位以下水下断面 39% 左右，体积最大的四川云阳宝塔老滑坡即使下滑，也只占水库死水位以下水下断面的 20%～30%，不会出现有人担心的坝前坝。相反，如果没有三峡水库增大河床的水下断面，链子崖危岩体和宝塔滑坡入江的土石体将分别占该处长江枯水位以下水下断面的 88% 和 103%～140%，到是真正会形成滑坡坝。

川江航道在天然情况下由于江面狭窄，遇有大型滑坡滑落入江常会因此碍航以至断航，这一现象历史上曾多次发生，1982 年 7 月 17 日四川云阳鸡扒子滑坡就是一例；三峡水库兴建后，水面加宽 200～800m，水深加大数十至百余米，水下断面比天然情况增大 5～15 倍，因崩塌、滑坡体入江而碍航的现象，将得到很大程度的改善。1985 年发生的新滩滑坡，虽然滑坡体在水下的堆积高程达 55.00m，但因葛洲坝水库的兴建提高了该处的水位，终年保持在 63～66m，所以当时并未因水深不足而碍航；相反如果在天然情况下，那次滑坡必将严重碍航，甚至有断航的可能，这是另一个例证。至于滑坡体入江的涌浪对当地及附近城镇居民安全的影响，不论是否兴建三峡水库都应加强勘测研究和监测，而水库建成后的这一影响，已在移民和城镇迁建的选址规划中加以考虑了。

三、关于水库诱发地震问题

尽管人类对水库诱发地震的形成机理、发生发展过程尚未从本质上完全把握和认识，但是，随着全世界水库诱发地震的多次发生，研究工作的不断深入，人们对它的认识已经大大前进了一步，对它可能造成的危害也已大体上心中有数，从而基本上克服了开始阶段的恐惧心理。从全世界水库诱发地震震例的统计分析看，水库诱发地震发生的概率是很小的，其强度一般都是较低的，而且在开始阶段发震后逐渐地趋于平静。自人类发现水库诱发地震以来的半个多世纪中，全世界比较公认的水库诱发地震震例不过 100 例，而其中震级在 6 级左右，对大坝造成轻度损坏的不过两例，而这两例都有自身特定的地质条件，且在工程兴建前，基础地质研究工作深度较浅，事先对本地区的地震地质条件缺乏足够的认识，也没有采取目前国际通行的地震危险性分析方法对本区可能预期的最大地震做出充分的估计，以致蓄水发生诱发地震后，在开始阶段引起了一定程度的心理紧张。因此，只要事前有足够的研究深度和合理的工程抗震设计，没有人再认为水库诱发地震问题是兴建水利水电工程的重大障碍。

目前国际上比较一致的观点是：较强的水库诱发地震多为构造型（断层破裂型），它和一个地区的区域地质背景及地震地质条件密切相关，其强度不会超过发震构造带的最大可信地震（MCE）或震级上限（不是最大历史地震，比最大历史地震的震级一般高出一级左右）。用这种方法确定水库诱发地震的可能最大震级是偏于安全的。因为在一般情况下水库诱发地震多以较高的频率、较低的震级提前释放地壳内积累的能量，很少有可能达到该地震构造带的震级上限或最大可信地震的强度。三峡地区区域地质研究程度高，历史地震及现代测震资料丰富，对三峡工程是否会产生水库诱发地震，可能发震的地段，可能达到的最大强度，不同部门采用不同的方法平行研究，并参照国际通行的评价准则所得出的结论也基本一致，因而其可信度是较高的。

从三峡工程所处的地质环境分析，不能排除工程兴建后局部地段产生水库诱发地震的可能。但三峡地区地壳稳定性较好，地震活动水平不高，属典型的弱震环境，产生强水库诱发地震的可能性小，但在估计其发震地点和强度时，仍采用评价天然构造地震危险性的方法，从最环的角度进行估计。最有可能发生诱发地震的地段是位于坝址上游 17～30km 和 50～100km 库段内，可能诱发的最大震级为 5.5 级左右，最高不超过 6 级，影响到三斗坪坝址，地震烈度不超过Ⅵ度，而工程的抗震设计是按烈度Ⅶ度做稳定核算的，有较高的安全裕度，不会对工程的安全带来影响。其余的库段不具备发生较强水库诱发地震的地质条件（若干地段可能诱发岩溶型水库地震）。至于水库诱发地震是否会引起大量的岸坡失稳？前已述及，三峡工程水库岸坡总体稳定性较好，稳定条件差的岸段及崩塌、滑坡体数量有限，而三峡水库又不是地震活动强烈的地区，历史上还没有确凿的地震引起山崩滑坡的历史记载。对崩滑体进行稳定性分析时，又采用了较高的地震烈度进行核算，水库诱发地震对岸坡稳定的可能影响已充分考虑在内了。

从以上分析可以看出，由于三峡工程规模大，地理位置重要，因而对它的地质条件的研究和评价采取了极其慎重的态度和偏于保守的分析，留有较大的安全裕度。至于那些不影响工程安全和运行的局部地质问题，在下阶段的勘测设计工作中，可以继续深入研究，并在施工和运行过程中采取一定的工程措施，是不难解决的。

民主化、科学化是保证我国政治和经济体制改革不断深入必不可少的客观环境和正确措施。没有民主化，科学化就缺乏必要的前提，就会成为一句空话。但是没有科学化做基础，不采取科学的实事求是的态度，民主化也将常常变成没有根据、莫衷一是的争吵而无法做出正确的决策，二者不可偏废。而要真正做到科学化，就必需尊重科学，尊重事实，重视调查研究，客观地听取各方面的意见和深入分析思考问题。但愿三峡工程的决策过程能为我们提供一个典范。

在三峡工程论证领导小组第十次（扩大）会议上的发言

首先讲一下三峡工程地质勘察的深度。因为这是对我们当前结论评价的一个根据。不算新中国成立前，三峡的地质工作已连续不断地进行了近四十年，工作量和采用的方法在世界水利水电建设史上是没有先例的。可行性报告的 4～6 页上有个工作量表，我就不详细介绍了。概括来说，地质测绘从 1：50 万至 1：1000 比例尺的范围内，采用连续比例尺，其范围达到几万平方公里，包括新中国成立初期的一部分地质空白区都做了工作；钻探进尺的数字更吓人，加起来有数十万米。有位加拿大专家说你们是否要把地球打穿，我们在加拿大拿岩芯啊。也许是个讽刺吧，意思是你们在这样好的岩基上打这么多孔干什么；各种岩石力学试验工作总计有好几百组，包括现场和室内的。还应用了许多在其他工程上不用或很少用的技术方法，例如专门为三峡工程做了航空物探，一般情况下水电工程是不单独做的，因为费用很大；专门的航空遥感飞行，包括 1：3.5 万和 1：6 万的彩红外和黑白的航空摄影、机载侧视雷达扫描等。还有，在三峡地区周围建立了 7 座微震台，从 1958 年开始监测，已有近三十年了。据我们了解，世界上在工程建设前就建立微震台研究地震，特别是有几十年监测成果，也是没有先例的。当然有的工程建好后发现地震活动，增设了地震台，如新丰江等。另外我们在一些断层带上设立了形变观测，监测这些断层的活动情况，也有十几年历史资料了，过去也很少有人为建一个水坝专门这样做。还有利用国家二等精密水准来测量大坝及库首区的地壳形变。最近结合"七五"科技攻关，又做了一些规模更大的地质地震专题研究。可以说三峡工程地质工作的深度之大、范围之广、持续时间之长、采用的手段之全和先进，在世界上是没有先例的，恐怕今后也不会再有这样的例子。这是第一点。

其次，工作的权威性如何。有人怀疑是不是长江委一家做的，因而带有倾向性，所以要讲讲工作的权威性。三峡地质工作，如上午胡海涛研究员所说的，从一开始就是全国大协作，至今如此。丰富的成果也是全国大协作的结果。从 20 世纪 50 年代开始到现在，据我们统计，全国有四十多个科研、高等院校和生产部门，包括我国几所名牌大学的地质系、地理系，如北京大学地质系、地理系，南京大学地质系、地理系，中山大学地理系，还有成都地质学院，北京地质学院，长春地贡学院，西安地质学院等几个有名的地质院校，以及中国科学院地球物理所、地质所、地理所，现在的国家地震局下属有关所，还有湖北、四川两省的有关部门，一开始就是在全国各有关单位的通力协作下进行的。其中在 20 世纪 50 年代和 80 年代，国家先后组织了两次规模宏大的三峡科研协作。50 年代的三

本文写于 1989 年 3 月。

峡科研地质大组，由当时国内最著名的一些地学界的前辈为主组成，先后召开过五次地质大组会，对三峡工程建设的有关地质地震问题做了全面的研究。近年来的这一次科研大协作，围绕人们所关心的几个问题又进行了深入的研究，这是就参加工作的单位而言。就个人来讲，我初步地回想了一下，可以说，我国现在65岁以上已故和健在的著名的地学界专家，很多人在不同时间，不同阶段都参加过三峡的工作。比如，地质学方面的张文佑、侯德封、冯景兰、袁复礼、李捷等；地理地貌方面的沈玉昌、王乃梁、任美锷；地球物理及地震地质方面的李善邦、谢毓寿、徐煜坚、李坪；工程地质方面的谷德振、刘国昌、张咸恭、姜达权、贾福海、姜国杰、戴广秀、肖楠森、胡海涛等。陈宗基教授则是三峡工程岩石力学研究的创始人。这次重新论证成立的地质地震专家组，由当前国内著名的24位地质、地震、工程地质、岩石力学及有关专业的专家组成。他们分别来自地矿部、国家地震局、中国科学院、水电部、国家教委、交通部及湖北省所属的18个科研、生产部门和大专院校。说这些的目的是要说明，可行性报告中地质地震问题的评价及结论不是某一个人或某一家的成果，而是凝结了那么多专家的心血。总持怀疑态度是没有道理的。国际上有名的专家也应该提一下，因为大家都在引用外国人的话嘛。最早在50年代，苏联最权威的工程地质专家波波夫、谢苗诺夫、索科洛夫就来三峡进行过短期工作。实行改革开放后，国际上最有名望的缪勒教授，奥地利的岩石力学-工程地质专家，新奥法的创始人之一。他曾经两次到三峡。国际工程地质学会名誉主席阿诺教授、日本著名岩石力学专家樱井教授等都到过三峡。还有世界银行的顾问专家康拜尔博士等。至于美国、瑞典、加拿大、法国等国家来三峡咨询合作的就更多了。他们总的印象认为三峡工程的地质条件是好的，在他们的咨询报告或意见书中，例如在世界银行专家咨询报告里写得很清楚。

下面回答有些委员提出的关于水库诱发地震和库岸滑坡问题。

关于诱发地震。这个问题的最初发现不是在20世纪70年代，在30年代，美国胡佛坝博尔德水库坝就出现了这个现象。以后美国废油井注水，也引起地震，引起人们越来越多的注意。到现在为止，全世界有多少水库诱发地震，统计数字不完全一样，大约有百座左右。这个问题一开始发生的时候，人们是有点恐惧心理，为什么会发生这种情况，是否会无限制地震动下去呢？人们开始对它进行研究，到目前虽然不能说水库诱发地震的形成机理、发生发展过程已经认识清楚了，但是经过半个多世纪的研究，工程的实践，人们至少对水库诱发地震形成的条件可以有个判断，对其造成的危害也基本心里有数。毕竟世界上没有因水库诱发地震毁坏过任何一座大坝。到现在为止，由于水库诱发地震对大坝造成一定损坏的有两例：一是我国的新丰江；二是印度的柯依纳。二者烈度都是8度，但对大坝都只是轻度损伤，其他的水库地震大都是二三级，三四级的小震。现在人们对这个问题已经远远不像开始那样恐惧了，也不是无能为力。如果无能为力的话，人类这几十年来水库越修越多，坝越修越高作何解释呢？如果三峡工程因水库诱发地震问题弄不清楚不兴建，别的水库还建不建呢？比如有人极力主张到金沙江去建电站，到长江上游、支流及中国西部去开发水电，那么这些地方的诱发地震要不要考虑呢？这些地方的地震活动比三峡地区厉害得多，怕不怕呢？很显然，目前真正了解情况的从事这一工作的专家并不认为水库诱发地震是一个不可逾越的障碍，只要事先有足够的工作和充分的估计，不会对大坝造成严重危害。首先，并不是每个水库都要发生诱发地震。在联合国登记的大坝约有10万座，发生水库诱发地震的也就是百座左右，即千分之一。美国大坝委员会统计的数字大概是 3%。我国按高度在 100m 以上大坝统计，大概是 7%。也就是说，发生水库诱发地震的水库，只占水库总数的 $1‰\sim7\%$ 范围内，绝大多数水库并不发生诱发地震。换言之，水库诱发地震并非是一定会发生的现象，而是要有特定的条件和背景，这就是我们需要认识的问题。其次，诱发地震的产生并非水库建好后由于水和大坝的重量压出来的。可以讲一个数据，三峡地区岩石的单轴湿（饱水条件下）抗压强度，三斗坪坝址的花岗岩为 $1000kg/cm^2$，相当于 10000m 的水柱压力。水库区比较差的岩石单轴湿抗压强度大概是 $300kg/cm^2$，相当于 3000m 的水柱高度。在地下深处，处在三轴状态下的岩石强度更大得多。而三峡大坝水库的水柱高度最大不过 170m，相当于 $17kg/cm^2$，和岩石能承受的压力相比只是一个很小的数值，能把岩石压破、压出地震来吗？显然不会的。其次，长江河谷在三峡地区的下切深度超过了 1000m，也就是说在历史上它曾经承受过 1000m 高的岩石重量，相当于 2700m 的水头压力。这些岩石被长江下切卸掉了，现在再回加 170m 的水头压力，只有它原来承受过的压力的 1/16，能压出地震来吗？显然也是不会的。事实上有许多高坝大库没有诱发地震，有的小水库倒诱发了地震。那么为什么加了不大的荷载会发生诱发地震呢？这就要从岩体的内因去找，也就是说这些地方的岩体中有弱点，该处岩体内的某些部位处于临界应力状态，因此增加了不大的附加应力，就发生位移破裂，引起地震。水究竟在岩体内部起了什么作用，有很多假说，如降低了断裂面的强度；增大孔隙水压力、降低了正应力；在岩体中起了楔裂作用或改变了岩体内的温度场、应力场的平衡等。但不论什么原因，外因只是一个诱导因素，触发因素，本质是内部本身有无发震的条件，这一点我想大家都比较容易理解。因此，目前国际上比较公认的观点认为，除了那些塌陷型，岩溶气爆型，岩体微破裂等引起的小诱发地震外，较强的水库诱发地震多为构造型，它和一个地区的区域地质环境及地震地质条件密切相关。现在我们来看看三峡工程的条件究竟怎样，是否具备诱发强水库地震的条件呢？首先看一下三峡地区在我国地震分布图中的位置。地震的活动是有地区性的，是成带分布的，有一定规律，不是 960 万 km^2 的土地上到处都有地震，如果那样，人类还有什么安全感。比如有人说北京可能会发生大地震，这个我相信，因为北京曾发生过且其周围都是大地震地区。但说武汉要发生大地震我不相信，因为从地质构造上，从历史上它不是强震地区。我国地震带在太行山、华北一带，年轻造山带和横断山脉沿线的西藏、云南和四川西部，还有新疆、甘肃、青海、宁夏的大部分地区、沿海的某些地区都是地震活动较强烈的。相对来讲华中地区如湖北、湖南、江西、广西、四川东部等地地震活动是比较弱的。在全国地震区划图上，三峡地区在四川盆地东部是低于 6 度的地区，湖北的西部，大部分也是 6 度区，只有在黔江、彭水地区，划了很小的一块 7 度区。总的来讲，三峡坝区的花岗岩体，历史上没有有感地震记载，水库及邻近地区两千年的历史记载中也没有破坏性的地震，仅有些桌柜晃动、门窗发响的有感记载。当然，对历史资料也要作分析，并不是完全根据历史资料来做结论的。三峡地区在我国的地震区划中是一个相对比较稳定的地区，这一结论是全国地质部门、地震部门多年来研究的结果。1987 年国家地震烈度鉴定委员会复核湖北省地震局的三峡工程地震烈度鉴定报告时认为，将三峡工程三斗坪坝址的地震基本烈度定为 6 度是合适的。其次，看看三峡地区地质环境，它处于扬子准地台的中部，是一个比较稳定的地区。三峡地区到目前为止还未发现有活动性的大断裂、深大断裂带。对于坝区外围的几条断裂，大家比较熟悉的有仙女山、九湾溪、远安、雾渡河、天阳坪断裂等。多年来我们进行了非常仔细的研究，包括设立微震台、设立定点形变监测网，进行活动年龄测定及汞气测量等。研究结果表明，它们是弱活动或基本不活动的断裂，这就是三峡工程所处的地质背景。在这样一个背景之下，在蓄水后有没有可能发生大的地震呢？我想结论很容易得出，是不会的。如果发生地震，由于所处的地质背景，其强度也是有限的。也许有同志会问，新丰江水库兴建前确定的基本烈度是 6 度，但后来发生了 6.1 级相当于 8 度的诱发地震，还有印度的柯依纳也是这种情况，水库诱发地震强度超过了基本烈度。为什么会出现这种情况，应加以分析。新丰江水电站在勘测设计阶段并没有对该地区的地质构造背景作深入的勘察研究，例如新丰江大坝下游 1.5km 处有个河源大断裂，是一个规模大、活动性比较强的断裂，并有分支断裂直接和水库相通，由于事先未做专门性的区域地壳稳定性的研究，仅仅依据历史记载资料确定基本烈度，所以定得比较低。现在回过头来看，显然不应把新丰江地区的地震基本烈度定为 6 度，如果用国际上目前通用地震危险性分析方法来评价一个地区的地震活动水平，确定出最大可能地震震级（震级上限），用这个标准做外包线来包，是包得住的。印度柯依纳大坝是怎么回事呢，我没有去过那里，但与世界银行顾问专家专门讨论过这个问题。他告诉我，他去过两次，很明显，柯依纳水库中有一条活断层，这条断层把古老的民间土墙都错开了，建坝时，这方面未做任何工作，在活动的断层上修水库当然是要发生地震了。从目前发生的两起比基本烈度值高的水库诱发地震震例来看，主要在于事先没有很好研究地质构造背景，没有充分了解地质条件和进行地震分析预测，才出现了这样的意外。这些年国内准备兴建的一些大坝，如二滩、三峡，这一工作做得非常充分，采用了目前国际上通用的地震危险性分析方法和最大可信地震的概念进行地震危险性评价。应用这一方法，三峡工程的地震研究范围从北纬 29°～33°，东经 108°～114°，半径有 300 多 km。在这么大的范围内，把每一个可能发生地震的潜在震源区都找出来，一共圈定了 14 个潜在震源区，包括湖南常德、河南南阳、陕西安康、四川黔江等，给出每一个潜在震源区的震级上限，即每个震源区最大能发生多大的地震。它是根据每个潜在震源区的地震地质条件及地震活动水平，按一定的数学模型计算得出的。已经不是最大历史地震的概念了。例如，黔江地区，历史上发生的最大地震，原来定的 5.5 级，现定为 6¼级，而给定的最大震级上限是 6.5 级。远安、钟祥、荆门一带历史上发生过的最大地震是 4.7 级，而确定的地震震级上限是 6.0 级，这是通过数学模型计算出来的。然后按照每个震源区可能发生的最大地震，计算衰减到坝址区震级是多少。这种评价方法是很保险的，是目前国际上用来评价核电站安全的方法，把它移来评价三峡这样的工程。三峡地区的诱发地震就是按这个办法确定的。例如假定距坝址最近的仙女山和九湾溪断层处发生 5.5～6.0 级水库诱发地震（实际上这个地震带历史上发生过的最大地震是 1961 年发生在仙女山断层南端宜都潘家湾的 4.9 级地震），影响到三斗坪坝址，也只有 6 度。这是相当保险的，也是国际上通常评价重要工程的地震及水库诱发地震的方法。

而实际上，从水库诱发地震形成机理来分析，它的强度应该低于天然情况下可能发生的最大地震。因为诱发地震是把地壳内已储存的能量通过水的诱发作用提前释放。所以水库诱发地震的特点是强度小，频率高。因此诱发地震的震级不会超过地震带的震级上限，目前对三峡水库诱发地震的预测，有相当的安全裕度。

关于库岸稳定及滑坡。滑坡和诱发地震不完全一样，滑坡是可以搞清楚，可以认识和预测的。三峡地区库岸稳定性的研究，也持续几十年了。特别是近几年，国家的不同部门，包括地矿部、中科院的有关所、长江委及湖北、四川两省的地矿部门在三峡库区做了大量工作。采用了一些先进的手段和方法，如航空遥感、涌浪模型试验和计算、稳定性灵敏度分析、变形体形变监测等。其中航空彩红外摄影最大的好处是视域广，不会因人的视野的局限而漏掉大的滑坡，解译后再到现场复核。经过几次反复，三个部门的工作成果，经论证专家组把资料汇总后，发现不同部门对滑坡体数量、规模的估计是很接近的。因此可以有把握地说干流库岸岸坡的基本情况，体积在 100 万 m^3 以上及与城镇有关的崩、滑体已基本查明。这就是论证的基础。

首先我要说的是三峡水库库岸不是一个"豆腐渣"，不是经不起风吹雨打的"病西施"，毕竟它已经站立了百万年。三峡水库岸坡，主要由坚硬、半坚硬岩石组成，在长江下切过程中，在陡峭的岸坡上出现崩塌滑坡使岸坡不断趋于稳定是这一类型河流发育过程中正常的自然现象。总的来讲，三峡河段两岸岸坡稳定条件比我国西部山区河流的岸坡稳定性要好得多。断层不多，新构造运动和地震也不强烈，因而总的稳定性较好。调查的结果，全长 1300km 的库岸岸坡，稳定条件好和较好的库段占 90％，稳定条件差的岸坡，加起来总长只有 14km，仅占库岸总长的 1.1％。在 140 个体积大于 100 万 m^3 的崩塌滑坡体中，现在正在活动的有 8 个；现在基本稳定，蓄水后在库水影响下可能失稳的有 14 个。就是说蓄水后可能形成新的崩塌和滑坡，但它并不会使整个三峡库岸大规模解体，这种担心是不必要的。对库岸的大型滑坡进行了分析、计算，特别是作了灵敏度分析，就是考虑到蓄水后条件的变比。上午有委员提出，滑坡饱水和没有饱水，特别是在水位急骤消落的情况下，滑坡的稳定条件是不一样的。这个意见是很对的，所以我们也作了灵敏性分析。以两个滑坡稳定性灵敏度分析图为例，下面的一组曲线是不同条件下安全系数等于 1 的线，有的是假定 7 度地震力，滑坡体 1/2 泡水；有的假定库水位由 175m 骤降到 145m，坡体 1/2 浸水，6 度地震等；再把滑坡体的抗剪强度假定一个变化区间。例如鸭浅湾滑坡，若要取较大的 f 值和 c 值，它就处在稳定区，假若要取较小的 f 值和 c 值，这个滑坡就不稳定，尽管它现在是稳定的，仍然把它定为潜在不稳定。而范家坪滑坡，不论取什么 f、c 值，在任何情况下它都处在稳定区，就将它定为稳定的滑坡，当然还要结合其他条件综合评判。我们对 140 个体积在 100 万 m^3 以上的大、中型滑坡都作了这种分析，分析的结果现在稳定性差的有 8 个，而现在是稳定的，蓄水后稳定性变坏，可能失稳的有 14 个，二者共 22 个。蓄水后，滑坡体的稳定性要发生变化，是不是都变坏？也不是的，其中有一部分要变坏，这与滑坡体的边界条件有关，所以我们作了灵敏度分析，也作了稳定计算，结果就是现在汇报的这个数值。这些滑坡体分布在 1300km 长的库岸上，单个的体积 100 万～8000 万 m^3 不等。滑坡滑下来后，会不会形成天然的滑坡坝，堵塞长江、填满水库？首先我想说明一点，现在很多文章竞相引用历史资料说，新滩的岩崩滑坡曾经三次堵塞长江，这种说法不太准确。这是根据历史文献记载找出来的。我们知道，这些历史文献常常根据当时的政治经济需要，把事情夸大或缩小。比如曾说 1542 年新滩滑坡堵江 82 年，怎么个堵法要做分析。如果完全形成一个拦河大坝，像四川叠溪的大小海子形成一个堰塞湖，那么秭归县城距新滩 11km，就要泡汤了，可秭归县没有这样的记载。说明滑坡只是壅高江流形成险滩恶水，中断航运，但长江仍然在继续东流。要把长江全堵起来，甚至堵了几十年，这是不可想象的。所以堵江是个夸大的形象的说法。为什么 80 多年不疏通？当地老百姓说得很有道理，那就是形成险滩断航后，上下船只在此转码头，当地的各种土霸王和各种"倒爷"可以从中得利，有意不去疏通，新滩镇就这样发展起来了。直到1624 年，有个姓乔的按察使和姓杨的知州才督令疏通。所以对历史记载，要作具体分析。三峡及川江河段区的长江河道在天然情况下，由于山高坡陡，江面狭窄，一些大型的滑坡体下滑后，是会堵江碍航的。蓄水后是什么情况呢？我们对几个大的滑坡体滑落入江的影响逐个做了分析，假定每个滑坡全部滑动，其中 1/8 体积滑入江中，因为滑坡不可能全滑到江里去，相当一部分会自然留在岸坡土，在不同水位情况下，要占据长江断面多少。以体积最大的宝塔滑坡为例，它是鸡扒子滑坡的母体，总体积有 8492 万 m³。这个滑坡如果1/8 体积滑落入江，在天然情况下，它有可能把现在的长江枯水河槽全部堵完。135m 水位时，入江土体占水下断面的 33%，145m 水位为 27%，175m 水位 17%。计算结果，在三峡水库形成后任何一个滑坡失稳滑动，即使它的总体积有 8000 多万 m³，也不会堵塞长江，形成坝前坝。再者，三峡水库形成后，由于江面拓宽，水深加大，在天然条件下滑落入江碍航的滑坡，在新的情况下就不再碍航。以 1985 年的新滩滑坡为例，当时入江方量约 260 万 m³，水下堆积最高处的高程 55m，已超出葛洲坝修建前新滩枯水位 5m。葛洲坝工程蓄水后，该处水位常年保持在 63m，因此，新滩滑坡滑下后仍有近 10m 水深，保持足够的水下断面通航。如果没有葛洲坝水库蓄水增大断面，1985 年新滩滑坡就会断航。这个实例说明，三峡水库兴建后，总的来讲，滑坡入江碍航的条件大大地改善了，更不会在水库里形成水下坝，对这一点，我们心里是有数的。至于库岸的小崩小滑，水库修建后有可能发生，但不影响大局。

22 个现在活动和蓄水后可能活动的滑坡分布在 1300km 长的库岸上，总体积只有 3.8 亿 m³，只占 145m 水位以下库容的 2.29%，对水库的库容及寿命没有影响。

已经多次介绍过了，由于坝前 26km 范围内不存在可能失稳的大型崩滑体，以远的任何一个大型岸坡失稳都不会直接威胁水工建筑物的安全。至于滑坡入江涌浪的间接影响，我们曾对规模大、距坝最近的新滩滑坡和链子崖危岩体进行过涌浪试验和计算。结果表明，假定新滩滑坡有 1000 万 m³ 物质，以 100m/s 的速度滑落入江，涌浪向下衰减很快，到坝前最大浪高只有 2.7m。而 1985 年新滩滑坡实际涌浪在新滩下游 11km，距坝址还有16km 处就没有反应了。我们对所有可能的滑坡都作过这种计算，有些还作了实验，除了考虑对大坝的影响外，还考虑了每个滑坡滑下后，对附近城镇造成的影响，然后提供给移民专家组加以考虑。这个数字已提供给移民专家组了。

三峡工程水库移民安置及城镇选址
若干问题的思考和建议

最近为了水库区万县、奉节和巫山三县（市）所在地的选址及"总体规划"的地质基础条件，长江委勘测局邀请了一些地质专家赴实地进行考察论证，有机会较深入地了解了当前移民城镇迁建和"总体规划"工作的情况，感到有些问题应引起高度重视，并着力加以解决。

（1）三峡水库区，尤其是万县市以下，是一个地形地质条件比较复杂的地区。因此，库区城镇、特别是县（市）所在地和大集镇的迁建选址和"总体规划"工作，必须高度重视地质工作，尊重地质基础资料和有关专家的意见。巴东新城已有教训。兴山县采纳了我们的建议，选用古夫新址，将会有一个长治久安的发展环境。奉节县原所选城址地形地质条件较差，我们已另选新址，但尚未得到有关部门的认同。长江委勘测局已基本完成了库区需搬迁的 13 个县（市）所在地和 140 余个集镇的规划选址地质调查，并提出了供总体规划用的各种地质图件。希望有关部门在新址选择和总规工作中重视和应用这些成果，并注意听取地质专家的意见。

（2）鉴于三峡库区的地形地质条件，城镇规划必须因地制宜，从实际出发，宜大则大，宜小则小。城镇功能、规模和布局，不可超越客观自然条件而求大，求全。巫山县有就地后靠和就近搬迁的条件，但经调查，可供利用的 I、II 类建设用地总面积约 $4km^2$，加上 III 类场地可用的部分，虽可接近 $10km^2$，但分布在大宁河两岸，规划区的地面高程最高已达 500m，将大大增加建设投资和难度。现在巫山县城区人口 3 万人，占地 $2km^2$。因此，新的规划用地大体上可满足移民安置的需要，且可改善现有拥挤的环境，并给适当发展留有余地。但如果移民规划人口，远景按 11 万人考虑，似乎欠妥。奉节县希望依托旅游业，紧紧环绕白帝城和夔门安置县城重心。这种想法没有地质条件作基础，到头来可能是一无所有，遗患无穷。

库区很多城镇迁建规划都有类似的问题，值得重视。

（3）城镇的建设详规也必须高度重视地质条件的适宜性。中共万县地委主编的《万县地区五百年灾害研究（1440—1990）》资料表明，万县市区历史上崩塌滑坡记载不多。可是近几年来，市区中小型滑坡和地面变形，工厂、居民住宅、道路因而毁坏的现象时有发生。这些现象绝大部分发生在斜坡地带（岸坡、冲沟斜坡、古滑坡体的前缘斜坡等）。这些地段本来就不适宜兴建工程，这些年随着城市的发展，又没有根据地质条件做出统一严格的规划，在这些地段大量盲目建设，加之建设过程中，又不注意斜坡保护，整治和排

本文写于 1993 年 8 月。

水，从而导致了上述现象的产生，豆芽棚滑坡的复活就是一个典型的例子。可以说万县市区众多滑坡变形的主要原因是在斜坡地段人类不恰当的工程活动所引起的。这种问题在库区沿江其他城镇和今后的新址建设中都必须引起高度重视，城建部门的规划设计思想也必须适应山区地形、地质条件的复杂性。长江委勘测局已提出各城镇建筑适宜程度分区图，可作为各地总规的依据。在下一步详规勘测中，再加以修改和完善，提供城镇实施规划工作的地质基础。

（4）在城镇迁建选址和总规方案没有批准前，城镇基础设施的投入必须谨慎和控制，总规和详规以及大型项目的可行性或初步设计应通过专家评审，其中应该有熟悉情况的地质专家。

（5）移民城镇开发规划用地的管理应尽快明确责任和权利，1985年陪同钱正英同志视察万县龙宝新区，该处地势平坦开阔，面积约15km^2，是万县市重点的移民安置区。但这次去时，移民部门反映，城建部门已将它分割成片规划用作它用，剩给移民安置的用地不过2~4km^2，其他可安置移民的用地有的已规划作开发区等，移民部门无权过问。库区可供城镇迁建的土体容量有限，严格管理，节约用地，合理规划是十分重要的。否则，有朝一日发现无土体安置移民的时候，就为时晚矣。

三峡工程的移民工作是一项庞大的系统工程，从现在的情况看，我仍担心移民工程概算难以控制，有些问题如不及早重视解决，有可能延误第一批机组的投产时间。

以上意见供诸位领导参考，不妥之处请批评。

三峡工程库区移民地质灾害防治工作建议

作为长江委三峡工程地质技术主要负责人，我近来一直在思考一个问题：如何尽量减少三峡工程水库区地质灾害的危害和其对移民工程的影响。在三峡工程的前期勘测设计及论证过程中，我都负责整个工程的地质勘察工作。现在回过头来看，应该说，我们对三峡工程水库区地质环境的复杂性认识不够，特别是对百万移民安置这一巨大的人类活动可能引发的次生地质灾害严重估计不足。移民工程在地形地质条件复杂的山区，大规模地进行道路、桥梁、城镇开发、房屋建设，本身就会遇到许多复杂的地质问题，又没有条件在事前做必要的地质勘察工作，再加上许多地方不尊重科学的蛮干和脱离实际的建设规划，人为地加重了问题的严重性。

目前，移民工程建设中遇到的大量地质问题缺乏有效的组织措施加以解决。长江委在许多重点县设有地质工作站，但限于经费和人力，只起到了解情况，沟通信息的作用；遇到一些突发性的重大地质问题，则由三峡工程建设委员会移民局或国土资源部或长江委单独或联合组织专家组赴现场进行考察咨询，提出意见。由于三峡库区移民工程建设的战线长、类型多、时间紧、分散且计划性差，上述的工作方式无法及时有效地解决实际工作中遇到的大量地质问题，更无法做到在工程实施前，根据地质条件，对规划、设计和施工方案提出意见，防患于未然。如果现在还不采取有效措施，尽量减少三峡工程库区移民工程建设可能引发的地质灾害，或者至少做到对可能遗留的重大地质隐患心中有数，工程建成运行后的后遗症将会是一个沉重的负担。为此，我建议采取以下措施：

（1）组织熟悉三峡工程库区地质情况，且有技术实力的单位，组成地质工作队，分县包干解决移民工程建设中的地质问题。工作队的具体任务是：审查重要项目（重点是公路、桥梁、隧道、城市建设中的开挖边坡、城市排水、开挖弃渣堆放、填沟建地及重要建筑物的地基等）的设计是否充分注意了地质条件，设计方案和施工方法是否会引发次生地质灾害；大型建设项目施工现场的地质监督和技术指导；重点项目的施工地质监理；地区的环境地质评估以及潜在地质灾害危险区的地质巡视等。工作重点是秭归、兴山、巴东、巫山、奉节、云阳、万县市。建议承担任务的单位有：长江委综合勘测局、国土资源部环境地质研究所、成都水文地质工程地质中心、四川省南江水文地质工程地质队。这些单位都有长期在三峡工程水库区工作的历史和一批熟悉库区地质情况的专业人员，可以通过协商分别承担一个或几个县的任务。

（2）为了使地质工作队的工作具有主动性，且不过多受地方行政的制约，建议工作经费除承担施工地质监理的费用由工程建设费支付外，其他工作经费均由三建委移民局下拨

本文写于 2000 年 7 月。

给所在单位，使其工作对地方而言具有一定程度尽义务的性质。工作队可视作三建委移民局的派出单位，但仍由所在单位负责技术管理，日常工作则与地方有关部门（地方建委、移民局、建设指挥部等）协商进行安排；也可承担有关业务部门提出，经移民局同意下达的任务。具体的管理办法和运作方式尚需研究细化。

（3）建议成立相对稳定的高层次的地质专家组。专家组的主要任务是研究解决一些重大技术问题，审议评估一些重大技术方案和措施的合理性和可行性，并对三峡工程水库区环境地质的现状和未来作出评估，提出对策。专家组由三建委移民局聘请并领导，具体事务可由长江委综合勘测局协助处理。

上述建议主要是针对：①尽量减少库区移民工程建设可能引发的次生地质灾害；②尽量避免移民工程建设项目因忽视地质条件而出问题。至于三峡工程库区原已存在的大型滑坡、崩塌、泥石流等自然灾害，长江委综合勘测局及其他许多单位长期以来已做了大量的勘察研究工作，情况已基本清楚。现在的问题是：应该采取什么正确的对策对待它们，在有关专家和不同部门间始终存在分歧，影响了尽早制定合理可行的技术路线和措施。这个问题应该通过适当的步骤加以解决。我这几年先后考察过美国、法国、加拿大等国家有关大型滑坡勘测、监测和治理的经验很受启发，他们有许多经验值得学习借鉴。

关于虎跳峡河段开发方式的建议

金沙江中下游河段的综合利用规划，经长江委的多年研究，除最上段的虎跳峡河段开发方式尚有争议外，其他的开发梯级均已取得基本一致的意见，并已进入全面实施中。整个金沙江中下游河段由于自然条件和社会经济特点，水资源的开发利用以水能开发为重点是合理的。

2005年，国家下达任务，要求对1990年经国务院批准的《长江流域综合利用规划简要报告》进行修编。修编通知明确指出："要按照构建和谐社会的要求，以科学发展观为指导，立足于流域经济社会的长远发展，统筹考虑流域经济社会发展要求和水资源综合利用，重视流域生态保护，维系河流健康，正确处理经济和社会发展与生态环境的关系"，要求"在对原规划及其他成果进行认真总结、评估的基础上，要重点加强对流域有关生态环境、社会经济发展、航运、少数民族、历史文化、生物和自然保护区等问题的专题研究，确保河流基本生态流量的要求"。

用这些要求检视金沙江中下游河段规划，虎跳峡河段开发方式的争论就具有现实的意义。争论的焦点是在不在虎跳峡上峡口修坝？修高坝还是修低坝？虎跳峡高坝方案（设计蓄水位1950～2010m），有200多亿m³的总库容，可以装机680万～800万kW，水库具有较好的调节性能，成为金沙江中下游河段的龙头水库，具有较大的电能效益。但是在虎跳峡上峡口修高坝，面临巨大的淹没损失和移民压力，对环境、自然景观、旅游资源、文物和历史遗产的破坏也是严重的。

虎跳峡上峡口至其宗镇长约150km的河段，是一段宽河谷盆地——石鼓盆地。盆地内有10余万亩土地，聚居有7个少数民族近10万人，土地肥沃，历史悠久，风景秀丽，旅游资源丰富。在金沙江流域，这种宽阔富饶的河谷盆地极其罕见。它集人文景观、自然景观、生态环境保护较好、多民族和睦相处、水土资源丰富于一身，是一块难得的宝地。坝址之下即是举世闻名的虎跳峡大峡谷；坝址上游48km处的石鼓镇，是三江（怒江、澜沧江、金沙江）并流金沙江自北向南流的终点，至此，金沙江就突折返向北流，形成了神奇壮丽的万里长江第一湾。这里也是研究金沙江河谷发育史的关键部位，具有极重要的地学研究价值。石鼓镇则是一个历史逾千年的闻名古镇。集军事重镇、商贸中心、交通要冲于一身。忽必烈"革囊渡江"灭亡大理国，贺龙领导红军第二方面军北上抗日，都在这里渡江。石鼓镇也曾是内地与藏区通商茶马古道上的一座重镇，集市贸易由来已久，是少数民族与内地交往的重要窗口。除石鼓镇外，尚有金江、巨甸、塔城等多处少数民族聚居的村镇；石门关、红军渡、江中鸡公石、茶马古道等众多名胜。在上峡口修高坝，共计淹没

本文写于2006年9月。

2个地（州）4个县的共14个乡镇，淹没耕地15万亩，迁移人口近9万人（2000年统计），上述人文景观、自然景观会受到严重影响，土地资源将淹没殆尽。虎跳峡地区是高烈度地震区，坝址及附近有活断层通过，物理地质现象发育，修高坝的地质条件也很复杂。正因为如此，20世纪60年代原长江流域规划办公室首先研究虎跳峡的开发方案时，采用的是无坝或低坝引水发电方案。目前对在虎跳峡上峡口修高坝的方案，存在着严重的意见分歧。现有水电开发效益的评估并未计及长江流域综合利用规划中南水北调西线从金沙江上游调走的80亿 m³ 的水量，以及深受各方关注的其他水资源利用与河流生态用水的需要。仅就发电和滇中调水水源地的选择，也可以找到其他替代方案与虎跳峡高坝方案比较，权衡利弊。例如，在石鼓盆地上游峡谷出口的其宗建高坝，或在虎跳峡修低坝，在石鼓以上再建有足够库容的水库，同样可以取得与虎跳峡高坝相近的效益。长江委目前正在按照修编流域综合利用规划简要报告的要求，综合各方面的意见，研究寻求一个能较好处理各种矛盾，兼顾各方利益的方案。何况暂时搁置虎跳峡修高坝的争论，完全不影响目前水电开发的高速度。

电力要求是要用多种方法取得的，要因地制宜，依势而行。金沙江流域的水电资源必须大力开发，这是毫无疑义的。现在规划的绝大部分梯级，都位于人烟稀少，土地贫瘠的深山峡谷中，如溪洛渡、白鹤滩、乌东德、阿海等，只要地质条件允许，都可兴建装机几百万至千万千瓦级的水电站。而对于极少数用极高代价换取发电效益的梯级，则应该放弃。即使每1m水头都不浪费地加以利用，水力发电也不可能包打能源供应的天下。而土地资源、人文资源、旅游资源，毁了就无法再生。我们要摆脱梯级开发全部衔接和以水能利用为中心的河流开发思维模式，合理解决开发水电与水资源综合利用，保护好环境、土地、旅游、人文资源及给子孙后代留一个生息繁衍的优美环境这一长远目标。要把中央提出的三个代表，以人为本，以及科学发展观、正确的政绩观落到实处，真正做到科学、合理、协调、长远地管好、开发好十分宝贵的各种自然资源和人文资源。单就淹没和移民而言，西部地区由于土地匮乏，生产力落后，转产就业的门路有限，加之这里又是一个有7个少数民族长期融和相处的传统居留地，不可轻言移民问题不难解决。虎跳峡及其附近的自然、人文景观在国人心目中占有重要的地位，我们不可强行做违背人民意愿的事。

但是，有的部门在综合规划方案尚未得到正式审批，并明知有重大意见分歧的情况下，却按高坝方案积极推进各项前期工作，并声称要早日开工建设。这种做法已经引起很大反响，极易引发各种矛盾，值得高度关注。

这一河段的开发，较合理的方案是在石鼓盆地上游峡谷出口的其宗坝址，或巨甸—其宗间淹没较少的宽河段另选坝址（如塔城坝址）修建高坝，当正常高水位2100m时，它所提供的库容可以满足库水三份的要求：一份下泄供其宗—虎跳峡河段的生态、生活、旅游景观用水；一份供滇中调水；一份通过隧洞（长约70余 km）引至虎跳峡下峡口的大具坝发电。这个方案的最大优点是保持了长江第一湾，石鼓盆地及虎跳峡峡谷长约185km河段的原始风貌，也满足了这一河段开发的三大基本任务：①仍充分利用了从其宗到虎跳峡下峡口这一河段约280m水头的水能资源；②这一方案的高坝和阿海高坝两者可提供的调节库容，仍然具有取代虎跳峡高坝的龙头水库的作用；③完全满足云南省滇中供水的要求。这一方案的唯一缺点是不如虎跳峡高坝方案的装机多，调节性能大。但综合权衡利弊，这个方案趋利避害的优越性远比虎跳峡高坝方案为大。这个方案目前做的工作不多，需要深入做些研究。最近在郑守仁院士的率领下，长江委科技委的 10 余位专家又对这一河段进行了查勘，准备就上述比较方案向长江委提出建议，抓紧进行必要的工作。金沙江虎跳峡河段的开发方案，是目前金沙江规划中唯一没有解决的重大难题，建议水利部科技委组织一次现场查勘和技术讨论，为这一河段的规划提供决策咨询。

答记者问
——如何看待三峡库区地质灾害

新华社北京 4 月 27 日电题：如何看待三峡库区地质灾害？——专访中国工程勘察大师、长江水利委员会原三峡工程地质专业负责人陈德基

日前，三峡库区地质灾害防治形势引起社会各界广泛关注。三峡工程建设和蓄水直接导致了库区地质灾害频发的说法是否科学？三峡库区目前地质灾害状况如何？如何进一步防治三峡库区地质灾害？新华社记者就这些公众关心的问题专访了中国工程勘察大师、长江委原三峡工程地质专业负责人陈德基。

三峡地区历史上是地质灾害多发区

记者：近来社会上有一种观点认为，三峡工程建设和蓄水直接导致了库区地质灾害频发，您觉得这种说法是否科学？

陈德基：从客观分析问题的角度出发，首先应该区分三峡地区和三峡工程库区二者的概念和界限。三峡工程库区是指三峡工程水库淹没及移民安置所涉及和影响的范围；而三峡地区范围要比三峡工程库区大得多的地理概念。从地质环境和历史考证两方面分析，三峡地区在我国是地质灾害的多发区之一。我们知道中国有三个大的地势梯级带，三峡地区处于第二个阶梯到第三个阶梯的过渡带，地处川东丘陵低山和鄂西山地，总体来讲是一个地质灾害多发区，历史上有记载的大型崩塌（山崩）、滑坡就有数十次之多，云阳、秭归等县城历史上都曾毁于滑坡。从 1982 年到三峡工程开工建设前的 12 年内，三峡地区两岸发生滑坡、崩塌近百处，规模较大的有数十处。其中有代表性的如，1982 年 7 月 17—18 日，重庆市云阳县鸡扒子发生滑坡，形成了 600m 长的急流险滩，给当时长江航运带来了极大困难；1985 年 6 月 12 日凌晨，湖北秭归县发生新滩滑坡，1300 万 m³ 滑坡体高速向下滑动，新滩古镇顷刻之间被推入长江，长江因此断航一周。还有一个情况也必须提及，这就是三峡地区人类活动本身也常导致地质灾害发生，特别是采矿活动。前几年乌江发生的鸡冠岭和鸡尾山两处大型岩崩，主要原因就是人为采矿导致上部岩体失稳引起的。所以说，这个地区许多地质灾害是自然因素加上人类不恰当的生产、生活活动引发的。在评价三峡地区地质灾害时，这是必须考虑的重要因素。

记者：怎么看待三峡地区地质灾害和三峡工程建设之间的关系？

陈德基：具体到三峡工程和地质灾害之间的关系，我认为要分清三峡水库涉水部分引

2012 年 4 月答记者问。

发的地质灾害、三峡库区各项建设所引发的次生地质灾害和纯粹自然灾害三者之间的界限。严格意义上的三峡工程引发的地质灾害应仅限于第一种情况，即涉水部分引发的地质灾害，这是与工程直接相关的，必须加以防治以消除其危害。第二类是库区的各类工程活动，如修路、修桥、大规模城市建设等所引发的次生地质灾害，如 2001 年 5 月，重庆武隆仙女路崩塌就是一例。从本质上来说，只要建设过程中重视地质工作，科学施工，严格管理，这类地质灾害是可以避免或减轻到最低程度的。第三类就是纯粹的自然地质灾害，如目前正在大力整治的与水库无关的巫山望峡岩大型危岩体（高程 1200.00m，距水库边约 1.3km）。这类地质灾害的发生是这一地区自然条件使然，发生概率是较低的，但要从根本上消除则是很难做到的。做这三种划分是完全必要的，有利于以科学的态度正确评价三峡工程引发地质灾害的影响程度。

如何评价三峡工程库区地质灾害防治工作

记者：据了解三峡工程针对库区地质灾害，曾先后进行过三期地质灾害治理，您对这些治理工作是如何评价的

陈德基：针对三峡工程库区地质灾害，尤其是对移民城镇和大型居民点有危害的崩塌滑坡和库岸岸坡，分别在 135m、156m 和 175m 水位到来之前分期进行了治理，截至目前共治理崩塌滑坡 430 余处，高切坡 2800 余处，库岸防护 180 余 km，再加上 3000 余个群测群防监测点和 230 余处专业监测网点，有效地减轻了水库蓄水后大型地质灾害的发生和避免人民群众生命财产的重大损失。同时保证了长江航运的安全，是三峡工程运行以来，许多事先曾经认为将会发生严重灾害事件的地段得以平安无事，或事前提出预案避免产生重大损失的主要保证。这是一项了不起的成就。

地质灾害的影响随着时间的推移会逐渐趋于平稳

记者：按照国内外水库的经验，新建水库蓄水至高水位初期会集中产生崩塌、滑坡、塌岸等地质灾害。三峡水库情况如何呢？

陈德基：三峡工程蓄水之后，由于改变了临水岸坡岩土体物理力学性质、水动力条件，肯定会诱发一些地质灾害，这是任何一个水库都会有的负面作用。负面作用的大小取决于这个地区原来地质条件的好坏。如果原有的地质环境就比较脆弱，那么引发的灾害就可能会多一些、规模就大一些。就三峡来说，从大坝到庙河一段，都是结晶岩库段，基本没有地质灾害，其他一些地质条件较好的地段地质灾害也很轻微。目前发生的地质灾害都是在地质条件相对比较差的地段。另外，随着时间推移，水岩环境逐渐趋于新的平衡，地质灾害的数量和规模都会趋于减小，这也是一个自然规律。

三峡水库从 2003 年开始 135m 水位蓄水、2006 年开始 156m 水位蓄水和 2008 年以来连续 4 年 175m 水位试验性蓄水情况看，受蓄水影响的崩塌、滑坡和塌岸，都是在蓄水最初几年，发生灾害和险情的频率与强度最大，之后有逐步减少的趋势。从最近几年的情况看，据长江委长江工程监理咨询有限公司统计，三峡工程自 2008 年开始 175m 水位试验

性蓄水至 2011 年底，三峡库区累计发生崩塌、滑坡及岸坡变形共 427 处，其中 2008 年发生 263 处，2009 年发生 153 处，至 2010 年降至 7 处，2011 年则仅发生 4 处；累计发生库岸崩塌（塌岸）374 处，也由 2008 年发生 264 处降至 2011 年发生 29 处，反映了水库库岸变形破坏的一般规律。

三峡水库已蓄水运行 8 年，试验性蓄水在 170m 水位以上运行近 4 年，对水位以下岩土体的浸泡，强度的弱化及水位升降作用的影响已经历了一个相当长的过程，现在虽然不能说整个库岸已在新的条件下达到了新的平衡，但库岸稳定性问题的性质及危害程度影响已基本暴露。运行多年来的检验表明，因水库涉水部分引发的地质灾害，其规模和影响程度都比历史上曾经发生过的要小得多，这也要归功于国家斥巨资在工程蓄水前就进行了二、三期工程治理，以及较完善的监测系统。随着时间的推移，水库引起的地质灾害将会逐步减弱。我们不能肯定地说三峡库区，更不能说三峡地区以后再也不会有地质灾害发生了，因为这个地区的地质环境就如此，但说地质灾害会越来越严重也是没有根据。

尊重科学　避免人为加剧地质灾害

记者：您当年参加了三峡工程论证，现在三峡库区地质灾害的实际情况是否符合当初的论证结论？

陈德基：三峡工程论证期间共组织了 14 个专题专家组，其中我所在的地质地震专题专家组由 22 位国内地质和地震领域权威专家组成，从 1986—1989 年，针对区域稳定、库岸稳定、水库诱发地震三个专题进行专题论证，形成地质地震专题论证报告。论证报告认为，三峡水库主要由基岩库岸岸坡构成，稳定性好和较好的库段占库岸总长的 93%，稳定性差的库岸仅占库岸总长的 1.6%。结论是库岸绝大部分是稳定的，可能发生库岸失稳的只是一些局部地段，不影响三峡工程建设。从现在的实际情况来看，这个结论是正确的。

记者：对于三峡库区地质灾害防治，您有什么建议？

陈德基：由于三峡地区是地质灾害的多发区，三峡库区人口数量比较大，地质灾害危害比那些建在人烟稀少地区的水库危害性大。因此，充分重视地质灾害的防治是完全应该的，本着以人为本的理念，要认真做好地质灾害的预警、预报和工程治理。三峡工程从论证到建设，地质灾害防治一直作为一个重要方面，国家积极开展防治工作并取得了明显成效，有力保证了库区人民群众生命财产安全和库岸的总体稳定。这里，我想特别指出的是，三峡库区山高坡陡，地质环境比较脆弱，环境容量有限，因而限制涉水城镇尤其是县市的发展规模和建设规模，严格库区建设法规是十分重要的。三峡工程的兴建为这一地区的发展提供了巨大的机遇，应充分利用这一机遇促进库区的社会经济发展，但要尊重科学，符合客观实际。如果不顾这一地区的地质条件和环境容量，过度开发，盲目追求建筑物的"先进""宏伟"，则是十分危险的。目前，三峡库区主要的地质灾害是沿江松散土体的塌岸，而很多老百姓的住房无序地、紧临库边岸坡建设，这是极不妥当的，会人为加剧地质灾害。所以，科学地规划三峡工程库区和整个三峡地区的建设和社会经济发展，避免人为地破坏自然地质环境，充分利用三峡工程建设的良好契机，一定能够更多更好的造福本地区的广大人民。

就三峡工程库区近期几次较强地震
答新华社记者

（1）三峡工程有一个较好的大地构造和地震环境。从区域地震地质的角度评价，三峡地区位于扬子准地台的中部，是一个构造稳定性较好的地区，没有活动性断裂和产生强震的地质背景。查阅历史资料，整个三峡坝址区和库区，2000多年来没有破坏性地震的记载。有仪器记录以来，在此之前，三峡地区最大的地震为1979年5月22日发生在秭归的龙会观5.1级地震。因此，不论过去还是近期的研究，我国的地质学界和地震界都确认三峡地区为一典型的弱震环境，地震基本烈度大都为Ⅵ度区，不具备产生强震的地震地质条件和背景。

（2）三峡工程蓄水后，改变了水库淹没区一定范围内岩土体应力场、渗流场和温度场的环境条件，的确诱发了一些地震。2003年以来，三峡工程专用地震台网一共记录到13000余次地震（有的只能称之为地面震动），其中震级小于3级的微震和极微震共12900余次，占到地震总数的99.8％。这样的地震通常人是感觉不到的，是三峡工程高精度的水库诱发地震专业地震台网才能得到的数字。这些微震和极微震绝大部分都是库水涌入废弃的矿井和石灰岩岩溶洞穴中，引起矿井、岩溶洞穴塌陷、气爆、局部岩体破裂等原因造成的，所以发震的地区大部分都在采矿区和灰岩分布的地区。近两年，随着新的平衡条件的形成，水库区的诱发地震渐趋减弱，逐步向蓄水前的天然状态回归，符合水库诱发地震的一般规律。

（3）对2013年12月16日发生在巴东的5.1级地震，和最近发生在秭归郭家坝附近的4.3级和4.7级地震，根据地质背景和我们的分析研究，认为这三次地震属构造型地震的可能性较大。首先，巴东、秭归一带具备发生5级左右构造地震的地质背景。半个多世纪三峡工程地震台网的监测表明，三峡工程蓄水前，库区3级以上的较大地震就集中发生在这两个地区，例如1961年发生的清江潘家湾4.9级地震，1979年5月22日发生的秭归龙会观5.1级地震，与最近的这三次地震位于同一地区或有相同的地质构造背景，说明这两个地区具有发生5级左右地震的地震地质条件。我们在三峡工程前期的历次生产性或科研的成果和报告中，均明确指出过这两个地区是最有可能发生5级左右，最大不超过5.5～6级天然构造地震或构造型水库诱发地震的地区。

（4）尽管三峡工程库区从去年12月以来，接连发生了三次4级以上的地震，但其强度和震中位置均在我们原先预判的范围之内。这一地区今后仍有可能发生5级左右乃至5.5级地震的可能，但根据这一地区的区域地质背景和地震地质条件分析，产生6级及6

2014年4月答记者问。

级以上强震的可能性很小。

（5）这几次地震对三峡工程坝址的影响烈度只有 3 度左右，远小于三峡工程主要建筑物的设防烈度 7 度，也小于汶川地震对坝址的影响烈度 4 度。到目前为止，也没有听到有关这些地震引发崩塌、滑坡等地质灾害的报道。

关于齐岳山断层答新华社记者

新华社宜昌 5 月 7 日电（记者冯国栋）　一则关于三峡地质灾害的网帖日前引发网民普遍关注。网帖预言，南北向横亘川东鄂西的七百里齐岳山北端断裂，古地质剧烈活动因三峡蓄水恐被激活，会诱发大级别强震。网帖在网易博客、天涯论坛、新浪微博等各大论坛和微博被点击、转载超过 50 万次，引起部分网友恐慌。齐岳山断裂是否会发生强震，从而威胁三峡大坝安全？记者带着同样的疑问，采访了长江委以及中国水利水电科学研究院等部门相关专家。

齐岳山断层是否具备发生强震或水库地震的条件？中国工程勘察大师、长江委原三峡工程地质专业负责人陈德基对此予以否定。陈德基说："从 20 世纪 50 年代开始，国内众多专业部门、研究单位和专家就开始研究三峡地区的大地构造环境和所有大型断层的活动性。数十年研究结果证明，三峡地区是我国地质构造稳定性较好的地区，没有大型的活动构造和发震断层。三峡水库所涉及的 9 个县市，历史上从来没有发生过 6 级以上的强震。齐岳山断层虽然是一条区域性断层，但它不是一条活动断层，更不是一个发震断层，沿齐岳山断裂历史上就没有发生过强震。在三峡区域构造性稳定性研究中对之做过专题研究，不会像文章里所说会激活而发生强烈地震。"

陈德基告诉记者，三峡工程水库诱发地震问题也已经经历半个世纪的研究，有了明确的结论，并建有一个高精度的水库诱发地震监测台网。从 20 世纪 50 年代开始就一直在监测三峡地区的地震活动，目前得到的数据显示，三峡水库蓄水后诱发了许多微震和极微震，但基本上都是非构造型的矿震和岩溶型地震，99.98％的震级都是小于 3 级的微震。而且随着时间的推移，地震活动越来越弱，今年以来的监测数据表明，地震活动的地点和强度，都已恢复到接近三峡工程蓄水前的状态。三峡地震台网和重庆市地震台网的监测资料都表明，蓄水后的这些小震和微震都远离齐岳山断层，与之毫无关联。三峡地区没有活动性很强的断裂带，也没有诱发强地震的构造。这是几十年来国内专家一致的研究结果。所谓齐岳山断层"是地质板块活动剧烈的地方，最危险的地段莫过于齐岳山东北和建始北延断裂，这一线在成库蓄水后，古地质剧烈活动恐被激活，诱发大级别强震，民众将以肉体直接承受灾难"的说法，除了引起民众不必要的心里恐慌外，没有任何的科学依据。

据陈德基介绍，任何一座水坝，由于改变了临水岸坡岩体物理力学性质等因素，会诱发一些地质灾害。三峡水库已蓄水运行 8 年，试验性蓄水已开展近 4 年，从最近几年的情况看，库岸稳定性问题的性质及危害程度影响已基本暴露。随着时间推移，水岩环境逐渐趋于新的平衡，地质灾害的数量和规模都会趋于减小，这也是国内外水坝建设中已被实践证明了的一个普遍规律。所以"地质灾害会越来越严重"这种说法是缺乏科学依据的。

2012 年 5 月答记者问。

杂文、诗词

寄情于历史、于山水、于工程、于长者、于亲人。

杂 文

哭 母

60 年前，我的外祖母去世时，母亲写了一篇祭文，名为《哭母》，发表在当时的甘肃《民国日报》上。去年 3 月 22 日，母亲在辗转病榻近 4 年后离开了人世。今年 3 月是母亲逝世的周年忌日，我也用同样的题名写一篇文章，悼念她老人家。

母亲出身于书香门第和官宦世家。祖上原籍江西。先祖于明洪武年间随傅友德将军远征滇黔后留在贵州，官拜绥远将军，创建毕节卫。曾祖父和祖父都是清朝进士，在四川任知县、知州、知府，在偏僻的贵州毕节，算得上是一个显赫的家族。但是她的祖父（我的外曾祖父），由于受到康梁变法维新及洋务派的影响，思想开明，不让他的子女继续走科举功名的仕途，在辛亥革命前，就将自己的四个小孩（三子一女）和四个侄儿一起送到日本留学，其中最小的只有十四岁，还有一个女孩。在还是封建王朝又地处边远的弹丸小城，这的确是一个令人叹服的远见卓识。母亲生前每谈及此，钦佩之情溢于言表。外祖父和外叔祖父从日本留学回国后，就变卖了毕节名下的大部分家产，举家迁往北京。母亲形容当时是"孤注一掷，倾家北上"。

1922 年，外祖母带着她的 8 个孩子（母亲一共有 10 个亲姊妹兄弟，七女三男，母亲排行三。大姊、二姊已由外祖父先期带往北京）从宜宾沿江而下，经汉口到了北京（时称北平）。母亲于 1924 年入北平师大附中，1928 年考入国立北平大学医学院，后转法学院。这是母亲一生中最幸福快乐的时光，在以后的漫长岁月里，她无时无刻不在眷恋北京度过的青少年时代。我的外祖父到北京后，拿着祖上给他的全部家产及外祖母的私房积蓄到湖南做生意，结果被骗得一干二净，血本无归。他又不愿在北洋政府做事，到青岛一家煤矿公司任职员，微薄的工资无法维持北京一大家人的生活，家中靠典卖首饰补助，家境日窘。1930 年，外祖父因破伤风在青岛突然逝世，全家面临绝境。无奈，我的大姨妈、二姨妈及母亲先后从南开大学、北平大学辍学，分别远走南洋或成家，另谋生路。母亲于 1932 年和父亲结婚，步入社会，开始她坎坷的人生旅途。

母亲名杨微华，生于 1909 年 11 月，殁于 2000 年 3 月，也算得上是世纪同龄人。以她的出身和受过的教育，安稳舒适地度过一生似乎也不困难。无奈她生活的这个世纪，是中国近代史上多灾多难的时期。每个人的生命轨迹，特别是士大夫阶层，无不受时代的变化所左右。母亲婚后和父亲一道在南京国民政府中任职。父亲在母亲生下哥哥和我以后，由于想寻求仕途的发展，只身去了甘肃，留下母亲带着外祖母，一个小妹妹和两个幼儿在南京。1937 年，抗日战争爆发。淞沪战争后，南京岌岌可危，母亲一人携着 50 多岁的老母，年少的妹妹和两个仅有两岁和四岁的幼儿，随着涌动的逃难人流向后方疏散。这是中

本文写于 2001 年 3 月。

国现代史上最大规模的一次移民。成百上千万的中国人，有目标或无目标地一起涌向当时还很落后和闭塞的大西南和大西北，只是出于一个原因——逃避日本人的残害。凡是从那个年代走过来的人，谁也不会忘记那艰辛悲惨的岁月。我们一家人是从南京坐船经武汉，转火车至长沙，再乘长途汽车经湘西回贵州。这条路即使是今天走起来也非易事，何况是60年前。在那交通落后，兵荒马乱，人人争相逃命的境况下，担惊受怕和受的磨难是可想而知的。20世纪80年代，母亲在看了由钱锺书的《围城》改编的同名电影后说，我们当年逃难时的情景比电影里写的要苦得多。母亲曾多次对我们讲，经常是她和15岁的小姨搀扶着年迈又缠足的外婆，我和哥哥则请人用箩筐一前一后挑着赶路。最艰险的是从湖南晃县到贵州镇远翻越雪峰山脉的途中。时逢严冬，天飘大雪，木炭车如同老牛拉破车，一走三滑，一车人都提心吊胆。谁知车到山顶又抛锚了，前不靠村，后不着店，真是叫天不应，入地无门。好在司机十分负责，熟悉这一带的情况，安排大家到山脚下的苗族村寨借宿。母亲和小姨搀扶着外婆，我和哥哥则请了两个打柴回家的苗族婆婆背下山。这一幕我已记忆不起了。几十年后，我因为职业的关系，常在这一带的山区工作和旅行，母亲所讲的这段经历，在脑海中总是清晰地浮现出来。母亲还给我们讲过许多逃难中的故事。一个突出的感受是，那个年代民风纯朴，危难之中，人们相互济扶的道德风尚甚浓，我们这一家孤儿寡母才得以平安实现艰难的长途跋涉。

到了贵阳，母亲托人把外婆和我们两兄弟送回毕节老家，自己赶快找工作养家糊口，先后在青岩乡村师范和黔西中学教书。小时候母亲给我们讲述她在青岩乡村师范的那段经历，令我终生难忘。学校位于偏僻的山区，设在半山上的一所古庙中，是一所专为苗族同胞开设的学校。全校没有女学生，也只她一个女教工。校舍简陋，又没有教工宿舍，就把她安排在偏殿内住，每天还有和尚到房间来给菩萨烧香。大殿是学生食堂，每到晚上就有许多碗口粗的大蛇在大殿的地上蜿蜒爬行（是庙里养来吃老鼠的看家蛇，白天学生多，蛇不出来，晚上出来活动）；大殿的后屋内还放有许多寄存的死人棺材，上厕所要穿过大殿走后山门出去。每到晚上母亲一个人去上厕所，拿着手电筒穿行于阴森可怕的蛇群和棺材阵中，真是毛骨悚然。每天到母亲房里烧香的和尚去世了，人们说死者七天后要到他生前走过的地方收他的脚迹；附近村子死了人，还到庙里做道场。到晚上山风吹打两扇合不严的房门噼啪作响，真是如鬼临门，吓得母亲浑身冷汗。母亲形容这一段的生活是"孤庙与鬼、蛇为邻"。多年来我一直难以想象，一个出身名门的大家闺秀，又生长在大城市中，生活在这样的环境里，需要多大的勇气和毅力啊！

母亲于1939年只身一人万里迢迢从重庆去甘肃榆中与父亲相聚。1940年冬，父亲把我们两兄弟从贵州老家接到甘肃，随后母亲又生育了一个弟弟和两个妹妹，小家庭的成员全部到齐。但是直到1947年以前，父亲由于仕途坎坷，一直在到处谋职，还经常赋闲，养家糊口和抚养教育孩子的重担常是落在母亲一个人身上。这期间母亲在一所女子师范学校当校长，又要独自照料5个小孩。她先后得过伤寒、肾病、摔断过腿骨；4个小孩同时出麻疹，弟弟得过黑热病，妹妹患过胸膜炎，真是"福不双至，祸不单行"。最小的女儿出生后，实在无法照顾，只好送给人带，瘦得皮包骨，不忍心又要回来自己带。母亲是个无神论者，正是靠着这一点，帮助她在孤庙与鬼、蛇为邻的环境中挺过来。但是在后来独自一人支撑这些困难局面的日子里，她不止一次地到庙里烧香拜佛，求菩萨保佑一家平安。她在病榻前口授，要还在读小学的哥哥一字字地写下给父亲的信，诉说自己的痛苦和艰辛。直到今天，每当我在她的回忆录中读到这些地方时，仍忍不住热泪盈眶。此后一家人又从甘肃到天津，从天津经海路到上海，取道浙赣、湘桂铁路回贵州，中途交通受阻，在广西柳州迎接解放。

1949 年新中国成立后，父母亲都在广西柳州的中学教书，以他们的出身和经历，在历次政治运动中受冲击是无法避免的。尤其是母亲，做事认真，为人坦荡，1958 年在一所中学当教导主任，对学校不上课，学生都去大办钢铁，搞劳动，搞浮夸有看法，发表意见，结果被大会批判，被撤销教导主任职务。所幸的是，直到"文化大革命"以前，他们所在单位的领导，掌握政策较好，尽管受到一些冲击，却并没有被戴什么帽子，一直以人民内部矛盾处之。但是和亿万中国人一样，他们逃不过"文化大革命"这场浩劫，抄家，戴高帽子游街，批斗，挨打，扫地出门住牛棚，扣发工资。等到那阵疯狂过去之后，就是下放到"五七"干校去接受超乎他们那个年龄所能承受的劳动改造。我不想用过多的笔墨描述在那个"史无前例"的日子里，他们所遭受的肉体的折磨、精神的摧残和人格的污辱。写出来只会让人心酸，让人发指，让人愤恨，让人无法理解。父亲终于没有挺过来，由于过度劳累罹病又得不到及时治疗，于 1971 年去世。母亲由于无法忍受这非人的待遇，投河自尽，被一渔民救起而幸存下来。噩梦过后，父母亲被"落实政策""平反昭雪"。1974 年母亲申请退休，告别了她为社会辛劳工作的一生，安度晚年。

母亲有着极强的生命力，也从不向命运低头。她一生两次得伤寒，一次肾炎，三次骨折，两次腹部肿瘤手术，又有肺结核，仍活到 91 岁的高龄，完全得益于她为人胸怀坦荡，热爱生活，乐于助人。周围朋友对她的关怀、敬重，使她在各种逆境中，有了精神的慰藉和生存的勇气。

母亲从 1938 年在贵阳青岩乡村师范当老师开始，直到 1974 年退休，一直没有离开教师的岗位。教书育人几乎是她一生的全部生活内容。桃李满天下是她引以自豪的，也是子女们为之骄傲的。其中，抗战时期（1941—1947 年）任甘肃省立天水女子师范学校校长；1951—1959 年在柳州第一初级中学，1960—1974 年在柳州高级中学任教的时期，集中体现了她的园丁生涯。

1941 年 7 月，母亲被任命担任甘肃省立天水女子师范学校校长。由于封建势力和地方势力作祟，开始阶段困难重重，开学了竟然没有学生来注册。母亲只好挨门逐户地去走访，先走访平民家庭子弟，后走访大户，动之以情，晓之以理，动员孩子们来上学，最后仍有一户丁姓的绅士没有说通。但是过了两个月，这家人看见学校一切井然有序，就又把小孩送回来了。母亲用最大的精力为学校延聘好的老师。当时在内地聚集了一大批东北、平津及下江一带逃难来的知识分子，母亲用她的热情、亲情（同为逃难的天涯沦落人，同是在北方读书长大的）和各种关系（母亲 1933—1937 年曾在国民政府教育部任职员），聘得了 10 来位从北大、北师大、燕京大学、天津女子师范学院、沈阳师大等老牌大学毕业的知识分子到学校任教。母亲用满腔热情关心老师，爱护学生。替有困难老师解决住房、生病就医、家属就业等问题。有位女体育老师临产，母亲于一个寒冷的冬夜送她上医院，小孩生在半路上，这位老师坚持要母亲替小孩取名；许多逃难来的流亡学生经济有困难，母亲想办法安排一些学校的勤杂活给她们做，还尽自己的可能给她们一些资助。在此期间，母亲独立支撑着两副重担。一方面要以一个女人、外乡人的身份，在一个还比较落后和封建的地区办好一所女子师范；又要一个人照顾家庭，抚养5个小孩，自己得过几场大病，两个小孩得过重病。母亲以惊人的毅力和卓越的才干挑起了这两副重担。学校办得相当成功，女师毕业出去的学生普遍受到好评，学校受到省教育厅的嘉奖。为了给有志深造的女孩子创造继续升学的条件，母亲不顾当地政府的反对，毅然在师范学校办起了初中部。1947年，当母亲辞去校长职务，带着5个孩子离开天水去天津和父亲团聚时，全校师生召开送别会为她送行，许多人都失声痛哭。事隔近50年后的1995年，我利用出差甘肃的机会，专程去天水回访我就读的小学——女师附小，看望我的小学老师，她们多数也是母亲的学生。当她们知道杨校长还健在时，高兴异常，详细询问母亲的情况，要了母亲的地址和电话号码，有的打电话，有的写信，同时联络了所知道的同学，共同给母亲制作了一帧精致的松鹤延年玻璃框漆器挂屏，万里迢迢邮寄到广州，以后书信和电话联系不断。相别50多年后，这些学生也都是70岁左右的老人了，但思念和仰慕母亲的心情仍溢于言表。一位学生的信中是这样写的："早在40年代，就偷偷把您作为我学习模仿的心中榜样……我在中、大学的学程中，在几十年的教书生涯里，都有您给我的深厚影响……真的，您还是我们几十年前，三十多岁、年轻美丽、精明强干的老校长，我们对您这德高望重，感人至深的'老'校长的印象是最为深刻的"。

母亲后半生的教师生涯（1951—1974年）是在广西柳州度过的。她先后在柳州市第一初级中学和柳州高中担任授课老师，还先后担任过女生辅导员、班主任、教导主任和教研组长。做女生辅导员时期，她既像严父又像慈母般地对待那些即将步入青春期的少女们，既关心她们的学习，更关注她们的健康成长，特别是防止她们早恋。这些都是后来母亲病重住院我陪伴她时，许多学生来看望她，谈起往事，我才知道一些当年母亲为她们所付出的心血。当班主任时，母亲像对待自己的孩子一样对待班上的每一个学生，真正做到了有教无类。有一个学生出了名的调皮，还专门逃学，学校几次要除名，母亲都不同意。为了他，母亲不知道做了多少次家访，和他本人有过多少次的谈心，终于使他圆满完成了学业。现在他已是柳州市一个大厂的厂长，工作得很出色。他几次对我说，如果没有你母亲当年苦心，我今天还不知道会是一个什么样子。一个出身贫苦农民家庭的学生，家境困难，几次想辍学，母亲除帮助他申请奖学金外，经常在经济上给他以资助。这位已是一家工厂党委书记的学生，每谈及此，都流露出无比感激之情。母亲还在金钱及物质上帮助过其他一些贫苦学生。令人不齿的是，在"文化大革命"中这竟成了一条罪状：官僚地主出身的反动阶级，用金钱物质拉拢腐蚀贫下中农子弟。真是荒诞至极！令我最为感动的是，她担任过班主任的19班仍在柳州的二十几位同学，从1985年第一届教师节开始，直到她逝世，10余年间，除了平时的探望外，每年的教师节或母亲的生日，都要全体来给母亲祝贺节日或祝寿，从未间断。他们中的许多人都是厂长、经理、书记、教授、高级工程师、主任医师了。尤其是1996年底母亲再次住院至逝世前一直卧床不起的三年多时间里，他们或集体、或个人地探望，带给了母亲最大的快乐和安慰。尽管都是50多岁，60岁，有的已当爷爷、奶奶的人了，但在母亲面前相互斗嘴、揶揄、揭老底的场面令人捧腹。这时的母亲，会把长期病痛的折磨暂时地忘却了。柳州高中是一所历史悠久、在全广西都颇负盛名的好学校。母亲担任语文教师和教研组长，以她深厚的古文学根底和渊博的社会、历史知识把语文课上得有声有色，并用生动的事例说明语言表达能力对一个人立业的重要性，使一些数理化成绩很好但不重视语文学习的学生转变了观念。许多人后来感慨地说，终生受益匪浅。"文化大革命"以前，老师的工作是非常认真的。学生的一篇作文，弄不好要退回去重做2～3次；老师改一篇作文要有顶批、眉批和总批，要花半个小时到一个小时。20年后还有一位学生对母亲说："杨老师，你改的作文，我一本都未丢，现在仍保存得好好的，从中看出了你教我们所花的心血。"1979年母亲住在武汉我们家中，当时我的小孩就读的武汉市24中学临时缺了历史课老师，母亲听说此事，自告奋勇说，我可以帮代课。就这样，母亲在她70高龄的时候，再一次走上讲台。

1985年第一个教师节时，原一初中19班的学生集体创作了一首颂词送给母亲，这首颂词写得情真意切，可看作是对母亲一生园丁耕耘的概括和褒扬，现抄录如下。

祝 寿 词
首届教师节为庆杨徽华老师寿辰而作

柳河之滨，柳高之圃。向青山而对长流，祝佳庆而引高歌：愿我师如青山长水，寿泰永恒；庆寿日于首次教节，双福同贺。愧我辈不才，负有教无类；于国门欠报，累师第无光。只伴师慈于常怀，念学谊于沉缅。

忆当年会校一中，聚班十九。童顽冥冥，学海悠悠。蒙我师教导，拔目而聪；蒙我师哺育，精诚相通；蒙我师关怀，拔节而长；蒙我师慈爱，母子情同。三年卵翼而一朝师成，散布四野而望脯归心。虽处命坎坷，母爱不衰；历风雨摧折，慈颜永在。

噫唏！乖舛有时，真诚难求。常而不衰，始终如一。望青山长水而兴叹，举杯樽美酒而引歌；感幸吾师之恩泽；祈祝吾师之长寿；愿此情之常在，随永世而无终穷。

原一初中十九班全体同学敬献

1985年9月8日

看到母亲如此受到学生们，甚至那些20年、30年乃至半个多世纪前的学生们的敬重、怀念和仰慕，不禁感触良深。一个人地位、权势可以千差万别，但如果能受到周围人的长时期的怀念和敬重，他一定是一个高尚的人，做过许多好事且不虚此生的人。

由于我和大哥儿童和少年时代主要是生活在母亲身边，因而早期的家庭教育也主要靠的是母亲。随着年龄的增长，社会阅历的增多和事业的成就，愈来愈感受到这些教育的价值。母亲一生都是职业妇女，在我的记忆中，她极少过问我们的作业、考试之类的事，而是通过讲述故事、启发思考、增加阅历等方式进行教育。幼小的时候，诸如孔融让梨、司马光破缸、孙叔敖杀蛇等故事已深植于幼小的心灵中。稍长，从小学三四年级开始，中国古代许多著名的教人以忠诚、友善、爱国、刚直不阿、百折不挠的历史故事，母亲都绘声绘色地讲给我们听。那时我们住在天水女师校内，学校是一所文庙改建的。住宅门前的庭院内，长着几株参天古柏，每到夏天傍晚，门前总是围坐许多人，听母亲讲故事，我们两兄弟自然插挤其中。冬天则围坐在炭火旁，央求母亲讲故事。什么伍子胥过昭关，介之推割股肉，晋文公流亡复国，管仲、鲍叔牙的友谊，廉颇、蔺相如的襟怀，苏武牧羊，岳母刺字，文天祥的忠贞，史可法的英烈，母亲娓娓讲来，感人至深，当时的情景，至今历历在目。此外，还要背诵《孟子》《论语》以及《古文观止》中的一些文章，母亲结合文章讲解，又会穿插讲许多典故。这些教育的核心，概括起来就是两个字："做人"。我读小学时，在母亲的教导下，最常用的两件学习用具一是地图，二是字典。凡是涉及地名，一定要在地图上找出来；凡是不认识的字，一定靠自己翻字典查出来。这些习惯对我以后的学习帮助极大。母亲十分重视我们的品德教育，特别是诚实和礼貌。她常给我们讲述她小时候家教之严，规矩之多。虽然许多都是封建的东西，但一些基本理念仍然是值得遵循的。母亲的严教一直延拓到她的孙辈。仅举一小例可见一斑。1985年我的大小孩已20岁，正读电大。当时穿牛仔裤在年轻人中已比较流行，孩子也买了一条穿。但在母亲的印象中，穿牛仔裤的都是一些不三不四的人，坚决不让孩子穿。这件事现在看来也许可笑，但从中看出母亲教育孩子的认真。

我在15岁之前，随家庭由南京至贵州，再赴甘肃，又转天津，再南下至广西，周游了半个中国。父亲和母亲把这看作是对孩子们进行教育的好机会，好课堂。每到一处，他们总是结合当地的人文、山川、名胜古迹，进行历史的、地理的和文学的多方面教育。记得1940年冬，我还不满6岁，父亲接我和哥哥从贵州去甘肃，路过剑阁、沔县、庙台子等许多有名胜古迹的地方。一路上父亲给我们讲张飞种的柏树、诸葛亮的坟、张良出家的庙等。奇怪的是，那么小的年纪居然听得津津有味，而且再也没有忘记。1947年春，我们住在西安市南郊的王曲，这一带北临渭水，南靠终南山，山川秀丽，景色宜人，人杰地灵。我们住的王曲是因唐代大诗人王维居住过而得名，此外还有杜曲（因杜甫住过而得名），韦曲（因韦应物得名）。母亲从地名的由来，结合几位大诗人的诗词，讲述他们的生平，文学成就及相关的故事。母亲特别喜欢王维的山水田园诗，当我们随她外出散步时，她遥指终南山，给我们背诵并讲解王维的五言律诗《终南山》："太乙近天都，连山到海隅……"。我们沿陇海铁路东行，一路经过华阴、函谷关、风陵渡、开封、徐州等历史、地理重镇，每过一处，母亲都要给我们讲述当地有关的历史沿革和典故。1949年，我们路过杭州玩西湖时，拜访岳飞墓。母亲要我们给岳墓行鞠躬礼，并说，你们可以向秦桧、王氏的跪像吐口水，我们真的吐了口水，似乎是完成了一件壮举。母亲常对我们说，古人说，"读万卷书，行万里路"是学习知识的两个重要途径，你们现在行万里路已经有了，就缺读万卷书了。鼓励我们认真读书。

对孩子们的教育，母亲自己有一段话："主要培养孩子们奋发努力的自觉性，对孩子们爱而不溺，严而不苛。养成他们正直处世，仁厚待人，好学上进，诚实做人，勤俭持家的家风。我无意把子女圈在自己身边，听任他们天南地北，四海翱翔，就像随风飘扬的种子，到处落地生根。"

母亲有着非凡的记忆力。她动手写回忆录时已77岁高龄，手头没有一点资料。母亲没有记日记的习惯，原来可提供回忆的一些东西，如照片、信函，也在"文化大革命"中被洗劫一空，她是完全凭着记忆写下这本近25万字的回忆录。从家世、幼年，一直写到1996年11月卧倒病床再也无法动笔时为止。几十年的事情，时间、地点、人物、情节，她都叙述得清晰、准确，令我吃惊不已，无法想象她是怎样记住的。例如她连许多旁系亲属的生卒年月日（如清道光、光绪××年农历几月几日）和生平都能清楚记得。她幼儿时代在老家读过她的大祖父作的一些诗，她还背诵出；特别是她的祖父和友人集唐人诗句演绎为《红楼梦》故事，长达504字，写于一把描金褶扇上。母亲当时才十二三岁，对这集句很感兴趣，就把它全部背诵下来。事隔70余年后，母亲在写回忆录时还能将它一字不漏地默记下来，令人叹服。20 年代她在北京玩陶然亭公园时，背下了鹦鹉坟前的碑文《瘗花铭》。1979 年她再去玩陶然亭公园，寻找这个碑，已在"文化大革命"被毁，母亲却仍然背得下它的全文。就连 60 年前，原教育部的同事所作的边塞诗，母亲都还完整地记得。母亲对她生活中接触过的许多人，从小时候在老家的私塾老师、厨师、裁缝、佣人，中学、大学时期在北京的同学和朋友，南京国民党政府教育部的同事，天水女子师范学校，天津女子师范学院以及新中国成立初期柳州一初中的同事、老师和比较得意的学生，几十年过去了，对他们的姓名，所知道的情况以及在一起时的一些趣事，都还记得清清楚楚。母亲的回忆录中有许多典故，名人轶事，也还有许多重要历史事件的记述，她都记得清清楚楚。如吴佩孚在洛阳庆五十大寿，康有为曾送他一副寿联；吴佩孚后来息影天津，曾自作一副对联表明心志，母亲不知从哪里得到，竟然记在心中。北京才女石评梅是母亲师大附中女生部的主任，她的恋人高君宇是中国共产党早期的领导人之一。母亲的回忆录中记述了高君宇生前自题照中的几句话和石评梅怀念高君宇的几句话，这些话都题刻在当时高君宇的墓碑上，后来都被毁了；还有母亲记述了她的英文家庭教师张揖兰，她的中学好友牟英华的叔叔范鸿劼两位烈士和李大钊等一道被张作霖杀害前后的情形以及她和他们的一些交往。1939 年，内蒙古伊克昭盟沙王鉴于日本侵略者即将攻占元太祖成吉思汗陵寝所在地"伊金霍洛"，为确保成吉思汗陵寝的安全，沙王向当时的中央政府请求迁陵。国民党政府决定将陵寝迁往甘肃省榆中县兴隆山安厝。时恰逢我父亲任榆中县县长，母亲的回忆录中详细地描述了当时的宏伟场面和隆重的宗教祭奠仪式。其他如 20 年代北京几次重大的学生运动，北京学生南下请愿，国民政府迁都洛阳，国难会议，母亲都亲身经历了。这些都是十分重要的历史事件，本可借助于母亲的超凡记忆力留下更多的史料，可惜早些年我和大哥工作都很忙，没有时间帮母亲整理回忆录，等到大哥在整理过程中，觉得有些重要事件希望母亲能做更多补充时，她的病情已严重恶化，神志不清，无法交谈，这的确是一件极大的憾事。

1990 年，我陪母亲从广州来武汉，在火车上同车的一个小孩子拿着一副唐诗扑克牌在玩，每张扑克的背面是一首唐诗。我对小孩和他母亲说，你考一下这位奶奶，你只要把任一张牌后面的诗的第一句读出来，奶奶就可以把全诗背出来。小孩一连抽了十几张，母亲统统一字不差地背了出来，小孩惊讶得睁大了眼睛。母亲这时已 81 岁高龄了。

母亲身上有许多值得学习的优良品德。这些品德也是许多中国老一代知识分子所共有的。爱国忧民，一片赤诚之心；敬业务实，恪尽职守；待人以诚，襟怀坦荡；奉公守法，勤俭为本；学而不厌，诲人不倦。从学生时代到临终前卧床的日子，不论是平静安稳还是身处逆境的时候，国家强盛，民族复兴是她最大的愿望。"文化大革命"中她受到那样大的冲击，但退休后我陪她参观葛洲坝工程，游三峡，参观深圳特区，登黄鹤楼，她自己安排重访北京、贵阳，游昆明，对祖国的大好河山充满眷恋，对国家的建设和发展由衷地感到高兴。她从不说日本人一句好话，看见子女家中日本产的家用电器多了，有时也要说几句闲话。这种蕴藏于深处的强烈的民族感情，常令我惊愕。她十分重视学生的操守和品德教育，而且是通过自己的言行，通过对学生的关心爱护来实现的。母亲一生节俭，对物质生活的要求很简单。她常说，布衣素食，粗茶淡饭足矣。她退休得早，所以退休工资一直不高，即使这样，她还是把钱一点点地省下来。我的记忆中，母亲从没有主动向子女提出过任何物质生活上的要求。我们有时候给她买件好点的衣服，她总是说何必花那个钱，整洁暖和就行了。弟弟的女儿长时间和母亲生活在一起，后来到武汉读大学，常来我们家。我老伴发现她用水和煤气都很节约，随手关灯的习惯也很好，就知道这是和奶奶在一起养成的习惯。母亲十分看重友情，对许多老朋友老同事终生不忘。1992年她想乘一位同事之兄从台湾来探亲之便，给30年代原教育部的一位朋友带一封信。信写得不长，但情谊至深，阅后令人潸然，仅摘录其中一段："数十年两岸海峡的隔绝，鸿雁难越。时光催人，当年而立之年，今则皓首蹒跚，去日苦多来日短，经常忆及当年老友，遥望南天，今生恐无相见之期了……诗经上说'昔我往矣，杨柳依依'。可是，你是否'今我来归'呢！……露从今夜白，月是故乡明'，此曲只应天上有，何人不起故国情……，临笔怆然"。母亲一生酷爱读书，真是手不释卷。除文学和历史外，就是各种杂文、评论和随感之类的文章。读书是她最大的乐趣。她自己说："从诗经、楚辞、汉赋、唐诗、宋词、元曲莫不如此。我每每在高兴或忧伤时，在读书、做针线时，往往不自觉地哼哼这些诗词、歌赋等，会给人一种安慰。"母亲性格的一大特点就是豁达大度。她一生受过那么多的磨难和挫折，特别是"文化大革命"那种非人的折磨，但从不影响她对生活的热爱和美好事物的向往，从不让那些可怕的阴影干扰自己退休后难得的怡然自得的生活。难怪她退休后多次和我们住在一起，从不讲述她"文化大革命"中的遭遇和令人后怕的自杀未遂的一幕。这绝不意味着母亲对那些黑暗的、丑恶的东西容忍和屈服，只是她知道应该在什么场合发泄和向谁发泄。她说："但愿我们能在晚年保持豁达的心情，宽容地对待历史沉淀的痛苦，尽可能过得愉快些，但也不可忘记那几十年青春和生命付出的高昂代价。"母亲躺在病床上，最难忍受的是三点：不能看书；不能提笔给子女和朋友们写信，交流感情；不能和人聊天。她病重期间，多次交代，她死后遗体送给医院做解剖用，再为社会作点贡献；骨灰撒在长江，流向大海。我们后来没有这样做是因为考虑到，她的9个孙辈中，已有4个在国外，留下一座坟，就是留下一个根，让海外的游子们有一个寻根问祖的地方吧。母亲的一位挚友，北京大学毕业，抗战爆发后回贵州老家，一直在贵州大学任教，后任该校图书馆主任，在贵阳也是一位社会名流。我曾经看过他给母亲的几封信，母亲也给我讲过他的为人。这本来与悼念母亲无关，但他的几件小事却使我终生难忘，不找个地方写出来，总觉得于心不安。母亲说，这位好友一生都是最早一个到办公室，洒扫庭院，做好卫生，下班最后一个离开。勤勤恳恳，奉公守法。"文化大革命"中受到迫害，儿子有残疾，还下放农村。他平反昭雪后，儿子写信给他，希望利用他的影响设法把自己弄回城里。他写信给儿子说，自己不能做托人找路子这种不正当的事，要孩子一切听从党的安排。当年听到母亲讲这些，心里真不是滋味。面对成千上万这样善良的中国老一代的知识分子，面对当前社会上许多人的所作所为，还需要再说什么吗！

提起笔来，一面写悼文，一面翻阅母亲的回忆录，悲怆的心绪不能自己，欲诉哀思难以搁笔。一年来，母亲的音容笑貌时刻浮现眼前，在感觉上她并没有离我们而去，仿佛只是出远门了，熟睡了。值得庆幸的是她临终前，由大哥帮她整理的25万字的回忆录付印完成了。每当想念她的时候，就翻阅这本书以慰藉哀思。我18岁离家，以后几十年，少有时间回家省亲；母亲以前多次生病住院，我都未能在旁奉汤侍药，以尽孝道。母亲一生寓情于名山大川，受她的影响，我对此也情有所钟，但在她生前却未能抽时间陪她遨游于天地之间，以报答母亲养育教诲之恩，想及此追悔莫及。她最后这次病重住院，自知来日不多。我回去看她几次，也想多和母亲聊聊，也许是精力不行，也许是不想给孩子们增添痛苦和负担，她不像以前那样喜欢说话了。母亲走了，是带着许多未了的心愿走的，还是没有丝毫遗憾地离去。母亲没有离去，她永远活在我的心中。

附杨徽华诗二首

月夜寄外（1938 年）

清溪一曲村外绕　凄凉古寺晚来清
矶边砧杵因凤近　佛阁书声带月闻
浅酌低吟应念我　登山临水总思君
倚栏累问长征燕　飞到西凉可暂停

此诗为母亲怀念父亲的一首诗。成此诗时，母亲正在建在一座古庙中的贵阳青岩乡村师范当教师，父亲则远在甘肃兰州。

登黄鹤楼有感（1992 年）
（徽华寄中华诗词大奖赛）

高阁雄视大江东　白云黄鹤有无中
周郎妙计成遗恨　诸葛雄图愿总空
千古江山留胜迹　八旬老妪喜攀登
喜看长虹卧波处　四化宏图指日通

《长江地图集》自然地理说明（地质）

    长江横贯祖国大地，曲折蜿蜒，跌宕起伏，忽而南北，倏尔东西。时而在崇山峻岭中咆哮，转瞬在广袤的田野上游移。这神驰莫测的变化，令人惊奇、陶醉、求索。当你打开地图时，你会惊讶地发现，长江（金沙江）从青藏高原奔腾而下时，她与澜沧江、怒江如同亲密的三姊妹，自北向南，在横断山脉的深山峡谷中并肩飞舞歌唱。但是到了石鼓，金沙江却陡然北返，绕玉龙雪山又折向南流，形成闻名遐迩的天下第一湾。至枯水河口下甘村又突由南转向东，此后即义无反顾地直奔东海而去。是什么力量使她"大江歌罢掉头去"？巍峨的鄂西山地曾经长时间无情地将今日的江汉平原和四川盆地分割开来，互不相连，各自东西。什么原因、什么时间，长江如同巨人伸出的臂膀，将最富庶的"天府之国"和"鱼米之乡"牵连起来，不仅塑造了雄伟秀丽的长江三峡，而且在中国历史上演出了一幕幕威武悲壮的历史剧？昔日的云梦大泽为何消失了？烟波浩渺的八百里洞庭何以变得如此萎缩？长江口千百万年来经历过一些什么沧海桑田的变化，才有今日的上海滩？

    《淮南子·天文训》中记载，共工怒触不周山，天倾西北，地陷东南。于是中国大陆便成西高东低之势，江、河、淮、海自西向东倾注于东海。共工是神话人物，但大自然的无穷威力和鬼斧神工，在无尽的历史长河和浩瀚的渺渺宇空中，谱写了无数的神话篇章，主人公都是人格化了的自然力。

    约在三千五百万年前，印度板块向北漂移，最终消亡了特提斯海，与欧亚板块相撞（与共工的壮举何其相似）。撞击力如此之大，持续聚敛时间如此之长，致使青藏高原抬升了5km之多，其上还横空出世地耸立着喜马拉雅、唐古拉、昆仑等山脉，中国地势西高东低的格局遂成。长江就在唐古拉山主峰格拉丹冬雪山的哺育下，融冰川，饮雪水，汇涓涓细流，纳湍湍百川，终成浩荡的泱泱巨龙，势不可挡，一泻万里，横贯东西。

    地球表面裂缝纵横交错，布满累累伤痕。地球内外营力在这些裂缝（地质学称为断裂）所在处相对集中、活跃。河流、湖泊、山脉、盆地、平原的位置、方向、大小和形态，常受裂缝的规模、格局和活跃程度的控制。这些裂缝大小不等，方向各异，有死有活。长江也因之迂回曲折，婀娜多姿。最新构造运动的差异，海平面的升降，带来不同地段河流侵蚀能力和侵蚀程度的差异，于是如同世间万物所遵循的"优胜劣汰""弱肉强食"的原则，河流水系也争夺地盘，通过溯源侵蚀、袭夺等方式，将相邻水系囊括于自己的势力范围之下，留下了许多千古遗恨。

    远古时期长江几乎是肆无忌惮，为所欲为。当她冲出三峡南津关后，江流横溢，形成古之云梦大泽，而带来的大量泥沙，又逐渐将其淤填消亡，转而对南边的洞庭湖地区不时

写于 2000 年 10 月。

地施加暴虐。随着历史的前进，人类在长江两岸修筑堤防，将她限在一个狭长的河道中，她是一千个不舒服，一万个不情愿，无时无刻不在寻求对人类的报复。于是 100 多年来便有 1860 年、1870 年、1931 年、1935 年、1949 年、1954 年诸次使千百万人沦为鱼鳖的灭顶之灾。而千百年来人类也在不断地寻求驯服长江，造福于民的良策，便有了从大禹治水到今天无数李冰父子式的人物的追求、探索和献身。

在地质图上，蓝色、绿色、黄色等浅色调表示沉积岩，红色则表示花岗岩。在长江流域地质图上，自宜宾以下，沿江两岸都是一片浅色调，唯独在三峡河段最下一个峡谷——西陵峡的中段，闪烁着一块椭圆形的红色，如同一颗璀璨的宝石，镶嵌在淡色的天鹅绒上，这就是三峡工程所在的地质体——黄陵地块。她是由前震旦纪的结晶岩（变质岩及侵入其间的花岗——闪长岩体）所组成，周围的淡色调地层环绕她而旋转。地质学家有的雄称她为砥柱，有的昵称她为纽扣，也可用台风眼来形容她，尽管周围翻江倒海，她确平静泰然。确实如此，三峡工程坝址地区，经过数十年成百上千专家学者和地质工作者的研究，一致认为这是一个地震活动弱、稳定性好、岩体坚硬完整的难得的好坝址。上天在中华大地的经济腹地，赐予中华民族这样一块"风水宝地"，用以修建举世瞩目的三峡工程，兴利除害，实乃幸事。

长江千姿百态、缤彩纷呈的地形、地貌、地质、水流，是千百万年来地质历史发展的产物，是大自然合乎规律的产儿，是那么不可思议，又是那么合乎情理。

红 旗 拉 甫 山 口 行

　　10 月底，已是深秋季节，应邀去新疆看一个水利工程，住在塔什库尔干县城，那里距我国最著名的边境哨口——中国巴基斯坦边境的红旗拉甫山口仅 125 千米。工作结束后，我无意中提出能否去红旗拉甫山口看看，同行的喀什地区阎专员立即鼓励说，到了这里不去看红旗拉甫山口将终生遗憾。于是一行人不顾几天 3000 多米高程工作的疲劳，兴致勃勃地踏上了难忘的红旗拉甫山口行。我是第一次来这里，民族、文化、生活、习俗，还有 50 多年前在小学地理课本中知道的喀喇昆仑山和帕米尔高原，一切都那么生疏、神奇和具有吸引力。好在开车的行署司机是长期生活在这里的，成了我们最好的向导。

　　去红旗拉甫山口的公路连接着巴基斯坦一侧中国援建的边境公路，平坦的柏油路面保养得很好。出塔城，一路沿塔什库尔干河谷南行。塔什库尔干河是沿塔什库尔干大断层发育的，具有典型的北方干旱区河流的特点，河水流量不大，但河道回肠，河谷宽阔。平坦的台地上散落着乌孜别克族牧民居住的土屋。牧草虽已发黄，但从高山牧场下来的簇簇羊群仍在悠闲地放牧。河谷两侧耸立的群山已是白雪皑皑。公路一直南行接近塔什库尔干河源头，即向西沿一支沟上行，在路碑 1871km 处，路过了著名的红旗拉甫公路道班，再上行 5km，快到分水岭最高处，两幢红白相间的西式小楼腾现眼前，鲜艳的五星红旗高高飘扬在楼顶，这是边防前哨班的驻地。经过例行的边防登记，横置于公路上的栏栅打开了，我们这几个 60 开外的老人和同去的年轻人一样，急不可耐地向界碑走去，几乎将来前地同志一再叮嘱的在这里不可跑步和疾走的告诫忘掉了，心中洋溢着"终于到了红旗拉甫山口"的豪情。

　　红旗拉甫山口是喀喇昆仑山高程较低的一个垭口，海拔 4900 余米，呈典型的马鞍形。南北两侧是高耸的山峰，东西两侧则是深切的沟谷。中国一侧（东侧）陡而短，巴基斯坦一侧（西侧）深而长，远远望去，中巴公路在巴境内沿西侧山谷的南坡顺直地向下延伸至远方。山口已是中原深冬的天气，中国一侧的牛羊早已下山放牧了，但巴基斯坦一侧的山坡上仍有牛群在游荡。

　　垭口宽估计仅二三百米，两侧即为陡峻的山崖，确有"一夫当关，万夫莫敌"之势。真正的边境线就是公路两边立着的两块界碑，即著名的 7 号界碑。中国一侧用中文刻着"中国"两字，镶成红色；巴基斯坦一侧则是呈绿色的英文"Pakistan"。由于中巴关系良好，边境检查站已后移至塔什库尔干县城，这里只驻守一个前哨班。碰巧值班的战士是湖北英山籍，知道我们是从武汉来的，特别高兴，大家互认老乡，一起照了相，详细地询问了他们的工作和生活。这时，天空飘起了雪花，带去的羽绒服早就穿上身了，战士们则是

本文写于 2002 年 11 月。

一身呢子军装，显得格外精神。

由于中巴两国政府和人民的共同努力，边境显得和平安宁。沿途见有来往于两国边境城市的班车和货车。双方来这里观光旅游的人，都可以跨过界桩去看一看。巴基斯坦一侧更无人管。我们到达时，正好有几位巴基斯坦观光客人在一位巴基斯坦边防军人的陪同下前来旅游，我用英语和那位军人聊起天来，他告诉我来这里才 6 个月，但很适应这里的工作和生活，中国的同行和人民都很友好。巴方一侧没有前哨所，驻地离边境有 20km。和他一道照了一张相就握手道别。

在山口呆了约半个小时，陪来的地区领导担心我们呆久了身体吃不消，劝大家返程。返回路过一岔路口时，有一条简易公路通向一个叫卡拉其古的小村庄。阎专员要车队停下来，告诉我们，从这个小村庄向西就进入通往阿富汗的瓦汗走廊。走廊长 70km，北侧是塔吉克斯坦共和国，南侧是巴基斯坦和巴属克什米尔地区，西端即与阿富汗接壤。由于这时阿富汗塔利班政权和"基地"组织都刚垮台不久，为防止恐怖分子流窜入境，这一带的边境加强了警戒。此时已是暮色将临，朦胧中可见那伸向远处的幽深山谷。一路上边看边说，返抵塔城时，已是万家灯火了。

红旗拉甫山口行只用了半天时间，但留在心中的印痕却是深深的。那连绵不断高耸入云的莽莽雪山，如同一把把利剑护卫着祖国的西部边陲，依伴着她的是缓缓流淌着的塔什库尔干河水，炊烟缭绕的乌兹别克牧民的土舍，悠然自得的簇簇羊群。这宁静祥和的景象，和山的那一侧炮火连天的厮杀声，流离失所的难民群，形成了如同眼前那高耸的雪山和山麓下的谷地般的巨大反差，震撼着心灵，此时此地，不得不由衷地感谢那巍巍昆仑和她那忠诚的子民们。

智者、学者、长者
——我心目中的林一山同志

　　林一山同志受到我的爱戴和尊敬，不仅因为他是老革命所拥有的许多传奇经历，他创立和发展了长江委，他对长江和我国水利建设事业所做的贡献，更多是由于他的人格、品德和学识。在他"主政"的时候，我虽然也很佩服他的才干和许多独到的见解，但那时是把他当一个领导者来看待。他退休后我去北京出差，常去看他，有了更多的机会作天南地北的侃谈，再把他任领导时的风格、举措和许多教诲联系起来（应该说也随着自己的成熟），林一山同志在我心目中的形象，就成为了一个智者、学者和长者。

　　智者是古今中外人们对那些思想深邃、见解独到、常语出惊人的哲贤的尊称。林一山同志就是这样一位智者。他看待各种问题，包括社会的、人文的、工程的、学术的，一般极少就事论事，而常是从本质的、变化的、相互联系的高度去把握和处理。有许多人觉得听林一山同志作报告或和他谈话常漫无边际，不得要领。我在开始时也有这种感觉，但后来接触多了，谈话更随便，可以交换看法，探讨问题，再把他的许多观点联系起来思考，就愈来愈感到他的思想深度，看问题的角度，提出问题的敏锐程度实非常人可比。例如林一山同志的人才观，可以概括为：撒开大网网络人才，自力更生培养人才，不拘一格选人才，创造条件出人才。从新中国成立初期到社会各阶层网络流散的技术人才，到后来办长江工程大学，"去舔金碗底"的招生策略，号召广大技术人员树立"夺教授皮包"的雄心壮志，以及注重实际工作能力和业绩，而不是光看文凭等一系列主张和做法，在那个年代确是有些"离经叛道"，成为"文化大革命"批判"招降纳叛"的铁证。在工程建设中他的许多建议和意见，常是专业技术人员想不出来的，诸如挖掉"葛洲坝""荆北放淤"，直到近年提出的"西部调水"，常令人有"亏他想得出来"的叹服感。1958年，乌江渡工程已由当时的苏联专家拍板选定上坝址，理由是下坝址筑坝地层玉龙山灰岩岩溶十分发育。林一山同志则认为下坝址岩溶虽然发育，但灰岩的上下游分布有厚层页岩，这样就阻止了库水向下游渗漏，防渗方案也会相对简单。他认为在石灰岩地区建坝，选择坝址附近有隔水层，防止水库渗漏是第一位的，其他的优缺点比较，都要服从这个主要矛盾。这是我第一次听到林一山同志关于地质专业问题的论述，确实佩服之至。林一山同志的这一思想经过我们的不断宣传，现在已成为水利水电行业在石灰岩地区选坝的基本原则。他关于河流辩证法的思想，对河流规律的认识，远远超出了教科书呆板的叙述。有一次聊天，我谈到水土保持的重要性，他说现在的水土保持的观点就是错误的，把土都拦截在山上，下面的农田土壤从哪里来。我当时心想，这可能是林主

本文写于 2001 年。

任的又一个"奇谈怪论"。现在我也没有完全理解他的意思，但是我想他至少说的是一个自然规律和自然现象。广袤肥沃的关中平原、成都平原、黄河和长江中下游平原不都是千百万年来汇纳百川的泥沙沉积而成的吗。如何处理好大自然的和谐和平衡是一个极难掌握的大学问。有人批评林一山"好大喜功"。现在回过头来看，荆江分洪工程之对于长江，特别是对于荆江防洪，丹江口工程对于根治汉江水患，现在正在建设中的三峡工程和即将动工兴建的中线南水北调工程，都是具有战略意义的项目。当年被人讥讽为"想入非非"，如今则即将造福于子孙后代，体现了林一山同志思想的过人之处。至于对许多社会、历史和人文等方面问题的看法，则更是语出惊人。如他早些年不止一次地说：我们现在有的机关三分之一的人在干事，三分之一的人不干事，三分之一的人干"坏事"。他说的干"坏事"，我理解是指有的领导机关的官僚主义、文牍主义、长官意志，给下面的工作造成诸多的困难和不便，束缚了下面的创造性和积极性。我们这些年不断进行的机构改革的必要性，十几二十年前林一山就"言简意赅"地点出了它的实质。20世纪80年代中后期，我国的经济生活严重失调，通货膨胀，物价飞涨。有一次我和他谈及此事，他只简单地说了一句，我们现在还没有称得上是经济学家的经济学家。这句话是狂妄吗？我想如果不是后来感到问题严重，采取了许多措施补救，我们的经济肯定会出现大问题。20世纪50年代末，大跃进的浮夸风也严重影响着工程建设，许多工程由于没有充分做好勘测设计就仓促上马，结果不是出了重大质量事故，就是被迫中途停建。对待我们自己承担的项目，林一山同志总是幽默含蓄地告诫我们："不要跟着瞎胡闹"。"瞎胡闹"三个字用得何等巧妙。我认为林一山同志思想中最闪亮的发光点就是：从不人云亦云的独立思考和不趋炎附势的反潮流精神。

林一山同志也是一位学者。他的博学是长江委人所共知的。他不是学水利工程的，甚至不是学自然科学的，但是他却被公认为中国当代的水利专家。他的治水思想，特别是水资源综合利用规划和河流治理的思想是少有人赶得上的。我由于专业的关系，在水利专业工作方面和他接触不多，仅以"荆北放淤"工作为例。为彻底解决防汛险情最严重的荆江沙市河段的长治久安，他提出在从沙市至郝穴的荆江河段，内移2.5km左右再修一道大堤，在原大堤的盐卡和柳口各修1座控制闸，汛期泥沙含量多的时候，开闸放水进入两堤间，使泥沙淤积。若干年后，淤积的泥沙使现在堤后远低于江水位的地面高程提高，降低堤身，增厚堤基，并使堤后现有的各种隐患得以彻底消除，同时增加了一道备用的堤防，还可大大改善这一地区的农业生态环境。我认为这个想法最新颖之处是将荆江河段防汛上千年来积累的众多矛盾用一种巧妙的方案综合地予以根治，不知为什么后来没有作更多的研究就中止了。林一山同志的治水思想中，融会了许多中国历代治水先哲们的思想精髓。当然我和林一山同志接触和讨论得更多的是一些地学方面的问题。1958年丹江口大坝9～11坝段坝基发现由 F_{16} 和 F_{204} 两条断层交汇构成的大破碎带，一时间引起了很大的震动。丹江口工程的地质工作虽然不是长江委做的，但林一山同志对此始终放在心上，希望我们能从中总结经验，提高水平。60年代初他提出要我们研究：为什么在这里会出现这样大、性质这样坏的破碎带？勘测阶段为什么会遗漏了？从理论到方法研究如何能事先做出预判预报，避免开工后才发现的被动局面。当时李四光教授的地质力学在全国兴起不久，林一山要我们用地质力学的观点和方法来探讨解决这个问题。从这件事可看出他严谨的科学态度。1959年苏联专家坚持要在三峡工程三斗坪坝址打过江平洞，以研究是否有顺河断层；而中国专家包括林一山同志根据中方所作的勘探工作分析，认为存在顺河断层的可能性不大，没有必要花这么大的代价进行这一勘探。1960年苏联专家撤走后，我们立即中止了这一工作。结合苏联专家在乌江渡工程选坝时用打正负号的办法确定上下坝址的优劣，林一山同志在一次和我们的交谈中指出，苏联专家思想中形而上学的东西太多，千万不可以学习。林一山同志退休后，仍然关心国家的各项建设，前些年身体好的时候，几乎每年都要选一个地方做专项考察。其中有许多涉及地学方面的问题。例如他对我说去内蒙古自治区考察，曾和一位地质队的总工程师谈到为什么鄂尔多斯地台有那么丰富的煤资源，从地质发展历史找出沉积环境的主导因素；去东北考察三江平原，对黑土地的形成条件有了更深刻的了解；他一直想去新疆考察南疆油田，可惜由于身体健康的原因，一直未能成行。当时南疆油田才刚开始有点苗头，他就谈得兴奋异常，向我描绘了一幅宏伟的发展蓝图，并多方面地和一些中东大油田作比较。他特别谈到由于地理位置的限制，可能要用管道向外输送才行。林一山同志的博学源于他的勤奋学习、注重实践、善于思考和不断总结。1990年，我81岁高龄的老母亲住在我家，适逢林一山同志来汉口，住在惠济路招待所二楼。我陪母亲去看他，门口没有任何照料的人，推门进去，只见他一人双膝跪在床上，弓着腰，拿着一个放大镜，脸紧贴着报纸专心地在看。此情此景至今历历在目。近80岁高龄且有严重眼残疾尚且学习如此，就不难想象他青壮年时是如何学习的，成为一个受人敬仰的学者也就不奇怪了。

　　我把林一山同志作为一个尊敬的长者看待，是因为他对年轻人的爱护，对下属的尊重；他的平易近人，乐于交谈；他的不趋炎附势，不追逐名利；他的简朴生活和执着精神。新中国成立初期，林一山同志就是老7级省部级高级干部，大江上下，连武汉市的老百姓都知道长江委的主任比湖北省省长的级别都高。有一个笑话，1965年林一山同志去乌江渡工地视察，他和张行彬同志下车后，地质队的一位同志跑上去，握着张行彬的手说：林主任，你好。他的穿着举止，没有给人以高不可攀、前呼后拥的印象。"文化大革命"开始，有人贴大字报说林一山住宅讲究，生活奢华，可是去了当时一个副省长的家后，我得出一个结论，林一山和他们相比，差得太远。我第一次单独和林一山同志接触是1965年，领导上要我去成都向当时的国家经委副主任宋养初同志汇报乌江渡工程的地质情况，到成都后先向林一山同志作一汇报。他听了我的汇报后说：讲话、汇报要看听众、看对象。我根据林一山同志的教导，认真做了汇报准备。汇报后宋养初同志说：你汇报得很好，年轻人，我全听懂了。林一山的这个教导我一直铭记在心，受益匪浅。和林一山同志在一起可以就范围广泛的问题进行讨论，交换看法而不必顾及他以势压人或扣帽子。我曾有一次和他讨论人道主义。我说我认为人道主义是一个普遍的命题。他不同意我的看法，说这种看法有片面性。对毛泽东同志晚年的错误，他的看法也和我有较大的不同，尽管他在"文化大革命"中所受的冲击比我们要大得多。他曾经问过我许多关于长江发育地学方面的问题，如为什么会形成虎跳峡的大河弯，长江是什么时候切穿三峡的，没有切穿三峡前长江上游水系的归属和流向，嘉陵江袭夺汉江上游是在什么时候等。惭愧的是许多问题我都回答不出来或者回答得并不完整。他退休后本可安适地颐养天年，但他从没有真正意义上的休息，从未停止过思考，不断地就国家建设和发展的重大课题献策进言。现在长江流域水资源的开发利用，基本上是根据当年他主持下制定的流域规划在实施，许多方案就是他的思想，但他不仅从不居功自傲，甚至我从未听他提及这点。他只是不断地向前看，不停地研究，不停地思索。一个不争的事实是，林一山同志退休后，长江委去看望他的人从未间断，这是不奇怪的。

我想用一句话结束本文，林一山同志的思想值得我们继续认真地探索和研究。

和李总（颚鼎）在云南查勘的日子

　　李总是我最敬重的一位专家、学者和长者，在和他的接触中，我不仅得到了许多有关水利水电工程建设方面的教诲，体味了一位严肃科技专家所应具有的修养、品质和作风，而更令我惊讶佩服的是李总深厚的社会和人文科学的素养。

　　1974 年我和原水电总局的几位同志陪同李总去云南查勘，历时半个多月，和李总朝夕相处。我是第一次到云南，对云南许多著名的人文、风景名胜慕名已久。尽管当时出差是非常严肃刻板的，没有什么旅游观光的概念，但还是有机会到一些著名的景点去参观，而李总竟是我们最好的向导和解说员。这些看似和业务无关的活动，不仅使我增长了许多见识，也从中悟出了一个道理，老一辈学者在专业领域的成就，源于他们渊博的知识和深厚的学术根底，也得益于中国历史和文化的熏陶。

　　昆明号称春城，是一座四季如春的美丽城市。对李总而言，这是一个有着许多往事值得回忆的地方。1938—1940 年，李总随清华大学（后更名西南联合大学）南迁至昆明，就生活在这个城市里。那是民族灾难深重，人民在抗日烽火中奋起、斗争和觉醒的年代。西南联大为多少逃离沦陷区的莘莘学子提供了安身、学习和成才的机会，又从中走出了多少令人翘首的学者，演绎了多少令人心颤的历史画卷，因此参观西南联大旧址是每一个熟悉中国现代史，特别是文化教育史的人的心愿，李总当然愿意满足我们的这个请求。他告诉我，北大、清华、南开三所大学从北方南撤到长沙，成立长沙临时大学，随着战事的发展，又决定撤向昆明（改称西南联大）。从长沙南撤到衡阳后，教职员工和一部分学生绕道香港乘船经越南海防入滇，一部分学生则从衡阳步行去昆明。李总选择步行，从衡阳走到昆明，前后历时半年。听李总讲述，在我心中就立即浮现出一个高大健壮，20 岁左右的年轻人，意气风发坚定地行走在云贵高原崎岖山路上的情景。李总带我们走街过巷，在一条窄巷中（可惜记不得巷名了）找到了当时西南联大的女生宿舍，李总不无深情地说，当时女生不多，这里条件稍好一些，安排和一些老师住在这里。出小巷过一条街就是西南联大的校本部，1974 年这里是云南师范学院的院址，但原来的校舍还保留了一些。李总带着我们边走边看边指点，哪些是原来的校舍，是做什么的。当时的校舍都是土坯干打垒的平房，教室、办公室的屋顶盖的是洋铁皮，学生宿舍更简陋，都是茅草顶棚，16 个学生 8 个双人床住一间大屋子。路过当年的操场，李总说，他当年是校足球队的成员。还专程悼念了其后被国民党杀害的李公朴和闻一多的墓。我一面参观，一面在想，在这个艰苦简陋的环境中，当时集中了多少国内顶级的学者在这里执教；又培养出了多少我国当代著名的享誉国

本文写于 2008 年 9 月。

内外的专家学者；我国众多领域有多少栋梁之才都是出自这个学府，这是真正的民族精神，知识分子的骄傲。

李总说大观楼是一定要去的。参观大观楼，站在著名的孙髯公的180字的长联前，李总讲述了长联的许多轶事。长联气势磅礴，文字优美，情景交融，寓意深厚。但其中有几处十分费解，李总详细给我们做了解读。在写景的上联中，李总详细地解译了"东骧神骏，西翥灵仪，北走蜿蜒，南翔缟素"是什么意思；而写情、写史的下联，李总讲述"汉习楼船，唐标铁柱，宋挥玉斧，元跨革囊"的历史典故，令人茅塞顿开。短短的十几个字反映出一千多年云南边陲的沧桑变化和中华民族的兴衰盛落。

从西山龙门眺望滇池是最好的去处，我极力想从中体验出长联中所描绘的"五百里滇池奔来眼底，喜茫茫空阔无边"的浩瀚感。但那时的滇池已很难体验出"四围香稻，万顷晴沙，九夏芙蓉，三春杨柳"的诗情画意。后来多次去昆明，听人说比起1974年更缺乏大自然优美的吸引力，因此也就再没有去游滇池了。从龙门下山顺道去参观筇竹寺。这是昆明一所著名寺院。我得知其名，还源于中国地层划分表中。筇竹寺组是西南地区下寒武统的一个标准地层组的名称。我以前虽然也参观过一些名刹，但对寺院的有关知识知之甚少。李总带我们参观这一寺庙，从山门进去就一路讲解中国佛教寺庙的基本格局，各尊佛像的名称、地位、作用、面部、手足的表情、动作的含义等。那时起我才知道四大金刚手中的剑、琴、伞、蛇代表什么含义。进大院不远的神龛中供奉的是韦陀，李总说他是寺庙的保卫干事，手中的杵的不同执法，表明寺庙接待外方云游僧人的规矩。大雄宝殿三尊并列的佛像各代表什么，佛祖前两旁站的是谁，佛祖手心向上的含义。佛祖后面供的一定是观世音菩萨的塑像，以及观世音菩萨的原身是男的等。这是我第一次较系统地接受中国佛教寺院一些基本常识的教育，而讲解者竟是一位著名的水利专家，令我敬佩。这些东西在现在旅游日渐成风，导游解说成为一种职业之后，只要你愿意了解，得到一点知识并不困难。但是在那个"极左"思潮的年代，不是这一行的人懂得这方面知识的并不多，更没有人会替你做解说，而得到像李总这样的大专家的导游，何其幸甚。

不论是带我们吃过桥米线，还是路过少数民族的村寨，还是参观路南石林，还是午餐在路旁买鸡枞菌加工，李总都可从中讲出许多历史典故，风土人情及文化内涵。李总在讲这些典故、缘由的时候，不论是我们向他请问的，还是他自己主动解说的，都是那么自然、平顺、聊天式的交谈，既使人从中得到了知识，增长了见识，又不使你为自己的孤陋寡闻而感到难堪。这点在他处理自己极为拿手的各种技术业务问题时也得到充分反映，我想这也是李总在水利水电系统受到广泛敬重的重要原因吧。

20世纪80年代初，我陪同李总及其他几位老专家乘船考察三峡，从宜昌至奉节，路过黄牛崖，李总和几位学者即脱口读出民谣：朝发黄牛，暮宿黄牛，三朝三暮，黄牛如故。船过巴东进入巫峡，他们随口吟诵《水经注》中的词句"巴东三峡巫峡长，猿鸣三声泪沾裳"。路过孔明碑时，我告知李总其上刻的字是"重岩叠嶂三峡"，李总说这也是源于《水经注》中。

用这样一篇与李总的业务活动相去甚远的短文纪念他，是因为我认为从技术业务的角度回忆李总的文章一定非常之多，我是想从另一个侧面反映李总知识的渊博、为人的善良、待人的诚恳，关心年轻人的长者风范，以及谆谆育人的学者风度，这是我内心的冲动和愿望。30 年过去了，那次和李总的云南之行至今仍深刻地留在记忆中无法忘怀。我接触过许多老一辈学者，他们普遍都有很深厚的中国历史、人文及古文学的根底，这不仅奠定了他们以后从事各种事业坚实的学识基础，也陶冶了一个人的情趣、胸怀、情操和品德，这是值得年轻一代工程技术人员和科学工作者学习的。

长江委勘测事业 60 年发展与成就回顾

弹指一挥间，长江委工程勘测事业伴随着治江事业的发展走过了 60 年的历程。60 年来，长江委勘测队伍从小到大，从弱到强，为长江的治理、开发、保护做出了重要贡献，成为治江事业一支无坚不摧的尖兵和重要基石。长江水利建设事业的发展，有力推动勘测事业的前进；而勘测事业的迅速成长和技术进步，又切实保障了各个时期治江事业所需的基本资料。

长江委刚成立时，除测量的部分传统小专业有从国民政府移交过来的少数从业人员和精度很差的片段成果外，整个勘测专业可以说是白手起家。60 年来，有赖于长江委几任领导的远见卓识和关怀扶持，经过几代勘测人的努力和治江事业的实践锻炼，今天已发展成为一支具有较高理论水平和丰富工程实践经验的勘测科技队伍，高峰时勘测职工达3600 余人，拥有教授级高工 40 余人、高工 300 余人，先后诞生了三位全国工程勘察大师。综合勘测局 20 世纪 90 年代即进入国家百强勘察设计单位，先后取得工程勘察综合类甲级、测绘甲级、水利水电工程施工总承包一级、地质灾害治理工程设计甲级及其他许多单项资质证书。勘测业务范围涉及工程测量、航空摄影测量、大地测量、制图、工程地质、水文地质、遥感地质、环境地质、地震地质、工程物探、勘探、岩土工程设计与施工等十多个专业。为长江流域水资源的综合利用开发，为历次长江流域规划报告的编制，为三峡、葛洲坝、南水北调等世界级工程和众多大型水利水电工程，为长江中下游防洪及水土保持，地质灾害勘察与防治，以及众多其他国民经济建设项目提供了丰富翔实的基础资料，为国家建设做出了重要贡献。所提交的成果，得到用户及国内外同行的好评。其中，葛洲坝工程荣获国家科技进步特等奖、全国优秀工程勘察金奖，三峡船闸高边坡监测、隔河岩工程勘察分别获全国优秀工程勘察金奖，水布垭工程获湖北省科技进步特等奖、"国际里程碑堆石坝工程"称号，乌江渡工程获国家科技进步一等奖，万安、江口水电站获国家优秀工程勘察铜质奖，勘测总队获得全国工程勘察先进单位的殊荣。所承担的国家"六五""七五""八五"重点科技攻关项目和多项水利水电工程的重大科研课题，取得了一批具有较高学术水平和应用价值的成果，多项获得国家级或部级奖励。

回首往事，勘测事业走过的艰辛历程和取得的巨大成就值得我们追忆、总结和称颂。

一、成长与发展

新中国成立伊始，由于国家对水利事业的高度重视，水利工程建设即以雷霆万钧之势猛扑而来。1949 年长江大洪水遗留下的中下游数千公里堤防亟待加高加固，紧接着荆江

本文写于 2008 年。

分洪工程和杜家台分洪工程建设，继而全面开展了汉江流域规划以及碾盘山、丹江口两个工程的勘测。1954年长江流域的特大洪水促进了全面规划和综合治理长江事业的发展。1955年正式开始了长江流域规划以及大部分干、支流重点工程的规划设计，梯级数量多达数十个；这一年三峡工程的规划和初设要点的勘测设计工作也全面启动。这一切都要求提供相关的测量和地勘资料，形势迫使勘测队伍及早完成创业阶段的过渡。

（1）测量工作。当时长江流域内没有统一的平面和高程控制网，坐标系统繁多，高程系统混乱，而流域规划和长江水利建设急需大面积施测地形图和开展水利工程测量。测量专业除了完成一些建设项目的地形测量外，为满足全流域综合规划和众多工程项目的规划设计，必须进行工作量很大、精度要求极高的全流域高等级精密水平联测，天文测量、基线测量、三角测量及大地计算，为全流域提供统一、便于使用的坐标、高程系统。测绘地域包括长江源通天河直至出海口的崇明、横沙等岛屿。其中一等三角点1870余点，二、三、四等三角点13000余点；一、二等水准测量72700km，囊括了黄河以南直至广东境内的半壁河山，其中还包括睦南关（原镇南关）至陕西宝鸡的一等水平线路。至1956年，测量专业已由较单一的地形测量、水准测量发展成包括天文测量、基线和重力测量、三角测量、高等级水准测量、航空摄影测量、水下回声测量及各类比例尺地形测量的全能专业。有各类专业测量队（包括天文基线队、三角测量队、大地计算队、回声测深队、精密水准队和地形测量队等）21个，从业人员则由刚解放时的数百人猛增至2000余人。

（2）地质勘察。1950年长江委成立之初没有一个地质专业人员，没有一台钻机，地质勘察工作基础几近为零。最初从社会上招募了两位三四十年代地质系毕业，但一直没有从事过专业工作的人员，接着让一位只在大学地质系就读了一年即参加革命的同志"归队"，形成长江委地质专业的"胚胎"，即林一山同志所宣称的"两个半地质人员起家"的典故。钻探专业的基础更是相当薄弱，当初一位曾在日本钻机制造厂工作过的在华日本人听说我们要招募钻探工人开展钻探业务，自找上门要求工作。在他带领下，将一台凿井钻机改装组建了我们的第一部岩石钻机，他也是唯一的技术工人。之后又从地钻机中抽人组成土钻队，承担荆江分洪闸基的勘探。而这部唯一的岩石钻机，1951年即承担碾盘山枢纽的勘察，接着于1954年在黄陵庙打下了三峡第一钻。林一山同志在回答毛泽东主席关于三峡大坝坝址位置时所引用的花岗岩风化层厚70m的资料，即来源于这个钻孔。

为适应大规模水利建设的人才需要，扭转人才匮乏的被动局面，当时长江委的领导采取了数管齐下的方针。一是从大专院校要地质专业的毕业生，但那时期地质专业的学生可谓"一将难求"，远远无法满足需要；二是让一些原从事水利、土木的老技术人员转行从事地质勘察，几支为后来长江流域规划奠定重要基础工作的早期的查勘队人员，主要就是由这些人组成的；三是选送一些水利、土木专业毕业的大中专学生改行去地质院校进修地质专业。钻探则是将原官厅水库的一个钻探队在完成长江大桥的钻探任务后，通过水利部调给了长江委，钻探力量迅速得以壮大。至1957年，长江委已有4个地质队，4个钻探队，除配合地质部承担三峡、丹江口两大水利枢纽的部分钻探和天然建筑材料勘察外，已在长江干流和汉江、赣江、湘江、乌江、嘉陵江、清江上独立承担了10余个枢纽规划阶段的工程地质勘察。

至此，长江委的勘测队伍基本完成了创业过程。

创业过程不仅是人员、设备和技术的壮大、补充和完善，也是勘测队伍职业道德、从业精神、素质品德培育和磨炼的过程。

新中国成立初期的环境是今天年轻的一代人无法想象的。勘测队伍所去之处都是既不通路、又不通邮，更谈不上通（电）话的地方。去工作地域就靠步行，行李、仪器、设备全凭肩挑背扛。地形测量完全是白纸测图，不论是深山野岭、悬崖陡壁、河湖沼泽，乃至许多无人区，必须靠人跑尺，摔伤、摔死，被野兽袭击，被毒蛇咬伤的事时有发生。有一位同志就是在遇到老虎被追到山崖下摔死的，遗体几天后才找到。天文基线和大地三角测量是在特殊条件下工作。各测点距离远，都是单兵作战。测点要选择在通视条件好的山顶，而且要利用星座作为确定经纬度和方位角的依据，必须在夜间进行，要求气象条件是星空晴朗无云。不论盛暑寒冬，有时一守就是十天半月，夜晚在荒无人烟的高山顶上独自一个人施光守点，需要极大的勇气和牺牲精神。吃，多数情况下是啃干粮，有时在老乡家找一点吃的，一个月吃不上十天米饭，都是靠干粮泉水充饥。夜晚高山顶上用手电筒供光，常被怀疑为特务，有人甚至被民兵捆绑挨打。睡，一般睡在临时搭起的帐篷里。

那个年代全国除了一份残缺不全的百万分之一地质图可供参考外，任何一个（段）河流规划和开发梯级的地质勘察，从区域到坝址都必须自行测绘地质图，范围从几千平方公里到几十平方公里。和白纸测图一样，地质人员也必须一个点、一个点地跑到位，仔细地观察、记录和素描，所经历的艰险不逊于测量跑点。地质人员跑野外一般是不带帐篷的，多借住老乡家，小比例尺地质填图如错过了住宿地，只好露宿荒野。进暗河，下落水洞则风险更大。在没有任何专业设备的情况下，下到深数十米以至一二百米的落水洞，危险性极大。有时极艰难的下到很深的大岩溶系统中，为了详细收集数据，又减少往返攀登的时间和危险，就在深处洞穴中呆上几天，靠啃干粮、喝洞中水伴酒御寒。

那时期的勘察工地多数是荒野的峡谷，数吨重的钻探设备，完全靠工人抬到工地，运到钻场。不论酷暑严寒、风雨冰雪，昼夜三班倒。为了就近上班，附近没有老乡时，就近搭一个帐篷住下。为了节约开支和尽快开钻，去钻场的路都是尽可能的简陋。每天上下班，特别是夜班工人，一不小心就会摔伤、摔死，或被崩落的岩石砸伤、砸死。在奔腾急湍的河流上进行水上钻探危险性更大，几个汽油桶，或两条小木船拼装成钻船进行作业。那时气象预报、水情预报根本无法覆盖到这些地区，遇到暴雨洪水，钻船、上下班的渡船随时有被冲走、翻覆的可能，这样的事时有发生，财产损失自不必说，死人的事也难以避免。

野外勘测人长年累月工作在第一线，背井离乡，舍妻别子。当时制度规定，不论干部和工人，每年只有 12 天的探亲假，计算下来，工作 30 年和家人团聚仅一年，这需要多大的献身精神！正是那个年代培育、磨炼出来的吃苦、奉献、牺牲、严格、科学的精神，保证了其后几十年在长江水利建设事业中，无论什么时候、什么地方需要勘测基础资料，勘测队伍都能拉得上去，站得住、打得响！

二、走向成熟

20 世纪 50 年代后期开始至 70 年代末，长江委的工作重点转入水利水电枢纽工程的勘察设计，除三峡工程外，还有一大批水利水电枢纽由规划转入正式的勘测设计，以丹江口、乌江渡、葛洲坝为代表的一批工程开工建设，标志着长江建设进入规划有序的综合治理新时期。

这段时期也是勘测队伍不断调整，专业趋于完整，技术得到全面锻炼，由创业走向成熟的20年。在此期间，最高峰时勘测队伍同时承担着20余座水利水电枢纽工程的测量和地质勘察。"文化大革命"前，由长江委负责勘察的大中型水利水电工程已遍及长江干流以及赣江、湘江、澧水、汉江、清江、乌江、嘉陵江、岷江和金沙江。这一时期所勘察的水利水电枢纽，为今后几十年长江流域水资源综合开发利用提供了宝贵的储备项目。直至2007年，50年代末勘察的最后一个点子——亭子口水利枢纽开工建设，标志着这一时期长江委规划、勘测、设计的项目全部服务于社会。

测量专业在基本完成全流域大地测量任务后，适时调整队伍，扩充专业，将原21个测量队压缩调整为7个，以后又调整为4个专业测量队，成立了航空摄影测量队，业务范围重点转向测设工程专用控制网、沿江精密水准、河道地形，以及众多枢纽工程的库坝区大比例尺地形测量，并逐步扩大至专业施工测量。在丹江口水利枢纽实施了国内早期跨断裂高精度短基线、短水准形变测量，环水库的精密水准地形变测量，为国内地形变测量的少数先驱。在此期间用很大的精力完成了流域内平面坐标系和高程坐标系的统一，将流域内过去使用的蛇山坐标系和其他坐标系的所有三角锁成果，以及冶金、地质、森林、交通等部门所作的平面控制成果，全部归算或改正到1954年北京坐标系；1959年和1973年先后出版了《长江流域二、三、四等水准成果表》，使全流域11.28万km的水准高程统一在吴淞高程系统内，其后又将吴淞高程系统全部转换为"1956年黄海高程系统"，并与全国进行了统一联结，从而结束了长江流域长期以来独立高程系统的局面。

地质勘察工作的重点则转至大型水利水电枢纽的工程地质勘察。队伍扩大至6个地质勘探队，成立了三峡勘测大队，发展建立了专业的地球物理勘探队和地震地质专业机构。1969年开工建设的乌江渡水电站和1970年开工建设的葛洲坝水利枢纽是这一时期中国水电建设的两个标志性工程。

乌江渡水电站位于贵州高原，断裂构造复杂，岩溶极其发育，是我国兴建在岩溶地区的第一座高坝，开工前的地质勘察工作是由长江委六勘队完成的。它的建设成功地解决了岩溶地区建坝的许多复杂技术难题，如岩溶发育和洞穴分布规律问题，河谷深岩溶问题，岩溶坝基处理，坝基防渗形式、帷幕线路的选择和岩溶发育地区防渗帷幕施工技术等，打破了人们在岩溶地区兴建大坝的恐惧心理，开创了我国在岩溶发育地区建设高坝的首例。

葛洲坝水利枢纽位于白垩系红层上，地基岩石为以软岩为主，夹有众多软弱夹层及层间剪切带的复杂地基。对葛洲坝地基软弱夹层特别是泥化夹层的类型、成因机制及演化过程、宏观及微观结构特征、矿物及化学成分、物理力学性质、水理性质、长期演变趋势、工程对策及处理措施等的研究，在当时都取得了突破性进展。在很长一个时期，葛洲坝工程都是国内软弱夹层研究的典范和学习取经之所在。

长江委的工程地质勘察水平，由于这两项工程和其他一些工程，特别是葛洲坝工程所取得的巨大成就蜚声国内外，跻身国内行业的领先位置。

三、再创辉煌

进入 20 世纪 80 年代以后，随着改革开放政策带来的无限生机和活力，随着尊重科学、重视人才，对外交往扩大和加快西部建设等一系列重大的认识转变和战略措施的实施，推动了长江委勘测事业跃上了新台阶，取得累累硕果。

世界第一大水利水电枢纽工程——三峡工程、世界第一高面板堆石坝——水布垭水电站、南水北调中线工程、1998 年长江大洪水后的中下游数千公里的堤防建设工程、岩溶极其发育地区的隔河岩、彭水、水布垭、构皮滩等水电站相继开工建设，又一次为长江委勘测队伍成长和业务发展提供了极好的机遇。

三峡工程从 1964—1979 年太平溪、三斗坪两坝址比选，1979—1985 年三斗坪坝址第一次可行性研究和初步设计勘测，1986—1990 年三峡工程论证和重编可行性研究，1991—1993 年编制初步设计和施工准备，1994 年正式开工，直至 2008 年主体工程完建并开始 175.00m 试验性蓄水，在长达 40 余年的勘测过程中，三峡工程各种复杂的技术问题和高标准的技术要求，为勘测各专业提供了锻炼队伍、提升技术的极好机遇。

测量专业的航空摄影测量及成图技术，在库区几万平方公里的中比例尺和坝区各种大比例尺地形成图中，得到长足的发展和广泛应用。地形变监测从几百公里水准环线，到断裂带地表三维形变测量和水准测量，室内、洞内跨断裂的短基线、短水准和三维变形测量，积累了数十年的资料，为工程区域稳定性评价提供了重要依据，也极大地推动了测量技术在这一领域的应用水平。三峡坝区 10 余 km^2 的施工控制网测量，是水利水电工程中难度最大、技术要求最高的施工控制网。大坝及其他建筑物的外部变形观测，尤其是永久船闸高边坡的变形监测，由于具有监测范围大，点数多、埋设方便、监测实时、观测系列长、成果精度高、易于处理且直观等优点，在永久船闸高边坡稳定性分析评价中起到了其他方法无法达到的效果。遥感图像解译技术在区域断裂构造研究、库区地质灾害调查、移民环境容量和实物指标调查中起到了重要作用。

三峡工程虽然处在区域构造稳定性较好的地区，但由于工程的极端重要性，对区域构造稳定性、断裂活动性、地震危险性及水库诱发地震的研究，其范围、深度和采用的手段，迄今国内外仍无出其右。水库蓄水后库区地震活动资料表明，诱发地震的活动地段、强度及变化规律，均在前期勘察研究所做出的结论的范围内。

三峡工程永久船闸高边坡最大坡高达 170m，设计、施工对地质成果精度的要求非常高。地质勘察技术方法、稳定性分析预测及施工地质预报，及由此衍生出来的录像摄影编录成图、开挖边坡岩体卸荷、块体稳定快速分析及预测等技术，保证了永久船闸高边施工中没有发生因事前没有预计到的地质问题而影响施工的情况，保证了施工的顺利进行。左厂 1～5 号机组坝段坝基岩体中缓倾角裂隙及其引发的坝基深层抗滑稳定一时成为三峡工程设计中最大的难点问题。由于采用了多种技术有机结合的特殊勘探，准确地查明了坝基下缓倾角裂隙的产状、位置、规模、性状及连通率，从而建立了确定性地质概化模型，为坝基深层抗滑稳定计算分析、设计方案选取及基础处理设计提供了准确地质资料，这项成果在国内外都属首创，被张光斗、潘家铮两位院士赞扬为坝基工程勘察的一项突破性进展。坝址段河床存在两个最低高程低于海平面的基岩深槽，这是三峡大坝坝高最大、基础开挖施工条件最差的部位。深槽的成因及岩体的完整性如何，是否存在顺河断层，一直是人们担心的问题。经过多年来的精心勘察和细致的分析，有把握地做出了河床深槽系局部水流侵蚀条件造成的，岩体性状与完好岩体并无差异的结论。基坑开挖揭露，深槽部位岩体条件与勘察阶段的预测结论完全一致，顺利渡过大坝基坑施工条件最困难的地段。

南水北调工程膨胀土特性的研究，尤其是 20 世纪 90 年代和现在正在进行的两个大型现场试验在国内属首创，所获得的成果及所得出的许多重要结论，至今仍是国内外膨胀土研究和工程实践中的重要参考资料。

世界第一高面板堆石坝——水布垭大坝、高 232m 的构皮滩双曲拱坝，以及隔河岩、彭水、江口等水电站，都建在岩溶十分发育的地区，这些工程的建设过程中，成功解决了一系列复杂的枢纽布置和建筑物型式选择、岩溶坝基基础处理和渗控工程施工等技术难题。

"98" 洪水后配合长江中下游堤防复建和加固工程所开展的大规模堤防地质勘察，不仅全面获得了长江中下游平原区地质结构的宝贵资料，而且积累了一套完整的堤防工程地质勘察的技术路线、方法和标准，成为编制"堤防工程地质勘察技术规程"的重要技术支撑。

新滩、黄腊石、杨家槽、大岩淌、猴子石、藕塘、金坪子等大型、特大型滑坡的勘察、监测预报和治理，在国内外享有盛誉。

从宜昌至江阴长江干流上 15 座长江大桥的桥基水上钻探，尤其是南京、江阴等几座大桥桥基勘探不仅水深、覆盖层厚，而且防潮汐、防风浪和保证航道畅通的问题十分突出，长江委积数十年长江深水钻探的丰富经验，克服重重困难，顺利地完成了任务。

随着工程勘察对象的多元、复杂和技术要求的不断深入，也推动了钻探、工程物探、现场原位试验等技术方法迅速向前发展。长江委自行研制的一米直径的大口径工程取芯钻机，在葛洲坝、三峡、隔河岩、亭子口等的工程缓倾角软弱结构面的勘察中发挥了关键作用，在国内久负盛名。岩溶地区和滑坡体上深孔钻探技术，在国内创造了多项纪录。自行研制的钻孔彩色电视在国内是首创，获得国家科技进步二等奖，至今仍供应国内有关部门的需求。高边坡录像摄影成图技术成功解决了高陡边坡地质编录无法攀登的困难。

长江委勘测部门是全国水利水电系统中唯一拥有地震地质专业队伍的单位，这支队伍起初只服务于三峡工程，目前已在全系统中承担了许多工程的地震监测台网设计、监测实施和地震安全性评价工作。

测量专业除适时提供各大型工程项目从规划到施工、完建和运行过程中对地形、水准、施工控制网、建筑物变形监测、地形变监测等多项测量成果的要求外，20 世纪 80—90 年代，参与国家一、二等水平路线的第二期、第三期复测工作。承担了从上海外高桥—长兴岛—崇明岛—青浦的跨江精密水准，这是一项为长江口治理和上海市发展规划获取重要基础资料的工作，跨江长度分别达 9km 和 6km，技术难度非常大。长江委勘测局组织专门班子，采用大地测量和工程测量相结合的方法，克服众多的技术难题，顺利完成了任务。21 世纪初，采用 GPS 技术布设了长江中下游基本控制测量网；完成了大量的小比例尺水利专题图和图集的编制工作。有代表性的如 1∶50 万比例尺《长江下游流域图》、

1：200 万比例尺和 1：100 万比例尺《长江流域图》、1：100 万比例尺《汉江流域图》，以及《长江江源地图》《长江流域地势图》《长江流域地图集》《长江防洪地图集》《长江防洪规划图集》《长江重要堤防隐蔽工程地图集》《长江流域蓄滞洪区图集》等。

测量专业的一个显著特点是自 80 年代以来充分依靠技术进步，实现了传统测绘技术体系向数字化测绘技术体系的历史性跨越。

进入 90 年代后的 30 年来，由于有三峡、南水北调、水布垭、构皮滩、长江中下堤防等一批世界一流工程的鞭策和促进、由于大面积水土保持、大型地质灾害的勘察与防治，以及众多非水利水电项目领域广泛的勘测实践，所取得的发展与成就，进一步巩固和提高了长江委勘测队伍在国内工程勘测行业的领先地位。

60 年来，长江委勘测队伍为长江流域水资源的综合利用开发，为历次长江流域规划报告的编制、为三峡、葛洲坝、南水北调等世界级工程和众多大型水利水电工程，为长江中下游防洪及水土保持，地质灾害勘察与防治，以及众多其他国民经济建设项目提供了丰富翔实的基础资料，为国家建设做出了重要贡献。所提交的成果，得到用户及国内外同行的好评。其中，葛洲坝工程荣获国家科技进步特等奖、全国优秀工程勘察金奖，三峡船闸高边坡监测、隔河岩工程勘察分别获全国优秀工程勘察金奖，水布垭工程获湖北省科技进步特等奖、"国际里程碑堆石坝工程"称号、乌江渡工程获国家科技进步一等奖，万安、江口水电站获国家优秀工程勘察铜质奖，勘测总队则获得全国工程勘察先进单位的殊荣。所承担的国家"六五""七五""八五"重点科技攻关项目和多项水利水电工程的重大科研课题中，取得了一批具有较高学术和应用价值的成果，多项获得国家级或部级奖励。

历史的巨轮已驶过了 21 世纪的前 9 年，回顾长江勘测事业的发展历程，我们为取得的巨大成就而感到欣慰。展望未来，更感到任务艰巨，责任重大。这篇短文，除了告慰老一代的勘测队员外，也希望对新一代勘测人挑战未来起到借鉴和激励的作用。

三峡工程几次重大考察活动追忆

20 世纪 80 年代三峡工程重新提到国家重大议事日程上之后，是否应当兴建三峡工程在国内外引起强烈的争论。国家为了促进各方面的沟通和交流，使社会各界充分了解三峡工程的意义和作用、修建三峡工程的必要性和三峡工程勘测、规划、设计、科研工作的技术准备情况，也为了利用各种机会充分听取不同意见，组织了多次由国务院有关部门负责人、社会贤达、各界名流和代表人士参加的重大考察活动。

这些考察活动中最具代表性的有：1982 年由万里同志（时任国务院副总理）率领的国务院 10 余个部门负责人组成的三峡工程考察组；1983 年由宋平同志（时任国家计委主任）率领的国务院有关部门及两省市负责人组成的三峡工程考察团；1984 年李鹏同志（时任国务院副总理）率领的国务院有关部门及三峡工程科研会议代表组成的三峡工程考察团；1985 年由周培源副主席率领的全国政协三峡工程考察团；1991 年由陈慕华副委员长率领的全国人大常委会考察团；1992 年由李铁映国务委员率领的国务院教科文卫体系统考察团，以及 1992 年由周林同志率领的全国 100 所高等院校师生代表考察团等。上述考察团（组）中规模大，代表性广泛的是全国政协三峡工程考察团、全国人大常委会考察团、国务院教科文卫体系统考察团和全国 100 所高等院校师生代表考察团。这些考察团中都包括有当时国内各方面的一些精英人物和社会名流，规模都是数十乃至近百人。考察路线主要是三峡工程坝址及宜昌至重庆库区各主要县市。后期则增加了荆江分洪区及洞庭湖区（公安、常德、安乡、南县、华容、君山、岳阳一线）。这些考察活动大大消除了社会上对三峡工程的种种误解，提高了社会各阶层对三峡工程的认识，为七届人大五次会议顺利通过兴建三峡工程的议案创造了条件。

长江委每次主要陪同人员都是各主要专业的负责人。除魏廷铮主任外，经常参加的有洪庆余总工程师，长科院陈济生院长，施工专业罗承管，规划专业罗泽华，移民专业林仙、赵时华，我则是地质专业的负责人。本文仅就后面 4 次由社会各界著名人士组成的考察团的活动作一简要回顾。

（1）1985 年 9 月，由全国政协副主席周培源同志率领的全国政协三峡工程考察团从荆州出发，开始三峡工程的考察。在沙市参观了沙松冰箱厂、沙市棉纺厂、活力 28 沙市日化厂等当时的著名企业，给人留下了深刻的印象。但不过几年，这些著名企业就纷纷倒闭或重组，沙市这座历史悠久、著名的轻工业城市，不仅从国内先进中等城市的名单中销声匿迹，甚至这个中国最早的通商口岸的市名也从地图上消失了。世事沧桑变化如此之快，沙市为什么落得如此下场，竟成了我的一个心结一直萦绕着我，让我思考了许多

本文写于 2008 年 10 月。

问题。

考察团一路看现场，听汇报，在船上召开了多次讨论会。由于周培源同志、林华同志（时任考察团副团长）及一些委员对建设三峡工程都持反对态度，所以每次汇报会、讨论会争论都非常激烈，赞成者，反对者，只提问题不表态者都有。也有许多非工程技术领域的委员则主要是听听双方的观点，很少发表意见。长江委去的同志则主要回答各种质疑和问题，利用各种机会尽可能多地做些说明解释工作。考察中也有许多趣事，考察团中有几位著名的书法家，如全国政协副秘书长，书法家协会理事孙轶青（其他多位可惜都不记得名字了）。好几个晚上在船上的餐厅中摆开桌子，书法家们即兴挥毫着墨，首先是船上领导希望留下名家墨宝增加光彩，其次是围观者索要手迹留作珍藏。书法家们兴致盎然，都是慷慨应允，来者不拒，直至工作人员看不过去相劝方才住手。我脸皮薄，只向湖北省政协副秘书长雷万春同志（也是全国书法家协会会员）讨了一幅字，现在想想真有些后悔。全国政协陪同的韩雁处长是一位非常热心的女同志，看见长江委去的人除了工作之外，就是躲在底层的5等舱研究问题，几次对我们说，你们要么工作，要么呆在底舱，都是一群书呆子。有一次船上举行舞会，她非要拉着我去参加，我说我不会跳舞，她死也不信，结果跳了几步就踩了她的脚好几次，她无奈地笑着说，真没有想到果真不会跳。一天下午，正好吴祖光、梅阡、丁聪、黄苗子几位大家在甲板上观看三峡风光，韩雁匆忙跑来喊我们上去和他们见面相识，相会后，韩雁一一相互作了介绍。当介绍我和梅阡相互认识时，梅阡开玩笑地说，你应该去当演员更合适。大家在一起照了很多像，韩雁同志风趣地说，难得搞三峡的科学家和著名艺术家的相聚。

几个月后在北京开会，韩雁同志也参加。一天下午，她兴致勃勃地邀我到吴祖光家去做客，我和她俩人去了吴家。吴祖光不在，新凤霞同志拖着"文化大革命"中遭受迫害的残疾的身体热情地接待了我们。自"文化大革命"后她已经不能再演出，就潜心作画，给我们看了她的一些画作，谈了祖光先生和她的一些往事。狭小的房间里摆满了书籍和新凤霞同志作画的用品。过去看文章，知道他们家庭多舛的遭遇，内心充满了尊敬和同情。

（2）1991年11月，陈慕华副委员长率领全国人大常委会考察团考察三峡工程，这也是一次层次很高、名家众多的考察团，可惜我只记得其中的几位。如人大常委会秘书长曹志、原外交部副部长、中国驻日大使符浩、著名越剧表演艺术家袁雪芬，周总理原秘书、原国家计委副主任顾明，著名经济学家董辅礽，民进中央委员会副主席楚庄，民建中央委员会副主席陈邃衡，老红军莫文骅中将、黄玉昆中将等。

考察自重庆始，沿江而下考察三峡工程库区、坝址。至沙市登岸后，渡江驱车看荆江分洪区。经南闸黄山头入湖南，进入洞庭湖区，经常德、安乡、南县、华容至岳阳，察看洞庭湖入江的城陵矶河势后，折返长沙，听取湖南省的有关汇报，又回到武汉，听取长江委的汇报，视察长江科学院，观看几个大的水工模型后结束考察。这是所有考察团中考察时间最久，行程最长的一个。

在库区沿途各县的考察中，听到的最多的意见是三峡工程上或不上要赶快决策，不能再久拖不决，否则将严重影响地区经济的发展。各地流行的一句口头禅是："不三不四，不上不下"（三指三峡，四指四川）。在万县市考察结束后，陈邃衡常委惊讶地问我，这就是有名的川东门户万县，想不到还这么落后！陈委员来自江苏省，1991年改革开放已10

余年，拿江苏的标准来衡量，得出这个结论一点也不奇怪。三峡坝址的考察给常委们留下了深刻的印象，中堡岛的大竖井，金刚石钻探取出的 2m 多长的岩芯，1m 直径的大口径岩芯等，使考察团成员了解三峡工程技术工作的扎实可靠。

自沙市以后考察的重点和关注的重心是长江中下游的防洪问题。从沙市河段看到整个荆江河段历史和现今防洪形势的严峻，堤防的险情。荆江分洪区每到汛期几十万人提心吊胆的生活状态，处处耸立的躲水楼、安全台（用土堆筑的高台），学校从小学就教育学生如何避险自救，以及由于洪水威胁，荆江分洪区及整个洞庭湖区不敢进行大规模的基础建设，不敢发展工业，更谈不上引进外资，地区经济落后，人民生活贫困。洞庭湖区流行一句话"年年月月修堤，披星戴月种田"，就是老百姓生活的真实写照。

考察完荆江分洪区和洞庭湖区之后，考察团的成员对兴建三峡工程的伟大意义都有了较深刻的理解。袁雪芬委员的思想变化是一个有趣的过程，也是一个代表。我们到重庆的当晚在潘家坪宾馆吃晚饭时，因考察团的大部分成员未到，袁雪芬同志是一个人先期从上海直接来重庆的，因为人少，就安排她和我们在一桌吃饭。因是初次见面，加之身份不同，我们只是听她说，没有发表意见，但从中知道她当时是反对修建三峡工程的。考察活动开始后，考察团成员分组乘车，我被分在她这一组，有了较多的接触机会。除了集体活动外，抽机会尽可能针对她的疑虑、误解，以及兴建三峡工程的作用作些解释。看了三峡工程坝址的大小花岗岩岩芯后，她似乎放心多了，问我大坝是否就是放在这样的岩石上。从沙市以后她的态度就有了明显的变化，听取荆江河段及江汉平原防洪形势的介绍，察看荆江大堤，访问荆江分洪区及洞庭湖湖区的村镇，考察老百姓的住宅，看一座座躲水楼，安全台，看中小学及政府机关楼房墙壁上标注的不同洪水位及安全躲水的红线，她都非常认真。她逐渐理解把洪水拦截在峡谷、山区比其在中下游平原泛滥所造成的损失要小得多。最后一站在长沙，湖南省政府举行宴会，大家欢迎她唱一段越剧，她欣然应允，并致辞说，自"文化大革命"起至今 20 多年，从未在公开场合唱过一句，今天很高兴，就清唱一段。接着她就唱了梁山伯与祝英台中的一段，大家都为她的真诚所感动。

（3）1992 年春节刚过，国务院组织了一次规模庞大的三峡工程考察，名为国务院教科文卫体系统三峡工程考察团，观其名就知其包括范围之广。考察团由时任国务委员的李铁映率领，参加的成员都是各系统，各部门的头面人物和社会名流。仅举其中一些人就可见其全貌。鲁迅先生之子周海婴，古建筑专家罗哲文，著名导演谢添，中国科学院和中国工程院院士叶大年，金翔龙，著名体育解说员宋世雄，著名音乐指挥家郑小瑛，舞蹈艺术家资华筠，作曲家王立平，前乒乓球世界冠军郑敏之，广播电影电视部副部长马庆雄，国家体委副主任刘吉，广播电影电视部副总工程师兼科学技术委员会副主许中明（许德珩先生之子）。还有国家气象局，计量研究院，出版事业局，中医药管理局等众多部门的专家学者。

考察路线与全国人大常委会考察团基本一样，只是到岳阳后没有去长沙而直接到武汉。途中在四川丰都鬼城、云阳张飞庙及湖北宜昌黄陵庙停留较久，除了考察 1870 年历史洪水遗迹外，也是为考察团中几位考古专家特地作的安排。因为这个考察团的人员多，且来自各行各业，所以除了带去的相关资料外，还在船上的走廊里挂满了各种图表及简要说明。

这次考察的一个显著特点是我们需要回答不同专业人士提出的各种各样的问题。除大会即席回答各种提问外，考察过程中还举行过多次的专题座谈会，如与国家标准局、国家地震局、中国科学院的考察团成员分别进行座谈，即使像郑敏之这样的著名运动员，我们也都曾面对面地进行过情况介绍，回答她提出的问题。考察团中从事科学技术和管理工作的专家所提出的问题常常深刻而尖锐。例如在考察的后期，许中明先生就对我说：我们不是不放心技术方面的问题，有你们这样一批认真负责，孜孜以求的专家几十年的工作，我们是放心的。但是对于这样一个庞大而复杂的工程，我们的管理水平能管理得好吗？工程前后要花近二十年的时间，这期间国家万一要出点事怎么办。现在三峡工程已基本顺利建成，这些专家当年的担心已成为过去。但是这种担心当时绝不是少数人。正是各方面人士的担心、提醒、鞭策，才使从中央高层到工程的设计者、管理者直至每一个建设者，十几年来一直以高度的责任心，如临深渊、如履薄冰地从事工程的建设和管理。即使到现在，我们也不能就此高枕无忧，对工程可能带来的各种后续问题仍然必须认真研究解决。

由于考察团中有众多文艺界的大家、明星，所以考察活动也格外轻松、活跃，是一次最丰富多彩的考察。在船上举行了一次联欢晚会，由宋世雄担任主持人，谢添表演了一段单口相声，王立平演唱了他的新作，郑小瑛钢琴伴奏，郑敏之与另一成员表演男女声对唱等。高潮则是资华筠的独舞，一个人在不大的空间里表演出高难度的舞蹈动作，赢得阵阵掌声。船上的工作人员说，如不是乘坐这条船，他们那有眼福看到那么多的名家表演。行至秭归，当地的文艺团体举行招待演出，几位名家少不了又被要求演出助兴。

到武汉后，首先考察长江委，参观了长科院的 8 个大模型，在听取了湖北省的汇报后，考察团分组作了考察成果汇报，最后考察团总结，得出了基本一致的认识：兴建三峡工程是可行的，也是必要的。

（4）上述考察团结束后仅一天，接着就陪同全国 100 所高等院校师生代表三峡工程考察团进行考察。考察团由原教育部副部长周林同志率领，名为 100 所高等院校，实际上来了多少我们并不知道准确数字。但是一些国内著名的大学，如北京大学、清华大学、上海交大、西安交大、浙江大学、四川大学、同济大学、成都科技大学、中国地质大学等均有代表参加。

考察路线从宜昌开始溯江而上，考察三峡工程坝址后，沿途考察库区至奉节即返回沙市，入荆江分洪区及洞庭湖区考察，至岳阳后返回武汉。这个考察团有趣的是年龄和兴趣的巨大差异，有众多白发苍苍的老教授，也有一大批 20 岁左右的莘莘学子，一般都是高年级的学生。关心的问题也极为广泛，我们也分专业的作回答。例如大连理工大学，成都科技大学水利工程专业的师生，他们关心的是工程设计方面的问题，西安交大的两位老师是搞结构和材料的，提出的问题十分专业；中国地质大学的师生则向我询问的问题最多。针对这一情况，长江委去的同志利用晚上时间分专业做了几次专题报告会和座谈会，以满足不同专业师生的要求。有的水利专业的学生毕业在即，在考察过程中也关心自己的毕业分配，找机会向我们了解长江委的情况，有没有可能毕业时要求分配到长江委来。其中一位大连理工大学的李姓同学和我交谈很久。半年多以后，一次偶然的机会在长江科学院遇到了他。他高兴地告诉我，他已分配到长江科学院水工所工作了。最后湖北省教委举行招待宴会，大会做了总结后考察结束。

这几次考察，长江委陪同的同志都是长期从事三峡工程的专业负责人，尽管陪同对象的专业、职业和对三峡工程的心态都十分复杂，需要回答的问题多种多样，但我们始终本着热情、耐心、诚恳的态度做好情况介绍、说明解释和说服工作，可以说不辱使命地完成了任务。同时也为长江委博得了好的声誉，在一定范围内扩大了长江委的影响，下面仅举几例加以说明。

在陪同全国政协考察团的过程中，政协的几位处长多次对我们热诚、谦逊、不辞辛劳的工作表示感谢。韩雁处长除了称我们是一群"书呆子"外，也半开玩笑地说，你们的生活再简单不过了，好像除了工作就没有别的。全国人大常委、民建中央副主席陈邃衡老先生考察结束回到南京后，专门给我来信，感谢我们在考察过程中耐心、细致的讲解，也赞扬我们几十年来为三峡工程不畏辛劳、孜孜以求、锲而不舍的精神。国务院教科文卫体代表考察团的叶大年院士已是第二次考察三峡（第一次是参加全国政协考察团），他一直是三峡工程的坚定支持者，这次考察比上一次看的东西更多更细，对我们的工作也了解得更多，更增强了他对支持三峡工程的信心。许多朋友常开玩笑地说，你们都是一批三峡迷，三峡通，言必称三峡。资华筠作为一位著名的舞蹈艺术家，从一开始并不了解三峡工程到后来成为积极的支持者更令人感动。她在考察结束后就给光明日报写了一篇《情系三峡的朋友们》专稿，介绍了魏廷铮、杨启声、罗承管和我四人，还给每人取了一个绰号；其后又邀请著名作家霍达，两人再一次专程从宜昌乘船至重庆沿途做更详细的采访；随后在北京组织了一次以"三峡杯"命名的专场舞蹈演出，请陈铎做主持人，著名舞蹈家贾作光、崔美善都参加演出，长江委去了几位代表，还在会上作了发言。郑敏之作为前乒乓球世界冠军考察完后，也曾来信对长江委的工作赞赏有加。许中明先生除了前述那段积极评价我们工作的谈话外，在考察结束离开长江委大院之前说了一句话，令我难以忘怀。他说：难得有像长江委这样的一片社会主义的净土。多年来，我一直想以这句话写一篇短文，作为对长江委人的鼓励和鞭策。

风雨兼程 30 年

——长江勘测技术研究所成立 30 周年回顾

长江勘测技术研究所成立至今整整 30 年。这是密切结合工程实际，面向重大工程地质问题，坚持科技领先，艰辛探索、励志前行的 30 年。30 年来，有过备受重视、顺利发展的时期，有过成就突出、令人称道的阶段，也有面临生存发展、步履维艰的困难处境。

一、机构建立与沿革

长江勘测技术研究所（以下简称长勘所）成立于 1981 年。当时国家正处在"文化大革命"动乱结束、开始拨乱反正的历史时刻。全国各行各业百废待兴。1978 年 3 月，党中央召开了第一次全国科技大会，国家迎来又一个科学的春天。在这股强大历史潮流的推动下，原长办勘测处（勘测总队）总结"文化大革命"前的有益经验：结合生产进行科研，解决生产中遇到的重大技术问题，同时又能培养专业人员的技术水平和钻研的精神，形成较浓厚学术氛围的传统，决定在相关专业中抽调部分技术骨干组成一个规模不大的科研所，初期仅包括地质和测量两个专业，结合当时工作中的一些突出问题开展专题研究。

长勘所成立不久，当时的水利电力部（水电部）科技司承担了国家"六五"重点科技攻关项目——含软弱夹层（带）复杂地基勘探研究。在考察了水利水电系统各单位的地质勘察技术实力之后，将项目交由长办勘总下属科研所牵头承担。自此开始了长办地质勘察专业与水利水电科技主管部门长期的紧密联系。

在承担国家"六五"重点科技攻关项目的过程中，长勘所及其科研人员所表现出的认真负责的工作精神，严谨踏实的研究作风，较强的科研能力和与兄弟部门良好的协作关系，给水电部科技司以及协作单位同行留下了深刻的印象。当时水利水电系统勘测技术力量薄弱，设备落后，勘探工作量大，勘测周期长，远不能适应国家水电建设形势发展的需要。为了尽快改变这种局面，必须加强勘测专业的科学技术研究和勘测科技队伍建设。出于这种考虑，当时的水电部提出，将原隶属于长江委勘测总队的科研所提升为部直属研究所，1985 年经国家科委批准，长勘所升级为部属科研所，定名"水电部长江勘测技术研究所"，由长江委代管。水利、水电分为两个部后，长勘所随长江委划归水利部，仍为部直属所，改名为"水利部长江勘测技术研究所"。

本文写于 2011 年 3 月。

二、早期专业发展历程

长勘所成立后，相继成立了工程地质、工程测量、工程物探、遥感技术应用等几个研究室，逐渐形成较强的科研实力。作为水利水电系统唯一的勘测技术研究单位，两部科技司将水利水电系统有关的重大勘测科学技术项目基本都交给长勘所牵头负责。先后连续承担了国家重点科技攻关"六五""七五""八五""九五"中的重大项目，如"含软弱夹层（带）复杂地基勘探研究""高坝坝基勘察新技术研究""岩质高边坡勘测及监测技术研究""快速勘测技术综合研究"等。除国家重点科技攻关项目外，围绕长江委（长办）所承担重点工程的一些关键问题，与生产单位密切协作，也开展了许多专题研究，包括三峡工程区域构造稳定性和断裂活动性，水库诱发地震问题，水库库岸稳定性及变形监测，南水北调中线工程膨胀土问题，大坝及高边坡安全监测，大型抽水试验等关键技术专题研究，以及若干技术规程的编写。

连续几个国家重点科技攻关项目和三峡、南水北调中线工程的专题研究，为长勘所的发展提供了很好的条件和机遇。例如国家"六五"重点科技攻关项目——含软弱夹层（带）复杂地基勘探研究，给软弱层带的系统研究提供了条件。科研人员收集了当时国内几乎所有的坝基有软弱夹层或大断层的工程资料，除长办自身所承担的工程外，还包括桓仁、红石、双牌、小浪底、龙羊峡、李家峡、安康、铜街子、双牌、五强溪、凤滩、大化、岩滩、大藤峡等工程。这项系统研究成果是一笔极其宝贵的财富。借助于该项目研究，长勘所建立了一个土工实验室。复杂地基勘探技术研究和高边坡稳定性研究，同时带动了钻孔电视和钻孔声波测井技术、钻孔多点渗压仪以及边坡录像摄影编录成图技术的开发和改进。1986年水利部利用世行贷款购买了一套加拿大产的遥感图像处理设备，配备给了长勘所遥感室，这在当时除了专业遥感研究单位外，极少有单位能拥有如此的大型设备。随着丹江口、葛洲坝、三峡等工程大坝、边坡、地形变、断裂位移、滑坡等的变形监测，在工程测量和安全监测技术方面，完成了多项开拓性、创新性的研究，取得了许多重大成果。

长勘所成立之初，就确定了精干高效的原则，虽然定编人数为150人，但多年来一直维持在70人以下。20世纪80年代中后期，科技人员占全所职工的90%，具有高级职称人员约占科技人员的40%；正规研究生（全日制统招研究生）最多时有17人，占科技人员总数近1/3，地质、测量、遥感、物探、信息等各专业都有。这样的人才结构，在当时国内一些专业性强的科研院所也是不多见的。

经过近10年的努力，在承担国家、有关部门及长江委重大科研项目的过程中，长勘所得到了迅速发展。

三、支撑重大工程的科研成就

在长勘所完成的科研课题中，许多研究课题都是围绕当时勘察工作或重大工程项目中的实际问题提出的，因此取得的成果都有较强的实用性。例如：在承担国家"六五""七五""八五""九五"科技攻关项目中，重点是围绕提高勘察成果质量，加快勘察工作进度，缩短勘测工作周期设立的。集中于勘测技术方法革新和勘察设备的研制和改进。其中有代表性的如钻孔彩色电视录像系统，这是目前在工程勘察领域广泛被应用的技术手段，对提高钻孔利用价值，特别是提高复杂地层中钻孔的有效性起到了至关重要的作用。随着电子技术、信息技术、图像处理技术的发展，这套设备已经有了很大的改进，但其原创成果是在国家"六五"重点科技攻关中完成的。该项目获得1985年国家科技进步二等奖。高边坡录像编录成图技术，有效地解决了无法或极困难攀登高陡边坡地质人员进行地质调查或详细编录的困境，也大大减轻了地质人员的野外劳动强度，已在多个工程中得到应用。小口径全波列数字声波测井仪等都是围绕提高勘探成果质量、充分发挥钻孔功能设立的课题。上述这些成果大多获得省部级科技进步奖。遥感技术应用是长勘所早期的技术强项。1982年由三峡地震地质队和长勘所合作完成的清江中游河段坝址比选（霸王沱—水布垭）1：50000工程地质图，是水利水电系统首次利用遥感图像室内解译成图、野外校核完成的第一幅中比例尺地质图件，大大减轻了野外工作劳动强度，缩短了工作周期。三峡工程库区崩塌滑坡调查，区域断裂构造调查，也都是主要依靠遥感图像解译提供的资料基础上完成的。在其他一些工程和地区的移民实物调查、环境容量与水土保持调查中，遥感技术都起到了重要作用。现今遥感技术在水利水电工程地质勘察中的运用已很普及并有了很大的发展，但长勘所在20多年前的开创性应用，对行业内这一技术的迅速推广起到了促进作用。

长勘所围绕长江委承担的重大工程开展的专题科研工作，主要集中在三峡、葛洲坝、南水北调等项目中。对南水北调中线工程渠段膨胀土问题的研究，从20世纪80年代起一直持续到90年代。其中由长勘所刘特洪教高主持的刁南干渠大型膨胀土现场试验是一项开创性的大型研究。该试验段长800m，其中挖方段长700m，填方段长100m。边开挖边观测，1983年12月开始埋设仪表，1988年12月结束，观测历时5年。通过试验研究，对膨胀土的组成、结构构造、物理化学特性和矿物成分、膨胀土的分类指标、大气影响深度及急剧胀缩变形带厚度、膨胀土的抗剪强度特性、渠道施工和运行过程中土体应力及变形特征、渠坡有限元计算的地质结构模型、渠坡破坏模式和机理等都取得了极其宝贵的成果，多年来一直是国内外膨胀土研究的重要参考资料。

三峡工程外围几条大型断裂的规模、性质、延伸长度、现代活动性，一直是三峡工程建设中被广泛关注的重大地质问题之一。长勘所和三峡院长期合作，针对仙女山断层是否北延过长江、仙女山断层与九湾溪断层的交切关系，它们的现代活动性，牛口、水田坝断裂的规模、性质及活动性，狮子口线性影响的成因及性质等做了大量的专题调查分析研究，所取得的成果和结论，为三峡工程论证中的区域构造稳定性专题报告的编写起到了重要的支撑作用。针对三峡水库诱发地震问题，"八五"科技攻关期间，长勘所和中国水利水电科学研究院抗震所合作，在原三大库段12个亚段的基础上，将奉节以下的库段进一步划分为31个水库诱发地震预测单元，并按照重新拟定的诱震因子状态组合，通过概率统计检验、模糊聚类分析、灰色聚类分析及综合评判预测等多种方法，给出每一单元的极限水库诱发地震和常遇水库诱发地震的震级。这一成果极大地丰富了三峡工程水库诱发地震的研究内容和预测水平。

工程测量和安全监测，是验证建筑物勘测设计的正确性、保证建筑物安全、进行各种反演分析计算必不可少的资料。在测网总体布局设计、网点布设、方法选择、设备改进、精度保证、计算软件开发等方面都有很大的研究空间。多年来长勘所工测室依托丹江口、葛洲坝、三峡等工程的大坝安全监测、永久船闸高边坡变形监测、地壳形变监测、大型断裂活动性监测和滑坡监测等一系列高精度形变测量的技术研究工作，在工程安全监测领域作了许多创新和改进。包括大坝垂直位移自动化、变形监测网优化及自动化系统、高精度大地测量自动化系统研发，边坡监测数据处理及预报软件研究，EMD-S遥测垂线仪研制，以及三峡工程永久船闸高边坡监测等许多方面的研究成果，得到了行业内专业人士的一致肯定，上述项目都先后获得国家和省部级科技进步奖。

取得上述成就有两条基本经验：一是课题来源于生产，紧密结合工程实际需要，服务于生产；二是紧密与生产单位联合，发挥各自的优势和特长，联合攻关。

四、科研体制改革与探索

随着国家机构体制改革的深化，2002年，水利部决定除保留中国水利水电科学研究院、南京水利科学研究院、长江科学院、黄河水利科学研究院等少数大型科研院所为部直属院所外，其余的部属科研院所均下放给地方或相关业务主管部门，长勘所随即下放给长江水利委员会管理。随后长江委内部改革，原勘测局撤销，勘测设计合并为勘测设计院。这种新的形势给长勘所的生存与发展带来了新的挑战。

长勘所从成立之初就没有单独的事业费渠道，又不完全是公益性的科研单位，全部财政收入都靠大型科研项目和承担一定的生产任务的经费来解决。体制改革后这两项来源都大幅缩水，随着职工收入水平的提高和单位成本的增大，经济上的压力越来越大。近些年来长勘所的首要目标是保持职工的经济收入能大体上维持在一个说得过去的水平，主要手段则是千方百计寻找生产项目，这必然带来生产关系上的诸多矛盾。原勘测局存在、勘测经费单列的时候，由项目勘测技术负责人直接安排，长勘所承担了许多与生产紧密相连的科研课题，既促进了勘察成果质量的提高，又推动了勘测技术水平的进步。经过进一步改革，长勘所实行"委属院管"体制，委内项目，由项目设计负责人统一安排，长勘所在一些大型水利水电项目中承担的勘测科研明显减少。

上述这些变化随着改革的推进而产生，也只能通过深化改革来解决。长勘所今后的走向将由单位改革形势的发展确定。但就全局而言，勘测技术急需进一步提高。特别是随着水利水电建设重点的西移，新的地质问题不断出现，诸如：高地震烈度、大型断层和活动性断层、高地应力、深厚覆盖层、超高陡边坡、大型地质灾害、大面积破碎岩体，以及深埋长隧洞所带来的一系列复杂地质问题等，都是极具挑战性的重大课题，不仅在国内过去没有遇到过，就在世界范围内也都鲜有经验可循。就工程规模而言，300m级的混凝土坝和土石坝，500m级的人工开挖高边坡，埋深超过1000m、长度超过数十千米的深埋长隧洞，超大跨度地下洞室等项目，都已开工建设或即将开始建设。这些都对勘测工作提出了新的、更高的要求，继续加强勘测科学技术研究，不仅对工程本身极为迫切，对单位的可持续发展也极为重要。希望长勘所能在新的形势下继续为水利水电行业的勘测科技发展做

出新的贡献。

　　前不久在一篇纪念林一山同志百年诞辰的文章中，我写道，林一山同志突出的领导特色之一就是十分重视科学技术研究和创新。这是一个科学技术部门长盛不衰的关键。在市场竞争日益激烈、体制改革不断变化、生产关系日趋复杂的今天，如何在一个科技特色明显的产业部门中继续做好这篇文章，是一个值得深入研究和探讨的问题。

一代宗师谷德振

——纪念谷德振先生百年诞辰

今年是谷德振先生诞辰 100 周年，写这篇短文表达对这位我国工程地质学界一代宗师的崇敬与怀念。

称谷先生是长江委的良师和挚友，是因为他生前和长江委有长期合作共事的关系，有着不解之缘。这不仅是从工作关系，而且是从历史、从感情层面而言的。

1955 年，中央决定全面开始长江流域规划，这无疑是一项十分艰巨的工作。针对当时的技术现状，中央决定有关部委组织力量配合，原地质部水文地质工程地质局成立长江流域规划地质组，开始收集资料和必要的现场踏勘，并在汉口设立办公室办公。1956 年开始着手长江流域规划地质卷的编写，地质部委派谷先生来，负责组织领导该项工作，并挂职担任长办副总工程师。在当时那种既缺乏资料，又缺乏人才的情况下，在短短的一年时间内，要完成这样一个艰巨、庞大的工作，其难度是可以想象的。

地质卷共分四大篇，第一篇为长江流域地质总论，第二篇为长江干流水利枢纽及水库工程地质，第三篇为长江支流水利枢纽及水库工程地质，第四篇为长江流域内及其附近已建水利工程的工程地质条件。其中第一篇由谷先生组织编写，包含序言（谷德振、孙永玉）、流域自然特征及自然区划（施雅风）、地层（谷德振、孙永玉）、地质史及古地理情况（谷德振、罗祥康）、大地构造（张文佑、黄振辉）、地震（李善邦）、水文地质（徐迺安、夏君严）、矿产（谢家荣、罗祥康）、工程地质分区（谷德振、张勇、李绍武、王福源）等 8 章；第二篇包括三峡枢纽、重庆枢纽和宜宾枢纽；第三篇包括赣江、汉江、湘江、资水、沅水、嘉陵江、岷江等几条主要支流的流域地质概论及若干骨干梯级的地质条件。总论部分的附图包括长江流域地质研究程度图、区域地层表位置示意图、古地理图、大地构造概略图、水文地质分区图、黑色、有色、特种、非金属、煤田等矿产分布图、工程地质分区示意图等共 18 种图件。第一篇按时于 1956 年 12 月完成。这些成果不仅满足了当时流域规划的需要，也为后来长江流域地质研究和水利水电开发奠定了重要的基础。

长办勘测处当时也承担了许多任务，但那时长办的地质力量还十分薄弱，对分配给我们的工作如何下手都感到困惑。手头除了正式出版的残缺不全、大量空白区的百万分之一地质图外，什么系统、专业的资料都没有。谷先生和长办的一位老专家指导我们查阅各个时期的地质论评、地质学报，许多老一辈地质学家在有关地区所写的考察报告、调查报告、勾绘的地质草图等，就这样拼凑编写和编制了相关的文字报告和主要图件。

在这期间谷先生还参加了许多重要的技术活动，其中最重要的一项是中苏联合专家组

本文写于 2014 年 6 月。

对三峡工程及其他两个重点工程的考察。1956 年苏联派来当时他们顶级的工程地质、水文地质、岩溶地质、地貌方面的专家波波夫、谢苗诺夫、商采尔、索科洛夫、雅库舍娃，与中国专家共同组成中苏地质专家鉴定委员会，对重庆长江干流猫儿峡、嘉陵江北碚及三峡工程规划河段进行地质条件的评估。中方参加的专家有侯德封、袁复礼、李承三、谷德振、张宗祜、张宗胤、任美锷、冯景兰等。这次活动对当时"长流规"有争论的三大控制性工程的地质条件做出评价，对指导当时的勘测和规划设计工作起到了重要作用。

1959 年 7 月，长办正式提交《长江流域综合利用规划要点报告》。这是谷先生和长办密切合作共事的第一个时期。

第二个重要时期是在葛洲坝工程开工后遇到重大困难的时期。葛洲坝工程是在文化大革命极"左"思潮泛滥的 1970 年仓促开工建设的，开工前从规划到勘测设计都没有经过充分的研究论证。谷先生应当时工程联合设计团之邀，和中科院地质所的几个研究人员于工程一上马就到工地来进行地质研究。当时在"臭老九""资产阶级知识分子""知识越多越反动"的氛围下，谷先生形似监督劳动似地工作，和大家一样住芦席棚，吃食堂，除工作外，还常常要下工地参加劳动。特别令他不能理解的是，他的现场工作笔记本，会议记录本都要被收回去。工程开工一年多后，发现从工程规划、枢纽布置、泥沙、地质、建筑物设计都存在重大问题，被迫于 1972 年停工，补做初步设计，并将勘测设计工作全盘交由长办负责。此后谷先生即以专家身份同时还兼有长办顾问，参与勘测设计方面一些重大技术问题的讨论。葛洲坝工程最主要的地质问题是岩体中大量存在的软弱夹层及其对坝基深层抗滑稳定的影响。当时国内对这个问题的研究还比较肤浅，加之葛洲坝工程规模宏伟、地理位置重要，又是长江干流第一坝，所以当基坑开挖暴露出这个问题时，因对之没有认识或知之甚少、有着不同的看法，从而引起各方的高度关注和重视。对它的成因、分布规律、规模、结构及性状、物理力学性质等开展了全方位的勘察、试验与研究。谷先生指导和参与这一问题的研究。在长办地质人员和有关单位的共同努力下，葛洲坝工程软弱夹层的研究，不论从方法到认识都有许多创新性和突破性的进展，成为国内外软弱夹层研究的范例。其间，长办承担的河南青山水库坝基发现以皂石为主，性状极坏的夹层和断层，专程请谷先生前去做了一次咨询。

第三个时期是三峡工程重新启动的 20 世纪 70 年代末至 80 年代初。谷先生介入三峡工程地质研究的时间最早可追溯到 20 世纪 50 年代，当时三峡工程的地质工作主要由地质部三峡队承担，我对这一时间他对三峡工程的具体指导情况了解甚少。1979 年三峡工程重新被提到国家的建设日程上，第一位的工作就是首先要把坝址确定下来。当时三斗坪和太平溪两个坝址都已经过 10 余年深入的勘察设计，两坝址地质条件基本相似，都具有兴建三峡工程这样巨型综合性水利枢纽的良好地质条件。有关坝址比较的重要活动和会议，谷先生大多都参加了。1979 年的长江三峡水利枢纽选坝会议和选坝会议汇报会最终确定三斗坪坝址。1981 年谷先生和戴广秀总工程师陪同国际工程地质协会名誉主席 M. Arnould 教授来三峡、葛洲坝工程进行考察，详细听取了我们有关这两个工程地质工作的介绍，观看了我们自行研制的大口径钻机，查看了三峡坝址的平洞和大口径岩芯，我们的工作获得了 M. Arnould 教授的高度赞许。这是我最后一次和谷先生一道工作。不幸于次年他即辞世离我们而去。我觉得最大遗憾的一件事是谷先生未能有机会参加 1986 年开始的由国家组织的规模庞大、历时近四年的三峡工程论证工作。

我没有直接在谷先生领导下较长时间的工作过，主要是一些专业会议，工程咨询和学会活动的接触。但谷先生高尚的人品、渊博的知识和虚怀若谷、注重实际的作风却给我留下了深刻的印象和永恒的教诲。尽管他有很深的理论素养、丰富的实际经验和德高望重的声誉，但从不摆大牌专家的架子，每到一个地方都是认真听取第一线工作同志的汇报，重视实际资料，尊重实际工作同志的意见，再根据自己的认识和经验提出意见和建议。这样做既解决了实际问题，又使得从事实际工作的专业人员心情舒畅，心悦诚服，从中受益。我想这就是为什么谷先生在我国工程地质界具有崇高声望的原因所在。

南 开 情 结 与 杂 忆

　　1948 年底我还在读初二，因举家南迁，就离开了南开中学。谁知此去一别重返时竟是 40 多年以后了。虽然在校呆的时间不长，但南开精神，南开给予人生的启迪、影响却是永久的，作为南开人的骄傲也是长存的。几十年来聚集在心中的南开情结不仅没有淡去，却与日俱增。

　　1995 年 1 月，女儿从美国寒假回国探亲，去北京送她返回美国前，拉上她一道去了一趟天津，不仅是要了结这越来越强烈的心愿——回母校看看，还想要女儿见识一下他父亲曾就读过的这所知名学府。当时还没有和梁秉义、杨健宁等同学联系上，孤身带着女儿走访母校。走近大门，那记忆清晰、自右至左横刻在大门上端的"私立南开中学"几个大字跃入眼帘，眼角一下湿润起来。看门的人问我找谁，我说是南开校友，回母校来看看。这时学校已放寒假，校园内空无一人，我只好尽量地去寻找还留在记忆深处的那些地方。印象最深的就是大礼堂和我住过的两层长廊宿舍。没有人带领也不便乱闯，只在大礼堂和宿舍周围徘徊了一会，环绕校园走了一圈，照了几张相，参观了周恩来同志纪念馆，然后出校门过马路去了大操场。我原以为大操场早就被占作它用了，但出乎意外地居然还仍保留着。大操场也是我印象最深的一个地方，记忆中它好大好大。以后虽去过很多中学的操场，似乎没有一个有南开的体育场那么大，真为之骄傲。当年每当下课放学，就和几个同学来操场，找管理室借垒球棒、手套和球，或者借篮球。当时是初中低年级学生，有时难免被高年级的同学"欺负"，借不到体育用品或占不到场地。第一次母校之行就在许多的怀念和惆怅中结束了。

　　2003 年 2 月春节刚过，我又出差天津。这时，通过资华筠同学早已和梁秉彝、杨健宁建立了联系，决定去看看几位老同学，再回一次母校。首先到了健宁同学家，他告诉我和秉彝约了 4 位 53 届的同学一道在南开会面，除梁秉彝、杨建宁外，还有郭治军、张大韬。我和秉彝、治军是一个班的，相见凝视，自然认不出了。这次有四位老同学相陪，一扫上次那种孤单惆怅的心绪。大家一路看，一路聊，回忆那些陈年旧事：谁住哪一个房，床靠哪一边；走廊上摆的尿桶，每天都尿得满满的；童子军的服装、领徽和操训；《雷雨》演出的火爆场面；相约去看《一江春水向东流》等。秉彝是老南开，无人不认识他，有他带路，范荪楼、阶梯教室、新教学楼想看的地方都进去看了。和 1995 年相比，最显著的变化是新添了一幢雄伟的教学大楼和一尊周恩来塑像，还有跨过马路去大操场的天桥。几位老同学与我是第一次重逢，对我关怀有加。因为是下午一点多的火车，到 11 点半才离去。第二次回母校是一种心满意足的感觉，大家相约 10 月的

本文写于 2009 年 11 月。

53 届同学大聚会时再见。

仅仅一个多月以后，我出差在外，老伴打电话来，要我赶回来，说有一位同学从天津来，相约当日上午 10 点集中，给在武汉的 6 位南开 53 届校友录像，下午就要赶回天津。听到这个消息，丝毫不敢耽误，9 点 30 分到家，换上漂亮的西服赶到相聚地点，其他 5 位同学早都到了，专程赶来拍录像的孙宝琮说明来意，开始一个人一个人的录镜头。我因到得晚，望着这位头发花白的清瘦老人，不禁好奇地问，这位天津来的同学是谁？好几位同学不解地望着我，傅继闳毫不掩饰地问道："你连他都不认识，他就是大名鼎鼎的孙宝琮"。见我仍然迷惑，王智济开释地说："1957 年清华大学的头号右派，反革命分子"。看着他精干的身影，一丝不苟的精神，不厌其烦地替每个人录像、配音、回放，检查效果，以及充满诙谐、幽默的语言，乐观的性格，又知道他这次千里迢迢来汉口，只是奉梁秉彝之命，自己掏腰包专程来这一趟，并一再声明重任在身，一定要完成任务。听到看到这一切，更想把他的身世遭遇探个究竟。他也直言不讳地相告，1957 年划为极右，接着被打成"反革命"，坐了 23 年牢，出狱后不回清华，在天津理工学院当教授，至今单身一人，喜欢玩计算机和网络，生活得怡然自得。前几天读校友通讯，看到中杰英写的一段文字，讲述当年孙宝琮的事情，1957 年整风鸣放初期，在清华大学组织庶民社，写了许多著名的评论，最著名的代表作是大字报《神·鬼·人》，这篇充满唯物论和辩证法的评论，不仅在当时，以至以后长时间都是冒天下之大不韪的"反革命言论"。这种捍卫真理的精神，敢于面对厄运的勇气，朴实无华的性格和追求真实生活的毅力，我想是源于南开精神。

自从 1996 年与梁秉彝同学恢复联系以来，已经收到很多期的《五三届校友通讯》了，这是几位老同学无私奉献办起来的，组稿、排版、打字、印刷，邮寄全是他们几位从头到尾操办。《通讯》的外观、纸质、印刷，好像是新中国成立初期的油印小报，但却凝聚了办刊同学的心血。长期支持这种精神的只有四个字——南开情结。《通讯》上刊登的篇篇短文，或思念故友，或怀念恩师，或回忆往事，或颂扬南开精神，或寄希望于未来，"亲切、真实、宽松、自然"，读来感人至深，这一切也源于广大校友的——南开情结。

时间虽已过去 65 年，但有许多往事却萦绕心头难忘，特选其中部分记述于下。

一、My name is Liu yian

我还清晰地记得我们的英语老师是刘益安老师。高挑的个头，清秀的面庞，据说是北京辅仁大学英语系毕业的。她第一天来上课，一开头作自我介绍，就用英语说："My name is Liu yian"，引起了我们极大惊奇和兴趣。几十年过去了，这第一堂英语课的开始情景却始终保留在记忆中。1975 年"文化大革命"后期，百无聊耐中突发奇想，拿起英语来自学。首先想到的就是"My name is Liu yian"这句话。"文革"结束后的 70 年代后期至 80 年代初，由于工作的需要，参加了两次英语培训班，英语水平有了很大的提高，为以后的学术交流和外事活动创造了语言条件。每当学习和使用英语时，我都会常常想起刘益安老师以及她的那句英语的自我介绍，从内心感谢她的启蒙和引导。

二、夜间查铺

南开有着极严的校规，规定上学一定要穿童子军装，住校生床上一定要铺白色床单，每晚 10 点钟一定要熄灯睡觉。10 点以后经常有管理学生的老师拿着电筒来查铺。刚进校时胆子比较小，熄灯后即使睡不着也不敢随便讲话，老老实实地躺在床上。时间久了，胆子大起来，也就不那么守规矩了。我隔壁床的同学老家是沧州地区的，可惜名字已记不起来了。他们家乡解放得早，有一些解放区的新闻，常常在熄灯后讲给我听，遇到查铺的老师来了，就假装睡者。但总的来讲，守规矩还是主要的。这种严格要求回想起来是大有好处的，它从少年时代起就培养人们守纪律，注意公德的好习惯，现在的中学生对此可能很难理解。

三、南开大操场

南开中学有一个极大的操场（体育场），不论新中国成立前或新中国成立后我就读过或参观过的中学，没有再见过这样规模和设备完善的操场，篮球、排球、足球、垒球都有活动设备，印象极深，也是南开的骄傲。当时的学习不像现在的学生这样忙，这样负担重，比较注重全面发展，加之我又比较喜欢体育活动，所以放学后常去操场活动。下午放学后，就拿学生证去体育室借体育用品，几个篮球场都比较拥挤，常常被高年级的同学占有，我们这些低年级的同学不敢和他们争抢，所以只好在外围玩一玩。再就是打垒球，也是我比较喜欢的。借上垒球用品，约上几个同学打上个把小时。常在一起的是我最要好的同学刘锡光，前些年通过 53 届同学录知道他在中南矿业学院任教，联系了几次，但始终未能见面，总觉得是憾事。

2003 年我回南开母校参观，秉彝、建宁、大韬几位同学陪同，到了大操场，不知为什么偌大的操场竟是空荡荡的，心中惆怅。

四、趣事几则

1. 话剧《雷雨》演出

不记得是初一还是初二，在学校礼堂演出话剧《雷雨》，一时热闹非凡，每场演出礼堂都挤得满满的。演员不记得是高中部的同学，还是南开大学的学长。当时年纪还小，对这幕话剧深刻的社会意义并不十分理解，但看完后却热议了好几天。无非是议论哪个演员演得好，挑剔哪个演员演得不好，哪个地方演出中似乎出了差错等。不知什么原因，剧中的大少爷和他的扮演者成为了大家议论的中心。扮演大少爷的同学长得高大英俊，大家就拿他取笑，似乎剧中大少爷和繁漪及四风的感情纠葛就发生在他的身上似的。

2. 袁世凯的孙子

记得班上（或是年级）有一位姓袁的同学，都说他是袁世凯的孙子，他的前额很大，确实有点像。同学背后也都叫他袁大头，但大家很少当面取笑他。他人很老实，寡言少语，很少和同学交往，不知是否与他的身世有关。记得有一次和他一道去看电影《一江春水向东流》，一路走去，几次想问他的身世，都觉得不便开口。但这几年我查同学录，却一直没有找到袁姓同学，问秉彝等，他们也不记得有这样一位同窗，也许是我记错了，不是我们这个年级的。

3. 一个鸡蛋

1948 年，不知是联合国救济总署还是美国政府向中国提供了一批救济款或物资，我们当然不知道其中的详情。南开中学也获得了一些救济物资，救济品的分配好像是按同学的家庭状况提供的。我得到的是一个鸡蛋，每天早餐时发给我。其他同学分别得到些什么我已记不起来了，印象中最好的是得到一条毛毯。这项活动没有进行多久就终止了。以后读有关朱自清的文章，知道他为了抗议美国支持蒋介石政府打内战和支持日本，反对国民党的政府，拒绝领取美国提供的救济面粉，不受"嗟来之食"。我不知道我领取的这一个鸡蛋是不是同一类型的。那时年纪小，不懂政治，吃了鸡蛋既无感谢之心，也无憎恨之情。

4. 帮张伯苓校长拉选票

1948 年，国民党政府将召开国民代表大会，张伯苓校长竞选国大代表，学校组织学生上街替他拉选票。我们两人一组，由一位高年级同学带着上街去散发资料，鼓动行人投张伯苓校长的票。据说，张校长的儿子是当时天津市公用局局长，所以宣传的力度还是比较大的。带领我的是南开女高高一的一位女学长，好像也姓陈，广东人。当时时局已比较紧张，她告诉我她们一家不久就打算返回广东去了。这个活动结束后，奖励给我们每人一支钢笔，当然是质量很差的，不过这是我一生中的第一支钢笔，所以还是看得很珍贵的。

5. 参观大学生宿舍

忘记了什么情况认识了两位南开大学的学长。有一次我们几个人提出希望到南开大学去看一看。有一个周末他们带我们过去，印象最深的是大哥哥们的宿舍。当时在我们这些初中低年级的同学心目中，大学生应该是大人了，应该很成熟也很不简单。到他们的宿舍一看，完全不是我想象中的情况。上下铺，所有人的被子都没有叠，乱七八糟地堆在床上；没有洗的脏衣服随处乱丢；有的人床头贴满了女明星的照片，甚至还有裸体女人照；已经是上午 9 点 10 分了，还有人在蒙头睡觉。确实是开了眼界，充满好奇和惊讶。最深的感受就是，大学生活自由散漫。

无 尽 的 思 念

　　老伴离去已半个月，但无论心灵深处还是溢于言表，悲痛之情仍然难以忍受。每当与人谈及此事时，泪水常夺眶而出。在她还活着的时候，每天见面，一切都觉得平常，一旦离去，深感彼此相依，无法相离，弥足珍贵。最近整理她的遗物，许多过去我根本不知道、不在意的生活小事却深深地震撼了我。多年以来每年、每月所交水电费、煤气费的收据，历年所有大小家电的购买收据和保修单及地址，常联系的水电工、木工、其他修理工的姓名及联系手机，历次出国申办签证的相关资料，所有家人的每个人的证件、档案和资料，所有亲友历次通讯地址及电话号码的更改记录，几次更换保姆所定的合同，甚至20世纪90年代末至本世纪初她开办私人诊所时历年所上缴的报税的税单，都分类有条不紊的保留着。家中所有需要保护的电器、家具、用品，都毫无例外的用布或其他材料罩起来，直到她生病以后这些年，力所不能才开始马虎一些。每当看到、想到这些时，内心充满了感激、感动和怀念。有这样一个家，你还有什么值得操心的吗！更何况她还是一位职业妇女，一位业务上很受到同事和病人尊敬的妇产科医生。为此所付出的心血可想而知。

　　她对待疾病态度也令人敬佩。2008年冬她先去海南度假，同济医院周燕发教授看过她的CT片后要我通知她赶快回来，她说过了春节再回去检查，我告知她不行，片子的情况不好，她匆忙赶回的前一天晚上和嫂子住在一起聊天，对为什么提前回武汉若无其事的一笔带过，完全不像许多人听到这种消息时的紧张恐慌心境。过后我嫂子谈及这一情景十分佩服。她是双肺原发性非小细胞腺癌。2009年3月先行右肺局部楔形切除手术时因心脏出问题几乎丧命，原手术医生坚决不愿给她做左肺的肿瘤切除手术，所以换了一位医生。同年11月18日做左肺局部楔形切除手术的前一天下午，我妹妹陪她聊天，对一个第一次手术几乎下不了手术台的人，她所表现出的平静令我妹妹折服。我妹妹最近回忆写了这么一段话："启云姐在近7年与疾病斗争中表现出来的坚强、坦然、冷静与乐观给我留下极为深刻的印象，2009年冬天我到武汉帮忙，动手术的前一天下午，在病房里她与我聊天很久，全部是与她疾病和开刀无关的内容，都是社会问题、亲戚的情况等十分平常、轻松的内容，全然没有一般人第二天面临大手术的担忧。几年来疾病的反复，多种的治疗所带来了痛苦都没有听到她诉说过，这种素质是她曾经成功的基本保证，也是我应该学习的。"今年2月16日，PET-CT检查证实肿瘤复发并转移至纵膈、腋下及锁骨淋巴，她看结果后丝毫没有表现出紧张、绝望的心情，在寻求治疗方案的过程中，只表达了一点愿望：要有生活质量，千万不要要死不活地拖。所以我们选择去广东省人民医院参加吴一龙

本文写于2015年5月3日。

教授领导的，针对长期服用易瑞沙等靶向药产生耐药性的新药试验组，为了入组，近一个月不停的取样、活检、基因检测、CT 检查、分析化验、层层审核批准，不是住院，就是从家里跑医院，对她这样的晚期癌症病人，这需要忍受多大的痛苦，克服多大的困难，但她从没有表现出丝毫的不乐意、不耐烦，总是默默地听从医生和我们的安排。直到最后因一个条件不满足入试验组的要求未能入组，病重住入解放军 458 医院（原广州空军医院），她只平静地说了一句话："看来这次是回不了武汉，也出不了空军医院了。"在昏迷了 4 天后平静地离去。

作为医生，她对于自己的病是十分清楚的。在第一次检查肿瘤发现复发转移后，几次提出要把一些事情向我交代清楚，我既不相信，也不愿意相信她的病会治不好，所以不愿意听她讲，她怕我伤心，也绝不勉强我，只是说"我的病我心里清楚"。她给儿子、女儿一再表示"我这一辈子活得没有遗憾"，她的这句话对我是最大的安慰。女儿在她昏迷的前一天从美国赶回来，母女聊了很久，她说："死了以后要和爸爸合葬在一起；坟地要和外公外婆在一个墓地。"这些我们都决定按她的遗愿办。

人们常说一个朴素的理念：一件事物当你拥有她时觉得很平常，当你一旦失去她时，才会觉得无比的珍贵。对这句话我现在是真正的感受和理解到了。

触 景 生 情 情 更 浓

　　大约自 40 岁开始，对"触景生情"一词有了一些感受。但这种感受冲击心灵最频繁、最强烈的是启云走后的这段时间。共同生活的点滴都会唤起对往事的回忆和失落的痛苦。它使我对这句成语有了更深刻的理解："生情"的"浓"与"淡"，取决于这些"景"在你心中印痕的深浅。

　　此文写于美国，就从来美后的感受开始。启云走后，孩子和亲友们都劝我暂时离开这个令人伤感的地方，换个环境呆一段时间，于是来美国女儿家小住。决定来美后的第一个伤心处就是孤单一人地前往。2000 年我们第一次赴美时的情景自然浮现心头。此前我因有多次出国的经历，又有一定的语言能力，一切对外联系的事都由我经办。而所有需要带的用品都是她悉心收理，重要文件都交由她保管，特别是需要带的药品，事前都算的一清二楚，并及早就开始准备，两人有商有量，一路顺风顺水。以后又一道多次去女儿、儿子处探亲小住，这次却陡然变成了孤单一人前往，怀念、伤感夹杂着遗憾、追悔的心情不断萦绕心头。自 2008 年她查出肺部恶性肿瘤后，就决定不再出国到两个孩子处去。尽管这几年两个孩子在国外的工作、生活条件都有大的变化，一再要我们去住一段时间，但她担心长途旅行对身体伤害太大，一直不做此想。而我则非常尊重她的决定，从不提及出国看孩子的事，但内心一直期望着等两年她的病情更趋稳定后一道再出国走走，谁知这个期望却顿时成为泡影。走前一面做着各种准备，一面忆及往事，黯然神伤。追悔早知这样，还不如出去走走，说不定会对她的身体有好处。

　　来美后只休息了一天，就迫不及待地一个人到女儿原来的住处探访。一见到那熟悉的屋舍和周边环境，和妻子两人第一次来美时的新鲜感、兴奋情，以及将近一年时间帮助照料 9 个月大的外孙女和做家务的许多情节不断浮现眼前，伫立良久，心中不断涌现出"她要在该多好"。那次来细心照料还不会走路的外孙女的事，主要落在她这个妇产科医生和两个孩子的妈妈的身上，照料之细心远超过当年带自己的两个小孩，生怕出一点纰漏。离开此处即去了附近的小学，许多往昔情景又历历再现。在外孙女尚未入学前，两人常常带她到学校的操场来荡秋千，滑滑梯，攀架梯。开始上学后，两人共同或轮流送接她上学。我至今还保留一张启云一清早送外孙女上学的照片。那是一张背影照，刚进小学一年级的外孙女背着书包，启云牵着她的手愉快地走在去学校的人行道上。如今外孙女已是高中三年级的学生，准备参加大学入学考试了，而斯人已去，怎不嗟叹岁月的无情。回国前，再次一个人去了女儿原来的住宅处，同时又去了附近小河边的一个公园，那里也是我和启云常带外孙女去游玩、荡秋千、滑滑梯的地方。旧地重游，物是人非，浮想联翩。这一带住

本文写于 2015 年中秋节于美国芝加哥。

宅区附近的行车道路两旁，都有供行人和骑自行车用的专用道。这里空气新鲜，绿化优美，环境安静，而且行人极少，人行道就成为我们步行锻炼身体的好去处。几次来这里，晚饭后两人一同散步，既是锻炼身体，也是一种享受。这次来美仍然坚持这个习惯，但却成了独自一人。在国内也都坚持饭后一道走路，在我们住的小区，朋友们都知道我们的这一习惯。如果有一天因另一人有事不一道同行时，有的朋友就会问，另一人怎么没有一道出来。启云走后来美前的两个多月，我一个人再也没有心情出去散步，也怕遇到熟人同情、怜悯的眼光。我们两人一道坚持做"回春医疗保健操"已五六年了，每当我看见她在做弯腰，转腰等动作不够规范时，喜欢指点，她总是笑着说，你不要管。她对做这套保健操十分在意，只要两三天不做，就会提醒我要做操，常说"做了一身轻松多了"。现在我依然坚持做，但少了一个人的督促，也觉得少了一分乐趣。在美国，孩子们开车每周去一次美国超市，每两周去一次中国市场几乎是必做的功课。每次她都要写一个要买东西的单子带着，这是她的习惯，在国内也是一样。常去的一家中国店叫"顶好"，每次去买完东西，总要在旁边一家中国小吃馆放心地吃炸油条。这几年女儿一家不去"顶好"，改去了一家既近又大的韩国店，但对我来说，去"顶好"买菜的情景却老是无法忘却。女儿见此，专门送我去了一次这个店，却是门庭冷落，快要倒闭的样子。

启云的后事料理完毕后，我和孩子们都不约而同地提出去军工医院原来的住处看一看。那是孩子们从出生到出国前一直居住的地方，是他们的根所在。这个房子我们1996年搬离后，曾多次有人提出想购买或租用。启云当时考虑我们将来老了看病，军工医院可能是要常来的，有一个房子落落脚，住一住，万一需要人照料，也有一个住的地方，所以一直自己保留着。这次去心情和以前去大不一样。孩子们说，这可能是他们最后一次来这里了。尽管房子已经很陈旧甚至有些破烂，环境也无法和他们现在国外的住境相比，但他们对一切都仍感到亲切、熟悉。一进宿舍区的院门，三个人首先想到并热议的，就是每年夏天吃完晚饭后的第一件事，在门口的空地上洒水，消除白天的热气，然后就是搬竹床，挂蚊帐，拿着蒲扇在外面乘凉至深夜，甚至就睡到天亮。不大的一块地方摆满了各家各户、各式样的床，大家有说有笑。那种生活虽然艰苦，但却令人回味无穷。进屋后，孩子们对每一个角落，每一样设施和家具都不放过。不大的两间住房，小小的客厅，狭窄的厨房和卫生间，都唤起了多少温馨的回忆。搬家时许多家具都没有搬走，仍放置在原处。在破旧的藤椅上坐一坐，在用报纸铺垫的床上躺一躺。在抽屉里，角楼上，箱子里，翻箱倒柜地寻找那些值得追忆的东西。最后孩子们还是发现了一些他们小时候和学生时代的珍贵照片，早年的笔记本，出国申请的原始批件，乃至女儿读小学时上珠算用的算盘，他们都当着宝贝收集起来带回去做纪念。我们又去了最早分给我们住的旧房。那是一个两层楼的筒子楼，我们住在一楼。一个门里住有8家人，共用一个洗澡间，两个厨房，两个蹲式厕所。厨房里熙熙攘攘，夏天冲凉（洗澡）是必须排队的，上厕所有时也要等。即使这样，在那个年代，大家互帮互让，相处融洽。以后各家都先后搬走了，但仍常来往或经常叨念着对方。这个楼现在已是危房，但仍有人住着。有一位老人借住我们保留的一间房，他看见我们还依稀认得，并不断感谢王医生借房子给他用。在院子里遇到许多原来的邻居、熟人，他们无不为启云的离去惋惜，表达对我们的慰问。此情此景勾起我最沉痛的记忆就是启云作为操持家务的主妇，在这里忙碌了20多年的身影。那些年我的工作担子越来越重，一年常有大半年时间出差在外，生第一个小孩时我都在工地，没有回来照顾；而她作为科室的主要负责人和技术骨干，经常下班后甚至半夜里都会被急叫到科室，这种情况下家务的重担都压在她一人身上，辛劳可想而知。但她生前极少谈及当年一人支撑这个家的艰辛，偶尔谈到，也是轻描淡写半开玩笑的一带而过。我从儿时就养成一个习惯，十分重视过年，这是母亲带给我们的一个传统，是维系家族（家庭）血脉和亲情一个重要的活动。启云在我的感染下，也尽力安排好这个大节气。事实证明这给孩子们留下了许多珍贵的往事回忆。在那物质匮乏的年代，过春节时一家人忙碌却热络的场景，凭票排长队买年货、磨汤圆粉、磨豆沙、炸煎饺、围坐吃年饭、打扑克的融乐亲情，也成为孩子们谈论最多的话题之一。早些年没有央视春晚，更早连电视机都没有，一家人熬夜做年饭，加工做春节小吃，有说有笑成为除夕夜的重要节目。离开军工医院转眼已 20 年了，人生最重要的整个中年时代都是和启云住在这里，许多记忆都将伴随终身。

我们从医院宿舍搬到长江委协昌里小区已近 20 年，由于平时买菜，买零星日用品大多是启云做的，时间久了就和这些店主变成熟人，加之她曾在附近开设过一家小的妇产科门诊所，有些小店主曾是她的病人，因此她在这一带有很好的人际关系。她走后这些事就只有自己去做了，有些知道我们关系的店主看见只我一个人去买东西，不禁会问"王医生怎么没有来"，或是"怎么好久没有见到王医生了？"当他们知道启云已经离去时，无不唏嘘不已，我则悲戚哽咽。

启云离去还不到半年时间，许多我们过去一道经手的事还没有机会重现，许多曾一道游历过的地方也还没有去。随着时间的推移，许多共同度过、留下珍贵回忆的往事将会更多的再次经历，撼动心灵的感触也会更多更深。这段时间背诵最多的是苏东坡《江城子》一词中的几句："十年生死两茫茫，不思量，自难忘。无处话凄凉"，以寄托哀思。

诗　词

秦　淮　怀　古
（1979 年 10 月）

风尘忆千年　秦淮索古迁
望却一枕水　不期暗伤然

和 杜 牧《泊 秦 淮》
（1979 年 10 月）

烟销水澄浪淘沙　夜去鸡鸣晓万家
商妇已铸千古恨　隔代尽唱芙蓉花

寻 访 永 安 宫
（1986 年 9 月）

汉宫何所依　残碑向隅泣
刘郎不堪才　龙凤两凄凄

（1986 年 9 月，三峡工程论证期间，查勘三峡替代方案，宿奉节。访知刘备托孤的永安宫旧址系现今奉节师范所在处，遂前往，但一切旧物均荡然无存，仅有从废墟中挖掘出来的半截残碑的下部，仅留三个字"宫故址"，站在碑前，浮想联翩，赋怀古诗一首）

游 贵 妃 墓
（1989 年 11 月 11 日）

渔阳胡奴鼙鼓催　王师迤逦出宫闱
旌垂辕折侵古道　落照延秋频首回
六军驻骖兴问罪　长生殿语顿成灰
黄土塬边抛艳骨　凭吊何须问是非

敬 祝 母 亲 八 十 华 诞

（1989 年 11 月）

陲边闺秀长京门　　家严师承通古今
三朝风云收眼底　　四方流落自洁身
情系神州遍桃李　　梦断常悬报国心
不作巾帼须眉比　　八旬但觉路青青

六 十 初 度

（1995 年 2 月）

生逢何处度花甲　　巴山秀水伴土家
车行柳山看地脉　　丝雨晨舟过半峡
朔风露浴入盐池　　暮越天柱舞银花
辞却尘俗觥筹事　　淡泊此心付天涯

（1995 年 2 月 21 日逢 60 岁生日。是日，在长阳土家族自治县渔峡口镇参加完清江水布垭/半峡地质讨论会后，和福兴两人冒着寒风和蒙蒙细雨，去柳山河间地块查看为论证分水岭渗漏问题而打的平洞，乘车返回长阳翻越天柱时已是暮黑，天飘大雪，漫山皆被积雪覆盖，路辙全无，摸行下山，至长阳已近晚 8 时。

柳山——地名，位于清江——招徕河分水岭河间地块。

半峡——招徕河坝址所在的峡谷河段名。

盐池——半峡至水布垭路边的一个温泉名。露天，无人管，不分男女老少，随时皆可跳入沐浴，对广大劳动者，是最好的洗浴和消除疲劳处所。

天柱山——由长阳至资丘、渔峡口翻越的第一座高山，公路最高处高程为 1100 米。车行至山顶，大雪封山，路不可见，遇江汉平原荆州来车，司机已六神无主，询问前方路况）

游敦煌、嘉峪关（两首）

（1995 年 9 月）

（一）

陌茎左公柳　　残垣烽火楼
大漠风流事　　尽与岁月流

（二）

幼读塞外诗　　沁心刺骨词
今朝面荒壁　　盛衰痛定思

五 十 年 后 重 返 天 水

（1995 年 9 月）

西行万里避寇蹄　　童心不泯植陇西
同窗稚友来四海　　一曲松江满室泣
魂牵梦萦垂髫日　　拳拳情思盼归期
光复五十逢大庆　　重返神驰仟往昔

（松江——歌曲名：在松花江上）

（抗战时在甘肃天水女子师范附属小学读书，同班有许多来自东北、华北、江浙、广东
沦陷区的同学，都是随父母逃难来的。记得每当在班上唱"我的家在东北松花江上……"
时，东北来的同学常先哭起来，接着全班皆泣，当时都还是些 9～10 岁的小孩）

南开中学 53 届同学毕业 50 年校友会

（2003 年 10 月）

百年名校　　允公允能两宗训
五三同窗　　唯国为民一代人

（允公允能——南开中学校训。两宗——南开中学创始人严范孙先生和张伯苓先生）

祝金（德濂）总 80 寿辰

（2004 年）

少壮离家走西陲　　足踏巴山又蜀水
名校铸就鸿鹄志　　比翼双鹰南天飞
狂风横扫从容度　　逆境人生志不摧
天道酬勤君无愧　　直面江河笑几回

（金总，金德濂同志，河南南阳人。1943 年逃离日寇占领区去大后方，1944 年在昆明入西南联大，1948 年毕业于清华大学水利系。1949 年随军南下，任华中水力发电勘察处军代表，后单位迁至长沙，改为长沙水电勘测设计院，任地质科长。1958 年错划为右派。1979 年平反后，历任湖南水利水电勘测设计院总工程师、副院长，湖南省水利厅总工程师、副厅长。一直从事水利水电工程勘察工作至今，人品、学问、成就在行业内备受尊重）

赞 虎 跳 峡

（2004 年 6 月）

玉龙哈巴接天关　　金沙相伴地窟穿
虎跳一石江中卧　　夺路奔流竞争先
右看惊呼千仞壁　　左行马帮命系天
玉壁金川岂观止　　又迎天下第一湾

"九一八" 76 年适逢沈阳凭吊有感

（2007 年 9 月 16 日）

事变匆逝 76 年　　不期有幸适奉天
无言哭诉满画卷　　蹉叹血地皆成烟
东起长白西滇缅　　忠骨遍野洒河山
儿时激情老来泪　　后世勿忘鉴车前

赞 林 一 山

（2008 年 1 月 7 日）

戎装去尽转征程　　万里长江幸得君
满目疮痍流殍景　　一幅蓝图满园春
远见卓识立根本　　雄才胆略安玉龙
金沙扬子诉不尽　　念君代代治江人

水 润 新 疆

（2008 年 3 月）

（近年来因几处水利工程建设，数次去新疆，留下了太多的感触。不论是现实的、历史的、自然的、人文的，都激起无尽的遐想。思绪万千，先将部分感触写成一词，了舒情怀）

巨鹏翼展，大漠横断，南北分野自娇颜。公慕天关纳玉露，塔河复盼润楼兰。叹大坂相连，叠接云端。和玉油气入中原，谁道是南疆苦堪。

坎儿井在，惠渠蜿蜒。引额济乌续新篇。湖涟漪，水潺潺，参天林木映草原。纵马扬鞭牛悠闲，羊群簇拥似雪团。春风早渡，塞外似江南。

（"公"——公格尔雪山，"慕"——慕士塔克雪山，大坂——登上更高一级山岭的连接斜坡，惠渠——林则徐被贬在伊犁时修建的灌溉渠）

母 亲 百 年 诞 辰

（2009 年清明）

生逢乱世近百年　　坚韧豁达度辛艰
才貌双秀命多舛　　立命但求心内安
任凭周遭顺与险　　一心倾注桃李园
回忆一书惊朋座　　皆言高尚寓平凡

（母亲活了 91 岁，距百岁仅几步之遥）

初闻启云罹患肺癌
（2009 年 2 月）

如临深渊，如坠雾端。睡无眠，食不甘，形体憔悴心熬煎，痛告亲友语哽咽。强打精神去焦颜，华佗何在苦求贤。举首问苍天，何其不公，好人遭劫难。

相濡以沫数十年，家道乐融融，老幼亲相伴。阴霾忽变天，前望路漫漫。情无倚处形孤单，那是归宿茫然。门前祷贴祈福联，归元禅寺拜神仙，求告保平安。

三 峡 三 首
（2009 年）

（一）圆 梦

黄牛西望雾巴蜀　　神女东眺烟荆楚
玉带飘落金瓯地　　昆仑情恋牵东吴
金沙来水巫山雨　　相逢熟知祸抑福
百年几代难圆梦　　今朝高峡出平湖

（黄牛、神女均为山峰名，前者位于大坝以东，后者位于大坝以西）

（二）工 程

巨龙深卧万山丛　　远观近看貌不同
中流飞卷千堆雪　　轮转左右暗潮涌
千帆越岭神工渡　　岩下藏娇有金屋
山水人天和一曲　　共赞九州奇世功

（三）观 坝

云绕青山雾坠涧　　半是娇影半是烟
登高寻得好去处　　亟待雨后少云天

庚寅冬赴海南

（2011 年 2 月）

（一）

庚寅岁末别江汉　辛卯迎春下岭南
此程不是南柯梦　一刹竟是两重天

（二）

那方峭寒雪正酣　此处和煦春满园
同此凉热乃梦幻　多彩方是真人间

76 岁登华山

（2011 年 4 月 12 日）

五岳心仪久　唯南儿时游
七六勇攀西　力尽志已酬
绝岭座深渊　脊峰鬼见愁
独领峻险秀　天地共悠悠

（南——南岳）

虞 美 人

（2012 年 5 月毕节访故居）

鬈发离去皓首归
魂牵梦几回
归来何迟终成恨
故宅名园片瓦竟无存
先贤诸子留荒冢
余荫佑后人
亲友关切勤相问
却是世道无情人有情

蛇 年 颂 草 民

（2013 年 2 月癸巳年春节）

史走如蛇影　　曲折无声行
绿荫箭般进　　槁土爬艰辛
民是国之本　　草乃地之神
庙堂高居上　　根基在草民

猴年海南冬行念启云

（丙申年于保亭）

同节同地同难求　　隔年难隔相思愁
相濡以沫五十载　　共赴南国六春秋
乙未开岁人犹在　　丙申留却独相守
日暮乡关何处是　　八十空望路悠悠